U0821930

普通高等教育“十三五”规划教材

矿物综合鉴定简明教程

主　　编　马　光
副 主 编　宫　丽　庞绪成
参编人员　宋慧波　孙凤余　郑德顺
　　　　　侯广顺　曹秀龙　王德元

煤炭工业出版社
·北　京·

内 容 提 要

本书分为5章内容：结晶学基础、晶体光学基础、矿相学基础、矿物学基础、典型矿物鉴定特征。本书系统介绍了常见矿物的成分特征、形态特征和物理性质、显微镜下光学性质、成因产状及主要用途等内容，重点阐述了矿物的鉴定特征、光性特点及相似矿物的区别，全面收集了常见矿物的手标本及显微照片，对矿物鉴定有很强的直观性和对照性。

本书可作为普通高等院校地质及相关专业本科生教材，也可供相关科研人员参考。

前　　言

本书是为了配合地质专业院校的矿物岩石学理论教学及实验教学工作而编写的，旨在培养和提高地质专业学生对矿物的直观认知能力，同时帮助地勘行业工作人员更好地认识和准确定名矿物。书中采用典型矿物的彩色图片，并配以相关文字说明的方式，对常见矿物进行描述，形象、直观，言简意赅。

本书首次出版于2008年，本次修订增加了结晶学部分及晶体光学部分内容，以更好地帮助学生学习和掌握矿物学、晶体光学和矿相学等基础知识，同时还增加了矿物的显微镜下光学性质，为系统鉴定矿物提供依据。本书文字与图片相互配合，使矿物的宏观鉴定特征和光性特征更加突出，便于读者快速鉴定矿物。考虑到本书的版面整齐美观，将各章节中所有的彩色照片统一作为附件集中安排在本书的后部。

本书由河南理工大学资源环境学院马光担任主编，宫丽、庞绪成担任副主编。各章节的编写工作分工如下：第一章由马光、宋慧波、孙凤余、曹秀龙编写；第二章由马光、郑德顺、孙凤余编写；第三章由马光、宋慧波、曹秀龙编写；第四章由马光、侯广顺、王德元编写；第五章由宫丽、马光、庞绪成、宋慧波、孙凤余、曹秀龙编写。图片的拍摄、收集和编辑工作由宫丽、马光负责；马光、庞绪成、宫丽负责全书的统稿、定稿以及全书的校对工作；郑德顺、宋慧波为本书的出版做了大量的工作。

本书显微镜下照片多取自常丽华等的《透明矿物薄片鉴定》和卢静文等的《金属矿物显微镜鉴定手册》，在此一并表示感谢！

由于时间仓促，加之水平有限，书中可能有疏漏及不妥之处，敬请各位读者批评指正。

编　者

2019年4月

前言

目　　次

第一章 结晶学基础

第一节 晶体及晶体的基本性质

一、晶体的概念

什么是晶体？早在远古时期，人们把能自发生长成规则几何多面体外形的固体称为晶体。然而晶体的几何多面体外形只是晶体内部本质的一种外在表现形式，晶体内部的本质特性是晶体内部质点在三维空间做周期性重复排列（即格子构造），所以晶体的定义是具有格子构造的固体，而不具格子构造的固态物质为非晶体或非晶态（图1－1）。

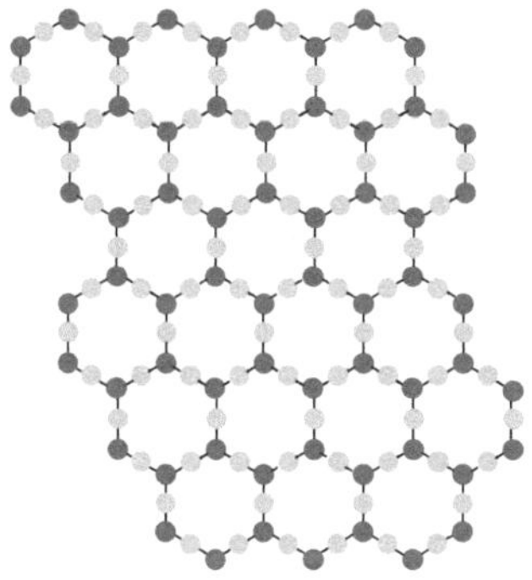

(a) 晶体

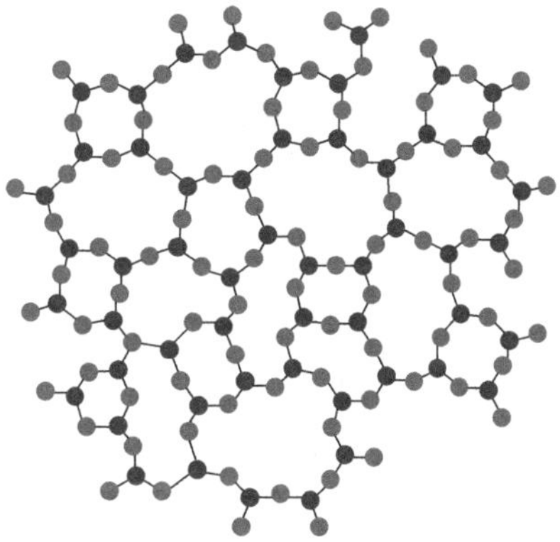

(b) 玻璃（非晶体）

图1－1　晶体与非晶体结构（平面）示意图

如图1－1所示，在整个晶体内部，质点的排列是有序的。非晶体的内部结构在很小的范围内具有某种有序性，这种局部的有序称为近程规律，而在整个结构范围的有序称为远程规律。显然，晶体既有近程规律也有远程规律，非晶体则只有近程规律而无远程规律。准晶体是介于晶体与非晶体之间的一种物态，它既有近程规律，又有远程规律，但没有周期性平移重复（图1－2）。

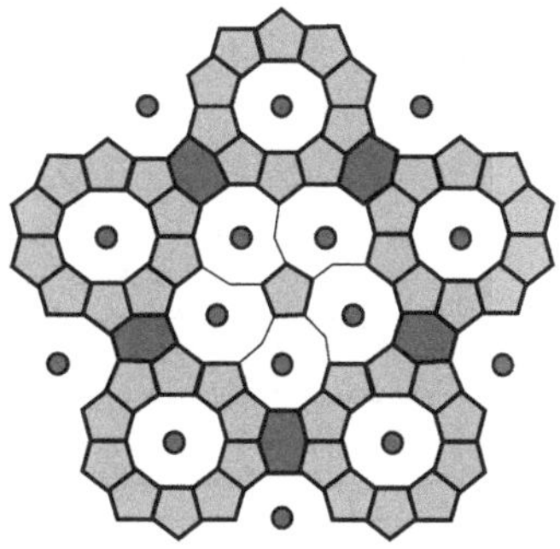

图1－2　具有远程规律但没有平移周期的图形

二、空间格子

1. 空间格子

空间格子是表示晶体内部结构中的质点具有周期性重复排列规律的几何图形。如果想从晶体结构中画空间格子，首先必须找出晶体结构中的相当点。所谓相当点要满足两个条件：一是点的内容（或种类）相同；二是点的周围环境相同。将找出的对应的相当点按照一定的规则连接起来，就形成了空间格子（图1－3）。

为了研究晶体内部质点的重复规律并且不受晶体大小的限制，我们设想空间格子是无限图形。任何复杂的晶体结构，只要找出相当点，抽象出空间格子（点阵），复杂晶体结构的重复规律就会变得一目了然。

2. 空间格子要素

晶体结构的空间格子由结点、行列、面网及平行六面体4个要素构成。

（1）结点。结点是空间格子中的点，代表晶体结构中的相当点。在实际晶体中，在结点的位置上一定是同种质点，但实际晶体中的同种质点却并不一定只占据在同一套结点上。空间格子的结点，只有几何意义。

（2）行列。结点在直线上的排列即构成行列(图1－4)。空间格子中任意两个结点联结起来就是一条行列的方向。行列中相邻结点间的距离称为该行列的结点间距。在同一行列中结点间距相等,在平行的行列上结点间距也相等;但不同方向的行列,其结点间距一般是不等的。

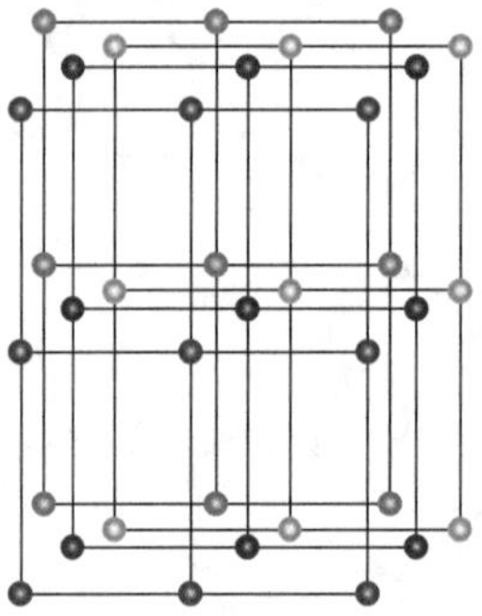

图1－3　晶体平面结构中多套相当点及空间格子

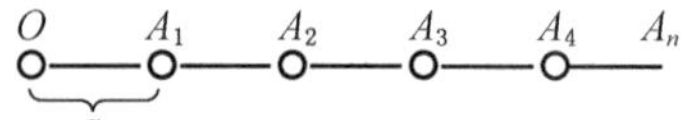

图1－4　空间格子中的行列

（3）面网。结点在平面上的分布即构成面网（图1－5）。空间格子中不在同一行列上的任意3个结点就可联结成一个面网。面网上单位面积内结点的密度称为面网密度；任意两个相邻面网间的垂直距离称为面网间距。

相互平行的面网，面网密度必相同，面网间距也必相等；互不平行的面网，面网密度及面网间距一般不同。面网密度大的面网，其面网间距也大（图1－6）。

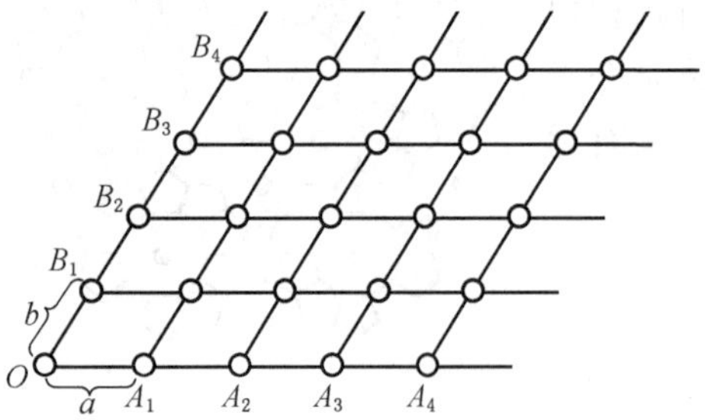

图1－5　空间格子中的面网

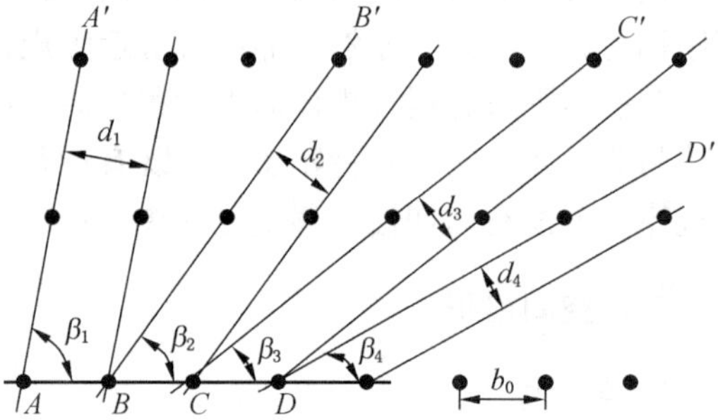

图1－6　面网密度与面网间距的关系示意图（罗谷风，1985）

（4）平行六面体。平行六面体就是从空间格子中划出的一个最小重复单位。而实际晶体结构中所划出的这样的相应单位，称为晶胞。整个晶体结构可视为晶胞在三维空间平行地、毫无间隙地重复累叠而成。晶胞的形状与大小，取决于3个彼此相交棱的长度（轴长 a、b、c）和它们之间的夹角（轴角 α、β、γ）。

三、晶体的基本性质

晶体是具有格子构造的固体，具有晶体共有的、由格子构造所决定的基本性质。晶体的基本性质主要包括：

1. 自限性

晶体的自限性是指晶体在适当条件下可以自发地形成几何多面体外形的性质。晶体的多面体形态，是其格子构造在外形上的直观反映。晶面、晶棱与角顶分别与格子构造中的面网、行列及结点相对应。

2. 均一性

晶体的均一性是指晶体的各个部分的物理性质与化学性质相同。因为晶体内部具有格子构造，所以同一晶体各个部分质点的分布特征是一样的。

需要指出的是，非晶体也具有均一性，如玻璃的不同部分折射率、膨胀系数、导热率等都是相同的，但是非晶体的均一性是统计的、平均近似的。

3. 异向性（各向异性）

同一格子构造中，在不同方向上质点排列一般是不一样的，因此，晶体的性质也随方向的不同而有所差异，这就是晶体的异向性。如蓝晶石，其硬度随方向的不同而有显著的差别（图1－7）。在矿物晶体的力学、光学、热学、电学等性质中，都有明显的异向性，晶体的多面体形态也是其异向性的一种表现。

非晶体一般具有各向同性，其性质不会因方向的不同而有所差别。

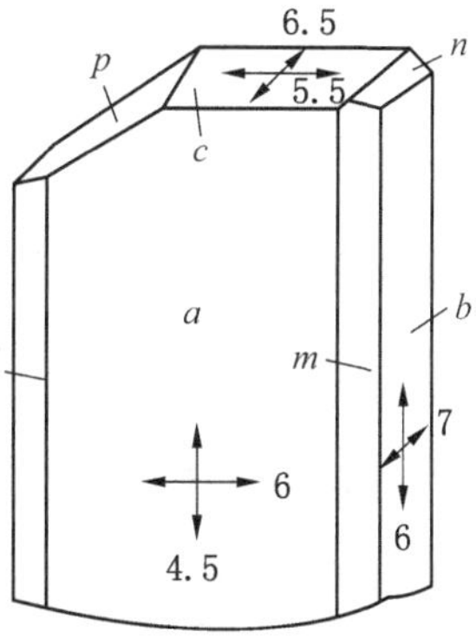

a、b、c、l、m、n、p—不同面的代号

图1－7 蓝晶石晶体硬度的异向性

4. 对称性

晶体具异向性，但并不排除晶体在某些特定的方向上具有相同的性质。在晶体的外形上，也常见相等的晶面、晶棱和角顶重复出现。这种相同的性质在不同的方向上有规律地重复出现的现象，就是对称性。晶体的格子构造本身就是质点重复规律的体现，所以晶体都具有对称性。对称性是晶体极重要的性质，是晶体分类的基础。

5. 最小内能性

在相同的热力学条件下晶体与同种物质的非晶体、液体、气体相比较，其内能最小，称为晶体的最小内能性。晶体内部具有格子构造，内部质点作有规律的重复排列，这是质点间的引力与斥力达到平衡的结果。非晶体、液体、气体由于它们内部质点的排列是不规律的，质点间的距离不可能是平衡距离，从而它们的势能也较晶体大。

6. 稳定性

在相同的热力学条件下，晶体比具有相同化学成分的非晶体稳定，非晶体有自发转变为晶体的必然趋势，而晶体决不会自发地转变为非晶质体，这就是晶体的稳定性。晶体的稳定性是晶体具有最小内能性的必然结果。

第二节　晶体的几何特征

一、晶体的对称性

1. 对称的概念及特点

对称是指物体相同部分有规律地重复。对称的物体必须符合两个条件：一是物体具有两个或两个以上的相同部分；二是这些相同部分之间可以通过一定的操作（旋转、反映和反伸）发生重复（图1－8）。

(a) 花朵　　(b) 建筑物　　(c) 生物

图1－8　对称的物体

晶体的对称主要具有以下特点：

（1）所有的晶体结构都是对称的。由于晶体内部都具有格子构造,而格子构造本身就是质点在三维空间周期重复的体现,通过平移,可使相同质点重复;而平移是一种特殊的对称操作。

（2）晶体的对称是有限的，它遵循“晶体对称定律”。这是因为晶体的对称要受格子构造规律的限制，只有符合格子构造规律的对称才能在晶体上出现。

（3）晶体的对称不仅包含着几何意义，也包含着物理意义。即晶体的对称不仅体现在外形上，同时也体现在物理性质（如光学、力学、热学、电学性质等）上。

2. 晶体的宏观对称要素和对称操作

欲使对称图形中相同部分重复，必须通过一定的操作才能完成，这种操作称为对称操作。在进行对称操作时所应用的辅助几何要素（点、线、面），称为对称要素。

（1）对称面（镜面）。对称面是一假想平面，它将图形平分为互为镜像的两个相同部分（图1－9）。相应的对称操作是反映。晶体中可以有一个或多个对称面存在，最多可以有9个。

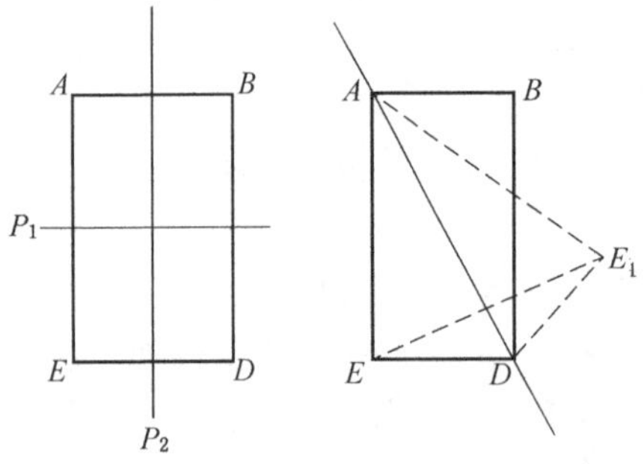

(a) P_1和P_2为对称面　　(b) AD为非对称面

图1－9　对称面与非对称面的对比

（2）对称轴。对称轴是一假想的直线，围绕该直线旋转后，可使相同部分重复。旋转一周重复的次数称为轴次(n)。重复时所旋转的最小角度称为基转角(α)。两者之间的关系为 $n=\frac{360°}{\alpha}$。对称轴以 L 表示，轴次 n 写在其右上角，写作 L^n。

晶体对称符合对称定律。晶体对称定律是指晶体中可能出现的对称轴只能是一次轴、二次轴、三次轴、四次轴、六次轴，不可能存在五次轴及高于六次的对称轴（图 1－10）。这是由晶体内部的格子构造决定的。

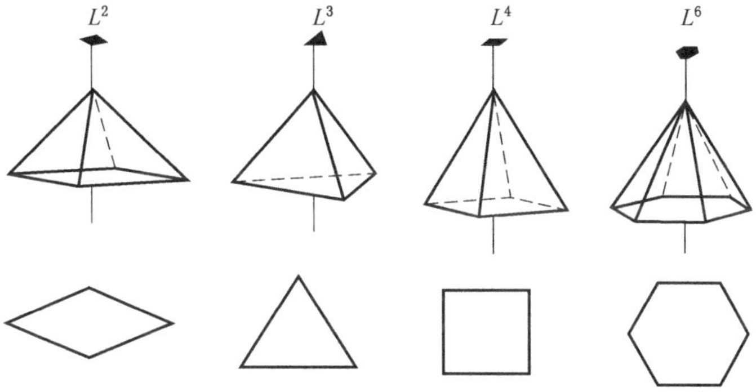

（图中下部的图表示垂直该轴的切面）

图 1－10　晶体中的对称轴 L^2，L^3，L^4 和 L^6 举例

（潘兆橹等，1993）

（3）对称中心。对称中心是一假想的点，通过该点作任意直线则在此直线上距对称中心等距离的位置上必定可以找到对应点。对应的对称操作称为反伸。对称中心用符号 C 表示，如图 1－11 所示，A 与 A_1，B 与 B_1 为对应点。

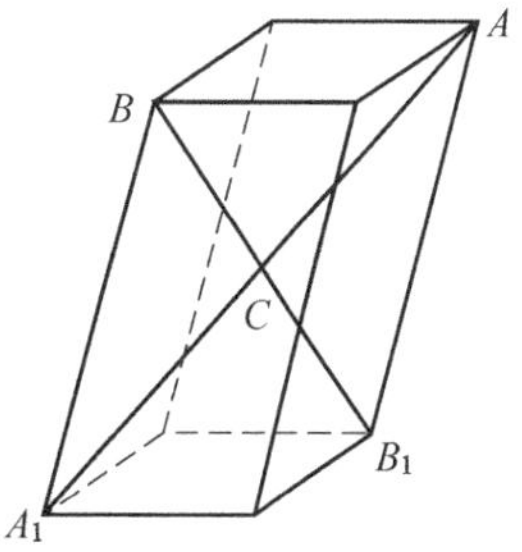

图 1－11　具有对称中心的图形

若晶体存在对称中心，其晶面均为成对平行出现。这一点可用来作为判别理想晶体或晶体模型有无对称中心的依据。

（4）旋转反伸轴。旋转反伸轴也是一假想的直线，如果物体围绕该直线旋转一定角度后，再对此直线上的一点进行反伸，则可使相同部分重复。其对应的操作是旋转与反伸的复合操作。旋转反伸轴以 L_i^n 表示。旋转反伸轴也遵循对称定律，即旋转反伸轴也只能是 $n=1$、2、3、4、6 这五种。

3. 32 种对称型及晶体分类

晶体形态中，全部对称要素的组合称为该晶体的对称型（或点群）。

对称型的书写原则：①按对称轴、对称面、对称中心的顺序书写；对称轴的书写按轴次由高到低的次序进行；②若晶体中有多个对称轴和多个对称面时，则要将对称轴和对称面的个数写在相应的对称要素前面。如立方体的对称型为 $3L^4 4L^3 6L^2 9PC$。

晶体中可能出现的对称型（点群）非常有限，仅有 32 种。根据晶体的对称型中所含对称要素的特点，将晶体分为 3 个晶族、7 个晶系以及 32 个晶类（表 1－1）。

表1-1 晶体的 32 种对称型

晶 族	晶 系	对称特点	对称型（点群）	国际符号
低级晶族（无高次轴）	三斜晶系	无 L^2，无 P	L^1	1
			C	$\bar{1}$
	单斜晶系	L^2 和 P 不多于 1 个	L^2	2
			P	m
			L^2PC	$2/m$
	斜方晶系	L^2 和 P 多于 1 个	$3L^2$	222
			L^22P	$mm(mm2)$
			$3L^23PC$	mmm
中级晶族（只有一个高次轴）	四方晶系	有一个 L^4 或 L_i^4	L^4	4
			L^44L^2	422(42)
			L^4PC	$4/m$
			L^44P	$4mm$
			L^44L^25PC	$4/mmm$
			L_i^4	$\bar{4}$
			$L_i^42L^22P$	$\bar{4}2m$
	三方晶系	有一个 L^3 或 L_i^3	L^3	3
			L^33L^2	32
			L^3C	$\bar{3}$
			L^33P	$3m$
			L^33L^23PC	$\bar{3}m\left(\bar{3}\frac{2}{m}\right)$
	六方晶系	有一个 L^6 或 L_i^6	L^6	6
			L^66L^2	(622)62
			L^6PC	$6/m$
			L^66P	$6mm$
			L^66L^27PC	$6/mmm$
			L_i^6（L^3P）	$\bar{6}$
			$L_i^63L^23P$（L^33L^24P）	$\bar{6}2m$
高级晶族（有多个高次轴）	等轴晶系	有 4 个 L^3	$3L^24L^3$	23
			$3L^24L^33PC$	$m3$
			$L_i^44L^36P$	$\bar{4}3m$
			$3L^44L^36L^2$	(432)43
			$3L^44L^36L^29PC$	$m3m$

二、单形及聚形

晶体形态的讨论仅限于晶体的理想形态。

（一）单形的概念

单形是指由对称要素联系起来的一组晶面的组合。同一个单形中，所有晶面的性质是等同的，在理想状态下，同一单形内的所有晶面应该同形等大。

根据单形的概念，可以得出如下结论：

（1）以单形中任意一个晶面作为原始晶面，通过对称型中全部对称要素的作用，一定会导出该单形的全部晶面。

（2）在同一对称型中，由于晶面与对称要素之间的位置不同，可以导出不同的单形（图 1－12）。

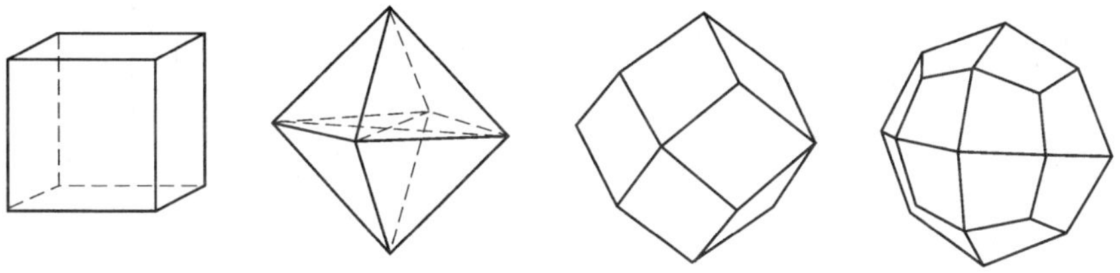

(a) 立方体　(b) 八面体　(c) 菱形十二面体　(d) 四角三八面体

图 1－12　各种单形

（二）47 种单形

每一种对称型，单形晶面与对称要素之间的相对位置最多只有 7 种。因此，一个对称型最多能推导出 7 种单形，由 32 种对称型最终推导出 146 种结晶单形。但如果只考虑单形的几何形状，不考虑单形的对称性，则将 146 种结晶单形可以归纳为 47 种几何单形。

47 种几何单形的分布：低级晶族 7 种，中级晶族 25 种，高级晶族 15 种。

单形的命名主要依据晶面数目、形状、晶面间相互关系以及单形的截面形状等。

1. 低、中级晶族的单形

（1）面类。包括单面、平行双面、双面（图 1－13a）。平行双面是由一对互相平行的晶面组成。双面是由两个相交的晶面组成，当此二晶面由二次轴相联系时，称轴双面；当二晶面由对称面联系时，称反映双面。

（2）柱类。包括斜方柱、三方柱、复三方柱、四方柱、复四方柱、六方柱、复六方柱（图 1－13a）。

（3）单锥类。包括斜方单锥、三方单锥、复三方单锥、四方单锥、复四方单锥、六方单锥、复六方单锥（图 1－13a）。

（4）双锥类。包括斜方双锥、三方双锥、复三方双锥、四方双锥、复四方双锥、六方双锥、复六方双锥（图 1－13a）。

柱类、单锥类、双锥类的横截面特点如图 1－13 所示，要特别注意复三方柱、复四方柱、复六方柱以及复三方锥、复四方锥、复六方锥的横截面特点，它们分别为复三边形、复四边形和复六边形。

（5）面体类。包括斜方四面体、四方四面体、菱面体、复三方偏三角面体、复四方偏三角面体（图 1－14）。这些单形的特点：上部晶面与下部晶面错开分布，且上部晶面

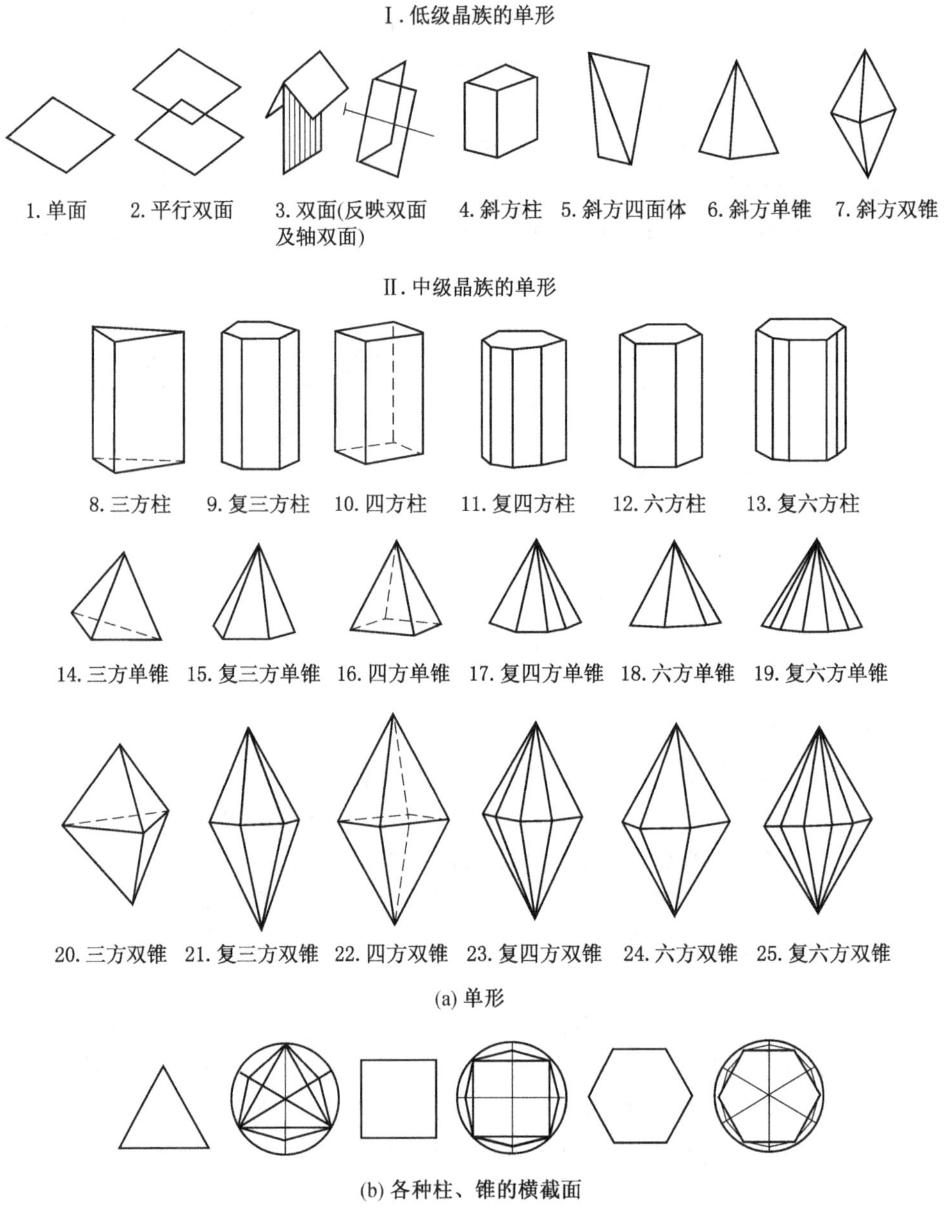

图1－13　47种几何单形（一）
（潘兆橹等，1993）

恰好在下部两晶面正中间，没有水平方向的对称面，除斜方四面体外，都有包含高次轴的直立对称面。

（6）偏方面体类。包括三方偏方面体、四方偏方面体、六方偏方面体（图1－14）。偏方面体类的单形其上部晶面与下部晶面错开的角度并不是左右相等的，这就导致了偏方面体类没有包含高次轴的直立对称面，所以偏方面体类有左形、右形之分。

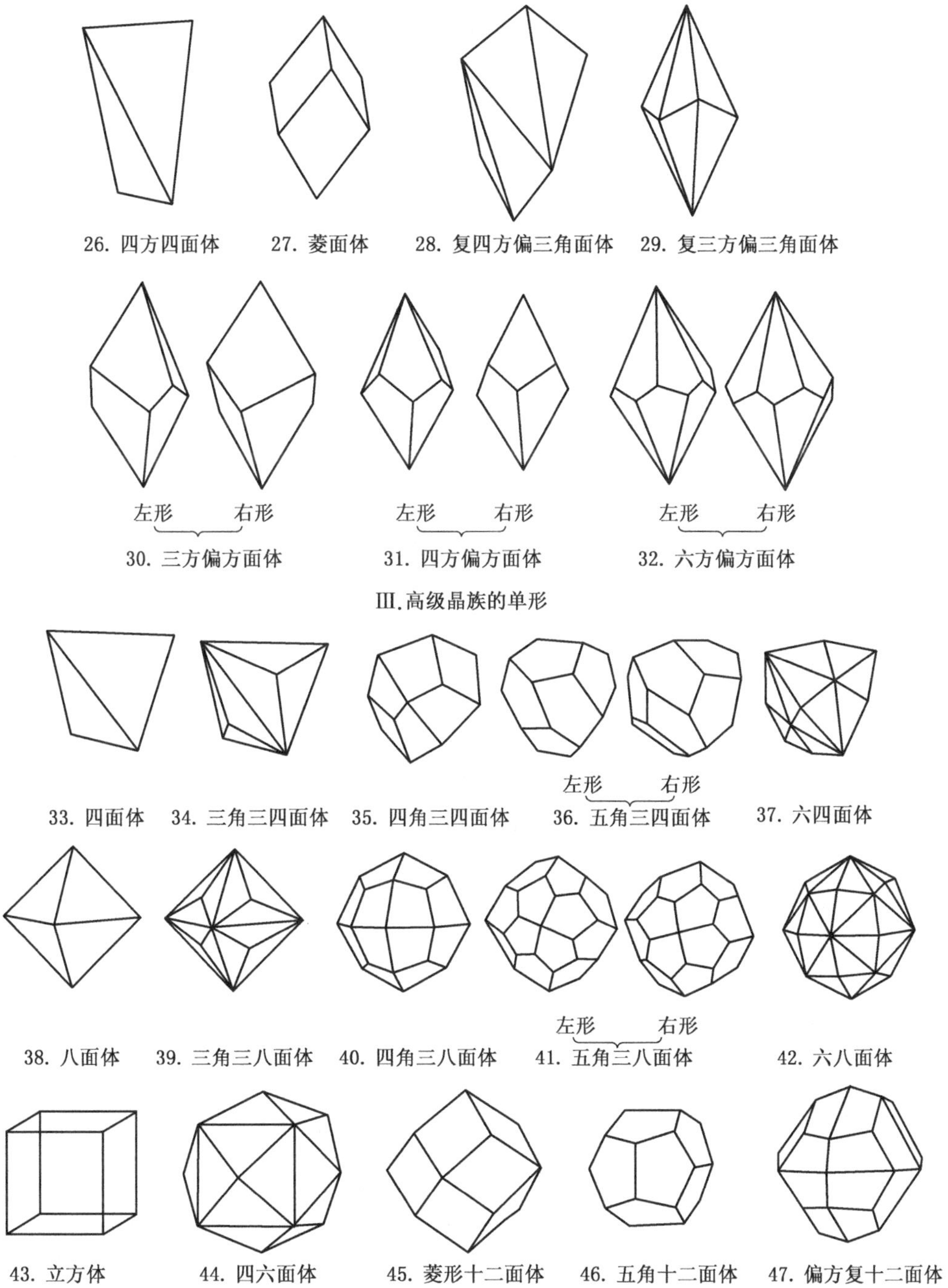

图1－14　47种几何单形（二）
（潘兆橹等，1993）

2. 高级晶族的单形

（1）四面体组。包括四面体、三角三四面体、四角三四面体、五角三四面体和六四面体（图1－14）。

四面体，由 4 个等边三角形晶面组成。晶面与 L^3 垂直；晶棱的中点出露 L_i^4；三角三四面体，犹如四面体的每一个晶面突起分为 3 个等腰三角形晶面而成；四角三四面体，犹如四面体的每一个晶面突起分为 3 个四角形晶面而成，四角形的 4 条边两两相等；五角三四面体，犹如四面体的每一晶面突起分为 3 个偏五角形晶面而成；六四面体，犹如四面体的每一个晶面突起分为 6 个不等边三角形而成。

（2）八面体组。包括八面体、三角三八面体、四角三八面体、五角三八面体和六八面体（图 1－14）。

八面体，由 8 个等边三角形晶面组成。晶面垂直 L^3。与四面体组的情况类似，设想八面体的每一个晶面突起平分为 3 个晶面，根据晶面的形状可分别形成三角三八面体、四角三八面体、五角三八面体。而将八面体的一个晶面突起平分为 6 个不等边三角形就可以形成六八面体。

（3）立方体组。包括立方体、四六面体、五角十二面体、菱形十二面体和偏方复十二面体（图 1－14）。

立方体，由两两相互平行的 6 个正四边形晶面组成，相邻晶面间均以直角相交。

四六面体，设想立方体的每个晶面突起平分为 4 个等腰三角形晶面，这样的 24 个晶面组成了四六面体。

五角十二面体，设想立方体每个晶面突起平分为两个具四个等边的五角形晶面，这样的 12 个晶面组成五角十二面体。

偏方复十二面体，设想五角十二面体的每个晶面再突起平分为两个具两个等长邻边的偏四方形晶面，这样的 24 个晶面组成偏方复十二面体。

菱形十二面体，由 12 个菱形晶面所组成，晶面两两平行，相邻晶面间的交角分别为 90°和 120°。

（三）单形的分类

1. 特殊形和一般形

特殊形是指单形的晶面处在特殊位置，即晶面垂直或平行于对称要素，或与相同的对称要素以等角相交；一般形则指单形晶面处于一般位置，既不与任何对称要素垂直，也不与任何对称要素平行。晶类的名称一般都是以一般形命名的。

2. 左形和右形

形态完全类同，在空间的取向上正好彼此相反的两个形体，它们互为镜像，但不能借助于旋转或反伸操作使之重合，此二同形反向体构成了左右对映形，其中一个为左形，另一个为右形。

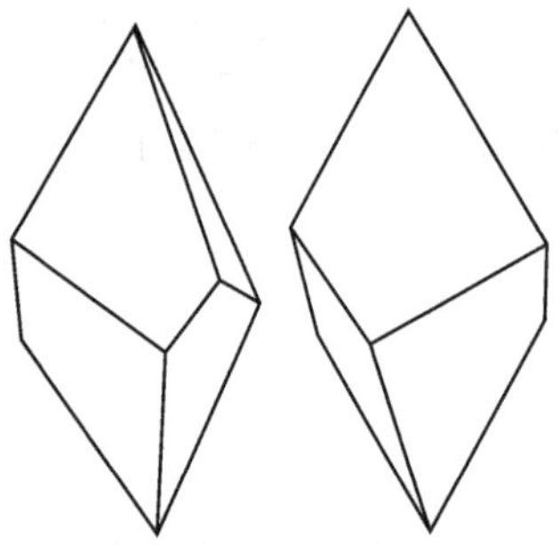

图 1－15　三方偏方面体左、右形

单形的左、右形可以根据其几何特征进行区分。中级晶族的 3 个偏方面体，以上部晶面的两个不等长的晶棱为依据，晶棱长者在左边为左形，晶棱长者在右边则为右形。五角三四面体和五角三八面体的左、右形也可以从外形上加以区分。有些单形根据几何特征就可以区分左、右形。例如：三方偏方面体（图 1－15）。

3. 正形和负形

取向不同的两个相同单形，如果相互之间能够借助旋转操作彼此重合，则两者互为正、负形。例如图 1 – 16、图 1 – 17 分别示出了四面体与五角十二面体的正负形，其正负形之间呈旋转 90°关系。

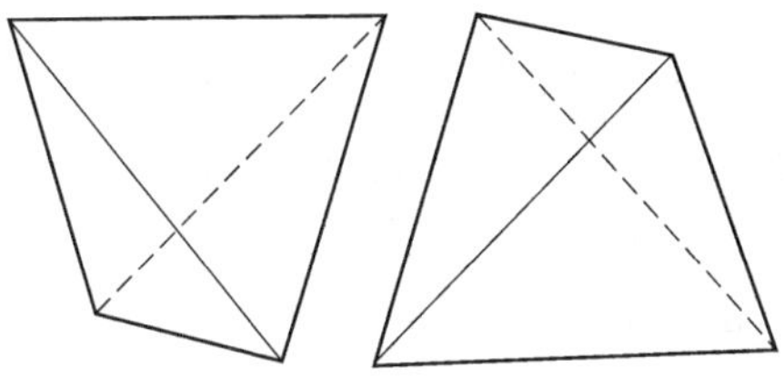

图 1 – 16 四面体正、负形

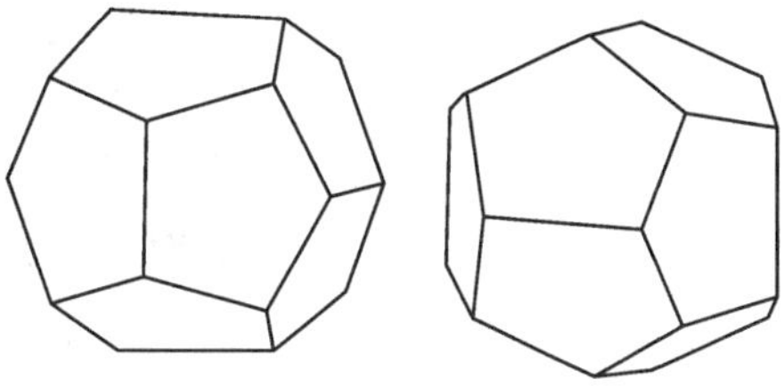

图 1 – 17 五角十二面体的正、负形

4. 开形和闭形

根据单形的晶面是否可以自相闭合来划分。凡是单形的晶面不能封闭成一定空间者，称为开形，例如平行双面、各种柱类等；反之，凡是单形晶面可以封闭成一定空间者，称为闭形，例如各种双锥和等轴晶系的全部单形等。

5. 定形和变形

一种单形其晶面间的角度为恒定者，称为定形；反之，称为变形。属于定形的单形有单面、平行双面、三方柱、四方柱、六方柱、四面体、八面体、菱形十二面体和立方体九种；其余单形皆为变形。

（四）聚形

聚形是指两个以上的单形聚合在一起，共同圈闭的空间外形。自然界中的晶体多数是以聚形出现的。

单形的相聚不是任意的，必须具有相同对称性的单形才能相聚；即组成聚形的各个单形都必须属于同一对称型。每一聚形中可能出现的单形种类不会超过七种，但同一种单形在同一聚形中可以多次出现。聚形中虽然同一单形的各晶面形态发生变化，但仍然是同形等大的，并且晶面数目及各晶面与对称要素间的相对位置不发生变化。

为了确定聚形是由哪些单形组成的，就要进行聚形分析。聚形分析应遵循以下步骤：

（1）确定晶体所属的对称型和晶系，以判断该聚形可能出现的单形类型。

（2）观察聚形中同形等大晶面的种类，以确定单形数目。

（3）逐一观察每一组同形等大晶面数目及晶面间的关系，结合晶面扩展相交的假想单形形状，得出聚形中各个单形的名称。

（4）晶体定向，并确定各单形的单形符号。

上述聚形分析仅针对理想晶体形态（即晶体模型）而言，在实际晶体形态上，有时由于出现歪晶，同一单形的晶面并不同形等大，这时要根据晶面花纹、晶面的物理性质等确定是否为同一单形的晶面。

三、晶体定向及晶面符号

晶体定向就是在晶体中以晶体中心为原点建立一个坐标系，这个坐标系一般由 3 个晶轴 x、y、z 组成（也可用 a、b、c 表示）。3 个晶轴正端之间的夹角分别表示为 $\alpha(y \wedge z)$、

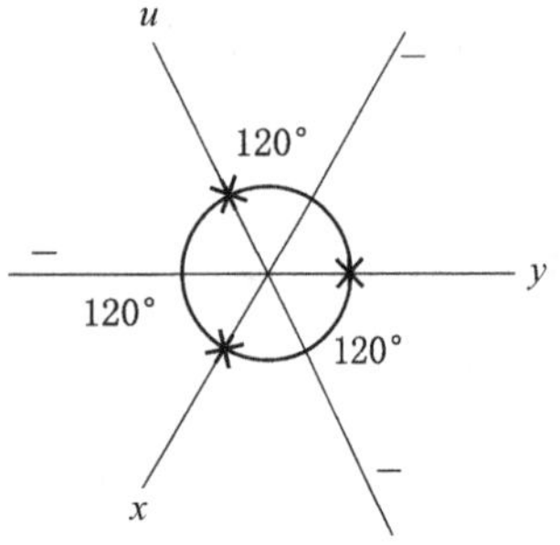

图 1－18　三方及六方晶系的坐标轴

$\beta(z\wedge x)$、$\gamma(x\wedge y)$。对于三方、六方晶系的晶体，常用四轴定向法，即水平方向上的 x、y、u 轴及直立方向的 z 轴（图 1－18）。

1. 晶轴的选择原则

进行晶体定向，选择晶轴是关键。晶轴的选择原则有两点：①选择的晶轴要与晶体的对称特点相符合，所以一般都以对称要素作晶轴；②在遵循上述原则的前提下，尽量使晶轴相互垂直。由于各晶系对称特点不同，所以选择晶轴的方法也不同（表 1－2）。

在 7 个晶系中，等轴晶系、四方晶系、斜方晶系、单斜晶系及三斜晶系的定向，选择三轴坐标系，其中 z 轴为直立方向，上端为正；x 轴为前后方向，前端为正；y 轴为左右方向，右端为正。对于三方晶系和六方晶系，则选择四轴坐标系，其中 z 轴仍为直立轴，上端为正；x、y、u 三轴则位于与 z 轴垂直的同一水平面上，其正端间的夹角均为 120°（图 1－18）。

表 1－2　各晶系选择晶轴的具体方法及晶体常数特点

晶　系	选　轴　原　则	晶体常数特点
等轴晶系	以相互垂直的 L^4 或 L_i^4 或互相垂直的 L^2 为 x、y、z 轴	$a=b=c$，$\alpha=\beta=\gamma=90°$
四方晶系	以 L^4 或 L_i^4 为 z 轴（主轴），以垂直 z 轴并相互垂直的两个 L^2 或 P 的法线或晶棱的方向（当无 L^2 或 P 时）为 x、y 轴，在 $L_i^4 2L^2 2P$ 对称型中，以两个 L^2 为 x、y 轴	$a=b\neq c$，$\alpha=\beta=\gamma=90°$
六方晶系及三方晶系	以 L^6、L_i^6、L^3 为 z 轴（主轴），以垂直 z 轴并彼此相交为 120°（正端间）的 3 个 L^2 或 P 的法线或晶棱的方向（当无 L^2 或 P 时）为 x、y、u 轴，在 $L_i^6 3L^2 3P$ 对称型中，以 3 个 L^2 为 x、y、u 轴	$a=b\neq c$，$\alpha=\beta=90°$，$\gamma=120°$
斜方晶系	以相互垂直的 3 个 L^2 为 x、y、z 轴；在 $L^2 2P$ 对称型中以 L^2 为 z 轴，以两个 P 的法线为 x、y 轴	$a\neq b\neq c$，$\alpha=\beta=\gamma=90°$
单斜晶系	以 L^2 或 P 的法线为 y 轴，以垂直 y 轴的主要晶棱方向为 z 轴和 x 轴	$a\neq b\neq c$，$\alpha=\gamma=90°$，$\beta>90°$
三斜晶系	以不在同一平面内的 3 个主要晶棱方向为 x、y、z 轴	$a\neq b\neq c$，$\alpha\neq\beta\neq\gamma\neq 90°$

2. 晶面符号

晶体定向后，就可以写出晶面符号了。所谓的晶面符号是用来表征晶面空间方位的符号，通常用米氏符号表示，即用晶面在 3 个晶轴上的截距系数的倒数比来表示。如有一个晶面 HKL 在 x、y、z 轴上的截距分别为 $2a$、$3b$、$6c$，2、3、6 称为截距系数，其倒数比为 3 : 2 : 1，则该晶面的晶面符号写作(321)（图 1－19）。小括号内的数字为晶面指数，其顺序按 x、y、z 轴排列，一般式写作(hkl)。若晶面平行于某晶轴，则晶面在晶轴上晶面指数为 0。

三方晶系、六方晶系的晶面符号用 4 个指数表示，写为($hk\bar{i}l$)，其中第 3 个指数表示在 u 轴上的截距系数的比值，同时有 $h+k+\bar{i}=0$。

3. 整数定律

整数定律又称有理指数定律，其内容为晶面指数为简单整数，即晶面在晶轴上的截距系数之比为简单整数比。

（1）晶面是面网，晶轴是行列，晶面截晶轴于结点，或者晶面平移后截晶轴于结点（图 1－20）。因此，若以晶轴上的结点间距 a、b、c 作为度量单位，则晶面在晶轴上截距系数之比必为整数比。

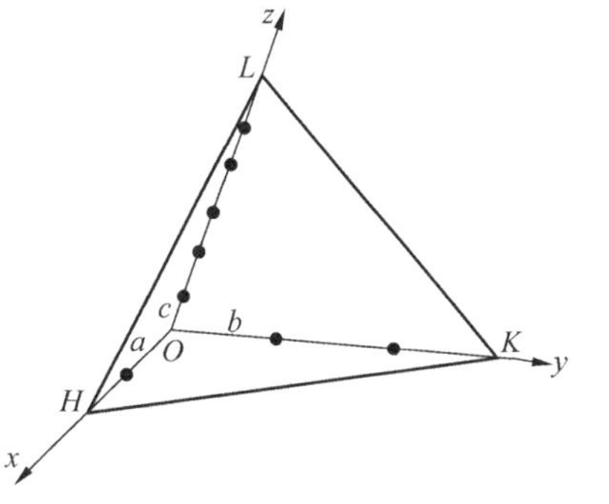

图 1－19　晶面符号图解

（2）图 1－21 表示平行 z 轴的一组面网（垂直纸面），它们均截 x 轴于 a_1 点，截 y 轴分别为 b_1，b_2，b_3，b_4，…，b_n 点。从面网密度来看，面网密度愈大，晶面在晶轴上的截距系数之比愈简单。而晶体常常是由面网密度大的面网包围，所以，晶面在晶轴上的截距系数之比为简单整数比。

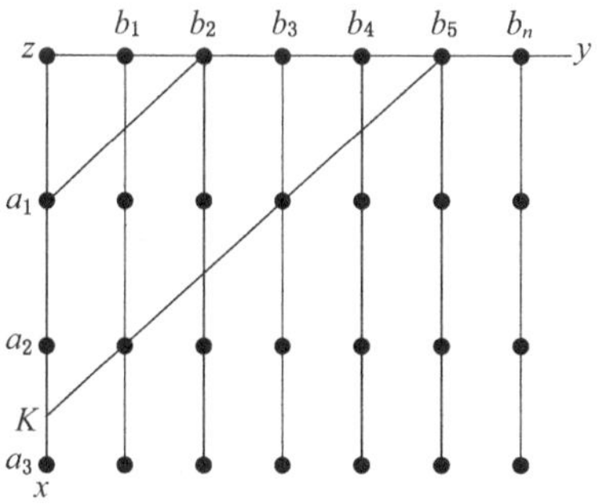

图 1－20　面网平移示意图

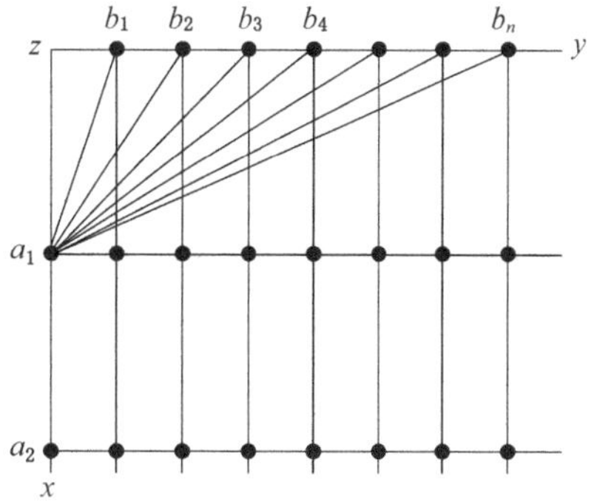

图 1－21　面网密度与截距系数的关系

四、对称型的国际符号

前面的学习中，我们使用的是对称型的一般符号，即按一定顺序将对称型中所有的对称要素都写出来，没有方向性，且较烦琐，但对初学者比较容易接受。

国际符号是由 Hermann 与 Mauguin 创立，故又称 HM 符号。其特点比较简明，既表明了对称要素的组合，也表明了对称要素的方位。

国际符号中以 1、2、3、4、6 和 $\bar{1}$、$\bar{2}$、$\bar{3}$、$\bar{4}$、$\bar{6}$ 分别表示各种轴次的对称轴和旋转反伸轴，以 m 表示对称面。

若对称面与对称轴垂直，则两者之间以斜线或横线隔开。如 L^2PC 以 $2/m$ 表示；L^4PC 以 $4/m$ 表示。

国际符号中有 1～3 个序位，每一个序位代表不同的方向。在不同晶系中，3 个序位代表的方向也不同（表 1－3）。对称型完整的国际符号是按一定的顺序列出了一定方向上的对称要素，但省略了等同的和派生的对称要素。所谓等同的对称要素，即相互之间可以复制的对称要素。对称型中等同的对称要素，不管有几个，只写一个；所谓派生的对称要素，就是指通过其他对称要素组合而产生的对称要素，这种派生的对称要素在国际符号中也可省略。

32 种对称型的国际符号见表 1 -1，各晶系晶体定向及国际符号序位如图 1 -22 所示。

表1-3　各晶系对称型的国际符号中各序位所代表的方向

晶　　系	国际符号中的序位	代表的方向
等轴晶系	1	x 或 y 或 z 轴方向(a)
	2	三次轴方向($a+b+c$)
	3	x、y 或 x、z 或 y、z 轴之间($a+b$)
三方晶系及六方晶系	1	六次或三次轴，即 z 轴方向(c)
	2	与六次轴或三次轴垂直，在 x 或 y 或 u 轴方向上(a)
	3	与六次轴或三次轴垂直，并与位 2 的方向成 30°角($2a+b$)
四方晶系	1	四次轴，即 z 轴方向(c)
	2	与四次轴垂直，在 x 或 y 轴方向(a)
	3	与四次轴垂直，并与位 2 呈 45°角($a+b$)
斜方晶系	1	x 轴方向(a)
	2	y 轴方向(b)
	3	z 轴方向(c)
单斜晶系	1	y 轴方向(b)
三斜晶系	1	任意方向

注：表中 a、b、c 分别代表 x、y、z 轴上的单位矢量（潘兆橹等，1993）。

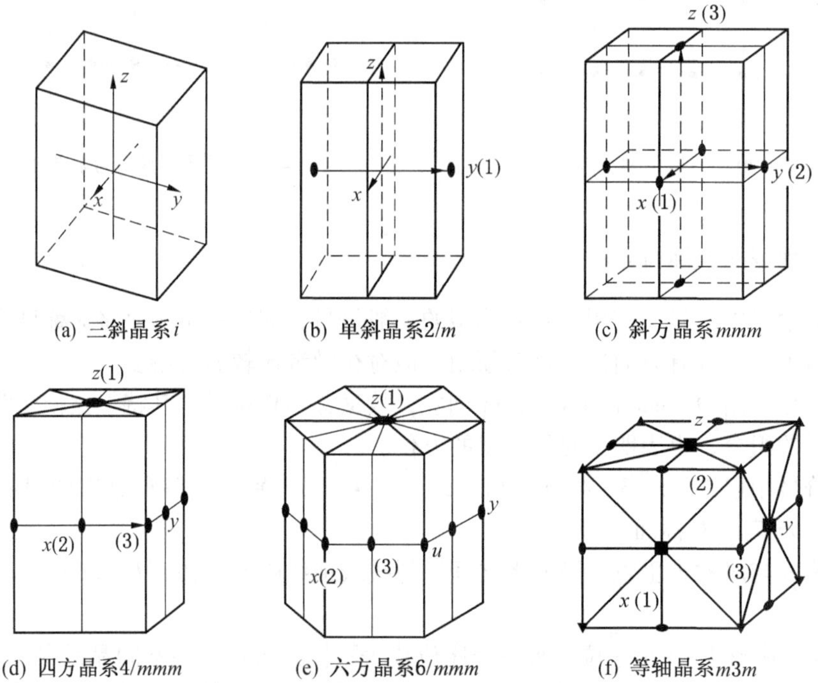

x、y、z—晶轴；(1)、(2)、(3)—国际符号中三位序位

图 1-22　各晶系晶体定向及国际符号序位

（潘兆橹等，1993）

五、双晶

（一）双晶的概念

双晶是指两个以上的同种晶体，按一定的对称关系相互取向而组成的规则连生晶体。它们可以借助对称操作——反映、旋转、反伸，使两个个体彼此重合或平行。构成双晶的两个单体内部的格子构造是互不平行连续的。

（二）双晶要素

双晶要素是指通过变换方位使双晶中的单体之间重合或平行而凭借的几何要素。主要包括双晶面和双晶轴。

（1）双晶面。为一假想的平面，在构成双晶的两个单体中，其中一个单体通过反映变换后可与另一个单体重合或平行。图 1－23 中 *tp*[// (011)] 即是锡石膝状双晶的双晶面。

（2）双晶轴。为一假想直线，双晶中一单体围绕该直线旋转 180°，可与另一单体重合或平行。图 1－24 中 tl_1(// *c*)轴即是正长石卡斯巴律双晶的双晶轴。

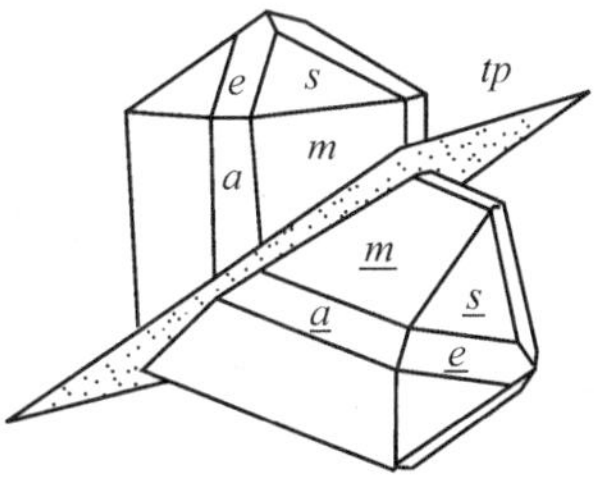

图 1－23　锡石膝状双晶
（罗谷风，1985）

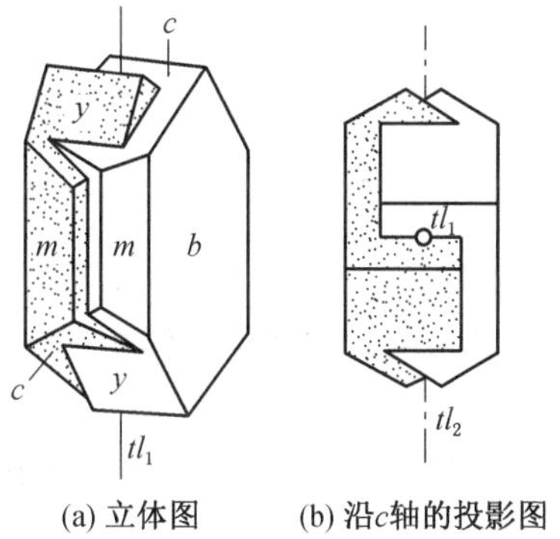

图 1－24　正长石卡斯巴律双晶
（罗谷风，1984）

双晶面不能平行于单晶体中的对称面，因为由双晶面联系起来的两个单体之间，晶体取向一定不是平行一致的。同理，双晶轴也不能平行于单晶体中的偶次对称轴。

（三）双晶接合面

描述双晶时，除描述其双晶要素外，还要描述双晶接合面。双晶接合面不属于双晶要素，它是指相邻两晶体实际接触的界面，属于两个单体共用的一个面网，一般也用晶面符号表示。此外，双晶接合面还经常与双晶面重合，或平行于双晶轴，或垂直于双晶轴。例如正长石的卡斯巴律双晶，其接合面多平行(010)。

（四）双晶律和双晶类型

单体构成双晶的具体规律叫双晶律。双晶律经常以该双晶的形态、特征矿物名称以及最初发现地等命名，用双晶要素和双晶接合面表示。

依据双晶单体接合方式，双晶分为以下类型：

1. 接触双晶

由两个单体以简单的平面相接触而构成的双晶叫接触双晶。进一步又可分为如下 3 种：

（1）简单接触双晶。两个单体间只以一个规则的接合面相接触，如锡石的膝状双晶。

（2）聚片双晶。由若干单体按同一种双晶律组成，接合面相互平行（图 1－25）。

（3）环状双晶。由两个以上的单体按同一种双晶律组成，各接合面依次成等角度相交，双晶总体呈环状。环状双晶按其单体的个数，可分别称为三连晶、四连晶、六连晶等（图 1－26）。

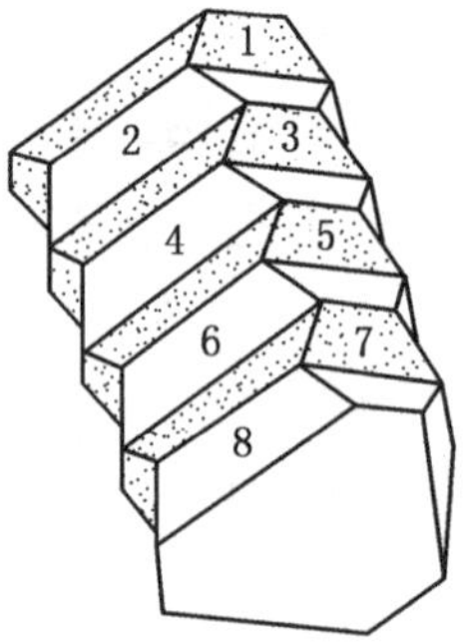

图 1－25　聚片双晶
（罗谷风，1985）

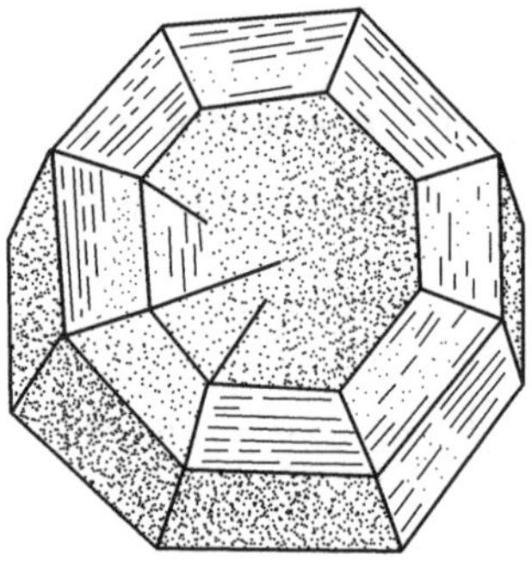

图 1－26　锡石的环状双晶
（潘兆橹等，1993）

2. 贯穿双晶（穿插双晶）

贯穿双晶指两个或多个单体相互穿插，接合面常曲折而复杂，如十字石复杂贯穿双晶（图 1－27）。

复合双晶是由两个以上单体彼此间按不同的双晶律组成的双晶。例如斜长石的卡－钠复合双晶（图 1－28）。

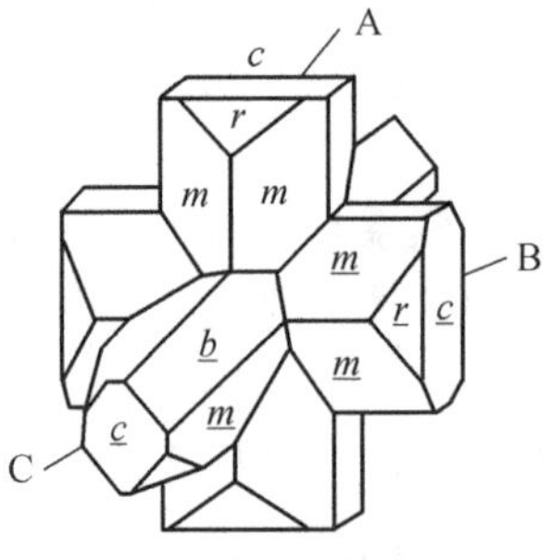

图 1－27　十字石按两种双晶律形成的贯穿双晶
（潘兆橹等，1993）

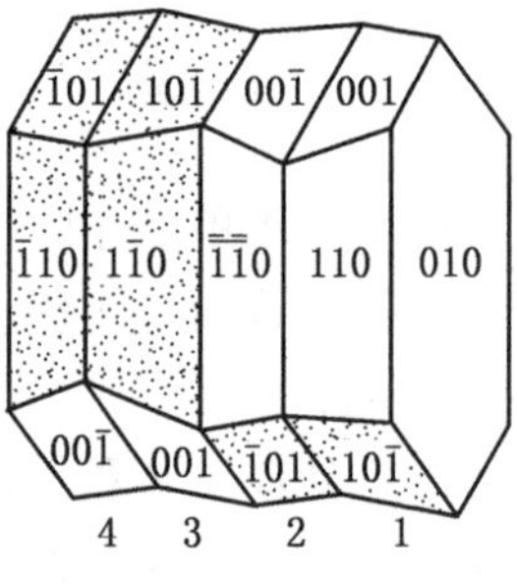

图 1－28　斜长石的卡－钠复合双晶
（罗谷风，1985）

（五）双晶的成因类型

根据双晶的形成机理，可将双晶分为以下 3 种类型：

（1）生长双晶。晶体生长过程中形成的双晶，是晶体生长过程中，晶核（或小晶体）

按照双晶关系连生，进而成长为双晶。

（2）转变双晶。在同质多像转变及无序—有序转变的过程中所产生的双晶。例如，当六方晶系的 β - 石英转变为三方晶系的 α - 石英时，形成道芬双晶。

（3）机械双晶。晶体在生成以后，由于受到应力的作用，导致晶格发生均匀滑移，结果使已滑移部分与未滑移部分的晶格间处于双晶的相互取向关系，从而形成双晶。机械双晶通常都表现为聚片双晶。例如大理岩中的方解石晶体的聚片双晶（图 1 - 29），就是一种典型的机械双晶。

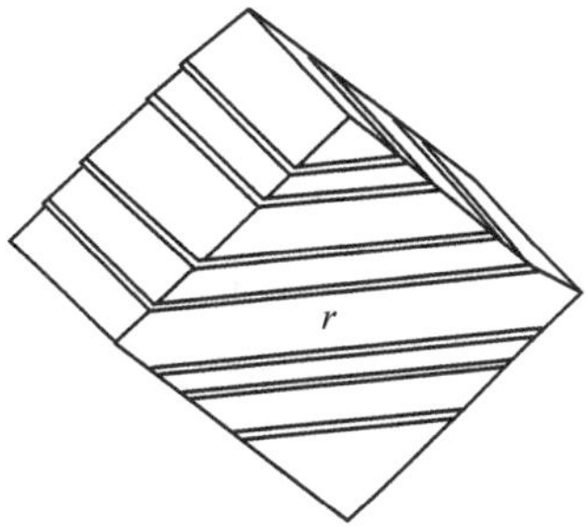

图 1 - 29　方解石机械双晶（聚片双晶）（罗谷风，1985）

第三节　晶体化学基础

晶体化学组成和晶体内部结构，是决定晶体各种性质的最基本因素，两者既紧密联系又相互制约，有其自身内在的规律性。这些规律性就是晶体化学所要研究的内容。

一、等大球体的最紧密堆积及其空隙

矿物的晶体是由质点（原子和离子）组成，这些质点可看成是具有一定半径的球体，在晶体结构中，质点之间尽可能地相互靠近，以达到内能最小，使晶体处于最稳定状态。

等大球体最紧密堆积，在第一层内的堆积方式只有一种（彩图 1），继续堆积第二层球时，只能置于第一层球体的三角状空隙上，依然只有一种方式，再继续堆积第三层时则有两种不同的方式：第一种方式是 *ABA*，形成 *ABABAB*…两层重复一次的堆积，此种堆积方式使球体在空间的分布与六方原始格子相对应，称为六方最紧密堆积（彩图 2a）。第二种方式是 *ABC*，形成 *ABCABC*…三层重复一次的堆积，则球体在空间的分布规律与立方面心格子一致，称为立方最紧密堆积（彩图 2b）。这两种堆积方式是最基本、最常见的。

(a) 六方最紧密堆积中的空隙　(b) 立方最紧密堆积中的空隙

图 1 - 30　一个球周围的四面体与八面体空隙分布规律

在等大球体最紧密堆积中，球体之间存在着两种空隙，一种是由 4 个球体围成的四面体空隙；另一种是由 6 个球体围成的八面体空隙。

在六方和立方最紧密堆积中，一个球体周围均分布 8 个四面体空隙和 6 个八面体空隙，但两者分布规律不同。在六方最紧密堆积中，同种空隙上下相对；在立方最紧密堆积中，同种空隙上下错开（图 1 - 30）。

研究最紧密堆积及其空隙，对于了解金属键晶体和离子键晶体的结构都有重要意义。

二、配位数和配位多面体

在晶体结构中，原子和离子是按照一定的方式相结合的。每个原子或离子周围最邻近的原子或异号离子的数目称为该原子或离子的配位数，用 CN 表示。以一个原子或离子为中心，将其周围与之成配位关系的原子或离子的中心连结起来所获得的多面体称为配位多面体。配位多面体有多种形式，晶体结构通常可以看成是由配位多面体连结而成的一种结构体系。

在金属晶体中，一般金属原子都作等大球体最紧密堆积，每个金属原子周围都有 12 个原子，其配位数为 12。具有共价键的晶体，受共价键饱和性和方向性限制，其配位数则不受球体最紧密堆积规律制约，配位数偏低，一般小于 4。在离子键晶体中，通常阴离子半径较大，可以看成是阴离子做最紧密堆积，阳离子充填其空隙。此时，只有当异号离子相互接触时结构才最稳定，即阴、阳离子的相对大小就决定了它们的配位数（表 1 – 4，图 1 – 31）。

表 1 – 4　阳离子配位数与阳、阴离子半径比值 r_a/r_x 的关系

离子半径比值 r_a/r_x	配　位　数	配位多面体的形状
0. 000 ~ 0. 155	2	 哑铃状
0. 155 ~ 0. 225	3	 三角形
0. 225 ~ 0. 414	4	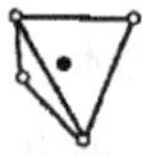 四面体
0. 414 ~ 0. 732	6	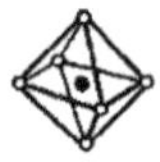 八面体
0. 732 ~ 1	8	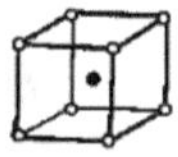 立方体
1	12	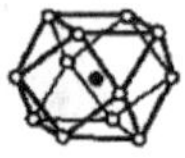 立方八面体

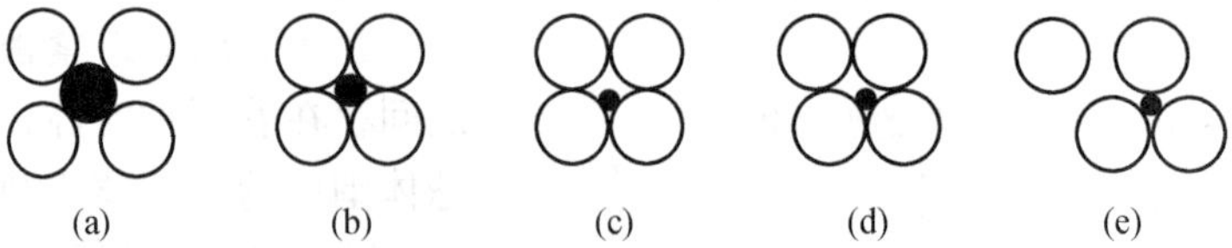

图 1 – 31　阳离子配位稳定性图解
（潘兆橹等，1993）

表 1 – 4 中的配位数与阴、阳离子半径比值之间的关系是几何学的，在实际晶体结构中受离子的极化、形成时的温度、压力、组分浓度等因素的影响，配位数都会发生改变。

三、化学键和晶格类型

晶体的化学键性分为离子键、共价键、金属键、分子键四种基本类型。根据晶体中占主导地位的化学键类型，将晶体结构分为以下几种晶格类型：

1. 离子晶格

在离子晶格中，阴、阳离子间是以静电引力相互联系，电子云不发生显著变形，也没有饱和性、方向性。晶体结构中离子的配置方式，取决于阴、阳离子的电价、离子半径及其比值等因素。通常阴离子做最紧密或近于最紧密堆积，阳离子充填空隙，配位数较高。

由于离子晶格没有自由电子，所以这类晶体不具导电性（但熔化后可导电），同时对光的吸收少，晶体透明或半透明；由于离子键的作用力比较强，所以晶体硬度较大。

2. 原子晶格

原子晶格中的质点，彼此间以共价键相结合。因共价键具有方向性和饱和性，所以晶格中原子间的排列方式主要受键的方向控制，因而一般不能形成最紧密堆积结构。

共价键结合很强，所以原子晶格的晶体强度高、熔点高、不导电、透明至半透明，玻璃—金刚光泽。

3. 金属晶格

金属晶格的质点主要是丢失价电子的金属阳离子，它们彼此间借助在整个晶格内运动的“自由电子”相互联系，形成金属单质或金属化合物。由于金属键性无方向性和饱和性，且各原子间具有相同或近于相同的半径，因而它们通常形成等大球体最紧密堆积。

由于金属键具自由电子，故金属晶体为良导体，不透明，高反射率，金属光泽，具高密度和延展性，硬度一般较低。

4. 分子晶格

分子晶格中存在着真实的分子。分子内以共价键结合，分子间由范德华力维系，其空间配置主要取决于分子本身的几何特征。分子的形状虽然不一定是球形，但它们也能趋于最紧密堆积。

分子键的作用力很弱，所以具有分子晶格的晶体一般熔点低，可压缩性大，热膨胀率大，导热率小，硬度低，透明，不导电。但某些性质也与分子内的键性有关。

四、类质同像

1. 类质同像的概念

晶体结构中某种质点（原子、离子或分子）为它种类似的质点所代替，仅使晶格常数发生不大的变化，而结构型式并不改变，这种现象称为类质同像。

类质同像是矿物中非常普通的现象。如闪锌矿 ZnS 中的 Zn，可部分地被 Fe、Mn、Ga、In 等代替，此时 Fe、Mn、Ga、In 等替代的物质称为类质同像混入物，含有类质同像混入物的晶体称为类质同像混晶，是一种固溶体。

2. 类质同像的分类

（1）根据组分在晶格中所能替代的范围，类质同像可分为完全类质同像和不完全类质同像。在类质同像混晶中，若 A、B 两种质点可以任意比例相互取代，则形成连续的类质同像系列，称为完全类质同像系列。如菱镁矿—菱铁矿系列中镁、铁之间的代替；若

A、B 两种质点相互代替局限在有限范围内，它们不能形成连续系列，则称为不完全类质同像系列。如闪锌矿中，铁取代锌局限在一定范围内。

（2）根据相互取代质点的电价相同或不同，类质同像分为等价类质同像和异价类质同像。前者如上述的 Mg^{2+} 与 Fe^{2+} 之间的代替；后者如在钠长石 $Na[AlSi_3O_6]$ 与钙长石 $Ca[Al_2Si_2O_6]$ 系列中，Na^+ 和 Ca^{2+} 之间的代替以及 Si^{4+} 和 Al^{3+} 之间的代替，由于这两种代替同时进行，所以代替前后总电价是平衡的。

书写类质同像混晶的化学式时，凡相互间成类质同像替代关系的一组元素均写在同一圆括号内，彼此间用逗号隔开，按所含原子百分数由高到低的顺序排列。例如普通辉石 $(Ca,Na)(Mg,Fe^{2+},Fe^{3+},Al,Ti)[(Si,Al)_2O_6]$等。

3. 影响类质同像的因素

形成类质同像代替的原因一方面取决于替代质点本身的性质，另一方面也取决于外部条件的影响。具体影响因素有：

（1）发生相互替代的原子或离子的半径要相近。

（2）替代前后总电价必须保持平衡。如果是异价类质同像替代，还应遵循对角线法则（表 1－5）。

表 1－5　异价类质同像替代的对角线法则

Ⅰ	Ⅱ	Ⅲ	Ⅳ	Ⅴ	Ⅵ	Ⅶ
Li 0.076(6) 0.092(8)						
Na 0.102(6) 0.118(8)	Mg 0.072(6) 0.089(8)	Al 0.039(4) 0.054(6)				
K 0.138(6) 0.151(8)	Ca 0.100(6) 0.122(8)	Sc 0.075(6) 0.087(8)	Ti 0.061(6) 0.074(8)			
Eb 0.152(6) 0.161(8)	Sr 0.118(6) 0.102(8)	Y 0.090(6) 0.102(8)	Zr 0.072(6) 0.084(8)	Nb 0.064(6) 0.074(8)	Mo 0.059(6) 0.073(7)	
Cs 0.167(6) 0.174(8)	Ba 0.135(6) 0.142(8)	La 0.086～0.103(6) 0.098～0.116(8)	Hf 0.071(6) 0.083(8)	Ta 0.064(6) 0.074(8)	W 0.060(6)	Re 0.053(6)

注：表中的数据为离子有效半径，单位为 mm；括号中的数字表示配位数（李胜荣，2008）。

（3）发生替代离子或原子的离子类型和化学键要相同。

（4）温度增高有利于发生类质同像，而温度降低则限制类质同像的范围，并促使类质同像混晶发生分解，即固溶体出溶。

另外，压力和组分浓度等物理化学条件也可以对类质同像的形成产生很大的影响。

4. 研究类质同像的意义

（1）类质同像是矿物极为普遍的现象，是引起矿物化学成分变化的主要原因之一。

（2）研究类质同像有助于阐明矿床元素赋存状态、寻找稀有分散元素和进行矿床的综合评价。

（3）类质同像混入物的分解具有重大的实际意义，分解有时能造成某些元素的集中。这种集中过程在外生作用中表现得特别明显。

（4）研究类质同像混入物分解的机理，可以确定矿床氧化带和原生矿床的关系，为进一步寻找原生矿床有很大帮助。

五、同质多像

1. 同质多像的概念

同种化学成分的物质，在不同的物理化学条件（温度、压力、介质）下，形成不同结构晶体的现象，称为同质多像。这些不同结构的晶体，称为该成分的同质多像变体。金刚石和石墨就是碳(C)的两个同质多像变体，它们的晶体结构如图1－32所示。

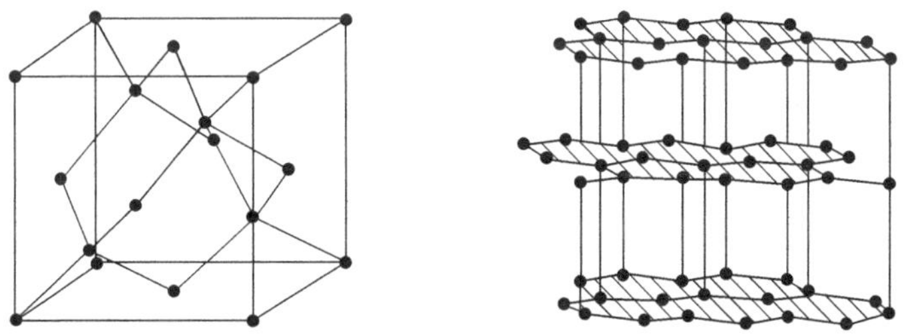

(a) 金刚石　　(b) 石墨

图1－32　金刚石与石墨的晶体结构
（潘兆橹等，1993）

2. 同质多像变体的转变

同质多像的变体之间，由于物理化学条件的改变，在固态条件下可以相互转变，这个转变温度在一定压力下是固定的。因此，我们可以根据自然界矿物中某种变体的存在或某种转化过程来推测地质体的形成温度，称为“地质温度计”。

同质多像的转变，可分为可逆（双向）和不可逆（单向）两种类型。如α－石英转变为β－石英是在573 ℃时完成的，并且是可逆的；而文石升温即可转变为方解石，但温度降低则不再形成文石，因而它是不可逆的。

另外，从晶体结构的变化来看，同质多像的转变又可分为移位型转变、重建型转变和有序—无序的转变。移位型转变是指两种变体发生转变时，结构中仅质点位置和键角发生不大的变化，例如α－石英与β－石英之间的转变；重建型转变，指结构发生了根本性变化，相当于重建结构，例如金刚石与石墨之间的转变；有序—无序转变，指结构型基本不变，仅结构的有序—无序状态发生了改变。

一种同质多像变体继承了另一种变体之晶形的现象，称为副像，它的存在是判断曾发生过同质多像转变的重要证据。

第二章　晶体光学基础

第一节　光　的　性　质

一、光的波动性

光是一种电磁波，其振动方向与传播方向垂直，所以光波的振动方向也垂直于其传播方向（图 2－1）。在晶体光学中不少现象（单偏光、正交偏光、干涉）都与此性质相关。

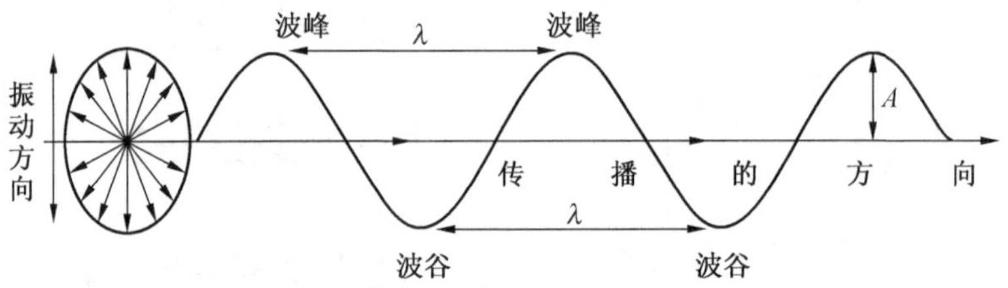

λ—波长；A—波幅

图 2－1　自然光的振动方向与传播方向相互垂直

电磁波谱具有一个广阔的区段，根据其波长大小可依次划分为无线电波、红外线、可见光、紫外线、X 射线、γ 射线、宇宙射线（图 2－2）。

从电磁波谱中可看出，可见光是电磁波谱中一个很窄的区段，其波长大致为 390～770 nm。可见光是由频率不同的七种颜色的单色光组成的混合光。波长由长至短对应的颜色依次为红、橙、黄、绿、蓝、青、紫七种，每一种单色光都有其特定波长。通常所见的“白光”是七色光按比例组成的混合光，它没有一定的波长。

二、自然光与偏光

根据光波的振动特点，把光分为自然光和偏光。

1. 自然光

自然光是指直接由光源发出的光，如太阳光、灯光等。其振动特点：光波在垂直其传播方向的平面内做任意方向的等幅振动（图 2－3a）。

2. 偏光

偏光是指在垂直光波传播方向的某一固定方向上振动的光波。自然光经过反射、折射、双折射或选择性吸收等作用后，可以转变为只在一个方向上振动的偏光（亦称平面偏振光）（图 2－3b）。偏光振动方向与传播方向所构成的平面称为振动面。自然光转变为偏光的作用称为偏光化作用（图 2－4）。

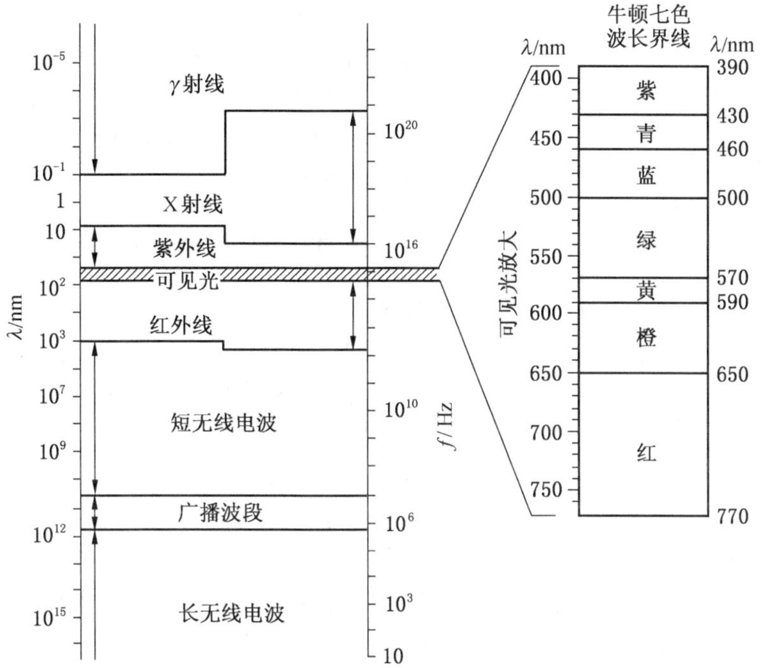

图 2-2 电磁波谱
（李德惠，1993）

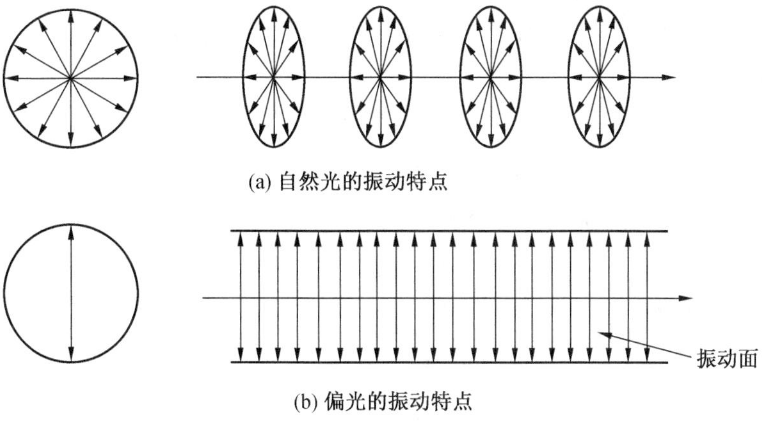

图 2-3 自然光和偏光的振动特点

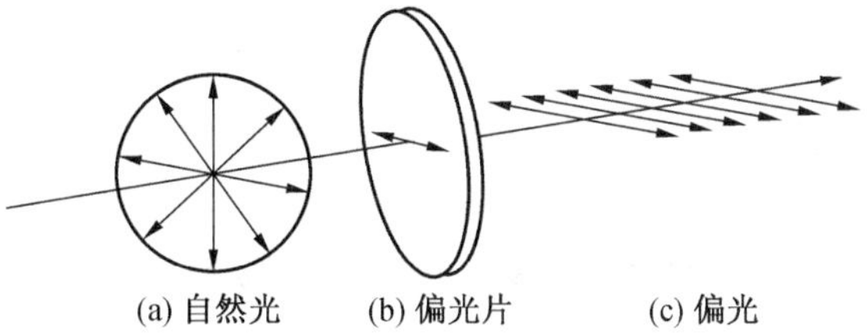

图 2-4 自然光通过偏光片后变成偏光

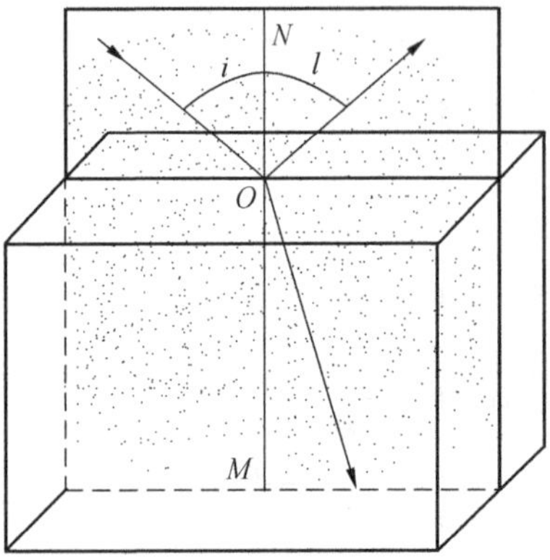

图 2-5　光的传播

晶体光学研究中主要是应用偏光，研究使用的仪器是偏光显微镜，它装有把自然光变为偏光的装置——下偏光镜（又称起偏器）。偏光镜主要是利用双折射（尼科尔棱镜）或选择性吸收（偏光片）产生偏光的原理制成。

三、光的折射、反射和全反射

1. 光的折射和反射

光在同一均匀介质中沿直线传播。当光线从一种介质进入到另一种介质时，在两种介质的界面处会发生程度不同的反射和折射现象，使光波的传播方向发生改变。反射光波按反射定律反射回原介质；折射光波则按折射定律进入另一种介质中（图 2-5）。

2. 折射定律和折射率

光学上将两种介质分界面的垂线称法线，入射光线与法线的夹角称入射角，以 i 表示；折射光线与法线的夹角称折射角，以 r 表示。当光发生折射时，入射角 i 与折射角 r 不相等（图 2-6）。

当光波从光疏介质进入光密介质时，折射光波传播方向向靠近界面法线偏折，即折射角小于入射角（图 2-6b）。相反，当光波从光密介质进入光疏介质时，折射光波传播方向向远离界面法线偏折，即折射角大于入射角（图 2-6c、图 2-6d）。入射角 i 的正弦与折射角 r 的正弦的比值，对于一定的介质是一个常数，以符号“N”表示，即 $\sin i/\sin r = N$，此即为折射定律。

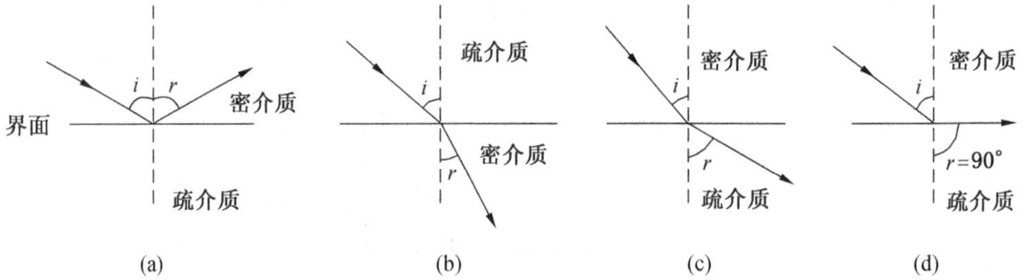

图 2-6　光的反射、全反射及折射现象

折射定律的完整表达式为 $N_{2-1} = \dfrac{\sin i}{\sin r} = \dfrac{v_i}{v_r}$。$N_{2-1}$ 称为介质 2（折射介质）对介质 1（入射介质）的相对折射率。如果入射介质为真空（或空气），N_{2-1} 即为折射介质的绝对折射率，简称折射率。

折射率反映了光在介质中的传播速度。传播速度越大，折射率越小；传播速度越小，折射率越大。

对于某一矿物来说，折射率是一个固定的常数，不同的矿物折射率也不同。绝大多数透明矿物的折射率介于1.3~2.4。在岩石薄片中，矿物折射率的大小可以通过糙面、突起、贝克线及洛多奇尼夫色散效应等现象的观察进行判断。

3. 光的全反射和全反射临界角

当光波由光密介质进入光疏介质时，折射角总是大于入射角，折射线向远离界面法线的方向偏折；随着入射角逐渐增大，折射角也以更大的幅度逐渐增大，当折射角增至90°时，折射光波不再折入光疏介质，而是沿界面方向传播；再稍微增大入射角，入射光波将全部按反射定律反射回光密介质中，这种现象称为透明物质的全反射。使折射角 $r=90°$ 时的入射角称为全反射临界角(图2-7)。

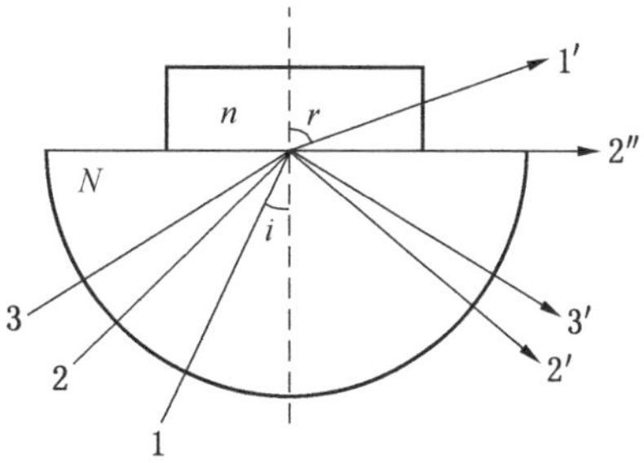

图2-7 光的全反射

如图2-7所示，光线1从光密介质（折射率为 N）射入光疏介质（折射率为 n）时，发生折射，折射角 r 大于入射角 i。当入射角增大时，折射线向界面方向移动，即折射角也随之增大。当入射线变到2的位置，折射角变为90°，折射线(2″)沿界面方向射出。光线2的入射角即为光疏介质 n 对光密介质 N 的全反射临界角。稍微增大入射角，入射光将沿光线2′方向（按反射定律）返回光密介质，所以2方向左侧的入射光全部反射回光密介质，而不再折入光疏介质，这就是光的全反射现象。以 φ 代表全反射临界角，根据折射定律可得出：$\frac{\sin\varphi}{\sin 90°}=\frac{n}{N}$。因为 $\sin 90°=1$，所以 $n=N\sin\varphi$。这样，如果折射率较大的介质的 N 值已知，则可根据全反射临界角计算出较小折射率介质的 n 值。

从折射率的定义可知：光在介质中的传播速度越大，折射率越小，临界角越大；反之传播速度越小，折射率越大，临界角越小。

四、光波在均质体与非均质体中的传播特征

自然界中的物质根据光学性质不同可分为光性均质体与光性非均质体两大类。

1. 光性均质体（各向同性）

光性均质体（简称均质体）包括等轴晶系的矿物和一切非晶质的物质（如火山玻璃、树胶、浸油等）。均质体是各向同性的介质，其光学性质在各个方向上是相同的。光波射入均质体后，不产生双折射，不改变光波的振动性质，即自然光射入均质体后，基本上仍为自然光；偏光射入均质体后仍为偏光，其振动方向不变，光的传播速度也不发生改变，因此只有一个折射率（图2-8）。

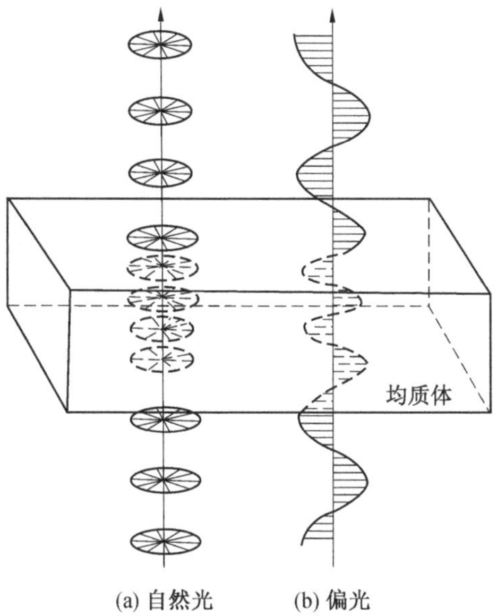

图2-8 光波垂直均质体矿片入射示意图

2. 光性非均质体（各向异性）

光性非均质体（简称非均质体）包括中级晶族（三方晶系、四方晶系、六方晶系）和低

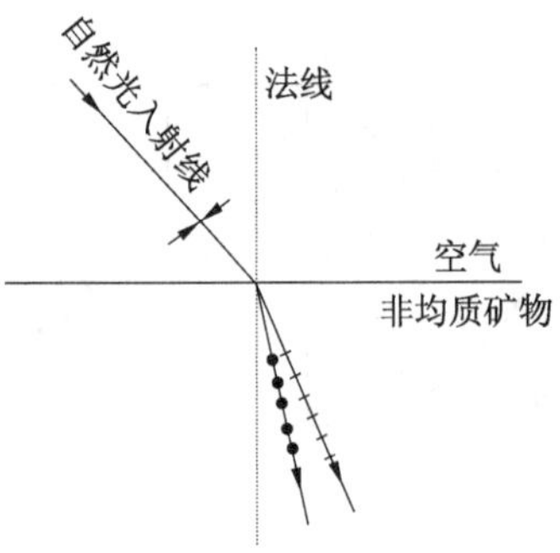

图2-9 光波射入非均质体中的双折射

级晶族（斜方晶系、单斜晶系、三斜晶系）中所有矿物，如石英、方解石、锆石、刚玉、绿柱石、橄榄石、角闪石、云母、长石等。绝大多数透明造岩矿物都是光性非均质体。

光波射入非均质体中，除特殊方向外都要发生双折射，分解为振动方向相互垂直、传播速度不同、折射率不等的两束偏光（图2-9）。这两束偏光的折射率之差称为双折射率，简称双折率，用 ΔN 表示。

由于非均质体的各向异性，光波在非均质体中传播时，其传播速度和相应的折射率值，随光波在晶体中的振动方向不同而发生改变，每一个振动方向都对应于一个折射率值，即非均质体有无数个折射率。每一种具体的介质，其各个方向的折射率均有一个变化范围，如石英的折射率范围是1.544~1.553。

非均质体中都有一个或两个特殊方向，光波沿此方向射入时不发生双折射，也不改变入射光的振动方向，这种特殊方向称为光轴，以 *OA* 表示。中级晶族晶体只有一个光轴方向，称为一轴晶。低级晶族晶体有两个光轴方向，称为二轴晶。

必须注意，光轴是代表晶体内的一个方向，而不仅仅是一条线。

五、双折射和双折射率

双折射是光波通过非均质体的普遍特征，非均质体的许多光学现象都与双折射有关。产生双折射是由于晶体的各向异性所致。双折射现象可通过冰洲石的实验来完成（图2-10和图2-11）。

如果将冰洲石的一个解理面盖在有一个黑点的纸上，通过冰洲石可观察到两个黑点，在纸上转动冰洲石，发现其中的一个黑点 *o* 不动，另一个黑点 *e* 则绕该黑点作圆周运动。若将冰洲石慢慢以菱形短轴（*c* 轴）直立，则黑点 *e* 向黑点 *o* 靠拢，直至两点重合。说明光波沿 *c* 轴入射不发生双折射，这个特殊方向称为光轴方向。

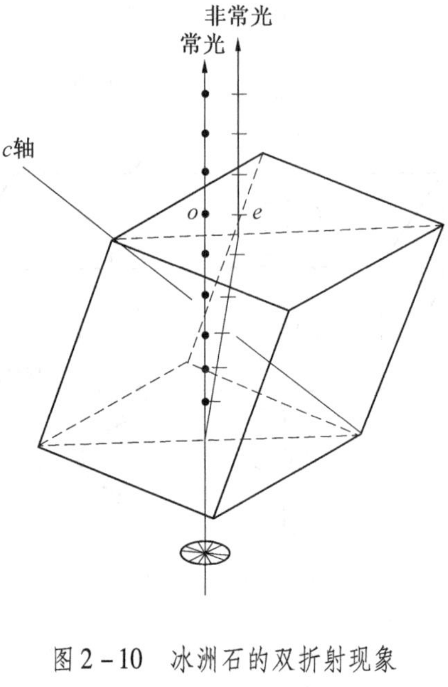

图2-10 冰洲石的双折射现象

当光波沿任意方向射入一轴晶矿物后，光波发生双折射，分解成振动方向互相垂直的两种偏光。其中一种偏光的振动方向垂直 *c* 轴（光轴），其传播速度及相应折射率不变，称为常光，以“o”表示。另一种偏光在 *c* 轴与光波传播方向所构成的平面（称主平面）内振动，其传播速度及折射率值随振动方向而改变，称为非常光，以“e”表示。非常光的折射率值随着其振动方向与光轴的夹角而变化：夹角为0°时，折射率最大，用 N_e 表示；当夹角介于0°与90°之间时，折射率为变化值，用 N'_e 表示。

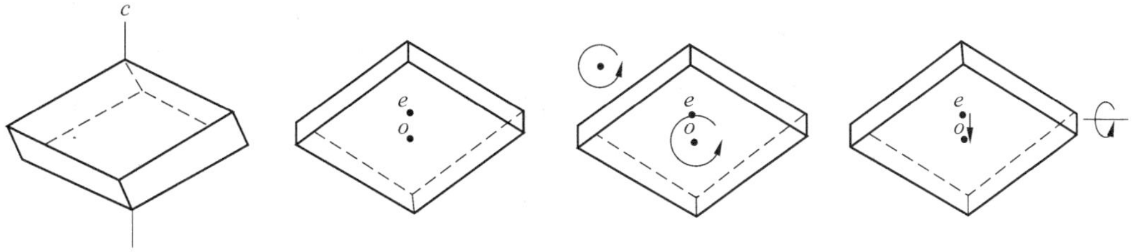

图 2-11　振动方向互相垂直的两种偏光

二轴晶矿物双折射特征比一轴晶更复杂，每一入射光经过双折射和偏光化后分解成两种振动方向垂直且传播速度不同的两束偏光，它们都是非常光，其传播速度和相应的折射率都随入射光方向的改变而发生变化。

双折射率是光波进入非均质体时，因双折射分解成振动方向相互垂直的两束偏光，它们传播速度不同，相应的折射率也不相等，这两种偏光的折射率的差值称为双折射率，用 ΔN 表示。一轴晶的最大双折射率值为 $|N_e - N_o|$，二轴晶的最大双折射率值为 $N_g - N_p$。

六、光率体

光率体是表示光波在晶体中传播时，光波振动方向与相应折射率之间关系的一种光性指示体，是表示光波在晶体中各振动方向上折射率和双折射率变化规律的立体图形。

光率体的构成：自晶体的中心开始，以线段的方向表示光波的振动方向，以线段的长短按比例表示折射率的大小，然后将各线段的端点连接起来即构成光率体。光率体是从晶体的具体光学性质中抽象出来的立体图形，并非实际存在于晶体之中，反映了晶体光学性质中最基本的特点，是解释晶体光学现象的基础。

晶体中不同振动方向的折射率，可以通过不同的晶体切面用晶体折射仪或油浸法测出。

（一）均质体的光率体

由于均质体具有各向同性，光波在均质体中传播时，无论沿什么方向振动，其传播速度和相应的折射率均不变化。因此，均质体的光率体是圆球体，不同种属的均质体矿物的光率体差异在于圆球体大小的不同，即圆球体半径所代表的折射率大小不同。例如萤石 $N=1.434$，其光率体是以 1.434 为半径的圆球体；镁铝榴石 $N=1.739$，其光率体是以 1.739 为半径的圆球体。

（二）一轴晶光率体

1. 一轴晶光率体的形态

一轴晶矿物包括中级晶族的三方晶系、四方晶系和六方晶系的矿物。其水平结晶轴的轴单位相等（$a=b\neq c$），这种晶体结构特点决定了在垂直 c 轴的水平方向上光学性质是一致的。实验证明：中级晶族矿物，光波振动方向垂直 c 轴时，各个方向的折射率值均相等，为常光的折射率 N_o；当光波的振动方向平行 c 轴时，相应的折射率与 N_o 相差最大，是非常光折射率的最大值，用 N_e 表示；光波的振动方向与 c 轴斜交，其相应的折射率介于 N_o 与 N_e 之间，以 N'_e 表示。N'_e 随光波振动方向与 c 轴的夹角大小而变化，光波振动方

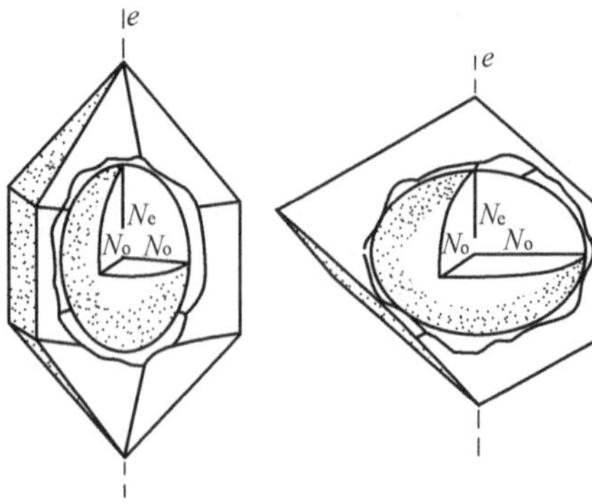

(a) 石英　　(b) 方解石

图 2－12　一轴晶的光性方位
（李德惠，1993）

向与 c 轴夹角较大，则 N'_e 比较接近 N_o；相反，光波振动方向与 c 轴夹角较小，则 N'_e 比较接近 N_e。所以，一轴晶光率体是一个以 c 轴为旋转轴的旋转椭球体（图 2－12）。

一轴正晶的光率体是一个以 N_e 轴（长轴）为旋转轴的拉长的旋转椭球体，如石英（图 2－12a）；一轴负晶的光率体是一个以 N_e 轴（短轴）为旋转轴的压扁的旋转椭球体，如方解石（图 2－12b）。

2. 一轴晶光率体要素

一轴晶光率体有两个长、短不等的半径，称两个光学主轴——N_e 轴和 N_o 轴，它代表一轴晶的两个主折射率值。平行 N_e 轴的切面称为光率体的主轴面或平行光轴切面（既包含 N_e 也包含 N_o），垂直 N_e 轴的切面为圆切面；一轴晶光率体有无数个主轴面或平行光轴切面，但圆切面只有一个。

3. 一轴晶光率体光性正负的划分

如前所述，一轴晶光率体有两种类型：一类是旋转轴为长轴的拉长的旋转椭球体，即 $N_e > N_o$；另一类是旋转轴为短轴的压扁的旋转椭球体，即 $N_e < N_o$。由此规定光性符号：当 $N_e > N_o$ 时称为一轴正晶或正光性、正光符，如石英，可简写为“一(＋)”；当 $N_e < N_o$ 时称为一轴负晶或负光性、负光符，如方解石，可简写为“一(－)”；中间折射率为 N'_e，正晶为 $N_e > N'_e > N_o$，负晶为 $N_e < N'_e < N_o$。

4. 3 种主要切面类型

一轴晶矿物光率体主要有垂直光轴(⊥OA)的切面、平行光轴(∥OA)的切面和斜交光轴的切面 3 种切面类型。

（1）垂直光轴(⊥OA)的切面。为一圆切面，其半径等于 N_o，光波垂直这种切面入射（即平行光轴入射）时，不发生双折射，其折射率等于 N_o（图 2－13a），双折射率 $\Delta N = 0$。一轴晶只有一个圆切面。

（2）平行光轴(∥OA)的切面。为一椭圆切面，光波垂直此切面入射时会发生双折射，在此平面内分解成振动方向相互垂直的两种偏光，其振动方向必然平行椭圆切面的长、短半径，分别对应两个主折射率 N_e 和 N_o（图 2－13b），双折射率等于椭圆切面长、短半径上的折射率 N_e 和 N_o 之差，即 $\Delta N = N_e - N_o$，为晶体的最大双折射率。

（3）斜交光轴的切面。为一椭圆切面，光波垂直这种切面入射，发生双折射分解成两种偏光，其振动方向分别平行椭圆切面的长、短半径，相应的折射率分别为 N_o 和 N'_e（图2－13c），双折射率为 N'_e 和 N_o 之差，即 $\Delta N = N'_e - N_o$，其值的大小介于垂直光轴切面与平行光轴切面之间，一轴晶任何斜交光轴切面中始终有一个是 N_o。正晶时，短半径为 N_o；负晶时，长半径为 N_o。

上述三种类型切面中，都有一个 N_o，因为任何切面都必须通过光率体中心，所以对一轴晶矿物来说，N_o 是一个重要常数。

应用光率体，可以确定光波在晶体中的传播方向、振动方向及相应折射率三者之间的关系。

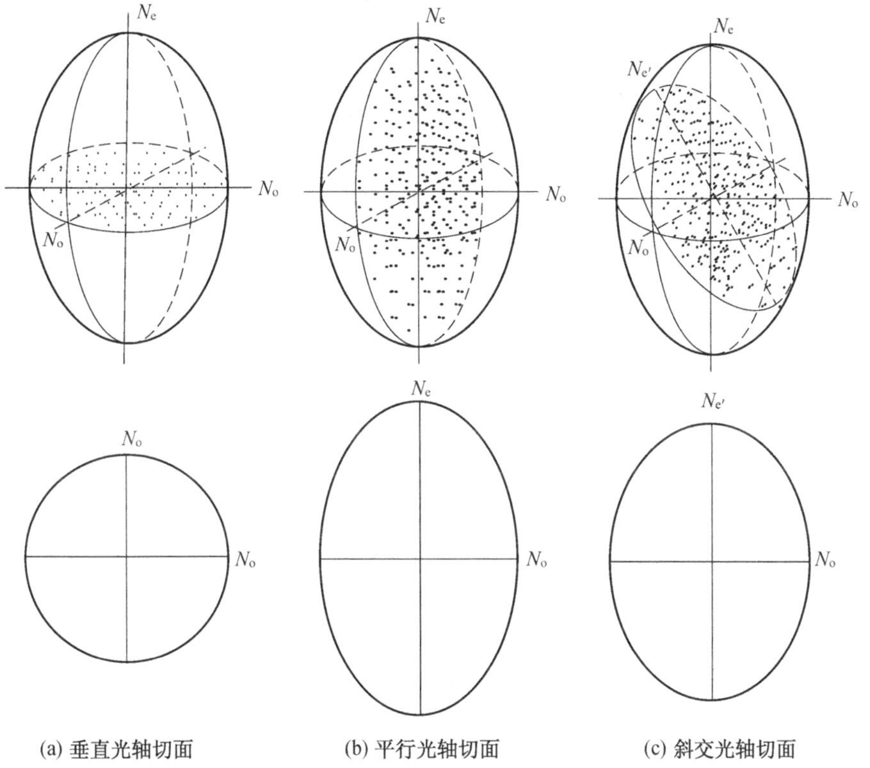

图 2－13　一轴晶正光性光率体切面类型
（李德惠，1993）

在光率体中，相同方位的切面上，光学性质是相同的。N_o 为一常数，N'_e 随着入射方向不同而变化。因此，双折射率 ΔN 值也随入射光方向而变化。平行光轴的切面 ΔN 值最大，垂直光轴的切面 ΔN 值最小，而斜交光轴的切面 ΔN 值介于二者之间。

（三）二轴晶光率体

1. 二轴晶光率体的形态

二轴晶矿物指低级晶族（包括斜方晶系、单斜晶系、三斜晶系）矿物，其 3 个结晶轴的轴单位不等，即 $a \neq b \neq c$，表明其内部质点在三度空间的排列和光学性质的不均一性。

二轴晶光率体有 3 个主折射率值，分别用 N_g、N_m、N_p 表示，代表互相垂直的 3 个振动方向上的折射率，且 $N_g > N_m > N_p$。其他振动方向的折射率介于 N_g、N_m、N_p 之间，以 N'_g 或 N'_p 表示。

二轴晶光率体均为三轴不等的椭球体，椭球体中 3 个半径（主轴）的长度分别代表矿物 3 个主折射率 N_g、N_m、N_p 的大小。不同种属矿物的光率体的差异在于：3 个半径的长短不同，3 个半径的方向在晶体中的方位（即光性方位）不同。例如橄榄石属斜方晶系，其光率体的 3 个半径分别是 $N_g = 1.715$，$N_m = 1.680$，$N_p = 1.651$；3 个半径在晶体

中相应的方位是 $N_g // a$，$N_m // c$、$N_p // b$（也可以写作 $N_g = a$，$N_m = c$，$N_p = b$）（图 2 - 14）。

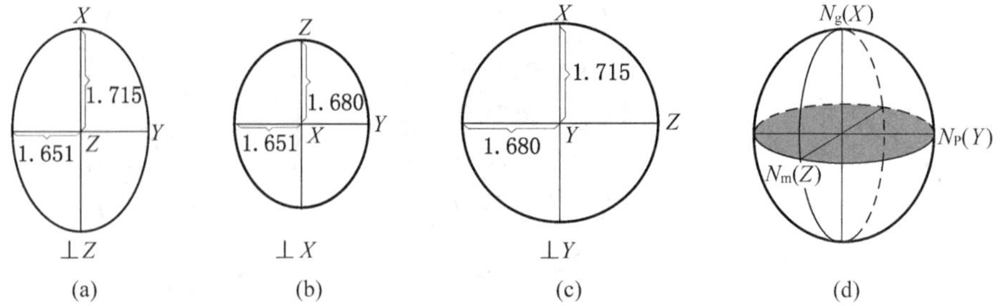

图 2 - 14　二轴晶光率体的构成

（李德惠，2002）

2. 二轴晶光率体的构成要素

（1）3 个光学主轴。3 个互相垂直的光率体轴代表二轴晶矿物的 3 个主要光学方向，称为光学主轴，简称主轴，分别为 N_g、N_m 和 N_p，其大小关系为 $N_g > N_m > N_p$。

（2）三个主轴面（主切面）及一个光轴面。包含任意两个主轴的切面称主轴面（主切面），二轴晶光率体有三个互相垂直的主轴面（图 2 - 15）：N_gN_p 主轴面、N_mN_p 主轴面和 N_gN_m 主轴面，其中 N_gN_p 主轴面包含两个光轴，又称光轴面。二轴晶只有一个光轴面。

（3）两个光轴（*OA*）及两个圆切面（图 2 - 15）。在二轴晶光率体中，包含 N_m 轴在光率体的一侧（N_g 轴和 N_p 轴之间）连续作一系列椭圆切面，在这些椭圆切面中一定可以找到一个半径相当于 N_m 的圆切面；在光率体的另一侧，同样可找出另一个圆切面。光波垂直这两个圆切面入射时，不发生双折射，这个特殊方向称之为光轴，以 *OA* 表示。通过光率体中心，能找出两个圆切面，故二轴晶光率体有两个光轴，称二轴晶。

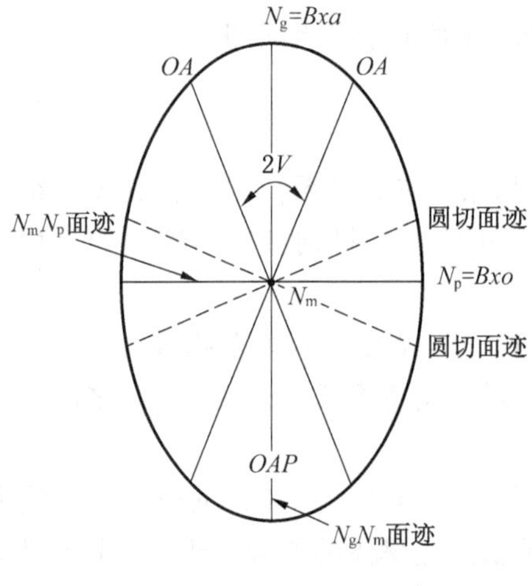

图 2 - 15　二轴正晶光轴面上标出的光率体要素

（4）光学法线。指通过光率体中心且垂直光轴面的主轴 N_m（光轴面法线），光学法线与主轴 N_m 一致，光轴面法线方向永远是 N_m。

（5）光轴角、锐角等分线及钝角等分线。两个光轴之间所夹的锐角称光轴角（图 2 - 15），以 $2V$ 表示。两个光轴所夹锐角的平分线称锐角等分线，以 *Bxa* 表示；两个光轴之间的钝角平分线称钝角等分线，以 *Bxo* 表示。锐角等分线和钝角等分线均包含在 N_gN_p 主轴面中（图 2 - 15）。

3. 二轴晶光率体的光性符号的划分

（1）根据锐角等分线 *Bxa* 是与 N_g 一致还是与 N_p 一致来确定二轴晶矿物的光性：

当 $Bxa=N_g$ 时，为正光性（图2－16a），简称为“二(＋)”；当 $Bxa=N_p$ 时，为负光性（图2－16b），简称为“二(－)”。

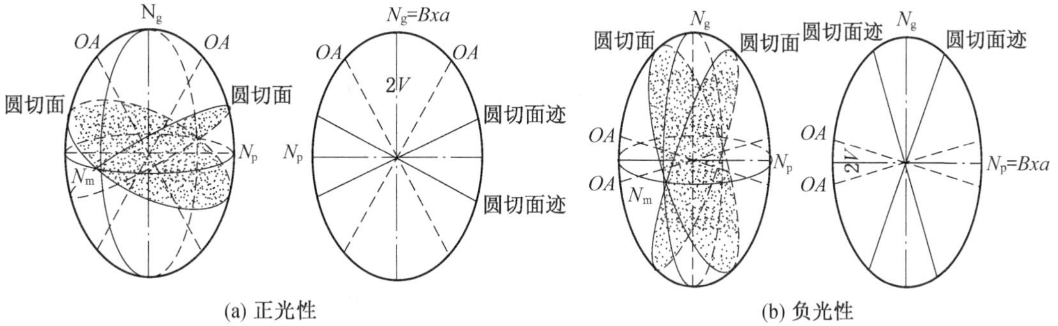

图2－16　二轴晶光率体光性符号的划分

（季寿元，1961）

（2）二轴晶矿物的光性正负还可根据 N_g、N_m、N_p 的相对大小来判定：

当 $N_g-N_m>N_m-N_p$ 时，N_m 值比较接近 N_p 值，圆切面必然靠近 N_p 轴，垂直圆切面的两个光轴必然更靠近 N_g 轴，因此，两个光轴之间的锐角等分线必定是 N_g 轴，即 $Bxa=N_g$，为正光性。

当 $N_g-N_m<N_m-N_p$ 时，N_m 值比较接近 N_g 值，圆切面必然靠近 N_g 轴，垂直圆切面的两个光轴必然更靠近 N_p 轴，因此，两个光轴之间的锐角等分线必定是 N_p 轴，即 $Bxa=N_p$，为负光性。

（3）根据主折射率计算光轴角的大小判断光性正负：

$$\tan^2 V=\frac{N_g^2(N_m^2-N_p^2)}{N_p^2(N_g^2-N_m^2)}=\frac{N_g^2(N_m+N_p)(N_m-N_p)}{N_p^2(N_g+N_m)(N_g-N_m)}$$

将测得的主折射率或已知 N_g、N_m、N_p 代入上式求出 V 值，乘以2即得光轴角。当 $V<45°$ 时，为正光性；当 $V>45°$ 时，为负光性；若 V 等于45°（如富镁橄榄石），则晶体无光性正负之分。

（四）二轴晶光率体的5种切面

1. 垂直光轴（⊥OA）的切面

为圆切面，只有一个半径 N_m，垂直圆切面入射的光不发生双折射，圆切面内任何振动方向上的折射率均等于 N_m，双折射率为0（图2－17a）。

2. 平行光轴面（∥AP 或∥OAP）的切面

为椭圆，即 N_gN_p 主轴面。其长半径为 N_g，短半径为 N_p，该切面产生最大双折射率值 N_g-N_p（图2－17b）。

3. 垂直 Bxa 的切面椭圆切面

按照光性不同分为两种情况：

（1）二轴正晶，$Bxa=N_g$，⊥Bxa 切面为主轴面 N_mN_p，其长短半径分别为 N_m 和 N_p（图2－17），光波垂直该切面入射，发生双折射而分解形成两种偏光，其振动方向分别平行椭圆的长、短半径，相应的折射率为 N_m 和 N_p 值，该切面的双折射率为 N_m-N_p（图

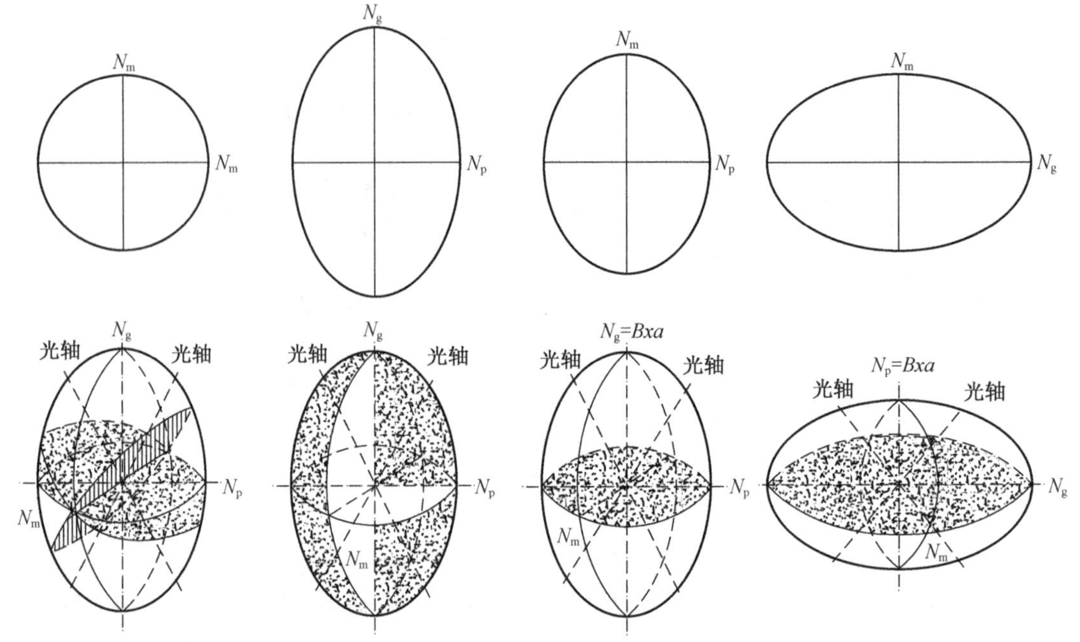

(a) ⊥OA切面　(b) // *AP* 切面　(c) ⊥*Bxa* 切面 (+)　(d) ⊥*Bxa* 切面 (−)

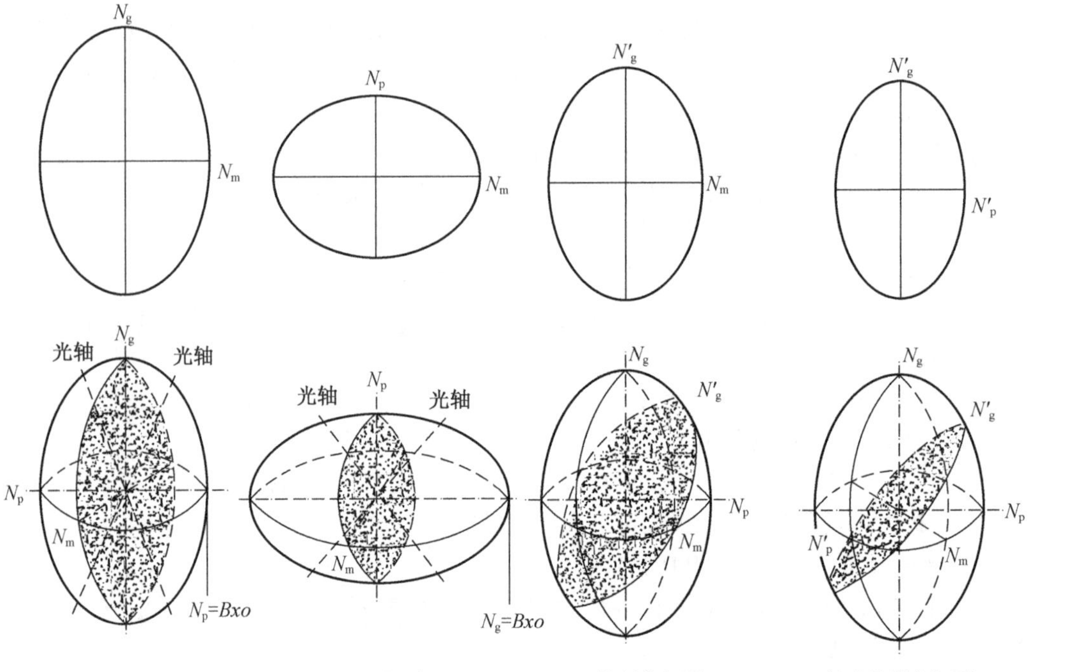

(e) ⊥*Bxo* 切面 (+)　(f) ⊥*Bxo* 切面 (−)　(g) ⊥*AP* 的斜交切面 (+)　(h) 任意的斜交切面 (+)

图 2－17　二轴晶光率体的主要切面

2－17c）。

（2）二轴负晶，$Bxa=N_p$，$\perp Bxa$ 切面为主轴面 N_gN_m，切面的光率体椭圆半径分别是 N_g 和 N_m。光波垂直该切面入射，发生双折射而分解形成两种偏光，其振动方向分别平行椭圆的长、短半径，相应的折射率即 N_g 和 N_m 值，该切面的双折射率为 N_g-N_m（图2－17d）。

4. 垂直 *Bxo* 的切面

为椭圆切面，按光性正负分为两种情况：

（1）二轴正晶，$Bxo=N_p$，$\perp Bxo$ 切面的光率体椭圆长、短半径分别是 N_g 和 N_m（图2－17e）；光波沿垂直这种切面方向传播，发生双折射而分解形成两种偏光，其振动方向分别平行椭圆的长、短半径，即主轴 N_g 和 N_m，它们的双折射率是 N_g-N_m。

（2）二轴负晶，$Bxo=N_g$，$\perp Bxo$ 切面的光率体椭圆长、短半径分别是 N_m 和 N_p（图2－17f）。光波沿垂直这种切面（即沿 *Bxo*）方向传播，发生双折射而分解形成两种偏光，其振动方向分别平行椭圆的长、短半径 N_m 和 N_p，它们的双折射率是 N_m-N_p。

注意：二轴晶矿物无论是正光性还是负光性，垂直 *Bxo* 切面的双折射率总是大于垂直 *Bxa* 切面的双折射率。这是因为二轴正晶 N_g-N_m（垂直 *Bxo* 切面双折射率）$>N_m-N_p$（垂直 *Bxa* 切面双折射率），二轴负晶 N_g-N_m（垂直 *Bxa* 切面双折射率）$<N_m-N_p$（垂直 *Bxo* 切面双折射率）。

5. 斜交切面

既不垂直光轴，也不垂直主轴的切面属于斜交切面，这种切面有无数个，它们都是椭圆切面，椭圆长短半径分别以 N_g'、N_p' 表示，N_g' 变化于 N_g 和 N_m 之间，N_p' 变化于 N_m 和 N_p 之间，故 $N_g>N_g'>N_p'>N_p$，同时斜交切面也不是主轴面。

七、光性方位

光率体主轴与晶体结晶轴之间的关系称为光性方位，即光率体主轴 N_e、N_o 或 N_g、N_m、N_p 与结晶轴 a、b、c 之间的相互关系。矿物的光性方位因其所属晶系不同而不同。

1. 高级晶族晶体的光性方位

均质体矿物，其光率体为圆球体，通过圆球体中心的任何3个互相垂直的半径都可以与等轴晶系的3个结晶轴一致，因此对于等轴晶系矿物不必考虑其光性方位。

2. 中级晶族晶体的光性方位

中级晶族包括三方晶系、四方晶系及六方晶系，为一轴晶光率体，光率体为旋转椭球体，其旋转轴与光轴、N_e 轴、晶体的 c 轴即高次对称轴（L^3、L^4、L^6）一致。正光性晶体 $N_e>N_o$，如石英（图2－18a）；负光性晶体 $N_e<N_o$，如方解石（图2－18b）。

3. 低级晶族晶体的光性方位

低级晶族包括斜方晶系、单斜晶系和三斜晶系，属二轴晶光率体，光率体形态为三轴不等椭球体。

（1）斜方晶系的光性方位。斜方晶系的晶体常数为 $a\neq b\neq c$，但 $\alpha=\beta=\gamma=90°$，即三轴不等长，但互相垂直，其光性方位是光率体的3个主轴（N_g、N_m、N_p）与晶体的3个结晶轴（a、b、c）一致（简称3个轴一致），但究竟是哪一个主轴与哪一个晶体结晶轴一致，因矿物不同而异（图2－19和表2－1）。

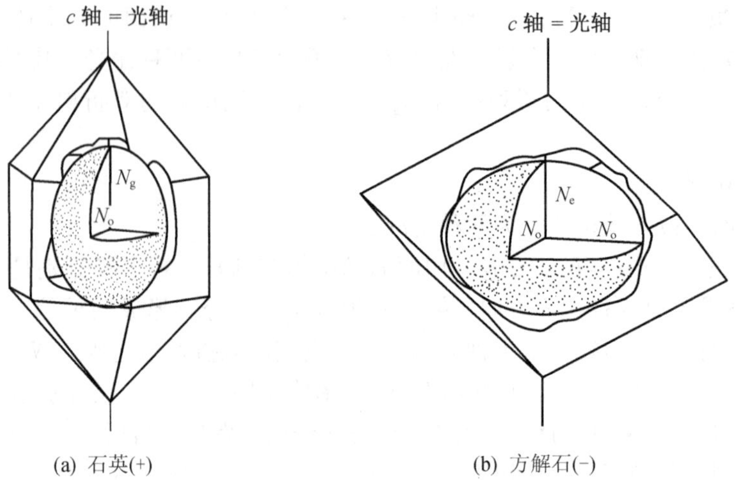

图 2－18　中级晶族晶体的光性方位

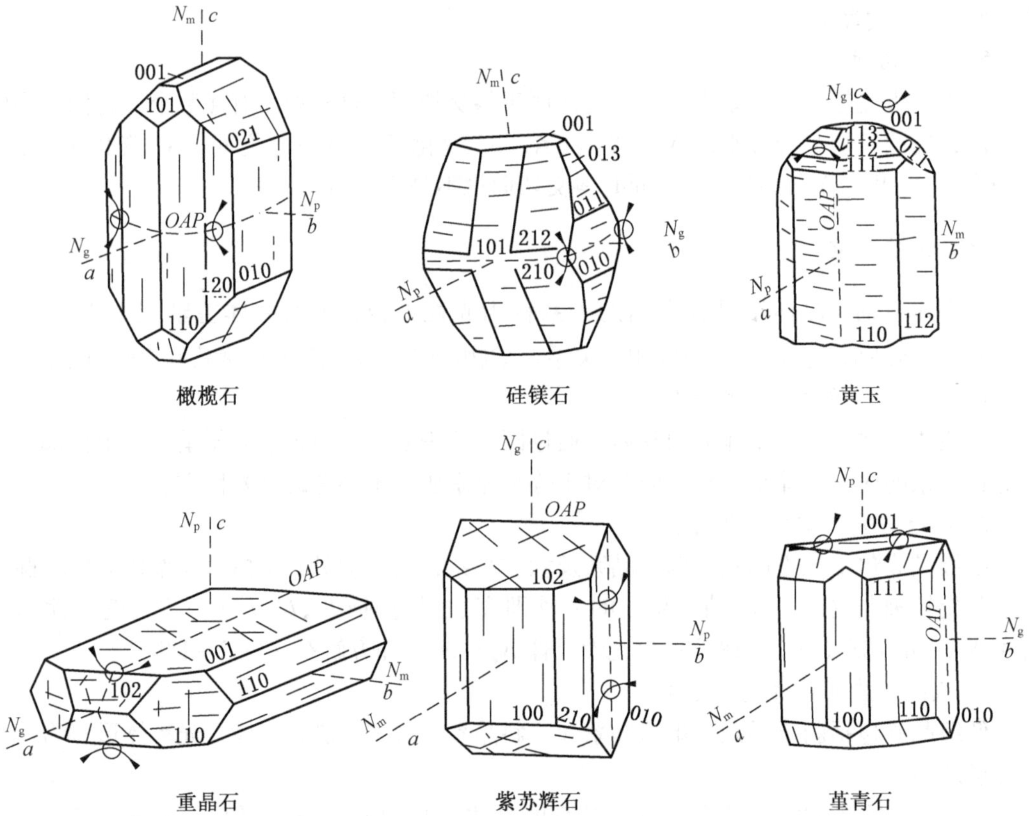

图 2－19　斜方晶系的光性方位

表2-1 斜方晶系的光性方位

矿　物	光轴面	光性方位	光性符号
橄榄石	AP//(001)	N_g//a，N_m//c，N_p//b	二(+)
硅镁石	AP//(001)	N_g//b，N_m//c，N_p//a	二(+)
黄玉	AP//(010)	N_g//c，N_m//b，N_p//a	二(+)
重晶石	AP//(010)	N_g//a，N_m//b，N_p//c	二(+)
紫苏辉石	AP//(100)	N_g//c，N_m//a，N_p//b	二(-)
堇青石	AP//(100)	N_g//b，N_m//a，N_p//c	二(-)

（2）单斜晶系的光性方位。单斜晶系的晶体常数为 $a \neq b \neq c$，$\alpha = \gamma = 90°$，$\beta > 90°$。其光性方位特点是光率体三个主轴中有一个与晶体 b 轴重合，其余两个主轴与另两个结晶轴斜交，简称一个轴一致，两轴不一致（表2-2），究竟是哪一个主轴与 b 轴一致，因矿物而异（图2-20）。

表2-2 单斜晶系的光性方位

矿　物	光轴面	光性方位	光性符号
透辉石	AP//(010)	N_m//b，$N_g \wedge c = 38° \sim 48°$	二(+)
正长石	AP//(001)	N_g//b，$N_m \wedge c = 20°$	二(-)
独居石	AP//(100)	N_p//b，$N_g \wedge c = 3° \sim 6°$	二(+)

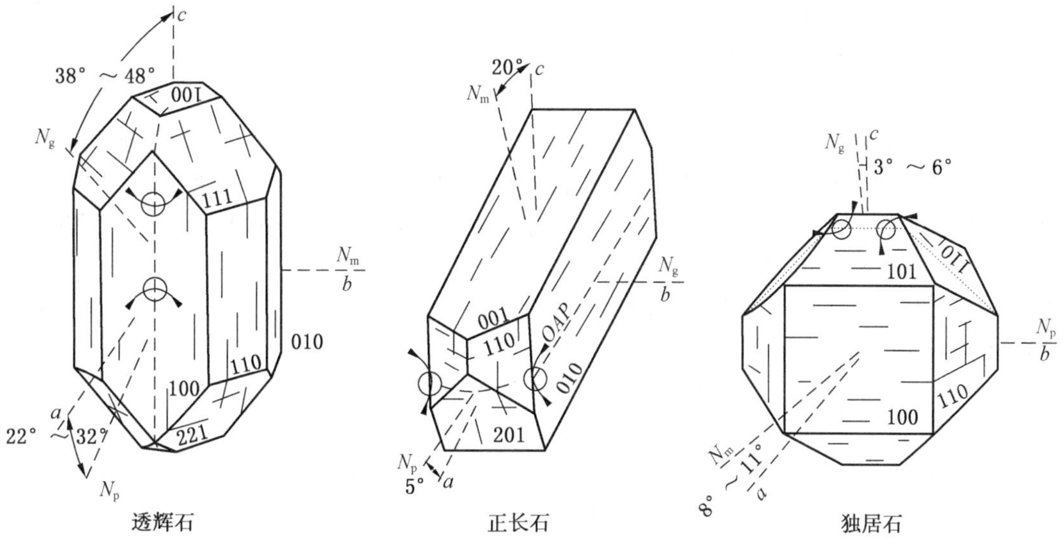

图2-20 单斜晶系光性方位图

（3）三斜晶系的光性方位。三斜晶系的晶体常数为 $a \neq b \neq c$，$\alpha \neq \beta \neq \gamma \neq 90°$，其光性方位是光率体的三个主轴与晶体的三个结晶轴均斜交，斜交角度因矿物而异（图2-21）。

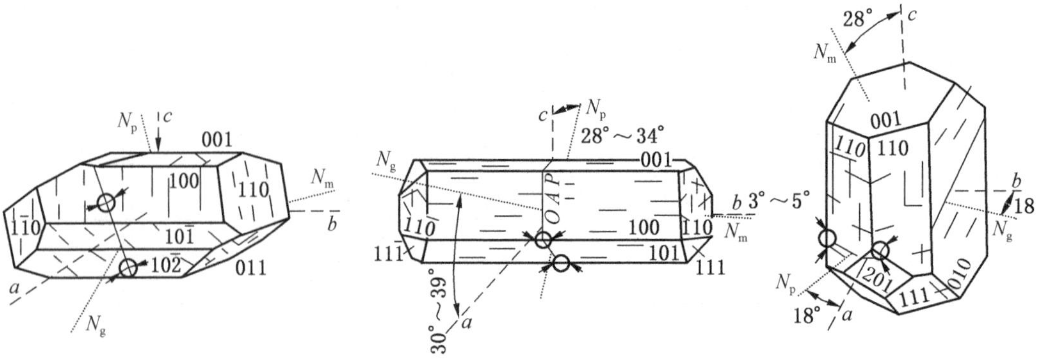

蔷薇辉石　　　　硅灰石　　　　微斜长石

图 2-21　三斜晶系的光性方位图

第二节　偏光显微镜

偏光显微镜是研究晶体光学性质和进行透明矿物薄片鉴定的重要仪器。

一、偏光显微镜的基本性能

1. 放大作用

偏光显微镜与放大镜的性能一样，是将物体放大，使我们能够观察到更细微的物质组成。但是偏光显微镜的放大倍数比放大镜高得多，可达几十倍至几百倍。

2. 偏光化作用

肉眼鉴定矿物，是根据矿物的形状、物理性质和简易化学分析等方面判断矿物的。矿物的镜下鉴定，则是利用矿物在偏光显微镜上装有的偏光镜将自然光转变为偏光以后所表现出来的光学特征来鉴定矿物的。偏光显微镜是观察矿物光学性质的重要工具，这也是偏光显微镜与其他显微镜的重要区别。

不同矿物，由于化学成分、内部结构不同，光学性质也不同。即使是同一矿物，由于不同切片方向的内部结构不同，其光学性质也不一样。

二、偏光显微镜的构造

偏光显微镜类型很多，但基本构造相似。现以日本 Olympus 公司制造的 BHSP 型（图 2-22）为例介绍偏光显微镜的主要部件。

（1）镜座。为马蹄形或圆盘状的基座，它支撑显微镜的全部质量。

（2）镜臂。呈弯背形，下端与镜座相连，上端与镜筒连接。为了使用方便，可以向后倾斜。Olympus BHSP 型镜臂是固定不动的。

（3）反光镜。是一面平、一面凹的小圆镜，可以任意转动，以便对准光源，把光反射到显微镜的系统中来。新型显微镜通常都配备内置式电光源。

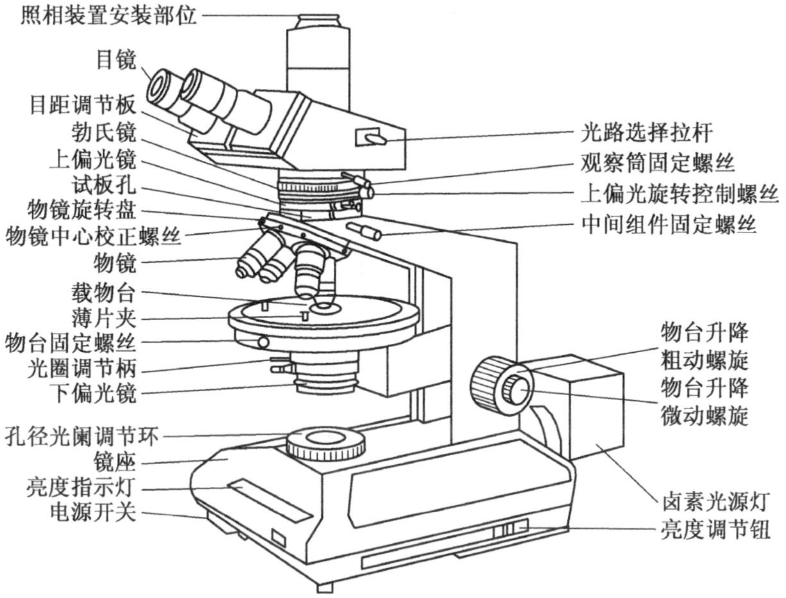

图 2-22　日本 Olympus 公司制造的 BHSP 型偏光显微镜

（4）下偏光镜。又称起偏器，用偏光片制成，位于反光镜之上、载物台之下。经过反光镜反射的自然光通过下偏光镜后，即成为振动方向固定的偏光，其振动方向用 PP 表示。下偏光镜可以转动，以调节下偏光的振动方向。

（5）锁光圈。又称光阑，位于下偏光镜上部，可自由开合，用以控制光线的强弱，缩小光圈光度可使视域中某些浅色矿物轮廓更清楚。

（6）聚光镜。由一组透镜组成，位于锁光圈上部。它可以把从下偏光镜投射出来的平行光束聚敛成锥形偏光。不用时可以推向侧面或下降。

（7）载物台。为可水平转动的圆形平台，用以安放薄片。圆周边缘有 360°刻度，并附有游标尺，可直接读出转动角度。载物台中央的圆孔是光线通过的通道。圆孔旁有两个夹薄片的弹簧夹。载物台边缘有固定螺丝，用以固定载物台。新型显微镜载物台可由粗、微动螺旋调节其升、降。

（8）镜筒。为长的圆筒，连接在镜臂上，可以升降，用以调节焦距。镜臂上的粗动螺旋和微动螺旋可用来调节镜筒升降。镜筒上端插目镜，下端装物镜，中部装有勃氏镜、上偏光镜和试板孔。Olympus BHSP 型镜筒是固定不动的，调节焦距用升、降载物台来实现。

（9）物镜。位于镜筒的下端，由一组透镜组成，主要起放大作用。每台偏光显微镜配有数个放大倍数不同的物镜，如低倍镜（3.2×或4×）、中倍镜（10×）、高倍镜（45×）及油浸物镜（100×）等。通常镜头愈长，放大倍数愈大，使用时按需要选用不同放大倍数的物镜。

（10）上偏光镜。又称分析镜或检偏器，由偏光片制成，装在物镜的镜筒里，其振动方向（以 AA 表示）与下偏光镜振动方向 PP 相垂直。上偏光镜可以自由推入或拉出。

（11）勃氏镜。位于目镜和上偏光镜之间，是一个凸透镜，起放大作用，可自由地推入或拉出，只有在锥光偏光系统中才用到。

（12）目镜。位于镜筒最上端，目镜中附有十字丝及刻度尺。每台偏光显微镜有数个放大倍数不同的目镜，常用的有 5×和 10×两种。

显微镜的总放大倍率 = 目镜的放大倍率 × 物镜的放大倍率。例如，使用 8×的目镜、10×的物镜，其总放大倍数为 8×10 = 80 倍。

另外，偏光显微镜还备有常用附件——各种补色器，如石英楔、石膏试板、云母试板等。

三、偏光显微镜的使用和校正

1. 装卸镜头

首先将选好的目镜插入镜筒上部，并使十字丝处于东西、南北方向上。然后选择适当倍数的物镜装入镜筒的下端。

2. 调节照明（对光）

装上中倍物镜（8×或 10×）及目镜，推出勃氏镜和上偏光镜，打开锁光圈，使偏光显微镜的光路畅通，然后观察镜筒内视域，打开光源电源，调节至视域最亮。

3. 调节焦距（准焦）

将矿物薄片（盖玻片朝上）置于载物台中心，用薄片夹夹紧；从侧面观察镜头，转动镜筒粗动螺旋，将镜头下降到最低位置。再从目镜中观察，旋转粗动螺旋，使镜筒缓缓上升，至视域内物像基本清楚后，旋转微动螺旋，使物像完全清晰为止。

准焦后，物镜前端与薄片平面之间的距离称工作距离。其长短与物镜的放大倍数有关，低倍物镜的工作距离较长，高倍物镜的工作距离较短。

4. 校正中心

显微镜载物台的旋转轴、物镜的中轴及目镜的中轴应处于同一直线上。当转动载物台时，视域中心的物像原地不动，中心以外的物像则绕中心作圆周运动。如果上述三轴不在一直线上，称为中心不正。使用时要进行中心校正，使载物台旋转轴与物镜中轴吻合。中心校正的正确步骤如下：

（1）在视域内选择薄片上一点 a，移动薄片使点 a 位于十字丝交点（图 2-23a），将薄片固定；旋转载物台一周，若点 a 离开中心，以另一圆心 o 点作圆周运动（图 2-23b），则中心不正，需要校正。

（2）旋转载物台 180°，使 a 点由十字丝交点移至 a' 处（图 2-23c）。

（3）扭动物镜上的校正螺丝，使 a' 点移至偏心圆圆心 o 点，初校即算完成（图 2-23d）。

（4）移动薄片，将点 a 从 o 点移至十字丝交点，旋转载物台检查，若已校好，则点 a 不动（图 2-23e 和图 2-23f），否则尚需重复前述操作步骤加以校正。

当偏心很大时，转动载物台 a 点由十字丝交点跑出视域之外，则可以根据 a 点移动情况估计偏心圆的圆心位置和直径，将点 a 转回十字丝交点，扭动物镜上的校正螺丝，使点 a 向偏心圆的圆心点的反方向移动相当于偏心圆半径的距离，然后按偏心不大的情况校正。

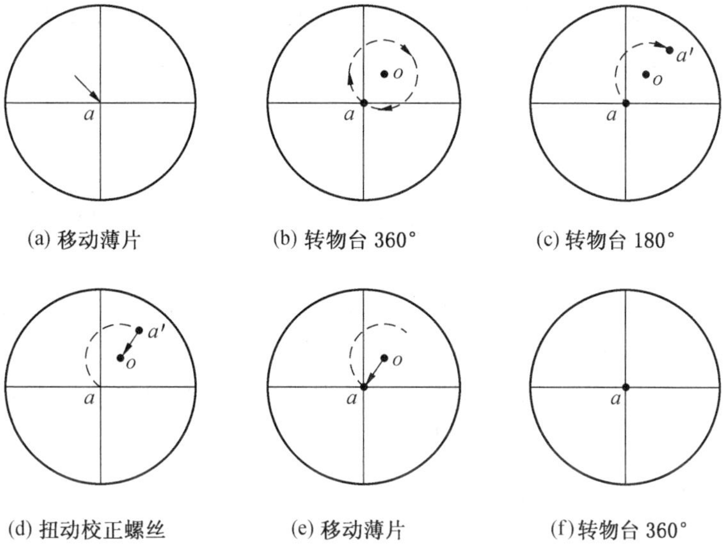

图 2 - 23　校正中心步骤示意图

（李德惠，1993）

5. 偏光镜的校正

偏光显微镜的上、下偏光镜振动方向应当正交，下偏光镜振动方向 *PP* 应平行于东西方向，上偏光镜的振动方向 *AA* 应平行于南北方向，且分别与目镜十字丝平行，否则必须加以校正。

（1）下偏光镜振动方向的确定。通过黑云母颜色变化来确定。在单偏光镜下使用中倍镜准焦后，在薄片中找一个具有极完全解理的黑云母（⊥001 切面）置于视域中心，转动载物台，当黑云母颜色最深时，解理缝的方向即为下偏光镜的振动方向 *PP*。如果黑云母解理纹方向与十字丝横丝方向（东西方向）平行，则下偏光振动方向正确。如果不平行，则旋转载物台，使黑云母解理纹方向与目镜十字丝的横丝方向平行（图 2 - 24a），再旋转下偏光镜，至黑云母的颜色变得最深为止（图 2 - 24b），此时下偏光振动方向位于东西方向。

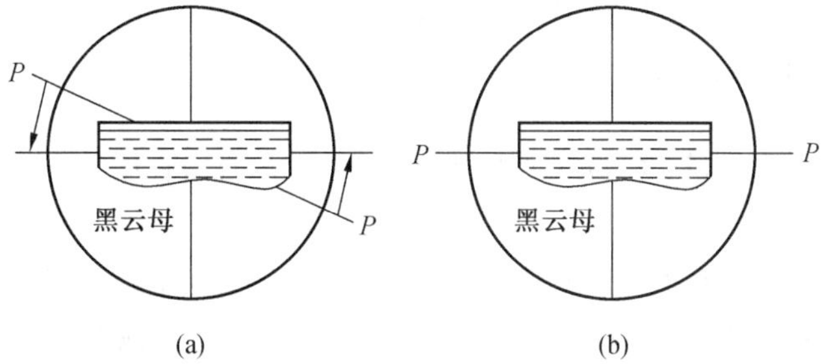

图 2 - 24　下偏光振动方向的校正

（季寿元，1993）

（2）上偏光镜振动方向的校正。下偏光镜的振动方向调整好后，推入上偏光镜，如果视域呈黑暗，说明上、下偏光镜振动方向正交；否则应转动上偏光镜的偏振片，直至视域最黑为止，即上、下偏光镜振动方向已经正交。

6. 视域直径的测定

（1）测量中倍或低倍物镜的视域直径，可用透明方格纸或带刻度的三角板测量，测量时将它们放在载物台上，调准焦距，观察视域直径等于几毫米，将此数值记录，以备日后查用。

（2）高倍物镜视域直径，可用载物台显微尺测量，载物台显微尺总长1～2 mm，刻有100～200个方格，一般嵌在玻璃片上，每小格相当于0.01 mm。

测量时将载物台显微尺置于载物台上，调准焦距，观察视域直径等于显微尺的几小格，若为20小格，则视域直径为20×0.01 mm=0.2 mm。

四、偏光显微镜的保养及使用守则

偏光显微镜是精密而贵重的光学仪器，又是教学和科研工作中必不可少的常用工具，如有损坏，将直接影响教学和科研工作，并使国家财产受到损失。因此，应该注意保养爱护，使用时应当自觉遵守使用守则。

（1）搬动和放置显微镜时，必须轻拿轻放，严防震动，以免损坏光学系统。搬运显微镜时，必须一手持镜臂，一手托镜座，切勿提住微动螺旋以上的部分。

（2）使用前应注意检查、校正。

（3）镜头必须保持清洁，如有灰尘，需用橡皮球先把灰尘吹去，再用专用的镜头纸擦拭，不能用手或其他物品擦拭，以防损坏镜头。

（4）不得随便自行拆卸显微镜，或将附件与其他显微镜调换使用。尚未学习的部分，不能擅自乱动。

（5）安放薄片时，盖玻片必须向上，并用薄片夹夹紧。下降镜头（或上升载物台）时，勿使镜头与薄片相触，以免损伤镜头和薄片。

（6）勿使显微镜在阳光下暴晒，以避免偏光镜及试板等光学部件脱胶。

（7）离开座位时间较长或使用完毕，应及时关闭电源。

（8）使用上偏光镜及勃氏镜时，应轻拉轻送，切勿猛力推送，以免震坏。

（9）仪器调节失灵时，应报告管理人员，切勿强力扭动或擅自作其他处理。

（10）显微镜使用完后，应把显微镜用防尘罩罩好。

（11）仪器使用前后，应进行登记。

第三节　晶体矿物的光学性质

在偏光显微镜下鉴定矿物的光学性质，主要是在单偏光系统、正交偏光系统和锥光系统下进行。不同的系统观察的内容并不相同：单偏光镜下主要观察矿物的突起、晶形、颜色、多色性、吸收性以及矿物的解理等；正交偏光镜下主要观察最高干涉色、消光类型、消光角、延性符号以及双晶等非均质体矿物的光性特征；锥光镜下主要确定非均质体矿物的轴性、光性、光轴角和光轴色散等。上述透明矿物光学性质和光学常数即是我们进行矿物鉴定时观察的主要内容，也是我们对每个矿物进行描述的主要内容。

一、单偏光镜下的晶体光学性质

单偏光镜的装置是指只使用一个下偏光镜的偏光显微镜。单偏光镜下可以研究的矿物光学性质有：①矿物的形态、解理；②矿物的颜色、多色性和吸收性；③矿物的突起、糙面、边缘、贝克线及贝克线色散效应等。

（一）晶体矿物的形态

每一种晶体矿物都具有长成某种特定形态的趋势，称之为矿物的结晶习性。晶体的形态主要取决于矿物的晶体结构、化学成分和矿物的生成环境。常见的矿物形态有粒状、短柱状、长柱状、鳞片状、纤维状、长条状、板状、束状、放射状等。

薄片中所见到的矿物形态，并不是矿物完整的晶形，而是某一切面方向所呈现的轮廓；同一晶体由于切片方向不同，可以呈现出不同的形态（图 2-25）。因此要想正确判断某种矿物的晶形，必须观察该矿物各个方向的切面，综合考虑。如角闪石常见到长方形轮廓，同时也能见到近六边形或菱形轮廓，综合后可认为角闪石为长柱状；又如长石常见的是近方形和长方形轮廓，可判断其为板状。

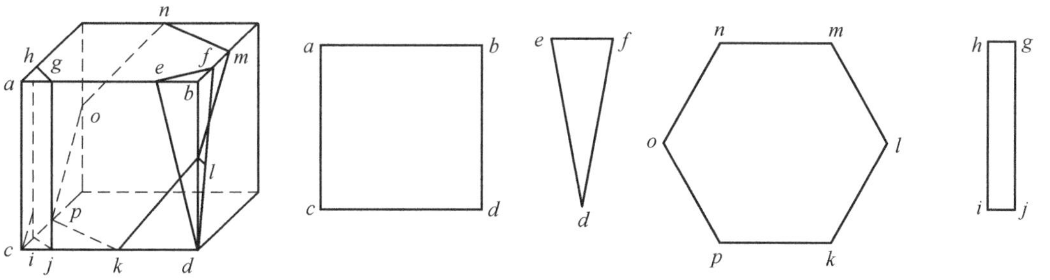

图 2-25　矿物晶体形状与切片方式

（二）矿物的解理和裂理

1. 解理和裂理的概念

解理是指矿物晶体在外力作用下，沿一定方向裂成光滑平面的性质。解理在薄片中表现为一组相互平行排列的细缝，称解理缝。裂理（裂开或裂纹）是沿双晶面或沿细微包裹物破裂的性质，薄片中亦表现为一些细线，二者的区别在于裂理一般不如解理缝平直，多数表现弯曲，定向性不明显。但也有例外，如异剥辉石裂理很发育，缝线平直细密（彩图 3）。

不同矿物的解理方位、解理的完善程度、解理组数以及解理间的夹角等各不相同。按其完善程度，矿物的解理大致可分为 3 个等级（图 2-26）。

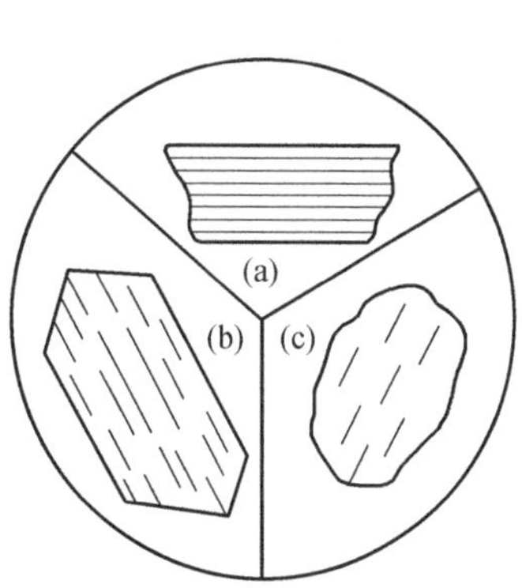

图 2-26　解理完善程度示意图

（1）极完全解理。解理缝细、密、长、直，贯穿整个晶体。如云母类矿物的解理（图2－26a）。

（2）完全解理。解理缝清楚、稀疏，不完全连贯，如辉石、角闪石的柱面解理（图2－26b）。

（3）不完全解理。解理缝断断续续、不平直，解理缝间距较宽，如橄榄石、磷灰石的解理（图2－26c）。

2. 影响矿物解理的因素

解理缝的清晰程度，除与解理的完善程度有关外，还与矿物切面方向及矿物和树胶折射率差值有关。

当切面与解理面垂直时，解理缝细而清晰，代表真实的宽度，此时升降镜筒，解理缝不发生左或右的移动。当切片与解理面斜交时，解理缝变宽，升降镜筒，解理缝向两侧移动（图2－27）。当斜交的角度增大到一定限度时，解理缝就看不见了。

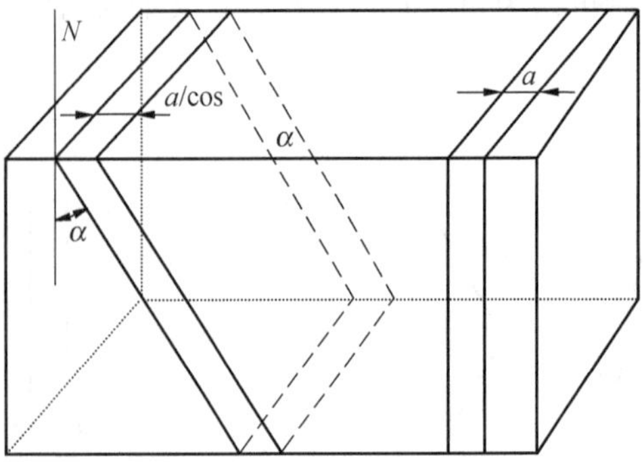

(a) 解理缝宽度与切片方向关系

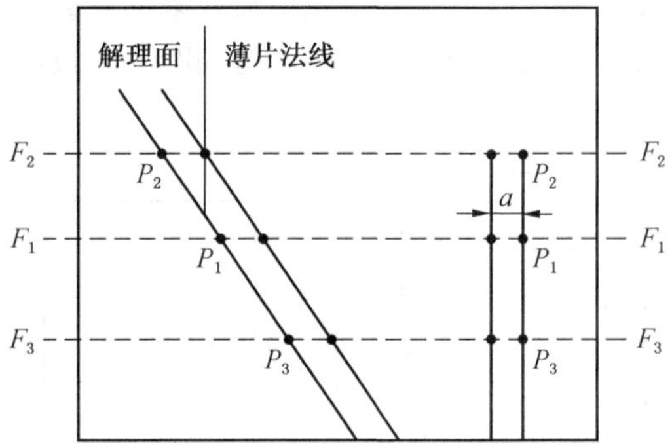

(b) 升降载物台时倾斜解理缝移动的原因

图2－27 解理缝宽度与切片方向的关系及移动情况

矿物与树胶的折射率差值对矿物解理的清晰程度也有影响，差值愈大，光线通过矿物与树胶的界面所产生的折射和反射现象愈强烈，解理缝就明显。反之，二者的差值愈小，在薄片中则不易见到矿物的解理。例如辉石类和长石类矿物都具有两组解理，由于辉石类矿物的折射率与树胶折射率之间的差值大于长石类矿物与树胶折射率的差值，因此，在岩石薄片中辉石类矿物见到解理缝的颗粒较多，而长石类矿物见到的解理缝较少。

综上所述，在薄片中观察矿物解理时，必须多观察一些颗粒，根据不同切面方向上解理的特征综合分析，正确判断有无解理、解理组数以及解理的完善程度。

3. 解理夹角的测定

矿物不同方向上两组解理之间的夹角称解理夹角。不同矿物的解理夹角是不同的，因此测定解理夹角有助于鉴定矿物，如角闪石族和辉石族矿物，垂直 c 轴的切面，均可见两组解理缝，但它们的解理夹角是不同的，角闪石族矿物的解理夹角为56°（或124°），辉石族矿物的解理夹角为87°（或93°）。

晶体的解理夹角是固定的，但由于矿物切面方向不同，夹角大小会相差很大（图2－28）。只有同时垂直两组解理的切面，才是真正的两组解理的夹角，测定时必须选择同时垂直于两组解理面的切面，其他切面上测得的值称为视解理角。

解理夹角的测定步骤：

（1）选择两组解理缝最细最清晰、升降镜筒解理缝不左右移动的切面。

（2）旋转载物台使一组解理缝平行或重合于目镜十字丝的纵丝（图2－29a），并记下载物台上的读数 a。

（3）继续旋转载物台使另一组解理缝平行于目镜纵丝（图2－29b），再记下载物台的读数 b；两个读数的差值（即 a 和 b 之差）即为所测解理角。如角闪石两组解理面的方向分别为（110）和（$1\bar{1}0$），夹角为56°；则可记录为 $(110)\wedge(1\bar{1}0)=56°$。

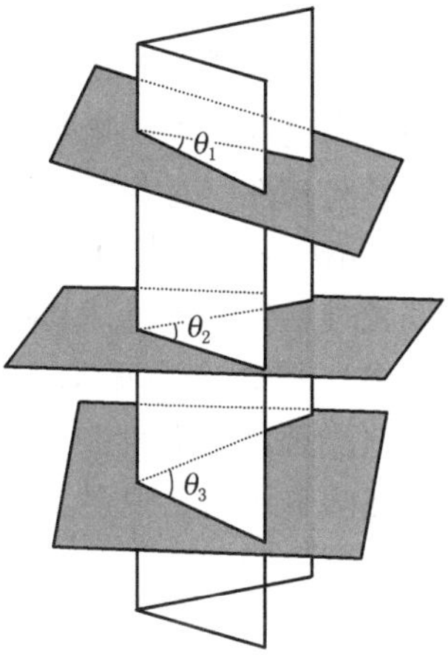

图2－28　解理夹角大小与切片方向的关系

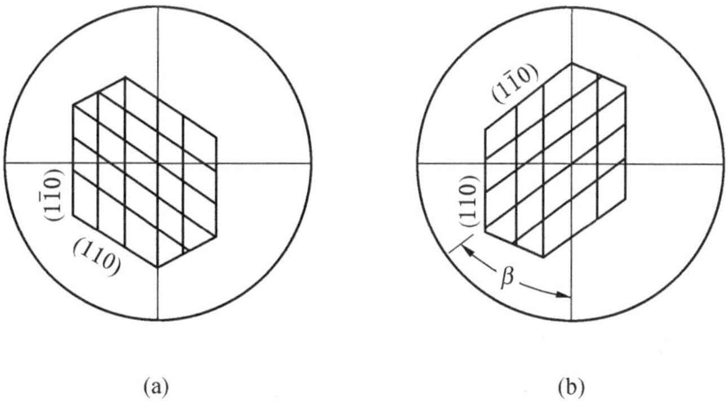

图2－29　解理夹角测定步骤示意图

（三）矿物的颜色、多色性和吸收性

1．颜色

晶体光学中矿物的颜色严格地说应称为矿物在镜下的颜色，它是指单偏光镜下白光透过晶体后呈现的颜色，是未被晶体吸收的部分色光的混合色。如果各色光被矿物等量吸收，则透过矿物后仍为白光，该矿物不显示颜色，称无色矿物。此外，颜色还与矿物的其他性质有关，如所含色素离子种类和电价不同颜色也不同，如含 Mn^{3+} 常为红色，含 Cr^{3+} 多为绿色。

矿物在手标本上呈现的颜色与在显微镜下表现的颜色常常不同，矿物镜下的颜色一般比手标本上的颜色淡。如黑云母和角闪石手标本上多为黑色，在薄片中黑云母常呈深棕褐色—淡黄色，角闪石则常呈绿色—淡黄色。

薄片中矿物的颜色是最重要、最直观的鉴定特征。透明矿物按颜色可划分为两大类：浅色矿物（如长石、石英等）和暗色矿物（如黑云母、角闪石等）。

2. 多色性和吸收性

对于非均质体矿物的非垂直光轴切面而言，当转动载物台时矿物的颜色发生变化称为矿物的多色性；若矿物颜色的深浅发生变化则称为矿物的吸收性。这是由于非均质体矿物具有各向异性，对各色光波的选择吸收和吸收程度随振动方向而变化的结果。例如电气石（一轴晶矿物）具有两个主振动方向 N_e 和 N_o，当 N_e 平行下偏光时见到浅紫色，N_o 平行下偏光时见到深蓝色，其吸收性 $N_o > N_e$（图 2－30），称为反吸收性。又如蓝闪石（二轴晶矿物）具 3 个主振动方向（N_g、N_m、N_p），其多色性：N_g——深蓝色，N_m——浅紫色，N_p——浅黄色。吸收性：$N_g > N_m > N_p$，称为正吸收性。要想见到这 3 个方向的颜色需要至少在两个切面上观察。

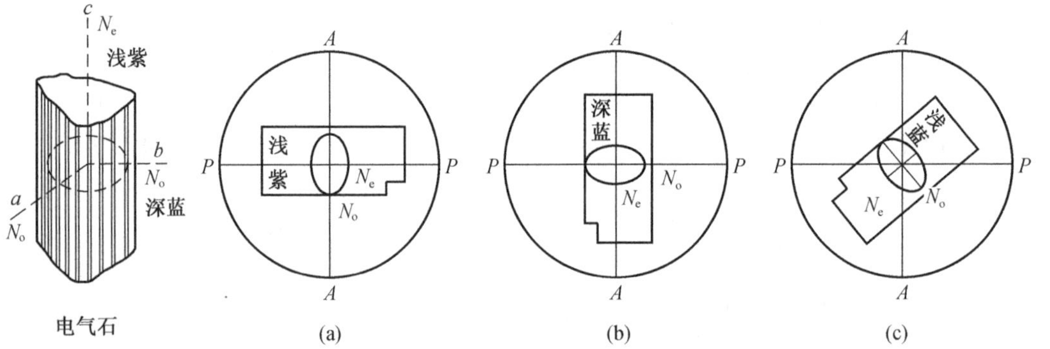

图 2－30　黑电气石平行 c 轴切面的多色性

均质矿物因各方向的光学性质相同，不具多色性和吸收性。在非均质矿物中，不同矿物的多色性明显程度不同，有的矿物多色性极显著，如黑云母；有的不太明显，如紫苏辉石。另外，同一矿物多色性的明显程度与切片方向有关：平行光轴（一轴晶）或平行光轴面（二轴晶）切片的多色性最明显；垂直光轴切片不具多色性；其他方向切片的多色性明显程度介于上述二者之间。矿物薄片越厚则多色性也越明显。

（四）矿物的边缘、贝克线、糙面和突起

1. 矿物的边缘（轮廓）与贝克线

岩石薄片中，在两个折射率不同的物质接触处，可以见到一条比较黑暗的界线，称矿物边缘。在边缘的附近还可见到一条较明亮的细线，称为贝克线或亮带（图 2－31）。通过矿物之间的贝壳线移动规律可以比较相邻矿物的折射率的相对大小；通过观察矿物与树胶之间的贝克线移动规律，可以确定矿物突起的正负。

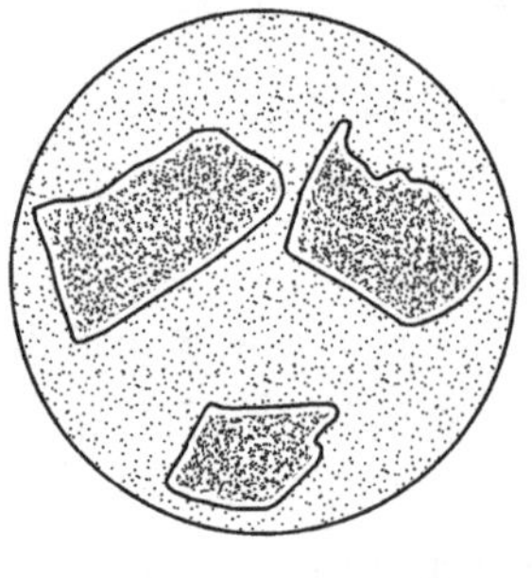

图 2－31　矿物的边缘和贝克线

贝克线的移动规律：提升镜筒（下降载物台），贝克线总是向折射率大的矿物方向移动；下降镜筒（提升载物台），贝克线总是向折射率小的矿物方向移动。观察贝壳线时要选择接触处干净且界线平直的部位，适当缩小光圈使视域变暗，贝克线会更清楚。

当两介质折射率相差很大且接触面不规整时，则在两者接触面上会出现一条亮带，当升降载物台时，该亮带的移动方向与真正的贝克线移动方向相反，称假贝克线。

贝克线色散效应：在两种折射率相差不大的无色矿物界线附近，有时贝克线会分解成为两条有色细线，在折射率较低的矿物一边出现橙黄色细线；在折射率较高的一边出现浅蓝色细线（图 2－32），这种现象称为贝克线色散效应（蓝高，橙黄低）。观察色散效应可适当缩小光圈，使色散效应更为清晰。

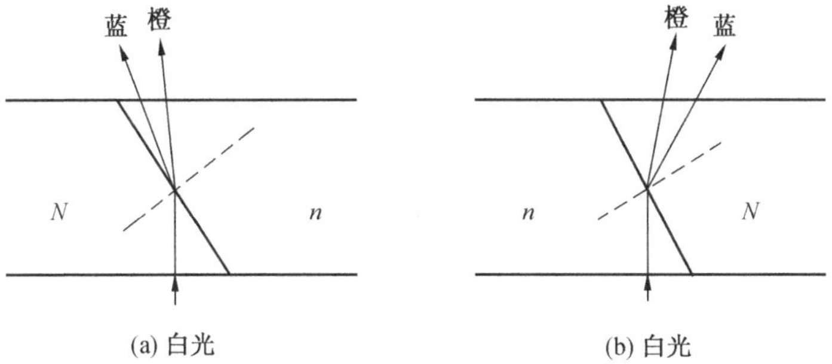

图 2－32　折射率色散成因示意图($N>n$)

利用贝克线色散效应，可以直接判断折射率相近的相邻介质折射率的相对变化。如花岗岩中的石英、钠长石、钾长石 3 种矿物折射率比较接近（图 2－33），且都无色透明，利用它们邻接处及它们与树胶邻接处的贝克线色散效应，可以较准确、快速地识别其突起的正负，从而将它们鉴定出来。

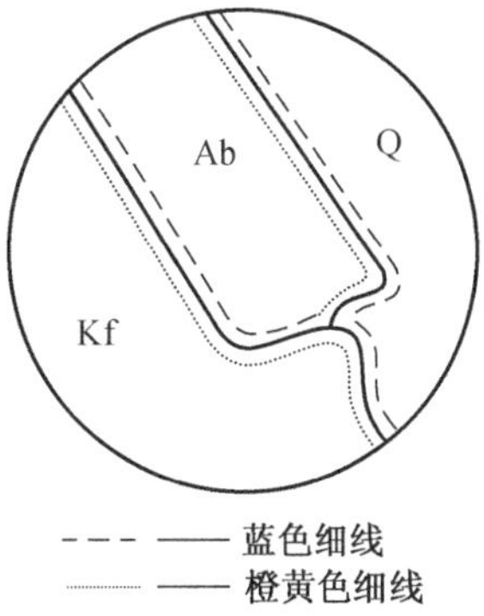

图 2－33　石英(Q)、钠长石(Ab)和钾长石(Kf)邻接处的色散效应

2. 糙面

单偏光镜下观察薄片中矿物表面，有的矿物表面比较光滑，有些矿物表面粗糙呈麻点状，矿物表面这种粗糙不平的现象称糙面。

糙面的显著程度主要取决于矿物折射率与树胶折射率的差值，差值越大，糙面越显著。如石榴子石、橄榄石、萤石的折射率与树胶的折射之差较大(＞0.1)，糙面显著；而石英、长石的折射率与树胶的折射率之差较小(＜0.03)，糙面就不显著。糙面显著的矿物，边缘也较粗、较宽。所以，根据糙面、边缘及贝克线移动规律可以判别矿物突起等级与突起的相对高低。

3. 突起

在单偏光镜下观察薄片中的矿物时，不同矿物颗粒好像高低不一样，有的矿物高些，有的低些，这种现象称为矿物的突起。突起是边缘和糙面的综合反映。边缘越粗，糙面越明显，矿物突起越高；反之边缘越细，糙面越不明显，矿物的突起越低。

矿物的突起决定于矿物本身的折射率和树胶折射率之差的大小（加拿大树胶折射率为1.54）。以树胶的折射率为标准，矿物折射率值大于树胶折射率值的，称正突起，小于树胶折射率值的，称负突起。区别正、负突起必须借助贝克线的移动规律。突起高低可用边缘、糙面进行判断。根据矿物边缘、糙面的明显程度，以及贝克线移动规律三者之间的关系将突起划分为六级（表2－3、图2－34）。

表2－3　突起的等级分类

突起等级	折射率	边缘、糙面及贝克线移动规律	代表性矿物
负高突起	<1.48	糙面及边缘显著，提升镜筒，贝克线向树胶移动	萤石、蛋白石
负低突起	1.48～1.54	表面光滑，边缘不明显，提升镜筒贝克线向树胶移动	正长石、微斜长石
正低突起	1.54～1.60	边缘很不清楚，表面光滑，提升镜筒贝克线向矿物移动	石英、中长石、绿柱石
正中突起	1.60～1.66	边缘清楚，略有糙面，提升镜筒贝克线向矿物移动	透闪石、磷灰石、电气石
正高突起	1.66～1.78	边缘明显，糙面显著，提升镜筒贝克线向矿物移动	橄榄石、辉石、尖晶石
正极高突起	>1.78	边缘很宽，糙面很明显，提升镜筒贝克线向矿物移动	锆石、榍石、金刚石

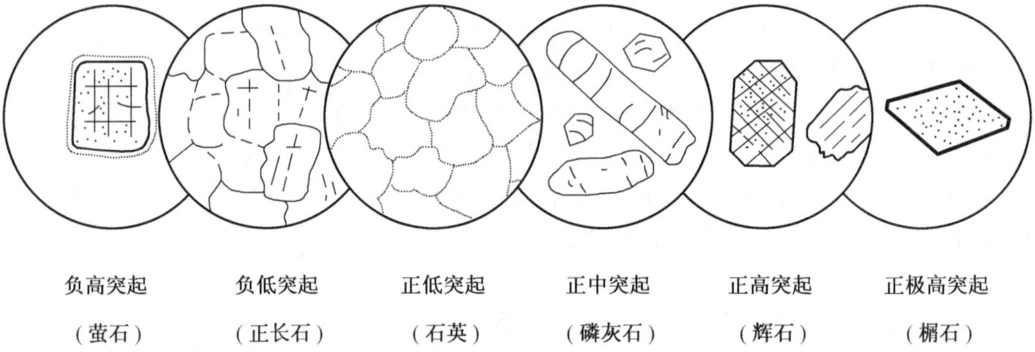

图2－34　突起的等级示意图

单偏光镜下旋转载物台时，非均质体矿物的边缘、糙面及突起高低也会随之发生明显变化，这种现象称为闪突起。如方解石平行光轴切面：当 N_o（折射率为1.658）//*PP* 时，接近正高突起，边缘和解理纹粗黑，糙面显著（图2－35a）；当 N_e（折射率为1.486）//*PP* 时，为负低突起，边缘和解理纹不明显，糙面不显著（图2－35b）。旋转载物台时突起等级由高突起变为低突起，突起等级发生闪动变化。除方解石外，其他碳酸盐矿物都有这种性质。闪突起是快速鉴定碳酸盐类矿物的重要特征之一。

白云母垂直(001)切面，旋转载物台时，矿物突起等级发生正中突起、正低突起的交替变化（图2－36）。

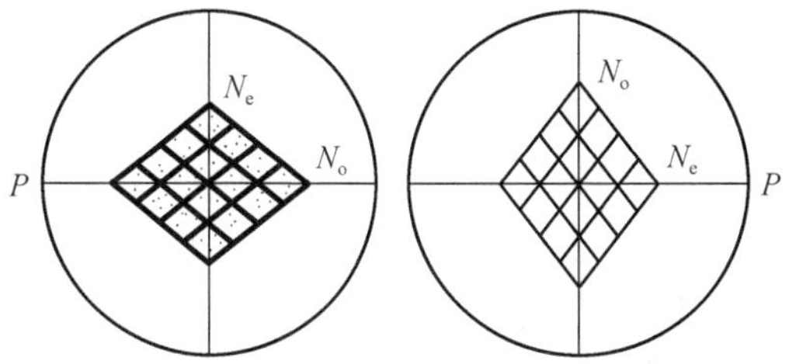

(a) $N_o // PP$　　(b) $N_e // PP$

图 2－35　方解石平行光轴切面的闪突起

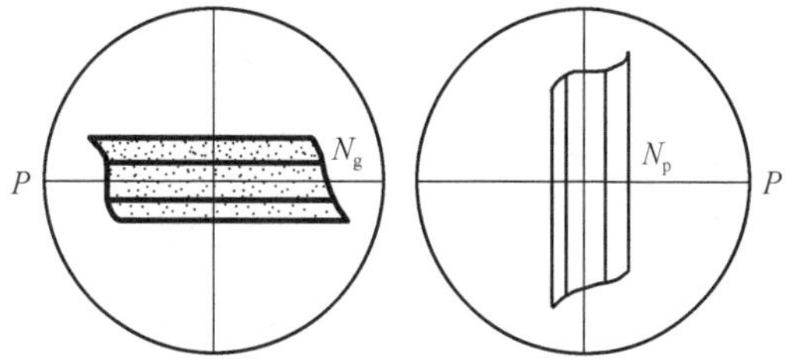

(a) $N_g // PP$　　(b) $N_p // PP$

图 2－36　白云母垂直(001)切面上的闪突起

产生闪突起的条件：矿物的双折射率很大，其中有一个方向的折射率与树胶的折射率接近，另一方向的折射率与树胶的折射率相差很大。同一矿物，切面方向不同，闪突起的明显程度不同，在一轴晶平行光轴的切面或二轴晶平行光轴面的切面上，双折射率最大，具有最明显的闪突起；垂直光轴的切面不具闪突起，其他方向的切面闪突起明显程度介于上述二者之间。

二、正交偏光镜下的晶体光学性质

所谓正交偏光镜（简称正交偏光）就是在单偏光镜的基础上，再推入上偏光镜，且使上、下偏光镜的振动方向相互垂直，即正交。一般以符号“*PP*”代表下偏光的振动方向，“*AA*”代表上偏光镜的振动方向，并且分别与目镜十字丝的横、纵丝平行。

在正交偏光镜下能够观察矿物晶体的光学性质有：消光现象、消光位和消光类型；测定消光角；观察矿物的干涉色并测定干涉色的级序；观察双晶；测定矿物延性的正、负等。

（一）消光、消光类型及消光角

非均质体矿物非垂直光轴切面，在正交偏光镜下旋转载物台时，有时黑暗，有时明亮。这种正交偏光镜下透明矿物薄片呈现黑暗的现象，称为消光；矿物薄片（简称矿片）在消光位时的位置，称消光位。矿物的消光分为全消光和四次消光两种情况。全消光：均质体和非均质体垂直光轴的切片，在正交偏光镜下，旋转载物台 360°，视域始终保持黑暗，这种现象称为全消光。四次消光：非均质体除垂直光轴以外的切片，在正交偏光镜下旋转载物台 360°时，有四次黑暗四次明亮的变化现象，称为四次消光（图 2－37）。

在正交偏光镜下呈现全消光的矿片，可能是均质体矿物也可能是非均质体矿物垂直光轴的切片；而四次消光的矿片，则一定是非均质体矿物。

根据矿片处在消光位时，解理缝（或双晶缝、晶体轮廓线）与目镜十字丝（即上、下偏光振动方向）的相互关系，矿物消光类型分为 3 种：①当矿片处于消光位时，若解理（双晶）缝或晶体轮廓线与十字丝之一平行时，称平行消光；②若十字丝平分两组解理缝或晶体轮廓线时，称对称消光；③若解理缝或晶体轮廓线与十字丝之一斜交时称斜消

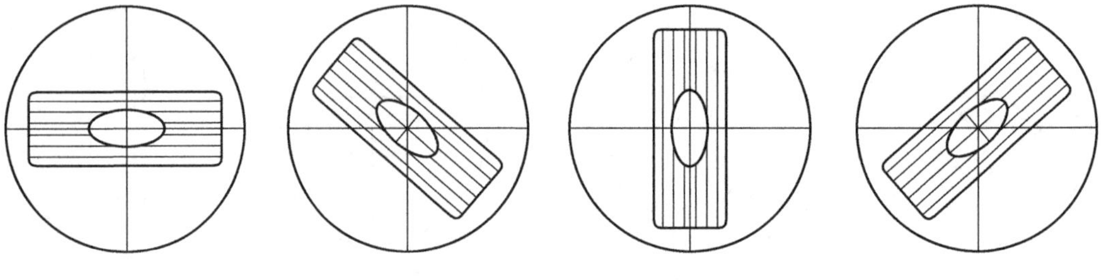

(a) 消光　　(b) 干涉　　(c) 消光　　(d) 干涉

图 2－37　消光与干涉原理

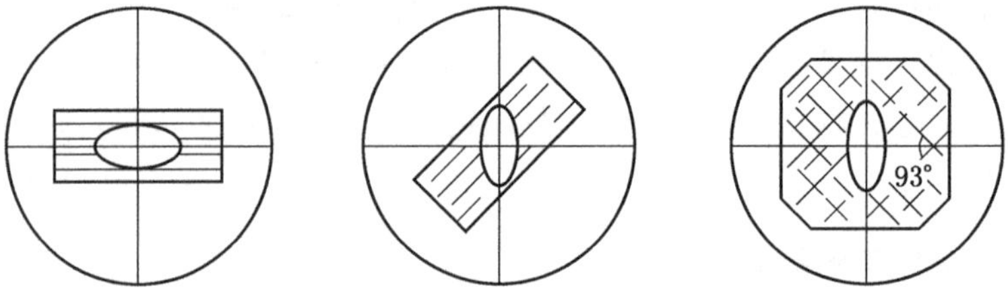

(a) 平行消光　　(b) 斜消光　　(c) 对称消光

图 2－38　非均质体矿物的消光类型

光（图 2－38）。

消光类型与晶体的光性方位有关：一轴晶矿物和二轴晶斜方晶系的矿物绝大多数见到的是平行消光和对称消光；二轴晶三斜晶系的矿物均为斜消光；而单斜晶系矿物则 3 种消光类型均可见到，以斜消光为主。

对于斜消光的某些矿物，消光角是鉴定矿物的光学常数之一，但需根据不同矿物的要求，选择合适的切面进行测量，如斜长石测量(010) $\wedge N_p'$，可准确确定其变种；又如区别角闪石的变种时，要求在平行光轴面的切片上测 $c \wedge N_g$。

（二）光的干涉现象和光程差

1. 光的干涉

非均质体矿物任意方向切片离开消光位时，会产生干涉现象。当非均质体矿片上的光率体椭圆半径 N_g、N_p 与上、下偏光的振动方向 AA、PP 斜交时，由下偏光镜透出的振动方向与 PP 平行的偏光，其振幅为 K，光线进入矿片后，则发生双折射，分解为振动方向互相垂直的两种偏光 K_1、K_2。由于 K_1 和 K_2 的折射率不等，光在薄片中传播速度不同。假设 $N_{K_1} > N_{K_2}$，即 K_1 为慢光，K_2 为快光，在光通过矿片的过程中，必然产生光程差(R)。当 K_1、K_2 先后透出矿片后，二者在空气中的传播速度相同，因而它们在到达上偏光镜之前，其光程差保持不变。

由于 K_1 和 K_2 的振动方向与上偏光镜振动方向斜交，K_1、K_2 先后进入上偏光镜时，必然再度分解成4种偏光（图2-39），K_1 分解成 K_1' 和 K_1''，K_2 分解成 K_2' 和 K_2''，其中 K_1''、K_2'' 的振动方向与上偏光镜的振动方向 AA 垂直，不能透出上偏光镜，可以不予考虑；而 K_1'、K_2' 的振动方向平行于 AA，可以透出上偏光镜。

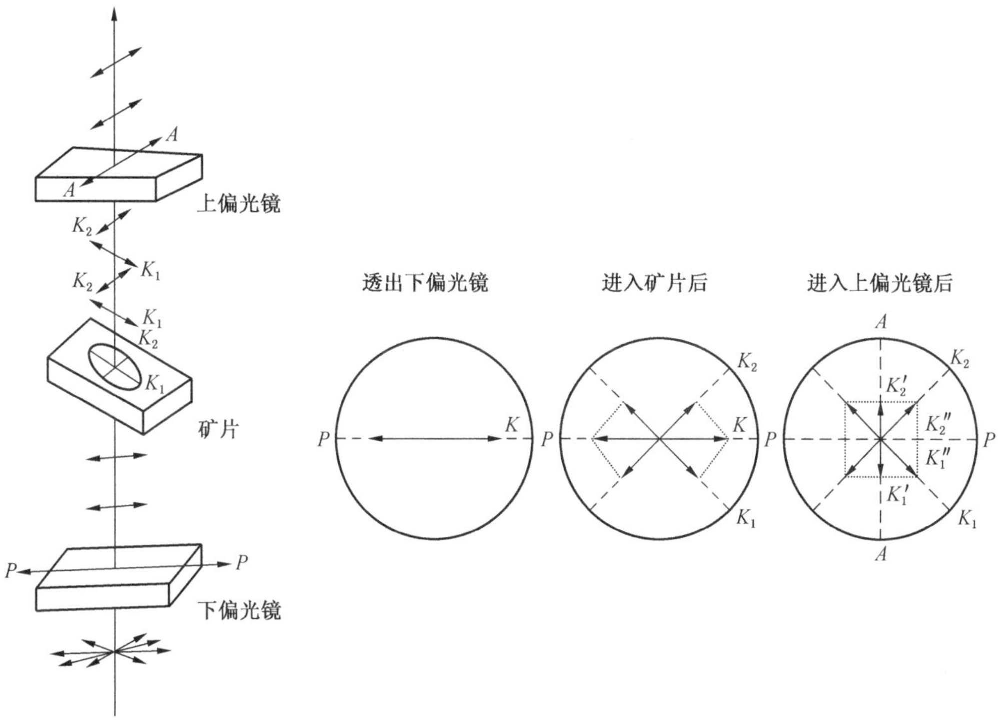

(a) 立体图　　(b) 偏光矢量分解平面图

图2-39　矿片上光率体椭圆半径与 AA、PP 斜交时，偏光通过矿片及到达上偏光镜的分解情况

透出上偏光镜后的 K_1'、K_2' 两种偏光，频率相同、有固定的光程差、在同一平面内（平行 AA）振动，具备了光波发生干涉的3个必备条件，必将发生干涉作用，而干涉结果取决于 K'_1、K'_2 两种偏光之间的光程差。

如果用单色光作光源，假设波长为 A，当这种偏光的光程差等于该单色光半波长 $\frac{1}{2}\lambda$ 的偶数倍 $\left(R=2n\,\frac{1}{2}\lambda\right)$ 时，K_1'、K_2' 振动方向相反，振幅相等，干涉结果是二者互相抵消而变黑暗；若光程差 R 是该单色光半波长 $\left(\frac{1}{2}\lambda\right)$ 的奇数倍 $\left[R=(2n+1)\frac{1}{2}\lambda\right]$ 时，K_1'、K_2' 的干涉结果是互相叠加，其亮度最大（图2-40）。假设光程差介于二者之间时，K_1'、K_2' 干涉结果是亮度介于黑暗和最亮之间。

2. 光程差(R)

光程差是快光和慢光通过晶体过程中发生双折射造成的，并在它们到达上偏光镜前保持不变，因为它们在空气中传播速度相等。光程差(R)等于矿片厚度(d)乘以双折射率

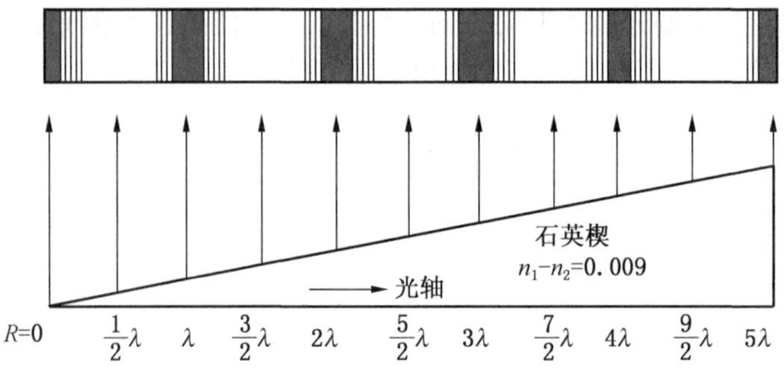

图 2-40　正交偏光镜间单色光透过石英楔出现明显相间的干涉条纹

(N_g-N_p)，即 $R=d(N_g-N_p)$。由此可见，光程差与薄片厚度和双折射率成正比，而双折射率又与矿物性质及切面方向有关。所以光程差大小受矿物性质、切面方向和矿片厚度 3 个因素的影响，必须综合考虑。

注意：同一种矿物，不同方向切面的双折射率不同，平行光轴或平行光轴面的切面，双折射率最大；垂直光轴切面的双折射率为零；其他方向切面的双折射率介于零与最大值之间。

（三）干涉色及干涉色色谱表

1. 干涉色

用单色光做光源将石英楔慢慢推入正交偏光镜试板孔内，由石英楔的薄端至厚端将依次出现明暗相间的条带。在 $R=(2n+1)\frac{\lambda}{2}$ 处出现单色光的最亮带；在 $R=2n\frac{\lambda}{2}$ 处出现最暗带。在最亮带与最暗带之间，亮度渐变。明暗条带间距的大小，由不同色光的波长决定。红光的波长最长，明暗条带的间距最大；紫光的波长最短，条带的间距也最小。

白光是由 7 种不同波长的单色光混合而成，光波波长在 390～770 nm，红光波长最长，紫光波长最短。若以白光为光源时，任何一个光程差都不可能同时相当于各色光波的半波长的偶数倍或奇数倍。即不可能使 7 种单色光波同时抵消出现黑带，而只可能相当于或接近于一部分单色光半波长的偶数倍，使这一部分单色光波抵消或削弱，同时又接近于另一部分单色光半波长的奇数倍，使这一部分单色光波加强，这样就使得对于同一光程差而言，有些单色光因干涉而加强，有些单色光因干涉而减弱或消失，构成不同程度单色光的混合颜色。这种混合色是由白光通过正交偏光镜间的矿片（非均质体的非垂直光轴切面）后，经干涉作用形成的，称为干涉色。一定的干涉色对应着一定的光程差。光程差越大，干涉色越高。

干涉色并不是矿物本身的颜色，它是矿片在正交偏光镜下经干涉作用后形成的颜色。

2. 干涉色级序及特征

用白光为光源时，在正交偏光镜间 45°位置缓慢插入石英楔，随石英楔厚度的增加，其光程差由零开始连续地增大，视域中将依次出现有规律而且连续的干涉色：暗灰—灰白—

浅黄—橙—紫红，然后为蓝—绿—黄—橙—紫红的变化，从而构成了干涉色的级序。矿物的干涉色从低到高可划分为 4 ~5 个级序（图 2 –41）。详述如下：

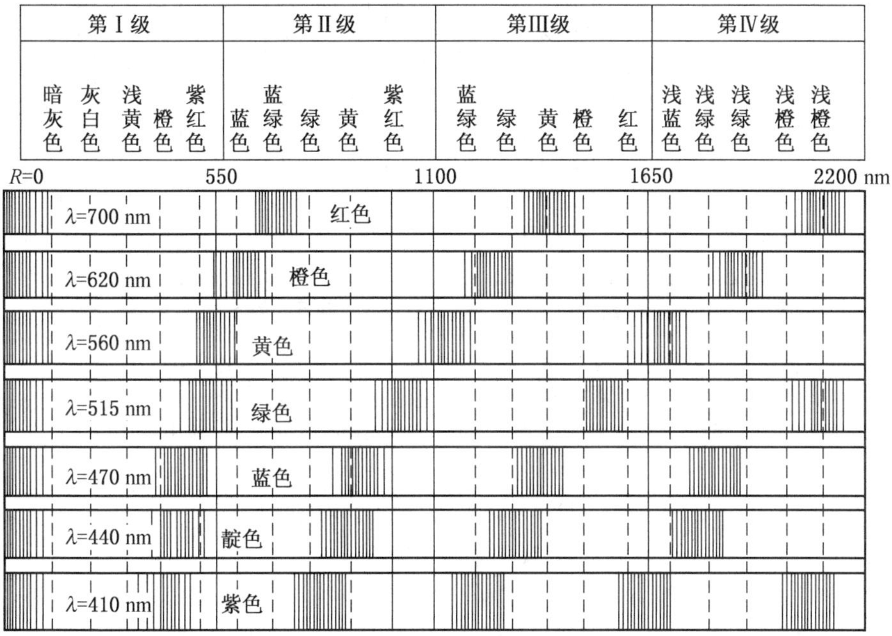

图 2 –41　正交偏光镜间，不同波长单色光透出石英楔，干涉色所构成的明暗条带

第Ⅰ级序主要干涉色：暗灰—灰白—浅黄—橙—紫红，其光程差为 0 ~550 nm，主要特点是无蓝、绿干涉色，出现特征的灰色、灰白色。

第Ⅱ级序主要干涉色：蓝—蓝绿—绿—黄—橙—紫红，其光程差为 550 ~ 1100 nm，主要特点是出现蓝、绿色，颜色鲜艳，色浓而纯，色带间界线较清楚，尤其是Ⅱ级蓝最清晰。

第Ⅲ级序主要干涉色：蓝—绿—黄—橙—红，其光程差为 1100 ~ 1650 nm。第Ⅲ级序与第Ⅱ级序的干涉色比较，第Ⅲ级序较第Ⅱ级序干涉色浅，干涉条带之间的界线不如第Ⅱ级序清楚，其中Ⅲ级绿最鲜艳。

第Ⅳ级序主要干涉色：浅蓝—浅绿—浅橙—浅红，其光程差为 1650 ~ 2200 nm，干涉色的颜色更浅，颜色混杂不纯，干涉色条带间的界线更模糊。

第Ⅴ级以上的干涉色称为高级白，它是各单色光波不等量互相混合的结果，表现为与珍珠表面颜色相近的白色，具有色调混杂，干涉色浅的特征。

3. 干涉色色谱表及其应用

干涉色色谱表是表示干涉色级序与光程差、双折射率及薄片厚度之间关系的图表（图 2 –42），它是根据光程差公式 $R = d(N_g - N_p)$ 制成的，又称米歇尔—列维色谱表。横坐标表示光程差(R)的大小（单位：nm）；纵坐标表示薄片厚度(d)（单位：mm）；斜线的上方或右方表示双折射率(ΔN)的大小。在各种光程差的位置上，填上相应的干涉色，便构成了干涉色色谱表。

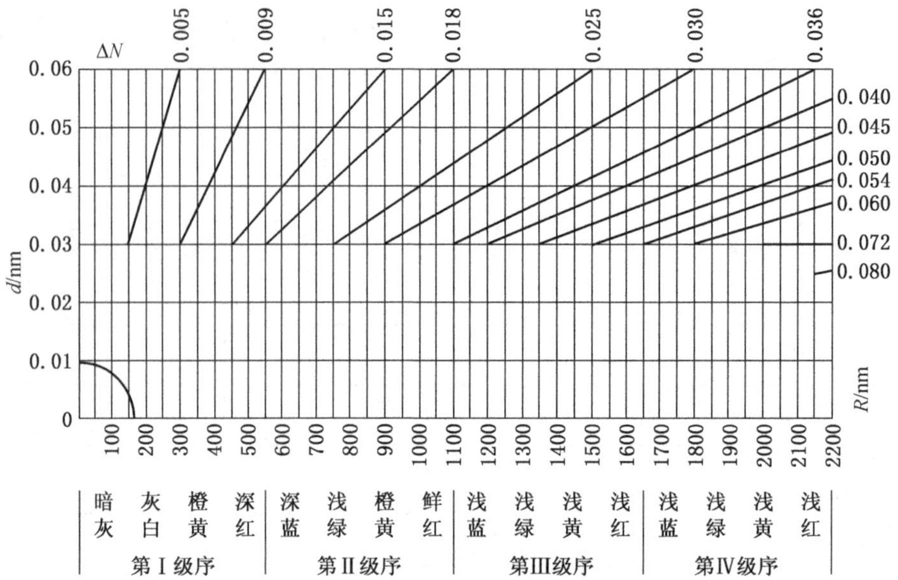

图 2－42　米歇尔—列维干涉色色谱表

（季寿元，1961）

由图 2－42 可以看出，随着光程差的增大，干涉色逐渐升高。第Ⅰ级序干涉色最大的光程差为 550 nm，最大的双折射率为 0.018，常见的矿物有磷灰石、霞石、白榴石、高岭石、绿柱石、红柱石、钾长石、石英、斜长石、刚玉等。第Ⅱ级序干涉色最大光程差为 1100 nm，最大双折射率为 0.036，常见矿物有矽线石、电气石、透闪石、普通角闪石、普通辉石、透辉石。第Ⅲ级序最大的光程差为 1650 nm，最大双折射率为 0.054，常见的矿物有橄榄石、滑石、绿帘石。第Ⅳ级序的干涉色最大光程差为 2200 nm，最大双折射率为 0.072，常见的矿物有锆石、黑云母。第Ⅴ级序的干涉色最大光程差大于 2200 nm，最大双折射率大于 0.072，常见矿物有榍石、方解石、白云石、金红石。

干涉色色谱表的用途：一般根据所呈现的干涉色查矿物的双折射率和判断矿片的厚度。另外利用 $R = d(N_g - N_p)$ 公式，已知其中两项数据时，可用色谱表求出第 3 个数据。

4. 异常干涉色

一些矿物在正交偏光镜下，常表现出与正常干涉色不同、带有特殊色调的干涉色，称为异常干涉色。例如干涉色应为Ⅰ级灰的绿泥石，却显示墨水蓝或者锈褐色的异常干涉色。

产生异常干涉色的主要原因是这些矿物的双折射率色散较强，矿物对白光中各色光的双折射率有明显的差异，对不同的色光产生不同的光程差。正常干涉色是各色光光程差相同的条件下干涉结果的叠加，而异常干涉色是各色光光程差明显不同时干涉结果的叠加。

（四）补色法则和常用的补色器

在正交偏光镜间观察和测定晶体的一些光学性质时，要借助于一些补色器（或称试板）。应用补色器时需遵循补色法则。

1. 补色法则

在正交偏光镜间 45°位置，放置两个互相垂直重叠的非均质体矿片（垂直光轴切片除

外），在光波通过矿片后，总光程差发生增减的法则，称补色法则（图2－43）。光程差的增减具体表现为干涉色的升降变化。若两个非均质体矿片在45°位置重叠时，假设第一个非均质体矿片的光率体椭圆长、短半径分别为N_g^1、N_p^1，光程差为R_1；第二个非均质体矿片的长短半径分别为N_g^2、N_p^2，光程差为R_2。当$N_g^1 /\!/ N_g^2$，$N_p^1 /\!/ N_p^2$时，总光程差$R = R_1 + R_2$，即同名半径平行，干涉色级序升高；当$N_g^1 /\!/ N_p^2$，$N_p^1 /\!/ N_g^2$时，总光程差$R = |R_1 - R_2|$，即异名半径平行，干涉色级序降低。

当异名半径平行且$R_1 = R_2$时，此时总光程差$R = 0$，视域中的矿片为暗灰，此现象称为消色。

根据补色法则，在两个矿物切片中，如果其中一个切片的光率体椭圆半径名称和方向是已知的，就可以利用干涉色升降的变化测定另一矿物切片上的N_g、N_p的名称和方向。

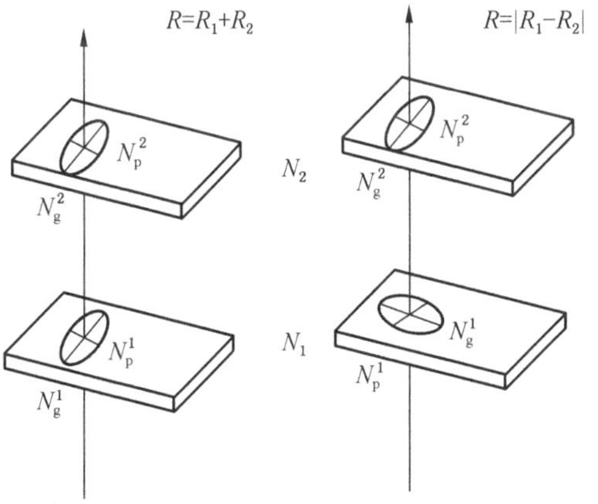

(a) 同名半径平行　　(b) 异名半径平行

图2－43　补色法则示意图

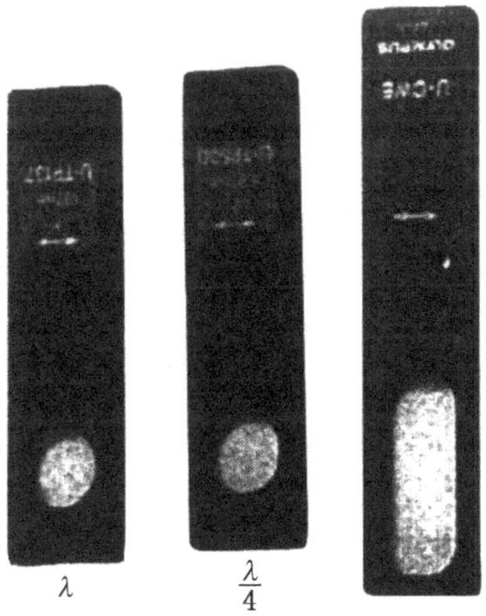

(a) 石膏试板　(b) 云母试板　(c) 石英楔

图2－44　常用的试板类型

2. 补色器

补色器又称试板，是将已知非均质体晶体制成一定厚度的定向切片，并标出其光程差R，N_g和N_p的方向。常用的补色器有石膏试板、云母试板和石英楔（图2－44）。石英楔的光程差是变化的。

（1）石膏试板。石膏试板的光程差为550 nm，干涉色呈Ⅰ级紫红，长边为N_p方向。该试板多用于干涉色较低（一般具Ⅱ级黄以下的干涉色）的矿片。在矿片上方插入石膏试板后，干涉色升高或降低一个级序。例如：矿片干涉色为Ⅱ级蓝，加入石膏试板后，升高为Ⅲ级蓝，或降低为Ⅰ级灰。

（2）云母试板。云母试板的光程差为147 nm，相当于黄光的$\frac{1}{4}$波长，故称$\frac{1}{4}\lambda$试板，干涉色呈Ⅰ级灰，N_g、N_p方向已标注在试板上，长边为N_p方向。多用于干涉色为Ⅱ级以上的矿片。在矿片上方插入云母试板后，干涉色升、降一个色序。如矿片干涉色为Ⅱ级紫红，加入云母试板后，升高为Ⅲ级蓝，或降低为Ⅱ级橙黄。

（3）石英楔。将石英晶体在平行光轴方向磨成一个从薄至厚的楔形薄片，用树胶粘在两块玻璃片之间制成，其光程差为 0 ~ 1650 nm，插入石英楔，从薄至厚依次产生Ⅰ级至Ⅲ级的干涉色或更高的干涉色。若在矿片上由薄至厚缓慢地推入石英楔，同名半径平行时，干涉色连续升高；异名半径平行时，干涉色逐渐降低，当推至石英楔的光程差和矿片的光程差相等时，则出现消色而视域内变为暗灰，由此可测出矿片的干涉色级序。

（五）正交偏光镜下主要光学性质的观察和测定方法

在观察、测定正交偏光镜间矿物的光学性质之前，必须检查上、下偏光镜振动方向是否正交，目镜十字丝是否严格与上、下偏光镜振动方向一致。如果上、下偏光镜不正交，目镜十字丝不严格与上、下偏光镜振动方向一致，则需要校正。

1. 非均质体矿片上光率体椭圆半径方向及名称的测定

测定方法如下：

（1）将待测矿片置于视域中心，转动载物台使矿片消光（处于消光位）(图 2 - 45a)，此时光率体椭圆半径方向平行上、下偏光镜振动方向 *AA*、*PP*（即与目镜的十字丝方向一致）。

（2）再继续转动载物台 45°，此时矿片最亮，矿片上光率体椭圆半径与目镜十字丝成 45°夹角（图 2 - 45b）。

（3）从试板孔插入试板，观察干涉色变化。应用补色法则，如果干涉色降低（图 2 - 45c），表明试板与矿片光率体椭圆切面的异名半径平行；若干涉色升高，则试板与矿片光率体椭圆切面的同名半径平行（图 2 - 45d）。因为试板上光率体椭圆半径的名称是已知的，由此可确定矿片上光率体椭圆半径名称。

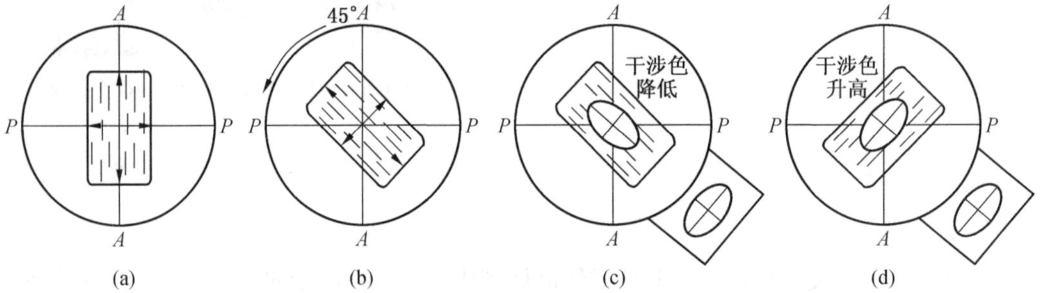

图 2 - 45　非均质体矿片上光率体椭圆半径方向和名称的测定

在实际测定时，一定要根据矿片干涉色级序的高低选择适当的试板，如果矿片的干涉色较高，可选用云母试板或石英楔进行测定；若干涉色较低，如Ⅰ级灰白，则选用石膏试板测定。

测出的光率体椭圆长、短半径，是否就是光率体主轴，取决于切面方向。如果矿片平行主轴面，测出的光率体椭圆长、短半径为 N_e、N_o（一轴晶）或 N_g、N_m、N_p 中任意二主轴（二轴晶）。如果矿片不平行主轴面，则光率体椭圆半径为 N'_e 和 N_o（一轴晶），或 N'_g、N'_p、N_m 中任意两个值（二轴晶）。

2. 干涉色级序的观察与最高干涉色的测定

根据光程差 $R = d(N_1 - N_2)$，在正常厚度（$d = 0.03$ mm）的岩石薄片中，同一矿物，不同方向切面的双折射率值不同，其干涉色级序的高低亦不同。观察待测矿物的干涉色级序时，必须选择干涉色最高的切面（平行光轴或平行光轴面的切面）。一般在鉴定时，采用统计方法，多测定几个颗粒，取其中的最高干涉色。干涉色级序的测定方法：

1）目估法

各级干涉色都具有一定特点，了解这一特点，凭实际经验便可确定干涉色级序。如Ⅰ级灰、Ⅱ级蓝、Ⅲ级绿等特征干涉色。

2）楔形边法

利用矿片楔形边缘的干涉色圈，判断矿物的干涉色级序，是比较简单的方法。在岩石薄片中，矿物切面往往具有楔形边缘，边缘薄，向中部逐渐加厚（图2－46），因而矿片的干涉色级序边缘较低，向中部逐渐升高。如果最边缘从Ⅰ级灰白开始，向中部干涉色逐渐升高而构成细小干涉色圈或干涉色细条带。其中经过Ⅰ条红带，则矿片干涉色为Ⅱ级；经过2条红带，则矿片中间为绿色，则此矿物干涉色为Ⅲ级绿；经过 n 条红带，矿片干涉色为 $(n+1)$ 级。如果矿片边缘最外圈不是从Ⅰ级灰白开始，则不能应用这种方法判断干涉色级序。

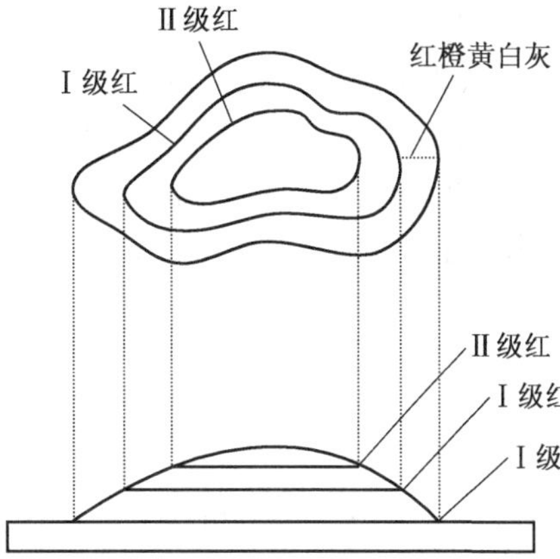

图2－46　矿片楔形边缘的干涉色色圈

3）利用石英楔测定干涉色级序

（1）将选定的矿片置于视域中心，转动载物台，使矿片消光（消光位）。

（2）再转动载物台45°，此时矿片干涉色最亮。

（3）从试板孔由薄至厚端插入石英楔，观察矿片干涉色级序的变化，可能出现下列两种情况：

①随着石英楔的慢慢插入，矿片上干涉色级序逐渐升高，表明石英楔与矿片上光率体椭圆切面的同名半径平行，此方向不可能出现消色位，达不到测定干涉色级序的目的，必须再转动载物台90°，使二者异名半径平行，再进行测定；②随着石英楔的慢慢插入，矿片干涉色逐渐降低，说明石英楔与矿片上光率体椭圆切面异名半径平行：当石英楔插入到与矿片光程差相等时，矿片消色而变黑暗（往往不是全黑，而是暗灰或混有矿物本身颜色）；再慢慢抽出石英楔，矿片的干涉色又逐渐升高，至石英楔全部抽出时，矿片显示原来的干涉色；在抽出石英楔的过程中，仔细观察矿片干涉色的变化，如果其间经过1次红色，矿片干涉色为Ⅱ级；经过 n 次红色，矿片干涉色为 $(n+1)$ 级；如果观察不清楚，可以反复操作。

3. 消光类型的观察与消光角的测定

非均质体矿物的消光类型主要有3种：平行消光、斜消光及对称消光。

矿物的消光类型与矿物所属晶系、切片方向以及光性方位密切相关，不同晶系的矿物，不同方向的切面具有不同的消光类型。

1）中级晶族的消光类型

中级晶族矿物为一轴晶，其光性方位是光率体的 N_e（光轴）与晶体 c 轴一致。这类矿物的消光类型以平行消光和对称消光为主，斜消光的切面很少出现。

2）低级晶族的消光类型

（1）斜方晶系的矿物。斜方晶系的光性方位是光率体的 3 个主轴与晶体的 3 个结晶轴一致。以平行消光与对称消光为主（图 2－47），但当切面与 3 个结晶轴均斜交时，也可呈现斜消光，其消光角不大，如紫苏辉石。

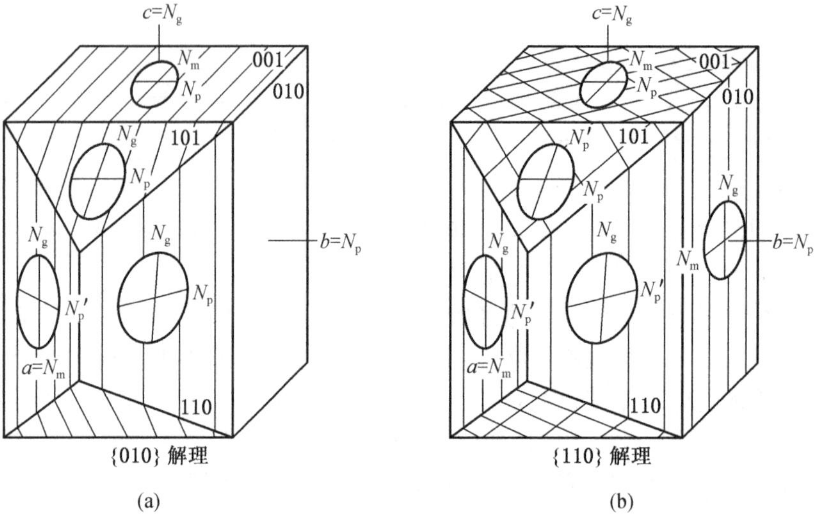

图 2－47　斜方晶系平行 a、b、c 三结晶轴的晶面的消光类型

（Bloss，1961）

（2）单斜晶系的矿物。单斜晶系的矿物光性方位是晶体的 b 轴与光率体的 3 个主轴之一重合。其余两个主轴与 a、c 轴斜交。例如普通角闪石 $N_m = b$，$N_g \wedge c = 16° \sim 25°$，具{110}解理，不同方向的切面消光类型不同（图 2－48）。//(001)切面为对称消光，//(010)切面为斜消光，//(100)切面为平行消光。

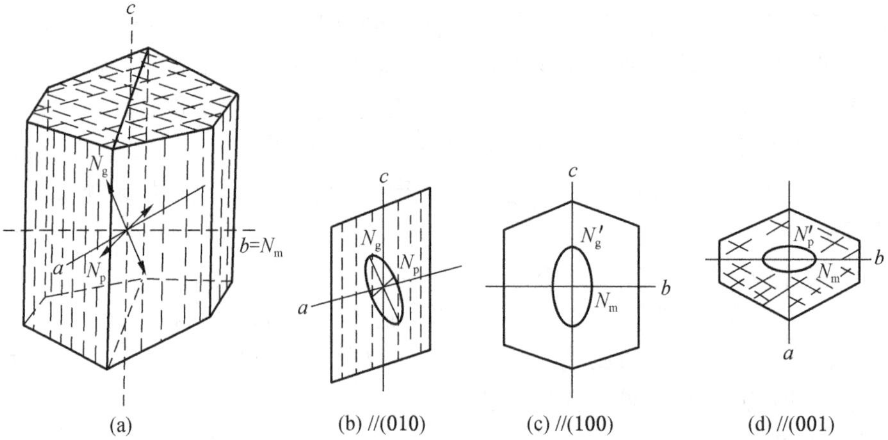

图 2－48　普通角闪石不同方向切面的消光类型

(3) 三斜晶系的矿物。三斜晶系矿物的光性方位是光率体 3 个主轴与晶体的 3 个结晶轴斜交。因此，这类矿物的绝大多数切面为斜消光，而且其消光角的大小随切面方向不同有差异，如斜长石。

3) 消光角及其测定步骤

(1) 消光角。消光角是指矿片消光时，其光率体椭圆半径与解理缝、双晶缝、晶体延长方向之间的夹角。也就是目镜的十字丝与解理缝、双晶缝、晶体延长方向之间的夹角。

一般以结晶轴或晶面符号与光率体三轴之间的夹角来表示消光角，它是晶体光性方位的组成部分。例如，在普通角闪石的(010)切面上，{110}解理缝与 N_g 的夹角为25°，因为{110}解理缝与 c 轴平行，所以记作 $N_g \wedge c = 25°$（在 $+\beta$ 内）；同时，根据轴角 $+\beta = 106°$，可得 $N_p \wedge a = 9°$（在 $-\beta$ 内）(图2-49)。

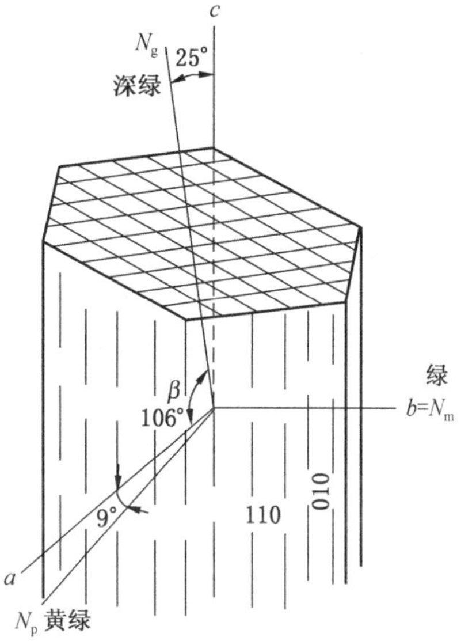

图2-49 普通角闪石中结晶轴与光率体主轴的关系

消光角有正负之分，习惯上根据光学主轴（N_g 或者 N_p）是位于结晶轴 a 与 c 所构成的钝角区还是锐角区来判断消光角的正负。如光学主轴位于钝角区的消光角称正消光角，光学主轴位于锐角区的消光角为负消光角。一般薄片观察，不一定要确定消光角的正负。

不是所有晶系的矿物都要测定消光角。一般只在单斜晶系和三斜晶系矿物中需要测定消光角，因为这两种晶系中不同矿物的消光角不同，所以准确测定消光角对鉴定矿物具有重要意义。

(2) 消光角测定步骤如下：①选择定向切片，如测角闪石的消光角应选一组解理清晰，多色性明显，干涉色最高的切片（即平行光轴面的切面）；②将选定的矿片置于视域中心，旋转载物台使解理缝或者双晶缝平行纵十字丝，记下载物台读数 a（图2-50a）；③继续旋转载物台使矿片达消光位，此时矿片上的光率体椭圆半径与目镜十字丝一致，记

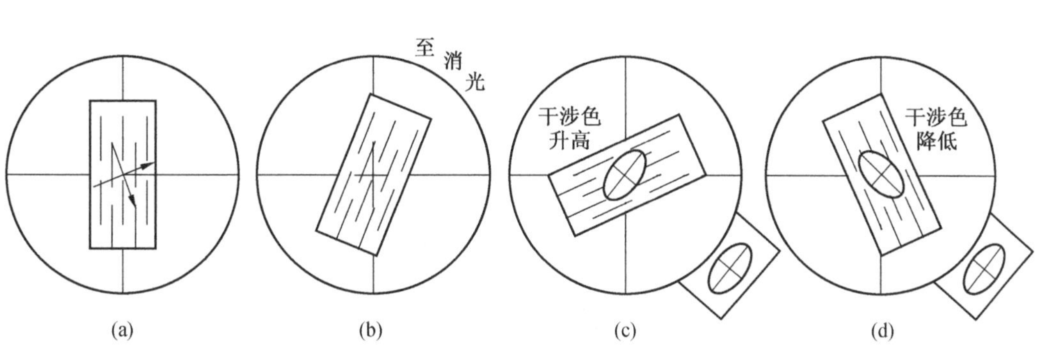

图2-50 消光角的测定步骤

下载物台的读数 b，两次读数的差值即为该矿物的消光角（图 2 – 50b）；④从消光位转 45°插入试板，观察矿片干涉色的升降变化；应用补色法则，同名半径一致，干涉色升高，异名半径一致，干涉色降低，根据干涉色的变化情况确定光率体半径名称；若是平行光轴的切片，则长、短半径分别为 N_g 和 N_p；若不是平行光轴面的切片，则长、短半径分别为 N'_g 和 N'_p（图 2 – 50c、图 2 – 50d）；⑤消光角表示方法，一般利用光率体椭圆半径名称与结晶方向名称以及二者之间的夹角来表示；如单斜晶系的角闪石，其解理缝方向是 c 轴方向，最高干涉色的切面为光轴面(010)，对应的光率体椭圆半径应是 N_g 和 N_p，所以普通角闪石平行(010)面上的最大消光角可写成 $N_g \wedge c = 25°$（一般表示锐角数值）；其余切面上的消光角都是视消光角，均小于(010)切面上测得的最大消光角，一般用 $N'_g \wedge c$ 之间夹角表示。

为了获得较精确的消光角，消光位必须测得准确，通常在消光位时，向顺时针和逆时针两侧轻轻转动载物台，观察视域的黑暗程度，转动的幅度逐渐缩小，两侧黑暗程度近似，最后完全消光为止。也可用石膏试板检查，插入石膏试板视域应为Ⅰ级紫红。

4. 晶体延性及延性符号的测定

长条状矿物切面，其延长方向与光率体椭圆半径之间的关系，称为晶体的延性。

延性有正负之分，一般规定：晶体切面延长方向与光率体椭圆长半径（N_g 或 N'_g）平行或其夹角小于 45°，称正延性；晶体切面延长方向与光率体椭圆短半径（N_p 或 N'_p）平行或其夹角小于 45°，称负延性。延性符号是某些针状、柱状、纤维状或板状、片状、矿物的鉴定特征。

如多色性相似的紫苏辉石（图 2 – 51a）与红柱石（图 2 – 51b）都具有粉红—浅绿的多色性，通过延性测定紫苏辉石为正延性，红柱石为负延性。因此，延性的测定也可作为矿物鉴定特征之一。考虑延性符号与光性符号的关系，也必须考虑晶体的结晶习性。一轴晶矿物晶体的延性符号与晶体光性正负密切相关，但也必须考虑到晶体的结晶习性。一轴晶柱状矿物的延性正负与光性正负是一致的，如磷灰石（图 2 – 52a）、绿柱石（图 2 –

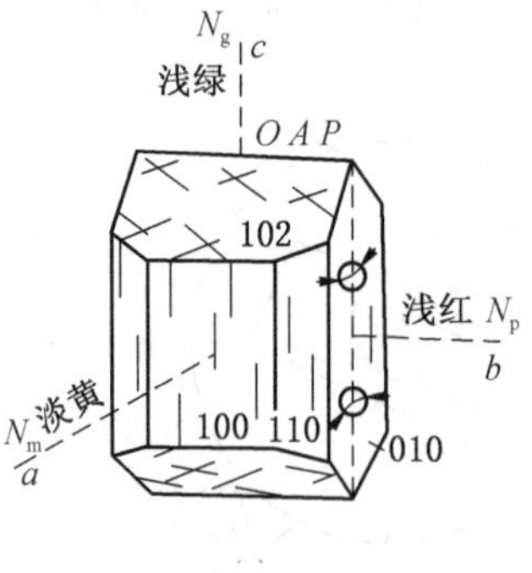

(a) 紫苏辉石

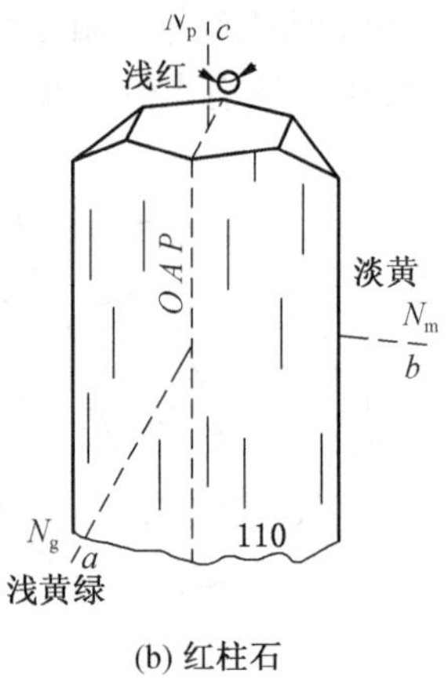

(b) 红柱石

图 2 – 51　紫苏辉石和红柱石的延性

52b）、方柱石（图 2 –52c）、符山石（图 2 –52d）是负光性、负延性；而锆石（图 2 –53a）、锡石（图 2 –53b）、金红石（图 2 –53c）、石英（图 2 –53d、图 2 –53e）均为正光性、正延性。

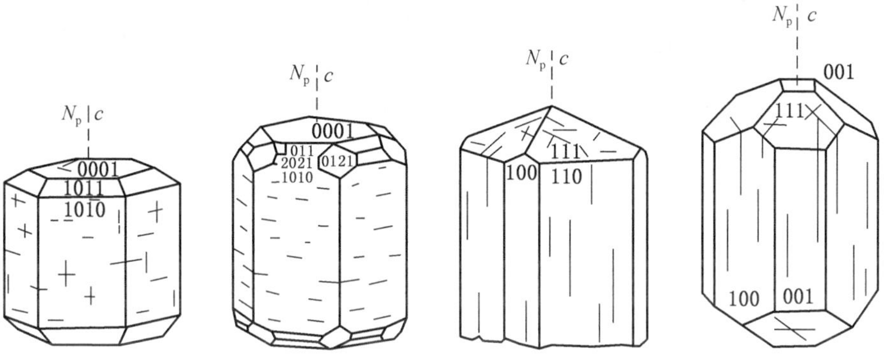

(a) 磷灰石　(b) 绿柱石　(c) 方柱石　(d) 符山石

图 2 –52　一轴晶的柱状矿物负光性、负延性（光性与延性相同）

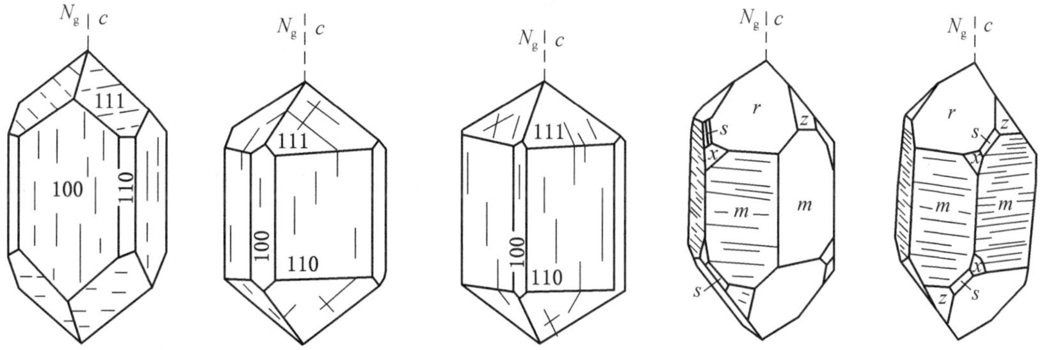

(a) 锆石　(b) 锡石　(c) 金红石　(d) 石英的左形　(e) 石英的右形

图 2 –53　一轴晶的柱状矿物正光性、正延性（光性与延性相同）

一轴晶板状矿物的延性则与光性相反。在板状晶体中，*c* 轴通常垂直于板面，当切面垂直板面时，其形呈长条状，在此切面内，*c* 轴与延长方向垂直而不是平行。如刚玉（图 2 –54a）、钙黄长石（图 2 –54b）均为负光性、正延性；镁黄长石（图 2 –54c）则为正光性、负延性。

二轴晶许多层状硅酸盐亚类矿物，如白云母（图 2 –55a）、滑石（图 2 –55b）、高岭石（图 2 –55c）等常具有(001)解理，呈片状，多数为负光性，垂直(001)解理方向的延性符号均为正延性。

对于斜消光的矿物，只要测定了消光角，就可以判断其延性的正负。而对于平行消光的矿物，延性符号的测定方法如下：

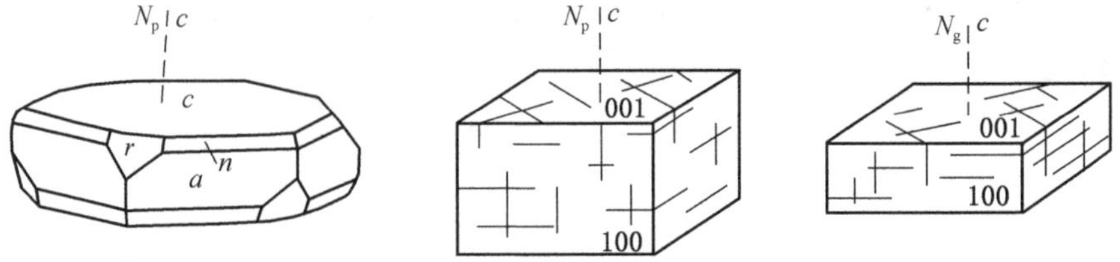

(a) 刚玉　　(b) 钙黄长石　　(c) 镁黄长石

图 2－54　一轴晶的板状矿物的光性、延性（光性与延性相反）

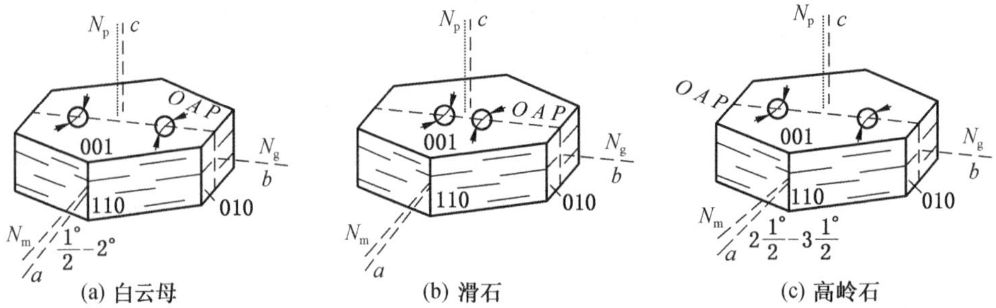

(a) 白云母　　(b) 滑石　　(c) 高岭石

图 2－55　二轴晶的片状矿物负光性、正延性（光性与延性相反）

（1）将待测的矿片置于视域中心（图 2－56a），使晶体延长方向平行目镜十字丝的纵丝，此时矿物消光。

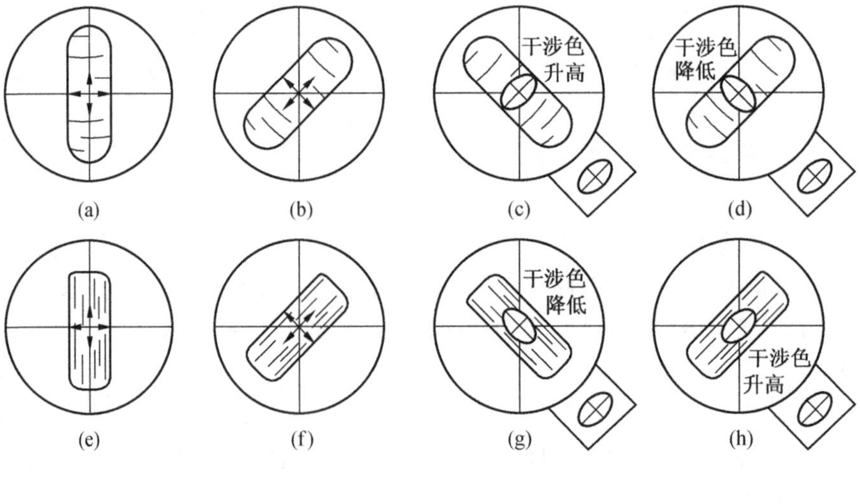

(a)　(b)　(c)　(d)　(e)　(f)　(g)　(h)

（a）～（d）负延性；（e）～（h）正延性

图 2－56　延性正负的测定步骤

（2）旋转载物台45°，使晶体延长方向与目镜十字丝呈45°夹角，此时矿片干涉色最亮，光率体椭圆半径与目镜十字丝成45°夹角（图2－56b），与插入试板方向垂直或一致，可应用补色法则。

（3）加入试板，观察矿物的干涉色的升降变化，判断光率体椭圆半径名称，即可确定延性符号。当干涉色级序升高（图2－56c）或降低（图2－56d）时，说明 N_p 或 N'_p 平行延长方向，为负延性；当干涉色级序降低（图2－56g）或升高（图2－56h）时，证明 N_g 或 N'_g 平行延长方向，为正延性。

当矿物晶体的延长方向与 N_m 平行时，则矿物的延性可正可负，如橄榄石（图2－57a），在(010)面上为负延性，在(100)面上为正延性；绿帘石（图2－57b）在(010)面上为负延性，(100)面上为正延性。

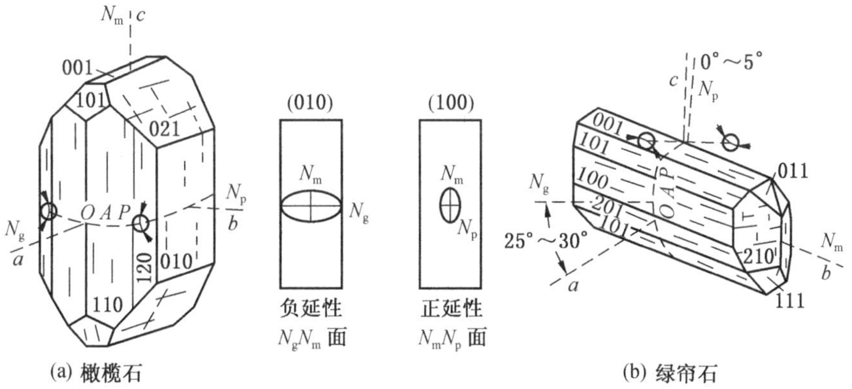

图2－57　二轴晶矿物的 N_m 与延长方向一致，延性可正可负

5. 双晶的观察

矿物的双晶是指两个或两个以上的单体，按一定的对称关系相互有规律地连生在一起的现象。正交偏光镜下，表现为相邻两个单体消光位不同，呈现一明一暗现象。这是由于构成双晶的两个单体中，一个单体绕另一个单体旋转了180°，使两个单体的光率体椭圆半径方位不同所致（图2－58a）。两个单体之间的结合面称双晶结合面。双晶结合面与矿片平面的交线称为双晶缝。双晶缝通常比较平直，当双晶结合面垂直矿片平面时，双晶缝最清楚；当双晶结合面逐渐倾斜时，双晶缝逐渐变宽变模糊，甚至看

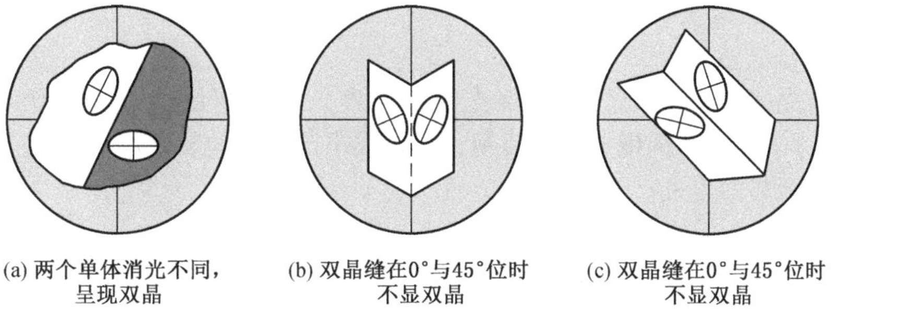

图2－58　双晶在正交偏光镜间的消光情况

不到双晶缝。由于双晶结合面相当于两个单体的对称面，当双晶结合面与矿片平面垂直时，相邻两个单体的光率体椭圆切面在双晶缝的两侧是对称的，故当双晶缝平行目镜十字丝或与其成45°角时，相邻两个单体干涉色完全相同，明暗程度一样，此时看不出双晶（图2－58b、图2－58c）。

根据矿物双晶单体的数目，可把双晶划分为两种类型：

1）简单双晶

双晶仅由两个单体组成。在正交偏光镜下，表现为一个单体消光，另一个单体明亮（不消光），旋转载物台双晶的两个单体明暗互相更换。如正长石的卡斯巴双晶（图2－59a）。

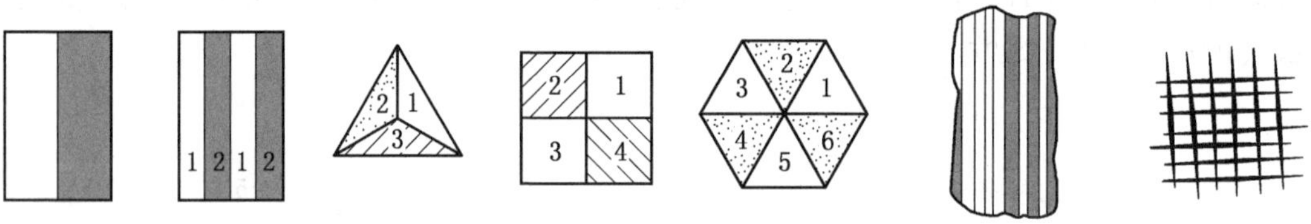

(a) 简单双晶　(b) 聚片双晶　(c) 三连晶　(d) 四连晶　(e) 六连晶　(f) 卡钠复合双晶　(g) 格子双晶

图2－59　常见的几种双晶类型

2）复式双晶

双晶由两个以上单体组成，根据双晶结合面的相互关系分为：

（1）聚片双晶。双晶结合面互相平行，在正交偏光镜下呈聚片状，旋转载物台时，奇数和偶数单体轮换消光，呈明暗相间的条带。如斜长石的聚片双晶（图2－59b）。

（2）轮式双晶。双晶结合面不平行，各单体以等角度相交；按双晶的单体数又分为三连晶（图2－59c）、四连晶（图2－59d）和六连晶（图2－59e）。

（3）复合双晶。两种以上不同双晶律的双晶类型同时存在的双晶。如斜长石中的卡钠复合双晶（图2－59f）、微斜长石中的格子双晶（图2－59g）等。

三、锥光镜下的晶体光学性质

单偏光、正交偏光系统介绍的是平行入射光波，而锥光系统是加入聚光镜后形成的偏光束，对形成特殊图形——干涉图有重要作用。在锥光学习中仍需抓住正交的3个重点：①消光干涉原理是解释黑十字的成因的关键；②光程差公式是解释干涉色色圈的成因的关键；③补色法则是测定光性符号正负的关键。

（一）锥光镜的装置及特点

1. 锥光镜的装置

在正交偏光镜的基础上，加上聚光镜并把聚光镜升到最高位置，换用高倍物镜（40×或45×），推入勃氏镜或去掉目镜，便构成了锥光镜的装置。

2. 各部件所起的作用

1）聚光镜

其作用是使光波透过下偏光镜后进入聚光镜，由于聚光镜的聚敛作用，使平行光波变成锥形的偏光束。锥形偏光束与平行偏光束的重要区别在于平行偏光束基本上沿同一方向垂直射入矿片（图2－60a），故每条光线通过晶体的路程是相等的，相应的光率体切面也是相同的（双折射率相等），即每条透射光在晶体中产生的光程差相等，因此，在正交偏光系统下整个矿物切面的干涉色是相同的，只需用光率体一个切面表示即可。而锥形偏光束是沿不同方向同时射入矿片（图 2－60b），具有 3 个特点：

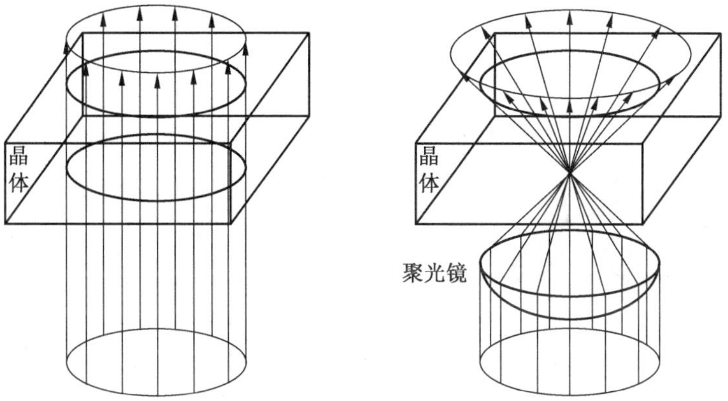

(a) 平行光束　　(b) 锥形光束

图 2－60　两种不同形态的透射光

（汪相，2003）

（1）只有中央一条光线垂直射入矿片（代表切面与平行偏光束代表切面相同），其余光线都倾斜射入矿片。

（2）只有中央入射光线经过矿片厚度最小，倾斜程度由中央向外逐渐增大，所以，光波在矿片中所经历的路程越向外越长，通过矿片的厚度也就越向外越大。这是因为厚度(d)的变化影响了光程差(R)的变化 [$R=d(N_g-N_p)$]。

（3）与光轴夹角相等的入射光线，构成一个圆锥。同一圆锥上的入射光线与矿片的倾角是一致的，由于通过薄片厚度也一样，且光程差大小相等，因此形成同心圆状的干涉色色圈。聚光镜将一束平行光聚焦于矿物晶体几何中心的一个点上（图 2－61），这样可以更好地理解光率体的概念。

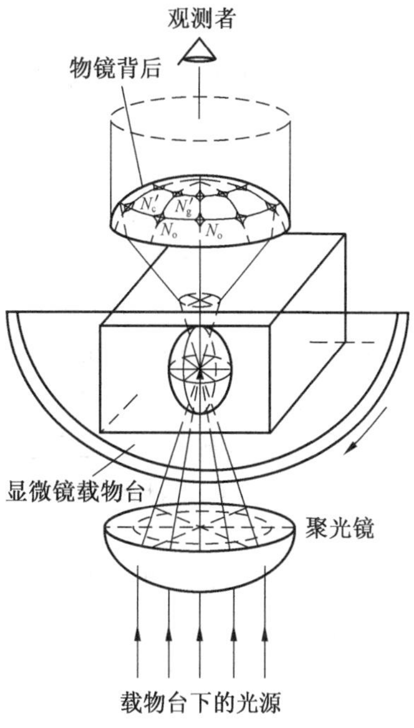

图 2－61　聚光镜将一束平行光聚焦于矿物晶体几何中心一个点上，经过双折射作用，形成了干涉图

（据佐尔泰，1992，有修改）

例如，一轴晶垂直光轴的切片，除中央一条入射光波，通过晶体为圆切面以外，其余每条倾斜的入射光波通过晶体都要发生双折射，均构成一个与入射光波相垂直的椭圆切面，而且椭圆的长短半径大小与光波的倾斜角度有关，因此这些不同方向的光波同时通过矿片，并到达上偏光镜时，由于有的椭圆半径与上、

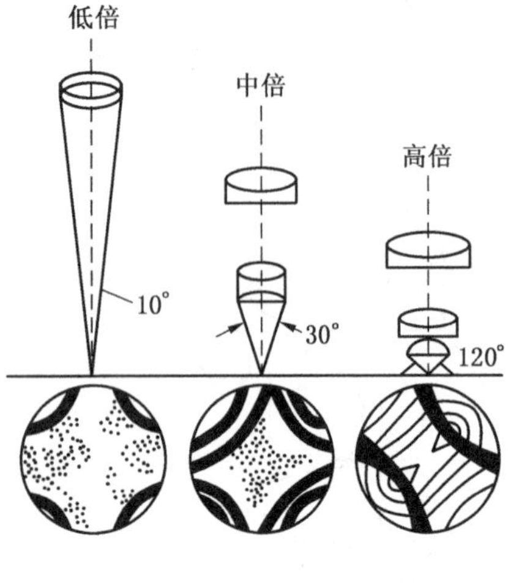

图 2－62　不同放大倍数的物镜能接纳的倾斜光锥范围不同，所观察到的干涉图也不一样（李德惠，1993）

下偏光振动方向平行，有的与上、下偏光振动方向斜交，这就产生了消光和干涉现象。因此，在锥形偏光束中，各个不同方向的入射偏光通过矿片后到达上偏光镜所产生的消光和干涉效应综合在一起，就构成了一种特殊图形，称为干涉图。

2）高倍物镜

换用高倍物镜的作用在于接纳倾斜角度较大的光线，使图像更完整清楚。因为低倍物镜焦距长，只能接纳与矿片法线成5°夹角的光线，这与平行入射的光相差不多，故图像模糊而不完整。而高倍物镜可以接纳与矿片法线成60°夹角的光线，故所成的图像完整而清晰（图 2－62）。

3）勃氏镜

加上勃氏镜的作用是为了使图像成为放大的实像。当晶粒较大时（高倍镜下晶粒几乎充满整个视域）效果较好。当晶粒小时，不加勃氏镜，取出目镜，直接观察，所看到的是物镜焦点平面上的实像，此时图形虽小，但很清楚。

均质体矿物的光学性质各方向一致，光波以任何方向射入矿片，都不发生双折射，因此，在单偏光镜下无多色性，正交偏光镜间全消光，锥光镜下没有干涉图。非均质体矿物的光学性质随方向而异，在锥光镜下能形成干涉图，其干涉图的图像特点因矿物的轴性和切面方向而不同。

3. 应用

锥光镜下可以测定矿物的光学常数有：轴性、光性符号、光轴角和切面方向。

（二）一轴晶干涉图及光性正负的测定

一轴晶矿物的干涉图，因切面方向不同而异。有 3 种主要类型，即垂直光轴切面、斜交光轴切面及平行光轴切面的干涉图。

1. 垂直光轴切面的干涉图

该切片在单偏光镜下无多色性，正交偏光镜下干涉色最低，为全消光，在锥光镜下出现具有如下特点的干涉图。

1）图像特点

由一个黑十字或黑十字和同心圆干涉色色圈组成（图 2－63）。

（1）黑十字由互相垂直的两个黑臂（也称消光影）组成。两黑臂分别平行上、下偏光镜振动方向 *AA*、*PP*。黑十字交点为光轴出露点，位于视域中心，黑十字从中心向外逐渐变宽。

（2）旋转载物台 360°，干涉图的图像不变。

（3）光程差(R)必须超过 550 nm 才能产生干涉色色圈。干涉色色圈的有无或多少取决于矿物的双折射率的大小和矿片的厚度。一般矿片厚度一定（如标准厚度 $d=0.03$ mm），当双折射率较小时，仅有黑十字，而无色圈，四个象限为Ⅰ级灰的干涉色。如石英，$N_e=$

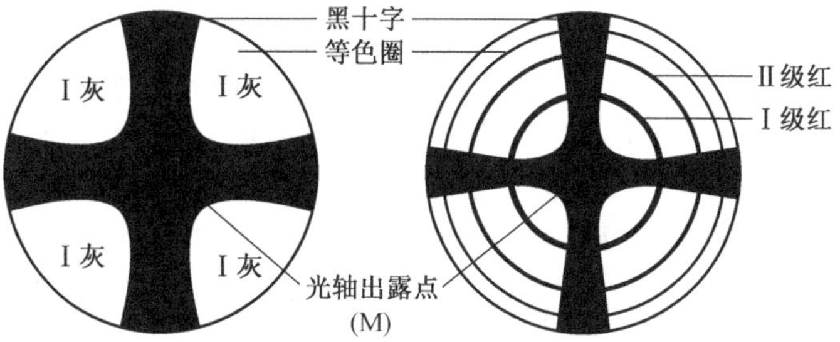

(a) 双折射率较小的矿物石英　　(b) 双折射率较大的矿物方解石

图 2-63　一轴晶垂直光轴切面干涉图（矿片厚度相同）

1.553、$N_o = 1.544$、$\Delta N_{max} = 0.009$，据光程差公式 $R = d(N_1 - N_2) = 270$ nm，呈Ⅰ级灰白的干涉色，所以看不到干涉色色圈，只见一个黑十字。当双折射率较大时，不仅有黑十字，而且有同心圆状的干涉色色圈，从黑十字中心向边缘，干涉色级序逐渐升高，色圈变密。如方解石，$N_e = 1.486$、$N_o = 1.658$、$\Delta N_{max} = 0.172$，据光程差公式 $R = 5160$ nm，因此具有相当于Ⅸ级以上的干涉色，故能见到同心圆状的干涉色色圈和黑十字。

2）成因

在垂直光轴的切面中，光轴位于切面中心。当锥形偏光入射时，除中央一束光波平行光轴入射外，其余光波均倾斜矿片入射，所以除中央以外其他部分均要发生双折射，其光率体切面为椭圆。

一轴晶光率体各个椭圆切面半径在空间的分布方位，可用星射球面投影获得。具体做法是把一轴晶光率体外套上一个圆球体，使圆球体中心与光率体中心重合（图 2-64）。

把垂直各个方向入射光波的光率体椭圆切面半径（N_e'、N_e 和 N_o）投影到球面上，得出各个椭圆切面半径（常光和非常光的振动方向）在球面上的分布方位。球面上经线与纬线的交点，代表各个入射光波在球面上的出露点；经线的切线方向，代表光率体椭圆半径 N_e' 和 N_e 的投影方向，即非常光的振动方向；纬线的切线方向，代表光率体椭圆半径 N_o 的投影方向，即常光的振动方向。

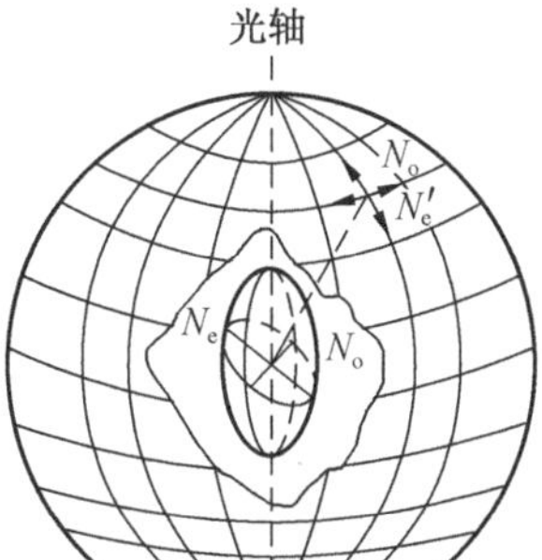

图 2-64　一轴晶常光和非常光振动方向在球面上的分布方位（李德惠，1993）

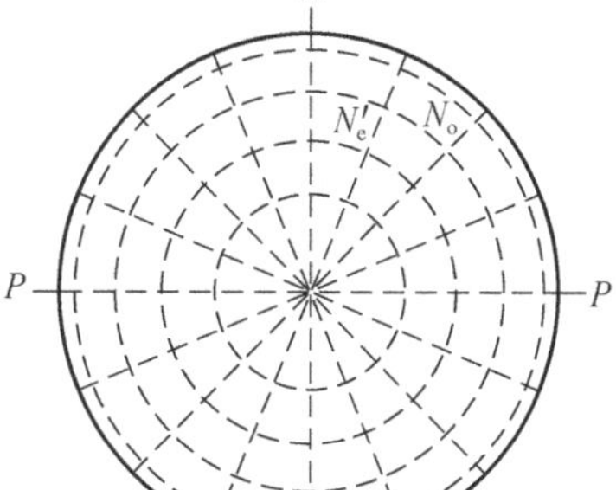

图 2-65　一轴晶垂直光轴切面波向图（李德惠，1993）

把球面投影结果用正射投影的方法投影到平面上，即可得出一轴晶不同方向切面上光率体椭圆半径（常光与非常光）的分布方位图，称波向图。一轴晶垂直光轴切面的波向图具有3个特点：①其中心为光轴在矿片平面上的出露点；②围绕中心的同心圆与放射线的各个交点，代表锥形光束各个入射光波在矿片平面上的出露点；③放射线（或半径）方向，代表光率体椭圆半径 N_e' 的方向（非常光的振动方向），同心圆的切线方向，代表光率体椭圆半径 N_o 的方向（常光振动方向）(图2－65)。

3）垂直光轴切面干涉图的应用

（1）确定轴性和切面方向。根据干涉图的图像特点，可以确定为一轴晶垂直光轴的切面。

（2）光性符号的测定。一轴晶光性符号正负的确定应依据两个原则：① $N_e > N_o$，为一轴正晶；$N_e < N_o$，为一轴负晶；②放射线方向代表 N_e' 方向，同心圆切线方向代表 N_o 方向。一轴晶矿物的光性符号是根据 N_e 和 N_o 的相对大小来决定的。

在干涉图中，N_e' 与 N_o 的方向为已知，故只要插入补色器，测定出 N_e' 与 N_o 相对大小，即可求得光性的正负。测定时首先应认清象限内干涉色的级序，然后加入补色器，根据补色法则——同名半径平行干涉色升高，异名半径平行干涉色降低的原理（图2－66），就可测出光性的正负。

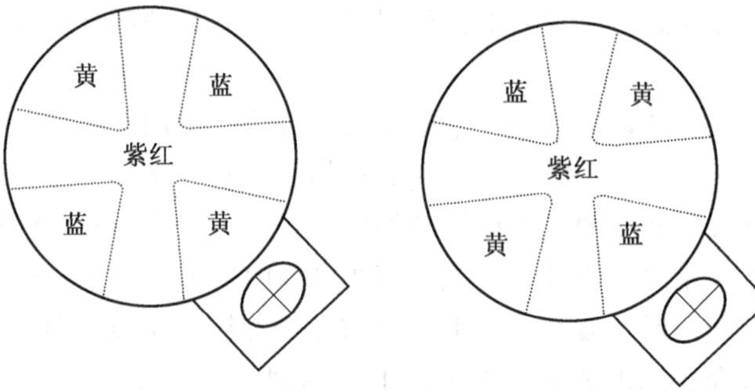

(a) 正光性　　(b) 负光性

图2－66　一轴晶矿物光性符号的测定

现以石英垂直光轴的切面干涉图为例加以说明：近光轴处的色圈呈Ⅰ级灰白，从Ⅱ、Ⅳ象限加入石膏试板，结果Ⅰ、Ⅲ象限干涉色升高呈Ⅱ级蓝色($R = 150 + 550 = 700$ nm)，Ⅱ、Ⅳ象限干涉色降低呈Ⅰ级橙黄($R = 550 - 150 = 400$ nm)，证明试板的 N_g 与矿片的 N_e 平行，试板的 N_p 与矿片的 N_o 平行，故 $N_e > N_o$，为正光性（图2－66a）。相反干涉图中黑十字划分的4个象限内的干涉色级序的升降变化为Ⅱ、Ⅳ象限升高，Ⅰ、Ⅲ象限降低，则为负光性（图2－66b）。

在色圈多的干涉图中加入云母试板，黑十字变为Ⅰ级灰白（图2－67）。因为云母试板可使干涉色升降一个色序。在干涉色升高的两个象限内（图2－67a中的Ⅰ、Ⅲ象限，图2－67b中的Ⅱ、Ⅳ象限）色圈向内移动一个色序，靠近黑十字交点，原为Ⅰ级灰的地方，干涉色升高变为Ⅰ级黄色；原来为Ⅰ级黄的色圈，干涉色升高变为Ⅰ级红，Ⅰ级红的色圈变为Ⅱ级蓝……，即每一色圈的干涉色都升高一个色序，因此显示出整个色圈均向内移动。

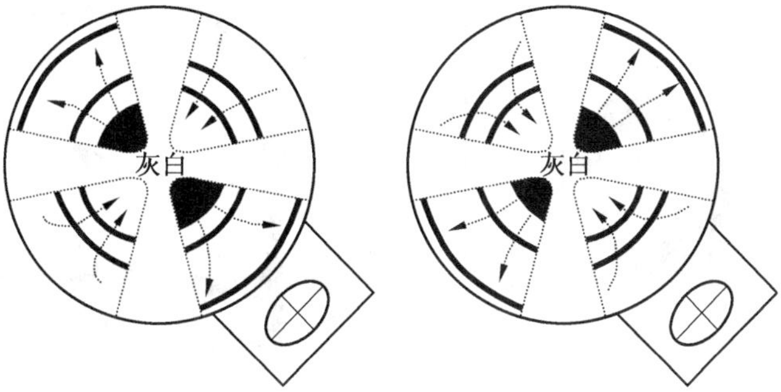

(a) 正光性　　(b) 负光性

图 2－67　干涉色色圈多的干涉图加云母试板后，升高色圈内移，降低色圈外移

在干涉色降低的两个象限内（图 2－67a 中的Ⅱ、Ⅳ象限和图 2－67b 中Ⅰ、Ⅲ象限）色圈向外移动一个色序，靠近黑十字交点原为Ⅰ级灰的地方，干涉色降低变为黑色；原为Ⅰ级黄的色圈，变为Ⅰ级灰，显示出色圈向外移动。同理，每个色圈都降低一个色序，因而显示整个色圈向外移动。

如果干涉色色圈多而密，加入云母试板后，色圈移动看不清，则可使用石英楔，随着石英楔的慢慢插入，在干涉色升高的两个象限内，干涉色色圈连续向内移动；在干涉色降低的两个象限内，干涉色色圈连续向外移动。

2. 斜交光轴切片的干涉图

1）图像特点

一轴晶斜交光轴的干涉图比较常见。其图像特点是光轴出露点不在视域中心，因此出现的是黑十字的一部分与不完整的干涉色色圈。根据光轴（*c* 轴）与切片法线夹角的大小，可分为小斜切片和大斜切片干涉图。

（1）小斜切片干涉图。黑十字交点（光轴出露点）不在视域中心，但仍在视域内（图 2－68）。旋转载物台时，黑十字交点绕视域中心作圆周运动，其黑臂则作上下、左右平行移动，干涉色色圈随黑十字交点移动。

（2）大斜切片干涉图。当黑十字交点（光轴出露点）在视域外时，视域内只见一条黑臂及部分干涉色色圈，转动载物台，黑臂作上下、左右平行移动，并交替出现在视域内，干涉色色圈亦随之移动（图 2－69）。当斜切交角很大时，黑臂变得相对模糊，转动载物台黑臂呈弯曲状扫过视域（图 2－70），与二轴晶任意切面干涉图不易区分，因此这种图不能用来判断轴性。

2）斜交光轴切面干涉图的应用

（1）当光轴倾角不很大时，可以确定轴性及切面方向。

（2）测定光性符号。当黑十字交点在视域内时，测定光性符号的方法与垂直光轴切面干涉图的方法相同。如果黑十字交点在视域之外时，则按如下步骤进行测定：

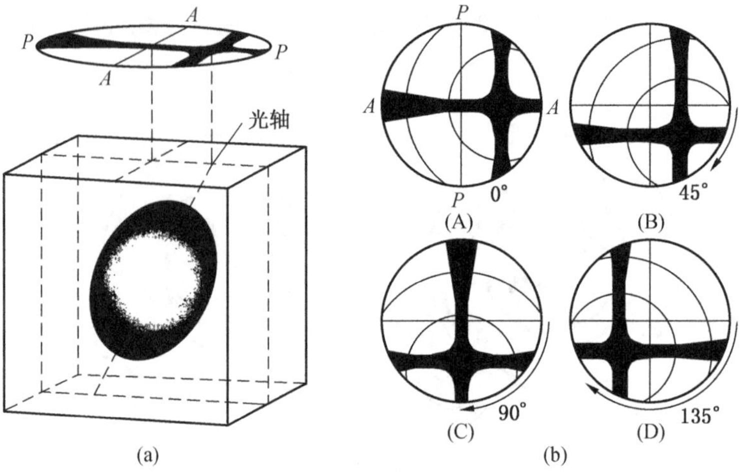

图 2－68　一轴晶斜交光轴切面干涉图（光轴倾角较小），转动载物台时黑带的移动规律（据瓦尔斯脱姆，1959，有修改）

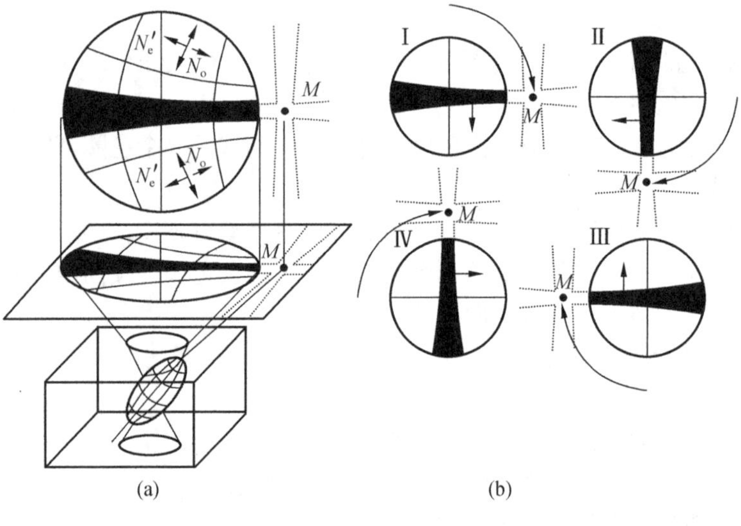

图 2－69　一轴晶斜交光轴切面干涉图（光轴倾角较大），转动载物台时黑带的移动规律（据 Nesse，2004）

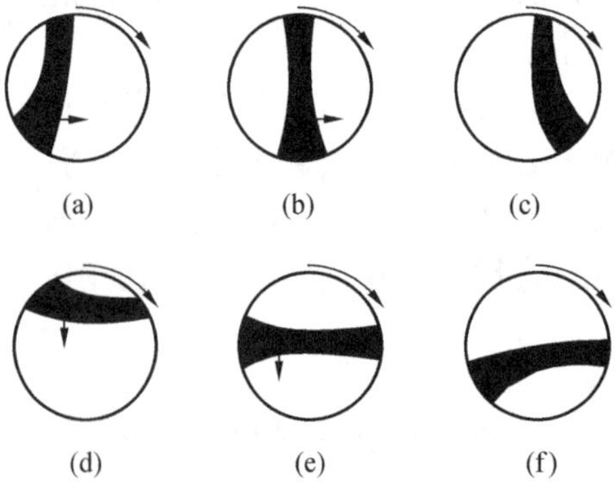

图 2－70　一轴晶斜交光轴切面的干涉图（光轴倾角很大）

（1）确定象限。黑十字把视域划分成4个象限，从右上方按逆时针方向依次为Ⅰ、Ⅱ、Ⅲ、Ⅳ象限。判断斜交光轴切面干涉图的象限名称主要根据以下4个方面：①黑带细的部分指向光轴出露点；②等色圈凹向光轴出露点；③当黑带处于图2－69各种位置时，顺时针旋转载物台，凡是横向黑带向下移后视域内必为Ⅱ象限（图2－69Ⅰ），向上移动后则为Ⅳ象限（图2－69Ⅲ）；凡见纵向黑带向左移后必为Ⅰ象限（图2－69Ⅱ），向右移后则为Ⅲ象限（图2－69Ⅳ）；④顺时针转动载物台，黑带的一端与载物台转动方向相同移为顺端，该顺端永远靠近光轴出露点，根据光轴出露点的位置便可确定象限。

（2）确定N_o、N_e'方向。只有象限名称确定后，才能判断N_o和N_e'的振动方向。

放射线的方向——代表N_e'的方向；同心圆切线的方向——代表N_o的方向（图2－65）。

（3）判断光性正负。$N_e > N_o$为一轴晶正光性，$N_e < N_o$为一轴晶负光性。选用石膏试板或云母试板插入后，观察Ⅰ、Ⅲ象限和Ⅱ、Ⅳ象限干涉色升降变化，应用补色法则判断平行试板长边方向，即干涉图半径方向的N_e是N_g还是N_p，便可定出它是正光性还是负光性（图2－71）。若N_e'方向与N_g方向一致为正光性；若N_e'方向与N_p方向一致，则为负光性。

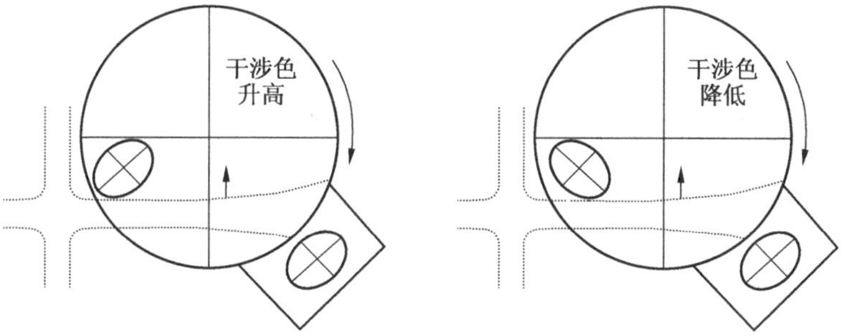

图2－71　一轴晶斜交光轴切面干涉图上光性符号的测定

3. 平行光轴切面的干涉图

平行光轴切面具有最大双折射率$\Delta N_{max} = |N_e - N_o|$，因而在正交偏光镜下呈现最高的干涉色。在单偏光镜下，当N_e与下偏光振动方向平行时，可以测得N_e的折射率和颜色；当N_o与下偏光振动方向平行时，可以测得N_o的折射率和颜色；当光轴位于上下偏光的45°位置时，可以在正交偏光系统下测最高干涉色，在锥光系统下测光性正负。

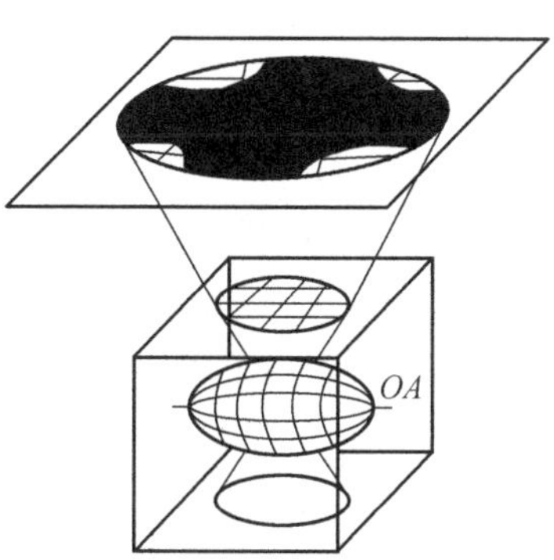

图2－72　一轴晶平行光轴切面的干涉图（上部为干涉图，下部为立体图）（Nesse，2004）

1）图像特点

（1）当光轴与上、下偏光镜振动方向之一平行时，为一个粗大模糊的黑十字，几乎占据整个视域（图2－72和图2－73a）。

（2）旋转载物台12°～15°，粗大黑十字从中心分裂，并沿光轴方向迅速退出视域，因为变化迅速，故称为闪图或瞬变干涉图。

（3）旋转载物台使光轴方向与上、下偏光镜振动方向成45°位置时，视域最亮。如果矿物的双折率较大，视域内则出现对称的弧形干涉色色带（图2-73b）。在光轴方向上，干涉色级序由中心向相对两个象限逐渐降低；在垂直光轴的方向上，干涉色级序从中心向相对两个象限逐渐升高。如果矿物双折率较低，则不出现弧形干涉色带，整个视域为I级灰白干涉色。

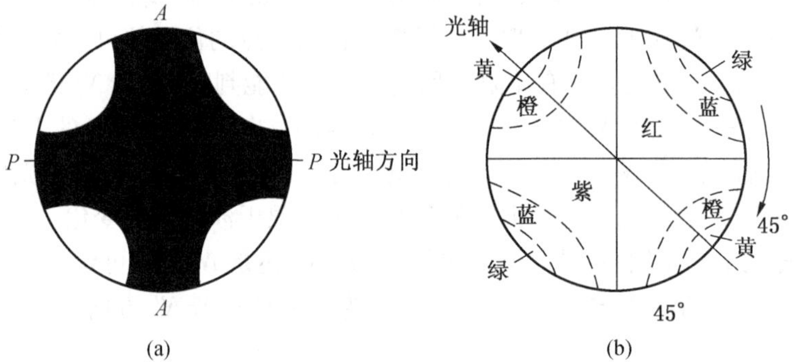

图2-73 一轴晶平行光轴切面干涉图

2）成因

在平行光轴切面的波向图（图2-74）中，当光轴与下、上偏光镜振动方向之一平行时，绝大部分光率体椭圆半径与上、下偏光镜振动方向平行或近于平行（小圆内），根据消光、干涉原理，在正交偏光镜下呈消光或近于消光，形成粗大黑十字。稍转载物台一个小角度，大部分光率体椭圆半径与上、下偏光镜振动方向斜交，特别是视域中心的光率体椭圆半径首先与上、下偏光镜振动方向斜交，因此粗大黑十字首先从中心分裂，并沿光轴方向迅速退出视域，视域变亮。当光轴与上、下偏光振动方向成45°位置时，大部分光率体椭圆半径也与上、下偏光振动方向成45°角，此时视域最明亮，出现干涉色。如果矿物的双折率较大，在光轴方向上由中心向两边，光率体椭圆切面短半径 N_o 不变，而长半径 N_e' 逐渐变短（图2-75），因而双折率逐渐变小。又因矿片厚度小，视域较小，矿片厚度

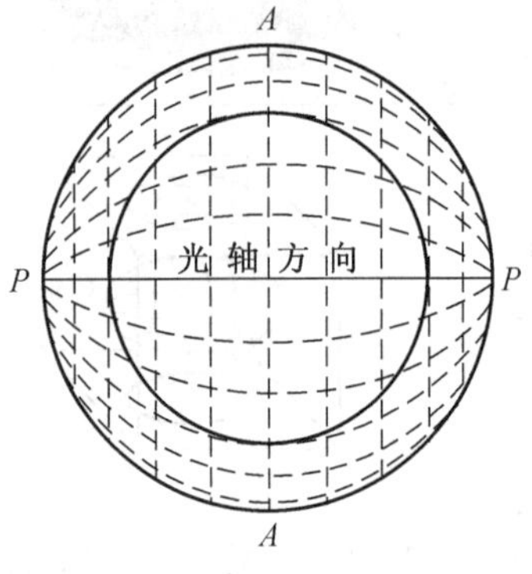

图2-74 一轴晶平行光轴切面波向图（李德惠，1993）

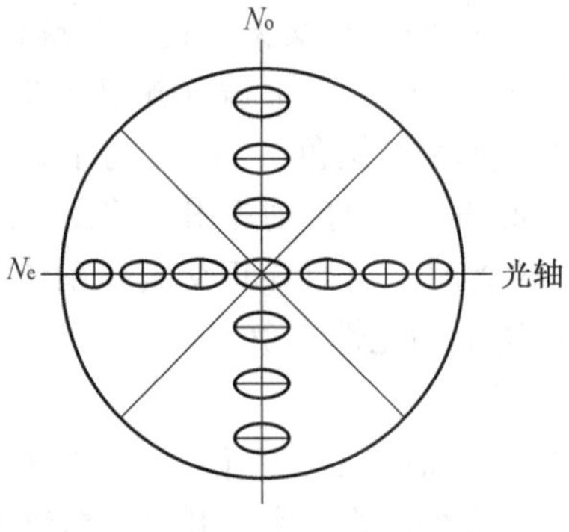

图2-75 一轴晶正光性晶体平行光轴切面干涉图中光率体椭圆长、短半径及双折率大小变化示意图

向外的加大不足以抵消双折率降低的影响。因此，光轴方向上由中心向两边的光程差逐渐减小，相应的干涉色级序逐渐降低。在垂直光轴的方向上，由中心向两边，光率体椭圆切面半径 N_e、N_o 不变（图 2－75），双折率相等。但因矿片厚度向外的增大而引起光程差向外的增大，相应的干涉色级序由中心向两边逐渐升高。

3）光性符号的测定

粗大黑十字分裂退出视域的方向，即是光轴方向，使光轴方向与上、下偏光振动方向成 45°位置，插入石膏试板或云母试板，检查光轴方向（N_e）是 N_g 还是 N_p，即可测定光性符号的正负（图 2－76）。

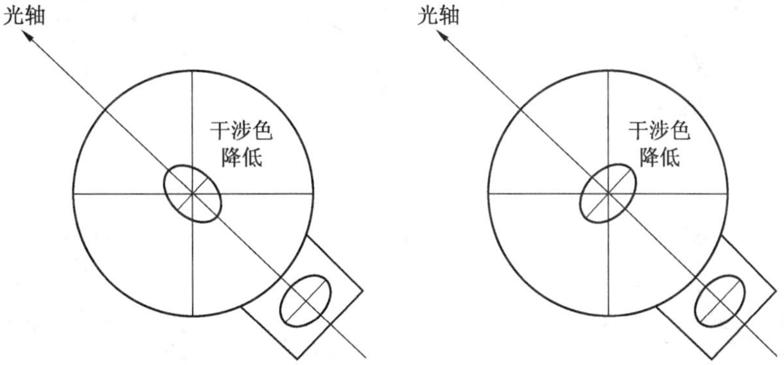

(a) 正光性　　(b) 负光性

图 2－76　一轴晶平行光轴切面干涉图中光性符号的测定

然而一轴晶闪图形态与二轴晶⊥*Bxo* 切面的干涉图、//*AP* 切面的干涉图很难区分，所以一般不用来测定光性符号的正负。但常用其来寻找平行光轴的切面方向，测定 N_e 和 N_o 的颜色、主折射率、最大双折率及最高干涉色级序。

（三）二轴晶干涉图及光性正负的测定

二轴晶光率体为三轴不等的椭球体，干涉图比一轴晶复杂。它有五种切面类型及其对应的干涉图：⊥*Bxa* 切面干涉图，⊥*OA* 切面干涉图，斜切面干涉图，⊥*Bxo* 切面干涉图和平行光轴面切面干涉图。

1. 垂直锐角等分线(⊥*Bxa*)切面干涉图

1）图像特点

（1）0°位置。当光轴面与上、下偏光的振动方向平行时（这种切片在正交偏光镜下干涉色较低，但比垂直光轴切片干涉色高），干涉图由一个黑十字及“∞”字形的干涉色色圈组成（图 2－77，图 2－78a、图 2－78d），黑十字交点为锐角等分线

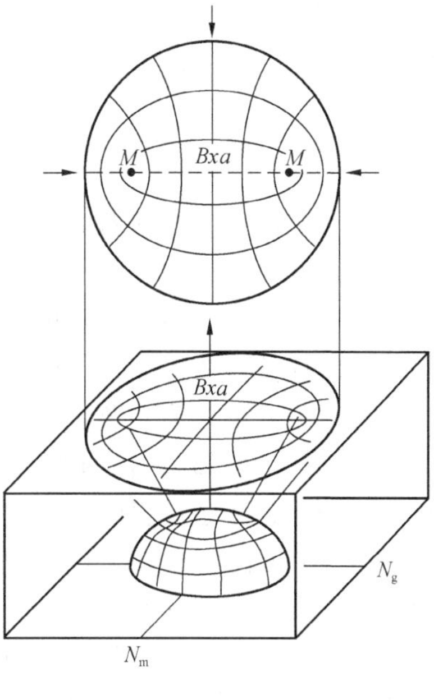

图 2－77　二轴晶⊥*Bxa* 切面干涉图
（上部为波向图，下部为立体图）
（Nesse，2004）

(Bxa)出露点，位于视域中心。黑带一粗一细，沿光轴面方向的黑带较细，尤以两个光轴出露点最细，垂直光轴面方向（即 N_m 方向）黑带较宽。在 4 个象限内出现干涉色色圈，色圈以两个光轴出露点为中心，越向外干涉色越高，色圈也越密。近光轴处色圈呈卵形向外合并呈"∞"字形。干涉色色圈的多少与矿物的双折射率的大小及薄片厚度成正比。

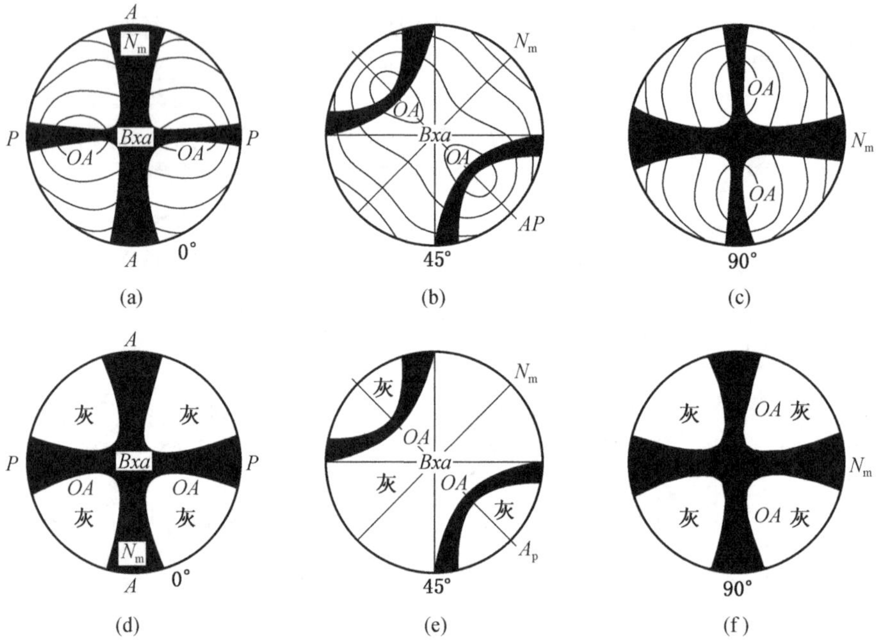

图 2－78　二轴晶垂直⊥Bxa 切面的干涉图（上部为双折射率大或厚度大的矿片，下部为双折射率小或厚度薄的矿片）

（2）45°位置。旋转载物台，黑十字从中心分裂成两个弯曲的黑带。当光轴面与上、下偏光镜振动方向 PP、AA 呈 45°夹角时，黑带弯曲度最大，成双曲线对称出现（图 2－78b、图 2－78e），双曲线弯曲的顶点为两个光轴的出露点。两个光轴出露点连线为光轴面迹线方向，连线的中心为锐角等分线(Bxa)的出露点，两个光轴顶点间的距离与 $2V$ 大小成正相关。光轴角越小，双曲线弯曲顶点距离越近，若两个光轴出露点在视域内，则 $2V<45°$；若两个光轴出露点在视域外，则 $2V>45°$。在转动载物台时，"∞"字形干涉色色圈仅随光轴出露点移动，其形状不改变。

（3）90°位置。转动载物台至 90°，则干涉图与 0°位置时相似，仅粗细黑带及干涉色色圈的位置同时转动了 90°（图 2－78c、图 2－78f）。

2）垂直 Bxa 切面干涉图的应用

（1）确定轴性及切面方面。

（2）确定光性符号。前已述及二轴晶矿物的光性正负划分原则：当 $Bxa=N_g$ 时，为正光性；当 $Bxa=N_p$ 时，为负光性。所以只要测出 Bxa 是 N_g 还是 N_p，就可解决正负光性问题。因此必须搞清干涉图中的4个位置和3个前提。4个位置：光轴出露点；光轴面；光轴面的法线，即 N_m；Bxa 出露点（图2-79）。3个前提：$N_g > N_m > N_p$，且三者互相垂直；光轴面法线方向永远是 N_m；$Bxa = N_g$ 时为二轴晶正光性，$Bxa = N_p$ 时为二轴晶负光性。测定时，首先将光轴面转到与 AA、PP 成45°夹角的位置，此时干涉图为一对弯曲黑带（图2-80a），在光轴面迹线上，两个弯曲黑带顶点（光轴出露点）内外的光率体椭圆长短半径的分布方位因光性正负而不同。当确认干涉色级序后，加入试板，据其干涉色的升、降变化即可判断光性正负。

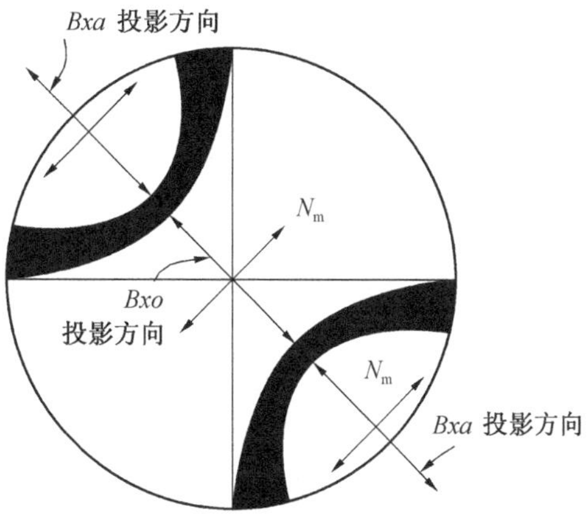

图2-79　二轴晶⊥Bxa切面干涉图中 Bxo与Bxa的投影方向

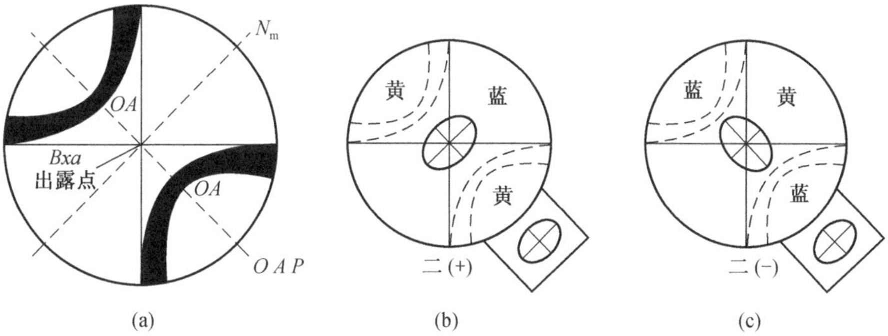

图2-80　二轴晶⊥Bxa切面干涉图正负光性测定

当干涉色图中弯曲黑带顶点之间仅具Ⅰ级灰干涉色时，插入石膏试板，弯曲黑带变为Ⅰ级红，二弯曲黑带顶点之间由Ⅰ级灰变为Ⅱ级蓝，干涉色升高，同名半径平行（如图试板半径为已知），说明 $Bxa = N_g$，故为正光性（图2-80b）。反之，则为负光性（图2-80c）。

当干涉图中干涉色色圈多时，加入云母试板后干涉色升降变化情况如图2-81所示。图中弯曲黑带变为Ⅰ级灰，而二弯曲黑带顶点之间，干涉色色圈向内移动，则干涉色升高，同名半径平行，说明 $Bxa = N_g$，为正光性（图2-81a）。若干涉色升降变化与前述相反，说明 $Bxa = N_p$，为负光性（图2-81b）。

（3）估计光轴角大小。根据两弯曲黑带之间距离，可以估计 $2V$ 的大小（图2-82）。⊥Bxa 干涉图处于45°位置时，根据两个光轴出露点之间距离即可估计光轴角的相对大小。如寻找金伯利岩中的金云母，在岩矿鉴定中就常用⊥Bxa 切面干涉图来区别黑云母。因为金云母光轴角较小，两个光轴出露点之间距离就较近；而黑云母光轴角较大，两光轴出露点的距离就较大。

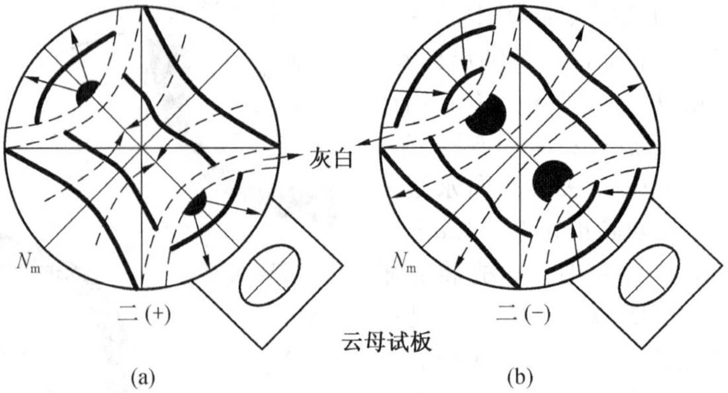

图 2－81　二轴晶⊥*Bxa* 切面干涉图

（色圈多，加入云母试板后，色圈内移，干涉色升高，色圈外移干涉色降低）

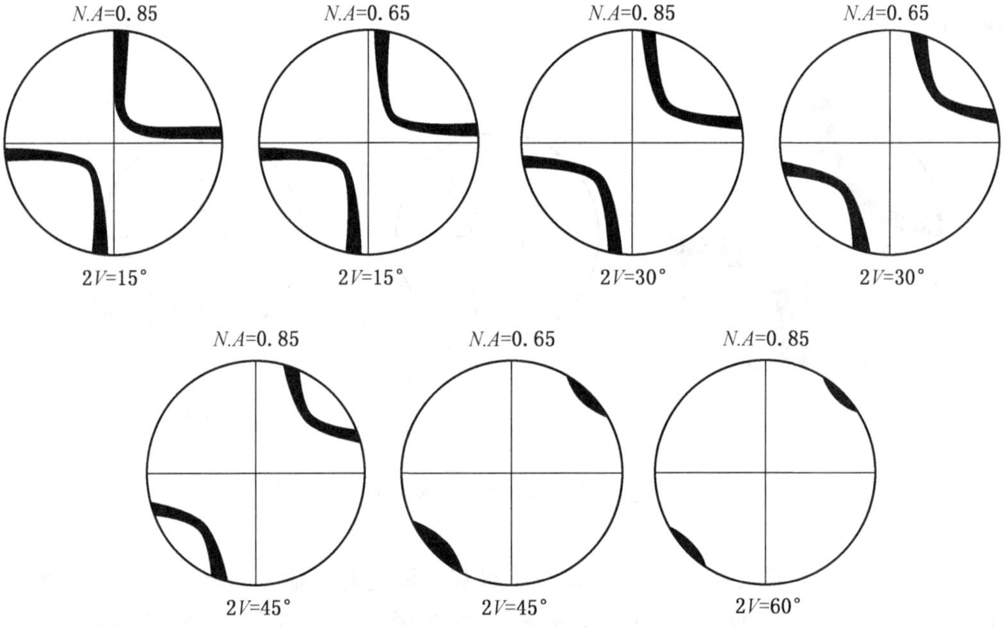

图 2－82　二轴晶⊥*Bxa* 切面干涉图上根据消光影之间的距离估计 2*V* 大小

（Nesse，2004）

2. 垂直一个光轴（*OA*）切面的干涉图

1） 图像特点

垂直一个光轴切面的干涉图相当于⊥*Bxa* 干涉图的一半，其光轴出露点位于视域中心。另一半在视域外。

（1） 0°位置。当光轴面与上、下偏光镜振动方向之一平行时，出现一个直的黑带及卵形干涉色色圈（双折率较大或薄片较厚时），黑臂较细的地方为光轴出露点（图 2－83a）。

（2） 45°位置。旋转载物台，当光轴面与上、下偏光镜振动方向成 45°时，黑带弯曲

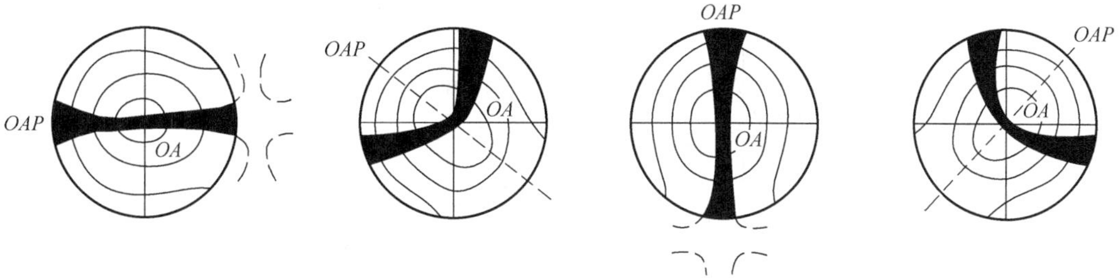

图 2-83　二轴晶垂直一个光轴切面的干涉图旋转载物台变化情况

度最大（图 2-83b），其顶点为光轴出露点，位于视域中心，弯曲黑臂顶点凸向 *Bxa* 出露点。在观察时，这一点具有特殊的重要性。

（3）90°位置。旋转载物台至 90°时，黑带又成一个直的黑带，但其方向已改变 90°，如有色圈，也会跟着转动，但其形状不变（图 2-83c）。

（4）135°位置。黑带再度弯曲，且弯曲度最大（图 2-83d）。在转动载物台过程中，光轴出露点始终位于视域中心。

2）⊥*OA* 切面干涉图的应用

（1）确定轴性及切面方向。如图 2-83 所示，旋转载物台黑臂不是上下、左右平行移动，而是弯曲移动，说明它是二轴晶，而光轴出露点始终位于视域中心，则是二轴晶垂直一个光轴切面的干涉图。

（2）估计光轴角 2*V* 的大小。在垂直光轴切面干涉图中，当光轴面在 45°位置时，可根据黑带（消光影）的弯曲程度估计光轴角 2*V* 的大小（图 2-84），光轴角越大，黑带弯曲度越小；光轴角越小，黑带弯曲度越大。当光轴角为 0°时，两个光轴出露点重合为一点，两个弯带成直角而构成黑十字；当光轴角为 90°时，黑带为一直带。

（3）测定光性正负。确定垂直一个光轴切面干涉图光性符号的正负，可以把它当成⊥*Bxa* 切面干涉图的一半，另一半在视域外。在 45°位置时，视域内弯曲黑带的凸方指向 *Bxa* 出露点，加入试板后观察光轴出露点两侧区域干涉色的变化。根据补色法则便可确定光率体长短半径的分布，确定 *Bxa* 为 N_g 或 N_p，从而确定光性的正负（图 2-85、图 2-86）。

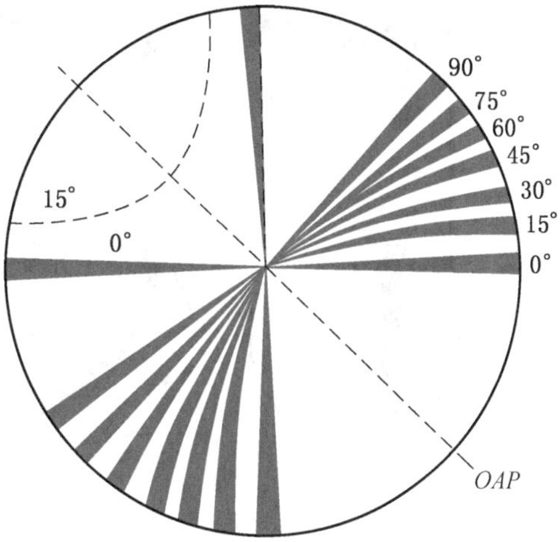

图 2-84　二轴晶垂直 *OA* 切面的干涉图中消光黑带弯曲度与 2*V* 大小的关系

3. 斜切面的干涉图

1）图像特点

（1）斜交 *Bxa* 切面的干涉图（图 2-87a）。

① 黑带与干涉色色圈均不完整，转动载物台黑带弯曲移过视域；② 当光轴面与上、

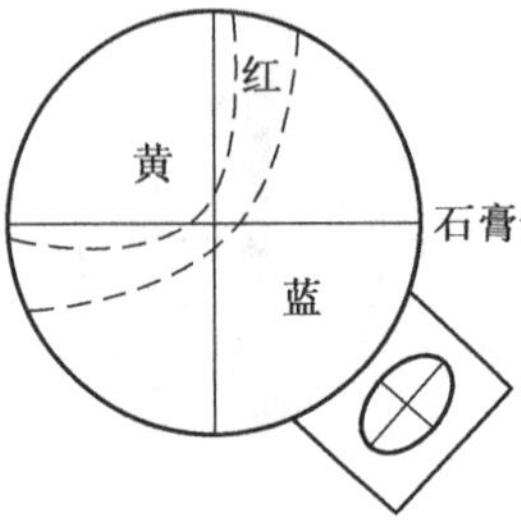

(a) 正光性　　(b) 负光性

图 2-85　垂直一个光轴切面干涉图（双折射率较小）
（黑带以外仅见Ⅰ级灰干涉色，加入石膏试板后升高变蓝，降低变黄）

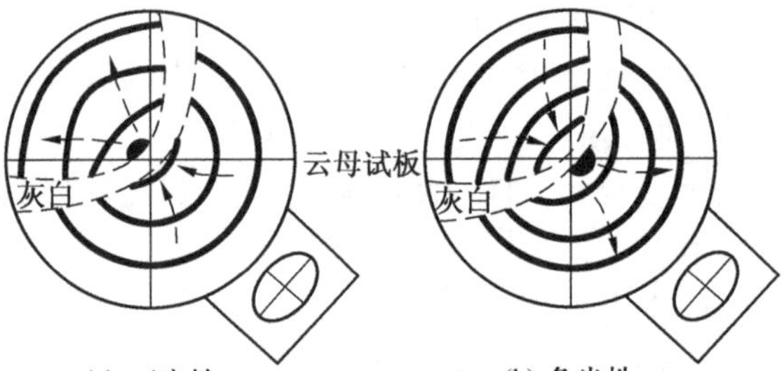

(a) 正光性　　(b) 负光性

图 2-86　垂直一个光轴切面干涉图（双折射率较大）
（干涉色圈较多，加入云母试板后，干涉色升高色圈内移，降低色圈外移）

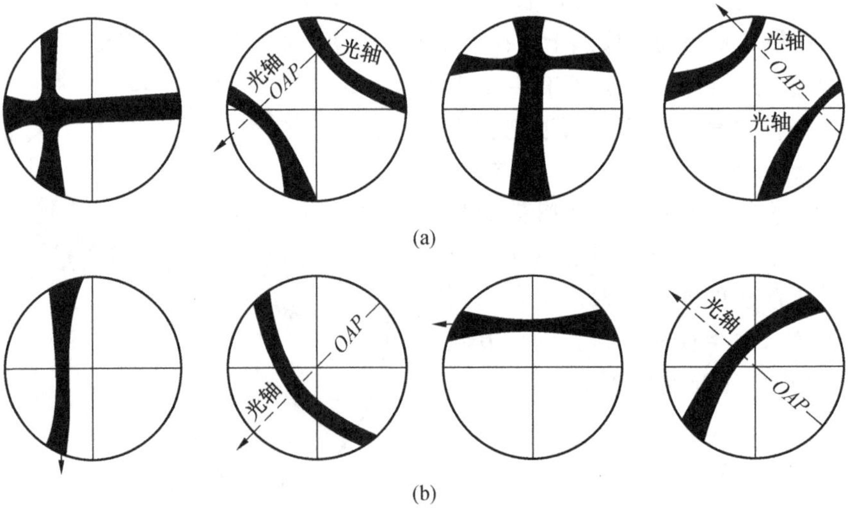

图 2-87　二轴晶斜交 *Bxa* 切面（a）和斜交光轴切面（b）的干涉图

下偏光镜振动方向成45°位置时，弯曲黑带顶点连线不通过视域中心。

（2）斜交光轴切面的干涉图（图2－87b）。①当光轴面与上、下偏光镜振动方向之一平行时，直黑带不通过视域中心而偏向视域的一侧；②转动载物台，黑带弯曲，当光轴面与上、下偏光镜振动方向成45°时，弯曲黑带顶点不在视域中心。

如果光轴倾角不大时，弯曲黑带顶点在视域内；如果光轴倾角较大时，则弯曲黑带顶点在视域外。要注意二轴晶斜交光轴的黑带是斜扫十字丝移动；一轴晶斜交光轴的黑带是平行十字丝移动。

2）干涉图的应用

（1）确定轴性及切面的方向。

（2）测定光性符号。斜切面干涉图，可视为垂直 *Bxa* 切面干涉图的一部分。转动载物台，根据黑带弯曲移动情况，找出黑带弯曲顶点的凸方及 *Bxa* 在视域外的方位之后，即可按垂直 *Bxa* 切面干涉图或按垂直一个光轴切面干涉图的方法测定光性符号。在实际鉴定中，斜交光轴切面最常见，因此必须熟练掌握弯曲黑带移动规律。

4. 垂直钝角等分线（⊥*Bxo*）切面干涉图

1）图像特点

（1）当光轴面与上、下偏光镜振动方向之一平行时，为一个粗大的黑十字（图2－88、图2－89a），黑十字交点为 *Bxo* 出露点，光轴出露点在视域之外。黑十字的四个象限仅出现一级灰干涉色。

（2）转动载物台，黑十字较快地分裂成两个弯曲黑带（图2－89b），沿光轴面方向退出视域（转角为12°～35°）。

（3）当光轴面与上、下偏光镜振动方向呈45°夹角时，弯曲黑带间距离最远，其顶点仍为光轴出露点，都在视域之外（图2－89c）。

（4）继续转动载物台，弯曲黑带逐渐靠近，至90°时又出现一个粗大的黑十字。继续转动载物台，黑十字又分裂。

2）⊥*Bxo* 切面干涉图的应用

应用逸出角法确定属于⊥*Bxo* 切面干涉图后，可用于确定矿物的切面方向和测定光性符号。

当光轴面与上、下偏光镜振动方向成45°夹角时，视域中心为 *Bxo* 出露点（图2－89c），在两个弯曲黑带顶点之间，与光轴面迹线一致的方向是 *Bxa* 的投影方向，垂直光轴面迹线的方向为 N_m 方向。加入试板后，根据视域内干涉色的升降变化，可确定光性符号。但一般不用这种切面测定光性符号。

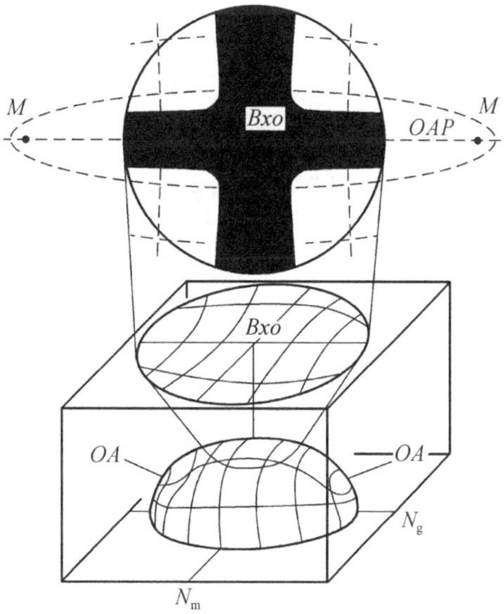

图2－88　二轴晶⊥*Bxo* 切面干涉图
（上部为干涉图，下部为立体图）
（Nesse，2004）

5. 平行光轴面（//*AP*）切面干涉图

1）图像特点

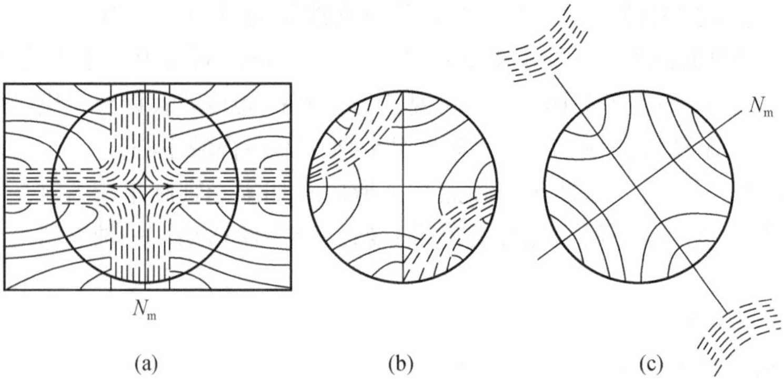

图 2-89　二轴晶⊥*Bxo* 切面干涉图
（陈芸菁，1987）

图像特点与一轴晶平行光轴切面干涉图相似，正交偏光镜下干涉色最高。

（1）当 *Bxa* 和 *Bxo* 方向分别平行 *AA*、*PP* 时，为一个粗大模糊的黑十字，几乎占据整个视域（图 2-90）。

（2）转动载物台，粗大黑十字分裂并沿 *Bxa* 方向迅速退出视域，一般转角为 7°~12°。因变化迅速，又称瞬变干涉图或闪图。

（3）当 *Bxa* 方向与 *AA*、*PP* 成 45°夹角时，视域最亮。如果矿片的双折率较大或矿片较厚，可看到对称的弧形干涉色带（图 2-91）。在 *Bxa* 方向上，从中心向两边干涉色级序降低；在 *Bxo* 方向上，从中心向两边干涉色级序稍升高或相近，即 *Bxa* 方向的干涉色低于 *Bxo* 方向。

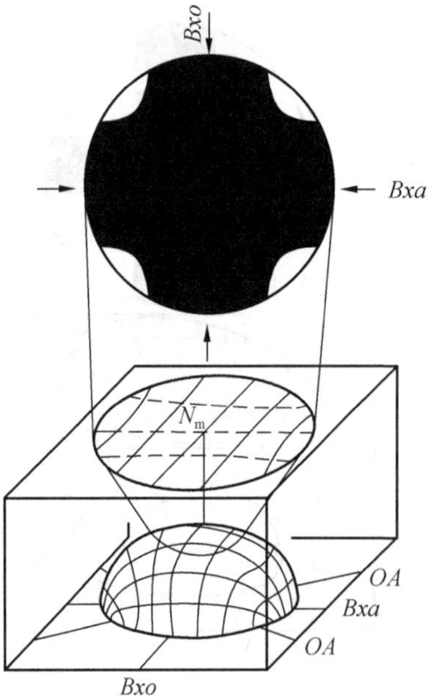

图 2-90　平行光轴面切面干涉图
（下部为立体图，上部为干涉图）

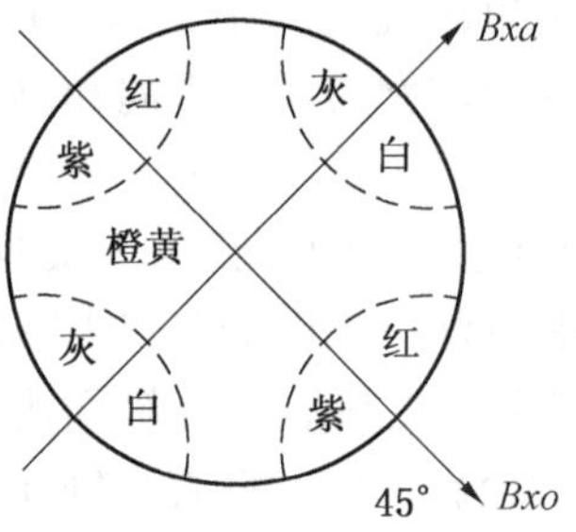

图 2-91　平行光轴面切面干涉图

2）平行光轴面切面干涉图的应用

（1）当轴性已知时，可用以确定切面方向。

（2）当轴性已知时，亦可用以测定光性符号。根据黑带退出视域方向，45°位置时干涉色级序较低的方向为 *Bxa* 方向（图 2－91），找出 *Bxa* 在干涉图中的方位后加入试板，根据整个视域内干涉色级序的升降变化，确定 *Bxa* 是 N_g 还是 N_p，进而确定光性符号。或取消锥光装置，使 *Bxa* 方向在 45°位置加入试板，观察矿片干涉色的升降变化，确定 *Bxa* 是 N_g 或是 N_p，再确定光性符号，但一般不用这种切面测定光性符号。

四、透明矿物薄片的系统鉴定

自然界的矿物根据透明程度可分为透明矿物和不透明矿物。透明矿物的鉴定利用的是透射光偏光显微镜，而鉴定不透明矿物主要利用的是反射光偏光显微镜，通过在不同的光学系统下对矿物形态、颜色、解理等物理性质和光学性质的观察来鉴定。

在利用偏光显微镜鉴定透明矿物之前，一般对所鉴定矿物需进行手标本的肉眼观察，有时在显微镜鉴定过程中，也要与手标本观察相结合。肉眼观察手标本内容包括矿物的晶形、颜色、光泽、解理、断口、矿物的共生组合、次生变化等，并结合野外产状进行综合分析，之后再在偏光显微镜下进行光学性质的系统鉴定，最后综合手标本和镜下鉴定结果，准确定名。

1. 透明矿物薄片系统鉴定的内容

（1）单偏光镜下的观察。

晶形：观察晶体的自形程度和结晶习性。根据各方向切面形态，初步判断晶体形状及可能属于哪一个晶系。

解理：观察解理的完全程度。根据不同方向切面上的解理特征，判断解理的组数。如为两组解理，需要测定解理夹角。尽可能确定解理与结晶轴之间的关系。

突起：观察薄片的边缘、糙面及突起明显程度，结合贝克线移动规律确定突起等级，估计矿物折射率的大致范围。

颜色、多色性和吸收性：观察矿片有无颜色，如有颜色，则观察有无多色性及吸收性，并在定向切片上测定多色性公式及吸收公式。

此外，还应观察有无包裹体、排列与分布情况、有无次生变化、次生变化程度及次生变化的产物。

（2）正交偏光镜下的观察。

最高干涉色观察：薄片的最高干涉色级序，在平行光轴或光轴面切片上详细测定干涉色级序。有无异常干涉色、特点如何。

测定双折率：根据薄片的最高干涉色（确定光程差）、薄片厚度，确定双折率值。

消光类型：根据不同方向切片的消光情况，确定矿物的消光类型。

测定消光角：对斜消光的矿物，在定向切片上测定消光角。

测定延性符号：对一向延长的矿物，测定其延长方向的光率体椭圆半径名称，确定延性符号。

双晶：观察矿物有无双晶，如有确定双晶类型。

（3）锥光镜下的观察。根据有无干涉图区分均质体与非均质体。根据干涉图特征确定轴性（区分一轴晶与二轴晶）及切片方向。测定光性符号、估计光轴角大小。观察色散类型、色散强弱及紫光与红光光轴角的相对大小。

2. 系统鉴定透明矿物一般程序

（1）判断均质性或非均质性，如图 2－92 所示。

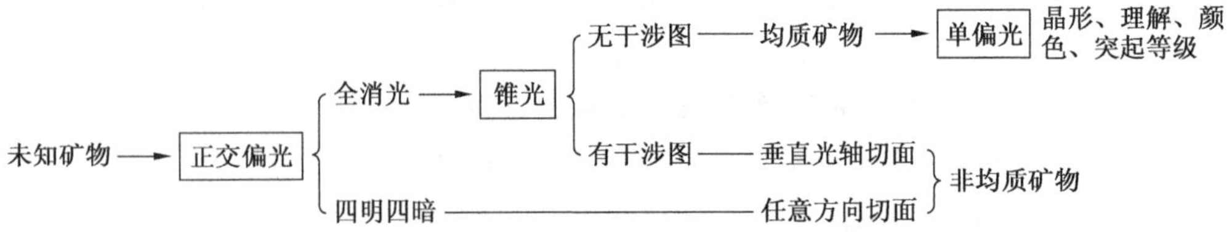

图 2－92　均质与非均质性鉴定程序

（2）判断轴性、光性符号，如图 2－93 所示。

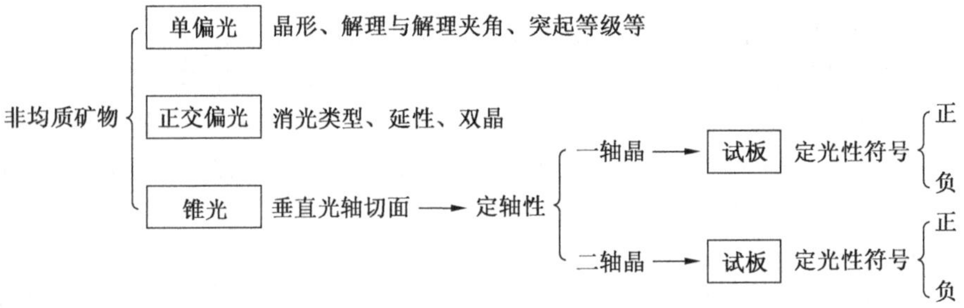

图 2－93　轴性、光性符号鉴定程序

（3）测定有关光性数据，如图 2－94 所示。

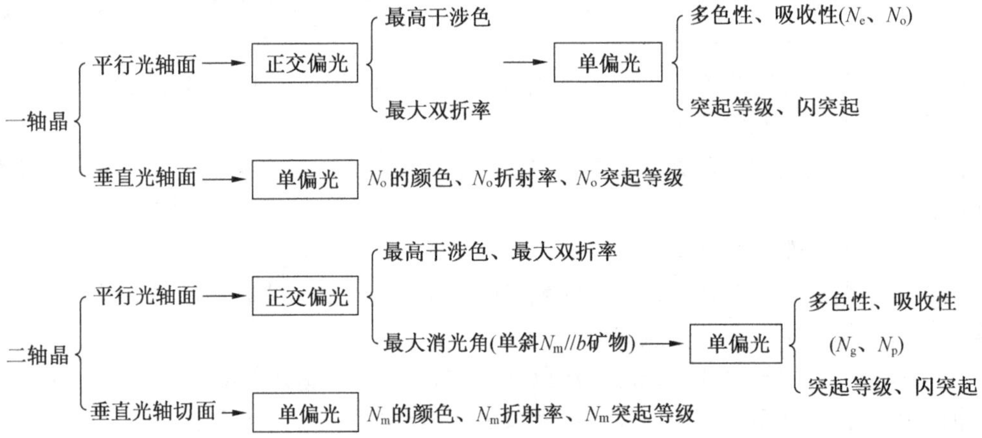

图 2－94　有关光性数据鉴定程序

3. 矿物检索表

熟悉矿物检索表的使用，并根据所测光性特性，确定矿物名称。

第三章 矿相学基础

第一节 相关基础知识

一、矿物的反射率

（一）矿物反射率的定义

矿物的反射力，是指矿物光滑表面对垂直入射光线的反射能力，即矿物光滑表面在反射光偏光显微镜下的明亮程度。反射率(R)是指表示矿物反射能力大小的数值，它可以用下列公式表示：

$$R=\frac{I_r}{I_i}\times 100\% \quad (3-1)$$

式中 I_i——入射光强度；

I_r——反射光强度。

（二）矿物反射率的影响因素

1. 内因

矿物的反射率是矿物本身的属性，是不透明矿物最重要的光学特征和鉴定依据。它主要取决于矿物内在的光学性质——折射率 N 与吸收系数 K。一般地，透明矿物的吸收性极低，吸收系数(K)(10^{-4}级）可忽略不计，其反射率可用费涅耳公式表示：

$$R=\frac{(N-N_s)^2}{(N+N_s)^2} \quad (3-2)$$

式中 N——矿物折射率；

N_s——浸没介质的折射率。

不透明（吸收性）矿物，其反射率与矿物的折射率（N）及其吸收系数（K）有关，矿物的反射率 R 可用下列公式表示：

$$R=\frac{(N-N_s)^2+K^2}{(N+N_s)^2+K^2} \quad (3-3)$$

当以空气为介质时，$N_s=1$，则公式变为

$$R=\frac{(N-1)^2+K^2}{(N+1)^2+K^2} \quad (3-4)$$

从矿物反射率 R 与矿物光学常数 N、K 的关系图中可看出（图 3－1），吸收性强的不透明矿物，其反射率主要取决于矿物的吸收系数 K。当 K 值大于 2 时，反射率均大于 38%，而 R 与 N 值的关系不明显。如图 3－1 中，K 大于 2 时，从 $N=1$ 至 $N=5$ 逐渐接近水平，N 值对反射率影响很小；K 小于 2 时，K 值曲线弯曲度逐渐增大，在 $N=1$ 两侧成明显的斜线，故 N 值对 R 的影响随之增大；K 值近于 0 时，则 R 值完全取决于 N。

图 3－2 明显地反映出矿物的反射率 R 与矿物光学常数 K、N 的关系。若已知矿物 N、

K 值，则可从图中求出 R 值，如矿物 N = 4、K = 2，则 R = 45% 。另外从图中还可以反映 R 与 K 的关系及 R 与 N 的关系：如 K≥1 时，R 必大于 16% ；K≥2 时，R > 38% 等。当 N≥2 时，R > 10% ；N≥3 时，R > 24% 等。

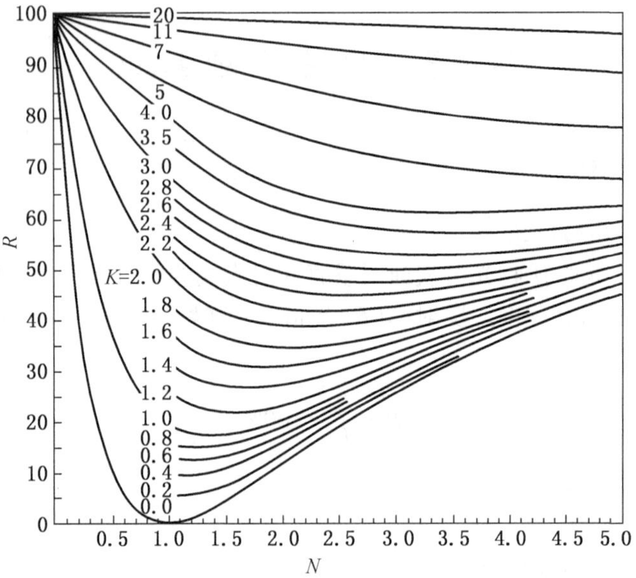

图 3 - 1　吸收性物质在垂直照射光下的反射率 R 与折射率 N 和吸收系数 K 的关系图

上述讨论是以均质矿物为例，由于均质矿物的 N 和 K 值各方向相同，其反射率 R 只有一个值；而非均质矿物的 N 与 K 值在不同方向上均有所差异，所以其 R 值随晶体方向而变化；中级晶族矿物有两个主反射率 R_o 和 R_e；低级晶族矿物对应有 3 个主反射率 R_g、R_m 和 R_p。

2. 外因

矿物反射率还受下列外部因素的影响：

（1）入射光波的波长。由于大多数矿物的 N 和 K 随入射光波波长的变化而变化，所以在不同波长的入射光下测定或计算出来的反射率也不一样。矿物对各种光波的反射率也具有某些特征意义，对不透明矿物鉴定工作很有帮助。用光电显微光度计测定矿物的反射率值时，通常用国际矿相学委员会规定的几种波长的单色光测定：蓝（470 nm）、绿（546 nm）、黄（589 nm）和红（650 nm）。所测得的反射率值，必须注明是在哪种波长入射光下进行的。

（2）观察介质条件。由式（3 - 2）和式（3 - 3）可以看出观察介质的折射率改变，就会导致矿物反射率的改变。油的折射率较空气的折射率大，所以在油中观察矿物反射率较空气中为小。如在空气中闪锌矿的反射率为 17.5% （绿光），而在香柏油中为 5.5% 。但反射率大的矿物因 K 是决定 R 值的主要因素，所以反射率降低较少；而反射率小的矿物则反射率降低较多。

综上所述，得知反射率 R 是其折射率 N、吸收系数 K 和浸没介质折射率 N_s 等的函数。

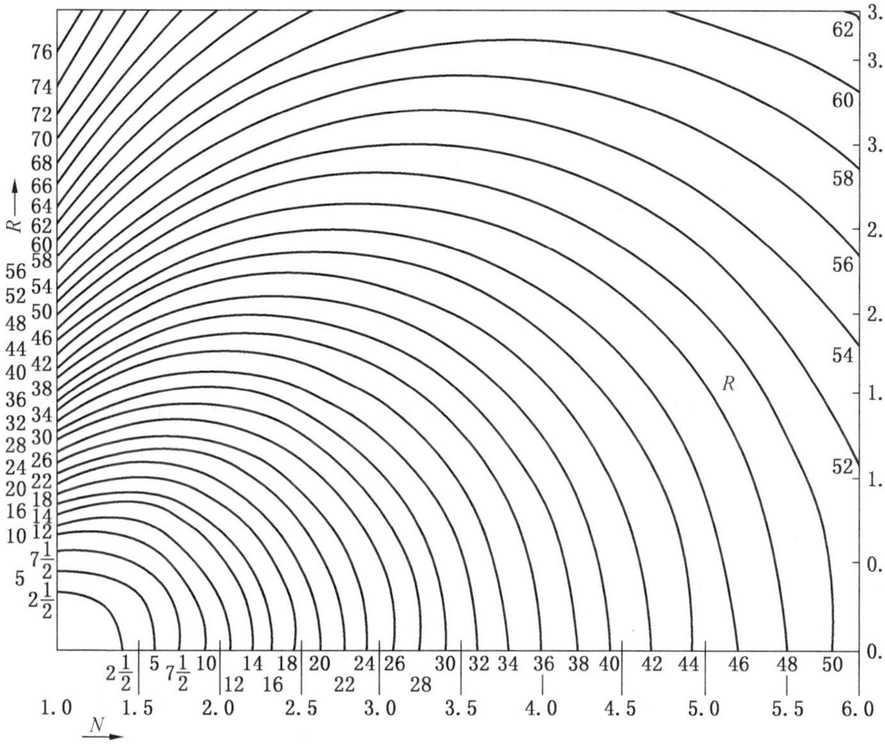

纵坐标—吸收系数 *K*；横坐标—折射率 *N*；曲线—反射率 *R*

图 3-2　光线垂直入射时，反射率 *R*（空气中）和矿物光学常数 *N*、*K* 的关系图

（R. Galopin 等，1972）

（三）反射率的测定

反射率是不透明矿物最重要的光学性质，其测定方法一般有光电学方法和光学方法两种。

1. 光电学方法

光电学方法又称光电法或光电光度法，它是利用光电效应的原理来测定矿物反射率（即光电元件所产生的光电流与其受照光强度成正比）。具体方法是在同一条件下，分别测取“标准”与欲测矿物的光电流强度，从而根据已知反射率的“标准”计算出欲测矿物的反射率。光电倍增管显微光度计是国际矿相学委员会规定的测定反射率的标准仪器。

光电倍增管显微光度计因光的接收元件为光电倍增管而得名。光电倍增管由阳极、阴极和多个二次发射靶屏极组成（图 3-3）。当光照射到光电阴极便会发射光电子，由于第一靶屏 D_1 与阴极间的电压差所产生的静电场作用，使光电子被吸到 D_1 上，并在那里打出更多的二次电子落到第二靶屏 D_2 上，又成倍地产生了新的二次电子。这样经过多个（10～15 个）靶屏极多次的二次电子发射，当达到阳极时，其光电子将比原来多出几百万倍，从而提高了灵敏度。阳极输出的电流可用灵敏检流计测定。光电倍增管外加电压一般为 700～3000 V。

光电倍增管及其光度计常见的是德国莱茨厂生产的 MPV 系列，分 1、2 和 3 型。其基

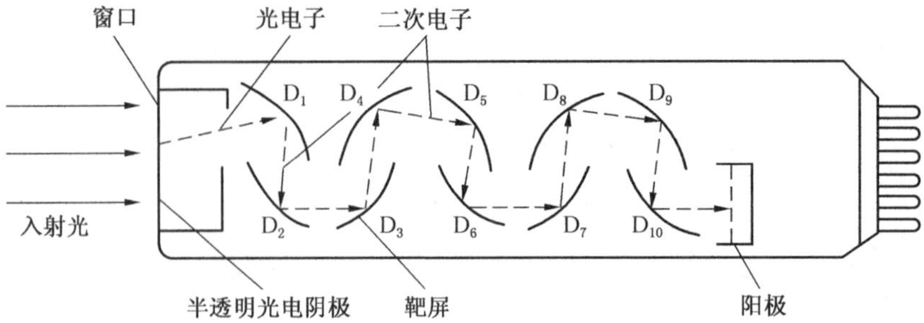

图 3－3　光电倍增管结构示意图
（尚浚等，2006）

本组成部分包括：ORTHOPLAN 型显微镜；带有稳压器和干涉滤光器的光源；光电倍增管及它所用的稳压高压电源；测定光电流的仪表、数字显示器和微处理机等。MPV－1 型光度计工作原理如图 3－4 所示。光线由照明系统 17 入射，经反射器 19 向下经物镜 3 至光片 2，从光片反射向上再经物镜、反射器至目镜 6，透过目镜至半透明反射玻片 7 上，部分透射向上至倍增管 15，另一部分反射向右进入观察目镜中，在此观察被测矿物的影像。在 12 处有一测量光栏，用来限定被测面积，此光栏被辅助灯泡 16 照明后，其影像经反射玻片 7 和反射棱镜 8 反射，也进入观察目镜重叠在被测矿物影像上，以便选择测定部位。此外，视野目镜光栏 5 也重叠在被测矿物的影像上，这样用双重光栏遮挡可使射入被测范围内的有害杂光减至最少。测定时从电流计上读出电流读数，然后计算出所测的光学常数。

反射率“标准”：测定矿物的反射率，均需要与已知反射率的标准物质进行对比，这种“标准”物质必须具备的条件：化学成分固定、化学性质稳定不易腐蚀、反射率色散曲线近于水平、均质性、无内反射、硬度高、不易划伤并能磨光成平整的镜面。

所用标准可分两个等级：一级“标准”的反射率是通过“光强直接测定法”标定，或根据对其所测定的 *N*、*K* 值计算法而得出；二级标准可利用一级标准用“光电光度法”标定。国际矿相学委员会规定三种人造物质作为“标准”(一级标准)：黑色中性玻璃，空气中平均反射率为 4.5% ±；碳化硅单晶体切面的磨光片，空气中平均反射率为 20% ±；碳化钨的底面磨光片，空气中平均反射率为 45% ±。各种“标准”对不同波长光的反射率精确测定值由所供工厂给出，并经责任工程师书写在每个“标准”所附的卡片上。

2. 光学方法

光学方法又分为视测光度法和简易比较法。

（1）视测光度法。是借助装在显微镜上的视测光度仪来测定矿物的反射率值，它以观测者的视觉为准，精度较差，现已被淘汰。简易比较法是指在显微镜下同一视域中来比较两种矿物（“标准”与欲测矿物）的反光强度（反射率）。在日常的鉴定工作中，只需知道欲测矿物反射率的大致范围，可采用简易比较法。

（2）简易比较法。是将欲测矿物和标准矿物光片用软泥紧密镶在载玻片上，再用压平器压于同一水平面上，置于镜下以目力比较其反射率。即在同一视域中比较两矿物的明亮程度（代表反射率）；若标准矿物与欲测矿物不能出现在同一视域中进行比较时，可反复迅速推移载片来比较它们的亮度。当待测矿物与几种标准矿物比较后，即可定出欲测矿物反射率的范围。表 3－1 以 4 种标准反射率矿物将反射率分为 5 级：

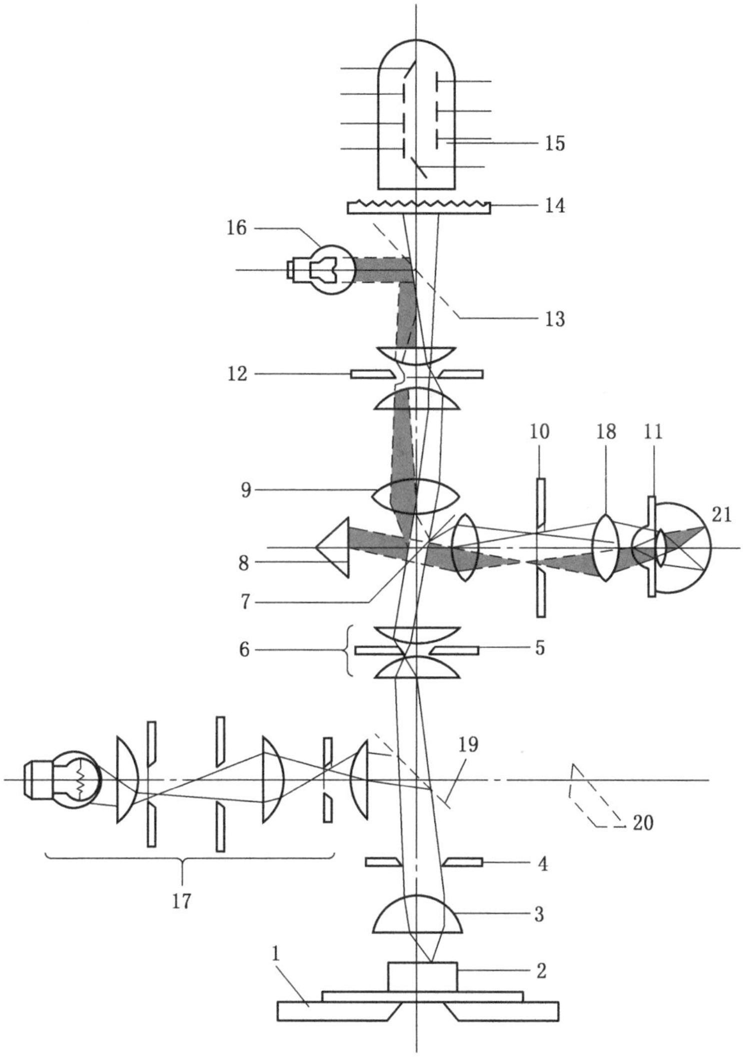

1—载物台；2—光片；3—物镜；4—孔径光栏（像）；5—目镜光栏；6—目镜；7—半透明反射玻片；8—反射棱镜；9—透镜；10—观察目镜光栏；11—目镜的出射光瞳；12—测量光栏；13—半透明反射器；14—毛玻璃；15—光电倍增管；16—测量光栏照明灯泡；17—反光显微镜照明系统；18—观察目镜；19—反射器；20—补偿棱镜；21—人眼

图 3-4　MPV-1 型光电倍增管光度计在反射光中测定原理示意图（尚浚等，2006）

表 3-1　4 种二级标准矿物反射率值　%

所用光波	黄铁矿	方铅矿	黝铜矿	闪锌矿
白光	54.5	43.2	30.7	17.5
黄光	54	43	29.8	17

$R>$黄铁矿 R　　　　　Ⅰ级

黄铁矿 $R>R>$方铅矿 R　　Ⅱ级

方铅矿 $R>R>$黝铜矿 R　　Ⅲ级

黝铜矿 $R>R>$闪锌矿 R　　Ⅳ级

$R<$闪锌矿 R　　　　　Ⅴ级

（四）影响矿物反射率测定值的因素

（1）矿物光片磨光质量。这是最重要最常见的影响因素，要求光片光滑如镜且无擦痕、无氧化薄膜。

（2）入射光的波长和浸没介质。入射光的波长和浸没介质不同所测定的反射率亦不同，所以比较和测定反射率必须在相同条件下进行。

（3）切面方向的影响。非均质矿物切面方向不同，测出的单向反射率值也有差异；所以测定单向反射率时，应选择双反射最强的颗粒（切面）来进行。

（4）仪器和附件及测量方法的影响。如光电值与视测光度仪目测值多数不一致，采用仪器的型号及附件不同测出的数据也有差异。

（5）不同标准物质（矿物）的影响。用碳化硅、碳化钨、黑玻璃和用铂、黄铁矿、方铅矿及闪锌矿作标准，所测得的矿物反射率值常会有差异；即使采用同一标准物质，由于磨光或平整程度的差别，也会影响测量结果。

（6）内反射的影响。低反射率的矿物由于内反射的影响常使反射率测定值变大，因此应尽量选择裂隙、解理及包裹体不发育的颗粒，即内反射较不显著的颗粒来进行测定。

常见矿物反射率见表 3-2。

表 3-2　常见矿物反射率(空气中)

矿物名称	白光	单色光(波长/nm)			
		470(蓝光)	546(绿光)	589(黄光)	650(红光)
自然银	95	88	93	94	95
银金矿	83	76	90	92	93
自然金	74	36	70.67	80.09	94
自然铜	81.2	48	56	79	87
自然铂	70	66	70	71	72
自然铋	67.9	54~62	60~67	62~70	64~72
方钴矿	55.8	57	56	55	54
毒砂	51.7~55.7	51~55	52~54	53~54	53
黄铁矿	54.5	46	53	54	54
白铁矿	48.9~55.5	45~52	49~56	50~55	48~53
针镍矿	54~60	43~44	50~54	52~58	54~60
镍黄铁矿	52	40	47	49	52
黄铜矿	44~46.1	34	47	48	49
辉铋矿	42~48.7	38~49	37~49	37~48	36~47

表3-2（续）

矿物名称	白光	单色光(波长/nm)			
		470(蓝光)	546(绿光)	589(黄光)	650(红光)
方铅矿	43.2	47	44	43	43
方黄铜矿	40~42	29~34	35~39	38~41	41~43
磁黄铁矿	38~45.2	31~36	35~40	37~42	40~43
辉锑矿	30.2~40	31~53	31~48	30~45	30~42
软锰矿	30~41.5	30.5~39.9	29~40	28.1~39.3	27.5~38.1
辉铜矿	32.2	37~38	32~33	31~32	29~30
黝铜矿	30.7	30.3	30.3	29.8	28.2
辉钼矿	15.2~37	21~45	20~39	19~39	19~39
赤铁矿	25~30	28~32	26~30	23~29	23~26
黝锡矿	28	26~27	28	27~28	27
雌黄	20.3~25	27~31	23~28	22~27	21~26
雄黄	18.5	22.5~24.8	21.4~21.8	20.3~20.6	19.5~19.8
斑铜矿	21.9	17	21	25	29
磁铁矿	21.1	21	21	21	21
闪锌矿	17.5	18	17	17	17
钛铁矿	17.8	17~20	16~19	17~20	18~20
黑钨矿	16.8~18.5	16~17	15~16	15~16	15~16
针铁矿	16.1~18.5	17~20	16~18	15~17	14~16
铬铁矿	12.1	14	14	13	13
石墨	6~17	6~22	7~23	7~24	7~25
锡石	11.2~12.8	11~13	11~12	11~12	11~12
石英	4.6				
方解石	4~6				

注：单色光反射率值根据国际矿相学委员会公布的金属矿物定量资料卡。

二、矿物的反射色

1. 反射色

矿物的反射色，是指矿物磨光面在白光垂直照射下垂直反射所呈现的颜色，它是矿物的表色，即矿物表面反射光所呈现的颜色。若矿物抛光面对白色入射光中各波长的光近似等量反射时，则其反射色呈白色至灰色，仅表现亮度（反射率）或深浅的差别；而矿物反射色主要由反射较强的波段所决定，如矿物对黄波波段反射较强，其反射色就相应地突出黄色。反射色的形成机理，是由于矿物光面对白色垂直入射光选择反射的结果。

矿物的反射率随入射光的波长不同而变化的现象称之为反射率色散。从矿物反射率色散曲线（图3-5）图中可看出：黄铁矿的反射率色散曲线表现为在黄、橙波段有所升高，所以显淡黄色；自然铜的曲线在黄、橙、红波段急剧上升，而对红光的反射率尤其高，故反射色为铜红色；方铅矿对各波长的反射率差别均很小，只在蓝紫波段略为升高，故白色中微带蓝色色调。可见，各矿物的反射色均决定于各自的反射率色散曲线。

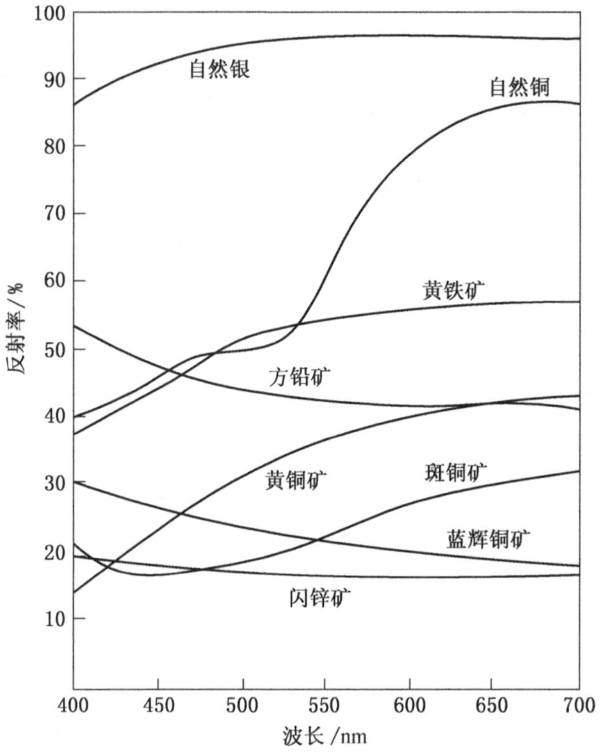

图3-5　矿物反射率色散曲线

反射色为矿物最突出的特征，而矿物的反射率色散曲线，能形象地反映出反射色的特点，因而在矿物鉴定工作中有着特殊意义。如几种矿物的反射色很相似，但其色调和浓淡仍有所不同，这种微小的差异从反射率色散曲线的细微变化中均可以看出。

2. 反射色定性描述及色变效应

反射色虽易辨认，但颜色种类繁多。一般地，将矿物的反射色先分为两大类，即无色类（包括微带色调的白—灰色矿物）及有色类（具明显的颜色）。有色类可进一步分为黄色亚类、玫瑰色亚类及蓝色亚类。但不论是对有色矿物还是微带色调的矿物，即使同一颜色不同人也会作出不同的描述。如磁黄铁矿的反射色，曾被描述为淡褐黄色、淡棕黄色、淡玫瑰黄色、古铜黄色、乳黄色、粉黄色、淡黄色微带玫瑰色等。

影响反射色观察的因素除光源的色调和矿物的磨光质量外，还受周围矿物的影响，这种现象称为视觉的色变效应。矿物反射色是指矿物单独存在时的颜色。而同一种矿物分别与不同的矿物连生时，往往会使观察者产生视觉色变。例如辉铜矿反射色应为无色矿物（灰白微带蓝色调）类，但与方铅矿连生时呈明显的蓝色；与铜蓝连生时则显白色；再如磁铁矿反射色应为灰色，但和赤铁矿连生时呈明显的棕色调，与钛铁矿连生时则显灰白色。

色变效应影响对矿物反射色的准确判断，但对某些矿物的鉴定却有所裨益。常见矿物的反射色和相对色变（效应）见表3－3。

表3－3 常见矿物的反射色和相对色变

矿 物	反 射 色		相对色变（附连生矿物）
自然金	有色类	金黄色；亮黄色	黄色（自然银）；较黄（银金矿）；亮黄（黄铜矿）
银金矿		亮淡黄色	淡黄色（自然金）；亮浅黄色（方铅矿）
针镍矿		淡黄色；纯黄色	亮淡黄色（黄铜矿）；稍黄（黄铁矿）
黄铁矿		浅黄色；黄白色	较黄（白铁矿）；淡黄（黄铜矿）
白铁矿		黄白色；淡黄微绿	白色（黄铁矿）；微绿黄（毒砂）
黄铜矿		铜黄色	暗黄绿色（自然金）；浓亮黄色（方黄铜矿）；黄（方铅矿）；亮黄（闪锌矿）
镍黄铁矿		淡黄色；白色微黄	浅黄色（磁黄铁矿）；白色微黄（硫钴矿）
自然铜		玫瑰红色；铜红色	亮粉红色（辉铜矿）；粉红色（自然银）
红砷镍矿		亮粉红色微黄；粉红带褐	粉红色（方钴矿）；粉红带黄（红锑镍矿）
磁黄铁矿		乳黄色微带粉褐色	较暗，带红褐色（镍黄铁矿）；粉红（方黄铜矿）；较暗，无红色调（红砷镍矿）
斑铜矿		粉红带褐；玫瑰棕色	较暗（硫砷铜矿）；色较深（锗石）
铜蓝		天蓝色；蓝色微紫	蓝微带紫（辉铜矿）
蓝辉铜矿		浅蓝色；灰蓝色	较暗蓝（辉铜矿）；鲜蓝（斑铜矿）
深红银矿		浅蓝灰白色；蓝灰色	稍亮（淡红银矿）；蓝灰色（方铅矿）
淡红银矿		蓝灰色	稍暗（深红银矿）；蓝灰色（方铅矿）
自然银	无色类	亮白色	亮乳白色（自然锑、自然铂）；淡黄色（锑银矿）
方铅矿		白色	淡粉色（辉铋矿、硫锑铅矿）；暗蓝灰色（自然金）
辉锑矿		白色；浅灰白色	微乳白（方铅矿）；暗乳白（辉铋矿）
毒砂		白色；微粉	白色（黄铁矿）；亮白带淡黄色（方铅矿）；灰白微紫（自然锑）
黝铜矿		灰白色微淡褐	褐灰微绿（方铅矿）；蓝灰色（黄铜矿）
辉铜矿		灰白色微蓝	浅蓝色（方铅矿）；蓝灰色（黄铁矿）
辉钼矿		白色	相似微黄（方铅矿）；较亮无褐色（石墨）
赤铁矿		灰白色微蓝	蓝灰色（黄铁矿）；白色微蓝（磁铁矿、钛铁矿）；微褐（辉铜矿）
磁铁矿		浅灰色微棕	棕灰色（赤铁矿）；灰白色（钛铁矿）；棕色（磁赤铁矿）
闪锌矿		灰色	深灰色（方铅矿）；稍暗灰（磁铁矿）

注：根据卢静文等，2010。

3. 反射色的颜色指数

金属矿物的反射色是矿物的主要属性，是在矿相显微镜下鉴定不透明矿物的重要依据。至今多数人只是对金属矿物的反射色用文字作定性描述。定性的文字描述由于缺乏客观标准，所以很难从不同人对反射色的描述中获得统一的概念。近年来，矿相工作者逐渐利用色度学的原理和方法定量地测定矿物的反射色，即用几个简单的颜色指数，客观定量地表达各种矿物反射色的特征。

色度学中，颜色可用色调（颜色主波长）、饱和度（纯度或浓度）及亮度（反射率）三要素来表示。视觉的色彩效应是由于可见光具有不同波长而产生的。可见光中的各种色光以大致相等的强度混合时即成白光。色光主要可归纳为3种：蓝光、绿光及红光，以不同方式和强度混合这3种色光，就能获得几乎所有的色光。光学上将蓝、绿、红称为三原色。以三原色中任意两原色可混合成青、黄和紫等补色。它们之间的关系见表3－4和图3－6。

表3－4　原色和补色的加减关系

方　法	关　系	方　法	关　系
加色法	红＋绿＝黄 绿＋蓝＝青 蓝＋红＝紫 红＋绿＋蓝＝白	减色法	白－红＝绿＋蓝＝青 白－绿＝红＋蓝＝紫 白－蓝＝红＋绿＝黄 白－（红＋蓝＋绿）＝黑

注：根据尚浚等，2006。

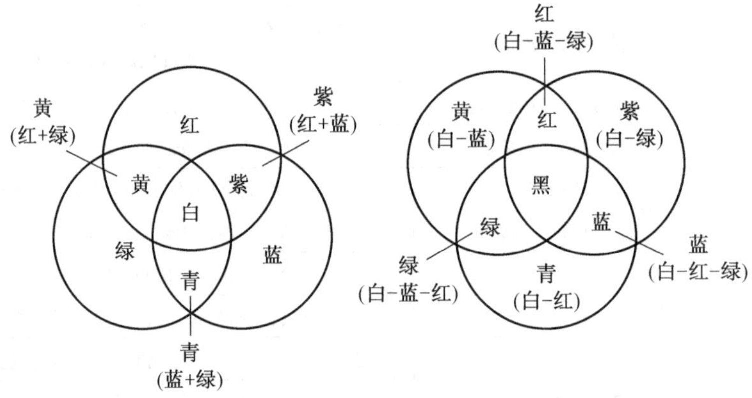

图3－6　三原色关系图
（尚浚等，2006）

色调或色彩系指颜色的种类，可用反射光的主波长（λ_d）表示，它与反射率色散曲线主峰的波长值相当。饱和度（P_e）也可称纯度或浓度，是指同一色调的浓淡程度，可用纯光谱色（主波长色调）和白光的比例来表示，纯光谱色最大为100/100＝1，随颜色变淡其P_e值逐渐变小，直至纯白色（光）时饱和度为零，不透明矿物反射色饱和度都很小，因此在矿相显微镜下呈现的颜色均较浅淡。亮度即颜色的明亮程度，可用矿物的反射率（绿光）R_{vis}表示。

色调（λ_d）与饱和度（P_e）合称色度或色品。

4. 三刺激值与色度图

三刺激值是表示正常人眼中3种锥体对红、绿和蓝三原色的刺激程度（值）。据此国际照明委员会利用三色色度计制定了标准的三色曲线，也称三刺激值曲线（图3－7），图中以波长为横坐标，亮度的相对量为纵坐标。$\overline{X}$、$\overline{Y}$、$\overline{Z}$分别表示不同波长刺激值的相对数量。例如，波长为500 nm色光的三原色刺激值为$X=0.0049$，$Y=0.3230$，$Z=0.2720$。

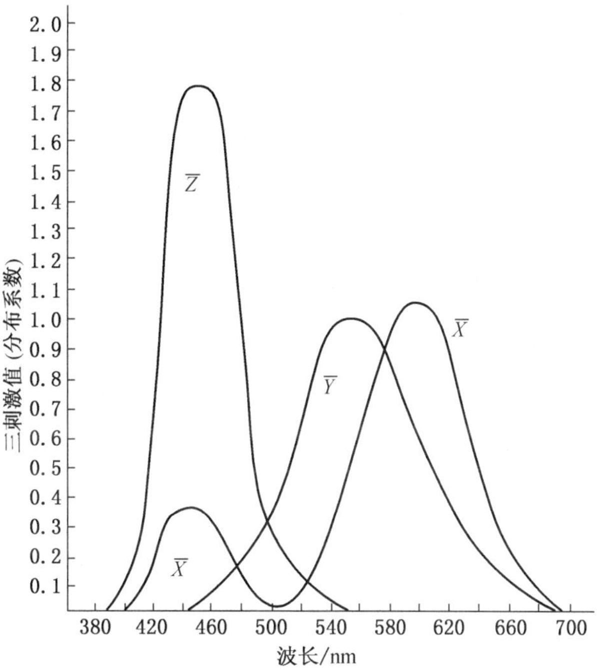

图 3-7　等能光谱的三色曲线

由于表示上述 3 个数值，则须采用三度空间的立体图。为了解决作图的困难，可分别采用其相对百分数计算。即令：

$$x = \frac{X}{X+Y+Z} \qquad y = \frac{Y}{X+Y+Z} \qquad z = \frac{Z}{X+Y+Z}$$

由上式可知 $x+y+z=1$，若 x、y 为已知，z 则应为一个定值。如上例中若 $X+Y+Z=0.5999$，则 $x=0.0082$，$y=0.5384$，$z=0.4534$。

上述 x、y、z 三数值通称相对三色系数或色度坐标。因 z 为一定值，则可用 x 为横坐标，y 为纵坐标作出平面色度图，称为色品图（图 3-8）。将所有的光谱色(400 ~ 700 nm)依上述方式分别找出相应的相对三色系数，并将其各自的 x、y 值投入图中，就可绘出各光谱色在色度图中的马蹄形轨迹。从图中可看出所有光谱色都位于上述光谱色轨迹（光谱色曲线）之上，由于光谱色的饱和度最大，所以任何颜色都必位于马蹄形范围以内。图内 $E(S_E)$ 点表示等能白色光（饱和度等于零），即它的三色系数 x、y、z 均为 0.3333，轨迹上的光谱色代表最大的饱和度（值为 1），而任何颜色的色度坐标愈接近轨迹，其色愈浓、愈纯或愈近于饱和；而愈接近 E 点，则颜色愈淡，即饱和度或纯度愈低。

设某一颜色的 x、y 落于 P_1 点，自 E 点连线 EP_1 交光谱色轨迹 530 nm 光 λ_1 处，530 nm 即该颜色的主波长。其饱和度 P_{e1} 相当于 $EP_1/E\lambda_1$，即二者长度之比。又如某一紫光落于 P_2 点，与 E 点连线交于红、紫端连线的 Q 点处，在此点无法得出主波长，将 EP_2 线反向延长交于轨迹曲线段 λ_2 点，此点为 P_2 点的补色主波长，以负数(-499 nm)表示。而 P_2 点色光的饱和度为 P_{e2}，有 $P_{e2}=EP_2/EQ$。

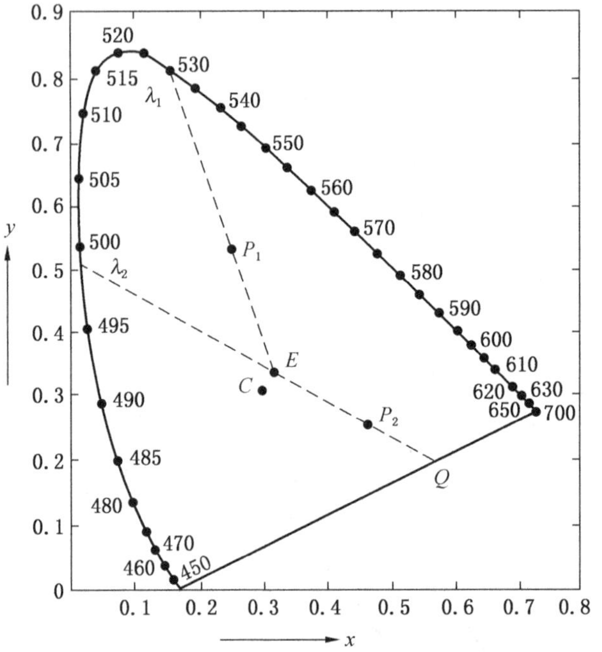

图 3－8　平面色度图

（卢静文，2010）

综上所述，基于颜色的三基本要素，反射色的颜色指数是用三色系数中的 x、y，亮度（代表视觉反射率）R_{vis}（$=Y$），主波长 λ_d 及饱和度 P_e 来表示。常见矿物的反射色颜色指数见表 3－5。

表 3－5　常见矿物的反射色颜色指数

矿　物	颜色指数（S_E）				
	R_{vis}	x	y	λ_d	P_e
自然银	95.0	0.337	0.334	575	0.023
自然金	75.3	0.400	0.398	578	0.399
自然铜	64.9	0.392	0.358	588	0.251
斑铜矿	21.9	0.371	0.349	589	0.161
黄铁矿	53.9	0.352	0.359	574	0.132
镍黄铁矿	46.8	0.361	0.362	578	0.170
黝锡矿	27.5	0.343	0.348	574	0.073
方铅矿	43.2	0.325	0.324	473	0.037
黝铜矿	31.4	0.332	0.336	516	0.005
砷黝铜矿	29.0	0.329	0.333	490	0.014
银黝铜矿	30.9	0.332	0.334	499	0.006
辉铜矿	32.8	0.317	0.322	482	0.064
磁铁矿	20.4	0.333	0.334	557	0.001
闪锌矿	16.7	0.324	0.325	478	0.038
黄铜矿	46.2	0.369	0.389	575	0.248

矿　物	颜色指数（S_E）					
		R_{vis}	x	y	λ_d	P_e
磁黄铁矿	R'_g	40.3	0.351	0.350	579	0.102
	R'_p	34.2	0.335	0.349	582	0.114
毒砂（横切面）	R'_g	52.9	0.340	0.341	577	0.044
	R'_p	51.8	0.332	0.333	491	0.005
白铁矿	R'_g	56.3	0.341	0.352	568	0.078
	R'_p	49.3	0.343	0.346	574	0.066
辉锑矿	R'_g	46.6	0.317	0.324	484	0.062
	R'_p	30.6	0.330	0.333	491	0.012
辉钼矿	R'_g	37.2	0.319	0.316	473	0, 067
	R'_p	18.9	0.325	0.324	476	0.038
铜蓝	R'_g	23.0	0.301	0.306	480	0.134
	R'_p	5.9	0.227	0.247	480	0.436
赤铁矿	R'_g	29.7	0.320	0.328	486	0.050
	R'_p	26.6	0.320	0.325	484	0.052

注：根据卢静文，2010。

从表中可看出，在镜下难以区别的矿物，如几种黝铜矿的颜色指数是有差别的，特别是主波长 λ_d 较为明显；同时，几种黄色矿物和玫瑰色矿物中，其颜色指数都有较大的差异。由此可以用于鉴定矿物。

按矿物反射色的深浅与饱和度 P_e 的关系，可进行如下的分类定级：

（1）$P_e<0.01$：反射色一律为白色（无色）。

（2）$0.01<P_e<0.05$：一般为微带色调的矿物。

（3）$0.05<P_e<0.10$：一般为淡色或浅色矿物。

（4）$P_e>0.10$：一般为明显的有色矿物。

5. 反射色颜色指数的测量方法

以陈正等提出的用等能光源、等间距波长坐标法来测量反射色颜色指数的方法为例，其实测步骤如下：

（1）精确地测出矿物的反射率色散曲线，即在以波长为横坐标、反射率为纵坐标的直角坐标网格图中，将各点所测的值投点并连成反射率色散曲线；或用 MPV－3 型显微光度计直接印绘的反射率色散曲线。

（2）在反射率色散曲线上，400～700 nm 波长，按间隔 10 nm 量出 31 个波段的反射率值 R_λ，再分别乘以相对应的三刺激函数 X_λ、Y_λ、Z_λ，而得各波长的 $X_\lambda \cdot R_\lambda$、$Y_\lambda \cdot R_\lambda$、$Z_\lambda \cdot R_\lambda$（表 3－6）。

表 3－6　S_E 等能光源等值纵坐标法计算记录表

波长/nm	$P_{E\lambda} \cdot X_\lambda \cdot R_\lambda$	$P_{E\lambda} \cdot Y_\lambda \cdot R_\lambda$	$P_{E\lambda} \cdot Z_\lambda \cdot R_\lambda$
400	$0.0143 \cdot R_{400}$	$0.004 \cdot R_{400}$	$0.0679 \cdot R_{400}$
410	$0.0435 \cdot R_{410}$	$0.0012 \cdot R_{410}$	$0.2074 \cdot R_{410}$
420	$0.1344 \cdot R_{420}$	$0.0040 \cdot R_{420}$	$0.6456 \cdot R_{420}$
430	$0.2839 \cdot R_{430}$	$0.0116 \cdot R_{430}$	$1.3856 \cdot R_{430}$
440	$0.3483 \cdot R_{440}$	$0.0230 \cdot R_{440}$	$1.7471 \cdot R_{440}$
450	$0.3362 \cdot R_{450}$	$0.0380 \cdot R_{450}$	$1.7721 \cdot R_{450}$
460	$0.2908 \cdot R_{460}$	$0.0600 \cdot R_{460}$	$1.6692 \cdot R_{460}$
470	$0.1954 \cdot R_{470}$	$0.0910 \cdot R_{470}$	$1.2876 \cdot R_{470}$
480	$0.0956 \cdot R_{480}$	$0.1390 \cdot R_{480}$	$0.8130 \cdot R_{480}$
490	$0.0320 \cdot R_{490}$	$0.2080 \cdot R_{490}$	$0.4652 \cdot R_{490}$
500	$0.0049 \cdot R_{500}$	$0.3230 \cdot R_{500}$	$0.2720 \cdot R_{500}$
510	$0.0093 \cdot R_{510}$	$0.5030 \cdot R_{510}$	$0.1582 \cdot R_{510}$
520	$0.0633 \cdot R_{520}$	$0.7100 \cdot R_{520}$	$0.0782 \cdot R_{520}$
530	$0.1655 \cdot R_{530}$	$0.8620 \cdot R_{530}$	$0.0422 \cdot R_{530}$
540	$0.2904 \cdot R_{540}$	$0.9540 \cdot R_{540}$	$0.0203 \cdot R_{540}$
550	$0.4334 \cdot R_{550}$	$0.9950 \cdot R_{550}$	$0.0087 \cdot R_{550}$
560	$0.5945 \cdot R_{560}$	$0.9950 \cdot R_{560}$	$0.0039 \cdot R_{560}$
570	$0.7621 \cdot R_{570}$	$0.9520 \cdot R_{570}$	$0.0021 \cdot R_{570}$
580	$0.9163 \cdot R_{580}$	$0.8700 \cdot R_{580}$	$0.0017 \cdot R_{580}$

表 3-6（续）

波长/nm	$P_{E\lambda}\cdot X_\lambda\cdot R_\lambda$	$P_{E\lambda}\cdot Y_\lambda\cdot R_\lambda$	$P_{E\lambda}\cdot Z_\lambda\cdot R_\lambda$
590	$1.0263\cdot R_{590}$	$0.7570\cdot R_{590}$	$0.0011\cdot R_{590}$
600	$1.0622\cdot R_{600}$	$0.6310\cdot R_{600}$	$0.0008\cdot R_{600}$
610	$1.0026\cdot R_{610}$	$0.5030\cdot R_{610}$	$0.0003\cdot R_{610}$
620	$0.8544\cdot R_{620}$	$0.3810\cdot R_{620}$	$0.0002\cdot R_{620}$
630	$0.6424\cdot R_{630}$	$0.2650\cdot R_{630}$	0.0000
640	$0.4479\cdot R_{640}$	$0.1750\cdot R_{640}$	0.0000
650	$0.2835\cdot R_{650}$	$0.1070\cdot R_{650}$	0.0000
660	$0.1649\cdot R_{660}$	$0.0610\cdot R_{660}$	0.0000
670	$0.0874\cdot R_{670}$	$0.0320\cdot R_{670}$	0.0000
680	$0.0468\cdot R_{680}$	$0.0170\cdot R_{680}$	0.0000
690	$0.0227\cdot R_{690}$	$0.0082\cdot R_{690}$	0.0000
700	$0.0114\cdot R_{700}$	$0.0041\cdot R_{700}$	0.0000
三者之和	$\Sigma(P_{E\lambda}\cdot X_\lambda\cdot R_\lambda)=$	$\Sigma(P_{E\lambda}\cdot Y_\lambda\cdot R_\lambda)=$	$\Sigma(P_{E\lambda}\cdot Z_\lambda\cdot R_\lambda)=$
应乘因素	1/10.68	1/10.68	1/10.68
三刺激值	$X=$	$Y=$	$Z=$

颜色指数　视觉反射率：$(R_{vis})=Y=$

色度坐标值：$x=X/(X+Y+Z)=$

$y=Y/(X+Y+Z)=$

颜色主波长：$\lambda_d=$

颜色饱和度：$P_e=$

注：反射率按整数计（卢静文，2010）。

（3）将三色分别相加，而得出 $\sum(X_\lambda\cdot R_\lambda)$、$\sum(Y_\lambda\cdot R_\lambda)$、$\sum(Z_\lambda\cdot R_\lambda)$，再分别乘以因数 1/10.68，即求出该矿物的反射色的 X、Y、Z。Y 值也代表视觉反射率 R_{vis}。

（4）将 $X+Y+Z$ 作分母，X、Y 分别作分子，求出色度坐标 x、y。

（5）将 x、y 投入色度图，就可定出 P 点位置。

（6）P 点已定，即能从图中求出 λ_d 和 P_e。

按上述步骤，即可得出欲测矿物的颜色指数 R_{vis}、x、y、λ_d 和 P_e。

国际上发表的颜色指数，通常用以国际照明委员会公布的两种标准光源 A 和 C 所测算的数据。其测量方法相似，按照 C 光源用等值纵坐标法计算见表 3-7。

表 3-7　按照 C 光源（$P_{c\lambda}$）用等值纵坐标法计算记录表

波长/nm	$P_{c\lambda}\cdot X\cdot R_\lambda$	$P_{c\lambda}\cdot Y\cdot R_\lambda$	$P_{c\lambda}\cdot Z\cdot R_\lambda$
400	$0.0841\cdot R_{400}$	$0.0021\cdot R_{400}$	$0.3992\cdot R_{400}$
410	$0.3180\cdot R_{410}$	$0.0087\cdot R_{410}$	$1.5159\cdot R_{410}$
420	$1.2623\cdot R_{420}$	$0.0378\cdot R_{420}$	$6.0646\cdot R_{420}$
430	$2.9913\cdot R_{430}$	$0.1225\cdot R_{430}$	$14.6019\cdot R_{430}$

表3-7（续）

波长/nm	$P_{c\lambda}\cdot X\cdot R_\lambda$	$P_{c\lambda}\cdot Y\cdot R_\lambda$	$P_{c\lambda}\cdot Z\cdot R_\lambda$
440	$3.9741\cdot R_{440}$	$0.2613\cdot R_{440}$	$19.9357\cdot R_{440}$
450	$3.9191\cdot R_{450}$	$0.4432\cdot R_{450}$	$20.6651\cdot R_{450}$
460	$3.3668\cdot R_{460}$	$0.6920\cdot R_{460}$	$19.3235\cdot R_{460}$
470	$2.2878\cdot R_{470}$	$1.0605\cdot R_{470}$	$15.0550\cdot R_{470}$
480	$1.1038\cdot R_{480}$	$1.6129\cdot R_{480}$	$9.4420\cdot R_{480}$
490	$0.3639\cdot R_{490}$	$2.3591\cdot R_{490}$	$5.2789\cdot R_{490}$
500	$0.0511\cdot R_{500}$	$3.4077\cdot R_{500}$	$2.8717\cdot R_{500}$
510	$0.0898\cdot R_{510}$	$4.8412\cdot R_{510}$	$1.5181\cdot R_{510}$
520	$0.5752\cdot R_{520}$	$6.4491\cdot R_{520}$	$0.7140\cdot R_{520}$
530	$1.5206\cdot R_{530}$	$7.9357\cdot R_{530}$	$0.3871\cdot R_{530}$
540	$2.7858\cdot R_{540}$	$9.1470\cdot R_{540}$	$0.1956\cdot R_{540}$
550	$4.2833\cdot R_{550}$	$9.8343\cdot R_{550}$	$0.0860\cdot R_{550}$
560	$5.8782\cdot R_{560}$	$9.8387\cdot R_{560}$	$0.0381\cdot R_{560}$
570	$7.3230\cdot R_{570}$	$9.1476\cdot R_{570}$	$0.0202\cdot R_{570}$
580	$8.4141\cdot R_{580}$	$7.9897\cdot R_{580}$	$0.0147\cdot R_{580}$
590	$8.9878\cdot R_{590}$	$6.6283\cdot R_{590}$	$0.0101\cdot R_{590}$
600	$8.9536\cdot R_{600}$	$5.3157\cdot R_{600}$	$0.0067\cdot R_{600}$
610	$8.3294\cdot R_{610}$	$4.1788\cdot R_{610}$	$0.0027\cdot R_{610}$
620	$7.0604\cdot R_{620}$	$3.1485\cdot R_{620}$	$0.0012\cdot R_{620}$
630	$5.3212\cdot R_{630}$	$2.1948\cdot R_{630}$	0.0000
640	$3.6882\cdot R_{640}$	$1.4411\cdot R_{640}$	0.0000
650	$2.3531\cdot R_{650}$	$0.8876\cdot R_{650}$	0.0000
660	$1.3589\cdot R_{660}$	$0.5028\cdot R_{660}$	0.0000
670	$0.7113\cdot R_{670}$	$0.2606\cdot R_{670}$	0.0000
680	$0.3657\cdot R_{680}$	$0.1329\cdot R_{680}$	0.0000
690	$0.1721\cdot R_{690}$	$0.0621\cdot R_{690}$	0.0000
700	$0.0806\cdot R_{700}$	$0.0290\cdot R_{700}$	0.0000
三刺激值	$X=$	$Y=$	$Z=$

颜色指数　视觉反射率：$R_{vis}=Y=$

色度坐标值：$x=X/(X+Y+Z)=$

$y=Y/(X+Y+Z)=$

颜色主波长：$\lambda_d=$

颜色饱和度：$P_e=$

注：反射率按小数计（卢静文，2010）。

用上述作图法得出的 λ_d 和 P_e，对于大多数矿物，因其反射色的浓度很低，故其色度点 P 与白点 E(或 C)的距离很近，在定点和连线时易产生较大的误差。用“斜率”检索法，可避免作图法的这一缺陷，可以通过计算、查表简便准确地求出 λ_d。

三、矿物的双反射和反射多色性

在入射光为平面偏光条件下（单偏光），当旋转载物台一周时，非均质性矿物都可能有明亮程度或颜色的变化。这种明亮程度（反射率）随矿物方向不同而变化的性质称双反射，而与之相应的反射色变化称为反射多色性。

1. 双反射的基本概念

我们知道，非均质矿物的反射率是随矿物结晶方向的不同而改变。中级晶族的矿物有两个主反射率——R_o、R_e，低级晶族矿物有 3 个主反射率——R_g、R_m 和 R_p。非均质矿物中的最大反射率与最小反射率之差称为矿物的绝对双反射率，也称双反射的绝对值，通常用 ΔR 表示。

中级晶族矿物：$\Delta R = R_o - R_e$（或 $R_e - R_o$）。例如，辉钼矿：平行延长方向为 $R_o = 37\%$，垂直延长方向为 $R_e = 15\%$，则 $\Delta R = 37\% - 15\% = 22\%$。

低级晶族矿物：$\Delta R = R_g - R_p$。例如，辉锑矿：平行 c 轴为 $R_g = 45\%$，平行 b 轴为 $R_p = 31\%$，故 $\Delta R = 45\% - 31\% = 14\%$。

最大双反射（率）只有在平行包含 R_g、R_p 的主切面内才能测得，然而矿物光片大多是任意切面的，所以任意切面的双反射率 $\Delta R_s = R_2 - R_1$（$R_2 > R_1$），ΔR_s 可称之为切面绝对双反射（率）。

非均质矿物双反射现象是否明显，主要是凭视觉来判断。双反射现象除与其绝对值 ΔR 有关，更取决于相对双反射率 $\Delta R'$ 的大小。$\Delta R'$ 是 ΔR 与平均反射率比值的百分数。其表达式为

$$\Delta R' = \frac{\Delta R}{1/2(R_o + R_e)} \times 100\% \quad \text{（一轴晶矿物主切面）}$$

$$\Delta R' = \frac{\Delta R}{1/2(R_g + R_p)} \times 100\% \quad \text{（低级晶族矿物主切面）}$$

$$\Delta R'_s = \frac{\Delta R_s}{1/2(R_1 + R_2)} \times 100\% \quad \text{（非均质矿物任意切面）}$$

可见，平均反射率越小的矿物，其 $\Delta R'$（或 $\Delta R'_s$）值越大。虽然 $\Delta R'$ 或 ΔR 有某些关系，但 ΔR 对双反射现象明显程度的影响远不及 $\Delta R'$ 重要。例如：方解石 $R_o = 5.9\%$，$R_e = 3.9\%$，则 $\Delta R = 5.9\% - 3.9\% = 2\%$，而 $\Delta R' = \frac{\Delta R}{1/2(R_o + R_e)} \times 100\% = 40.8\%$。

红砷镍矿 $R_o = 56\%$，$R_e = 50\%$，则 $\Delta R = 56\% - 50\% = 6\%$，而 $\Delta R' = \frac{\Delta R}{1/2(56 + 50)} \times 100\% = 11.3\%$。

由上述两种矿物的 $\Delta R'$ 值可知，方解石的 ΔR 虽小，但 $\Delta R'$ 值大，所以双反射现象比红砷镍矿明显得多。

2. 反射多色性的基本概念

非均质不透明矿物具有多个主反射率值，各主反射率对不同光波有着不同的选择性反射，因此各主反射率方向可以具有不同的反射色。矿物的这种反射色因方向不同而改变的性质就是矿物的反射多色性。例如铜蓝当其延长方向与偏光振动面平行时为深蓝色，垂直时

为浅蓝色。故具有反射多色性的矿物,当旋转载物台时,可见两主方向的反射色交替出现。

双反射与反射多色性的形成机理相同，均由各组光波对矿物不同方向所表现的反射不同所造成。双反射表示矿物主反射率间具有相似的色散曲线，但反射率值有差别；反射多色性则表示矿物主反射率间不仅反射率有差别，且色散曲线形态也不一样。图 3 -9 所示为铁铜蓝的两个主反射率(R_o 和 R_e)的反射率色散曲线。从曲线形态上可看出：二者具有明显不同的反射色。

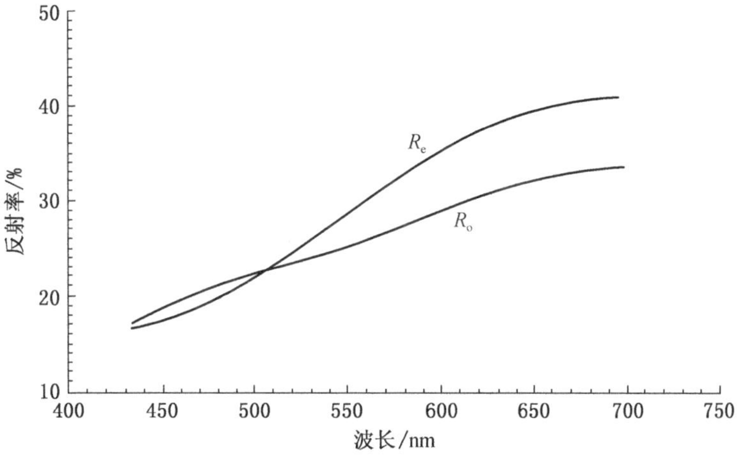

图 3 -9　铁铜蓝的色散曲线
(卢静文，2010)

图 3 -9 还反映出双反射的数值也随着波长的改变而改变。如铁铜蓝的双反射在 640 nm 波长的光波下 $\Delta R = 37.0\% - 29.7\% = 7.3\%$，在 560 nm 波长的光波下为 $\Delta R = 29.4\% - 25.2\% = 4.2\%$，但在 515 nm 波长光波处 $R_e = R_o = 22.55\%$，即矿物在这个特定光波中显均质性。并且在 $\lambda < 515$ nm 时为负光符($R_o > R_e$)，而在 $\lambda > 515$ nm 时为正光符($R_e > R_o$)。

3. 双反射和反射多色性的观察方法与视测分级

(1) 双反射和反射多色性的观察方法。双反射与反射多色性要在单偏光下观察，并且只对具明显双反射或反射多色性的矿物才有意义。观察时转动载物台，看矿物有无明暗或颜色的变化。对于双反射微弱的矿物，可在多晶粒集合体或浸油中观察，现象相对明显一些。

反射多色性和双反射现象可同时存在，观察的方法与操作步骤也完全一致。反射色鲜艳的矿物，其反射多色性较易观察，双反射现象常被掩盖；而对于无色矿物，双反射现象则易被观察。

(2) 双反射和反射多色性的视测分级。在不透明矿物的描述和鉴定中，双反射与反射多色性也是矿物的重要光学性质之一，为了表述更清晰，要对其进行分级，同时还应表明最大和最小反射率两个方向的反射色及其与矿物结晶要素之间的关系。

例如：石墨　$R_o = 17$　灰色微带棕色　　平行延长方向

　　　　　　$R_e = 6$　深灰色微带蓝色　垂直延长方向

一般地，视测分级分为特强、显著、清楚、微弱及无5个级别，也可以将5个级别中前一、二两级合并为“强”，清楚与微弱合并为“弱”，即分为“强”“弱”和“无”3个等级。不论分为五级还是三级，都是依视觉上的明显程度所作的定性分类。因视觉的主观因素及显微镜光学性能上差异的影响，这种“标准”较难掌握。

按目前实验室的一般状况，将双反射或反射多色性分为显和不显两级：

（1）显（清晰）。凡在空气介质条件下，对单颗粒矿物或矿物集合体的双反射或反射多色性现象，用一般矿相显微镜均能显现者，皆属此级（表3-8）。

表3-8 显双反射和反射多色性的常见矿物

矿　　物	双反射和反射多色性	矿　　物	双反射和反射多色性
**** 铜蓝	R_o 深蓝色，R_e 蓝白色	**** 墨铜矿	R_o 淡棕灰色，R_e 灰色微蓝
**** 石墨	R_o 灰色微棕，R_e 深灰微蓝	*** 红砷镍矿	R_o 淡玫瑰黄色，R_e 淡玫瑰棕色
**** 辉钼矿	R_o 白色，R_e 灰白色微蓝	*** 红锑镍矿	R_o 淡棕色或淡玫瑰红色，R_e 淡紫红色
*** 辉锑矿	//a 灰白色，//b 浅灰色，//c 白色	** 辉铋矿	//a 白色微蓝，//b 灰白色，//c 黄白色
** 白铁矿	黄白色，淡绿黄色	* 淡红银矿	R_o 灰色，R_e 淡蓝
*** 硼镁铁矿	//延长淡棕，⊥延长淡灰，蓝至淡褐	* 毒砂	白色，白色微黄粉色
*** 软锰矿	//c 白色，⊥c 灰白色	*** 雌黄	//a 白色，//b 淡灰色，//c 灰白色
** 磁黄铁矿	R_o 淡红棕色，R_e 乳黄色	*** 菱铁矿	R_o 淡灰（亮），R_e 深灰（暗）
*** 黑柱石	//a 淡灰微玫瑰红色	*** 方解石	R_o 灰（较亮），R_e 深灰（暗）
	//b 淡灰微玫瑰色	** 戴氏赤铜矿	R_o 黄粉色，R_e 玫瑰褐色
	//c 灰色微蓝		

注：对显双反射和反射多色性矿物按四级视测分类时，标以 **** 者表示特强，*** 为显著，** 为清楚，* 为微弱。（卢静文，2010）

（2）不显。在空气介质条件下，对单颗粒矿物或矿物集合体的双反射或反射多色性现象，用一般矿相显微镜观察均不显者均属本级。既包括均质矿物也包括那些看不出有双反射或反射多色性的非均质矿物。例如：黄铜矿、辉铜矿、斑铜矿、黝铜矿、辉银矿、石英、磁铁矿、镍黄铁矿、黄铁矿、铬铁矿、闪锌矿、方铅矿。

鉴于矿相显微镜等教学实验设备不断更新，为适应高质量（性能）矿相显微镜对矿物双反射和反射多色性的视测分级，可将显双反射和反射多色性的矿物，进一步分为如下4级（空气中）：

（1）特强。在单晶中亮度和颜色变化极明显，一瞥即见，如石墨、辉钼矿和铜蓝等。

（2）显著。在单晶中亮度或颜色变化较显著，如辉锑矿、红锑镍矿等。

（3）清楚。在单晶中亮度和颜色变化较清楚可见，如磁黄铁矿和白铁矿等。

（4）微弱。在单晶中其亮度和颜色的变化不明显，仅在晶粒集合体中可以看出，如毒砂和赤铁矿等。

4. 影响双反射和反射多色性观察的因素

（1）相对双反射率的影响。相对双反射率 $\Delta R' > 10\%$ 时才易被观察到，$\Delta R' < 10\%$ 的非均质矿物理论上虽然有双反射，但难于观察，所以或不显双反射，或极微弱。

（2）切片方位的影响。具有双反射和反射多色性的矿物，当切片方位为垂直或接近垂直光轴时，可显示均质效应，因此不显双反射和反射多色性。

（3）观察介质的影响。在不同介质中观察矿物，其双反射和反射多色性现象也有所不同。在空气中双反射和反射多色性不显著的矿物，在浸油中可清楚观察到。例如锡石在两种不同介质条件下双反射的情况见表3－9。

表3－9 锡石在不同介质中的双反射率

观察条件	R_e	R_o	双反射率		双反射和反射多色性
			绝对值（ΔR）	相对值（$\Delta R'$）	
在空气中	12.4	11.3	1.1	9.0	不显（微弱）
在香柏油中	2.6	2.0	0.6	27.0	显（清楚）

注：根据卢静文，2010。

四、矿物的均质性与非均质性

（一）矿物的均质性与非均质性

下面讨论垂直入射光照射条件下，矿物在正交偏光中呈现的光学现象。主要包括均质性与非均质性、非均质旋转角和非均质视旋转角、偏光色及旋向（旋性）等。

所谓垂直入射光，是指在实际观察中使用垂直和近于垂直的光线。若获得近于垂直的入射光，只能采用聚敛程度较小的中、低倍物镜，最好用低倍物镜，并缩小孔径光圈即可。

“正交偏光”分两种情况，一种是严格的正交偏光，另一种是不完全的正交偏光。严格的正交偏光可以用黄铁矿等均质矿物，在高倍物镜下用锥光法检查。若显示的偏光图为一完美的“黑十字”，则证明上下两偏光镜已完全正交；若“黑十字”中心稍显分开呈双曲线状，则两偏光镜处于不完全正交状态。如能用双石英试板检查则更为精准（正交时双石英试板两瓣的暗度相等）。

1. 矿物均质性与非均质性的基本概念

（1）均质性。等轴晶系的晶质矿物和非晶质矿物，对垂直入射的平面偏光，其振动方向不变，仍按原来振动方向反射，但到达上偏光镜时，因上偏光镜的振动方向与之垂直，故反射光线不能透过上偏光镜，矿物在视域中呈黑暗（消光）状态。当旋转载物台时其黑暗程度也不改变，如闪锌矿。而一些吸收性强、反射率高的不透明矿物，由于物镜或多或少地受聚敛作用影响，使反射光成椭圆偏光，以致均质矿物在严格正交偏光下也不完全黑暗，而具一定的亮度，但转动载物台时，其明暗程度并不改变，如自然银。上述的这类现象统称均质效应，矿物的这种性质称为均质性。若某种矿物各方向的颗粒都显均质性，则该矿物即属均质性矿物。需要强调的是，非均质性矿物的均质切面，在正交偏光下也显均质效应。

（2）非均质性。由于非等轴晶系的晶质在晶体结构和光学性质上呈现各向异性，所以除位于“消光”方位外，非均质性的矿物均能改变入射偏光的性质，使反射偏光的振动方向不同于原入射偏光的振动方向；吸收性矿物还能改变入射直线偏光的性质为椭圆偏光，从而使一部分光线能透过上偏光镜。当转动载物台而使矿物方位改变时，这部分透过上偏光镜的光线，也随着改变而发生亮度（明暗）和颜色的变化。这种在正交偏光下呈现的光学现象称为非均质效应（非均质性），具此光学性质的矿物为非均质性矿物。

非均质不透明矿物的非均质效应，表现为矿物对平面偏光所具有的3种性能：①对反射平面偏光振动面的旋转性能；②对反射平面偏光产生周相差而造成椭圆偏光的性能；③上述两种现象形成的色散。

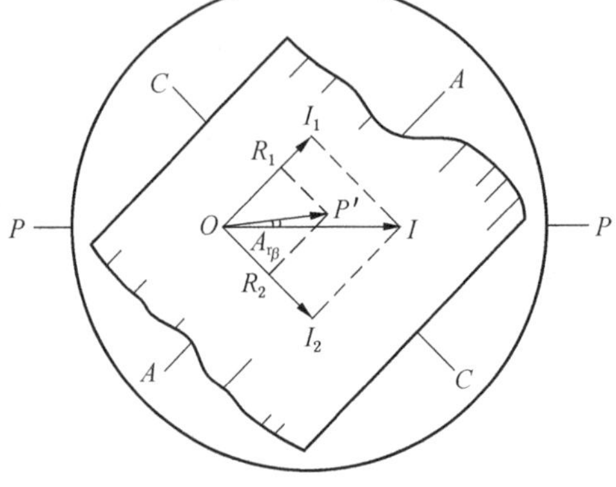

PP—起偏镜（前偏光）的振动方向；圆—显微镜视域；CC——轴晶矿物c轴的方位；AA—矿物水平轴的方位

图3－10　一轴晶透明矿物光面在反射中引起偏光振动面的旋转

2. 非均质矿物反射平面偏光振动面旋转的性能

非均质矿物反射平面偏光振动面旋转的机制，现用一轴晶透明矿物的主切面为例进行说明。图3－10所示为一轴晶透明矿物主切面，入射光一般被分解成两组互相垂直振动的反射平面偏光，二者之间的周相差为零。

从图中可看出，矿物的 *c* 轴与起偏镜 *PP* 的振动方向成45°，假定入射光的振幅为 *OI*，入射光投影到矿物光片以后，将分解成振幅相等的两组互相垂直的平面分振动，分别平行于 $CC(OI_2)$ 和 $AA(OI_1)$ 方向。由于这两个方向矿物反射率的差异，反射时 OR_1 必不等于 OR_2，两组反射光按平行四边形法则合成后的振动，为一震动方向靠近反射率较高晶体方向的直线震动，即以 *OP′* 代表其振动方向和振幅。*OP′* 与 *OI* 并不重合，表示反射后振动方向发生了旋转。这种合成反射平面偏光的振动方向不同于入射光的振动方向，而存在一夹角 $A_{r\beta}$ 的关系，称为非均质矿物反射平面偏光振动面旋转的性能，简称非均质旋转。$A_{r\beta}$ 角称为非均质旋转角。

由于 *OP′* 与 *OI* 不一致，因此部分光线（振幅为 $OP'\sin A_{r\beta}$）可通过正交偏光状态的上偏光镜，所以矿物会呈现一定亮度。若当矿物的一个截面主反射率方向（平行或垂直 *c* 轴）与 *PP* 平行时，则 *OI*、*OP′* 与截面主反射率方向三者重合，非均质旋转角 $A_{r\beta}=0$，故矿物的反射光线不能通过上偏光镜，而呈现黑暗（消光）。若截面主反射率方向与起偏镜 *PP* 逐渐形成夹角时，则 $A_{r\beta}$ 也从零逐渐增大。当平行矿物 *c* 轴的切面在 $45°\pm\frac{1}{2}A_{r\beta}$ 时，$A_{r\beta}$ 角最大。但由于 $45°\pm\frac{1}{2}A_{r\beta}$ 位置不易确定，故以45°位时的 $A_{r\beta}$ 值为标准值（近似最大值）。如将载物台旋转一周，可看到4次消光与4次明亮交替出现，4次最明亮方位位于相邻消光方位间45°位置。

3. 非均质不透明矿物使反射平面偏光产生周相差而造成椭圆偏光的性能

不透明非均质矿物除使反射平面偏光产生旋转外，还能使反射平面偏光产生非为零和 π 的周相差，从而导致合成的反射光波变成椭圆偏光。

图3－11所示为非均质不透明矿物在反射中形成椭圆偏光的一般情况，从图中可以看出，非均质不透明矿物置于45°位置时，非均质反射椭圆长轴的方位不同于入射平面偏光

的方向，即长轴的方位发生了旋转。椭圆长轴 a 与起偏镜方向之间的夹角称为非均质视旋转角 A_r，A_r 角也随周相差而变化，A_r 也可用转动上偏光镜的方法测出。

多数非均质不透明矿物的周相差均较小（$\Delta<10$），它们的 A_r 与 $A_{r\beta}$ 近于相等。A_r 的标准值（45°位时所测）是矿物的一个较重要的鉴定特征。

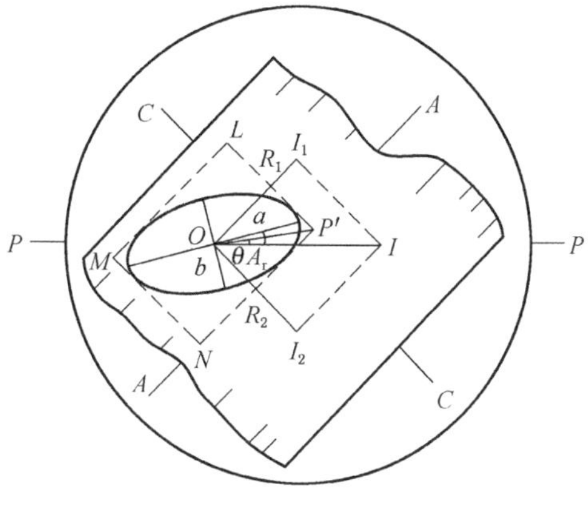

$A_{r\beta}$（图中的 θ）—非均质旋转角；A_r—非均质视旋转角；a—椭圆长轴；b—椭圆短轴；*LMNP'*—外节矩形

图 3－11　非均质不透明矿物在反射中形成的椭圆偏光的一般情况

（卢静文，2010）

4. 非均质矿物的偏光色

非均质不透明矿物在严格正交偏光下处于45°位置时不仅最明亮，而且在白光中常显现出颜色，这种颜色称为偏光色。非均质矿物定向切面在45°位置时，其偏光色一般是固定的，对某些矿物可作为鉴定特征。如铜蓝为火橙色等。

偏光色的形成主要是由于非均质旋转色散和非均质椭圆色散而致。

（1）非均质旋转色散为非均质矿物生成偏光色的基本原因。矿物的两个主反射率随光波而变化，即对不同波长的光波，反射率也随着改变，因此合成偏光的振幅与非均质旋转角也随波长而改变，透过上偏光镜的振幅和光强也不同（图 3－12）。若矿物有反射率的色散，则合成的平面偏光也有色散，如以 OR'、OG'、OB' 分别代表红光、绿光和蓝光的合成反射平面偏光的振幅及方向。每一种光波在分析镜 AA 线上的投影，即为该光波能透过分析镜的分振幅，即为 Oc、Ob、Oa 三部分。由这三部分光线合成而形成的一种混合色，即为偏光色。

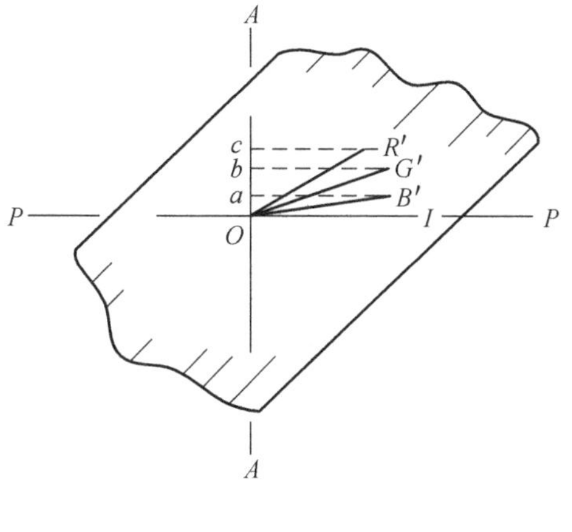

PP—起偏镜的振动方向；*AA*—分析镜振动方向；*OI*—入射光的振幅

图 3－12　非均质矿物偏光振动面的旋转色散

（卢静文，2010）

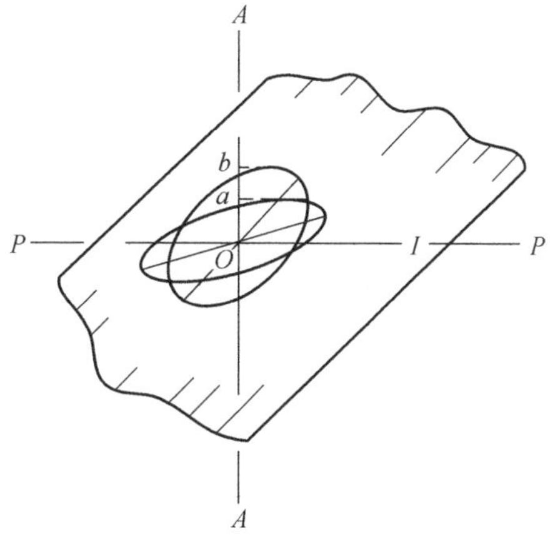

图 3－13　非均质不透明矿物的色散图

（卢静文，2010）

（2）非均质椭圆色散，系指非均质不透明矿物的两个主反射率不仅振幅不同，而且周相差也随光波波长而改变，因此使合成的非均质椭圆偏光也发生色散，即各色光的非均质椭圆不同。这种色散也是构成非均质不透明矿物偏光色的基本原因（图3－13）。图中有两个不同色光合成的椭圆振动，为同一矿物在不同波长光波中造成不同的非均质反射椭圆，假设其中一个代表红光的椭圆振动，另一个代表绿光的椭圆振动，二椭圆各有一部分光强透过分析镜。*Oa* 代表绿光椭圆透过分析镜的振幅，*Ob* 代表红光的振幅，根据“相加”的原理合成一种混合色，即构成偏光色。

此外还有一种消（暗）光色，它是由消（暗）光位色散所引起，这种色散使非均质矿物在消光位常呈现某种颜色。

（二）均质性与非均质性、偏光色、非均质视旋转角和旋向的观测方法

在矿相显微镜下对矿物进行一般鉴定时，主要对矿物的均质性与非均质性及偏光色作定性观测。首先将矿物分为均质与非均质两大类。若为非均质矿物，再按非均质效应的强弱予以视测分级和对偏光色及旋向（旋性）作定性的观测。根据要求还可对非均质矿物的非均质视旋转角 A_r 进行测量。上述性质是在正交偏光镜下进行观察。

1. 矿物的均质性与非均质性和偏光色的观察方法

在对矿物的均质性与非均质性及偏光色进行观察之前，须校正上下偏光镜的位置，使之正交，同时记录下分析镜在正交时的位置（刻度）。现将几种观察方法介绍如下。

（1）正交偏光观察法。一般在低、中倍镜下观察，因其视域较大，可选择同一矿物多颗粒连晶或集合体的视域进行，这样易于判断。均质性矿物，当旋转载物台一周时不发生明暗变化，即为全消光或为不变的暗灰色。非均质性矿物，转动载物台一周时应出现四次“消光”和四次明亮（45°位置）现象；具有偏光色的矿物，可见颜色交替的变化，注意记下45°位置时的偏光色。

（2）不完全正交偏光观察法。对一些非均质性较弱的矿物，常利用不完全正交偏光（偏离角1°～3°）进行观察。这样可使较多的光透过分析镜，便于判断。但转动载物台时，非均质性矿物的消光位必然不恰在90°位置上，若偏离角大于 A_r 时，则只出现两明两暗的现象。必须指出的是，虽然在不完全正交偏光下易于观察到颜色的变化，但它不是标准的偏光色。

（3）正交或不完全正交偏光下油浸观察法。若用上述两种方法不能作判断者，可在油浸中进行观察验证。特别是对反射率较低的非均质矿物非均质效应的观察尤为有效。观察介质 *N* 值的增大将使双反射现象更加明显，故非均质效应也必然相应增强。

2. 非均质视旋转角 A_r 的测量方法

因为非均质不透明矿物 A_r 值与入射光波波长有关，所以需用不同波长的单色光，一般用470 nm、546 nm、589 nm及650 nm的单色光分别射入测量 A_r。单色光的获得可通过在强光（如12 V、100 W的卤灯）照射下加上上述各波长的干涉滤光器来完成。测定 A_r 的方法主要为正交偏光暗位法。

正交偏光暗位法，是依据非均质矿物在垂直入射正交偏光下，处于45°位时，因非均质反射椭圆偏光显示的亮度可通过旋转分析镜消去的现象进行测量的。具体步骤：在正交偏光下选择欲测矿物中非均质性最强的颗粒（代表主切面），将其置于视域中心，旋转载物台至该颗粒的消光位，记下刻度数。再转动载物台45°，使该矿物处于45°位置，此时

矿物颗粒最明亮，然后顺时针或逆时针转动分析镜，使矿物呈最暗或消光（如在分析镜下插入双石英试板，可见试板两瓣明暗相等）。此时分析镜的转角（偏离角）即为该矿物对该入射光波波长的 A_r。

3. 非均质矿物旋转方向（旋向）符号的测定

非均质矿物反射平面偏光或反射椭圆偏光长轴的旋转方向称旋向。若向矿物解理、晶轴、延长或双晶结合面等某结晶要素方向旋转，则旋向为正（+），反之为负（-）。如图3-10与图3-11所示，非均质反射旋转 OP' 和反射椭圆长轴 a 与解理和矿物 a 轴的关系，以 RS{0001}解理、a 轴（+）表示。测定方法亦为正交偏光暗位法。

正交偏光暗位法：以非平行底切面的辉钼矿为例，将其解理转至平行于起偏镜的位置，推入上偏光镜（分析镜）使之与起偏镜（东西向）正交。先反时针旋转载物台45°，此时解理处于东北—西南方向，再反时针旋转分析镜使矿物消光或变暗，表明解理方向为高反射率 R_1。据此可定辉钼矿底面解理的旋向为正，或用[RS{0001}解理（+）]表示，这也表明 c 轴的旋向为负或[RSc 轴（-）]。而铜蓝的例子恰与辉钼矿相反，即解理的旋向为负，c 轴的旋向为正。

（三）矿物均质性与非均质性视测分级和影响观察的因素

1. 矿物均质性与非均质性的视测分级

在实际鉴定工作中，矿物的非均质性和偏光色一般不作定量测定，仅作定性估计，以此作为判别矿物的一种依据。为了更易于分辨，只将矿物的均质性、非均质性分为三级。

（1）强非均质性。在正交偏光下，旋转载物台明暗变化显著，偏光色从显著（如辉钼矿、铜蓝等）至明显（如磁黄铁矿等），这一级别的非均质矿物包括一般习惯上分级的“特强”和“显著”两级。

（2）弱非均质性。正交偏光下，旋转载物台明暗变化可见至仅隐约可见，有的显示弱的偏光色，在多方向性矿物颗粒的集合体中才能清楚地看出其非均质效应。这一级别包括习惯上的“清楚”和“微弱”两级非均质矿物，如车轮矿等。

（3）均质性。正交偏光下，即使用强入射光，旋转载物台也不出现明暗变化，即载物台旋转一周呈全暗或全微亮，如方铅矿、闪锌矿。

常见矿物均质性与非均质性分级见表3-10。

表3-10 常见矿物均质性与非均质性分级

非均质性矿物				均质性矿物	
强非均质性		弱非均质性			
铜蓝****	磁黄铁矿***	钛铁矿**	褐锰矿*	黄铁矿	方铅矿
辉钼矿****	辉铋矿***	金红石**	车轮矿*	自然金	自然铜
辉锑矿****	红锑镍矿***	辉锑铋矿**	黑钨矿*	自然银	自然铂
白铁矿****	红砷镍矿***	黝锡矿**	白钨矿*	镍黄铁矿	磁铁矿
脆硫锑铅矿***	深红银矿***	针铁矿**	锡石**	斑铜矿	黝铜矿
硼镁铁矿***	淡红银矿***	辉锑铅矿**	辉铜矿*	方钴矿	闪锌矿
石墨****	软锰矿***	叶碲金矿**	黄铜矿*	硫锰矿	铬铁矿

表 3-10（续）

非均质性矿物				均质性矿物	
强非均质性		弱非均质性			
方黄铜矿***	水锰矿***	雄黄**		蓝辉铜矿	辉银矿
针镍矿***	赤铁矿***				
黑锰矿***	辰砂***				
雌黄****	毒砂***				

注：非均质性按四级分类时，标以 ***** 者表示特强；*** 为显著；** 为清楚；* 为微弱。（卢静文，2010）

2. 影响均质、非均质性观察的因素

（1）光片质量的影响。抛光面上的擦痕和凹坑，会造成漫反射，使均质矿物在转动载物台时也显明暗变化，这种变化在一个光片或视域中呈现同一方向，具一致性，而非均质矿物的非均质效应是发生于各颗粒中，表现为随矿物晶粒的方位不同而异。

（2）光片安装的影响。当光片安装不平时，旋转载物台一周，矿物颗粒也会出现明暗变化，与上面类似，即整个抛光面呈同一方向性变化，而不是矿物晶粒显现的“四明四暗”现象。

（3）切面方向的影响。非均质矿物也有显均质效应的“均质切面”，所以应观察许多颗粒后再作判断。

（4）强内反射的影响。具强内反射的矿物，由于其强烈的内反射效应，会干扰对均质与非均质效应的观察。

（5）光源强度的影响。若入射光线较弱（由于光源弱或聚光、反射器等调整不当）时，会将一些弱非均质性矿物误认为均质性矿物。

（6）矿相显微镜本身的影响。若显微镜的光学性能不佳以及物镜有应变等，都会大大影响对均质与非均质性的观察。

五、矿物的偏光图

金属矿物在反射光下的偏光图，是属聚敛偏光下矿物的光学性质，即平面偏光斜射于矿物光面时，经反射后所产生的光学现象。所以与前述介绍的垂直入射正交偏光下的光学现象是不同的。

（一）偏光图的形成原理

1. 反射旋转的基本概念

入射光线通过高倍物镜时，被聚敛成圆锥形光束，除中心部分光线为垂直入射外，其他部位为各种角度的斜射光。

由前面我们可知，垂直入射于均质物体表面（均质矿物光面）上的平面偏光，反射时不发生振动方向的变化。但以平面偏光倾斜入射时，其反射光将产生反射光振动面的旋转（简称“反射旋转”）和反射光发生椭圆偏化（即反射椭圆偏光）的现象。

透过高倍物镜的平面偏光，其入射光线被聚敛成一圆锥形光束于矿物光面上时，可有3种不同的入射面：一为入射面与入射偏光振动面平行，二为入射面与偏光振动面垂直，三为入射面与偏光振动面斜交（可有各种方位角）。一、二两种反射光不发生偏光振动面的旋转，第三种反射光将发生偏光振动面的旋转，同时，吸收性较强的金属矿物抛光面的反射光，将由于产生非为0和π的周相差而形成椭圆偏光（图3-14）。图中XX和$X'X'$为入射面（第三种情况），I为入射偏光，分解为平行入射面的$I_{//}$和垂直入射面的$I_{\perp}$两束偏光，经反射后形成$E_{//}$与$E_{\perp}$两束反射偏光，其振幅为$OE_{//}$和$OE_{\perp}$，合成的反射偏光为OE，且OE的方位不同于入射光OI，即形成了偏光振动面的旋转（反射旋转）。反射合成振幅OE和反射旋转角$R_{r\beta}$($\angle I'OE$)的大小，与入射角成正比关系，即均随入射角增大而增大，所以OE与$R_{r\beta}$自视域中心向边缘逐渐增大，而且OE及$R_{r\beta}$也与入射面的方位角有关，即由十字线向45°位，其“反射旋转”逐渐增强（即$R_{r\beta}$变大），且反射旋转在4个象限中呈对称分布。Ⅰ、Ⅲ象限作顺时针方向旋转，Ⅱ、Ⅳ作逆时针方向旋转。必须注意，OE和$R_{r\beta}$也与矿物本身的属性密切相关。

对于不透明矿物，由于$OE_{//}$与$OE_{\perp}$二者之间有除0和π之外的周相差，所以其合成的反射光必为椭圆振动（椭圆偏光）。而椭圆的性质与入射偏光波长、入射方位角、入射角及矿物的属性有关。椭圆长轴的反射视旋转方向，在视域四个象限中与反射旋转情况相似，即反射椭圆长轴与入射平面振动之间的夹角和反射视旋转角R_r呈对称分布。

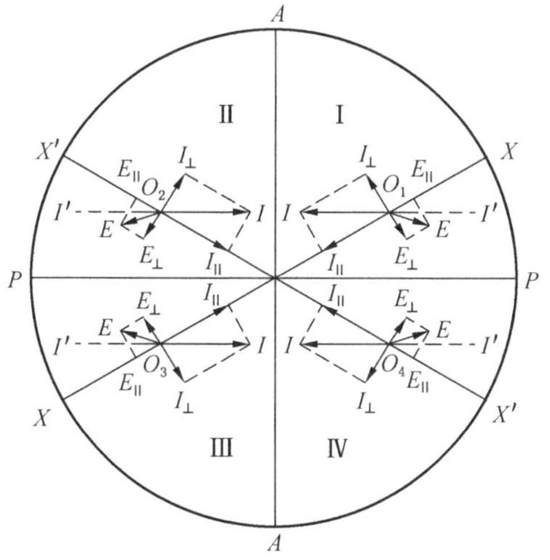

图3-14 平面偏光斜射于均质矿物在视域各象限中对入射平面偏光的反射情况（邱柱国，1982）

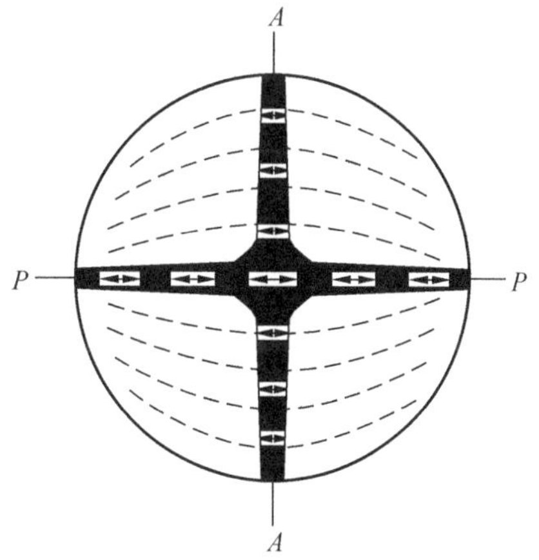

图3-15 均质矿物“黑十字”偏光图的形成（卢静文，2010）

2. 均质矿物偏光图

在正交偏光下用高倍物镜（大于40倍）观察均质不透明矿物时，由于物镜的聚敛作用，使入射平面偏光除中心一束光为垂直矿物光面外，视域内几乎全为斜射光。故在正交偏光下，可见主要部分为“黑十字”形消光带而四象限明亮的图像，该图像称“偏光图”（图3-15），它是由“反射旋转”作用而成。

图中在PP线上入射光振动面与入射面平行，在AA线上入射光振动面与入射面垂直，故反射光振动方向均不发生旋转，不能通过上偏光镜，形成了“黑十字”。“黑十字”以外四象限范围的入射光，在任意一点上的入射面均与偏光振动面斜交，反射时其反射偏光的振动面会发生不同程度地旋转。并且入射光线离视域中心愈远斜度愈大，即入射角愈大，其反射旋转角愈大，透过上偏光镜的光线愈多，其明亮程度愈强。

上偏光镜从正交位置稍转一角度后，“黑十字”的图像立即分解，呈双曲线形（图 3－16）。双曲线的位置恰是矿物光面上的某些点，经反射旋转的振动面与转动后的上偏光振动面垂直的位置。当旋转上偏光至 $A'A'$时，Ⅱ、Ⅳ象限内出现双曲线（若顺时针方向旋转，则在Ⅰ、Ⅲ象限出现）。当入射光为白光时，转动上偏光镜后可见到两类不同色型的图像。第一类以蓝辉铜矿为例，图像中双曲线凹面与凸面出现红和蓝的色边（图 3－17）。其原因是红光反射旋转角较蓝光大，在凸面，红光的振动方向恰与上偏光镜垂直而消失，而蓝光因其旋转角小，与上偏光镜未达到垂直，可透过上偏光镜呈蓝色边。凹面离视域中心远，其入射角相应增大，所以蓝光已达到与上偏光镜垂直的程度而消失，但红光的旋转已超过与上偏光镜垂直的程度，可有部分光量透过分析镜，故显红色。上述现象，是由于不同波长的反射旋转量不同而造成的，故称之为反射旋转色散 DR_r。如蓝辉铜矿的色散以 DR_r = 红 > 蓝（$r > v$）（图 3－17）表示。相反的色边则表示 DR_r = 蓝 > 红（$v > r$），如黄铁矿（图 3－18b）。

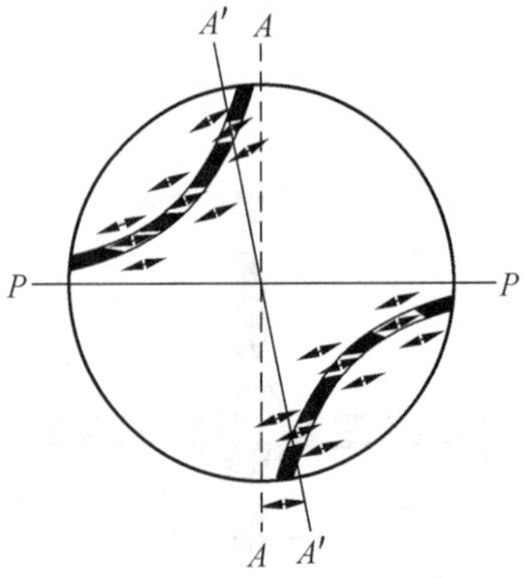

图 3－16 转动上偏光镜从 AA 至 A′A′位置时均质矿物“黑十字”偏光图变成双曲线形（卢静文，2010）

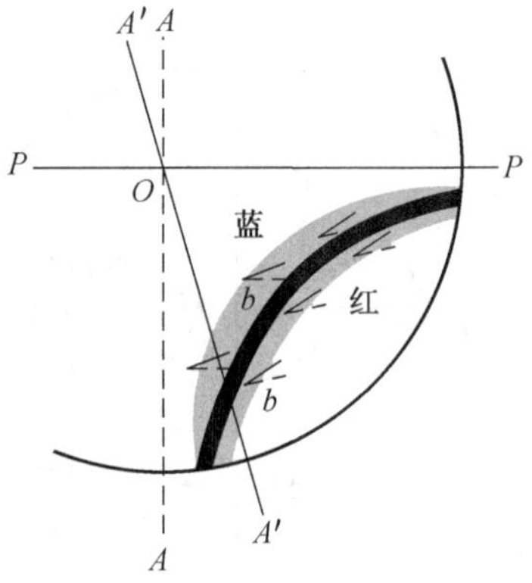

图 3－17 当转动上偏光镜时，双曲线消光带色边与红蓝光振动方向的关系（卢静文，2010）

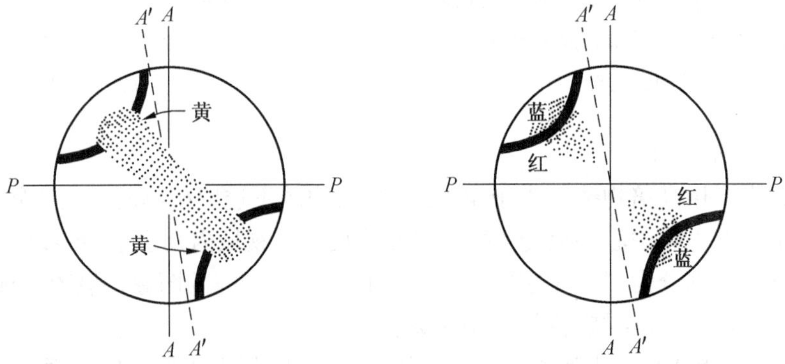

(a) 自然金偏光图

(b) 黄铁矿偏光图

图 3－18 转动上偏光镜后自然金与黄铁矿的偏光图（卢静文，2010）

第二类色型图像的特点是双曲线边界模糊不清，而且双曲线中段与视域中心连成一片或具相同的色调，如自然金为橙黄色。这是由于强吸收性矿物反射时形成大椭圆度（强）的椭圆偏光，不能形成真正的消光带。金、银、铜等自然金属矿物的图像皆属此类（图 3－18a）。这种色散称之为反射椭圆色散，以 *DE* 表示。

不论是反射旋转色散 DR_r，还是反射椭圆色散 *DE*，均与光波、入射偏光的入射角和方位角有关，更与矿物本身的属性（*N* 与 *K* 等）密切相关，也是矿物光性特征之一，有助于鉴定矿物。常见均质矿物偏光图情况见表 3－11。

表 3－11　常见均质矿物偏光图情况

矿　物	正交偏光下偏光图的情况（“黑十字”的特征）	上偏光镜自正交位置旋转后双曲线“消光带”的特征	反射旋转色散 DR_r	椭圆度 θ	椭圆色散 *DE*
自然金	棕灰，四象限黄	两端棕灰—深灰，中段及中心为橙黄	因椭圆偏化而不清楚	大	橙黄色－黄色，强
自然银	深灰，四象限微弱的浅蓝	两端深灰，中段及视域中心为黄白	因椭圆偏化而不清楚	大	黄白－淡黄，弱
自然铜	棕灰，四象限橙黄	两端暗棕，中段与视域中心为淡棕红	因椭圆偏化而不清楚	大	淡棕红色，强
斑铜矿	黑，四象限浅棕黄	黑，模糊；淡褐）蓝灰	$v>r$，极弱	无	不显
镍黄铁矿	黑灰，四象限无色	黑褐，模糊；不显色边	无	小	不显
黄铁矿	黑灰，四象限淡蓝	灰黑，淡蓝）淡棕黄	$v>r$，中等	小	不显
方铅矿	黑灰，四象限微蓝	灰黑，蓝）淡褐黄	$v>r$，中等	小	不显
黝铜矿	黑，四象限无色	灰黑，淡玫瑰）微灰蓝	$r>v$，弱	不显	不显
硫锰矿	黑，四象限无色	黑，微橙灰）淡灰蓝	$r>v$，弱	不显	不显
辉银矿	黑灰，四象限蓝白	黑灰，红）蓝微绿	$r>v$，中等	小	不显
蓝辉铜矿	黑，四象限微蓝	黑，橙红）深蓝	$r>v$，强	不显	不显
磁铁矿	黑，四象限无色	黑，微灰橙）微蓝	$r>v$，弱	不显	不显
闪锌矿	褐黑，四象限微黄	褐黑，微橙）灰蓝	$r>v$，弱	无	无
铬铁矿	黑，四象限无色	黑，微橙）蓝	$r>v$，中等	无	无

注：“）”左边指凹边的颜色，“）”右边指凸边的颜色。（卢静文，2010）

3. 非均质矿物偏光图

非均质矿物偏光图，在矿物处于消光时（即一个截面主反射率平行或垂直入射偏光振动面时），其图像与均质矿物相同，为一“黑十字”，转动上偏光镜也分解成双曲线（这是因为矿物在消光位时不发生非均质旋转效应，只有反射旋转起作用）。但当转动载物台使矿物从消光位向 45°位旋转时，“黑十字”将分解成双曲线形消光带，当矿物处于 45°时，其双曲线分离度最大（图 3－19），并且旋转载物台一周会出现四次“黑十字”、四次双曲线。因为非均质矿物除处于消光位外，都有非均质旋转效应叠加于反射旋转作用之中，因此在正交偏光下转动载物台也形成双曲线。其形成机理：矿物处于 45°位置，I 代表入射光振动方位，R_1 代表矿物四象限反射旋转的方位，十字线上之双箭线代表矿物

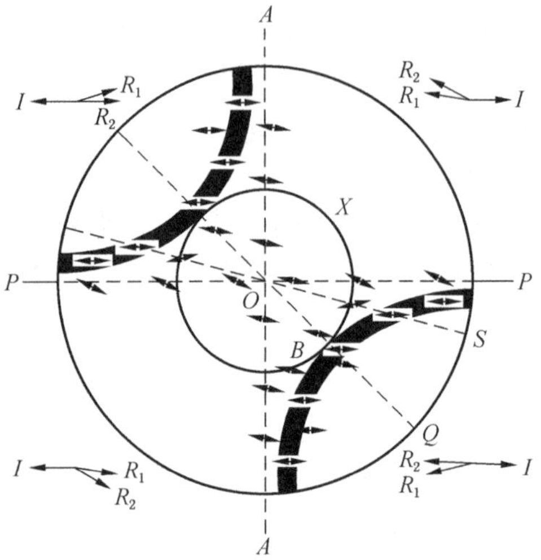

图 3-19　非均质矿物 45°位置时双曲线偏光图

非均质旋转，二者之和振动以 R_2 表示，在Ⅱ、Ⅳ象限双曲线位置因两个旋转相抵且恰与起偏镜 PP 平行，不能通过上偏光镜，故呈双曲线形消光带，在Ⅰ、Ⅲ象限内因二者为同向旋转而增加，则增强了其旋转量，故一部分光线可通过上偏光镜，所以呈明亮区。

虽然非均质矿物在 45°位时，其偏光图是由非均质旋转和反射旋转叠加而成；但视域中心及十字线位置，在反射聚敛偏光下不产生反射旋转效应，而只有非均质旋转起作用。故矿物在此位置（45°位）时，将上偏光镜转到使双曲线变为“黑十字”之角度即为非均质旋转角（$A_{r\beta}$）或非均质视旋转角（A_r）。此外，非均质矿物在 45°位时，其两双曲线之间的距离也代表非均质旋转角的大小，而以视域直径的百分数表示之。

若在白光中观察时，许多矿物将出现色边。色边产生有 3 种情况：①矿物处于消光位时，转动分析镜所形成之双曲线消光带；②在正交偏光下旋转载物台而形成之双曲线消光带；③两项操作兼之进行。其成因及颜色效应则取决于两种色散，即反射旋转色散 DR_r 及由矿物非均质性引起的非均质视旋转角色散（或非均质旋转色散）DA_r。观察时不能将这两种色散效应完全分开，只能称其为综合（联合）色散 $D(A_r+R_r)$，所以仅作定性分析。

由于非均质矿物偏光图色散现象的复杂关系，尚不能作出全面的解释。一般可出现 3 种情况。

第一种，以铜蓝的偏光图像为例。在正交偏光下，转动载物台使铜蓝平行或斜交 c 轴的切面处于消光位后，会出现一“十字”形图像。转动上偏光镜，消光带分解成双曲线形，于Ⅱ、Ⅳ象限内，消光带的凹侧呈现强烈的红色，凸侧和附近区域呈清晰的蓝绿色（图 3-20a 第一部分）。将分析镜转回正交位置后，转动载物台 45°，使之Ⅱ、Ⅳ象限内再次出现双曲线形，在双曲线带两侧也呈现明显的色边，然而凹侧为蓝色，凸侧至近视域中心为鲜明的橙红色（图 3-20a 第二部分）。

解释：图的第一部分，表示矿物处于消光位时，转动上偏光镜由“十字”形图像分解为双曲线形图像后，消光带两侧的光学关系仅由反射旋转色散造成，故与均质矿物色散边形成原理相同。图的第二部分，当上偏光镜转回正交位置后转动载物台 45°，在此位置上矿物引起的非均质性旋转为顺时针方向。红边 RO 表示在该点经反射旋转后红光的振动方向，假如由矿物非均质性引起的反向旋转恰等于反射旋转，则红光的振动方向呈东西向而消失，但凸边所见为红光，故说明非均质旋转对红光效应较强，大于反射旋转的效应而不能相抵，即两种旋转相叠后，红光的振动方向 OR_1 必在东西向之上边，而在该点上蓝光消失。这表明由反射作用引起的蓝光旋转被矿物非均质性旋转补偿，因此振动方向由 OB 转到 OB_1（东西向）。在凹边一侧，因反射旋转角向外逐渐增大，其增大程度恰与红光的非均质性旋转相等，但因旋转方向相反而补偿，所以凹侧为蓝色边。综上所述及图

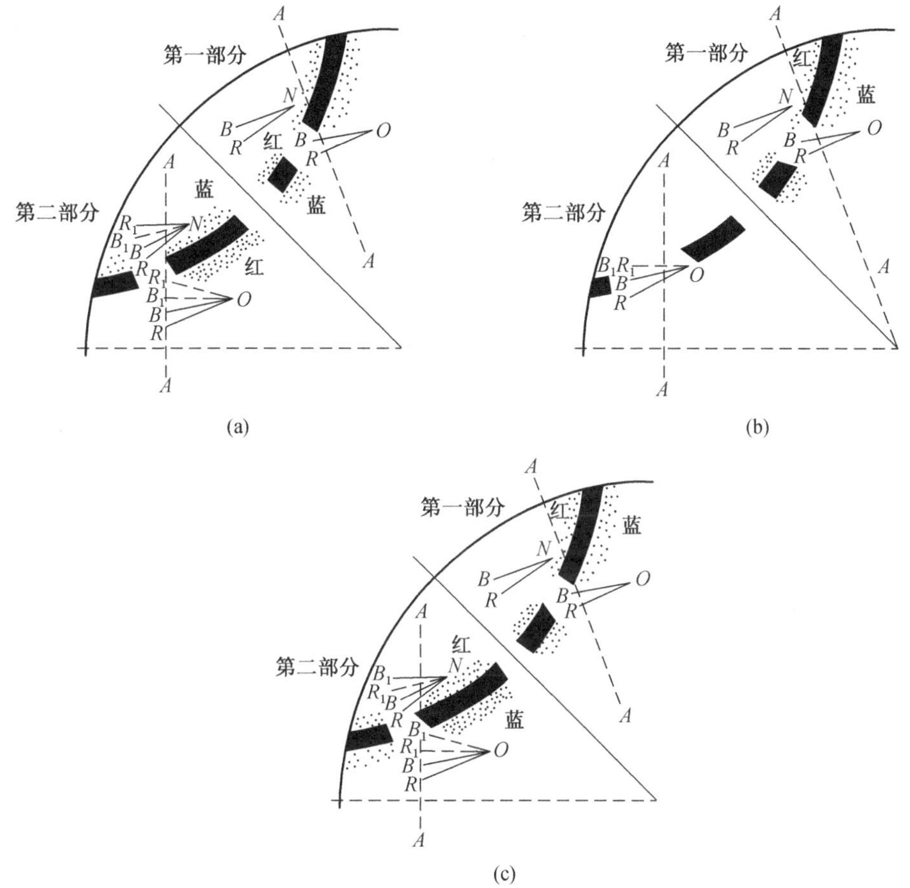

图 3－20　表示红和蓝光振动方位的旋转及其与非均质矿物偏光图的色边关系

3－20a 所示，表明矿物的非均质视旋转角色散 DA_r 为红＞蓝($r>v$)。对于铜蓝 DR_r 及 DA_r 均为红＞蓝($r>v$)。若上述两种操作（两部分）中，色边的分布与上述情况都恰好相反，则 DR_r 和 DA_r 均为蓝＞红($v>r$)。

第二种情况如图 3－20b 所示，图中第一部分可看出 DR_r 为 $r>v$；第二部分消光带无色边，其红、蓝光的反射旋转叠加非均质旋转的关系：$\angle ROR_1B_1 = \angle ROB + \angle BOR_1B_1$；由于在此点($O$ 点)上红、蓝光的振动方向都垂直于上偏光镜，故消光带为黑色而不具色边。从图中可知在第一部分 DR_r，为 $r>v$ 的前提下，第二部分 DA_r 也必然 $r>v$。若在第一部分色边相反，则 DR_r 与 DA_r 也皆为 $v>r$。

第三种情况如图 3－20c 所示，图中第一部分与前图相同，DR_r 为 $r>v$。但当分析镜转回正交位置，并使矿物处于 45°位时，色边的分布与第一部分相同（凹边红凸边蓝）。仅当下式关系成立时，才能出现这种形式分布的色边，即 $\angle BOB_1 > \angle ROR_1 - \angle BOR$；但在这种情况下，并不一定能判明红与蓝光视旋转角的相对色散强度，因为蓝光的视旋转角可以小于、等于或大于红光。只有当第一、二部分中色边的强度有明显差别时，才能推测其相对色散。假如第二部分比第一部分的色边弱，则 DA_r 为 $r>v$，若第一、二部分中色边强度相等，则 $DA_r=0$；倘第二部分的色边较第一部分强，则 $DA_r=v>r$。在图 3－20c 中色边的位置若全部相反，即 $DR_r = v > r$ 时，则 DA_r 为 $v = r$，或 $DA_r = v > r$，或 $DA_r = v < r$。

如果不能从偏光图双曲线色边来判断测定非均质视旋转角色散时，则必须分别用红与蓝的单色光，对矿物的非均质视旋转角 A_r 进行定量测定后即可得 DA_r。

综上所述，对非均质矿物偏光图所观察的主要内容：反射旋转色散 DR_r 及强度；非均质视旋转角色散 DA_r 及强度；非均质视旋转角 A_r（对红、白、蓝等色光）和双曲线的分离度等。常见非均质矿物偏光图见表 3－12。

表 3－12　常见非均质矿物偏光图

矿物	晶系	上偏光镜自正交位置旋转后双曲线“消光带”特征及 DR_r	非均质视旋转角 A_r			色散度	双曲线分离度/%	正交偏光下，矿物 45°位置时的图像及 DA_r
			蓝	白	红			
铜蓝	三方	黑，模糊；橙红）蓝绿。$r>v$，中	17°±		31°±	14°±	红 100 蓝 90±	双曲线不清楚，蓝））橙红。$r>v$，极强
辉钼矿	六方	黑灰，模糊；橙灰）蓝灰。$r>v$，极弱	13°	13°	12.5°		95±	双曲线不清楚，视域呈淡灰蓝色
辉锑矿	斜方	灰黑，边界模糊；暗棕红）蓝灰。$r>v$，中	6.0°－	5.0°＋	4.5°±	1.5°	60＋	双曲线灰黑，淡玫瑰））蓝。$v>r$，中等
红砷镍矿	三方	灰色，模糊；暗棕）蓝灰。$r>v$，弱	3.5°	3.0°	2.5°	1.0°	50±	双曲线灰色，浅玫瑰红））蓝绿。$v>r$，强
硼镁铁矿	斜方	黑，淡棕）深蓝。$r>v$，中	3.0°	4.5°	6.5°	3.5°	70－	双曲线黑灰色，深蓝））淡棕。$r>v$，中等
黑钨矿	单斜	黑，淡橙灰）淡蓝灰。$r>v$，弱	1.5°	2.0°	2.5°	1.0°－	20	双曲线黑色，不显色边。$r>v$，弱
磁黄铁矿	六方	灰，模糊；不显色边	2.0°	2.3°	2.5°	0.5°	20	双曲线黑灰色，浅灰蓝））灰橙。$v>r$，弱
毒砂	单斜	黑灰，模糊；蓝）淡棕红。$v>r$，弱	1.5°	1.0°	0.5°	1.0°－	20	双曲线灰黑色，浅玫瑰））蓝绿。$v>r$，中等
辉铋矿	斜方	褐灰，模糊；淡蓝）淡褐。$v>r$，弱	3.0°	3.5°	3.5°	0.5°－	30	双曲线灰黑色，天蓝））淡褐。$r>v$，弱
软锰矿	四方	黑，模糊；灰蓝）淡橙。$v>r$，弱	3.0°	3.5°	4.0°	4.0°	20	双曲线黑灰色，淡褐））灰蓝。$r>v$，中等
黄铜矿	四方	黑灰，模糊；天蓝）淡褐。$v>r$，弱					<5	呈轻微变形（扭曲）的“黑十字”
黝锡矿	四方	黑，蓝）淡棕。$v>r$，弱	1.5°	1.0°	0.5°	1.0°	<20	双曲线灰色，淡棕））深蓝。$v>r$，中等
碲金矿	单斜	灰，蓝）玫瑰红。$v>r$，弱	3.0°	3.0°	3.0°	0°		双曲线黑色，无色边
针碲金银矿	单斜	灰，蓝）玫瑰红。$v>r$，弱	4.0°	4.5°	5.0°	1.0°		双曲线黑色，蓝绿））玫瑰红。$r>v$，中等
斜方砷镍矿	斜方	黑灰，无色边	1.3°	1.3°	1.4°		<20	双曲线黑色，无色边

表3-12（续）

矿　物	晶系	上偏光镜自正交位置旋转后双曲线“消光带”特征及 DR_r	非均质视旋转角 A_r			色散度	双曲线分离度/%	正交偏光下，矿物45°位置时的图像及 DA_r
			蓝	白	红			
斜方砷铁矿	斜方	黑灰，无色	2.2°		1.0°	1.2°		双曲线黑色，红））蓝。$v>r$，中等
斜方砷钴矿	斜方	深灰，淡蓝）粉红。$v>r$，弱	0.5°～1°	0.7°～2.8°	1.2°～3.1°	0.5°～2.1°	30～40	双曲线灰色，橙））蓝。$r>v$，弱
亮碲金矿	三斜	灰，无色边	1.5°	1.5°	2.0°	0.5°		双曲线灰色，蓝））玫瑰红。$r>v$，中等
白铁矿	斜方	灰黑，淡色边，蓝）红。$v>r$，弱	2.5°	1.0°	0.5°	2.0°	>2	双曲线灰黑色，蓝绿））在视域中心为绿褐色。$v>r$，强
钛铁矿	三方	黑，蓝）红。$v>r$，中	3.0°	2.5°	2.0°	1.0°	>20	双曲线灰黑色，紫粉））绿蓝。$v>r$，中等
赤铁矿	三方	黑，橙红）蓝。$r>v$，	2.5°	2.0°	2.0°	0.5°	<20	双曲线黑色，浅红））灰蓝。$v>r$，弱

注：“））”表示综合色散凹凸两边的颜色。（卢静文，2010）

（二）偏光图的观测方法及步骤

在反射光下观测矿物偏光图，必须选择一台光学系统优良、部件齐全、安装精确的矿相显微镜。而且对显微镜之各部件必须进行检查校正，同时要将光源调至在视域中最亮程度，但勿使灯丝影像因聚光而呈现于视域中，以免影响对图像的观测。还需要用适当的蓝色滤光片将入射光调至白色，因在白光下才能正确地分析色散色型。

在观测偏光图之前，选一块磨光质量较好而无应变的均质矿物如黄铁矿置于载物台上，使上偏光镜与起偏镜严格正交，加勃氏镜或移去目镜后可见一完美的“黑十字”。转动载物台若“黑十字”不变形也不破坏，则证明两偏光镜完全正交和物镜无应变现象。同时必须将物镜中心校正好，以免转动载物台时由于不同矿物颗粒移换而造成对图像不正确的分析。

置欲测的矿物光片于视域中，移去目镜或加勃氏镜，转动载物台仍为一不变的“黑十字”形图像时，说明矿物为均质性或非均质性矿物底切面。

转动上偏光镜使“黑十字”分解成双曲线，并观测反射旋转色散 DR_r 及椭圆色散 DE，并记下它们的色型及强度。

如果矿物为非均质性矿物，则必须选非均质性最强的颗粒进行观测，因为只有这样颗粒才能代表平行或接近平行 c 轴或光轴面的切面。颗粒选定后，在正交偏光下转动载物台使之呈“黑十字”图像，然后转动上偏光镜，观测 DR_r 或 DE。

恢复上偏光镜至正交位置，转动载物台至45°位置，若矿物为极弱的非均质矿物，如黄铜矿，则只见“黑十字”扭曲变形，而一般非均质性矿物则分解成双曲线形。先用目镜微尺测双曲线分开的距离（以视域直径的百分比计算）；若无目镜微尺或勃氏镜，可移去目镜从敞开着的镜筒直接观察目估之，将其双曲线的分开距离记下，即双曲线的最大分离度，也是间接代表矿物在白光下的非均质视旋转角 A_r。直接测 A_r 的方法：转动上偏光镜使双曲线恢复成完美的“黑十字”时，上偏光的转角即为 A_r（白光）。如果欲测矿物对红光或蓝光的 A_r，需加一定波长的红光或蓝色干涉滤光器，转动上偏光镜使双曲线恢复在红光或蓝光下的“黑十字”时，上偏光镜之转角即为红或蓝光的 A_r，从而得出 DA_r。

在白光下观测时，若双曲线具色边，则记下凹面的颜色及强度，即综合色散，并从中分析 DA_r 的性质。

六、矿物的内反射

（一）内反射的基本概念

1. 内反射的机理

内反射是指光线投射到透明或半透明矿物表面后，经折射透入矿物内部的部分光线，遇到矿物内部的解理、裂缝、空洞、孔隙、粒间界面和包体等时，发生反射和折射，从而使一些光线折射出来的现象。内反射中所呈现的颜色称内反射色，它与矿物的体色（透射光的颜色）是一致的。

2. 矿物的内反射与反射色及反射率的关系

矿物的反射色，主要是由于矿物磨光面对白色垂直入射光选择反射所致，为矿物的表色；而内反射色则是除反射光以外，透入矿物内部的那部分光线的颜色，即反映了矿物透射光的颜色，为体色。故二者之间应互为补色。例如辰砂的内反射色为鲜红色，而反射色则为灰白色带蓝色调；深红银矿内反射色呈深红色，其反射色则为淡蓝灰色。但应注意：低反射率透明矿物的反射色与内反射色的互补现象并不明显，其原因是反射率过低（反射光少），矿物的选择反射现象也相对不明显。相反，那些高反射率的不透明矿物，因其吸收性强而透射光线近于零，故无内反射现象，只呈现较强的反射光（或反射色）。由此只有一些半透明矿物的内反射色与反射色的互补关系，在显微镜下才容易观察得到。还需注意：内反射分“有”和“无”两类。“无”是指用任何方法在空气中不显内反射现象者；“有”则表示用某种方法可看到矿物的内反射现象者，它既包括具鲜明内反射色的矿物（如有内反射色的雄黄、蓝铜矿等），也包括“无色”内反射者（如具乳白色内反射的石英、方解石等）。

内反射现象仅出现于低反射率的透明矿物和半透明矿物中，对于反射率高的不透明矿物则不能产生内反射。实验统计表明，内反射与反射率及其反射色的关系有以下几种情况：

（1）反射率 $R<14\%$ 的矿物（K 值大多小于 0.03）。这类矿物反射率很低，一般均具有强烈的内反射现象，内反射色与矿物的颜色一致，而反射色均为深灰色，常带微弱的色调。

（2）反射率 R 在 14% ~40% 的矿物（K 值多在 0.03 ~0.73）。其中反射率在 30% ~40% 的仅有少数矿物有内反射，如深红银矿等；但反射率在 30% 以下者多数矿物具内反射，且其内反射色与矿物的颜色一致，与反射色互为补色，如辰砂。

（3）反射率 $R>40\%$ 的矿物（K 值一般均大于 0.73）。对入射光线吸收较强烈，光线几乎完全不能透入内部，不产生内反射，其反射色与矿物颜色一致，如黄铁矿。

需要注意：内反射的有无或强弱取决于矿物的透明度，而与反射率大致成反比关系，但不严格。因为矿物的透明程度与其吸收系数 K 的关系更为密切，所以用 K 值的大小可以更好地解释少数反射率低（但 K 值较高）而不显内反射的矿物（如石墨等）。

（二）内反射的观察方法和注意事项

1. 内反射的观察方法

（1）斜照法。简便而常用。步骤：先将待观察的矿物在垂直照射光下准焦（用低倍物镜），再将光源改从侧面斜射于矿物磨光面上（图 3－21），此时表面反射光与入射光成相同的角度向另一侧反射掉，不能进入显微镜系统，在视域中看不到矿物的反射光。但经折射进入到矿物内部的光线，遇到矿物内部解理、裂隙、空洞或粒间界面时，部分光线经内部反射、折射后透出矿物，再进入显微镜系统达到目镜，从而可观察到矿物的内反射现象。观察时需注意：①需要较强的白色光源照射；②要不断变换照射角度及方向，选择最适宜的方向和角度（也可同时转动载物台变换矿物的方向），使其获得最大的光量，从而看到比较确切的内反射现象；③接物镜必须有适当的工作距离，故只能用低、中倍物镜观察。还应指出，内反射现象会使视觉有透明感、立体感、呈现透明的颜色并具不均匀的特点，或呈斑点状出现，转动载物台时无规律性的变化等。此方法的缺点：对细小矿物内反射的观察受到限制，且灵敏性较差，只能用于观察内反射现象很明显的矿物。

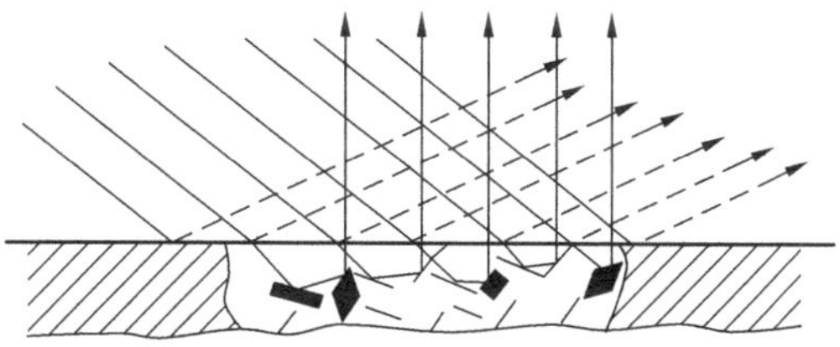

图 3－21　斜照光下内反射的成因

（2）正交偏光法。用此方法观察矿物内反射可用各种倍数的接物镜，但以采用高倍物镜为宜，因高倍物镜对光线的聚敛作用强，可以获得各方向入射角较大的斜射光，增大了矿物显现内反射的机会。当斜射光线射入矿物内部，经折射旋转和内反射旋转作用，使入射的直线偏光发生旋转，同时也常产生椭圆偏光，故使部分内反射光可透过上偏光镜，因此在正交偏光下可观察到矿物的内反射现象。当观察均质的透明和半透明矿物时，因其表面反射光基本上是将入射直线偏光原向反射，故被上偏光镜消除，从而可突出地显示矿物的内反射现象。对非均质的透明和半透明矿物的内反射进行观察时，必须将矿物转到消光位，以排除偏光色的干扰后才利于观察内反射。

（3）斜照光下或正交偏光下观察矿物粉末法。如果上述方法均看不到矿物（$R > 40\%$）的内反射现象，则不能认为该矿物确无内反射。可用钢针或金刚石笔将矿物刻划下来的粉末，在斜照光下或正交偏光下观察，其灵敏度较上述方法为高。因粉末比光面中的矿物容易透光，且具有更多的反射界面，故对透明度较差的矿物，如赤铁矿、针铁矿等，用此法可清楚地看到它们的内反射色。若所观察的矿物为无内反射的不透明矿物，如磁铁矿、磁黄铁矿，其粉末为黑色，或呈耀眼的金属矿物的反射色。

（4）正交偏光下油浸观察法。由于矿物在浸油中反射率大为降低，故使透入矿物内部的光强增大，因此更有利于内反射的显现，所以对内反射现象微弱的矿物颇见其效，具有很高的灵敏性。一些用前几种方法看不出内反射的矿物，在浸油中则能看出较清楚的内反射现象。若用这种方法仍看不到矿物的内反射，还可在浸油中观察其粉末，此为最后一试。若再看不出内反射时，即可确认该矿物为无内反射，但此法一般不用。

一般将内反射分为两类：

有——表示一般在介质为空气（干镜头）的条件下，用斜照光或正交偏光法显内反射者；如以粉末法才显者，须加以标明为粉末颜色。常见有内反射的矿物见表 3－13。

表 3－13 常见有内反射的矿物及其内反射色

白—黄色			
白钨矿（白—淡黄）	锡石（白—黄褐）	菱铁矿（白—黄褐）	自然硫（白—黄）
雌黄（黄—橘黄）	* 针铁矿（淡黄—棕黄）	闪锌矿（淡黄—棕黄）	* 金红石（黄—棕）
橙—红—棕红色			
雄黄（橘红）	红锌矿（橙—红）	黑钨矿（红棕）	辰砂（鲜红）
* 铬铁矿（黄棕）	深红银矿（朱红）	淡红银矿（鲜红）	赤铜矿（血红）
* 赤铁矿（砖红）	* 水锰矿（暗红棕）	* 纤铁矿（棕红）	* 褐锰矿（暗棕）
绿—蓝色			
孔雀石（翠绿）	* 硫锰矿（暗绿）	* 方锰矿（暗绿）	蓝铜矿（蓝）

注：* 指粉末色。（卢静文，2010）

无——表示在上述条件下用上述方法不显内反射现象者，常见矿物有黄铁矿、黄铜矿、磁黄铁矿、镍黄铁矿、白铁矿、磁铁矿、辉铋矿、辉锑矿、辉钼矿、黝铜矿、辉铜矿、斑铜矿、铜蓝、软锰矿、毒砂、方铅矿、石墨。

2. 注意事项

（1）内反射的特点是具有透明感、立体感和不均匀性。光片的擦痕、糙面、刻槽或不透明矿物的粉末，在斜照下，都会不同程度地产生漫射现象，切不可将此种强烈耀眼的表面反射光（闪光）误认为是内反射。

（2）在矿物光片裂隙或空洞中往往充填有磨料（如红色的 Fe_2O_3，绿色的 Cr_2O_3），用斜照光或正交偏光法观察矿物的内反射时，它们也会形成内反射并具较鲜明的颜色，切勿把它们误认为是矿物的内反射。

（3）非均质现象和偏光色影响在正交偏光下对内反射的判断，所以在观察非均质矿物内反射时，须将矿物转到消光位后进行。同时应注意当转动载物台时内反射现象作无规律性的变化，而非均质现象及偏光色变化是有规律的。相反，当内反射很强烈时（如雌黄），也会将非均质性和偏光色掩盖掉。

七、矿物的硬度

矿物的硬度，是指矿物抵抗某种外来的刻划、压入及研磨等机械作用的能力。按照外来作用的形式分为刻划硬度、抗（研）磨硬度及压入硬度。因三种硬度机制的差异，故它们的测试方法、度量单位也各不相同。即使方法相同，若测试条件不同，得出的硬度值也不一致。所以矿物的硬度是一个变量，但对一种矿物，其变化范围有一定限度，即不同的矿物具有不同的特性。所以硬度值仍可作为鉴定矿物的重要依据。

硬度的大小主要取决于矿物的化学成分和晶体结构等因素。

矿物晶体中的原子或离子在空间作有规律的排列，它们之间的结合力称键力。键力愈强，抵抗外来机械作用的能力就越强，矿物的硬度越高。而原子或离子结合的键力又取决于原子或离子半径、电价及化学键的类型等。一般情况下，以共价键结合的矿物硬度较高，离子键的矿物硬度中等，金属键的硬度较低，分子键（范德华键）者硬度最低。键型相同时，矿物硬度则决定于离子半径的大小及电价的高低：半径大者结合力小硬度较低，反之则结合力大，硬度较高；电价高者结合力大，硬度就高，反之硬度则低。另外配位数、原子或离子的堆积密度也影响矿物硬度，配位数增高、堆积密度愈大者，硬度愈高；而密度愈小者，硬度愈低。

此外，由于矿物的化学键和晶体结构上的异向性，使晶体不同方向上硬度有差异，对于非均质矿物，这种差异更明显。

（一）刻划硬度的测定

用金属针刻划矿物抛光面、晶面或解理面，视矿物能否被金属针刻划以确定矿物的硬度，此法只能定性测定，但该方法所用工具简单，方便易行，易于操作。

1. 测定方法

在低倍或中倍镜（工作距离较大，易于刻划）下，对欲测矿物准焦，用右手食指、中指和拇指握住金属针，小指和无名指轻轻支撑在显微镜载物台上。使针与光面保持大约30°～40°的角度，针尖抵住欲测矿物，轻力握针，徐徐向右手外侧方向拉，同时眼睛注视显微镜下针尖在矿物表面刻划的现象，一旦获得刻动与否的试验结果，便立即停止刻划，尽量减少光面的损坏程度。

选针应有先后，一般先用铜针（用铜丝磨出较锋利的尖端，其摩氏硬度值大致为3）刻划，然后用钢针（可用较粗缝衣针，其摩氏硬度值大约为5.5）刻划。根据刻划结果，矿物硬度分级如下。

（1）低硬度。能被铜针刻动，相当于摩氏硬度3级以下。

（2）中硬度。铜针刻不动，钢针能刻动，相当于摩氏硬度3～5.5级。

（3）高硬度。钢针刻不动，在摩氏硬度5.5级以上。

2. 测试注意事项

（1）测试前先将光片擦净，以免其上的污垢或氧化膜影响观察结果。

（2）刻划时，尽量勿将矿物抛光面上的其他重要现象刻划掉。

（3）注意观察刻划现象，若能刻动，则针尖运行轨迹位置留下一条沟槽、刻痕或粉末；若刻不动，刻划的右手在移动时会感到光滑省力，在刻划的轨迹上没有留痕迹，或留下一条亮白色（钢针的）或铜红色（铜针的）划痕。注意区分。

（4）当钢针或铜针能刻动欲测矿物时，沟槽两侧堆积为粉末状者，表示该矿物具脆性；堆积物为翻卷而隆起时，表明其具可塑性。这些特征也是鉴定矿物的有益信息。

此外，某些矿物硬度有明显的异向性，测定时应予以重视。

刻划硬度在目前仍很重要，许多矿物鉴定表均以刻划硬度作为编制的依据之一。

（二）抗磨硬度的测定

磨制光片时，因矿石中矿物之间的磨损程度不同，使矿物表面凸凹不平。低硬度的矿物相对凹下，较高硬度的矿物相对突起，故在两种矿物接触部位即形成斜面，且向硬度低的矿物一方倾斜（图3－22）。当入射光垂直射至斜面上时，必向硬度低的一侧发生反射，形成一条“亮线（亮带）”。这种根据“亮线”观测矿物的抗磨硬度的方法，称“亮线”法。

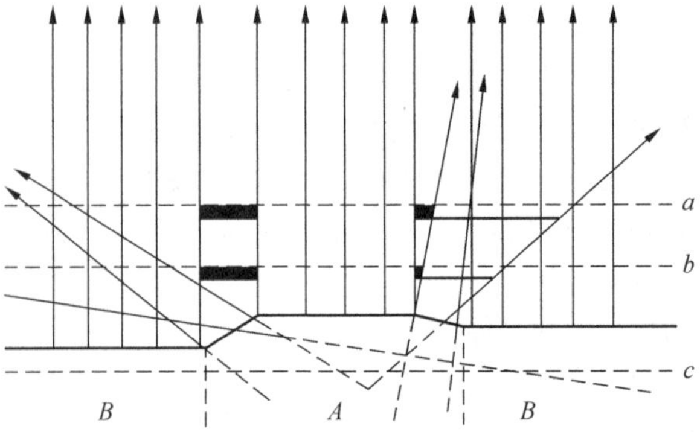

图 3-22　垂直照射下光线在不同硬度矿物接触斜面上的反射情况
（卢静文，2010）

1. 观测方法

在镜下找到欲比较硬度的两矿物接触线，置于视域中心（图 3-22），焦准在的 b 焦平面上。提升镜筒，则焦平面由 b 线上升至 a 线，亮线则逐渐向低硬度（B）一侧移动；反之，若下降镜筒，则焦平面降至 c 线，亮线向高硬度（A）一侧移动。据此即可判断欲测矿物抗磨硬度的相对高低。

2. 测定时的注意事项

（1）如果相比较的两矿物抗磨硬度接近时，亮线不很清楚，可缩小孔径光圈，使亮线更清楚些，认真反复观察得出确切结论。

（2）若两相邻矿物抗磨硬度相差过大，接触带成一陡坎，反而看不到亮线，此时通过接触面的反射光近于水平反射，在视域中看到的是一条暗带。

（3）观测时为使缓斜面的亮带更明显些，可减弱光源亮度来提高观察效果。

（三）压入硬度的测定

根据压锥（或压痕）的形状，显微压入硬度可分三种：布氏硬度（用硬质合金制成的球体测出的硬度）、维克硬度（用金刚石制成的正方形锥体测出的硬度）及诺普硬度（用金刚石制成的菱形锥体测出的硬度）。矿物学的研究最常用的是维克硬度。测定时，加一定负荷（砝码），将锥体压入矿物表面，形成一永久性压痕。矿物的压入硬度与负荷和压痕侧面积三者之间的关系式如下：

$$H=\frac{P}{S} \tag{3-5}$$

式中　H——压入硬度，kg/mm^2；

P——负荷重量，kg；

S——压痕侧面积，mm^2。

目前国内外用于显微压入硬度测定的压锥，主要是用维克（Vicker）压锥（图 3-23a）和诺普（Knoop）压锥（图 3-23b）。前者测得的硬度用 H_V 或 VHN 表示，后者用 H_K 或 KHN 表示。

维克压锥相对斜面间夹角为 136°，压痕投影呈正方形（图 3-23a），实际压入面积应以锥体的总侧面积 $S=4f$ 计算。f 为每个三角形压面的面积，a 为正方形压痕的边长，即每个三角形压面的底边长，h 为三角形压面的高，d 为压痕投影对角线长（图 3－24）。于是：

$$H_V = \frac{P}{S} = \frac{P}{4f} = \frac{P}{4 \times \frac{1}{2}ah} = \frac{P}{2ah} = \frac{P}{2a\dfrac{a}{2\sin\dfrac{136^\circ}{2}}} = \frac{2P\sin 68^\circ}{2a^2}$$

$$= \frac{2P\sin 68^\circ}{d^2} = 1.8544\,\frac{P}{d^2} \qquad (3-6)$$

诺普压锥体相对两面夹角分别为 130°和 172.3°，压痕投影为长菱形（图 3－23b），其硬度计算公式为

$$H_K = 14.2288\,\frac{P}{d^2}$$

两种压锥相比较，诺普压锥的压痕对角线较长，压痕深度较浅，因此对于测定硬度异向性和厚度较小的矿物有利；维克压锥的压痕为正方形，用其测定晶体不同方向的硬度时，较易获得平均值，数据也较稳定。

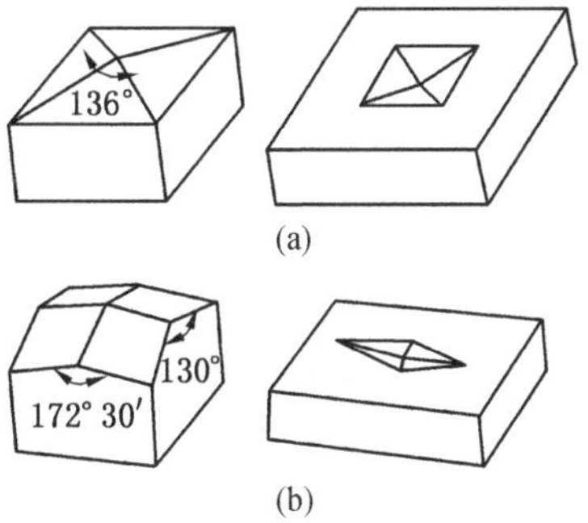

图 3－23　维克与谱普压锥及其压痕形状

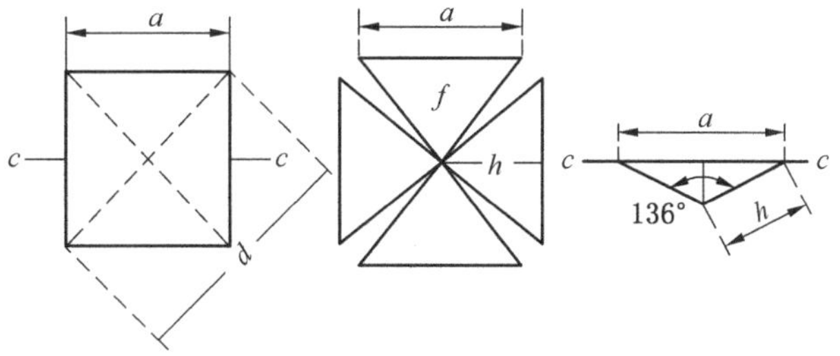

图 3－24　维克压头及其压痕面积展开示意图

1. 测量方法

（1）国产 71 型显微硬度仪的测定方法。将欲测矿物置于载物台上，向左推使载物台位于显微镜下方，转动载物台手柄，使光片准焦，然后调节左右和前后旋钮，使欲测部位居中。轻推载物台向右，使欲测部位恰好位于压锥下方。旋动压锥升降旋钮，徐徐下降，当红灯明亮时即开始加压，一定时间后（选定的时间，15 s 为宜），绿灯明亮，则加压结束（红绿灯交替时间可由旋钮控制）。提升压锥卸荷，将载物台重新推至左端，在反光显微镜下测量压痕对角线长度。

测量时，首先调节显微镜视域中心与压痕中心重合，可扭动载物台前后和左右旋钮，使其重合。然后利用鼓轮移动测微目镜中的十字丝（图 3－25 十字丝从 A 移至 B）量出压痕对角线格数，将格数乘以格值（格值由说明书中查出），换算成毫米，然后将给定的 P 和 d 值代入式（3－6）中，即可求出 H_V。

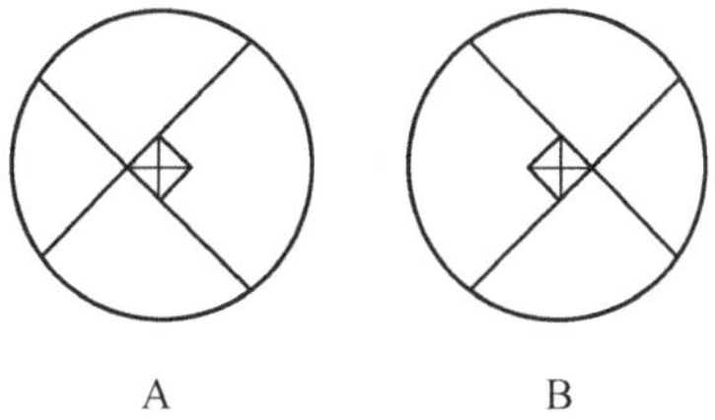

图 3－25　压痕对角线长度测量示意图

（2）德国自动显微硬度计的测定方法。操作程序是先将微尺目镜装入镜筒中，再把物镜、压头和金刚石压锥一起旋入镜筒下端镜头接口中，调节压头中心使之与物镜视域中心一致。准焦欲测矿物后，即可选择负荷及加压时间，再转动弹性轴，使金刚石锥按箭头方向转入光路。开始加压时红色控制针指示泵马达正在运转；指示灯明亮，同时泵自动关闭。在规定的加压时间完成后，指示灯熄灭，控制针复原。然后按箭头方向转回弹性轴，使观察物镜转入光路。

测量对角线长度时，调节微尺目镜上的校正螺丝，使目镜十字丝中心对准压痕中心。然后转动载物台活动旋钮，使压痕对角线一端对准标尺零点（图 3－26a），竖尺读数为 075～100，再将另一端下移至 075 处（图 3－26b），从横尺上读出另一读数为 12.5，将两数相加(75＋12.5＝87.5)，即为压痕对角线长度。欲求另一对角线长度时，将微尺目镜向右转动 90°后，重复前法测量。将两对角线长度相加平均，得出 d。根据 d 和所加负荷 P 代入公式中，即可求出 H_V。若采用诺普压锥时，测量方法与上相同，测出长对角线长度（图 3－27），代入前面公式中，即可得出 H_K。

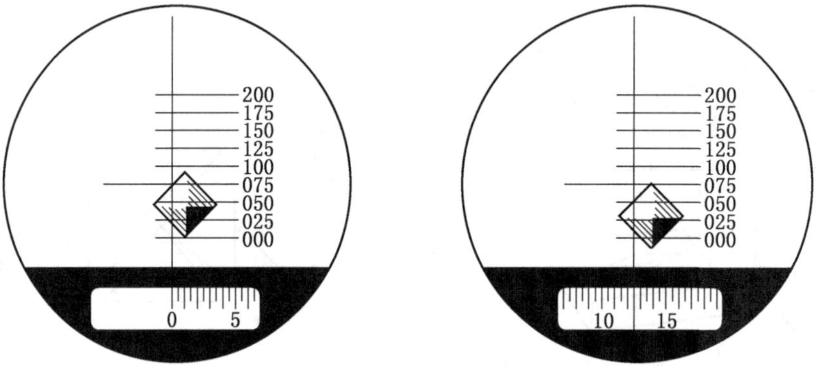

(a) (b)

图 3－26　维克压痕对角线长度的测量

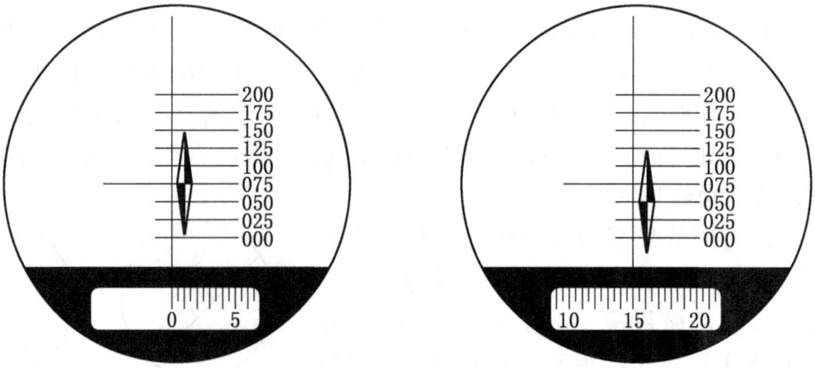

(a) (b)

图 3－27　诺普压痕长对角线长度的测量

在测试硬度时，要注明所采用的负荷重量，以利于对硬度值的选择和对比（图3－28）。

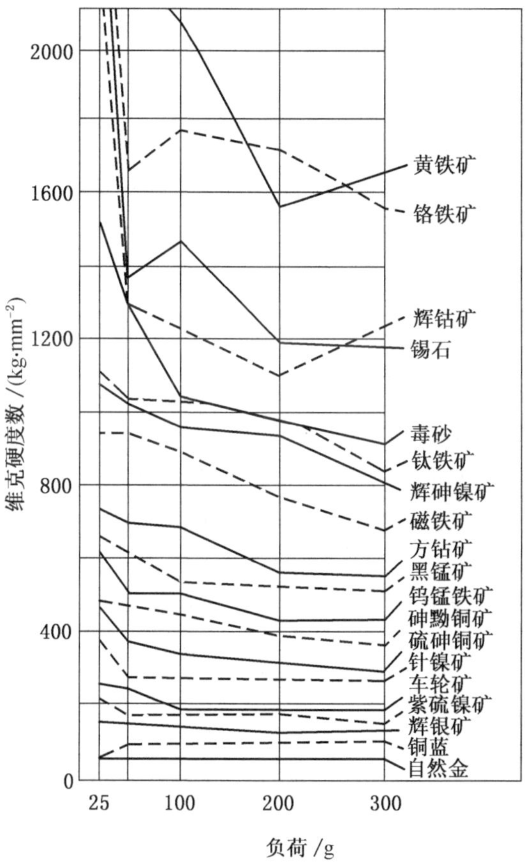

图3－28　几种常见矿物的维克硬度值与负荷的关系

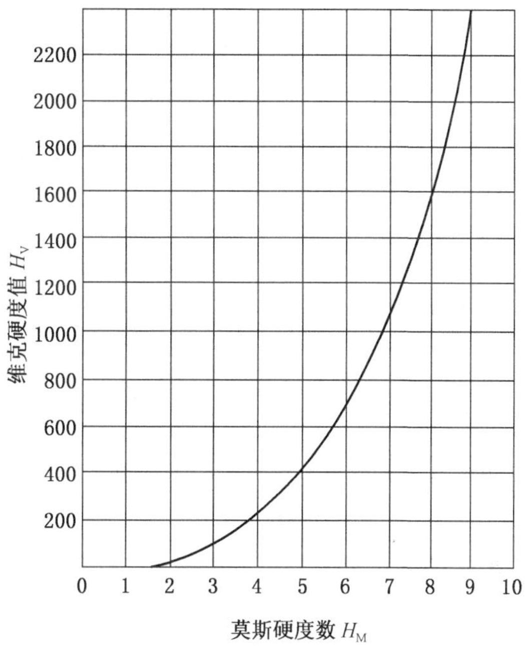

图3－29　维克硬度值(H_V)与摩氏硬度数(H_M)关系图

2. 摩氏硬度与压入硬度的关系

压入硬度值主要表示矿物抵抗塑性变形的能力，至于弹性、脆性等则居于次要地位。刻划硬度亦表示抵抗塑性变形的能力，但要受到抵抗破裂、剥离及刻划的方向性等因素的影响。故摩氏硬度与压入硬度数值并非完全呈线性关系变化，只是同消长关系（图3－29）。

维克硬度(H_V)与摩氏硬度(H_M)之间的线性关系式为

$$H_M = 0.675\sqrt[3]{H_V}$$

$$H_V = 3.25H_M^3$$

根据上述公式可以大致换算出两者的相当数值。

常见矿物抗磨硬度的相对顺序和刻划硬度及压入硬度的相应关系见表3－14。

表3-14　常见矿物抗磨硬度的相对顺序表（从上至下、自左向右以递增为序）

矿　物	刻划硬度	维克硬度/($kg\cdot mm^{-2}$)	矿　物	刻划硬度	维克硬度/($kg\cdot mm^{-2}$)
石墨		$7\sim12_{5-15}$	自然铜		48 ~ 143
辉钼矿		24 ~ 32(六方),18 ~ 23(三方)	黝锡矿		142 ~ 248
辉银矿		20 ~ 26	硫锰矿		138 ~ 261
雌黄		22 ~ 52	针镍矿	中	192 ~ 376
雄黄		47 ~ 60,51 ~ 57.5	闪锌矿		128 ~ 276
辉锑矿		$42\sim129, 72\sim138_{50}, 65\sim153_{10-20}$	镍黄铁矿		$201\sim231, 195\sim303_{50}$
铜蓝		$59\sim129, 92\sim110_{50}$	磁黄铁矿		230 ~ 390
辉铜矿	低	$58\sim96, 62\sim99_{15-25}$	红砷镍矿		306 ~ 425
蓝辉铜矿		$56\sim83, 30\sim94_{15-20}$	方钴矿系列		268 ~ 974
方铅矿		$56\sim116, 64\sim110_{10-25}$	针铁矿		525 ~ 1010
辉铋矿		$67\sim216, 68\sim190_{50}$	磁铁矿		440 ~ 1100
自然金		$32\sim59, 42\sim88_{10-25}$	铬铁矿		689 ~ 957
自然银		$43\sim59, 40\sim57_{10-20}$	钛铁矿		402 ~ 1088
斑铜矿		$68\sim105, 97\sim124_{20-25}$	毒砂	高	715 ~ 1354
黄铜矿		174 ~ 219	赤铁矿		739 ~ 1114
方黄铜矿	中	150 ~ 264	白铁矿		762 ~ 1561
黝铜矿-砷黝铜矿		251 ~ 425	黄铁矿		913 ~ 2056
			锡石		811 ~ 1592

注：维克硬度值的右下角数字为所用砝码重量，未标下角数字者一般系使用100 g砝码所测。（卢静文，2010）

八、矿物的浸蚀鉴定

（一）浸蚀试验

浸蚀试验（浸蚀反应）包括浸蚀鉴定和结构浸蚀。浸蚀鉴定是利用一定浓度的化学试剂浸蚀矿物的光面，经一定时间后（约1 min），在显微镜下观察有无溶解、发泡、沉淀、变色等现象发生及其程度如何。由于不同矿物对试剂的浸蚀反应各不相同，因此可以用于鉴别矿物。

矿物光片在磨制过程中在矿物光面、裂隙以及晶粒之间的空隙中产生一层该矿物的非晶质薄膜（厚约零点几个纳米）。浸蚀鉴定所用试剂多为强酸、强碱或强氧化剂，当试剂与矿物接触时，首先是与非晶质薄膜反应，然后才作用矿物表面。这种作用主要包括：

（1）发泡（起泡）。试剂与矿物表面作用后，若反应产物中有气体产生，便会有气泡逸出，称为发泡（起泡）。当起泡迅速剧烈时称沸腾（如辉铜矿加1∶1HNO_3），起泡缓慢时称缓慢发泡（如针镍矿加1∶1HNO_3）。发泡时间长短、快慢将随矿物与试剂种类及浓度不同而异。一般引起发泡的试剂为硝酸、盐酸、王水和过氧化氢等。所产生的气体常为CO_2、H_2S、O_2等气体。例如：用硝酸、盐酸浸蚀方解石时则放出CO_2；以1∶1HCl浸蚀

硫锰矿时可产生 H_2S；用 H_2O_2 浸蚀氧化锰矿物时即产生 O_2。

（2）变色。试剂作用于矿物表面后，因受浸蚀或产生轻度沉淀，使矿物表面常有明显变色。大致可分为 3 种情况：①染黑：因试剂浸蚀作用强烈，使矿物表面变得粗糙不平，不能向上垂直反光而呈黑或黑灰色；②染色：矿物与试剂作用后形成的带色薄膜所致，如辉铜矿被 1∶1HNO_3 或 20% $FeCl_3$ 浸蚀后染蓝；斑铜矿被 20% KCN 作用则被染成褐色；③染彩（晕色）：被试剂作用后的矿物表面形成红、黄、蓝、绿等彩晕叫作染彩，它是由所形成的一层无色透明沉淀薄膜经光干涉作用而致，如 1∶1HNO_3 作用于毒砂形成彩晕。

（3）沉淀。当浸蚀作用特别强烈时，大多产生沉淀物而形成较厚的皮膜。这种沉淀物比“变色”沉淀皮膜厚而显著，以致不能向上垂直反光，此种沉淀不能在显微镜系统下观察，只能从侧面观察沉淀物的颜色。如辉锑矿经 40% KOH 浸蚀后产生黄色沉淀，赤铜矿加 1∶1HCl 后形成白色沉淀。

（4）显结构。显结构包括显现颗粒界限、内部环带结构、解理、裂理及双晶等。矿物光面、裂隙以及晶粒之间产生的非晶质薄膜，使颗粒界限、内部结构、解理等看不清楚，而各种浸蚀试剂的作用，使非晶质薄膜溶解消失，进而显现矿物的颗粒界限及内部结构。例如：辉铜矿经 1∶1HNO_3 浸蚀后显现颗粒界限及解理，毒砂加 1∶1HNO_3 后显现双晶和晶粒内部环带结构。

（5）薰污。试剂液滴的周围常形成一圈暗色熏染或彩色的晕圈，这是由试剂蒸汽与非晶质薄膜之间轻微反应的结果。一般有薰污现象的矿物，在试剂液滴部位也有反应。例如，辉银矿遇 1∶1HNO_3 褐色薰污显著。

光片经过浸蚀作用后，出现发泡、变色、沉淀、显结构、薰污等任何一种现象时，均为正反应，以(+)号表示之。若作用后无反应，光面保持原有光滑，则均为负反应，以(−)号表示之。

（二）试剂和工具

用于浸蚀试验的试剂都应符合一个基本条件：反应快且剧烈，反应结果在矿物不同方向上一致，试剂本身又能起溶媒作用；为了操作方便，试验必须在室温状况下进行，样品和试剂都不需要加热；试剂须纯净稳定，容易保管。

一般常用的 6 种标准试剂：硝酸(1∶1HNO_3)，即 1 份浓 HNO_3、1 份蒸馏水；盐酸(1∶1HCl)；氰化钾(KCN 的 20% 水溶液)；氯化铁($FeCl_3$ 的 20% 水溶液)；氢氧化钾(KOH 的 40% 水溶液)；氯化汞($HgCl_2$ 的 5% 水溶液)。

此外，附加下列两种辅助的常备试剂，专试氧化锰矿物和一些与上述 6 种试剂都不起反应的矿物：双氧水(H_2O_2 的 30% 水溶液)，接触氧化锰矿物后都发泡；王水(3 份 HCl + 1 份 HNO_3)，与上述 6 种试剂全无反应的矿物试之。

还可以采用硝酸银的饱和溶液鉴别黄铜矿与自然金，在 1 min 内金不起变化，黄铜矿则变成黑色。采用高铁氰化钾 $K_3Fe(CN_6)$25% 的溶液鉴别黝铜矿与砷黝铜矿。许多适用于结构浸蚀的试剂也具有一定的鉴别意义，例如，$KMnO_4 + H_2SO_4$ 用于闪锌矿，浓 HNO_3 用于辉铜矿，浓 HCl 用于磁铁矿等。

试剂最好用小滴瓶保存。但氯化汞与氢氧化钾溶液易发生结晶，如用小滴瓶就会在短时间内将瓶口粘住，因此应该采用橡皮塞的瓶子。整套试剂最好装在上漆的木匣内，位置

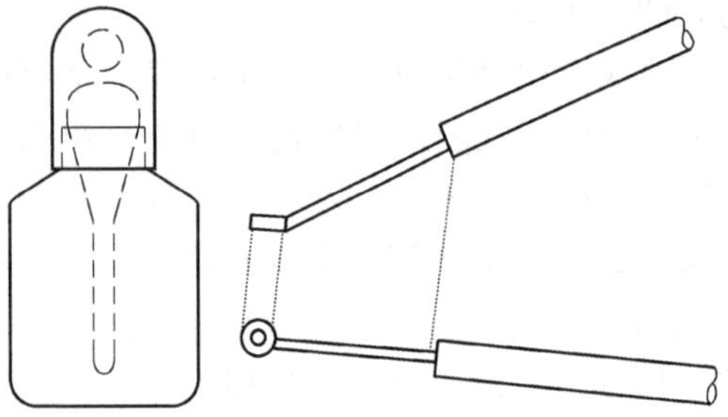

图 3－30　浸蚀鉴定所用的小滴瓶及白金丝圈

固定，便于取用。

浸蚀试验中另一重要用具为滴放试剂用的白金丝。白金丝直径最好为 0.3 mm，长约 3 cm，另取玻璃棒一段，将白金丝的一端熔入其中，另一端则弯成一小圈，小圈平面略与白金丝成 30°倾斜（图 3－30）。白金丝每次用后必须用蒸馏水洗净，以免下次使用玷污试剂。也有人用蜡纸尖楔滴放试剂，但用白金丝显然较为优越。

另外，还须准备些小块吸水纸（长条形，宽约 0.5 cm）、冲洗白金丝与光片用的蒸馏水滴瓶或烧杯、擦拭光片用的擦板、抛光用的磨料等，每次浸蚀后须将光片抛光复原。

（三）操作方法和注意事项

1. 操作方法

（1）将测试矿物的光片先在擦板上擦拭，除去其上的灰尘、油污及表面在空气中生成的氧化膜，使光片有一光滑的新鲜面。

（2）置光片于载物台上，用机械台夹住。换上中、低倍物镜，并移置测试矿物于视野中心。

（3）把要用的试剂（试用的顺序应为 $HgCl_2$、$FeCl_3$、KCN、KOH、HCl、HNO_3）用小滴瓶中的滴棒滴在清洗过的白金丝上。

（4）将醮有试剂的白金丝移至接近光片之亮点中，在视域中见到白金丝后再将试剂准确地滴在测试矿物上，并立即开始观察其变化。

（5）浸蚀作用的时间以 1 min 为限（有无发泡现象在此时间内观察），有的矿物变化迅速，有的变化缓慢。

（6）1 min 后，用吸纸将试液吸干，观察其矿物表面有无变化。然后用一滴清水冲洗原处并再以吸纸吸干，进一步检查变化的情况，最后决定其“正”或“负”反应。

（7）再用吸管吸水冲洗浸蚀面，在擦板上擦净，然后做第二种试剂的试验。依次做完六种试剂的浸蚀，记录结果。

2. 注意事项

（1）矿物光片在试验前须擦拭干净，如果光片不干净，有油污或氧化膜，会减弱反应。

（2）金属矿物中常有方解石包体或细脉，与酸作用剧烈发泡，不要误认为被试矿物的发泡反应；此外试剂常流入光片的裂隙，或与光面以下的矿物反应而起泡，应与被试矿物的反应分开。

（3）三氯化铁溶液本身为淡绿色，不要误认为是正反应。另外用滤纸未能完全吸干试剂时，其残余试液在光片上呈不规则彩晕，不要误认是晕色。

（4）试剂若滴在两种（或两种以上）矿物交界时，由于电位差反应会随毗邻矿物的不同而增强或减弱。

（5）矿物中含有类质同象混入物或非均质矿物的截面不同，其反应结果会不完全相同。

（6）氧化带矿石易受浸蚀，如采自氧化带的黄铜矿能被 1∶1HNO_3 浸蚀，而原生矿石则不被浸蚀。

（7）试剂作用时间须控制在一分钟内，有些矿物经长时间的试剂作用仍可起反应。

第二节　矿物的系统鉴定

显微镜下鉴定金属矿物，主要以矿物的光学性质及物理性质、化学性质和形态特征为主要鉴定内容进行系统鉴定，才能正确地确定矿物的名称。鉴定时常借助于金属矿物系统鉴定表来鉴定金属矿物。

目前，鉴定表的编排方法主要有表格分组式、顺序排列式、穿孔卡片式、坐标图表式等。虽然各种鉴定表中的测试内容相似，但在编排内容及方式上各自有所侧重，每个时期的鉴定表在鉴定特征的重点选择上也有所不同。

现阶段人们通常使用的鉴定表主要有两种：

（1）表格分组式鉴定表。只要有两、三项矿物的主要性质（如反射率及硬度等）观测准确，就可以将矿物圈定在一个较小的范围里，使用方便，既不排斥定量数据的引用，也不受仪器条件的限制。缺点是某些矿物在相邻的表中需重复出现，且定量数据的使用不如顺序排列式方便、简明和系统。

（2）顺序排列式鉴定表。充分利用定量测量的常数，如反射率和硬度值等，可避免矿物在鉴定表中重复出现。缺点是受仪器及条件限制，若无较精密仪器使用此表较困难。

矿物镜下特征只能作为综合鉴定的初步依据，对某些矿物还需要取得矿物的化学成分数据及 X 光结构分析资料，并结合矿物的组构特点及其产状加以综合研究，才能得出正确结论。

上述鉴定表虽然应用简便、明了，但也有局限性。其实，每一种矿物描述内容都是相当丰富的，特别是相似或同族矿物特征对比及主要鉴别特征等内容更多、更重要。

第三节　矿石的构造、结构和矿物晶粒内部结构

矿石一般均由一种或几种矿物组成。由于其形成条件和形成作用的不同，以及矿物本身在结晶过程中各种因素的差异，致使矿石呈各种各样形态特征。为便于研究和描述，通常用矿石构造、矿石结构和矿物晶粒内部结构等术语来概述，或以“矿石组构”来概括其矿石的形态特征。

（1）矿石构造。指矿石中矿物集合体的形态特征，包括形状、大小及其空间上的相互关系。

（2）矿石结构。指矿石中一种或多种矿物晶粒之间或单个晶粒与矿物集合体之间的形态特征，包括矿物晶粒的形状、大小及其空间上的相互关系。

（3）矿物晶粒内部结构。指单个矿物结晶颗粒内部所显现的结构形态特征，如双晶、环带、解理、裂理、裂纹和次生加大边等。

一、矿石的构造

（一）矿石构造的分类

组成矿石构造的单位是矿物的集合体。各种不同类型的构造表现为矿物集合体的形态、大小和相互关系上的差异。由于矿石构造主要是在地质成矿作用中形成，故地质成矿作用是矿石构造分类的基础，据此将矿石构造分为5个大类（或5个成因组）（表3－15）。

表3－15 主要矿石构造成因分类

成因分类	岩浆矿石构造		气—水热液矿石构造		风化矿石构造	沉积矿石构造			变质矿石构造
	侵入岩浆矿石构造	火山岩浆矿石构造	充填矿石构造	交代矿石构造		机械沉积矿石构造	胶体及生物化学沉积矿石构造	火山沉积矿石构造	
矿石构造类型	块状构造 浸染状构造 斑点状构造 斑杂状构造 球（瘤）状及豆状构造 条带状构造 脉状构造 滴状构造 角砾状构造	角砾状构造 气孔状构造 杏仁状构造 流纹状构造 绳状构造 珍珠状构造 块状构造 浸染状构造	脉状、交错脉状、网脉状构造 角砾状及环状构造 晶洞状及晶簇状构造 梳状构造 胶状及变胶状构造 块状构造 浸染状、斑点状及斑杂状构造 条带状构造	脉状、细脉状及网脉状构造 条带状及透镜状构造 浸染状、斑点状和斑杂状构造 交代残留（余）及假象构造 块状构造	多孔状构造 蜂窝状构造 粉末（土）状及散粒状构造 角砾状构造 胶状和变胶状构造（肾状、葡萄状、钟乳状、结核状、同心圆状及皮壳状等） 脉状（脉状、细脉状、交错脉状及网脉状）构造 晶洞状构造 块状构造	松散状构造 星散状构造 条带状构造 层状构造 砾状构造 透镜状构造	层状及层纹状构造 条带状构造 鲕状构造 豆状构造 肾状构造 结核状构造 生物状构造 草莓状构造 透镜状构造 块状构造	角砾状构造 层状及层纹状构造 条带状及透镜状构造 胶状（豆状、鲕状）构造 块状构造	条带状构造 皱纹状构造 片状和片麻状构造 变余（残余）构造 脉状及肠状构造 角砾状构造 块状构造 浸染状构造

注：···· 表示具有标型意义的构造。（卢静文，2010）

（二）矿石构造的主要成因类型及其特征

1. 岩浆矿石构造

根据不同的岩浆成矿作用及成矿部位，又可分为侵入岩浆作用和火山岩浆作用的矿石构造。侵入岩浆作用的矿石构造，包括岩浆结晶分异作用、贯入作用及熔离作用所形成的矿石构造。火山岩浆成矿作用的矿石构造，主要包括火山爆发和喷溢作用所形成的矿石构造。

1）侵入岩浆矿石构造

该类矿石矿物主要有铬铁矿、磁铁矿、钛铁矿、磁黄铁矿、镍黄铁矿、黄铜矿、铂及铂族元素矿物等；脉石矿物主要是组成岩浆岩的造岩矿物（如橄榄石、辉石、基性斜长石等）及其蚀变矿物（如蛇纹石和绿泥石等）。矿石构造在岩浆结晶分异、熔离和贯入作用过程中形成。根据矿物共生组合、矿体与母岩共生等特点，可与其他成矿作用形成的相同形态矿石构造相区别。

（1）块状构造、稠密浸染状和稀疏浸染状构造。指金属矿物在岩浆结晶分异作用或熔离及贯入作用中聚集而成。

块状构造。指矿石中金属矿物含量在80%以上，组成无空洞的致密状集合体。矿物颗粒大小较均匀，如河北大庙钒钛磁铁矿矿床中存在一定数量的块状构造矿石。但对于铜镍硫化物矿石，金属矿物含量达80%以上者很少见，通常以金属矿物在50%左右且彼此相连时，即定为块状构造。脉石矿物主要为橄榄石和辉石，有时还有基性斜长石等（彩图4c）。

稠密浸染状及稀疏浸染状构造。指矿石中金属矿物集合体的粒径一般小于2 mm。稠密浸染状构造指金属矿物含量在40% ~80%，且无定向排列者；稀疏浸染状构造，矿石中金属矿物的含量在30%以下，且分布无定向（彩图4a、4b）。

在矿体中，块状构造与稠密浸染状和稀疏浸染状构造常呈量变的过渡关系。

（2）斑点状和斑杂状构造。斑点状构造是指金属矿物的集合体呈近于等轴状，粒径约在5 ~10 mm，呈星散状分布于矿石中，含量约在50%以下。斑点状构造中金属矿物集合体要比浸染状构造中的金属矿物集合体大得多。

斑杂状构造是指金属矿物的斑点大小不一，相差悬殊，不规则地分布于脉石矿物中，使某些部位成致密状，有些呈星散状，分布杂乱无章，既无规律又不均匀。斑杂状构造是斑点状构造、浸染状构造和块状构造之间的一种过渡类型。在钛磁铁矿和铬铁矿矿石中常可见这种构造；铜镍硫化物矿石中也有所见（彩图5a）。

（3）球（瘤）状构造和豆状构造。指铬铁矿矿石特有的构造类型。铬铁矿矿物集合体组成致密的球（瘤）状（直径多为1 ~3 cm）或豆状（直径为0.5 ~1 cm），分布在橄榄岩中。铬铁矿球体有时呈椭圆形，表面平滑，与橄榄岩之间界线清晰，且无溶蚀现象。球体中的铬铁矿常呈自形晶。其成因多认为是含矿岩浆在熔融状态下，先分离出团状矿浆（即熔离作用），然后分别结晶形成。也有人认为是在岩浆分异作用中，矿石矿物首先晶出而成（彩图5b）。

（4）条带状构造。指金属矿物集合体和脉石矿物集合体成条带相间分布。铬铁矿矿石条带状构造常由自形的铬铁矿和橄榄石集合体构成。金属矿物条带常为几毫米至十几毫米，常相互平行，宽窄不一，或几乎全由铬铁矿组成，或铬铁矿呈星散状，形成浸染条带状构造。后者常和浸染状矿石成过渡关系。铜镍硫化物矿石和钛磁铁矿矿石中也可见到条带状构造。

（5）滴状构造。指含矿熔浆因熔离作用，分离出金属的硫化物熔体呈下降的水滴状，悬浮在先结晶的硅酸盐矿物集合体（多为辉长岩—橄榄岩）中，熔浆固结后即形成滴状构造。

（6）角砾状构造。指由两组不同时期形成的矿物集合体所构成，先形成的一组为角砾，后形成的一组为胶结物。这种构造多出现于含矿岩浆岩体的边缘，或晚期熔离矿床的贯入矿体中，多为含矿熔浆沿构造裂隙侵入过程中，含矿熔浆胶结围岩角砾而成。

2）火山岩浆矿石构造

其指含矿熔浆在火山爆发和喷溢成矿过程中形成的矿石构造。

（1）角砾状构造。角砾成分较复杂，可以是围岩碎块，也可以是与胶结物（多为熔浆或矿浆）为同源岩浆的早期凝结岩屑。角砾由大至小，可分为火山砾状、角砾状和次角砾状等。

（2）气孔状、气管状和杏仁状构造。指由于含矿火山岩浆在喷溢时外压力骤降，内压大于外压，引起气体逸散而形成气孔状和气管状等构造（彩图6）。若气孔或气管被石英、方解石、沸石及其他碳酸盐等矿物所充填时，即呈杏仁状构造。

此外，火山岩浆矿石中还可见到流纹状构造、绳状构造（均为含矿岩浆喷出地表后，黏滞性的流动作用形成）、珍珠状构造（喷出地表的含矿熔浆经迅速冷却形成）、块状构造和浸染状等构造等。

2. 气水热液矿石构造

气水热液矿床中，含矿气水热液的来源主要有3种：与岩浆分异作用有关的含矿气水热液、含矿地下渗流热液以及变质热液。当其中的一种或多种成因的气水热液沿构造裂隙或破碎带流动时，由于温压变化、挥发分散失或溶液性质的改变等因素，使有用组分沉淀或溶液中的成矿组分交代置换先生成的矿物或围岩形成矿床。由于含矿热液的组分及其所处的地质环境和物理、化学条件的差异，使得气水热液矿床中的矿石构造形态特征十分复杂。

气水热液矿床中的矿石成分，主要是金属硫化物、砷化物、氧化物及含氧盐类，自然金属及硒碲化物较少见。常见的金属硫化物有黄铜矿、斑铜矿、辉铜矿、方铅矿、闪锌矿、黄铁矿、磁黄铁矿、毒砂、辉钼矿、辉铋矿、辉银矿、辉锑矿、辰砂、雌黄和雄黄等；常见的氧化物及含氧盐为磁铁矿、赤铁矿、软锰矿、锡石、黑钨矿、白钨矿以及稀土元素的氧化物及含氧盐等；自然金属矿物常见的为自然金、自然银、自然铜和自然铋等；常见的碲化物为碲金银矿、碲银矿、碲金矿等。

这类矿床的围岩种类繁多，脉石矿物的种类较简单，主要有石英、萤石、方解石、重晶石、绿泥石以及矽卡岩类矿物。

按成矿方式不同，气水热液矿石构造可分为充填矿石构造和交代矿石构造两类。

1）充填矿石构造

成矿方式以充填为主，多发育在化学性质不活泼的围岩或地壳浅部较宽阔的裂隙中。常见的矿石构造如下：

（1）脉状、交错脉状及网脉状构造。含矿气水热液沿围岩或早期形成的矿体裂隙充填，构成脉状构造，常见于构造裂隙较简单的地段。而交错脉状及网脉状构造则常形成于构造裂隙交叉发育地段。若由两组细脉交错穿插，则呈交错脉状构造；由多组细脉交织组成不规则网状时则构成网脉状构造（彩图7a）。

（2）角砾状和环状构造。角砾状构造指围岩或早期形成的矿石碎块，被后期的矿物集合体胶结而形成角砾状构造（彩图7b）。它与岩浆矿床中角砾状构造的区别在于胶结物与角砾的成分不同（岩浆成因的角砾状构造中角砾与胶结物均为岩浆成分）。环状构造是一种特殊的角砾状构造，是后期矿物集合体围绕早期破碎的角砾由内向外呈同心层状分布（彩图7c）。

（3）晶洞及晶簇状构造。含矿热液沿围岩或矿石的较大裂隙、空洞或角砾间的空隙充填，但空间未充满，矿物由洞壁向中间生长出较完好的晶形者，称晶洞构造（彩图8a）；如果晶体由洞壁向中间丛生者，即为晶簇状构造（彩图8b）。当含矿热液沿较宽的裂隙充填，多组晶体垂直裂隙两壁，分别向中间作对称而有规律生长，其形似梳子，则称梳状构造。

（4）胶状及变胶状构造。胶状构造是指由非晶质矿物集合体组成的复杂曲面的平行条带或同心圆状构造，各条带间界限为渐变过渡，并常有凝胶收缩的裂纹（彩图 8c）。它是浅成热液充填沉淀的重要标志，是含矿热液骤然快速冷却所造成的强烈过饱和所致。若胶状构造中矿物的胶体经再结晶，形成垂直于弯曲表面的针状、柱状、纤维状晶体等，称为变胶状构造。

（5）块状构造。与岩浆成因基本相同，仅矿石矿物和脉石矿物有差异，经常局部出现（彩图 9）。

（6）浸染状、斑点状及斑杂状构造。形态特点亦与岩浆成因者相同。可分为充填成因和交代成因两种，充填成因构造中的金属矿物与脉石矿物为同生关系（彩图 10）；交代成因的构造中金属矿物形成较晚，并有明显的交代现象。而岩浆成因的浸染状构造，其金属矿物与脉石矿物为同源同生关系，矿石与母岩为渐变过渡关系。

（7）条带状构造。矿物集合体呈同一方向相互平行的条带，条带宽度不大，较稳定。由金属矿物或与脉石矿物的集合体充填一组相互平行的裂隙后，依次沉淀而成。

2）交代矿石构造

成矿方式以交代作用为主，多见于化学性质较活泼的围岩或早期矿体中。在含矿气水溶液温度较高、化学性质较活泼或温度下降缓慢的条件下，易形成交代矿石构造。

（1）脉状、细脉状和网脉状构造。是由含矿气水热液沿裂隙交代围岩或早期形成的矿石形成，其形态特征与充填成因的相似，但脉的形状复杂，与围岩的界线多呈犬牙状且较模糊。脉宽在 1 mm 左右时称细脉状（彩图 11a、11b、11c）。

（2）条带状构造和透镜状构造。条带状构造是由含矿气水热液沿围岩的微细层理、化学成分有差异的互层带及一些近于平行的小裂隙交代而成。金属矿物集合体与围岩相间构成条带，条带连续性较好，宽度不稳定，界线较模糊（彩图 11d、11e）。当含矿条带的宽度变化很大，呈现中间厚两端薄甚至尖灭时，称为透镜状构造。

（3）浸染状、斑点状和斑杂状构造。其形态特征与充填形成的相似，区别在于其基质常是围岩，形态也较复杂，界线不平整且模糊不清。

（4）交代残余（留）构造。含矿热液交代围岩不彻底，有围岩或早期形成的矿石块体残留，称交代残余（留）构造。或含矿溶液交代生物且保留了生物假象时称生物假象构造。

（5）块状构造。块状构造是在成矿物质丰富且经过强烈交代时形成。其含义和形态特征与充填成因相似，此构造在交代成因的矿体中普遍存在（彩图 11f）。

对比充填成因和交代成因的两种矿石构造，二者在形态上虽然有很多相似之处，但差别也较明显，主要表现在：①充填矿石构造主要受构造裂隙控制；而交代成因的多见于化学性质活泼或孔隙度较大的岩石中，虽也受构造裂隙控制，但受岩性的控制则更明显；②充填成因的矿石与围岩界线清楚且较平直，无交代现象或交代现象极轻微，角砾棱角清楚；而交代成因的矿石与围岩界线常模糊不清，边界呈犬牙交错状，交代现象很明显，角砾或残留体的棱角常被交代成浑圆状；③充填矿石构造中，金属矿物和脉石矿物多为同生的；而交代矿石构造中的金属矿物形成时间常晚于围岩，即晚于来自围岩的脉石矿物。

3. 风化矿石构造

风化矿石构造是指原生矿石和岩石在地表条件下，因经受机械破碎、氧化、溶解、淋滤和次生富集等作用而形成的各种矿石构造。此类型的构造中常见的金属矿物有褐铁矿、软锰矿、硬锰矿及铜、铅、锌等的碳酸盐矿物（如孔雀石、菱锌矿等）；非金属矿物主要是二氧化硅和碳酸盐等成分的矿物。典型的矿石构造如下：

（1）多孔状和蜂窝状构造。原生矿石中星散分布的颗粒较小的金属矿物，受到风化作用后，易溶的矿物被淋失，留下许多小孔洞，称为多孔状构造。若淋滤作用强烈，部分较难溶的矿物也被溶解迁移，只残留硅酸盐或硅质骨架时，称蜂窝状构造（彩图 12）。由于骨架中常含有粉末状的褐铁矿等，故常呈黄褐色或褐红色。

（2）胶状及变胶状构造。当化学风化作用中形成的某些金属化合物的胶体溶液，沿围岩或原生矿体的裂隙下渗时，因物化条件改变使胶体不断地凝聚沉淀，形成具同心圆状或多层平行弯曲的非晶质致密状集合体，称胶状构造。常见形态有肾状、葡萄状、钟乳状、结核状、同心圆状及皮壳状等。当其重结晶且仍保留有胶体形态特征时，称变胶状构造（彩图 13a）。

肾状构造及葡萄状构造：胶体溶液在足够大的空间沉淀时，因其表面张力的影响，使胶凝体形成不规则半球形或半椭球形表面，称肾状构造；如果形成较规则的圆球形集合体，且粒径小于 1 cm 者，称葡萄状构造（彩图 13b）。锰矿床或铅锌矿床的氧化带下部常见此类构造。

结核状构造：含矿胶体溶液围绕岩石碎屑或其他质点形成浑圆形的结核，称结核状构造。多数呈球形，少数呈椭球形。常见结核的矿物成分有菱锰矿、菱铁矿、锰菱铁矿、白铁矿、黄铁矿、硬锰矿、软锰矿及褐铁矿等。

钟乳状构造：含矿胶体溶液沿较大的空洞顶壁裂隙缓慢下滴，逐渐堆积形成的钟乳石状构造。我国湖南上五都、辽宁瓦房店、广西木圭等锰矿床均可见到这种构造。

同心圆状、皮壳状及条带状构造：同心圆状构造是指含矿胶体溶液围绕某一岩石或矿石碎块，逐圈沉淀成颜色或成分上略有变化的构造形式。若含矿胶体溶液逐层沉淀形成较宽阔的曲面或不规则的壳层时，称皮壳状构造（彩图 13c）。当含矿胶体溶液凝聚沉淀，形成彼此大致平行的条带时，则称条带状构造。3 种矿石构造经常相伴出现。

（3）粉末（土）状及散粒状构造。原生矿石或含矿围岩，经风化作用后，形成的次生矿物为松散粉末（土）状者，称粉末（土）状构造。若原生矿石风化淋滤作用较轻，呈疏松、胶结不坚固的散粒状时，称散粒状构造。

（4）角砾状构造。指原生矿石风化破碎后被黏土等表生矿物胶结，或破碎的岩块被次生金属矿物（如硬锰矿、软锰矿、褐铁矿等）集合体胶结而形成。若破碎角砾在原地松散堆积（未被胶结），称碎块状构造。

（5）脉状和网脉状构造。指在地表由化学风化作用形成的含矿溶液沿裂隙下渗，在氧化带的下部（多在淋滤亚带）、潜水面之下，对原生矿体上部进行交代而形成。与气水热液矿石中同类型的矿石构造的区别在于矿物共生组合不同。

（6）晶洞状构造。指由化学风化作用形成的含矿溶液沿矿石或围岩较大空洞充填沉淀形成。主要由表生矿物组成，见于各类矿床氧化带。

4. *沉积矿石构造*

沉积矿石构造与沉积岩成因密切相关，并且同沉积岩的构造相似，主要由沉积作用

（包括机械沉积、胶体化学和生物化学沉积）和火山沉积作用等形成。矿物组成主要是铁、锰、铝的氧化物、碳酸盐、磷酸盐和铜、铅、锌、铁等的硫化物、自然金、稀散元素及放射性元素矿物等。按成矿作用类型，沉积矿石构造可分为 3 类。

1）机械沉积矿石构造

主要是由化学性质稳定、不易风化、不易溶解、相对密度大、硬度或韧性均较大的矿物所组成。主要有磁铁矿、钛铁矿、自然金、自然铂、锡石、金红石和独居石等。常见的构造如下：

（1）松散状构造。有用矿物的颗粒或碎屑分散于未固结的砂屑中。

（2）星散状构造。主要见于已固结的矿石中，金属矿物呈星散状均匀地分布于沉积岩中。

（3）条带状构造及透镜状构造。构造特征与其他成因的同类构造相似，以野外产状及矿物成分等相区别。

（4）层状构造。有用矿物与砂（或泥）质等物质组分呈平行层状相间分布，单层厚度及延长都较稳定。

（5）砾状构造。由围岩或早期矿石砾石被金属矿物或围岩碎屑等胶结而成。

2）胶体及生物化学沉积矿石构造

主要指地表中形成的富含成矿物质的胶体溶液，迁移至湖泊、浅海盆地中，以凝胶的方式沉淀而形成的矿石构造。由生物化学作用富集而成的矿石构造亦包括在此类构造中。

（1）层状及纹层状构造。指由不同颜色、成分和结构的矿物集合体，分别平行于层理方向成层分布而形成的构造类型。矿石有明显的层理，层间有时有围岩或其他成分的夹层。当单层厚度大于0.5 mm 时称层状构造（彩图 14）；单层厚度在0.5 mm 以下者，则称纹层状构造。

（2）条带状构造。构造特征与其他成因的同类构造相同，其特点：条带间厚度不一，连续性和延长性均较层状差，有时过渡为浸染状或透镜状构造。沉积磷矿石等可具此构造。

（3）鲕状构造。富含金属矿物质的胶凝体，以岩屑或晶屑、砂粒、化石碎片或凝胶体质点等为核心，围绕其生长形成同心环状小颗粒，状如鱼子，称鲕状构造（彩图 15a）。鲕粒的直径一般为 1 ~2 mm，若粒径在 2 ~5 mm 时称豆状构造。河北宣龙海相沉积铁矿床即有此构造。常见矿物有菱铁矿、赤铁矿、铝土矿、鲕绿泥石、褐铁矿等，少数情况下有黄铁矿、锰菱铁矿、锰方解石、磁铁矿、硬锰矿和软锰矿等。“鲕粒”间的胶结物通常是与鲕粒成分相同。

（4）肾状构造。以砂粒、鲕粒或化石碎屑为基底，含矿胶体溶液因凝胶作用以凸曲面朝上的半圆形同心圆状向上逐渐叠生形成的肾状体，顶面多呈不规则圆形、椭圆形，直径常为 1 ~2 cm，“肾状体”间胶结物通常与肾状体成分相同（彩图 15b）。形成肾状构造的水体环境较鲕状构造者稳定些，多为藻类生物成因。河北宣龙海相沉积铁矿床中可见到典型的肾状构造。

（5）结核状构造。指含矿胶体溶液围绕碎屑凝聚成大小不等的球形、椭球形及不规则状的独立结核体（彩图 15c）。多形成于较鲕粒、肾体更深的海或湖盆地中。构成结核体壳层的胶体成分有黄铁矿、白铁矿、菱铁矿、硬锰矿及软锰矿等。近代发现大洋底部正进行着胶体溶液沉积，其中最有意义的是锰（含铁、铜、钴、镍等多种金属）结核。

（6）草莓状构造。通常指由黄铁矿组成的草莓状集合体，因其形如草莓而得名，是沉积作用形成的典型矿石构造。多数为生物化学作用成因，也有胶体和无机化学作用成因。即使经受后期的改造作用（如浅变质或热液叠加作用），仍能被保存下来；草莓状构造在我国云南、四川、湖南等地的层状铜矿床和河北高板河多金属硫化物矿床中均有发现。

除形成上述矿石构造外，胶体及生物化学沉积作用可形成胶状、块状、透镜状等构造。

3）火山沉积矿石构造

此类构造是由与火山作用有关的成矿物质经沉积作用而成。其成矿物质来自火山喷气、火山热液以及火山碎屑，既可呈碎屑状，也可由胶体溶液、真溶液等再沉积而成。故矿石构造既有碎屑沉积特点，又有化学沉积特点。

（1）角砾状构造。金属矿物集合体呈角砾状或以胶结物形式出现，矿石多由与火山有关的物质经搬运、沉积而成。角砾多棱角状，大小相差悬殊。

（2）层状、层纹状、条带状、透镜状、胶状及块状等矿石构造，形态特征与其他沉积成因的同类型矿石构造相似，区别为矿石的成分和产出条件有差异（彩图16）。

5. *变质矿石构造*

本类矿石构造的成因与变质作用（区域、动力及热变质作用）密切相关，通常与区域动力及接触变质岩中的岩石构造特点相似，多见于变质矿床中。组成矿物主要为金属氧化物和硫化物等。常见的构造类型如下：

（1）条带状构造。指金属矿物集合体与脉石矿物集合体相间排列而成，条带的宽度变化不大，条带内矿物颗粒多具定向性，且常见弯曲现象，表明这些矿物在定向压力或热力下同时形成（彩图17a）。辽宁鞍山和甘肃镜铁山等变质铁矿床的矿体中多见此种矿石构造。

（2）皱纹状构造。原生条带状、层状及层纹状构造的矿石，在变质作用过程中发生褶皱即形成皱纹状构造（彩图17b）。

（3）片状构造和片麻状构造。片状、板状和柱状、针状矿物呈定向排列形成片理，构成片状构造；矿石矿物集合体呈定向排列，并且与脉石矿物呈相间断续分布时则称片麻状构造。它们是区域变质作用过程中受温度及定向压力作用的结果。如山东烟台磁铁矿矿石中，石英和磁铁矿呈片状构造。北京太古宇密云群中的变质铁矿石中常见片麻状构造。

（4）变余构造。变质矿石中仍残留有变质前的构造特征者称变余构造。变余构造对查明矿石的成因有极重要的意义。

此外，变质成因的矿石中还常见块状、浸染状、角砾状、眼球状及脉状、肠状构造等。

二、矿石的结构

（一）*矿石结构的分类*

矿石结构研究的对象是矿物结晶颗粒，主要受其组成矿物的晶体化学性质和形成时物理化学条件所控制。故矿石结构的分类，应以物理化学条件、形成作用等因素作为分类依据，以便于研究（表3－16）。

表3-16 主要矿石结构成因分类表

成因分类	结晶结构	交代结构	固溶体分离结构	胶体和结晶物质再结晶结构	沉积结构	受压力形成的结构（压力结构）
主要形态类型	全自晶晶粒状结构 半自形晶粒状结构 他形晶粒状结构 海绵陨铁（陨石状）结构 斑状结构 包含结构 共结边结构 隐晶结构	自形晶状结构 半自形晶状结构 他形晶状结构 似斑状结构 浸蚀结构及星状结构 骸晶结构 似文象结构 交代残余结构 交错（交叉）结构 交代格状及网状结构 交代乳滴（乳浊）状结构 假象结构 反应边结构	乳滴（乳浊）状结构 叶片（板）状结构 格状结构 结状结构 文象结构 他形晶结构 共边结构	花岗变晶结构 斑状变晶结构 包含状变晶结构 放射状结构 放射球颗状结构 自形变晶结构 半自形变晶结构 他形变晶结构	碎屑结构 胶结结构 生物结构 莓粒结构	花岗压碎结构 斑状压碎结构 揉皱结构 再结晶结构 鳞片变晶结构 定向变晶结构

注：···· 表示常见并具有一定标形意义的结构。（卢静文，2010）

（二）矿石结构的主要成因类型及其特征

1. 结晶结构

结晶结构指从岩浆熔融体或气水溶液中结晶形成的矿石结构。影响矿物结晶的因素主要有：

（1）结晶能力（单位时间内产生结晶中心数量多少的能力）。主要影响矿物颗粒大小；熔体和溶液处于微过冷却和过饱和时，产生结晶中心数量少，形成晶体较大；若强烈过冷却和过饱和时，常形成细小晶体；在极强烈过冷却和过饱和时，则形成隐晶质或胶体物质。

（2）结晶速度（晶体生长的直线速度，cm/s）。主要影响晶形完好程度；结晶速度小，易形成完好的晶体，反之亦然。若各向结晶速度有差异，则晶形发育也受影响。

（3）矿物结晶生长力（结晶力）。也是影响晶形完好程度的重要因素。结晶生长力较强的矿物，能在缺少足够空间的条件下，生长出较完好晶形，如黄铁矿、毒砂等；而结晶生长力较弱的矿物，如黄铜矿、磁黄铁矿等，通常呈他形晶。

另外，温度、压力及组分的浓度等因素也影响矿物的结晶，其中温度最重要。在温度逐渐降至矿物熔点以下或溶解度逐渐减小至过饱和状态以下时，矿物按一定次序晶出；温度下降缓慢时，晶出的矿物颗粒较粗大，晶形较完好；温度骤然下降时则形成隐晶质或胶体物质。压力的影响表现为压力升高时，结晶速度较缓慢；外压减低时，挥发分易从液相中逸出，使其化学平衡遭到破坏，可促使某些矿物迅速沉淀。成矿组分在熔体或溶液中浓度相对大小，决定结晶的相对先后、晶粒的相对大小和自形程度。

常见主要结晶结构包括：

（1）全自形晶粒状结构。由一种或多种矿物组成的矿石，其中一种金属矿物晶形较完好且含量在80%以上时，称全自形晶粒状结构。形成自形晶粒状的矿物，多为结晶生长力较强的矿物，如铬铁矿、磁铁矿等（彩图18a）。

（2）半自形晶粒状结构。矿石由一种或多种矿物组成，其中一种矿物含量在50%以上，且晶粒形成部分完整的晶面者称半自形晶粒状结构（彩图18b）。

（3）他形晶粒状结构。矿石中矿石矿物不具完好晶面者，多呈不规则粒状，称他形晶粒状结构。他形产出的矿物多为结晶力弱，或在极度过冷却或过饱和条件下形成。也可能是由于其结晶晚于其他矿物，受空隙限制而形成（彩图18c）。

（4）海绵陨铁（陨石状）结构。这是一种特殊的他形晶粒状结构，是晚期岩浆矿床重要的结构类型。是指他形的金属矿物集合体，充填在自形的硅酸盐矿物晶粒之间而成。金属矿物多为氧化物（如钛磁铁矿等），被胶结的硅酸盐矿物常为辉石、斜长石及橄榄石等（彩图19a）。铜镍硫化物矿石也常见这种结构。

（5）斑状结构。指粒度较粗大，晶形较完好的斑晶，分布在较细小颗粒矿物组成的基质中。其中斑晶结晶较早，细粒基质形成较晚。

（6）包含结构。指一种粗大晶体的矿物中，包含有同种或另一种细小晶体的矿物。结晶作用的早期温度下降速度较快，形成许多细粒自形晶状矿物，后温度下降变缓慢，则形成较粗大晶体，这些粗大的晶体包裹了先形成的细小矿物而构成包含结构（彩图19b）。

结晶结构总体特征是：矿物呈各种外形完好程度不同和粒度不等的晶质粒状，溶蚀交代现象不明显。区别从熔体或由气水溶液中结晶出的相同结构类型，要从矿物种类及其标型特征、矿物共生组合及其形成温度，以及脉石矿物等的差别着手。

2. 交代结构

交代结构是指早晶出的矿物被晚生成的矿物交代溶蚀而形成的一种结构类型，主要发育于各种成因的气水溶液交代矿石中，表生矿石中也多见，岩浆矿石中不发育。交代结构中，也可见自形、半自形、他形以及生物状等结构，它们是以交代矿物所呈现的形态而命名。交代晶体（代晶）中常包含被交代矿物的残余。

常见主要交代结构包括：

（1）浸（溶）蚀结构。指后生成矿物沿早生成矿物的边缘、解理、裂隙等部位进行较轻度交代。颗粒边缘常呈港湾状和星状等，交代矿物常呈尖楔状或星状出现在被交代矿物中（彩图20a）。

（2）骸晶结构。指早晶出的晶形较完整的矿物（如结晶力强的黄铁矿、毒砂、辉砷钴矿等），被后生成矿物从晶体内部向边部进行溶蚀交代，并保存了被交代晶体残骸外形，称骸晶结构（彩图20b）。要注意其与骸晶状交代晶体（代晶）的区别：代晶系指被交代矿物残余体包于交代矿物的晶廓中；而交代矿物晶面（边缘）较平整，不显被交代的现象。

（3）似文象结构。指当浸蚀结构或骸晶结构进一步被溶蚀交代时，被交代矿物呈蠕虫状颗粒被包裹在交代矿物内，形似象形文字，称似文象结构或交代文象结构（彩图20c）。

（4）交代残余结构。指被交代矿物的残余体呈岛屿状或不规则状残留在交代矿物中，残余体间结晶方位一致。一般地被交代矿物要少于交代矿物（彩图21a）。

（5）交错结构。指被交代矿物的边缘或者其解理、裂隙中，有另一种（交代）矿物细脉交错穿插，称交叉或交错结构（彩图 21b）。

（6）交代网状结构和格状结构。可看成是交错结构的进一步演化的结果，即一种矿物沿早生成的矿物颗粒之解理、裂开或边缘等裂隙交代，当形成不规则的交织网状时，称交代网状结构（彩图 21c）；若呈两组以上定向规则排列的细脉时，则为交代格状结构。

（7）假象结构。指交代溶蚀作用彻底时，早生成矿物被后期矿物完全交代，并呈现早期矿物晶形时，称假象结构（彩图 22）。命名时在“假象”二字之前加上被交代矿物名称，在其后加上交代矿物名称，如磁铁矿假象赤铁矿，植物细胞假象辉铜矿等。另外当交代反应仅在矿物晶体周边进行时，形成反应边结构。

（8）“病毒”结构。是指闪锌矿与其中分布的乳浊状、乳滴状、棒条状、蠕虫状、叶片状黄铜矿所构成的一种结构。其特点：黄铜矿颗粒极细小（一般小于 0.0003 mm），浑圆状，密集分布；颗粒略大时与固溶体分离的黄铜矿乳滴难以区分。

3. 固溶体分离结构

固溶体是在较高温压条件下，由两种或两种以上的半径相近、性质相同的元素或化合物，共同组成均匀的固相晶体。较高温度时形成固溶体，随温压的降低变得不稳定，固溶体中不同的溶质组分就会发生分离（出溶），形成两种或两种以上的矿物相，称固溶体分离（出溶）。分离时的温度叫“共析点”，分离形成的结构称固溶体分离（出溶）结构。分离后，含量多的矿物称主晶，含量少的叫客晶。因不同组分的固溶体分离温度不同，故固溶体矿物共析点可作地质温度计。须要强调的是：固溶体中客晶含量的多寡，会导致其“共析点”温度的差异。

固溶体分离的过程有 3 个阶段：

（1）温度在实际结晶温度以上时，为均匀的熔体或溶液。

（2）温度在实际结晶温度至共析点之间时，结晶成均匀的固溶体。

（3）温度逐渐下降到共析点以下时，固溶体发生分离，形成两种或两种以上的矿物相。

1）固溶体分离结构的类型

按温度下降缓慢程度，固溶体分离结构可分为如下几种类型：

（1）乳滴（浊）状结构。客矿物呈细小的乳滴状颗粒分布在主矿物中，乳滴可呈圆形、椭圆形以及纺锤形等，可呈无序或有序分布（彩图 23a、23b）。

（2）叶片状（板状）结构。分离出的客矿物呈叶片状或板状晶体沿主矿物的解理、裂理或双晶接合面等作定向排列（彩图 23c）。

（3）格状结构。从固溶体中分离出的片状或板状客晶，沿主矿物颗粒两组或两组以上的解理或裂开呈规则的网格状分布（彩图 24a）。

（4）结状结构。客矿物的集合体呈不规则弯曲细脉状，环绕主矿物的结晶颗粒边缘形成结状（网状）（彩图 24b）。其成因为：固溶体矿物形成时温度非常高，而下降则极为缓慢，固溶体分离较彻底，分离出的客矿物有充分时间集中并被完全排除在主矿物结晶颗粒之外。

（5）文象结构。固溶体中分离出客矿物晶体，沿主矿物晶粒内的裂隙分布，形如象形文字或蠕虫状，称文象结构。其特征为：主矿物与客矿物接触边界平滑、无交代溶蚀现象，由此与交代作用所形成的似文象结构相区别。

2）固溶体结构与交代结构的区别

固溶体分离结构常与交代结构有许多相似之处，其区别在于：

（1）凡是组成固溶体分离的矿物，首先必须是能够形成固溶体的矿物（表3-17）。

表3-17 固溶体矿物表

矿物类	矿　物	化学分子式	分离温度/℃
自然金属类	金—银	Au—Ag	
	金—铜	Au—Cu	
	银—铜	Ag—Cu	
	砷—锑	As—Sb	
	铜—砷	Cu—As	
	金—铋	Au—Bi	
	铋—碲	Bi—Te	
	银—锑	Ag—Sb	
	铁—镍	Fe—Ni	
氧化物类	锡石—钽铁矿*	SnO_2—$(Fe,Mn)(Ta,Nb)_2O_6$	
	铬铁矿—赤铁矿	$FeCr_2O_4$—Fe_2O_3	
	铬铁矿—钛铁矿	$FeCr_2O_4$—$FeTiO_3$	
	刚玉—赤铁矿	Al_2O_3—Fe_2O_3	
	赤铁矿—金红石*	Fe_2O_3—TiO_2	
	赤铁矿—钛铁矿*	Fe_2O_3—$FeTiO_3$	
	赤铁矿—钛铁矿—金红石	Fe_2O_3—$FeTiO_3$—TiO_2	
	钛铁矿—红钛锰矿	$FeTiO_3$—$MnTiO_3$	
	黑镁铁锰矿—黑锰矿	$MnFe_2O_4$—Mn_3O_4	
	磁铁矿—赤铁矿	Fe_3O_4—Fe_2O_3	
	磁铁矿—钛铁矿*	Fe_3O_4—$FeTiO_3$	
	磁铁矿—红钛锰矿	Fe_3O_4—$MnTiO_3$	
	磁铁矿—金红石*	Fe_3O_4—TiO_2	
	磁铁矿—尖晶石	Fe_3O_4—$MgAl_2O_4$	
	方锰矿—红锌矿	MnO—ZnO	
	钽铁矿—铌铁矿*	$(Fe,Mn)(Ta,Nb)_2O_6$—$(Fe,Mn)(Nb,Ta)_2O_6$	
	钽铁矿—金红石	$(Fe,Mn)(Ta,Nb)_2O_6$—TiO_2	
	钽铁矿—钛铁矿	$(Fe,Mn)(Ta,Nb)_2O_6$—$FeTiO_3$	

表 3-17（续）

矿物类	矿　物	化学分子式	分离温度/℃
硫化物及含硫盐矿物类	斑铜矿—辉铜矿*	Cu_5FeS_4—Cu_2S	175~225
	斑铜矿—黄铜矿*	Cu_5FeS_4—$CuFeS_2$	225~475
	斑铜矿—黝铜矿	Cu_5FeS_4—Cu_3SbS_3	275
	辉铜矿—铜蓝	Cu_2S—CuS	75
	辉铜矿—硫铜银矿	Cu_2S—Cu_2S—Ag_2S	300
	黄铜矿—方黄铜矿	$CuFeS_2$—$CuFe_2S_3$	450
	黄铜矿—磁黄铁矿*	$CuFeS_2$—FeS	600($CuFeS_2$),300(FeS)
	黄铜矿—黝铜矿	$CuFeS_2$—Cu_3SbS_3	500(?)
	方铅矿—辉银矿	PbS—Ag_2S	
	方铅矿—硫银铋矿*	PbS—$AgBiS_2$	210~350
	磁黄铁矿—辉铜铁矿	FeS—$CuFe_4S_6$	350~500
	黄铜矿—辉铜铁矿	$CuFeS_2$—$CuFe_4S_6$	225~450
	磁黄铁矿—镍黄铁矿	FeS—$(Fe,Ni)_9S_8$	425~450
	闪锌矿—黄铜矿*	ZnS—$CuFeS_2$	350~400(ZnS),500($CuFeS_2$)
	黝锡矿—黄铜矿	Cu_2FeSnS_4—$CuFeS_2$	500
	银—锑银矿	Ag—Ag_3Sb	275~350

注：据 A·B·爱德华兹资料，主矿物在前，＊号者表示可互为主矿物；分离温度栏中括号内为主要矿物。（卢静文，2010）

（2）固溶体分离的矿物接触界线平滑，乳滴状或叶片状客矿物多为单晶颗粒；交代成因的多呈不规则的锯齿状等浸蚀边界。

（3）固溶体分离的格状结构，在交叉处常收缩甚至尖灭；而交代成因者在交叉处膨大。

固溶体分离结构在岩浆和气水热液成因的矿石中较常见，在变质成因的矿石中也可见到。表 3-17 列出了自然金属、氧化物、硫化物及硫盐类等矿物形成较常见的固溶体矿物。

此外，还有一些与其类似的结构，如蠕虫状交生结构，它是指两种或多种数量相近的细小矿物颗粒互相穿插生长形成的结构，颗粒边缘呈浑圆状。常见的组成蠕虫交生结构的矿物组合有：自然铋与方铅矿，锑银矿与砷华，红锑镍矿与砷铜矿，叶碲铋矿与碲银矿、方铅矿、黄铜矿，方铅矿与硒银矿，方铅矿与自然铋、磁黄铁矿、黄铜矿等。

4. 胶体和结晶物质再结晶结构

在某种地质作用下，固态的胶体物质和较细粒的结晶物质，由于温压的升高等发生重结晶作用形成结晶物质，从而形成各种再结晶结构。

胶体和结晶物质再结晶结构主要有以下 4 种类型。

（1）放射状结构和放射球颗状结构。凝胶物质因再结晶作用形成针状的小雏晶由中心向外呈放射状排列，构成放射状结构（彩图 25）。当放射状的晶体组成圆球形的外缘者称为放射球颗状结构。常呈放射状和放射球颗状结构的矿物主要有黄铁矿、白铁矿、纤锌矿、雌黄、针铁矿、硬锰矿、孔雀石、菱锌矿、黄钾铁矾和锑华等。

(2) 花岗变晶结构。由近等粒状的重结晶矿物紧密镶嵌而成。其晶粒形态多呈近似浑圆状、多角状、半自形粒状等。颗粒间无交代溶蚀，有时保留原生矿石的矿物假象。

(3) 斑状变晶结构。是由大小截然不等的两组矿物颗粒组成。与斑状结构的区别在于其斑晶和基质基本同时形成，且无交代溶蚀现象。

(4) 包含状变晶结构。指重结晶作用形成的粗大矿物颗粒中包含着细小的自形晶颗粒。

再结晶结构中也含有自形、半自形及他形变晶结构等类型，注意其与其他成因的相同的结构类型的区别。

5. 沉积结构

主要指矿物碎屑或生物遗体等在地表水体中经沉积作用所形成的结构。主要有砾状、砂状、泥状和胶结及生物等结构类型。

常见沉积结构主要有：

(1) 碎屑结构。指矿石矿物呈碎屑状存在。按碎屑大小分为砾状、砂状和泥状结构。

(2) 胶结结构。指金属矿物以胶结物出现，被胶结者多为脉石矿物的晶粒或其碎屑。

(3) 生物结构。指生物个体本身形成的结构（彩图 26）。如木质细胞结构、有孔虫结构及细菌结构等。莓粒结构在层状硫化物矿石中较发育，在一些层状铜矿床中，也可见有黄铜矿和辉铜矿的莓群，一般认为是交代黄铁矿莓粒而成。莓粒结构的成因尚有争议，在此不加赘述。

6. 压力结构

矿石中已结晶形成的矿物，受动力和其他应力作用后，产生机械形变而形成压力结构。变形的程度决定于压力大小及矿物特性，动力的强度和持续时间长短，也是很重要因素。压碎结构还可以在矿化过程中因局部构造活动而形成。

脆性矿物（如黄铁矿、毒砂、铬铁矿、锡石等）受力后易破碎、断裂，当破碎的晶屑位移不大，并能拼接成原晶形者，称压碎结构。而塑性矿物（如方铅矿、辉锑矿、辉钼矿、磁黄铁矿等）受力后易发生塑性变形，晶格发生曲扭，主要表现为波状消光、滑动现象、压力双晶、颗粒弯曲、揉皱和晶体被拉长等现象，形成揉皱结构。

压力结构有以下几种主要类型：

(1) 花岗状压碎结构。当脆性的矿物受到压力后，晶粒产生裂缝或小位移，形成大小大致相等的碎块，而塑性矿物充填在裂缝中起胶结作用。其与角砾状构造的区别为：碎块为同种矿物晶屑，空间位移没有大的改变，多数的碎屑能各自拼接成完整的矿物晶体形状（彩图 27a）；角砾状构造中的角砾，常由好几种矿物集合体组成。

(2) 斑状压碎结构。外观与斑状结构类似，指被压碎的矿物晶屑大小相差悬殊，在细小的晶屑碎块中夹有粗大的晶屑碎块，这种结构称斑状压碎结构（彩图 27b）。

(3) 揉皱结构。矿物受力后，产生塑性变形，弯曲成微型褶曲，称揉皱结构。此结构在单偏光下不易被发现，须用正交偏光或结构浸蚀法等观察（彩图 27c）。

(4) 鳞片变晶结构。矿物在较高温度条件下，因定向压力和重结晶作用形成鳞片状变晶。如石墨的鳞片变晶结构。

三、矿物结晶颗粒的内部结构

矿物结晶颗粒的内部结构包括双晶、解理、裂理、次生加大边和环带结构等。研究矿物结晶颗粒内部结构，可了解矿物及矿石的形成过程，为矿石工艺提供有关资料。其意义在于：

（1）可确定矿物生成的世代。因不同世代形成的同种矿物晶粒内部结构可能会有差异，故可用其作为划分矿物生成世代的依据。

（2）可推断成矿时的物理化学环境。如晶粒内部的环带结构表明矿物结晶时溶液性质及物理化学条件发生变化，且环带较宽一侧多迎着矿液流动方向。又如具环带结构的磁铁矿晶粒多在温度较高的气水溶液中形成。

（3）某些晶粒内部结构可作为鉴定矿物的特征。如方铅矿和碲铅矿的黑三角孔等。

（4）对矿物晶粒内部包裹体的研究，可为矿石工艺提供重要资料。如有的自然金常呈包裹体镶嵌在黄铁矿环带内，多数自然银呈包裹体产于方铅矿中等。

（一）晶粒内部结构研究方法

因矿物颗粒排列紧密，或磨制光片时晶粒间界限被非晶质薄膜覆盖等原因，掩盖了矿石及晶粒的内部结构，故常很难直接观察，通常采用下列方法进行。

1. 偏光法

对于非均质性的金属矿物，可在矿相显微镜下，以垂直入射正交或不完全正交偏光法观察矿物晶粒内部结构。如辉锑矿、毒砂、铜蓝、磁黄铁矿、红砷镍矿等矿物，用此法观察效果较好。但该法只显示矿物结晶颗粒轮廓及内部双晶、晶带，不能显示裂理、解理等。

2. 结构浸蚀法

对于那些均质性或弱非均质性的金属矿物，可利用结构化学浸蚀法来显示其内部结构。其原理和操作与浸蚀鉴定相似，即在光片上用一定浓度的化学试剂加以浸蚀，其浸蚀时间、化学试剂种类和浓度的选择，应以能最快和最清晰地显示其内部结构为宜。浸蚀面积，可根据需要而定，通常比浸蚀鉴定的面积要大。浸蚀时间，多为几秒至几十秒钟，有时可达几十分钟。由于光面上的矿物晶粒因其各自方向和截面不同，与试剂反应的速度和程度也不相同，故各晶粒经浸蚀后显示出明暗和深浅程度不同的浸蚀面。因而矿物晶粒界线和裂理、解理、环带、双晶等内部结构，在矿相显微镜下均可被观察到。为避免遗漏现象，观察浸蚀结构应由低倍到中倍物镜的次序进行。一些常见矿物结构浸蚀的经验数据见表3－18，可供借鉴。

表3－18　显示晶粒内部结构的矿物和方法

矿物名称	显 示 方 法	显现的内部结构
方铅矿	①1∶1HCl 通电数秒；②1∶1HNO_3 浸蚀 20～30 s；③60%～70% HBr 浸蚀 8～11 s；④饱和 NaCl 液＋几滴 $FeCl_3$，浸蚀 10～30 s	解理，颗粒界线、包体，偶见环带
闪锌矿	①不完全磨光法（显聚片双晶）；②气法：王水蒸气，10～20 s；③$KMnO_4$＋1∶5H_2SO_4，10～30 s，试剂现配	沿{111}和{211}出现的双晶（及聚片双晶），偶见环带结构、晶粒界线

表3-18（续）

矿物名称	显　示　方　法	显现的内部结构
黄铜矿	①25% NH_4OH + 数滴 30% H_2O_2，20 ~ 30 s；②气法：王水蒸气，10 ~ 30 s；③ $KMnO_4$ + 40% KOH，10 ~ 40 s；④浓 HNO_3 + $KClO_4$ 晶体	晶粒界线，双晶，偶见环带
磁铁矿	①浓 HCl，1 ~ 2 min；②浓 HBr；③不完全磨光法	双晶，环带
铬铁矿	①2 g$KClO_4$ + 40 mLH_2SO_4 + 10 mL 水，光片投入试剂中煮 30 min ~ 2 h；②不完全磨光法	裂理、环带
辉铜矿	①1：1HNO_3，1 ~ 1.5 min；②20% KCN，10 ~ 20 s	晶粒界线、解理，偶见双晶
黝铜矿	①浓 $KMnO_4$ + KOH + 30% H_2O_2，10 ~ 60 s，试剂现配；②HCl + 50% Cr_2O_3，30 s	晶粒界线，偶见环带状结构
黄铁矿	①电法：30% NH_4OH，直流电 70 ~ 100 V，10 ~ 20 s；②浓 HNO_3 + CaF_2 粉；③$KMnO_4$ + 1：5H_2SO_4，20 ~ 30 s；④$KMnO_4$ + KOH，10 ~ 20 s	环带、胶状残余
锡石	①不完全磨光法；②1：5HCl + 小块锌片，使锡石产生一层金属锌膜，再以 HNO_3 溶解之	双晶、环带
斑铜矿	①气法：王水蒸气，5 ~ 10 s；②1：1HNO_3，1 ~ 2 min；③20KCN，1 ~ 2 min	方形解理
自然金	①王水；②HCl + Cr_2O_3（50%）混合剂；③王水 + Cr_2O_3（50%）混合剂	聚片双晶、环带
自然银	①浓 HI；②HCl + Cr_2O_3（50%）混合剂的蒸汽，10 ~ 15 s	双晶、环带
自然铂	①王水；②HCl + Cr_2O_3（50%）混合剂，10 ~ 25 min	双晶
硫砷铜矿	①20% KOH；②正交偏光法	双晶、解理
水锰矿	浓 HF，30 s 至几分钟	环带、解理
深红银矿 淡红银矿	①浓 HI；②正交偏光法	双晶、环带
赤铁矿	①电法：1：1HCl 直流电 6 V；②浓 HF，1 ~ 2 min	双晶、解理
车轮矿	HBr，2 ~ 5 s	双晶
辉锑矿	①正交偏光法；②浓 KOH，1 ~ 3 s	双晶、复聚片双晶、解理、环带
磁黄铁矿	①正交偏光法；②HI，1 ~ 5 s	双晶、晶粒界线
红砷镍矿	①正交偏光法；②$KMnO_4$ + H_2SO_4，试剂现配	环带、双晶
毒砂	①正交偏光法；②1：1HNO_3，15 ~ 60 s；③$KMnO_4$ + 20% KOH（新配），10 ~ 20 s	双晶、聚片双晶、晶粒界线、解理、环带
铜蓝	①正交偏光法；②单偏光法（由双反射及反射多色性显示）	弯曲双晶、解理、晶粒界线
辉钼矿	正交偏光法	弯曲聚片双晶、解理
石墨	正交偏光法	弯曲聚片双晶、解理

3. 不完全磨光法

不完全磨光法主要用于一些既不能用正交偏光法观察，又不易被一般试剂浸蚀的矿物，如黑钨矿、铬铁矿和辰砂等。具体做法是用细金刚砂稍加磨光（不抛光）后，观察其晶粒内部结构。

（二）矿物晶粒内部结构的主要类型

1. 环带结构

环带结构是在晶粒内部，由一系列平行晶面的环状条纹带所构成，环带可宽、可窄，间隔可疏可密（彩图28）。其成因主要有以下几种：

（1）由吸附作用形成，是在晶体生长面上断续、交替地吸附外来的细微杂质而形成。例如在磁铁矿、铬铁矿、黄铁矿、方铅矿、毒砂和自然铜等环带结构中有此成因。

（2）因不连续性生长形成的条带，一般是由形成温度、溶液组分和浓度变化而造成。如温度较低、晶体生成速度较快时，可出现成分上有差异的环带。如辉锑矿、黄铁矿、方铅矿及深红银矿等矿物中可见此种环带。

（3）由连续固溶体分离结晶形成的环带结构。环带的成分自内向外，可由高温的端员逐渐变为低温的端员。在金银矿、方钴矿、斜方砷钴矿—斜方砷镍矿、锡石、硫银锡矿、黝铜矿等矿物中常见此种环带。

此外，交代作用也可形成交代环带，如假象赤铁矿交代磁铁矿、白钨矿交代黑钨矿等形成的环带。其特征在于交代环带有时是断续的，宽窄不一，界线不平整等现象。

2. 双晶结构

按双晶构成形式，可分为简单双晶、聚片双晶和羽状（复聚片）复合双晶等（彩图29）。按双晶的成因，可分为生长双晶和压力双晶等。

（1）生长双晶。指在晶体生长过程中形成的双晶，多以简单的接触双晶、贯穿双晶等形式出现。其特点为双晶纹平直，双晶带宽度不等，在金属矿物中并不多见。常见生长双晶结构的矿物有：毒砂、菱铁矿、方铅矿、自然金、砷硫锑铅矿、车轮矿、钛铁矿、辉铜矿、赤铁矿、闪锌矿、黄铜矿、白铁矿、锡石、黑锰矿、深红银矿、自然铜、自然银、斜方砷钴矿、黑铜矿、自然铂等。

（2）压力双晶。指晶体形成以后，受外来压力影响而造成的双晶，常为密集聚片双晶或复聚片双晶，且多呈纺锤状和叶片状，并且有弯曲、断裂、波状消光和滑动等现象，并可伴有重结晶作用。在矿石中，双晶纹一般与矿物自身的延长方向一致。此类双晶主要由变质作用或其他动力作用形成。常见矿物有辉锑矿、铜蓝、方铅矿、磁黄铁矿、赤铁矿、闪锌矿、钛铁矿、锡石、黄铜矿、石墨、黑锰矿、金红石、深红银矿等。

3. 解理与裂理

解理指矿物晶体受外力作用后沿一定结晶方向破裂成光滑平面的性质。解理面可以有一组或几组。不透明矿物解理在光片表面因有非晶质薄膜覆盖，不易观察，一般要经结构浸蚀后才能观察到（彩图30）。若有几组完全解理时，常在其互相交切处脱落成黑三角孔，它对于方铅矿、硒铅矿和碲铅矿等矿物，具有一定的鉴定意义。

常见具有解理的矿物见表3－19。

表3-19 常见具有解理的矿物

矿物及晶系		解理	特征
碲铅矿	等轴晶系	{100}	大部分显著，有黑三角孔
方铅矿	等轴晶系	{100}	很显著，细粒者较少见或缺失，有黑三角孔
硒铅矿	等轴晶系	{100}	普遍较显著
菱铁矿	三方晶系	$\{10\bar{1}1\}$	通常较显著
辉砷镍矿	等轴晶系	{100}	很显著
硫钴矿	等轴晶系	{100}	不定，有时很显著
磁黄铁矿	六方晶系	{0001} $\{10\bar{1}1\}$	较少见，两组解理同样显著
针镍矿	三方晶系	$\{10\bar{1}1\}$	显著
镍黄铁矿	等轴晶系	{111}	显著，解理纹长，多不平直，常呈裂纹状
黑钨矿	单斜晶系	{010} {100}	良好
黝锡矿	四方晶系	{110} {001}	很少见
闪锌矿	等轴晶系	{110}	粗粒及变形者显著，细粒者不显著
自然锑	三方晶系	{0001}	通常清楚可见
辉锑矿	斜方晶系	{010}	显著，磨光太久不易看见
雌黄	单斜晶系	{010}	普遍可见
硫砷铜矿	斜方晶系	{110}	很显著
辉铜矿	单斜晶系	{001}	风化标本清楚可见，通常不显著
铜蓝	三方晶系	{0001}	清楚可见
白铁矿	斜方晶系	{110}	风化标本清楚可见
辉铋矿	斜方晶系	{010}	很清楚
石墨	六方晶系	{0001}	显著
辉钼矿	六方晶系	{0001}	清楚可见
孔雀石	单斜晶系	{001}	很显著

注：据尚浚等，2007。

第四章　矿物学基础

第一节　矿　　物

一、矿物和矿物学的概念

矿物是自然界中的化学元素，经过各种复杂地质作用而形成的单质或化合物。地壳中矿物分布很广泛，如花岗岩中的石英、长石，河砂中的自然金，盐湖里的石盐等都是矿物。

在实验室条件下获得的某些成分和性质与矿物类似的物质，称为“人造矿物”或“合成矿物”；陨石、月岩中与矿物类似的物质分别称为“陨石矿物”“月岩矿物”，或统称为“宇宙矿物”。

矿物一般具有一定的化学成分和内部结构，因而呈现出一定的形态、物理和化学性质，在一定条件下可以稳定存在。矿物是组成岩石（或矿石）的基本单位。

每种矿物都有其特定的化学成分和内部结构，从而表现出特定的形态、物理和化学性质。然而，由于矿物形成条件不同，同一种矿物在成分、结构、形态、物理性质和化学性质等方面，都存在一定的差异，但这种差异只发生在一定范围内，且其主要的成分、结构不会改变，以此与其他矿物相区分。

任何一种矿物都只能在一定的地质条件下稳定存在，当外界条件改变达到一定程度时，原来的矿物就会发生变化而形成新的矿物。例如，花岗岩中的长石长期暴露于地表，可风化形成高岭石等。

矿物学是研究整个自然界物质成分特征及其变化规律的学科之一，主要研究矿物的成分、结构、形态、性质、成因、产状、用途和它们的内在联系，以及矿物在时间和空间上的分布规律、形成和变化历史等。

二、矿物的化学成分

元素在地壳中的平均含量，称为该元素在地壳中的丰度。矿物是化学元素经过各种地质作用而形成的，地壳的化学成分是形成各种矿物的物质基础。

1. 地壳中的化学成分

元素周期表中的绝大多数元素都可以在地壳中找到，但是，不同元素在地壳中的含量却有很大的差异，丰度最大的氧元素（重量百分比46.6%）与已知丰度最小的Rn元素（重量百分比7×10^{-16}%）在重量上相差达10^{17}以上。美国学者克拉克（F. W. Clark）从1882年起，就对地壳中主要元素的含量进行了系统的计算。他和华盛顿（H. S. Washington）于1924年最先给出了地壳中50多种化学元素的平均含量值。此后，许多研究者都根据自己的研究成果作了进一步的补充和修正。为了纪念克拉克，前苏联学者费尔斯曼（A. E. Ферсман）提议，将各种元素在地壳中平均含量的重量百分数称为“克拉克值”，或称“重量克拉克值”(表4－1)。

表4－1 元素克拉克值表

原子序数	元素符号	克拉克值 (×10⁻⁶)	原子序数	元素符号	克拉克值 (×10⁻⁶)	原子序数	元素符号	克拉克值 (×10⁻⁶)
1	H	1400	30	Zn	70	59	Pr	8.2
3	Li	20	31	Ga	15	60	Nd	28
4	Be	2.8	32	Ge	1.5	62	Sm	6.0
5	B	10	33	As	1.8	63	Eu	1.2
6	C	200	34	Sc	0.05	64	Gd	5.4
7	N	20	35	Br	2.5	65	Tb	0.9
8	O	466000	37	Rb	90	66	Dv	3.0
9	F	625	38	Sr	375	67	Ho	1.2
11	Na	28300	39	Y	33	68	Er	2.8
12	Mg	20900	40	Zr	165	69	Tm	0.5
13	Al	81300	41	Nb	20	70	Yb	3.4
14	Si	277200	42	Mo	1.5	71	Lu	0.5
15	P	1000	44	Ru	0.01	72	Hf	3
16	S	260	45	Rh	0.005	73	Ta	2
17	Cl	130	46	Pd	0.01	74	W	1.5
19	K	25900	47	Ag	0.07	75	Re	0.001
20	Ca	26300	48	Cd	0.2	76	Os	0.005
21	Sc	22	49	In	0.1	77	Ir	0.001
22	Ti	4400	50	Sn	2	78	Pt	0.01
23	V	135	51	Sb	0.2	79	Au	0.004
24	Cr	100	52	Tc	0.01	80	Hg	0.08
25	Mn	900	53	I	0.5	81	Tl	0.5
26	Fe	50000	55	Cs	3	82	Pb	13
27	Co	25	56	Ba	400	83	Bi	0.2
28	Ni	75	57	La	30	90	Th	7.2
29	Cu	55	58	Ce	60	92	U	1.8

注：据 H. Mason，1966。

由于不同元素的原子量不同，所以，重量克拉克值的概念还不能充分反映各元素原子数的相对多少。1911 年，费尔斯曼进行了换算，用有关元素的原子数在地壳中所有元素原子数中所占的百分数来表示该元素的含量，并称为“原子克拉克值”。表 4－2 列出了在地壳中含量最高的 8 种元素的重量克拉克值和原子克拉克值。目前趋向于将重量克拉克值和原子克拉克值统称为克拉克值。

表4-2　地壳中分布最广泛的8种元素的重量克拉克值和原子克拉克值

元　素	重量克拉克值/%	原子克拉克值/%	元　素	重量克拉克值/%	原子克拉克值/%
氧(O)	47.0	58.0	钙(Ca)	2.96	1.5
硅(Si)	29.5	21.0	钠(Na)	2.5	2.2
铝(Al)	8.05	6.0	钾(K)	2.5	1.3
铁(Fe)	4.65	1.7	镁(Mg)	1.87	1.6

注：据罗谷风，1993。

一般地，元素的原子克拉克值越大，由其结合形成的矿物种数就越多、含量就越高。这是因为原子数量越多，元素在不断迁移过程中结合形成矿物的机会也就越多。实际上，地壳中含量最高的矿物都是原子克拉克值较大的 Si、Al、Fe、Ca、Na、K、Mg 的氧化物及含氧盐矿物。例如，硅酸盐矿物占矿物种类总数的 24%，占地壳总重量的 75%；氧化物矿物占矿物种类总数的 14%，占地壳总重量的 17%。

不过，元素结合形成的独立矿物种数及其集中形成矿床的可能性，与它们的原子克拉克值并不成严格的正比例关系。对于那些原子克拉克值小的元素来说，这种现象尤其明显。例如，Rb 的原子克拉克值为 Sb 的 640 倍左右，但 Sb 的独立矿物种数却比 Rb 多得多，且能富集形成独立的矿床。地球化学上将 Sb、Bi、Ag、Au 等原子克拉克值很小，但容易形成独立矿物或矿床的元素称为“富集元素”；将 Rb、Ga、Cs 等原子克拉克值较大，但很少形成独立矿物和矿床的元素称为“分散元素”。元素趋向于富集或分散，除了与元素本身的地球化学性质有关外，还与矿物形成时的温度、压力、介质条件等因素有关。

2. 元素的离子类型

元素之间能否结合形成矿物，主要由相关元素原子的外电子层结构所决定。元素之间化合时，离子的外电子层以 2 个、8 个或 18 个电子的结构为最稳定。一些元素之所以能结合形成独立矿物，正是通过得失电子而形成稳定结构的方式来实现的。根据各种元素离子的最外电子层结构不同，可将其分为 3 种基本类型（表 4-3）。

表4-3　元素的离子类型

He	Li	Be											B	C	N	O	F
Ne	Na	Mg											Al	Si	P	S	Cl
					3a			3b									
							⋮										
Ar	K	Ca	Sc	Ti	V	Cr	Mn	Fe	Co	Ni	Cu	Zn	Ga	Ge	As	Sc	Br
							⋮										
Kr	Rb	Sr	Y	Zr	Nb	Mo	Tc	Ru	Rh	Pa	Ag	Cd	In	Sn	Sb	Te	I
							⋮										
Xe	Ca	Ba	TR①	Hf	Ta	W	Re	Os	Ir	Pt	Au	Hg	Tl	Pb	Bi	Po	At
Rn	Fr	Ra	Ac①		3a		⋮	3b					4				
1		2															

注：1. 1—惰性气体原子；2—惰性气体型离子；3—过渡型离子；3a—亲氧性强；3b—亲硫性强；4—铜型离子。

① Tr 和 Ac 分别为稀土族及锕族元素。

（1）惰性气体型离子。这类离子最外电子层结构与惰性气体原子最外电子层的结构相似，具有2个或8个电子。属于本类型离子的元素共有25种，它们的原子除可失去电子变成阳离子外，还有一部分常成为阴离子，如O^{2-}、F^-、Br^-、I^-、S^{2-}等。

惰性气体型阳离子的半径一般都比较大，而极化性较小，它们易与O结合形成氧化物或含氧盐，特别是硅酸盐，形成大量造岩矿物。因此，这些元素又称为“造岩元素”，或称为“亲石元素”“亲氧元素”。

（2）铜型离子。周期表长周期右半部分的有色金属和重金属元素的原子，失去电子成为阳离子时，其最外电子层具有18（或18+2）个电子，与一价铜离子相似。本类离子的离子半径较小，外层电子又多，极化性能很强，易与半径较大、又易被极化的S^{2-}结合生成以共价键为主的化合物，形成主要的金属矿物。因此，这类元素又称为“造矿元素”，或称为“亲铜元素”“亲硫元素”。

（3）过渡型离子。化学元素用期表上Ⅲ—Ⅷ族的副族元素，失去电子成为阳离子时，其最外电子层为具有8到18个电子的过渡型结构，所以称之为过渡型离子。它们在周期表上居于惰性气体型离子与铜型离子之间的过渡位置，其离子半径和极化性质也介于惰性气体型离子与铜型离子之间。最外电子层电子数越接近于8的离子，其亲氧性越强，越易形成氧化物和含氧盐；越接近于18者，亲硫性越强，越易形成硫化物。居于中间位置的Mn和Fe与O和S均可化合。如Fe与S结合形成黄铁矿FeS_2，可与O结合形成赤铁矿Fe_2O_3。

离子的结合性质还受所处环境的影响。如W、Sn本来有与O结合的倾向，但当介质中S的浓度很高时，也可与S结合。铜型离子只有在还原条件下，即S呈负价时，才能与之结合形成硫化物；在氧化环境中，S成六价阳离子构成$[SO_4]^{2-}$，此时，铜型离子则与O结合生成氧化物及含氧盐。Fe在还原条件下多与S结合生成黄铁矿或白铁矿FeS_2，当O的浓度很高时，便与O结合生成赤铁矿Fe_2O_3、磁铁矿Fe_3O_4、菱铁矿$Fe[CO_3]$。

3. *矿物的化学成分及变化*

矿物的化学成分可以分为两种类型：一类是由同种元素的原子相结合组成的单质，另一类是普遍存在的由两种或两种以上的不同化学元素的原子组成的化合物。

每种矿物都有其特定的化学成分，各组分间遵守定比定律，并可用化学式来表示。例如，水晶几乎由纯的SiO_2组成，只有用现代化的测试手段作精确分析时，才能发现它常含有极微量的Al或Fe等，通常视这类矿物为成分基本固定的矿物。而大多数矿物的化学组成是可以在一定范围内变化的，产生这种变化的原因包括晶体的类质同像、晶格缺陷或晶体结构上的不均匀性、胶态准矿物的吸附及矿物中水的变化等。

大多数矿物由于存在类质同像替代的缘故，它们的化学成分并不固定，而是在一定范围内变化。对于类质同像矿物，如果把具有类质同像替换关系的组分看成一个整体，则其化学组成仍然遵守定比定律和倍比定律。例如，橄榄石$(Mg,Fe)_2[SiO_4]$、斜长石$(Na,Ca)[Al(Al,Si)Si_2O_8]$、闪锌矿$(Zn,Fe)S$等。圆括号内用逗号分开的元素间具类质同像替代关系，靠前的元素含量较高。

矿物晶体内部存在的某种晶格缺陷或结构上的不均匀性，使得一些矿物的化学成分表现出非化学计量性，即不符合定比定律，这些矿物属于非化学计量矿物。例如，方铁矿的理想化学式为FeO，但实际成分为$Fe_{1-x}O$，Fe原子数略少于O原子数。这是因为方

铁矿中部分 Fe^{2+} 为 Fe^{3+} 取代，为了保持晶体的电中性，晶格中便相应地形成了空位。又如镁铁闪石，它是一种双链结构硅酸盐矿物，化学组成为 $(Mg,Fe)_7[Si_4O_{11}]_2(OH)_2$，近代高分辨率透射电镜观察结果表明，其晶体结构中普遍含有少量三链结构的 $(Mg,Fe)_{10}[Si_3O_8]_4(OH)_4$，因而导致整个晶体的平均化学成分偏离理想的化合比。

胶态准矿物化学组成上的变化，首先表现在分散相和分散介质之间的量比关系上，即不受定比定律的约束。其次，胶体微粒具有很大的比表面积以及由此而引起的表面吸附能力，被吸附的离子对于胶体而言，不必考虑其半径的大小、电价的高低等因素，吸附量的多少主要取决于被吸附离子在介质中的浓度。可见，胶态准矿物的组成不但可变，而且相当复杂，变化的幅度很宽，它取决于矿物本身形成时的环境。

4. 矿物中的水

水是很多矿物的重要组成部分，含水矿物的许多性质与其所含的水分有关。根据水在矿物中的存在形式及其在矿物晶体结构中所起的不同作用，可把它们分为两种基本类型：一是不参加晶体构成，且与矿物晶体无关的水，统称为吸附水；二是参加晶体构成或与矿物晶体结构关系密切的水，包括结晶水、结构水、层间水和沸石水。

（1）吸附水。吸附水是以中性水分子形式被机械地吸附于矿物颗粒外表面或孔隙中的水，不参与组成矿物的晶格，因而不属于矿物固有的化学组成。例如，包裹在黏土矿物颗粒表面的薄膜水及充填在矿物粒间孔隙内的毛细管水，它们在矿物中的含量随环境湿度、温度、压力变化而改变。常压下，当温度达 110 ℃时，吸附水基本上全部脱失。但胶体矿物中的吸附水脱失温度较高，一般为 100 ~ 250 ℃。

（2）结晶水。结晶水以中性水分子形式参与构成矿物晶体结构，其数量固定，并遵守定比定律。例如，石膏 $Ca[SO_4] \cdot 2H_2O$ 中的 H_2O。这种水由于受到晶格束缚，脱失温度较高，一般为 200 ~ 500 ℃或更高。结晶水脱失后，矿物的晶体结构亦被破坏。

（3）结构水（或化合水）。结构水是以 OH^- 或 H^+、H_3O^+ 离子形式参与构成矿物晶体结构，因而也有确定的含量比。例如，高岭石 $Al_4[Si_4O_{10}](OH)_8$ 即为含结构水的矿物。这种水在晶体结构中的结合强度比结晶水高，只有在高温条件下（一般为 500 ~ 900 ℃或更高）晶体结构被破坏时才能以中性水分子形式释放出来。

（4）层间水。层间水是存在于某些层状结构硅酸盐矿物结构单元层之间的中性水分，其性质介于结晶水和吸附水之间（例如蒙脱石所含的层间水），含量不定，当温度、压力升高时，层间水逐渐逸失，常压下至 110 ℃时大部分逸失。层间水脱失后，相邻结构单元层之间的距离减小，但晶格不被破坏。已脱失层间水的层状结构硅酸盐进入潮湿环境时，又可重新得到层间水，并使晶体结构膨胀。

（5）沸石水。在沸石矿物的晶体结构中，存在着大的“空腔”，水以中性水分子的形式存在于其中，这种水称为沸石水。沸石水在晶体结构中占据确定的位置，其含量有一个上限，随着环境温度增高或湿度减小，沸石水通过结构通道逸失，但并不引起晶体结构变化。部分脱水后的沸石，在潮湿环境中又能从外界吸收水分。因此，沸石水是性质介于吸附水和层间水之间的水。

5. 矿物的化学式

按照一定原则，用元素符号及其他辅助符号表示矿物化学组成特征的式子，称为矿物的化学式。主要有实验式和结构式两种。

只表示矿物中各组分数量比的化学式，称矿物的实验式。例如，方解石的实验式为 $CaCO_3$ 或 $CaO \cdot CO_2$。化学式的优点是：只需有关化学分析结果即可写出，并且各组分含量比一目了然，适宜在书写矿物化学反应方程式时使用。但实验式不能反映矿物中各组分间的结合关系。

目前，在矿物学中使用较普遍的是结构式（又称晶体化学式），这种化学式既能反映矿物中各组分的种类和比例，又能反映组分之间的结合关系。结构式的书写规则如下：

（1）阳离子写在化学式的最前面，复盐的阳离子依碱性由强至弱的顺序由前向后排列，如白云石 $CaMg[CO_3]_2$。

（2）阴离子或络阴离子写在阳离子后面，络阴离子要用方括号括起来；附加阴离子一般写在主要阴离子或络阴离子的后面，如透辉石 $CaMg[Si_2O_6]$、磷灰石 $Ca_5[PO_4]_3(F,Cl)$。

（3）有类质同像替代关系的离子用圆括号括起来，相互间以逗号分开，含量较多的元素一般写在前面，如铁闪锌(Zn,Fe)S。

（4）含水化合物中“水”的写法是：结构水写在主要（络）阴离子后面，如高岭石 $Al_4[Si_4O_{10}](OH)_8$ 等；结晶水写在化学式的最后或用圆括号括起来（也可写在与之相联系的阴离子后面），如石膏 $Ca[SO_4] \cdot H_2O$；沸石水以其含量上限为准，写在化学式的最后，如钠沸石 $Na_2[Al_2Si_3O_{10}] \cdot H_2O$；层间水用圆括号括起来，写在可交换阳离子后面，如钠蒙脱石 $Na_{0.33}(H_2O)_4\{(Al_{1.67}Mg_{0.33})[Si_4O_{10}](OH)_2\}$；吸附水在化学式中一般不予表示，但胶体水要用 nH_2O 或 aq 表示，并写在化学式最后，如水铝英石的化学式为 $mAl_2O_3 \cdot pSiO_2 \cdot nH_2O$ 或 $mAl_2O_3 \cdot pSiO_2 \cdot aq$。

三、矿物的形态

形态是矿物最直接的外观特征之一。不同的矿物，由于内部结构、成分等不同，往往有其特征的形态；同一种矿物，因为形成条件不同，也可能出现不同的形态。因此，矿物的形态不仅是识别矿物的标志，也是分析矿物成因的依据。

对晶质矿物形态的研究以单体和集合体为主；对固态非晶质准（或似）矿物，则只有集合体形态。

1. *矿物的单体形态*

矿物单体即矿物的单个晶体。矿物单体形态主要包括矿物晶体结晶习性及晶面花纹两方面。

1）结晶习性

生长条件一定时，同种晶体总能发育成一定的形状，这种性质称晶体的结晶习性，简称晶习或晶癖。根据矿物晶体在三维空间的发育特征，通常将结晶习性分为三种基本类型。即，一向延长型：晶体沿一个方向特别发育，呈柱状、针状、纤维状等形态，如柱状石英、针状普通角闪石、纤维状石膏、石棉等。二向延长型：晶体沿两个方向特别发育，呈鳞片状、片状、板状等形态，如片状云母、板状石膏等。三向等长型：晶体在三维空间发育程度近于相等，呈等轴状或粒状，如立方体石盐、黄铁矿等。

除了上述3种基本类型外，矿物的结晶习性还有一些过渡类型。如介于一向延长型与二向延长型之间的板柱状；介于二向延长型与三向等长型之间的厚板状：介于三向等长型与一向延长型之间的短柱状等。

矿物单体的形状首先与其结构、成分等内部因素有关。如角闪石等结构中具有链状络阴离子团的矿物，常沿着链的方向发育成柱状、针状、纤维状。另外，矿物单体形状还受晶体生长时的外部环境控制。如由于生长时的温度不同，高温石英常发育成柱面不发育的短柱锥状，沿 z 轴的切面呈菱形；再如方解石由于生长温度不同，其晶体可呈现 800 多种形状。其他许多矿物的形状都不只是一种，根据晶体形状鉴定矿物时，尤其要注意。

2）晶面花纹

实际上，晶体的晶面并非理想的平面，其上常会出现多种凹凸的花纹，即晶面花纹。肉眼较易识别的包括晶面条纹和蚀像等。

（1）晶面条纹（又称生长条纹或聚形条纹）。指在晶体的晶面上出现且沿一定方向排列的直线状条纹（彩图 31）。

矿物单晶体的形状与其生长时的外部环境有关。环境条件的改变会引起矿物晶体形态的变化。如黄铁矿的晶面条纹就是由立方体和五角十二面体两种单形的晶面交替发育形成的（彩图 31b）。

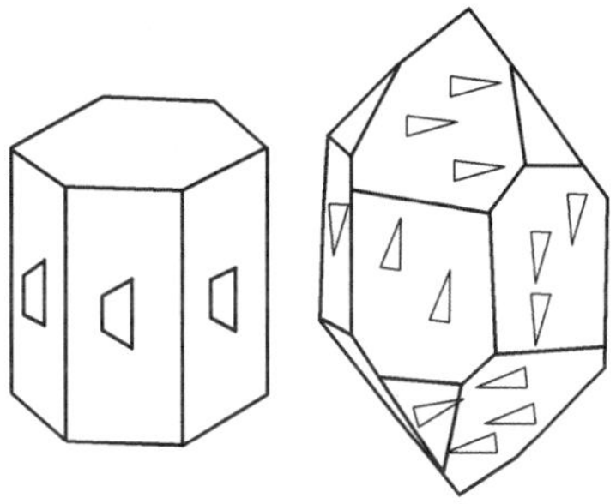

(a) 磷灰石　　(b) 石英

图 4－1　磷灰石和石英蚀像

（2）蚀像。指晶体形成以后，晶面受溶蚀而产生的凹坑。蚀像的形成、形状和分布，主要受晶体内部质点的排列方式控制。不同矿物种类，或同一矿物晶体上内部质点排列方式不同的晶面,其蚀像的形状和位向一般也不相同。因此,蚀像可用来鉴定矿物（图 4－1）。

2. 矿物的集合体形态

自然界中，矿物的个体大多是集合在一起以所谓集合体形式出现的。而集合体又有同种和异种矿物集合体之分。这里所说的集合体形态是指由同种矿物的许多个体集合在一起构成的形态。

根据集合体中矿物颗粒大小，集合体形态分为 3 类：显晶集合体形态（肉眼可以观察到晶体颗粒）、隐晶集合体形态（肉眼不能观察到，但显微镜下可观察到晶体颗粒）、胶态（准矿物）集合体形态（显微镜下也不能观察到晶体颗粒）。结晶质矿物的集合体形态，主要取决于单体的形状和它们集合的方式；胶态准矿物的集合体形态与形成条件关系密切。

1）显晶集合体形态

由于矿物晶体的结晶习性、颗粒大小及空间排列方式不同，显晶集合体有下列主要形态类型（彩图 32）。

（1）粒状集合体。主要由三向等长的粒状晶体颗粒构成；按颗粒直径大小，可分为粗粒（颗粒直径大于 5 mm）、中粒（5 ~ 1 mm）和细粒（小于 1 mm）集合体，如纯橄榄岩中的橄榄石即呈粒状集合体形态（彩图 32a）。

（2）片状、板状、鳞片状集合体。主要由二向延长的片状、板状、鳞片状晶体颗粒构成（彩图 32b、32c），如云母、石膏、石墨分别可呈片状、板状、鳞片状集合体形态。

（3）柱状、针状、纤维状、放射状集合体。主要由一向延长的柱状、针状、纤维状晶体构成（彩图 32d、32f、32g、32h）。

(4) 晶簇状集合体。是以岩石的孔洞壁或裂隙壁为共同基底生长的单晶体群所组成的集合体（彩图 32e）。

2）隐晶和胶态集合体

隐晶物质的晶粒及胶体的胶粒都是肉眼无法看到的，而且胶体老化后常变成隐晶质，因此隐晶集合体和胶态集合体形态有许多共同之处。按其外形和成因，主要分为分泌体、结核、鲕粒及豆状体、钟乳状体、土状、被膜状等（彩图 33）。

(1) 分泌体。指在球状或形状不规则空洞中，由胶体或隐晶质洞壁逐渐向中心沉淀充填而成。分泌体中心经常留有“空腔”，有时长有晶簇。由于溶液成分的改变或周期性沉淀，常出现同心环带构造，各环带在成分和颜色上往往有所不同。接分泌体的直径大小不同，又被分为晶腺（大于 1 cm）（彩图 33a）和杏仁体（小于 1 cm）（彩图 33b）。前者如玛瑙，后者如火山岩中的杏仁体。

(2) 结核体。其与分泌体的形成过程正好相反，它是物质围绕某一质点自内向外生长而成的一类呈球状、透镜状、瘤状等形态的矿物集合体。直径常在 1 cm 以上。多见于致密岩石或疏松的沉积物中，在风化壳和氧化带中也能形成。常形成结核体的矿物有方解石、磷灰石、蛋白石、黄铁矿等。结核体内部构造有放射状、同心层状和致密块状等。

(3) 鲕状及豆状体。形状、大小如同鱼卵的颗粒所组成的集合体，称为鲕状集合体（彩图 33c）；形状、大小如豆者（直径大于 2 mm）称豆状集合体（彩图 33d）。它们多由介质溶液围绕悬浮的核心沉淀而成，有明显的圈层状构造。

(4) 钟乳状集合体。其由溶液或胶体在较宽敞空间经蒸发结晶或凝固逐层堆积而成。一般将其形状与常见的物体类比而给予不同的名称。如葡萄状（彩图 33g）、肾状（彩图 33f）、钟乳状（彩图 33e）等。钟乳状集合体的内部常见同心层状、放射状构造。

四、矿物的物理性质

矿物在物理学方面研究所涉及的光学、力学、电学、磁学等方面表现出来的性质，称矿物的物理性质。它们主要取决于矿物的化学成分和内部结构，因而成为鉴别矿物的重要依据。

1. 矿物的光学性质

矿物的光学性质主要包括矿物对可见光吸收、反射、折射和透射时所表现出的颜色、条痕、光泽、透明度等性质，也包括矿物受外部能量激发所产生的发光性质等。

图 4－2　颜色互补关系

(1) 颜色。矿物的颜色是矿物对入射可见光中不同波长的光线选择吸收后，透射和反射的各种波长可见光的混合色。如果矿物对不同波长的光均匀吸收，则随吸收量由多到少而呈现黑、深灰、灰、浅灰、白色等。如果矿物对不同波长的光选择吸收，则呈现被吸收光的补色。如图 4－2 所示，当照射到矿物上的白光中的绿光被吸收，矿物即呈现绿色的补色——红色。

根据矿物颜色产生的原因，可将颜色分为自色、他色和假色 3 种类型。自色是由矿物本身固有的化学成分和结构所决定的颜色，如赤铁矿的红色。他色是由非矿物本身固有的因素（如类质同像混入的微量的杂质元素，带色的细微机械混入物等）引起的颜色，如红宝石 Al_2O_3 的红色是由于有微量的 Cr^{3+} 替代 Al^{3+} 引起的。假色是由于光的干涉等物理原因引起的，如白云母、方解石的解理面上霓虹般的晕色、某些硫化物矿物表面上由氧化薄膜引起的锖色等。自色因其主要由矿物固有因素决定，对鉴定矿物有重要意义。他色可作为鉴定某些矿物的辅助依据；假色只对个别矿物有鉴定意义。

矿物颜色命名描述方法常有两种。一种是标准色谱法，即利用标准色谱中红、橙、黄、绿、青、蓝、紫及白、灰、黑等色来描述矿物的颜色，如斜长石的白色。当矿物颜色与标准色谱的颜色有深浅等差别时，可在标准色谱色名前加上适当的形容词。如浅灰色、淡红色等。当矿物颜色介于两种标准色谱色之间时，可将次要颜色名称作为主要颜色的形容词写在主要颜色名称之前。如黄绿色表示以绿色为主，其中带有黄色色调。颜色命名及描述的第二种常用的方法是类比法，即描述以生活中常见实物的颜色。如赤铁矿的猪肝色、橄榄石的橄榄绿色、雄黄的桔红色等。

（2）条痕。将矿物在白色无釉瓷板（条痕板）上擦划后留下的矿物粉末的颜色，称为条痕。条痕的描述与颜色方法相同。浅色、透明矿物的条痕大多为白、灰白等浅色，因此条痕对这些矿物的鉴定意义不大。此外条痕也不适用于硬度高于条痕板的矿物。由于条痕消除了假色、减弱了他色，因而比矿物的颜色更为固定，在鉴别某些不透明矿物时可具特殊意义。例如，赤铁矿可呈猪肝色、黑色，但其条痕均为樱红色。

（3）光泽。矿物表面对可见光的反射能力称为光泽。通常根据矿物晶体平坦表面反射光由强到弱的顺序，将光泽分为 4 级：①金属光泽，呈明显的金属状光亮的光泽，如黄铁矿的光泽；②半金属光泽，如同未经磨光的金属表面的光泽，如磁铁矿的光泽；③金刚光泽，像钻石表面一样光亮的光泽，如闪锌矿的光泽；④玻璃光泽，类似平板玻璃表面的光泽，如石英、方解石晶面的光泽。

此外，由于受矿物的颜色、表面平坦程度、解理发育及集合方式等因素影响，矿物常表现出一些特殊的光泽，主要包括：①油脂光泽，解理不发育的透明矿物在不平坦的断口上表现的油脂状光亮，石英、石榴石等矿物的断口具有这种光泽；②丝绢光泽，透明矿物纤维状集合体表面的丝绢状光亮，纤维状石膏、石棉等矿物具有这种光泽；③珍珠光泽，部分透明、解理完全或极完全的矿物，由于内层解理面反射光相互干涉形成类似珍珠或贝壳珍珠层表面的光亮，白云母、板状石膏等矿物具有这种光泽；④土状光泽，粉末或土状、疏松多孔状矿物集合体表面暗淡无光，它们所具有的光泽称土状光泽，高岭石的集合体（高岭土）等可呈这种光泽。

（4）透明度。矿物允许可见光透过的程度，称为矿物的透明度。其大小主要取决于矿物对光的吸收程度。肉眼观察矿物透明度时，为避免矿物厚度影响，通常隔着矿物薄片或碎块的刃边进行观察，并根据所见物体的清晰程度将其粗略分为透明、半透明和不透明 3 种。其中，透明矿物允许绝大部分可见光透过，隔着其薄片或碎块刃边，可清晰地看到物体的轮廓。如白云母、石英、长石等；不透明矿物基本上不允许可见光透过，隔着其薄片或碎块刃边看不见任何物体。如磁铁矿、黄铁矿等；半透明矿物的透明度介于透明矿物和不透明矿物之间。如辰砂、雄黄等。

矿物的颜色、条痕、光泽、透明度之间有内在的联系。一般而言，呈金属色的矿物，其条痕为深色，具金属或半金属光泽，不透明；呈非金属色的矿物，其条痕为浅色，具金刚光泽、玻璃光泽等，透明度较高。

（5）发光性。矿物受到外界能量激发（如加热，紫外线、γ 射线、X 射线、阴极射线照射）时发出可见光的性质，称为发光性。矿物发光性的实质是其晶体结构中的质点受外界能量激发，发生电子跃迁，在电子由激发态回到基态的过程中，又将吸收的能量以可见光的形式释放出来。按发光的性质不同，发光性分为萤光性和磷光性两种。矿物在受外界能量激发时发光，激发停止后发光立即停止的现象称萤光性，如金刚石、白钨矿等在紫外光照射下的发光现象。激发停止后仍能继续发光一段时间的现象称磷光性，如磷灰石的热发光等。

2. 矿物的力学性质

矿物的力学性质，是指矿物在外力作用下表现出来的硬度、解理、断口、延展性、弹性、挠性和脆性等物理性质。其中，硬度、解理、断口等对矿物鉴定最有意义。

1）硬度

矿物的硬度是指矿物抵抗外力机械作用的能力。根据机械作用力性质不同，硬度可以分为刻划硬度、压入硬度和研磨硬度等类型。

在矿物肉眼鉴定工作中，广泛应用的是摩氏硬度。所谓摩氏硬度是指刻划硬度，共 10 个硬度等级。即以 10 种硬度不同的代表性矿物的硬度为标准，从软到硬，定为 1 ~ 10。这些代表性矿物的名称及其摩氏硬度等级分别是：1—滑石；2—石膏；3—方解石；4—萤石；5—磷灰石；6—正长石；7—石英；8—黄玉；9—刚玉；10—金刚石。

上述 10 种矿物构成了摩氏硬度计。其他矿物的硬度可通过与摩氏硬度计的标准矿物互相刻划、比较来确定。例如，黄铁矿能轻微刻动正长石，但不能刻动石英，因此，其摩氏硬度为 6 ~ 6.5 左右。在野外，常用指甲（硬度 2 左右）、铜钥匙（3）、铁刀（5 ~ 5.5）、碎瓷片（5.5 ~ 6）等较易得到的东西帮助测定矿物的硬度。

测量矿物硬度时，要在洁净、新鲜的单个晶体上进行。刻划时，用力要缓且均匀，避免用力压掘。

2）解理

矿物晶体受力作用后沿一定方向裂开成一系列光滑平面的性质称为解理。裂成的光滑平面称为解理面。鉴定解理时需要观察解理的完善程度、解理组数及其夹角等。

根据解理产生的难易、解理片厚薄、解理面大小及平整光滑程度，通常将解理的完善程度分为以下 5 个级别。

（1）极完全解理。极易产生解理，解理片极薄，解理面大而平坦光滑。如白云母、黑云母的 $\{001\}$ 解理。

（2）完全解理。容易产生解理，并形成规则的解理块，解理面较大，且平坦光滑。如方解石的 $\{10\bar{1}1\}$ 菱面体解理。

（3）中等解理。较易产生解理，但解理面不大，且平坦及光滑程度较差，常呈阶梯状，碎块上既有解理面又有断口。如普通辉石的 $\{110\}$ 解理。

（4）不完全解理。较难产生解理，解理面小且平坦光滑程度差，碎块上以断口为主。如磷灰石的 $\{0001\}$ 解理。

（5）极不完全解理（或称无解理）。肉眼见不到解理面，碎块上只发育断口。例如，肉眼观察见不到 a—石英的解理面，只有借助有关仪器才能见到零星的{$10\bar{1}1$}菱面体解理面。

某些矿物晶体上，可能沿着不同方向发育完善程度相同或不同的解理。例如，石盐晶体可沿 3 个互相垂直的方向发育完全解理；重晶石可沿一个方向发育完全解理，另两个方向发育中等解理。晶体上出现解理的方向数目称为解理组数；不同方向解理面之间的夹角称解理夹角。例如，石盐具有三组完全解理，解理夹角为 90°。

3）断口

矿物受力后，在任意方向上破裂成的凹凸不平的面，称为断口。非晶质准矿物破裂后只形成断口；具极不完全解理（无解理）矿物的破裂面以断口为主；有较好解理的矿物在不发育解理的方向破裂后，亦可形成断口。根据断口的形状特征，可将其分为以下几种。

（1）参差状断口。断口呈参差不平的形状，如磷灰石等矿物的断口。大多数脆性矿物以及块状或粒状集合体属于此类型。

（2）贝壳状断口。断口呈贝壳形的曲面，面上有不规则的同心纹，形似贝壳，如 a—石英和蛋白石的断口（图 4－3 和图 4－4）。

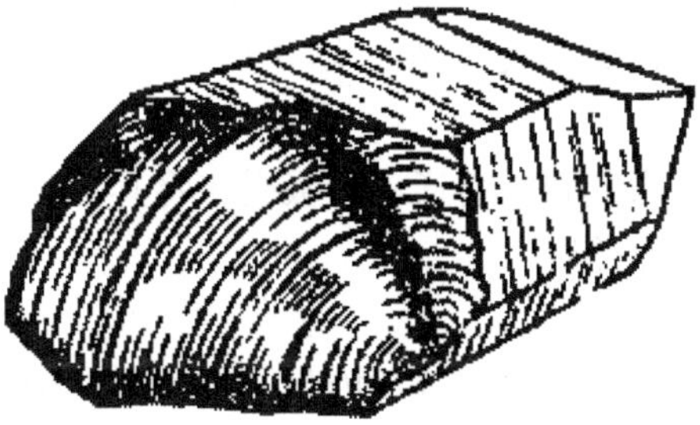

图 4－3　a—石英的贝壳状断口

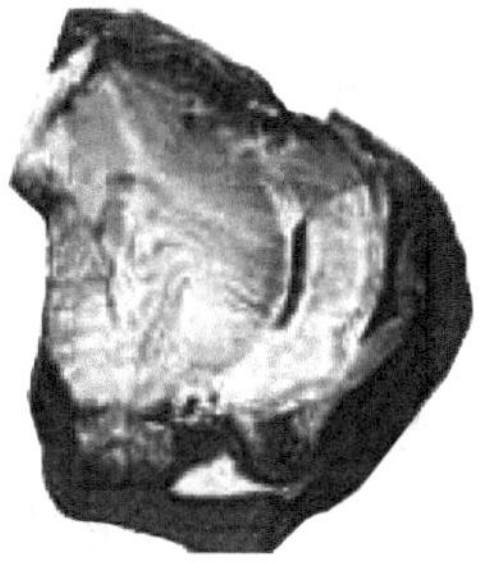

图 4－4　蛋白石的贝壳状断口

（3）锯齿状断口。断口呈尖锐的锯齿状，自然铜等延展性很强的矿物具有此种断口。

（4）土状断口。断口面呈细粉状，为高岭石等土状矿物集合体所具有的断口。

除硬度、解理、断口外，矿物的脆性、延展性、弹性和挠性等力学性质也分别对某些矿物的鉴定有意义。脆性是指矿物受力作用时容易破碎的性质，如石盐、方解石等具脆性。延展性是指矿物在辗压或拉伸时分别容易成为薄片或细丝的性质，如自然金、自然铜等具延展性。弹性是指矿物在外力作用下弯曲变形，外力解除后又恢复原状的性质，如云母等矿物具弹性。挠性是指矿物受力弯曲变形，外力解除后不能恢复原状的性质，如绿泥石片具挠性。

3. 矿物的比重、磁性、放射性及电学性质

1）比重

纯净、均匀的单矿物在空气中的重量与同体积水在 4 ℃时的重量之比，称为矿物的比重。矿物的密度是指单位体积矿物的质量，单位为 g/cm^3。4 ℃时水的密度为 1 g/cm^3，所

以，矿物比重和密度的数值相等，但比重无量纲。

矿物比重的变化范围很大，可从小于1（琥珀）到23（铂族矿物），但大多数矿物的比重在2~4.0。决定矿物比重大小的主要因素有两个：一是晶体结构中原子或离子的大小及其堆积的紧密程度；二是组成元素的原子量大小。

在矿物手标本鉴定中，通常凭经验用手掂量，将矿物按比重分为三级：石盐(2.1~2.5)、石膏(2.3)等比重小于2.5的属轻级；石英(2.65)、斜长石(2.6~2.8)等比重为2.5至4.0的属中级；重晶石(4.6~4.7)、磁铁矿(4.6~5.2)等比重大于4.0的属重级。

2）磁性

矿物的磁性是指在外磁场作用下，矿物被磁化时所表现出来的性质，包括矿物被外磁场所吸引、排斥以及被磁化的矿物对外界产生磁场等。含 V^{3+}、Cr^{3+}、Fe^{2+}、Fe^{3+}、Mn^{2+}、Cu^{2+} 等离子的矿物常具有磁性。

根据矿物在外磁场作用下的表现，一般将磁性其分为4类：

（1）磁性矿物或铁磁性矿物。矿物粉末或小碎块可被普通磁铁吸起，如磁铁矿等。

（2）电磁性矿物。矿物不能被普通磁铁吸起，但能被强电磁铁吸起，如赤铁矿、黑云母等。

（3）逆磁性或抗磁性矿物。矿物被外磁场排斥，如自然铋、黄铁矿等。

（4）无磁性矿物。既不能被外磁场吸引，又不能被外磁场排斥，如石英、斜长石等。

在矿物的手标本鉴定中，通常根据矿物粉末能否被普通磁铁吸引，将其分为磁性矿物（能被吸引）和无磁性矿物（不能被吸引）两种类型。

3）放射性

含放射性元素的矿物能自发地放出粒子或射线，同时释放能量，矿物的这种性质称为矿物的放射性。通常将含有放射性元素的矿物叫做放射性矿物。也有人只将主要由放射性元素组成的矿物（如晶质铀矿 UO_2、方钍石 ThO_2 等）称为放射性矿物；将含有少量放射性元素的矿物（如锆石、独居石等）称为含放射性元素矿物。

4）电学性质

（1）导电性。矿物对电流的传导能力称为矿物的导电性。其大小主要取决于矿物所具有的化学键的类型，并同原子或离子与化学键的空间分布有关。有些矿物极易导电，是电的良导体。如自然金属矿物、石墨等；有些矿物几乎完全不导电，是电绝缘体。如石英、长石、方解石、白云母、石膏、石盐等；另一些矿物的导电性介于绝缘体和良导体之间，称半导体矿物，如少数富含铁、锰的硅酸盐及铁、锰等元素的氧化物。此外，当温度升高时，某些绝缘体矿物会变成半导体矿物。

（2）介电性、压电性和热电性。矿物的介电性是指某些矿物在电场中被极化的性质。当几种矿物同时在一种电介质溶液中时，介电常数比电介质溶液大的矿物就会被电极所吸引。

对某些矿物晶体施加定向压力或加热时，其两端出现正负相反、数量相等电荷的性质分别称压电性和热电性。

五、矿物的成因

矿物是在地质作用过程中，在一定的物理化学条件下形成的单质或化合物。这里主要介绍形成矿物的地质作用的特点及矿物的成因标志。

（一）形成矿物的地质作用

通常根据形成矿物的地质作用的性质和能量来源不同，将地质作用分为内生作用、外生作用。

1. 内生作用

内生作用是指矿物的形成主要由地球内部热能引起的各种地质作用。根据物理化学条件不同，可分为岩浆作用、伟晶作用、热液作用和变质作用等。

1）岩浆作用

岩浆作用是指岩浆熔融体结晶形成矿物的作用。一般认为，岩浆是来自地球深处、高温、高压、富含挥发组分且以硅酸盐为主要成分的熔融体。在岩浆由地下深处向地表运移过程中，随着温度和压力的降低，会有不同的矿物逐渐形成。

在岩浆侵入作用中形成的主要造岩矿物有橄榄石、斜方辉石、单斜辉石、普通角闪石、黑云母、斜长石、钾长石、石英等。各种矿物在一定的条件下可以形成不同的岩浆岩。此外，岩浆作用还可形成重要的金属矿床。

火山作用是岩浆作用的一种特殊形式。在火山作用过程中，岩浆沿地壳薄弱带上升至近地表或溢出地面，甚至喷向空中。由于外部温度、压力骤然下降，除形成大量低温矿物外，还形成了透长石、鳞石英等高温相矿物。火山作用可形成颗粒较大的斑晶和细小的基质矿物，甚至是隐晶质及玻璃质。

2）伟晶作用

伟晶作用是指形成颗粒较大矿物及形成伟晶岩的作用。例如，岩浆结晶到后期，残余岩浆熔体中富含二氧化硅、碱质、挥发分及稀有元素。当温度降至400～700 ℃时，矿物从熔浆中直接结晶形成伟晶岩。

伟晶岩矿物主要有钾长石、钠长石、云母、石英等。此外，还有电气石、黄玉、绿柱石、锂辉石等富含稀有元素和挥发分的矿物。

3）热液作用

热液作用是指从气水溶液一直到热水溶液过程中形成矿物的作用。地壳中热液作用多种多样，按热液来源不同，可分为岩浆期后热液、变质热液和地下水热液等。这里仅介绍岩浆期后热液作用。

岩浆期后热液是由岩浆侵入并在冷却过程中分泌出的以 H_2O 为主的挥发组分，随着温度的下降，从气水溶液转变而成的热水溶液。其作用温度在50～500 ℃，形成深度为数千米至近地表。岩浆期后热液作用按温度大致可分成高、中、低温3种类型。

（1）高温热液作用。温度范围在300～500 ℃，常与气化作用联系在一起，因此，又称气化—高温热液作用。主要形成由黑钨矿、白钨矿、锡石、辉铜矿、辉铋矿、磁铁矿、磁黄铁矿等 W－Sn－Mo－Bi－Ni－Fe 型矿物组合。非金属矿物有石英及含挥发分的电气石、黄玉、绿柱石、云母等。

（2）中温热液作用。温度范围在200～300 ℃。主要形成黄铜矿、方铅矿、闪锌矿等

Cu－Pb－Zn 型矿物组合。非金属矿物以石英为主，其次有方解石、白云石、重晶石等。

（3）低温热液作用。温度范围在 50～200 ℃，主要形成雄黄、雌黄、辉锑矿、辰砂、自然银等 As－Sb－Hg－Ag 型矿物组合。非金属矿物有石英、重晶石、方解石等。

4）变质作用

受地壳运动、岩浆活动等地球内部营力作用的影响，在地表以下一定深度内已经存在的岩石在基本保持固态的情况下，发生结构、构造或矿物成分的改变，这一变化过程称为变质作用。

变质作用类型较多，其中与矿物形成有关的主要为接触变质作用、交代变质作用和区域变质作用等。

2. 外生作用

外生作用发生在地壳的表层。主要是在太阳辐射能的影响下，由岩石圈、水圈、大气圈和生物圈相互作用而导致矿物形成的各种地质作用。外生作用主要包括风化作用和沉积作用。

1）风化作用

风化作用是指出露于地表或近地表的矿物和岩石，在太阳辐射能、大气、水和生物等的长期作用下发生机械破碎和化学分解的作用。在风化作用过程中，K、Na、Ca 等易溶组分形成真溶液被地表水或地下水带走，Si、Al、Fe、Mn 等难溶组分则残留在原地，或搬运到不远的地方堆积形成新的矿物。

不同矿物抵抗风化的能力不同。一般具有层状结构且富含水的硅酸盐矿物，以及变价元素的高价氧化物和氢氧化物在地表较稳定。例如，钾长石 $K[AlSi_3O_8]$ 在 H_2O 和 CO_2 的作用下，成分中的钾逐渐淋失，可变成水云母、高岭石、三水铝石等。而石英在风化过程中因机械破碎作用变成碎屑，残留于原地或被搬运至他处。

2）沉积作用

沉积作用是指矿物和岩石在风化作用过程中所形成的风化产物，经水流、风等介质搬运，并在地表适当条件下发生堆积的作用。根据沉积方式的不同，可分为机械沉积、化学沉积（包括胶体沉积）和生物化学沉积。

（1）机械沉积。风化条件下物理和化学性质稳定的产物，被风、水流等搬运到河谷或汇水盆地中后，因介质的搬运力降低而发生的沉积。此过程主要是原有矿物的堆积，一般没有新矿物生成。沉积物中大量出现的有石英、长石等主要造岩矿物。此外，自然金、金刚石、锡石、锆石等比重较大的矿物可在适当的场合富集，形成各种砂矿。

（2）化学沉积。矿物、岩石在风化作用下遭受分解，可溶组分溶解于水形成的真溶液或沿着断裂带上升的深部热卤水等进入内陆湖泊、封闭或半封闭的潟湖或海湾后，在蒸发环境下，溶液浓度不断增高，当达到过饱和时，即发生结晶作用，形成磷酸盐、硫酸盐、硼酸盐、硝酸盐及卤化物等一系列易溶盐类矿物。

风化作用中产生的胶体溶液进入海、湖盆地后，因与电解质作用而发生絮凝、沉淀，可形成 Fe、Mn、Al 等的氧化物和氢氧化物矿物。如赤铁矿、软锰矿、硬锰矿等。

（3）生物化学沉积。一些生物在其生活过程中能从周围介质中吸取所需的营养物，形成有机体和骨骼。生物死亡后，其骨骼等硬体部分可集中堆积形成硅藻土、介壳灰岩、磷块岩及其相应的矿物组分。

（二）矿物的成因标志

在一定物理化学条件下形成的矿物，往往带有特定的成因标志，对其进行研究，可以帮助我们分析矿物形成时的环境条件。

1. 矿物的标型性

矿物的标型性是指矿物具有一定成因意义的矿物学标志。主要包括标型矿物、矿物的标型特征等方面的内容。

1）标型矿物

标型矿物是指只能在某种特定的地质作用中形成的矿物。标型矿物是单成因的，它们的出现就可作为成因上的标志。例如，海绿石是典型的海相化学沉积物，形成于近岸浅海区氧化与还原之间的过渡环境（*Eh* 值为 0.2～0.1）；白榴石只产于碱性火山岩相次火山岩中，它的出现反映了碱性岩浆以及高温、浅成的结晶条件。

2）矿物的标型特征

矿物的标型特征是指不同成因的同种矿物，由于其形成时的物理化学条件不同，而在化学成分、晶体结构、晶形、物理性质等方面表现出的、可作为成因标志的特征。

对于有多种成因的矿物，可通过研究标型特征来揭示它们形成时的物理化学条件。

标型特征通常主要表现在下列 4 个方面：

（1）成分标型。包括矿物成分中主要元素量比的差异、微量元素含量及量比的差异等。

（2）结构标型。包括晶胞参数、离子配布、多型性、有序度等。

（3）形态标型。包括晶体的形状、习性、大小、双晶、邻界面、集合体的特点等。

（4）物理性质标型。包括颜色、条痕、光泽、硬度、比重、发光性、磁化率等。

成分标型中，如不同成因类型的锡石，其所含微量元素 Nb、Ta、Sc、In 的数量，尤其是 Nb/In 比值的差异，是重要的标型特征。产于伟晶岩中的锡石，其形成温度约为 600 ℃，成分中 Nb/In 比值大于 10000；产于高温热液石英脉中的锡石，其形成温度为 350～500 ℃，Nb/In 比值大于 300。物理性质标型中，如变质岩中的普通角闪石，随着结晶温度的增高，其颜色由蓝绿色趋于绿色，最后转为黑色。

2. 矿物中的包裹体

矿物中的包裹体是矿物在生长过程中包裹在其晶体内部的外来物质。包裹体既可以是其他矿物的晶体，也可以是气体、液体或非晶质体。其中，在主矿物生长过程中与主矿物同时形成的包裹体，又称原生包裹体。

包裹体特别是原生包裹体，对于研究矿物形成时的物理化学条件有重要意义。一般认为，原生气液包裹体是作为主矿物形成时的成矿溶液保留下来的，测定这些包裹体的形成温度、压力、化学成分等，可以为分析矿物成因或了解矿物形成时的物理、化学环境等提供有力的证据。

六、矿物的分类

目前已知的矿物约有 4000 余种，要对如此众多的矿物进行系统、全面地研究和认识，必须对它们进行科学的分类。

在矿物学发展过程中，出现过多种矿物分类方案。早期采用单纯的以化学成分为依据的矿物化学成分分类方案。此后，又提出以组成矿物的元素地球化学特征为依据的矿物地球化学分类方案，以矿物成因为依据的矿物成因分类方案，以矿物的成分、结构为依据的矿物晶体化学分类方案等。此外，还有人从不同的研究、应用目的出发，提出了其他的分类方案。本书主要介绍目前应用最多、教学最为方便的矿物的晶体化学分类。

1. 矿物的晶体化学分类

矿物的本质在于成分和结构的统一。由于晶体化学分类方案，将矿物的化学成分和内部结构联系起来，便于阐明成分与结构之间以及成分、结构与矿物的形态、物理性质等之间的关系，因此，目前在矿物学中被广泛采用。该方案的分类体系见表4－4（族及族以下从略）。本书矿物的分类总体如下：

一、自然元素大类

1. 自然金属元素类
2. 自然半金属元素类
3. 自然非金属元素类

二、硫化物及其类似化合物大类

1. 简单硫化物类
2. 复硫化物类
3. 硫盐类

三、氧化物和氢氧化物大类

1. 氧化物类
2. 氢氧化物类

四、含氧盐大类

1. 硅酸盐类
   岛状结构硅酸盐亚类
   链状结构硅酸盐亚类
   层状结构硅酸盐亚类
   架状结构硅酸盐亚类
2. 碳酸盐类
3. 硫酸盐类
4. 磷酸盐、砷酸盐、钒酸盐类
5. 硼酸盐类
6. 硝酸盐类
7. 钨酸盐、钼酸盐类

五、卤化物大类

1. 氟化物类
2. 氯化物、溴化物、碘化物类

2. 矿物的命名

目前，矿物学中所用的大量中文矿物名称来源不一。有的是沿用我国古代的有关名称，如辰砂、雄黄等；有的是由我国近、现代学者根据矿物发现地点首创的，如香花石、包头矿等；有的是借用日文中的汉字名称，如绿帘石、天河石等；有的是历年来，我国矿

表4-4 矿物晶体化学分类体系

级序	划分依据	举例
大类	化合物类型	含氧盐大类
类	阴离子或络阴离子种类	硅酸盐类
（亚类）	络阴离子结构类型	架状结构硅酸盐亚类
族	晶体结构类型	长石族
（亚族）	阳离子种类	斜长石亚族
种	一定的晶体结构和化学组成	钠长石
（亚种）	化学组成或物性、形态等方面的变异	肖钠长石

注：据罗谷风，1993。

物学工作者从外文文献中转译而来的等。了解矿物名称来源并掌握矿物名称的含义，对学习矿物学知识有一定意义。

矿物学中，矿物命名的主要依据及有关实例介绍如下：

（1）以矿物形态或矿物解理的形态命名。如石榴石得名于其晶形似石榴籽；方解石的名称与该矿物被敲击后呈“块块方解”有关；长石的名称与该矿物具有长方体解理块有关；芒硝晶体呈麦芒状。

（2）以矿物的化学成分命名。如自然金、自然铜的主要化学成分分别为 Au 和 Cu。

（3）以矿物的物理性质命名。如橄榄石得名于该矿物的橄榄绿色；电气石名称与其具热电性有关；金刚石的含义是该矿物有特有的光泽及无坚不摧的硬度。

（4）以产地或产出位置命名。如辰砂在历史上的主要产地为湖南辰州；高岭石的典型产地为江西景德镇附近的“高岭村”；香花石首先发现于湖南省香花岭。

（5）以发现者或其他人名命名。如章氏硼镁石是为纪念其发现者、我国著名地质学家章鸿钊而命名的。

（6）以历代传说命名。例如云母一词的起源，引自李时珍的《荆南志》：华容方台山出云母，土人候云所出之处，于下掘取，无不大获……则此石乃云之根，故得云母之名。也有人认为云母得名于其片状形态和五彩斑斓的颜色与“云华（花）”的形状和颜色类似。

除了上述情况外，矿物命名还有其他方面的依据。此外，某一矿物的定名依据可能有一个以上。例如，雌黄之名与该矿物呈黄色（物理性质）及古人误认为它只能形成于山的阴面（历代传说、产地）有关。

矿物名称的字尾是我国古代及近、现代矿物名称的重要组成部分，其用法也有一定的规律。一般而言，凡呈金属光泽或主要用来提炼金属的矿物，称为××矿。如辉锑矿、赤铁矿等；呈非金属光泽的矿物称××石，如方解石、正长石等；可作宝石材料的矿物称××玉，如刚玉、黄玉等；常呈细小粒状产出的矿物称××砂，如辰砂、硼砂；在地表形成的、松散状的次生矿物称××华，如钴华、镍华、砷华等；具滑腻性或黏滞性的矿物称为××膏，如石膏；易溶于水的硫酸盐称为××矾，如胆矾等；常呈透明晶体出现的矿物称为××晶，如黄晶、水晶等。

第二节 矿物研究方法

为了准确地确定矿物种属和对矿物的成分、结构、形态、物理性质、成因等作深入分析，需要选择合适的研究方法。矿物的研究方法多种多样，常用的有手标本外观鉴定法、光性鉴定法、化学分析法及常用的仪器分析方法。

1. 手标本外观鉴定法

矿物手标本的外观鉴定法，又称矿物手标本肉眼鉴定法。此方法主要根据矿物的形态、颜色、光泽、解理、硬度及野外产出状态等肉眼可直接观察的特征，配以小刀、无釉瓷板等极简单的工具以及稀盐酸等普通化学试剂的使用，对矿物进行鉴定。由于经济、简便、迅速，所以该方法在野外和实验室内鉴定要求不高的情况下被广泛采用。

2. 光性鉴定法

矿物的显微镜下鉴定，主要根据矿物在单偏光、正交偏光及锥光等光学系统下表现出的光学性质。如形态、颜色、解理程度、解理夹角、突起等级、最高干涉色、消光性、延性符号、光性特征、$2V$ 角大小等进行矿物鉴定的方法。

3. 化学分析法

化学分析法是以化学反应规律为基础，对矿物的化学成分进行定性或定量的系统分析。由于化学分析通常离不开在溶液中进行的一系列化学反应，因此，该法又称“湿法分析”。它包括重量法、容量法和比色法。前两种属经典分析方法，它们的检测下限较高，适用于常量组分的测定。而比色法由于应用了分离、富集技术及高灵敏显色剂，可用于部分微量元素的测定。

化学分析法的优点是精度较高，缺点是周期长、样品用量大，不适宜大量样品的快速分析。

4. 仪器分析法

1）X 射线衍射分析

已知晶体内部质点在三维空间以周期性平移重复的方式排列，其重复间距与 X 射线的波长属于同一数量级。因此，当 X 射线通过晶体时，便会发生衍射面在某些方向上产生强度不一的衍射线。根据 X 射线衍射的方向和强度特征，可以鉴定、研究矿物晶体。

矿物 X 射线衍射分析的具体方法种类繁多，最基本的有粉晶（多晶）分析和单晶分析两种，粉晶分析法的应用较为普遍。

粉晶分析是采用粉末状多晶为样品，故又称粉末法。按照分析技术的不同，又分为粉晶照相法和粉晶衍射仪法。粉晶照相法是利用 X 射线的照相效应，用感光底片来记录粉末样品所产生的衍射线。这种照相方法是德拜(Debye)与谢乐(Scherrer)于 1916 年发明的，故又称德拜—谢乐法。用此法拍摄的粉末照片底片叫德拜图（图 4－5b）。而粉晶衍射仪法是利用 X 射线的电离效应或荧光效应，用辐射探测器和计数器来测定并记录衍射线的方向和强度，同时，按计数器所测的衍射强弱，自动画出相应的衍射峰和背景。用此法获得的图谱叫 X 射线衍射图谱（图 4－5a），其上每一个衍射峰代表一组面网。

2）电子显微镜分析

电子显微镜包括透射电子显微镜和扫描电子显微镜。它们都是用电子束激发样品的微

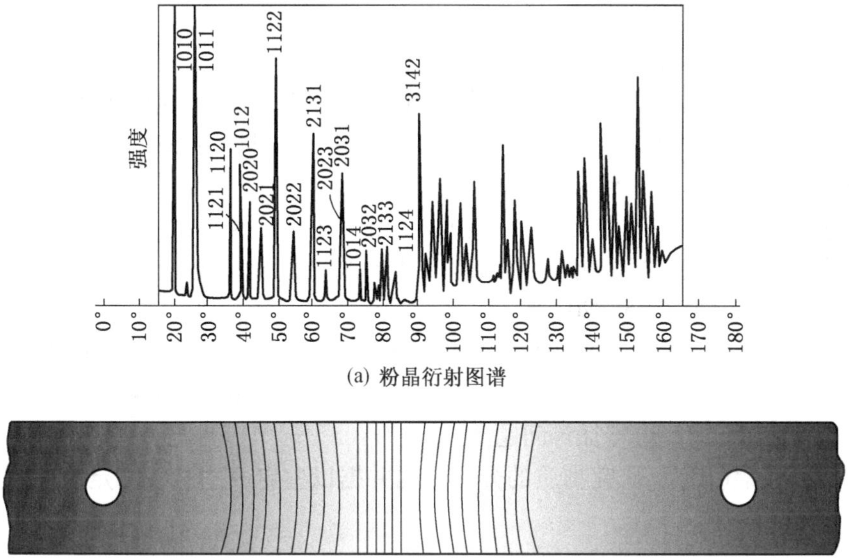

(a) 粉晶衍射图谱

(b) α-石英的德拜图

图 4－5　X 射线衍射分析
（罗谷风，1993）

区而产生各种信息，并将这些信息加以收集、处理、放大，转换成各种图像、图谱或强度数据等，从而直接观察到样品的形貌和结构等。但是，两者在成像原理、功能和制样等方面有显著区别。透射电子显微镜（TEM）是利用细聚焦电子束穿透试样并放大成像，借助于对各种图像的观察，来研究试样的形貌和超微结构、晶格缺陷等内部微观特征，其放大倍数可从 100 至 100 万，分辨率达 0.1 nm 左右，已有可能直接观察到原子。此外，透射电子显微镜还可以同时观察电子衍射图像，以测定晶格特征。配有能谱仪的透射电子显微镜还可进行微区的常量元素分析。

扫描电子显微镜（SEM）是用细聚焦电子束在试样表面扫描时激发产生二次电子（辅有背散射电子、吸收电子和特征 X 射线），经收集、处理、放大后成二次电子像，从而获得样品表面的三维立体图像。其放大倍数可从数十至数十万倍。配有能谱仪的扫描电镜，还可作微区的常量元素分析和观察元素的面分布像。

3）电子探针分析

电子探针的全称为电子探针 X 射线显微分析（EPMA）。它是通过聚焦很细（直径 1 μm 左右）的高能量电子束轰击样品表面，用 X 射线分光光谱仪测量所产生的特征 X 射线的波长与强度，或用半导体探测器的能量色散方法，对样品上被测微小区域所含的元素进行定性和定量分析。

电子探针可测量元素的范围为 ^{4}Be—^{92}U；灵敏度按统计观点估计达十万分之三，实际上，其相对灵敏度接近万分之一至万分之五，一般分析区内某元素的含量达 10^{-14} g 就可感知，测定直径一般最小为 1 μm，最大为 500 μm。它不仅能定点作定性或定量分析，还可以作线扫描或面扫描来研究元素的含量和存在形式，而且，样品无论是颗粒还是薄片、光片，都可以做非破坏性的分析。

4）其他仪器分析方法

（1）差热分析(DTA)。测定加热过程中样品的吸热和放热反应，以研究矿物的结构变化和成分变化。还可用于鉴定矿物相以及了解矿物中水的赋存形式。该法在含水矿物及易受热分解的矿物的鉴定中常用。

（2）穆斯堡尔谱或核磁伽马共振(NGR)。测定某些元素（主要是 Fe 和 Sn）的离子在结构中的状态特征，包括氧化态、自旋态、配位状态、化学键性及占位状况等。试样中待测元素的含量不应少于 15 ~ 20 mg。

（3）核磁共振(NMR)。研究某些物质的分子结构。其中以氢核共振的研究为最多，其他主要有^{7}Li、^{9}B、^{11}B、^{13}C、^{19}F、^{23}Na、^{27}Al、^{29}Si 等。可解决矿物中水的赋存状态、Si - Al 分布的有序—无序、B 的配位特征等问题。

（4）红外光谱(IR)。研究物质的分子结构并据以鉴定其物相，测定有序或无序，区分结构水与结晶水等。

第五章　典型矿物鉴定特征

第一节　自然元素大类

目前已知大约有40种元素以自然状态存在于岩石中。与其他矿物相比，自然元素矿物非常稀少，约占地壳质量的0.1%，由于它们在工业上的广泛用途，可作为某些贵重金属和宝石的主要来源，所以非常重要。根据元素的金属键性质，将自然元素分为自然金属元素、自然半金属元素和自然非金属元素。

一、自然金属元素

自然金属元素的化学组成，包括铂族元素(Ru、Rh、Pd、Os、Ir、Pt)及部分铜族元素(Cu、Ag、Au)。由于这些元素的类型相同而半径有不同程度的差别，所以它们之间有的可呈连续的类质同像(如Au-Ag)，有的则呈不连续类质同像(如Au-Cu、Ag-Cu)。

晶体化学特点和物理性质：由于等大质点作立方或六方最紧密排列，一般金属元素矿物的对称性均较高，属六方晶系或等轴晶系。由于质点一般都是以金属键联结的，一般均不透明，呈金属色（如金黄、铜红、银白、锡白、铁黑、钢灰），有强金属光泽，没有完好的晶形，解理不发育，硬度低，有延展性，是热和电的良导体。由于这些元素本身的原子量较大，所以它们的比重较大。金属元素的化学性质较稳定，原生矿床经过风化作用后常富集成砂矿。

（一）铜族

1. 自然金(Gold)(Au)

［化学组成］纯金极少有，常与银形成完全的类质同像系列。Ag含量小于5%者称自然金；5%～15%者称含银金矿；15%～50%者称银金矿；50%～85%者称金银矿;85%～95%者称含金银矿；95%～100%者称自然银。另外还可含有Cu、Fe、Pd、Bi、Pt、Ni以及Te、Se、Ir等元素：其中含Cu20%者称铜金矿；含钯5%～11%者称钯金矿；含铋4%者称铋金矿。

［晶体结构］等轴晶系，O_h^5—$Fm3m$；铜型结构。晶胞参数$a_0=4.078$ Å；$Z=4$。

［形态］晶形完好者少见（彩图34)。通常呈不规则粒状集合体，粒度大小不一，大多数呈显微粒状或次显微粒状（肉眼可见者称为明金，一般直径大于0.2 mm；显微镜下可见者称显微金，直径0.2 mm～0.5 μm；显微镜下也看不见者称超显微金或次显微金，其直径小于0.2 μm，超显微金可在电子显微镜下观察)；另外还可见树枝状、鳞片状、薄片状、网状、纤维状及团块状集合体。显微镜下常可见自形、半自形晶体。常见单形有立方体{100}、八面体{111}、菱形十二面体{110}、四六面体{210}及四角三八面体{311}，常依(111)形成双晶，可见平行连生晶形。

自然金的形态具有标型意义。一般在深部形成者形态较简单，浅部则形态复杂。总的变化趋势是深部以八面体{111}为主，中深部以菱形十二面体{110}为主，浅部则呈四角三八面体{311}、三角三八面体{223}或其他更复杂的形态。

［物理性质］颜色与条痕色均为金黄色（随其成分中含 Ag 量的增高而逐渐变浅，银金矿呈淡黄色至奶黄色；含 Cu 时，色变深，呈深黄色）；金属光泽，随 Ag 的含量增高光泽加强。无解理，硬度2.5～3，比重19.3（纯金），具强延展性，可以压成金箔或抽成细丝。熔点为1064 ℃。具有良好的导热和导电性。化学性质稳定，不溶于酸，只溶于王水。火烧后不变色。

［显微镜下特征］反射色为亮黄色或金黄色（彩图35），无反射多色性；均质性，正交偏光镜下不完全消光，并具特殊的绿色色调；无内反射；可见环带结构；$R>$黄铁矿，反射率：74（白光）；易磨光，常具擦痕；浸蚀反应：KCN(＋）染黑。

［成因及产状］自然金主要形成于各种高、中温热液作用和变质作用过程中。

世界上主要的金矿床类型有各种热液脉型金矿、变质砾岩型金矿、古老变质岩中的石英脉型金矿、沉积岩中浸染型金矿和砂金型金矿等。我国已发现的金矿主要类型有热液型、风化型和砂金型。最有名的金矿产地有山东、湖南、河南、黑龙江、吉林、辽宁和内蒙古等。

［鉴定特征］宏观：金黄色，强金属光泽，比重大，硬度低，延展性强；火烧不变色。化学性质稳定，只溶于王水。显微镜下：以特殊的反射色、高反射率和低硬度与黄铁矿、黄铜矿区别，以浸蚀反应与自然铜区别。

［主要用途］自然金是金的最主要矿石矿物。黄金储备量是衡量一个国家经济实力的指标之一，是世界性的硬通货币。工业上用途广泛，常被用作如高级真空管的涂料，计算机、电视机、收录机的涂金集成电路，核反应堆的材料，喷气发动机和火箭发动机的涂金防热罩或热遮护板，用于制造特种精密电子仪器的拉丝导线等。

2. 自然铜(Copper)(Cu)

［化学组成］原生自然铜往往含有少量或微量 Fe、Ag、Au、Hg、Bi、Sb、V、Ge（Fe 在2.5%以下，Ag 往往呈自然银包裹物，Au 固溶体可达2%～3%）等混入物。次生自然铜较纯净。

［晶体结构］等轴晶系，O_h^5—$Fm3m$；晶胞参数 $a_0=3.61$ Å，$Z=4$；铜型结构。

［形态］晶形完好者少见（彩图36）。常见单形有立方体{100}、菱形十二面体{110}、八面体{111}，也有四六面体{410}，常依(111)形成双晶。集合体常呈不规则的树枝状、片状或扭曲的铜丝状、纤维状等。次生的自然铜多呈粗糙的粉末状或在岩石和矿石裂隙中呈片状、细脉状以及致密块状等。

［物理性质］铜红色，表面常因氧化而出现棕黑色被膜，条痕铜红色，金属光泽，不透明；无解理，锯齿状断口，硬度2.5～3，比重8.4～8.95，具延展性；良好的导电性、导热性。

［显微镜下特征］反射色为铜红色或玫瑰红色（彩图37），空气中易变成淡褐色，无反射多色性；均质性，无内反射色，可见聚片双晶和环带结构。$R>$黄铁矿，反射率：81.2（白色）；易磨光，常具擦痕。浸蚀反应：HNO_3(＋)发泡，表面粗糙；HCl(±)染棕色；KCN(＋)慢染棕；$FeCl_3$(＋)迅速变黑；$HgCl_2$(＋)晕色染黑；KOH(＋)晕色染棕。

［成因及产状］自然铜形成于各种地质过程中的还原条件下。热液成因的铜充填于玄

武岩气孔中，其成因与火山热液作用有关；沉积成因的自然铜见于富含有机质的一些沉积岩中；自然铜最常形成于含铜硫化物矿床氧化带，系含铜硫化物氧化后所形成的硫酸铜溶液被其他的硫酸盐或硫化物还原而成。

［鉴定特征］宏观：铜红色，表面氧化膜呈棕黑色，比重大，延展性强；经常与孔雀石伴生。显微镜下：以玫瑰红色特殊的反射色与自然银和自然金区别。

［主要用途］聚积量大时，可作为铜矿石开采，中药上用于治疗跌打损伤。

（二）铂族

自然铂（Platinum）（Pt）

［化学组成］以铂为主，但常含少量其他元素，如 Fe、Ni、Pd、Au、Cu 等混入物。

［晶体结构］等轴晶系，O_h^5—$Fm3m$。晶胞参数 $a_0=3.913\sim3.924$ Å；$Z=4$；铜型结构。

［形态］通常呈不规则细小颗粒状，少有较大块状（彩图 38）。如前苏联乌拉尔砂铂矿床中，曾获得 8 ~ 9 kg 重的自然铂漂砾。迄今世界上发现的最大一块铂重 26 磅（约 11.8 kg）。

［物理性质］锡白色，表面一般带浅黄色；条痕烟灰至银白色；金属光泽；无解理，硬度 4；比重 21.5；具延展性。

［显微镜下特征］反射色为亮白色，无反射多色性，均质性；可见环带结构；$R>$黄铁矿，反射率：70（白光）；易磨光，具擦痕；浸蚀反应：王水（+）显结构。

［成因及产状］自然铂主要见于岩浆矿床，成因上与基性、超基性岩有关；此外，常富集于砂矿中，亦见于矽卡岩矿床、含金黄铁矿矿床及含铂石英脉中。

［鉴定特征］宏观：银白至钢灰色，比重大，在空气中不氧化，除王水外不溶于普通酸溶液；以高比重和硬度大区别于自然银；显微镜下以高反射率和亮白色为特征。

［主要用途］自然铂可用于珠宝首饰行业，如戒指、手镯和项链等装饰品。由于高度化学稳定性和难溶性，常用以制作高级化学器皿（坩埚）或与镍等制造特种合金（应用于电力工业）。近年来铂族元素在火箭、导弹、核潜艇、人造卫星、遥测遥控等国防工业（汽车用的接触反应转换器）上得到广泛利用。

［著名产地］世界著名产地有南非、俄罗斯、加拿大、美国。

二、自然半金属元素

自然半金属元素包括 As、Sb、Bi 3 种自然元素。晶体均属三方晶系。完好晶形少见，一般呈粒状、片状。新鲜面锡白或银白色，金属光泽，氧化后则暗淡无光；具{0001}完全解理。由于砷、锑、铋原子量依次增大，因而矿物比重由砷至铋递增，但非金属性递减，因此砷的非金属性较强，不具金属的延展性。

3 种自然元素矿物在自然界中极少见。

铋族

自然铋（Bimuth）（Bi）

［化学组成］成分较纯，有时含微量 Fe、S、Te、As、Sb 等元素。

［晶体结构］三方晶系，D_{3d}^5—$R\overline{3}m$；$a_{rh}=4.754$ Å，$a=57°14'$，$Z=2$；砷型层状结构（氯化钠型结构沿三次轴畸变而成）。

［形态］复三方偏三角面体晶类；晶体极少见，通常呈粒状，有时呈片状或致密块状

或羽毛状（彩图 39）。

［物理性质］新鲜断口呈微带浅的银白色，在空气中很快变成特有的浅红锖色，灰色条痕，强金属光泽；解理平行{0001}完全，硬度 2 ~2. 5，比重 9. 7 ~9. 83，延展性弱；具逆磁性、导电性。

［显微镜下特征］反射色为黄色（亮乳白色、微带玫瑰色）(彩图 40)，易氧化，很快变暗成玫瑰的乳黄，后慢慢变成褐色；$R>$黄铁矿；反射率为 67. 9（白光），双反射及反射多色性不明显；弱非均质性（亮土黄或金黄—橘黄棕）；无内反射；$A_r=2.12° \pm 0.1°$；常可见到聚片双晶；较易磨光，有擦痕。浸蚀反应：$HNO_3(+)$慢泡，染棕；$HCl(+)$染棕，有时显结构；$FeCl_3(+)$染黑，显结构；$HgCl_2(+)$染褐。

［成因及产状］产于高温热液矿床中，与锡石、黑钨矿、辉铋矿等共生，还可见于伟晶岩脉中。

［鉴定特征］浅红锖色，一组完全解理，硬度低，比重大。

［主要用途］铋含量低的样品可用于人造再生长，以形成有趣晶形标本作为收藏；由于其具有逆磁性，可用于电子场、隔火设备和耐热合金的主要原材料；也可用于配药。

［著名产地］世界著名的产地有玻利维亚、秘鲁、墨西哥、英国、德国、瑞典、挪威、澳大利亚和加拿大等。

三、自然非金属元素

组成固体非金属元素矿物的有 S、Se、Te 和 C 等元素，常具同质多象变体。元素间以共价键或分子键相联结。

1. 硫族

自然硫(Sulfur)(S)

［化学组成］一般不纯净，火山作用成因的自然硫往往含少量的 Se、As、Te，其他矿床产出者常夹有黏土、有机质、沥青和机械混入物等。

［晶体结构］斜方晶系，$D_{2h}^{24}—Fddd$；$a_0=10.437$ Å，$b_0=12.845$ Å，$c_0=24.369$ Å；环状分子型结构。

［形态］斜方双锥晶类。晶形常呈双锥状或厚板状，由斜方双锥、斜方柱、平行双面等组成。集合体通常呈致密块状、粒状、条带状、疏松状、土状、粉末状、钟乳状等(彩图 41)。

［物理性质］硫黄色，也有呈蜜黄色或呈黄棕色，因含杂质，往往带有各种不同色调，如红、绿、灰，甚至黑色（含有机质），条痕白色至淡黄，晶面呈金刚光泽，断口呈油脂光泽，透明至半透明。解理{001}、{111}、{110}不完全，断口贝壳状，硬度 1 ~2，比重 2. 05 ~2. 08，不导电，摩擦带负电。用手紧握硫的晶体，放在耳边，可以听见其自行碎裂的声音。

［显微镜下特征］在透射光下为硫黄色，稻草黄到蜜黄色，也可带有各种色调；二轴晶(+)，$2V=68°58'$。$N_g=2.2158 \sim 2.2754$，$N_m=2.0171 \sim 2.0586$，$N_p=1.9398 \sim 1.9764$。

反射光下：反射色灰色，双反射显著；平行 c 轴最亮，平行 a 轴最暗，反射多色性不明显；强烈内反射，浅黄色，常常带淡褐色（彩图42）；强非均质性，但因强烈内反射而被掩盖；$R <$ 闪锌矿；反射率：10（伏黄），15（伏黄）；白 $A_r = 8° \pm 1°$；不易磨光，擦痕难以消除。浸蚀反应：易溶于 CS_2。

［成因及产状］自然硫见于地表，其形成有不同的途径。火山喷发成因的硫是由硫蒸气直接凝华或地下的硫化物与高温水蒸气作用生成 H_2S，再经不完全的氧化或和二氧化硫反应而成；沉积成因的硫与生物化学作用关系密切，常产于石灰岩、泥灰岩、白云岩、粉砂岩和砂岩等与大量有机物质成互层的岩石内，常与方解石、白云石、文石、硬石膏、石膏、沥青等组合在一起。风化成因的硫是金属硫化物（主要是黄铁矿）或硫酸盐氧化分解而成，其过程是黄铁矿经氧化形成 $Fe_2(SO_4)_3$ 之后，这种硫酸盐又作用于黄铁矿而形成的自然硫。

［鉴定特征］宏观：黄色，油脂光泽，硬度小，性脆，有硫臭味，易溶于 CS_2，易燃，火焰呈蓝紫色。显微镜下：黄色的内反射色，硬度极低，区别于其他矿物。

［主要用途］硫是化学工业的基本原料，主要用来制造硫酸；此外，还用于造纸、纺织、橡胶、炸药、农用化肥等。

［著名产地］世界著名产地是意大利和美国海湾的盐穹。中国主要产地是台湾北部的大屯火山区。

2. 金刚石族

金刚石（Diamond）（C）

［化学组成］成分中总含有各种杂质和包裹体，其中 N 和 B 是最重要的杂质元素，它们的含量和存在形式，直接影响金刚石光、电、热等物理性能。

［晶体结构］等轴晶系，$D_h^7—Fd3m$；$a_0 = 3.55957$ Å，$Z = 8$；金刚石型结构。

［形态］六八面体晶类，常以单晶体产出。晶形为八面体，菱形十二面体，较少呈立方体及其他形态。大多数金刚石呈圆粒状或颗粒产出（彩图43）。

［物理性质］金刚石晶体一般无色透明，但当金刚石含有其他元素（特别是氮元素）、矿物包裹体或各种缺陷时，则呈现不同的颜色，常见黄色、淡黄色、黄棕色、褐色和烟灰色，而乳白色、浅绿色、淡黄绿色、玫瑰色、红色、淡蓝色、紫色和黑色，较少见；典型的金刚光泽，常因表面附有一层薄膜而呈油脂光泽；解理{111}中等、{110}不完全；贝壳状断口，硬度10，比重3.50～3.52；具有高折射率和强色散性，抗磨性强；具发光性，日光下暴晒后，夜间则发淡青色磷光；在紫外线照射下发天蓝色的磷光，但也有不发光的。

［显微镜下特征］薄片中一般无色，也有的呈浅黄、褐、红、橙等色；正极高突起，色散很强，黄光下 $N = 2.4175$，红光下 $N = 2.408$，蓝光下 $N = 2.451$；正交偏光间全消光，有时具低的干涉色；极少数显一轴晶。晶体中常见气体或固体包裹体，如石墨、镁铝榴石、铬尖晶石、钛铁矿、铬透辉石等。

反射色微灰白色，无双反射及反射多色性（彩图44），显内反射，多无色，因微量元素混入使其有不同的内反射色，见天蓝、黄、褐、烟灰、乳白、浅绿、玫瑰、红、紫等色；均质性。反射率计算值17～18.1；不能磨光。浸蚀反应：常用试剂均为负反应。

［成因及产状］金刚石是在高温高压条件下形成的，产于超基性的金伯利岩中，与橄

榄石、金云母、镁铝榴石、铬透辉石、镁钛铁矿、镁铬铁矿、铬尖晶石等共生。金刚石原生矿床经风化、搬运可形成砂矿，既是金刚石的重要来源，又是寻找金刚石原生矿的重要标志。

［鉴定特征］极高的硬度，标准的金刚光泽，高折射率，晶体轮廓浑圆状，显磷光，不溶于酸碱等。

［主要用途］无色纯净或浅彩色、晶体完好、透明者可作宝石，经琢磨成首饰后称为钻石；在工业上利用其高硬度和高强度性能，可作高切割材料和金属以及化纤上的拉丝模；良好的导热性和半导体性能，可用于制作集成电路中的散热片等。

［著名产地］世界上著名的产地有南非、印度、刚果（金）、俄罗斯、美国，中国的山东、辽宁、贵州等地。

3. 石墨族

石墨(Graphite)(C)

［化学组成］纯净者少见，常含有各种杂质达 10% ~20%，如 SiO_2、Al_2O_3、FeO、MgO、CaO、P_2O_5、CuO 等，还有水、沥青、黏土等。

［晶体结构］六方晶系，$D_{6h}^4—P6_3/mmc$；$a_0=2.462$ Å，$c_0=6.70$ Å；$Z=4$；层状结构。

［形态］复六方双锥晶类，六方板状晶形。单晶体常呈片状或板状，但完整的很少见(彩图45)。常见单形有平行双面{0001}，六方双锥{$10\bar{1}1$}，六方柱{$10\bar{1}0$}等。底面常具三角形条纹；依($11\bar{2}1$)成双晶。集合体通常为鳞片状，致密块状和土状。

［物理性质］铁黑—钢灰色，条痕光亮黑色，金属光泽；隐晶集合体呈土状者光泽暗淡，不透明；解理平行{0001}极完全，硬度 1 ~2，性软，有滑腻感，易污手，比重 2.09 ~2.23；具良好的导电性。

［显微镜下特征］薄片在透射光下不透明。极薄片能透光，呈浅绿灰色。一轴晶(-)。折射率为 1.93 ~2.07。

反射光下：浅棕灰色，双反射显著，反射多色性明显，R_o = 灰色带棕，R_e = 深蓝灰色；R < 闪锌矿。反射率：R_o为 17.0（白）和 R_e为 6.0（白），无内反射；强非均质性(彩图46)，草黄—紫灰的偏光色；$A_r=20°\pm0.2°$；不易磨光。浸蚀反应：对常用 6 种试剂均呈负反应。

［成因及产状］石墨是在高温下形成。分布最广是石墨的变质矿床，多产在受强烈区域变质或接触变质的岩层，如片麻岩、片岩、大理岩等，是由富含有机质或碳质的沉积岩经区域变质作用而成。石黑亦可产于成分不同的火成岩中，碳的来源常出自含碳的围岩，也见于伟晶岩脉。

［鉴定特征］宏观：铁黑色，条痕亮黑色，硬度低，一组极完全解理，有滑感，染手。显微镜下：以极强的非均质性、双反射、低反射率及与常用试剂不起反应为其特征，可与辉钼矿区别。

［主要用途］石墨在工业上用途很广，用于制作高温坩埚、机械工业的润滑剂、原子工业上作减速剂、电极和铅笔芯、涂料等。

［著名产地］世界著名产地有美国纽约、马达加斯加部分地区和中国黑龙江鸡西等地。

第二节　硫化物及其类似化合物大类

硫化物是金属或半金属元素与硫结合而成的天然化合物。硫化物矿物已发现有300多种，约由26种造矿元素组成。绝大部分是热液作用的产物；表生作用亦有产出，常形成具有工业意义的矿床。

硫化物的阴离子主要是S，有少量Se、Te、As、Sb、Bi。阳离子主要是亲铜元素和过渡元素，主要是Cu、Pb、Zn、Ag、Hg、Fe、Co、Ni等。它们与S、Se、Te、As、Sb、Bi形成硫化物、碲化物、砷化物、锑化物、铋化物等。在硫化物中，半金属As、Sb、Bi具双重性，即可作阳离子又可充当阴离子。

根据阴离子的特点，硫化物大类分为3类：简单硫化物、对硫化物和硫盐。简单硫化物组分简单，对称程度较高，多数为等轴晶系或六方晶系，少数为斜方晶系、单斜晶系。组分复杂的硫盐对称程度较低，主要是单斜晶系和斜方晶系。大多数硫化物晶形完好，特别是对硫化物完好晶形更为常见，如黄铁矿、毒砂；硫盐主要呈粒状或块状集合体出现。

多数硫化物具有金属色，金属光泽，低透明度和高反射率，如方铅矿、黄铜矿、黄铁矿。少数呈非金属色，金刚光泽，低透明度，半透明，如闪锌矿、辰砂、雄黄、雌黄等。

部分硫化物具有完好的解理，一般简单的硫化物的解理较对硫化物发育。简单硫化物和硫盐硬度低，一般为2～4；具层状结构的辉钼矿、铜蓝、雌黄等硬度更小（1～2）；而对硫化物硬度增高，可达5～6.5。硫化物比重较大，一般在4以上。

硫化物可形成于各种地质作用中，在岩浆作用晚期，可形成Fe、Ni、Cu的硫化物，如基性、超基性岩中的磁黄铁矿、镍黄铁矿、黄铜矿组成的铜镍硫化物矿床。伟晶作用可以形成少量硫化物，大部分硫化物是热液作用的产物。

在风化作用过程中，硫化矿床氧化带在水和氧的作用下，硫化物及其类似化合物发生氧化、分解，使原矿物改组和分解，造成明显的分带现象，在次生硫化物富集带中形成铜的次生硫化物辉铜矿、铜蓝和斑铜矿以及次生辉银矿的富集。

在硫化物沉积矿床中，一些硫化物如黄铁矿和白铁矿存在于泥质、沥青或碳质沉积物中，它们形成于有硫化氢存在的还原条件下。

另外，现代海洋沉积中也富集着各种金属的硫化物。

一、简单硫化物

1. *辉铜矿族*

辉铜矿（Chalcocite）（Cu_2S）

［化学组成］Cu 79.86%，S 20.14%，一般含有Ag混入物；有时含有Fe、Co、Ni、As、Au等，其中有些是机械混入物。

［晶体结构］斜方晶系，C_{2v}^{15}—$Abm2$；a_0 = 11.92 Å，b_0 = 27.33 Å；c_0 = 13.44 Å；Z = 96；复杂配位型结构。

［形态］斜方双锥晶类。单晶体少见，一般呈沿a轴延长的柱状或厚板状（彩图47）。常见单形有平行双面c{001}、b{010}，斜方柱m{110}、g{011}等，斜方双锥。双晶依{110}较常见，形成假六方形状。最常见的是块状集合体和粉末状（烟灰状）。

［物理性质］新鲜面呈铅灰色，风化表面黑色，常带锖色；条痕暗灰色；金属光泽；不透明。解理平行{110}不完全；硬度2.5~3；比重5.5~5.8；略具延展性。

［显微镜下特征］反射光下灰白色微带蓝色调，不显多色性，不显内反射；弱非均质性（偏光色浅蓝绿色—粉红灰色）(假均质效应系隐晶质或在极大压力下制备光片所致)(彩图48)。$A_r = 0.43°$。反射率（方铅矿 > R > 黝铜矿）：32.2（白光）；易磨光。浸蚀反应：HNO_3(+)发泡，染蓝，显结构；HCl(+)薰污；KCN(+)迅速染黑显结构；$FeCl_3$(±)染蓝，显结构；$HgCl_2$(+)显结构。

［成因及产状］铜矿床中很常见，有内生和表生两种成因。内生辉铜矿多见于富铜贫硫的晚期热液铜矿床中，常与斑铜矿共生。表生辉铜矿多见于含铜硫化物矿床氧化带下部的次生富集带中。

［鉴定特征］宏观：暗铅灰色、低硬度和弱延展性，小刀刻划后可留下光亮沟痕；常与其他铜矿物共生或伴生。显微镜下：以低硬度，常与斑铜矿共生，遇 HNO_3 发泡、染蓝、显解理为特征，可与黝铜矿及其他铜矿物区别。

呈铜的蓝绿色焰色反应；溶于 HNO_3 中，呈绿色，将小刀置其中可镀上金属铜。

［主要用途］含铜最富的硫化物，为提炼铜的重要矿物原料。

2. *方铅矿族*

方铅矿(Galena)(PbS)

［化学组成］Pb 86.60%，S 13.40%，混入物中以 Ag 最常见，其次为 Cu、Zn，有时有 Fe、As、Sb、Bi、Cd、Tl、In、Se 等。

［晶体结构］等轴晶系，O_h^5—$Fm3m$；$a_0 = 5.94$ Å；$Z = 4$；NaCl 型结构。

［形态］六八面体晶类；晶体常呈立方体、八面体。常见单形：立方体{100}、菱形十二面体{110}、八面体{111}、三角三八面体{212}；集合体通常呈粒状或致密块状(彩图49)。方铅矿的晶体形态具标型意义。一般高温热液阶段发育立方体或立方体与八面体聚形；低温热液阶段则以八面体为主。

［物理性质］铅灰色，条痕黑色，金属光泽。平行{100}三组完全解理，解理面互相垂直，当成分中含 Bi 时常有平行{111}裂开，硬度2~3，比重7.4~7.6；具弱导电性和良检波性。

［显微镜下特征］反射色为纯白色，含 Te 时，微带紫色（彩图50）；不显双反射和反射多色性；无内反射；均质性；R < 黄铁矿，反射率：43.2（白光）；易磨光，常具擦痕。显微镜下常见三组解理相交而呈黑三角形孔。浸蚀反应：HNO_3(+)染黑；HCl(±)染棕、晕色；$FeCl_3$(+)晕色。

［成因及产状］方铅矿是自然界中分布最广的含铅矿物，形成于不同温度下的热液作用，以中温热液作用最为重要，经常与闪锌矿一起形成铅锌硫化物矿床。

［鉴定特征］宏观：铅灰色，黑色条痕，强金属光泽，立方体晶形，三组完全解理，硬度小，比重大；有 Pb 的被膜反应；溶于 HNO_3，并有 $PbSO_4$ 白色沉淀。显微镜下：以具明显的黑三角形孔、低硬度、白色反射色和均质性为特征，可与类似矿物区别。

［主要用途］是铅的最重要的矿物原料；含 Ag 的方铅矿又是提炼银的重要矿物原料。

［著名产地］世界著名产地有中国云南部分地区、广东凡口、甘肃厂坝、青海锡铁山及湖南水口山等地。

3. 闪锌矿族

ZnS 有两个同质多象变体：等轴晶系的闪锌矿（β—ZnS）和三方或立方晶系的纤维锌矿（α－ZnS）。此处主要介绍前者。

闪锌矿亚族

闪锌矿（Sphalerite）（ZnS 或 β—ZnS）

［化学组成］Zn 67.1%，S 32.9%，常含有 Fe、Mn、Cd、Ga、In、Ge、Tl 等类质同像混入物及 Cu、Sn、Sb、Bi 等机械混入物，在闪锌矿中 Fe 代替 Zn 十分普遍，Fe 的含量最高可达 26.2%，当铁过量时出现闪锌矿与磁黄铁矿的组合。

［晶体结构］等轴晶系，T_d^2—$F\overline{4}3m$；$a_0=5.40$ Å；$Z=4$；闪锌矿型结构。

［形态］六四面体晶类。常见单形：四面体{111}和{$1\overline{1}1$}、立方体{100}、菱形十二面体{110}等；常呈四面体晶形，正四面体{111}晶面上常有三角形蚀象，负四面体{$1\overline{1}1$}晶面上常有正、负四面体的具形纹；依{111}成接触双晶，有时成聚片双晶；一般呈粒状或致密块集合体（彩图 51），有时可见葡萄状、同心圆状及肾状的隐晶质形态，反映胶体沉积的特征。

闪锌矿的晶体形态具标型意义。一般高温形成的闪锌矿，主要为正、负四面体并可发育有立方体；中低温的闪锌矿，主要单形为菱形十二面体，还可见有立方体和负四面体。

［物理性质］颜色变化较大，由无色—浅黄、棕褐—黑色，随成分中含 Fe 量的增加而变深，亦有绿、红、黄等色，系由微量元素引起，条痕由白色至褐色，松脂光泽至半金属光泽（随铁含量增多而增强），透明至半透明；具平行{110}的六组完全解理，硬度 3.5～4，比重 3.9～4.2（随含 Fe 量增加，硬度增大而比重降低）；不导电。

［显微镜下特征］薄片中为灰、黄和褐色，颜色多不均一，而呈环带状分布（彩图 52）。解理清晰，极高突起，折射率非常高，其值视含铁多少而有所不同。均质性，$n=2.37\sim2.43$。

反射光下，反射色灰色微带蓝色或棕色，无双反射及反射多色性；有内反射（红棕—黄棕色）（彩图 53）；均质性；中等硬度；反射率：17.5（白光）；易磨光；自形晶少见，一般呈不规则粒状。浸蚀反应：HNO_3（+）染棕，显结构；王水（+）发泡，染褐色。

［成因及产状］主要产于矽卡岩型矿床和中低温热液矿床中，是分布最广的锌矿物，与铅密切共生。闪锌矿在表生条件下常形成菱锌矿、异极矿。

［鉴定特征］宏观：菱形十二面体晶形，多组完全解理、半金属光泽，硬度小以及与方铅矿密切共生。显微镜下：以其均质性、中硬度、灰色略带棕色的反射色、鲜明的常带褐黄色、黄色内反射色及常含黄铜矿乳浊体，常与方铅矿共生为其特征，可与类似矿物区别。

［主要用途］提炼锌的最重要矿物原料。

［著名产地］中国以云南金顶、广东凡口、甘肃厂坝、青海锡铁山及湖南水口山等地最著名。

4. 辰砂族（HgS）

HgS 有两个同质多像变体：三方晶系的辰砂和等轴晶系的黑辰砂。后者很少见到。

辰砂（Cinnabar）（HgS）

［化学组成］Hg 86.2%，S 13.8%；有时含有 Se（达 1%）、Sb、Cu、Te 等机械混入

物。

［晶体结构］三方晶系，$D_3^4—P3_121$；$a_0=4.14$ Å，$c_0=9.49$ Å，$Z=3$；螺旋链状结构。

［形态］三方偏方面体晶类。晶体呈菱面体状，或沿{0001}成板状或沿 c 轴呈柱状等。集合体多呈不规则粒状、致密块状以及粉末状、皮壳状和被膜状（彩图54）。

［物理性质］鲜红色，表面呈铅灰色之锖色，鲜红色条痕；金刚光泽；半透明；解理平行{$10\overline{1}1$}三组完全，性脆，硬度2～2.5；比重8.0～8.2；不导电。

［显微镜下特征］在透射光下呈红色，有时为淡灰色；半透明。透射光的强光下（可加聚光镜）为鲜红色，有时还见多色性：N_e＝橙黄、红色，N_o＝暗红色，双折射率很高；具较强的旋光性；有时可见双晶；一轴晶(＋)。折射率 $N_e=3.272$，$N_o=2.913$；$N_e-N_o=0.359$。

在反射光下，反射色纯白色、浅蓝白至蓝灰色。双反射清晰：R_o＝灰色微紫，R_e＝较亮微黄；显著的亮血红色—朱红色内反射（彩图55）；强非均质（浅绿—黄白—灰—紫灰，偏光色常被内反射色所掩盖）；$A_r=2.53°\pm0.1°$；黝铜矿＞R＞闪锌矿；反射率：28(白光)；磨光性良好。浸蚀反应：王水(＋)发泡，晕色，但不均匀。

［成因及产状］仅形成于低温热液作用过程中，并沉淀于碱性介质环境；经常共生的矿物有辉锑矿、黄铁矿、方解石、萤石；此外，还可形成砂矿。

［鉴定特征］宏观：颜色鲜红，条痕红色，比重大，硬度低。显微镜下：以朱红色内反射、低硬度及对6种标准试剂无反应为特征，可与赤铜矿等区别。

［主要用途］汞的重要矿物原料。单晶可作为激光调制晶体，是激光技术的关键材料。

［著名产地］中国是辰砂主要生产国之一，因辰州（今湖南沅陵、泸溪、辰溪、溆浦一带）所产朱砂（古代称辰砂为朱砂）最佳而得名。湖南晃县、贵州婺源和铜仁等地是辰砂的著名产地。

5. 黄铜矿族

黄铜矿(Chalcopyrite)($CuFeS_2$)

［化学组成］Cu 34.56%，Fe 30.52%，S 34.92%；当形成温度高于200 ℃时，其成分与理想化学式比较 S 显不足，即（Cu＋Fe）：$S>1$；温度低于200 ℃时，其成分与理想化学式一致，即（Fe＋Cu）：$S=1$。混入物有Mn，As，Sb，Ag，Zn，In，Bi等。

［晶体结构］四方晶系，$D_{2d}^{12}—I\overline{4}2d$；$a_0=5.24$ Å，$c_0=10.32$ Å，$Z=4$；闪锌矿型结构的衍生结构。

［形态］四方偏三角面体晶类。单个晶体不常见，晶形呈四方四面体、四方偏三角面体、四方双锥。集合体通常为致密块状或分散粒状，偶尔出现隐晶质肾状形态（彩图56）。

［物理性质］黄铜黄色，表面常有蓝、紫褐色的斑状锖色；绿黑色条痕；金属光泽；不透明。解理平行{112}和{101}不完全；硬度3～4；性脆；比重4.1～4.3；能导电。

［显微镜下特征］反射色为铜黄色、亮黄色；不显双反射及反射多色性；无内反射；弱非均质性（偏光色带绿的土黄色或带土黄的绿色—带橙土黄色或带土黄橙色），但经常观察不到非均质性，常显均质性；$A_r=0.32°\pm0.1°$；黄铁矿＞R＞方铅矿。反射率：44～

46.1（白光）；可见聚片双晶；易磨光。浸蚀反应 HNO_3(±)薰污（彩图57）。

［成因及产状］黄铜矿分布很广，可形成于各种地质条件下，主要有以下3种成因。

（1）岩浆型。在与基性、超基性岩有关的铜镍硫化物或钒钛磁铁矿床中，形成的温度较高，与磁黄铁矿、镍黄铁矿密切共生。

（2）接触交代型。黄铜矿经常交代石榴子石或透辉石等矿物，与磁铁矿、黄铁矿、磁黄铁矿等共生，亦可与毒砂或方铅矿、闪锌矿、辉钼矿等共生。

（3）热液型。以中温热液型常见，常呈充填或交代脉状，与黄铁矿、方铅矿、闪锌矿及方解石、石英等共生。

黄铜矿在地表遭受氧化后形成 $CuSO_4$ 和 $FeSO_4$，遇石灰岩形成孔雀石和蓝铜矿，也可形成褐铁矿铁帽。在次生富集带可转变为斑铜矿和辉铜矿。

［鉴定特征］宏观：黄铜矿和黄铁矿相似，可以其较深的黄铜色、较低的硬度以及不完整的晶形相区别。与自然金（强延展性）区别在于其绿黑色条痕和脆性。显微镜下：铜黄色，弱非均质性和常呈固溶体分离结构为其特征；以反射色、弱非均质性区别于方黄铜矿；以反射色显黄绿色及反射率较低与自然金区别。

［主要用途］提炼铜的原料。

［著名产地］主要集中在长江中下游地区、川滇地区、山西南部中条山地区、甘肃的河西走廊以及西藏高原等。

6. 斑铜矿族

斑铜矿(Bronite)(Cu_5FeS_4)

［化学组成］Cu 63.33%，Fe 11.12%，S 25.55%；斑铜矿经常含有黄铜矿、辉铜矿的显微包裹体，其实际成分变动很大；因为在高温时（大于400 ℃）斑铜矿与黄铜矿、辉铜矿呈固溶体，低温时发生固溶体溶离。其他的混入物常见有 Ag。

［晶体结构］等轴晶系，O_h^2—$Fm3m$；a_0 = 5.50 Å；Z = 8；复杂四面体配位结构。

［形态］六八面体晶类。晶体可见等轴状的立方体、八面体和菱形十二面体等假象外形，但极为少见，通常呈致密块状或不规则粒状（彩图58）。

［物理性质］新鲜面呈暗铜红色，风化表面常被覆盖蓝紫斑状锖色，灰黑色条痕，金属光泽，不透明，性脆；{111}解理不完全，硬度3，比重4.9~5.3；具导电性。

［显微镜下特征］反射色为粉红棕色—橙色（彩图59），不显双反射；无内反射；通常显弱非均质，偏光色浅蓝棕灰—红棕色，在细粒晶体中显均质效应；黝铜矿 > R > 闪锌矿；反射率：21.9（白光）；易磨光。浸蚀反应：HNO_3(+)发泡，变黄褐；KCN(+)染褐；$FeCl_3$(+)染橙。

［成因及产状］斑铜矿为许多铜矿床中广泛分布的矿物；在热液成因的斑岩铜矿中，与黄铜矿，有时与辉钼矿、黄铁矿呈混染状分布于石英斑岩中；还见于某些接触变质的矽卡岩矿床中和铜矿床的次生富集带中。

［鉴定特征］宏观：特有的暗铜红色及锖色，硬度低。显微镜下：以淡玫瑰色区别于磁黄铁矿的略棕黄色、红砷镍矿的亮粉红色（或亮玫瑰红）及块硫砷铜矿和硫砷铜矿的橙色调。

［主要用途］铜的主要矿物原料。

［著名产地］世界著名产地有英国、美国、中国等地。

7. 磁黄铁矿族

磁黄铁矿(Pyrrhotite)($Fe_{1-x}S$)

[化学组成] 磁黄铁矿的化学组成较 FeS 理论含量(Fe 63.53%,S 36.47%)含有更多的S，S含量可达39% ~40%。混入物以 Ni 和 Co 为最常见，往往呈类质同像置换 Fe。

[晶体结构] 320 ℃以上稳定的为高温六方晶系变体，空间群为 $P6_3/mmc$；320 ℃以下稳定的为单斜变体，空间群为 C2/c。晶胞参数：高温六方晶系变体为 $a_0=0.343$ nm，$c_0=0.569$ nm；低温单斜晶系变体 $a_0=0.686$ nm，$b_0=1.190$ nm，$c_0=1.285$ nm；红砷镍矿型结构。

[形态] 晶体通常依{0001}发育呈板状、双锥状、桶状、柱状，但均较少见。常见单形有平行双面{0001}、六方双锥和六方柱{$10\bar{1}0$}：依($10\bar{1}1$)形成双晶。集合体常呈致密块状、粒状或浸染状（彩图60)。

[物理性质] 暗青铜黄色，带褐色锖色，有时呈黄棕色；亮灰黑色条痕；金属光泽；不透明；解理平行{$10\bar{1}0$}不完全；沿{0001}裂开发育；性脆；硬度3.5 ~4.5；比重4.6 ~4.7；具弱磁性到强磁性。

[显微镜下特征] 反射色乳黄色微带玫瑰棕色（彩图61)；双反射清晰，反射多色性明显，R_o = 淡红棕色，R_e = 乳黄带棕色；无内反射；强非均质（偏光色浅蓝灰—褐黄灰—略红棕)，$A_r=1.51°\pm0.1°$，非均质性强度依其方向而定；方铅矿 > R > 黝铜矿，反射率：38.5 ~45.2（白光)；中等硬度；磨光性良好。浸蚀反应：HNO_3(+)慢染棕；HCl(±)液体变黄、薰污；KOH(+)晕色。

[成因及产状] 分布于各种类型的内生矿床中。在基性岩体内的铜镍硫化物岩浆矿床中，是矿物主要成因之一，与其共生的矿物有镍黄铁矿、褐黄铜矿；在接触交代矿床中，有时形成大的聚集体，与其共生的矿物有黄铜矿、黄铁矿、磁铁矿、毒砂等；在氧化带极易分解转变为褐铁矿；此外偶见于沉积岩中，与菱铁矿伴生，或见于磷灰岩结核中。

[鉴定特征] 宏观：暗青铜黄色，硬度小，弱—强磁性。吹管火焰烧之，熔成具有强磁性的黑色块体。显微镜下：以具磁性、强非均质性、明显的反射色及浸蚀反应为特征，可与黄铜矿和方黄铜矿、镍黄铁矿区别。

[主要用途] 用于制作硫酸的原料，但其经济价值远不如黄铁矿，含镍高时可作为镍矿石综合利用。

[著名产地] 世界著名产地有芬兰、挪威、瑞典、德国、加拿大和美国等地。

8. 辉锑矿族

1) 辉锑矿(Stibnite)(Sb_2S_3)

[化学组成] Sb 71.4%，S 28.6%；含少量的 As、Pb、Ag、Cu、Fe，多为机械混入物。

[晶体结构] 斜方晶系，对称型 D_{2h}^{16}—$Pbnm$；$a_0=11.20$ Å，$b_0=11.28$ Å，$c_0=3.83$ Å；链状结构。

[形态] 斜方双锥晶类，晶体为长柱状、针状或板状，沿 c 轴伸长；单形有斜方柱 m{110}；平行双面 b{010}及斜方双锥 s{111}；柱面上具有明显的纵纹；通常以放射状和致密块状集合体出现（彩图62)。

[物理性质] 铅灰色或钢灰色，表面常有蓝色的锖色，灰黑色条痕，金属光泽，不透

明；解理平行{010}完全，解理面上常有横纹（聚片双晶纹）；硬度2~2.5；比重4.51~4.66。

［显微镜下特征］反射色为白色—浅灰白色，多色性显著。反射多色性：平行 a 轴呈暗灰白色，平行 b 轴呈浅灰色，平行 c 轴为纯白色；无内反射；强非均质性（偏光色为蓝—黄粉—褐）（彩图63）；$A_r=6.2°\pm0.1°$；在光片中常见因压力和位移造成的折曲的聚片双晶；黄铁矿＞R＞方铅矿，反射率30.2~40（白光）；磨光性良好。浸蚀反应 HNO_3（+）慢染棕；HCl（±）液体变黄、薰污；KOH（+）晕色。

［成因及产状］见于中低温热液矿床中，主要富集于由辉锑矿单矿物组成的石英脉或碳酸盐矿层中。

［鉴定特征］宏观：灰色，晶形柱状，柱面上有纵纹，解理面上有横纹；易溶，对于细粒的块体，滴KOH立刻呈现黄色，随后变成橘红色，以此区别与其类似的氧化物。显微镜下：以其白色的反射色、显著的反射多色性、强非均质性及浸蚀反应为特征，可相似矿物区别。

［主要用途］提炼锑的最重要的材料。

［著名产地］中国湖南新化锡矿山是世界上最著名的辉锑矿产地。

2）辉铋矿（Bismuthinite）（Bi_2S_3）

［化学组成］Bi 81.3%，S 18.7%。类质同像混入物有Pb、Cu、Sb、Fe，其中 Pb^{2+} 置换 Bi^{3+} 的同时，Cu^{+} 相应地进入晶格，使电价得到补偿。此外还有As、Au、Ag等混入物。

［晶体结构］斜方晶系，D_{2h}^{16}—$Pbnm$；$a_0=11.13$ Å，$b_0=11.27$ Å，$c_0=3.97$ Å；$Z=4$；链状结构。

［形态］斜方双锥晶类；晶体常呈柱状，有时为板状、针状或毛发状；晶面大多具纵纹。主要单形有：平行双面c{010}、a{100}；斜方柱m{110}、h{310}、n{021}、l{101}、z{301}、p{501}；斜方双锥s{111}、w{121}。集合体常呈柱状、针状或毛发状、放射状、粒状、致密块状为常见（彩图64）。

［物理性质］微带铅灰的锡白色，表面常现黄色或斑状锖色，灰黑色或铅灰色条痕，较辉锑矿更强的金属光泽，不透明。解理平行{010}完全，解理面上无纵纹，硬度2~2.5，比重6.4~6.8，个别达7.1。

［显微镜下特征］反射色为白色，带蓝色调（彩图65）；显反射多色性，较弱，平行 a 轴为白色微蓝，平行 b 轴灰白色，平行 c 轴黄白色；无内反射；强非均质性（偏光色灰—黄褐—灰紫）；$A_r=4.8°\pm0.1°$；平行消光，大晶粒往往具波状消光；黄铁矿＞R＞方铅矿；反射率：48.7（白光）和42（白光）；磨光性良好。浸蚀反应：HNO_3（+）慢泡染黑，显结构；HCl（±）薰污；$HgCl_2$（+）染浅棕。

［成因及产状］辉铋矿为分布最广的铋矿物；主要见于高温热液钨锡矿床，与黑钨矿、辉钼矿、黄玉和毒砂等共生；在中温热液和接触交代矿床中也有产出，与黄铜矿、黄铁矿、毒砂、绿柱石、石英等共生。

［鉴定特征］辉铋矿与辉锑矿不共生。宏观：与辉锑矿相似，可以锡白色，光泽较强，解理面上无纵纹，与KOH不起反应等区别。显微镜下：以反射率较高、双反射、浸蚀反应为特征，尤以对KOH的浸蚀反应（－）可区别于辉锑矿。

［主要用途］铋的最重要矿物原料。

［著名产地］世界著名产地有玻利维亚、秘鲁、俄罗斯等地。

9. 铜蓝族

铜蓝(Covellite)(CuS 或 $Cu_2S \cdot CuS_2$)

［化学组成］Cu 66. 48%，S 33. 52%。混入物有 Fe 及少量 Ag、Se、Pb 等。

［晶体结构］六方晶系，$D_{6h}^4—P6_3/mmc$。$a_0 = 3.792$ Å，$c_0 = 16.344$ Å；$Z = 2$；具复杂的层状结构。

［形态］复六方双锥晶类；单晶体极为少见，呈细薄六方板状或片状。集合体通常多以粉末状、被膜状和煤灰状附于其他硫化物之上（彩图 66）。

［物理性质］靛蓝、浅蓝、深蓝或黑色，灰黑色条痕，暗淡—金属光泽，不透明。极薄的薄片透绿光。解理平行{0001}完全，薄片可弯曲，性脆，硬度 1. 5 ~ 2；比重 4. 59 ~ 4. 67。

［显微镜下特征］透射光下：一轴晶(－)，多色性明显，$N_o > N_e$，折射率随波长变化。

反射光下：反射色深蓝色—白色微蓝，双反射清晰，反射多色性 R_o = 深蓝微带紫色，R_e = 蓝白色（彩图 67）；不显内反射；强非均质性（偏光色火橙—蔷薇—橙黄），$A_r = 14.6° \pm 0.4°$；低硬度。黝铜矿 > R > 闪锌矿，反射率 28（伏黄）和 16（伏黄）；易磨光。浸蚀反应：HNO_3(＋)薰污；KCN(＋)染蓝紫或黑，显结构。

［成因及产状］铜蓝主要是外生成因，是含铜硫化物矿床次生富集带中最为常见的一种矿物；热液作用形成的铜蓝极其稀少；在火山熔岩中也曾发现铜蓝，是硫质喷气作用的产物。

氧化带中铜蓝极易分解，形成各种表生铜矿物，其中孔雀石最常见。在次生富集带，还原作用加强，铜蓝也可被辉铜矿交代。

［鉴定特征］宏观：靛青蓝色，低硬度；块体呵气后变紫色；铜蓝可以从它的颜色、云母般的解理、薄片的弹性以及和其他的铜的硫化物共生等特性，予以鉴别。显微镜下：以火橙色的偏光色、反射色和反射多色性为特征，可与蓝辉铜矿区别。

［主要用途］铜的矿物原料，通常与其他铜矿物一起作为铜矿石利用。

［著名产地］世界著名产地有前南斯拉夫、奥地利、意大利、美国、德国、英国等地。

10. 雌黄族

雌黄(Orpiment)(As_2S_3)

［化学组成］As 60. 91%，S 39. 09%；常含 Sb（可达 2. 7%）和 Se（达 0. 04%），有时含微量 V、Ge、Hg 等类质同像混入物。

［晶体结构］单斜晶系，$C_{2h}^5—P2_1/c$；$a_0 = 1.149$ nm，$b_0 = 0.959$ nm，$c_0 = 0.425$ nm；$\beta = 90°27'$；$Z = 4$；层状结构。

［形态］斜方柱晶类，晶体常呈短柱状。主要单形有平行双面 b{010}、a{100}；斜方柱 m{110}。集合体常呈片状、梳状、放射状或具放射状构造的肾状、球状以及皮壳或粉末状等（彩图 68）；依(100)成双晶。

［物理性质］柠檬黄色（含杂质者微带绿色），鲜黄色条痕，油脂到金刚光泽，解理

面为珍珠光泽，薄片透明。解理平行{010}极完全，薄片具挠性，硬度1~2，比重3.4~3.5。

［显微镜下特征］薄片中柠檬黄色；二轴晶(-)；$N_p=2.4$，$N_m=2.81$，$N_g=3.02$；$2V=76°$；强色散。

反射色浅灰色或灰白色，双反射清晰，多色性明显：平行a轴=白色，平行b轴=灰色微红，平行c轴=暗灰白色；内反射显著（淡红色、浅黄色或稻草黄色）（彩图69）；弱—稍强非均质性（偏光色浅蓝—略紫蓝），常因强烈内反射的干扰而不显著，白$A_r=6°±1°$；方铅矿＞R＞黝铜矿，反射率8~23（白光）；不易磨光。浸蚀反应：KCN(+)显结构；KOH(+)染棕黑；$HgCl_2$(+)黄色沉淀。

［成因及产状］主要为低温热液矿床中的典型矿物，与雄黄密切共生；此外，还与辰砂、辉锑矿、白铁矿及文石、石英、石膏等共生；还见于热泉沉积物和火山凝华物中，与自然硫、氯化物等一起产出；外生成因的雌黄在煤矿及褐铁矿矿床中见微量，呈皮壳状或土状。

［鉴定特征］宏观：与自然硫相似，以其柠檬黄色，鲜黄色条痕，平行{010}解理极完全，硬度低，比重较自然硫大相区别。显微镜下：以鲜明的黄色内反射色和显著的双反射为特征，可与雄黄区别。

［主要用途］提炼砷及其制造各种砷化物的重要材料，还用于中药。

［著名产地］世界著名产地有罗马尼亚、秘鲁、日本、美国，中国的湖南、云南、贵州、四川、甘肃等省。

11. 雄黄族

雄黄(Realgar)(AsS或As_4S_4)

［化学组成］As 70.1%，S 29.9%；成分比较固定，一般含杂质较少。

［晶体结构］单斜晶系，$C_{2h}^5—P2_1/n$；$a_0=9.29$ Å，$b_0=13.53$ Å，$c_0=6.57$ Å；$\beta=106°33'$；$Z=16$；环状分子型结构。

［形态］斜方柱晶类；晶体较少见，有时可见沿c轴呈柱状、短柱状或针状。柱面上有细纵纹；依(001)成双晶；常呈粒状、致密块状，有时土状、粉末状、皮壳状集合体。

［物理性质］橘红色；条痕橘红色；晶面金刚光泽，断口为树脂光泽；透明—半透明（彩图70）。解理平行{010}完全；平行{120}、{$\bar{1}$01}、{100}次之；硬度1.5~2，比重3.56；阳光下久照发生破坏，转变为红黄色粉末。

［显微镜下特征］透射光下，显二轴晶(-)；$N_p=2.538$，$N_m=2.684$，$N_g=2.704$；$2V=46°42'$；强多色性，N_p=几乎无色至橙红色，$N_m=N_g$=淡金黄色至朱红色；强色散。

反射光下：反射色灰色微带紫色，双反射清晰，显反射多色性（灰色微带红—灰色微带蓝色）（彩图71）；具黄红色或橙色内反射色；强非均质性（浅黄绿—略紫蓝），易被强烈的内反射所掩盖；白$A_r=4°±1°$。黝铜矿＞R＞闪锌矿，反射率：18.5（白光）；不易磨光。浸蚀反应：HNO_3(+)发泡；KCN(±)薰污；KOH(+)迅速变黑；王水(+)发泡变褐。

［成因及产状］形成条件和雌黄完全相似；主要见于低温热液矿床中，还见于温泉沉积物和硫质及硫质喷气孔的沉积物里，和雌黄紧密共生；外生成因较少。

［鉴定特征］宏观：雄黄与辰砂相似。雄黄橘红色，硬度低，条痕淡橘红色；辰砂红色，条痕鲜红色，且比重较大。显微镜下：以鲜明橙红色内反射色、低硬度及与雌黄紧密伴生为特征，可与类似矿物区别。

［主要用途］提炼砷及其制造各种砷化物的重要材料，也可用于中药，此外还可用于农药、颜料、玻璃等工业。

［著名产地］世界著名产地有匈牙利、德国、罗马尼亚、瑞士、希腊，美国的黄石公园，中国的云南、贵州、四川、甘肃等地。

12. *辉钼矿族*

辉钼矿（Molybdenite）（MoS_2）

［化学组成］Mo 59.94%，S 40.06%。类质同像混入物有 Re（0.*n*～1.88%）、Se 等。

［晶体结构］六方晶系（2H 型），空间群为 $D_{6h}^4—P6_3/mmc$；$a_0=3.15$ Å，$c_0=12.30$ Å，$Z=2$；三方晶系（3R 型），空间群为 C_{3v}^5-R3m；$a_0=3.16$ Å，$c_0=18.33$ Å；层状结构。

［形态］复六方双锥晶类；晶体呈平行 c{0001} 的六方板状、片状；主要单形有：平行双面 c{0001}，六方柱 m{$10\bar{1}0$}，六方双锥 s{$10\bar{1}5$} 等；依（0001）呈双晶或平行连生。集合体常呈片状、鳞片状，有时呈细小颗粒状（彩图 72）。

［物理性质］铅灰色，条痕在素瓷板上呈亮灰色，在涂釉瓷板上为黄绿色（与石墨相区别），金属光泽，不透明；解理平行（0001）极完全，硬度 1～1.5，能在纸上画出条痕，薄片具挠性，具油腻感；比重 4.7～5.0。

［显微镜下特征］反射色为灰白色，双反射强，反射多色性变化显著，R_o＝灰白色，R_e＝灰色微带暗蓝色（彩图 73）；一般不显内反射，非常薄时，具韭绿色内反射；强非均质性（45°位置时白色微带淡粉黄色，不十分正交时为暗蓝色，常具波状消光）；$A_r=12.5°\pm0.1°$；方铅矿＞R＞黝铜矿；反射率：37（白光）和 15.2（白光）；不易磨光。浸蚀反应：HNO_3 稍有反应。

［成因及产状］主要为高、中温热液成因，矿床与酸性岩在成因上有关；最重要的钼矿床为斑岩型钼矿；有时与黑钨矿、锡石、辉铋矿共生，形成 W－Sn－Mo 或 W－Sn－Mo－Bi 综合矿床。个别基性、超基性 Cu－Ni 硫化物矿床中亦可见有辉钼矿。矽卡岩矿床中常与石榴子石、透辉石、白钨矿、黄铁矿及其他硫化物组合出现。表生带中，辉钼矿可转变为钼钙矿或黄色粉末状钼华。

［鉴定特征］宏观：灰色，金属光泽，硬度低，解理平行{0001}极完全。以其比重大，光泽强，颜色及涂釉瓷板上特征的黄绿色条痕可与相似的石墨区别。显微镜下：以双反射、非均质性特强，硬度特低；常呈弯曲片状，对试剂特别稳定为特征，可与类似矿物区别。

［主要用途］提炼钼和铼的最重要材料。

［著名产地］世界著名产地有澳大利亚新南威尔士州、加拿大魁北克和安大略省，美国、挪威、瑞典、英国、墨西哥等国部分地区。中国钼矿储量居世界首位，最著名的产地有辽宁、河南、山西、陕西等。

二、复硫化物

本类矿物成分中阳离子主要为 Fe、Co、Ni，阴离子为 $[S_2]^{2-}$ 或 $[Se_2]^{2-}$ 等，且对 S 中的一个S原子可被As或Se代替，形成阴离子团$[AsS]^{3-}$或$[SeS]^{3-}$。

（一）黄铁矿-白铁矿族

FeS_2有两种同质多像变体，一种为等轴晶系称黄铁矿；另一种为斜方晶系称白铁矿，据此可分出黄铁矿亚族和白铁矿两个亚族。

1. 黄铁矿亚族

黄铁矿(Pyrite)(FeS_2)

［化学组成］Fe 46.55%，S 53.45%。常有Co、Ni呈类质同象代替Fe、As、Se代替S；此外，常含有Cu、Ag、Au、Sb、In、Ge等机械混入物。

［晶体结构］等轴晶系，T_h^6—$Pa3$；$a_0=5.417$ Å；$Z=4$；岛状基型，NaCl型结构的衍生结构。

［形态］偏方复十二面体晶类。晶形常呈立方体，五角十二面体，较少呈八面体，在立方体晶面上常能见到晶面条纹。集合体常呈致密块状、分散粒状以及结核状等（彩图74）。

［物理性质］浅黄铜黄色，表面常具有黄褐色锖色，条痕绿黑或褐黑色，强金属光泽，不透明。解理平行{100}和{111}极不完全，硬度6~6.5，比重4.9~5.2。有些变种具检波性。

［显微镜下特征］反射色为淡黄色或黄白色，含Co、Ni或Cu高时，呈带粉红色、红色或紫蓝色色调（彩图75）；无反射多色性；无内反射；均质性，由于磨光方法和杂质的影响，造成晶格弯曲的缘故，有时显异常的弱非均质性。磨光极费时，磨光不足时常见麻点。浸蚀反应：$HNO_3(+)$慢泡，有时薰污。反射率：54.5（白光）。

2. 白铁矿亚族

白铁矿(Marcasite)(FeS_2)

［化学组成］Fe 46.55%，S 53.45%；常含As、Sb、Bi、Ni、Co、Cu等混入物。

［晶体结构］斜方晶系，D_{2h}^{12}—$Pmnn$，$a_0=3.38$ Å，$b_0=4.44$ Å，$c_0=5.39$ Å；$Z=2$；岛状结构。

［形态］斜方双锥晶类，晶体通常呈平行{010}的板状，有时呈矛头状、双锥状晶形。常见单形有平行双面b{010}，斜方柱m{110}、e{101}，有时见依(110)的鸡冠状双晶，也常呈结核状、皮壳状产出（彩图76）。

［物理性质］浅黄铜色，微带浅灰或浅绿色，新鲜面近于锡白色（较黄铁矿色浅），条痕暗灰绿色，金属光泽，不透明；解理平行{101}不完全，性脆，硬度6~6.5，比重4.85~4.9；弱导电性。

［显微镜下特征］反射色为淡黄白色微带淡绿黄色；强双反射，具反射多色性（浅蓝或浅蓝绿—淡棕白或淡粉红白）（彩图77）；无内反射；强非均质性（蓝绿—棕黄—棕紫）；$A_r=1.63°\pm0.1°$；$R>$黄铁矿；反射率：48.9~55.5（白光）；磨光性较差，有时易磨光。浸蚀反应：$HNO_3(+)$缓慢发泡，染褐、晕色。

［成因及产状］自然界分布远较黄铁矿少，不易形成大量聚积，是FeS_2的不稳定变体，高于350℃即转变为黄铁矿。内生白铁矿见于热液矿床，且往往是晚期低温成矿阶段的产物，常见于晶洞中，通常与黄铁矿、黄铜矿、闪锌矿、方铅矿、磁黄铁矿、雄黄、雌黄及其他硫化物、碳酸盐共生。外生的白铁矿见于泥质、泥砂质或碳质地层中，常呈白铁

矿结核。在氧化带，白铁矿更易分解，形成褐铁矿、针铁矿或纤铁矿等，称铁帽，可作为找矿标志。

［鉴定特征］宏观：白铁矿和黄铁矿不同之处：一是具有鸡冠状的晶形，二是颜色比较淡白。显微镜下：以其反射色常具淡绿黄色、强非均质性及偏光色显著和切面形态，区别于黄铁矿。

［主要用途］提炼硫酸的重要材料，也可用以提炼硫黄。

［著名产地］世界范围广泛分布，著名产地有美国的加利福尼亚州、西班牙部分地区、葡萄牙部分地区、中国台湾金瓜石矿区的石英安山岩之内等。

（二）*辉砷钴矿－毒砂族*

毒砂亚族－毒砂(Arsenopyrite)($FeAsS$)

［化学组成］Fe 34.30%，As 46.01%，S 19.69%；Fe 可被 Co 作不完全类质同像代替，形成毒砂（含 Co 3%）、钴毒砂（含 Co 3% ~12%）、铁硫砷钴矿（含钴 12% 以上）。Ni 也可代替 Fe。Ag、Au、Cu、Pb、Bi、Sb 可作机械混入物存在。

［晶体结构］单斜晶系，空间群 $C_{2h}^5—P2_1/C$，$a_0=9.53$ Å，$b_0=5.66$ Å，$c_0=6.43$ Å，$\beta=90°$；或三斜晶系，空间群 $C_i^1—P\overline{1}$；$a_0=5.74$ Å，$b_0=5.675$ Å，$c_0=5.78$ Å；白铁矿型衍生结构。

［形态］斜方柱晶类。晶体多为柱状，沿 c 轴延伸。常见单形：假斜方柱 n{101}、斜方柱 m{110}、平行双面 b{010}等。双晶(100)和(001)形成假斜方形态；依(101)形成接触和穿插双晶；依(012)形成十字双晶和星状三连晶。集合体常呈粒状或致密块状（彩图 78）。

［物理性质］锡白—钢灰色，浅黄锖色，条痕灰黑色，有时带有很弱的紫色或褐色色调，金属光泽，不透明；解理平行{100}中等—不完全，{010}不完全，性脆，硬度 5.5 ~6，比重 5.9 ~6.29；以锤击之发 As 的蒜嗅；灼烧后具磁性。

［显微镜下特征］反射色亮白色微带奶油色或淡红色调，具双反射及弱反射多色性（微带红色奶油白—淡蓝色调白）（彩图 79）；无内反射；强非均质性（偏光色淡蓝绿—淡玫瑰色）；消光位色散显著；$A_r=0.57°$；$R>$黄铁矿；反射率：51.7 ~55.7（白光）；解理少见，双晶纹普遍，环带结构常见；易磨光。浸蚀反应：HNO_3(+)慢泡晕色。

［成因及产状］大多数见于高温和中温热液矿床和某些接触交代矿床中：高温热液成因的常见于钨锡矿床中，与黑钨矿、锡石、辉铋矿、黄铁矿共生或与电气石、云母、黄玉、绿柱石等共生；中温热液成因的与其他硫砷化物共生。在接触交代矿床中其常与磁黄铁矿、磁铁矿及黄铜矿共生。

在氧化带毒砂易分解，常形成浅黄色或浅绿色疏松土状的臭葱石。

［鉴定特征］锡白色，硬度高，锤击之发砷之蒜臭。它的晶体形状也是极为别致的；与斜方砷铁矿(FeAg)的区别是比重较小；当呈粒状块体时，与镍、钴砷化物（砷钴矿、砷镍矿等）的区别只有借助于定性分析、光片的显微镜研究和微量分析方足以确定；吹管还原焰烧之熔融，发蒜臭；形成具磁性之小珠，其断口呈黄褐色；在闭管中烧之，起初形成硫化砷的红色升华物，然后形成金属砷环；在 HNO_3 中分解，析出 S 和 As_2O_3。

［主要用途］提炼砷和砷化物的原料。成分中含有钴者，还可以提取钴。

［著名产地］世界著名产地有英国、德国、美国等。

三、硫盐

半金属元素 As、Sb、Bi 与 S 组成较复杂络阴离子团，如$[AsS_3]^{3-}$、$[SbS_3]^{3-}$、$[BiS_3]^{3-}$等。具有这些络阴离子团的硫化物统称为硫盐，其阳离子主要是 Cu、Pb、Ag 以及个别的 Hg、Sn、Te、Tl 等。硫盐的结构比较复杂，在晶体结构中，络阴离子团可以是孤立的，也可以呈复杂的链状、层状甚至架状结构。与简单硫化物相比，其光泽较弱，硬度较小(2.5~3)，脆性大，熔点低，遇酸易分解，多产于中低温热液矿床或接触交代矿床中，一般不能富集成独立矿床。

按其主要阳离子种类，可分为铜的硫盐、银的硫盐和铅的硫盐 3 类。自然界中以铜的硫盐较常见。

铜的硫盐、黝铜矿族

本族矿物为黝铜矿和砷黝铜矿构成完全类质同像系列。自然界广泛分布的是该系列的中间产物，称之为黝铜矿。

黝铜矿－砷黝铜矿(Terahedrite－Tennantite)($Cu_{12}Sb_4S_{13}$－$Cu_{12}As_4S_{13}$)

［化学组成］黝铜矿 Cu 45.77%，Sb 29.22%，S 25.01%。砷黝铜矿 Cu 51.57，Sb 20.26，S 28.27。除 As－Sb 间完全类质同像外，有限代替 Cu 的有 Ag、Zn、Fe 和 Hg 等，代替 Sb、As 的有 Bi，替代 S 的有 Se、Te。

［晶体结构］等轴晶系，空间群 $T_d^3—I\overline{4}3m$；$a_0=10.13$ Å；$Z=2$；架状结构。

［形态］六四面体晶类，晶体多呈四面体外形。常见单形：立方体 a{100}、四面体 o{111}，菱形十二面体 d{110}，三角三四面体、四角三四面体；双晶常见，依(111)形成穿插双晶；集合体为粒状、致密块状或细脉状集合体（彩图 80）。

［物理性质］钢灰色—铁黑色（富铁），条痕钢灰色—铁黑色，有时带褐色，砷黝铜矿条痕带樱桃红色调，金属至半金属光泽，在不新鲜断口上变暗，不透明；无解理，性脆，硬度 3~4.5，比重 4.6~5.1。砷黝铜矿的硬度比黝铜矿高，其比重则比黝铜矿低；含 Hg、Pb、Ag 的变种比重高，有时可达 5.40；弱导电性。

［显微镜下特征］反射色灰白色微带乳黄色、蓝灰、褐灰、微绿等色调（彩图 81）；不显双反射；有内反射，为淡褐红色，但是一般很难观察到；均质性；方铅矿＞R＞黝铜矿；反射率：28.9~30.7（白光）；易磨光。浸蚀反应：HNO_3(＋)晕色；KCN(±)染淡棕。

［成因及产状］分布广泛，但一般很少富集，见于各种成因的热液矿床和多种硫化物共生组合中；主要分布于高、中温热液矿床中，尤其在一些火山热液成因的矿床，与方铅矿、黄铜矿、闪锌矿等共生。

氧化带中易分解成各种铜的后生矿物，如孔雀石、蓝铜矿、铜蓝等。

［鉴定特征］四面体晶形，断口呈黝黑色，明显的脆性，有 Cu 的焰色反应。

［主要用途］通常与其他含铜硫化物一起作为铜矿石利用。

［著名产地］世界著名产地有英国、德国、罗马尼亚和中国湖南等地。

第三节　氧化物和氢氧化物大类

一、氧化物类

氧化物和氢氧化物是一系列金属和非金属元素阳离子与氧阴离子或氢氧根阴离子化合而成的化合物，其中包括含水的氧化物，这类矿物约有200种。常形成完好的晶形，亦常见致密块状和粒状。化学键以离子键为主。

在物理性质方面，硬度一般在5.5以上，而石英、尖晶石、刚玉较高，依次为7、8、9。在光学性质方面，由镁、铝、硅等组成的氧化物和氢氧化物，通常呈浅色或无色，半透明至透明，以玻璃光泽为主；而铁、锰、铬等过渡型离子则呈深色或暗色，不透明至微透明，表现出半金属光泽或金属光泽，并且具有强弱不等的磁性。对低价（Fe^{2+}、Mn^{3+}、Cr^{2+}等）氧化物多是在内生作用下产生的（主要是热液作用、岩浆作用，其次是伟晶作用）；而高价（Fe^{3+}、Mn^{4+}、W^{6+}、Sb^{5+}等）氧化物多在表生作用下形成；对于变价元素的氧化物有多种成因，物理化学性质稳定，故能保存于砂矿中。

按矿物的结构类型，本类矿物分为赤铜矿族（A_2X型）、刚玉族（A_2X_3型）、金红石族、石英族（AX_2型）、尖晶石族（AB_2X_4型）、铌钽铁矿族、赭石族。现分述如下：

（一）赤铜矿族

赤铜矿(Cuprite)(Cu_2O)

［化学组成］Cu 88.82%，O 11.18%；常含Fe_2O_3、SiO_2、Al_2O_3等机械混合物。

［晶体结构］等轴晶系，O_h^4—$Pn3m$；a_0=4.27 Å；Z=2；架状结构。

［形态］六八面体晶类。常见单形为八面体o{111}、立方体a{100}、菱形十二面体d{110}、四角三八面体n{211}、三角三八面体p{221}等；单晶体多呈八面体，有时呈针状或毛发状。集合体常呈毛发状纤维集合体（称毛赤铜矿）、针状、致密块状、粒状或土状（彩图82）。

［物理性质］红色—近于黑色，表面有时为铅灰色，条痕为深浅不同的红棕色，金刚光泽至半金属光泽，不透明—微透明。解理平行{111}不完全，硬度3.5~4，性脆，比重5.85~6.15。

［显微镜下特征］透射光下，薄片呈红、橙红到黄色；均质性；N=2.705(Na)。

反射光下，反射色浅灰色微带浅蓝色调（彩图83）；不显双反射；不显多色性。具内反射，内反射色深红色、樱红色、褐黄色；均质性，有时显异常非均质效应（浅蓝—浅粉绿—黄棕—紫）；方铅矿 > R > 黝铜矿，硬度中等；反射率：27.1（白光）；易磨光。浸蚀反应：HNO_3(+)有铜膜出现；HCl(+)白色沉淀；KCN(+)染黑显结构；$FeCl_3$(+)晕色。

［成因及产状］赤铜矿形成于外生条件，主要见于铜矿床的氧化带，系含铜硫化物氧化产物，常与自然铜、孔雀石共生；与蓝铜矿、辉铜矿、黑铜矿、孔雀石、铁的氧化物及黏土矿物伴生或共生。

［鉴定特征］宏观：金刚光泽，暗红色和褐红色条痕。赤铜矿与其他相似矿物的区别：可以从晶形、硬度，光泽、条痕和与褐铁矿共生的特性和其他红色的矿物区别。显微

镜下：以具蓝色调的反射色、深红色的内反射色和浸蚀反应为特征，可与类似矿物区别。例如，其反射率、反射色有时与褐铁矿相似，但其内反射色更易显现，更鲜艳。

［主要用途］大量产出时可作为提炼铜的矿物原料。

［著名产地］世界著名产地有英国、美国、智利、法国等地。

（二）刚玉族

1. 刚玉（Corundum）（Al_2O_3）

［化学组成］Al 52.91%，O 47.09%，有时含微量的 Fe、Ti 或 Cr 等。

［晶体结构］三方晶系，$D_{3d}^6—R\overline{3}c$；$a_0=4.77$ Å；$c_0=13.04$ Å；刚玉型结构。

［形态］复三方偏三角面体晶类，在{0001}晶面上，通常具有平行{0001}和{$10\overline{1}0$}交棱的花纹及三角形和六边形天然蚀象；在{$10\overline{1}1$}晶面上具有平行{$10\overline{1}1$}和{$22\overline{4}3$}交棱的花纹；在锥面和柱面上也经常有斜的或横的条纹。晶体多呈柱状、桶状，少数呈板状或片状；常依{$10\overline{1}1$}成聚片双晶（彩图 84）。集合体呈粒状或致密块状。

［物理性质］颜色多样，不透明和半透明者一般为蓝灰、黄灰色，含铁者呈黑色，透明者为无色、白色还有黄、红、紫、绿、蓝色等；玻璃光泽到金刚光泽；透明至半透明；无解理，常因聚片双晶产生{0001}或{$10\overline{1}1$}的裂理；硬度 9；比重 3.95 ~4.10。

［显微镜下特征］薄片中无色、浅玫瑰色、蓝、绿，颜色深者具多色性；N_o = 靛蓝、蓝、暗紫红，N_e = 亮蓝、宝石绿至黄绿、亮黄；正高突起；一轴晶（-）。N_o = 1.767 ~ 1.7715，N_e = 1.7595 ~1.763。双折射率 ΔN 为 0.0075 ~0.0085。最高干涉色可达到一级黄白，但由于刚玉硬度大，一般磨制出的薄片偏厚，因此“突起”、干涉色显得更高，常见其干涉色达二级或三级（彩图 85）；有时具异常二轴晶。

［成因及产状］可以形成于富含 Al_2O_3 的岩浆结晶作用中，因而见于刚玉正长岩和斜长岩中，或刚玉正长岩质伟晶岩中。接触交代作用形成的刚玉，见于火成岩与灰岩的接触带。各种成因的含刚玉矿床遭受风化作用后，可形成砂矿。

［鉴定特征］宏观：短柱状、板状晶形，硬度 9，在{0001}及{$10\overline{1}1$}面有裂开，不溶于任何酸。显微镜下：以特殊的晶形、硬度大、突起高、双折射率低等与其他矿物区别。常见聚片双晶，其颜色在薄片中往往显得不均匀。

［主要用途］由于硬度高可作为研磨材料和精密仪器的轴承，红宝石、蓝宝石、星光红宝石和星光蓝宝石可以作为装饰用的宝石。

［著名产地］南非德兰瓦士、美国北卡罗来纳州和中国山东蓬莱、新疆天山等地。

2. 钛铁矿（Ilmenite）（$FeTiO_3$）

［化学组成］$TiO_2$52.66%，FeO47.34%；常含类质同像混入物 Mg 和 Mn；在 950 ℃以上，钛铁矿与赤铁矿形成完全类质同像，当温度降低时即发生离溶，故钛铁矿中常含有细鳞片状赤铁矿包体；而在一般温度下只能形成有限的类质同像（Fe_2O_3 含量少于 6%）。

［晶体结构］三方晶系，$C_{3i}^2—R\overline{3}$；$a_0=5.083$ Å；$c_0=14.04$ Å；$Z=20$；刚玉型之衍生结构。

［形态］菱面体晶类。常见单形有底面 c{0001}，菱面体{$10\overline{1}1$}等，六方柱 a{$10\overline{1}0$}。单晶体少见，偶有呈厚板状，通常呈不规则细粒散布于其他矿物颗粒之间或呈定向片晶存在于钛磁铁矿、钛赤铁矿、钛普通辉石、钛角闪石等矿物之中，为固溶体分离产物（彩图 86）。

［物理性质］铁黑—钢灰色，条痕钢灰色或黑色，当含有赤铁矿包裹体时，呈褐色或带褐的红色，半金属—金属光泽，透明至半透明；无解理，常因聚片双晶产生{0001}或{$10\bar{1}1$}的裂开，硬度5～5.5，性脆，比重4.0～5.0；具弱磁性。

［显微镜下特征］反射色灰色带棕色；具明显双反射，反射多色性清晰，R_o＝浅玫瑰棕色，R_e＝暗棕色（彩图87）；无内反射（有时富Mg的样品中可见暗棕色）；较显著非均质性（偏光色淡黄—绿蓝—紫）；A_r＝2.39°±01°；黝铜矿＞R＞闪锌矿；反射率：17.8～21.1（白光）；易磨光。浸蚀反应：只有浓$HF+H_2SO_4$有明显的浸蚀。

［成因及产状］主要形成于岩浆作用，常与磁铁矿一起产于基性岩中；但与碱性岩有关的内生矿床中也常有钛铁矿产出，此外也常见于砂矿中。

［鉴定特征］宏观：可依其晶形、条痕和弱磁性与其相似的磁铁矿、赤铁矿相区别；此外，将钛铁矿粉末溶于磷酸，稀释后加入Na_2O_2，可使溶液呈黄褐色。显微镜下：以非均质性、聚片双晶及反射色为特征，可与磁铁矿区别。

［主要用途］提炼钛的主要矿物原料。

［著名产地］中国四川攀枝花钒钛磁铁矿。

3. 赤铁矿(Hematite)(Fe_2O_3)

［化学组成］Fe 69.94%，O 30.06%，有时含TiO_2、SiO_2、Al_2O_3等混入物。

［晶体结构］三方晶系，D_{3d}^6—$R\bar{3}c$；a_0＝5.039 Å，c_0＝13.76 Å，Z＝6；刚玉型结构。

［形态］复三方偏三角面体晶类；常见单形有平行双面{0001}、六方柱、菱面体、六方双锥。单晶体呈板状，集合体形态多种多样，显晶质的片状、鳞片状或块状，也有隐晶质的鲕状、肾状、粉末状和土状等（彩图88）。

［物理性质］钢灰—铁黑色，常带浅蓝色锖色，隐晶质或粉末状者呈暗红色—鲜红色。条痕为特征的樱桃红或红棕色，半金属—金属光泽，有时光泽暗淡；不透明；无解理，常因双晶产生{0001}或{$10\bar{1}1$}的裂开；硬度5～6.6，比重5～5.3。

［显微镜下特征］透射光下：薄片呈血红、橙红、灰黄色；一轴晶(－)。N_o＝3.22，N_e＝2.94；弱多色性，N_o＝褐红，N_e＝黄红。

反射光下：灰白色微带蓝色白色；具弱双反射；内反射色深红色（粉末呈赤红色），总是可见（彩图89）；强非均质性（蓝灰—灰黄）或（灰—棕黄灰—棕）；A_r＝2.19°±0.1°；黝铜矿＞R＞闪锌矿；反射率：25.0～30（白光）。

［成因及产状］形成于各种地质作用中，以热液作用、沉积作用和沉积变质作用为主。

［鉴定特征］樱红色条痕是鉴定赤铁矿的最主要的特征。此外，形态和无磁性（镜铁矿例外）可与磁铁矿相区别。

［主要用途］提炼铁的最重要矿物原料之一。

［著名产地］世界著名产地有中国河北宣化、湖南宁乡、辽宁鞍山等地。

（三）金红石族

1. 金红石(Rutile)(TiO_2)

［化学组成］Ti 60%，O 40%，有时含Fe、Nb、Ta、Cr、Sn等。

［晶体结构］四方晶系，D_{4h}^{14}—$P4_2/mnm$；a_0＝4.58 Å，c_0＝2.95 Å；Z＝2；金红石型结构。

［形态］复四方双锥晶类；常见单形为四方柱 m{110}、a{100}和四方双锥 s{111}、e{101}，有时出现复四方柱 r{230}、h{120}和复四方双锥 z{231}。单晶体呈短柱状，长柱状或针状。双晶常以(011)成膝状双晶和三连晶，集合体呈致密块状（彩图 90）。

［物理性质］常见暗红、褐红色，黄、橘黄色者较少见，富铁者黑色。条痕浅黄色到浅褐色；金刚光泽，铁金红石呈半金属光泽；微透明。解理平行{110}完全，平行{100}中等；裂开平行{011}；性脆；硬度 6 ~ 6.5。比重 4.2 ~ 4.3，富铁或铌钽者比重增高，有些可达 5.5 以上。

［显微镜下特征］透射光下：薄片黄—红褐色；具微弱的多色性：N_o = 黄至褐色，N_e = 暗红至暗；正极高突起；一轴晶(+)；$N_o = 2.621$，$N_e = 2.908$，双折射率为 0.2870。最高干涉色为高级白，但常被矿物颜色所掩盖；平行消光，正延性（彩图 91）。

反射光下：反射色白色，有时带蓝色（彩图 92）；显双反射，变化较清楚；显反射多色性（白—灰白），在单偏下能见到聚片双晶；内反射色黄褐色、淡黄褐色；强非均质性（偏光色灰—深灰，有时带黄灰）；$A_r = 2.28° \pm 0.2°$；磨光良好。浸蚀反应：除未用 KCN 浸蚀外，其他 5 种试剂均为负反应。反射率：23.5（白光）。

［成因及产状］形成于高温条件下，主要产于变质岩系的含金红石石英脉中和伟晶岩脉中。此外，在火成岩中常作为副矿物出现，也常呈粒状见于片麻岩中；金红石由于其化学稳定性大，在岩石风化后常形成砂矿。

［鉴定特征］以其四方柱形、膝状双晶、带红的褐色，解理完全为鉴定特征，可以和锡石区别；溶于热磷酸，冷却稀释后，若再加入过氧化钠，可使溶液变为黄褐色（钛的反应）。

［主要用途］提炼钛的最重要的矿物原料。

［著名产地］瑞典、美国和俄罗斯乌拉尔等地。

2. 锡石(Cassiterite)(SnO_2)

［化学组成］Sn 78.8%，O 21.2%，常含 Fe、Ti、Nb、Ta 等元素。

［晶体结构］四方晶系，$D_{4h}^{14}—P4_2/mnm$；$a_0 = 4.737$ Å，$c_0 = 3.185$ Å；$Z = 2$；属金红石型结构。

［形态］复四方双锥晶类；晶体常呈双锥状、双锥柱状，有时呈针状。伟晶岩型者锥面发育，柱面不发育。常见单形：四方双锥 s{111}，四方柱 a{100}、m{110}，复四方柱和复四方双锥，底面 c{001}，肘状双晶常见。集合体呈不规则粒状，致密块状少见。

锡石在不同成因条件下具不同的形态，故晶形具有标型意义：由胶体溶液形成的纤维状锡石（木锡石）、呈葡萄状或钟乳状，具同心带状构造，常为热液后期产物。热液偏胶体锡石呈致密隐晶质块体（彩图 93）。

［物理性质］完全无色者非常少见，一般因混入物而呈现褐—黑色，含 Nb、Ta 高者可呈沥青黑色。条痕白色—浅褐色；金刚光泽，断口为油脂光泽，有些晶面如四方双锥和平行双面有时光泽暗淡。解理平行{110}和{100}不完全，有{111}裂开，断口不平坦至次贝壳状，性脆；硬度 6 ~ 7；比重 6.8 ~ 7；一般无磁性，部分富铁的锡石具电磁性。

［显微镜下特征］透射光下：薄片无色、浅黄、浅褐或带红色，有时颜色分布不均匀呈点状或环带状；正极高突起，糙面显著；一轴晶(+)；$N_o = 2 \sim 2.006$，$N_e = 2.097 \sim 2.1$；双折射率为 0.0940 ~ 0.0970；高级白干涉色，但常为本身颜色所掩盖（彩图 94）。

平行消光，正延性。多色性强弱不定，一般伟晶型者较强，而热液型者较弱。N_o = 黄—铁灰色，N_e = 黄棕—黑色；N_o = 无色，N_e = 肉红色；N_o = 淡绿色，N_e = 红色；N_o = 淡灰绿—绿棕，N_e = 红棕—深红棕色。吸收性 $N_o < N_e$。

反射光下：反射色灰色带褐色，双反射稍显著，反射多色性（淡灰色—带棕灰色）；有内反射，颜色浓厚，淡黄色、黄棕色（彩图 95）；显著非均质性（偏光色灰色—暗灰色）；$A_r = 1.46° \pm 0.1°$；$R <$ 闪锌矿。反射率随含钽量增加而增高，反射率：11.2 ~ 12.8（白）；不易磨光，多有磨点。浸蚀反应：HCl + 锌片（+）出现金属锡薄膜。

［成因及产状］内生锡石矿床在成因上与酸性岩浆岩，主要是与花岗岩有关；但在花岗岩体里，锡石很少，多见于花岗岩的云英岩化部分；可能通过挥发性化合物 SnF_4 和 $SnCl_4$ 运移，再经水解作用而生成锡石 $SnF_4 + 2H_2O \rightarrow SnO_2 + 4HF$；在花岗伟晶岩脉中，锡石与石英、钾微斜长石、钠长石、白云母等共生，有时与黄玉、锂辉石、电气石共生；在这一类型矿床中，锡石分布往往不均匀，一般品位不高，但可与其他稀有金属（锂、铷、铯、铍等）综合开采；热液型锡石矿床，具有重要工业意义。原生锡矿床经风化破坏后，锡石可形成砂矿。

［鉴定特征］宏观：锡石的晶形和颜色与金红石和锆石很相似，但其比重较大，解理较差，折射率较金红石小，又以其大的比重和高的双折率与相似的锆石相区别。将锡石矿物颗粒放在锌片上，加 HCl 后，在锡石表面形成一层淡灰色金属锡膜，而金红石和锆石无此反应。显微镜下：以常呈自形晶、不易磨光、多麻点、高硬度及内反射为特征，可与其他矿物相区别。

［主要用途］是提炼锡的最重要矿物原料。

［著名产地］世界著名产地有马来西亚、印度尼西亚、玻利维亚，中国湖南等地。

3. 软锰矿（Pyrolusite）（MnO_2）

［化学组成］Mn 63.19%，O 36.81%；含 Fe_2O_3、SiO_2 等机械混入物，并含少量吸附水。

［晶体结构］四方晶系，$D_{4h}^{14}—P4_2/mnm$；$a_0 = 4.39$ Å，$c_0 = 2.86$ Å；$Z = 2$；属金红石型结构。

［形态］复四方双锥晶类；单晶体少见，有时呈针状、棒状、放射状集合体。集合体常呈肾状，结核状，粉末状或块状（彩图 96）。

［物理性质］钢灰—黑色，表面常常带浅蓝的金属锖色。条痕蓝黑—黑色（其他锰的氧化物则常具褐—褐黑色条痕），半金属光泽，不透明。解理平行{110}完全，断口不平坦，硬度随形态和结晶程度而异，显晶者 6 ~ 6.5，隐晶或块状集合体可降至 1 ~ 2，污手，性脆；比重 4.7 ~ 5。

［显微镜下特征］反射色白色微带浅黄色色调，双反射显著；具反射多色性（黄白色或土黄色或奶油黄色—灰白色）；无内反射；强非均质性（偏光色灰白或淡黄色—蓝绿灰—棕红）（彩图 97）；$Ar = 4.9° \pm 0.2°$；方铅矿 $> R >$ 黝铜矿，反射率：30 ~ 41.5（白光）；不易磨光。浸蚀反应：H_2O_2（+）发泡；$H_2O_2 + H_2SO_4$（+）发泡，染黑。

［成因及产状］是沉积成因锰矿床中主要锰矿物之一。矿床氧化带部分的软锰矿，系所有成分中低价锰的矿物遭受氧化后的产物，有时呈水锰矿、黑锰矿的假象，并可以形成锰帽。

［鉴定特征］宏观：以其黑色、条痕黑色、性脆、成晶体者有完全的柱面解理、成隐晶质者硬度低而容易污手为特征；此外，滴双氧水剧烈起泡，据此与其他含锰矿物区别；

缓慢溶于 HCl 中，放出氯气，并使溶液呈淡绿色。显微镜下：凭反射色淡黄色、反射率较高及偏光色、无内反射与其他锰矿物相区别。

［主要用途］提炼锰的最重要矿物原料。

［著名产地］世界著名产地有中国湖南、广西、辽宁、四川，俄罗斯，印度，南非，法国，摩洛哥，巴西和古巴等地。

（四）石英族

本族包括成分为 SiO_2 的一系列矿物。它们具架状结构，构造单位是$[SiO_4]$四面体。已知的同质多像变体有 10 种，其中凯石英是人工晶体，此外还有两种非晶质的物质：焦石英（成分不定的高硅玻璃）和蛋白石。各主要同质多像变体的主要特性见表 5－1。

表 5－1　SiO_2 主要同质多像变体的主要特性

变体名称	晶　系	常压下稳定温度	比重	形　态	成 因 产 状
低温(α)石英	三方	573 ℃以下	2.65	单晶体为菱面体与六方柱所形成之聚形	形成于各种地质作用
高温(β)石英	六方	573～870 ℃	2.53	单晶体呈六方双锥	产于酸性火山岩中
低温(α)鳞石英	斜方	117 ℃以下	2.26	晶体依高温 γ－鳞石英成假象或极细的粒状、球状	见于酸性火山岩中，由 β－鳞石英转变而成；或由低温热液作用和表生作用形成
中温(β)鳞石英	六方	117～163 ℃准稳定		晶体依高温 γ－鳞石英成假象	见于酸性火山岩中，由 γ－鳞石英转变而成
高温(γ)鳞石英	六方	163～870 ℃准稳定 870～1470 ℃稳定	2.22	单晶体呈六方板状	产于酸性火山岩中
低温(α)方石英	四方	268 ℃以下准稳定	2.32	依 β－方石英呈八面体假象，或呈隐晶质纤维状集合体	见于酸性火山岩中，由 β－方石英转变而成，或由低温热液作用和表生作用形成
高温(β)方石英	等轴	1470～1723 ℃稳定，268～1470 ℃准稳定	2.20	单晶体呈八面体	产于酸性火山岩中
柯石英	单斜	约 $19\sim76\times10^8$ Pa 范围内稳定，常温常压下准稳定	4.35	呈不规则粒状	产于陨石坑中，由陨石撞击变质形成；亦见于榴辉岩中
斯石英	四方	约 76×10^8 Pa 以上范围内稳定，常温常压下准稳定	3.01	呈极细小的一向延长的晶形（20～25 μm）	产于陨石坑中，由陨石撞击变质形成
凯石英（人工）	单斜或斜方	常温不稳定	2.5		

注：据罗谷风，1993，有改动。

天然 SiO_2 的主要同质多像变体有 3 种：石英(α)、鳞石英(α)和方石英(α)。这 3 种结构型各自有其高～低温的转变温度，在常压下的转变温度为：α－石英 $\underset{573\,℃}{\rightleftharpoons}$ β－石英 $\underset{870\,℃}{\rightleftharpoons}$ β－鳞石英 $\underset{1470\,℃}{\rightleftharpoons}$ β－方石英 $\underset{1723\,℃}{\rightleftharpoons}$ 熔融。在低温过冷却状态下，尚有下列

亚稳相间的转变：α－鳞石英 $\xrightleftharpoons[163\ ℃]{}$ β－鳞石英；α－方石英 $\xrightleftharpoons[200\sim270\ ℃]{}$ β－方石英。柯石英和斯石英是高压变体。

1. α－石英(Quartz)(SiO_2)

［化学组成］接近于纯 SiO_2，含量变化范围极小，主要是由于 Al 代替 Si 及相应进入晶格的 Li、Na、K 引起的，代替一般在 $10^{-4}\sim10^{-3}$，常含有液、固、气态机械混入物。

［晶体结构］三方晶系，$D_3^4—P3_121$ 或 $D_3^6-P3_221$；$a_0=4.91$ Å，$c_0=5.41$；$Z=3$；架状结构。

［形态］三方偏方面体晶类，晶体常呈柱状，柱面有横纹。常见单形：六方柱$\{10\bar{1}0\}$，菱面体$\{10\bar{1}1\}$、$\{01\bar{1}1\}$，三方双锥$\{11\bar{2}1\}$及三方偏方面体右形$\{51\bar{6}1\}$、左形$\{6\bar{1}\bar{5}1\}$等。显晶集合体呈粒状、晶簇状或致密块状。隐晶集合体呈钟乳状、结核状等。常见双晶，重要的双晶律有道芬双晶与巴西双晶，此外还有日本双晶（彩图 98）。

［物理性质］常呈无色透明（称水晶）、乳白色、灰白色等。颜色变化很大，因含杂质而形成各种色调的异种。玻璃光泽；断口油脂光泽；无解理，贝壳状断口，硬度 7；比重 2.65；常压下温度每升高 1 ℃，比重约减小 0.0001；有压电性和焦电性。

［显微镜下特征］薄片无色透明，表面光滑洁净；正低突起；一轴晶(+)。低温变体呈他形粒状，$N_o=1.544$，$N_e=1.553$，$\Delta N=0.009$；高温变体常呈自形晶，并常有熔蚀现象；$N_o=1.538$，$N_e=1.546$，$\Delta N=0.008$；最高干涉色为一级白；受应力作用常出现波状消光，有时可出现光性异常；呈二轴晶，$2V=8°\sim12°$，薄片中见不到双晶。柱状晶形者具平行消光和正延性（彩图 99）。

［异种］由于形态、物性的变化，形成许多异种：

（1）粗粒自形晶异种如彩图 100 所示。

（2）隐晶质异种如彩图 101 所示。根据构造可分为纤维状和块状两类，肉眼难以区分，纤维状者有玉髓、玛瑙等；块状者有碧玉、燧石等。

［成因及产状］α－石英在自然界分布极广，是许多火成岩、沉积岩和变质岩的主要造岩矿物。

［鉴定特征］宏观：根据晶形，油脂光泽，无解理，贝壳状断口，硬度大等特征易于识别。显微镜下：根据石英的正低突起、不易风化、无解理、表面光滑、一级黄白干涉色和一轴晶正光性，与长石、霞石区别。

［主要用途］纯净的石英单晶体可制成压电石英片，广泛用于电子工业；此外用于制造光学仪器。一般纯净的石英可用作玻璃、陶瓷原料。各种色调的水晶、玛瑙等是常用的中档宝石矿物。

［著名产地］世界各地均有广泛分布。

2. β－石英(β－Quartz)(SiO_2)

常压下 573～870 ℃稳定；温度更高时可变为鳞石英，但非常缓慢；冷却至 573 ℃时转变为低温石英。现在看到的 β－石英是 α－石英依 β－石英形成的副象。

［晶体结构］六方晶系，$D_6^4—P6_222$ 或 $D_6^5—P6_422$；$a_0=5.02$ Å，$c_0=5.48$；$Z=3$；架状结构。

［形态］六方偏方面体晶类；具有典型的双锥习性，六方双锥$\{10\bar{1}1\}$发育，有时可见

六方柱{$10\bar{1}0$}。标志左右形的六方偏方面体常看不到。晶体多为浑圆状，表面粗糙，双晶非常普遍。

［物理性质］常呈灰白、乳白色；比重2.51～2.54；玻璃光泽，断口油脂光泽。

［成因及产状］在自然界是直接结晶的产物。产于酸性火成岩中，在酸性喷出岩中呈斑晶或见于晶洞中，多已转变为α－石英，但常依β－石英成副象。

3. 蛋白石(Quartz)($SiO_2 \cdot nH_2O$)

［化学组成］SiO_2 含量一般在90%以上。含水量不稳定，一般为4%～9%，最高可达20%。主要杂质是 Al_2O_3、CaO、MgO，红色或褐色蛋白石中 Fe_2O_3 含量很高。

［晶体结构］一般认为蛋白石主要是一种非晶质矿物。近年来X光衍射证明蛋白石是方石英雏晶的一种亚显微结晶质集合体，并含大量水。

［形态］无一定外形，常呈肉冻状、块状或钟乳状集合体（彩图102）。

［物理性质］无色，含杂质呈各种色调；硬度5.5～6.5；比重1.99～2.25；在硅质泉华及其他多孔质体中可降至1.8；易脱水龟裂而呈白色。

［显微镜下特征］薄片中无色透明，有时因含杂质而呈灰色或浅褐色；负高突起，糙面显著；可见不规则裂纹；均质体。折射率1.435～1.455，折射率值随着含水量的增加而降低；受应力作用后，在正交偏光镜下可呈现微弱的一级灰干涉色（彩图103）。

［异种］与石英一样，根据颜色、表面的粗糙结构及集合体形态等分为许多异种，主要有：贵蛋白石、火蛋白石、木蛋白石、玻璃蛋白石、脂蛋白石、乳蛋白石（彩图104）。

［成因及产状］可以从温泉、浅成热液或地面水的硅质溶液中形成，常与低温石英、鳞石英、方石英等伴生。火山岩气孔中的蛋白石是胶体沉积脱水硬化而形成的，并可继续转变为玉髓质 SiO_2。在一般的热液作用中，蛋白石在100～150℃形成并保持着亚稳定状态。在外生条件下，硅酸盐分解后，SiO_2 成胶体就地沉积或迁移至海水中被生物吸收形成放射虫的骨骼，死后沉积成硅藻土层（主要由蛋白石构成的岩石）。

蛋白石胶体老化能逐渐转变为玉髓或结晶质石英。

［主要用途］贵蛋白石可作为装饰品，俗称“欧泊”(Opal)。硅藻土可以作为研磨材料、陶瓷原料、建筑材料等。

（五）尖晶石族

矿物成分属 AB_2X_4 型，等轴晶系。A组分主要阳离子为 Mg^{2+}、Fe^{2+}、Zn^{2+}、Mn^{2+}、Ni^{2+} 等；B组分主要阳离子为 Al^{3+}、Fe^{3+}、Cr^{3+} 等；此外 Mg^{2+}、Mn^{2+}、Fe^{2+}、Co^{2+}、Ni^{2+}、Mn^{3+} 等亦可加入B组，两组之间类质同像代替普遍且较复杂。

根据三价阳离子种类，将尖晶石族矿物分3个系列（表5－2）。

表5－2　由三价阳离子不同种类分出的尖晶石矿物系列

尖晶石系列	磁铁矿系列	铬铁矿系列
尖晶石	镁铁矿	镁铬铁矿
铁尖晶石	磁铁矿	铬铁矿
锌尖晶石	锌铁尖晶石	
锰尖晶石	黑镁铁锰矿	
	镍磁铁矿	

1. 尖晶石(Spinel)($MgAl_2O_4$)

[化学组成] MgO 28.2%，Al_2O_3 71.8%；常含有 FeO、ZnO、MnO、Fe_2O_3、Cr_2O_3 等组分。镁尖晶石 $MgAl_2O_4$ 与铁尖晶石 $FeAl_2O_4$ 之间存在完全类质同像关系，Mg 与 Zn 之间可为另一完全类质同像代替，Zn 端元为锌尖晶石。三价阳离子 Al 与 Cr 间也为一完全类质同像系列，其二端元分别称镁尖晶石和镁铬铁矿。

[晶体结构] 等轴晶系，O_h^7—$Fd3m$；a_0 = 8.103 Å，Z = 8；属正尖晶石型。

[形态] 六八面体晶类；单晶体常呈八面体形，有时八面体与菱形十二面体组成聚形。双晶依尖晶石律(111)成接触双晶（彩图 105）。

[物理性质] 颜色有无色、红、蓝、黄、褐、黑、紫、粉红等色，玻璃光泽，半透明至不透明；解理{111}不完全；硬度 8；性脆；比重 3.55。

[显微镜下特征] 薄片中不同的变种具不同的颜色，贵尖晶石通常呈无色或玫瑰色、蓝色；镁铁尖晶石呈绿色；铁尖晶石呈深绿色；铬尖晶石呈淡绿色或微透明的红褐色、黄褐色等（彩图 106）。所有尖晶石均为正高突起，表面常布满不规则的裂纹；均质体；正交偏光下均呈全消光；n = 1.72 ~ 1.8。个别变种有时显弱干涉色（表 5-3）。

表 5-3 主要尖晶石变种的部分光性特征

	贵尖晶石	镁铁尖晶石	铬尖晶石	铁尖晶石	锌尖晶石	锰尖晶石
薄片中颜色	无色、淡红、淡绿、天蓝	绿色、褐色	黑色	黑色	绿黑蓝色	褐、黑色
硬度	8	7.8 ~ 8.0	5.5	7.5	7.5	7.5
比重	3.58	4.0 ~ 4.2	4 ~ 4.6	4.39	4.62	4.03
折射率	1.715	1.77 ~ 1.79	2.00	1.83	1.805	1.848
双折射率	0.012	—	—	—	0.02	—

注：据透明矿物薄片鉴定（1985）。

[成因及产状] 主要形成于侵入岩与白云岩或镁质灰岩的接触交代作用过程中，与镁橄榄石、透辉石等共生；在富铝贫硅的泥质岩的热变质带中也可生成尖晶石，常与堇青石或斜方辉石共生。尖晶石硬度高，化学性质稳定，可见于砂矿中。

[鉴定特征] 宏观：八面体晶形，尖晶石律接触双晶和高硬度，吹管焰下不熔。显微镜下：根据晶形、颜色、高突起、均质性等特点与其共生矿物相区别。

[主要用途] 透明色美者可作宝石。

[著名产地] 世界著名产地有缅甸、斯里兰卡、阿富汗、泰国和柬埔寨等地。

2. 铬铁矿(Chromite)($FeCr_2O_4$)

[化学组成] FeO 32.09%，Cr_2O_3 67.91%。三价阳离子可被 Fe^{3+}、Al^{3+} 取代。二价阳离子为 Mg^{2+} 代替，Mg、Fe 间为完全类质同像，构成镁铬铁矿 - 铬铁矿系列。此外，铬铁矿中常有数量不多的 Mn、Zn、Ca 代替 Fe^{2+}，Ti、V 替代 Fe^{3+} 的类质同像混入物。

[晶体结构] 等轴晶系，O_h^7—$Fd3m$；a_0 = 8.378 Å，Z = 8；属正尖晶石型结构。

[形态] 六八面体晶类；单晶体呈细小八面体晶形，但极少见，多呈粒状、致密块状集合体（彩图 107）。

［物理性质］暗棕—黑色；条痕棕色、褐色；半金属光泽；不透明；无解理；硬度5.5～6.5；比重4.43～5.9；性脆；具弱磁性，含铁量高者磁性较强。

［显微镜下特征］反射色为灰色微带棕色、褐色，与磁铁矿共生时，暗得多，显浅黄绿灰色；不显双反射；无反射多色性；不显内反射或有时显棕色内反射色（富含 Mg、Al 时显红棕色，含 Fe 高时则无）（彩图108）；均质性；$R<$闪锌矿；反射率：12.1（白光）；易磨光。浸蚀反应：热 $KClO_3+H_2SO_4(+)$显结构。

铬铁矿常呈自形晶、半自形晶及浑圆粒状集合体，碎裂结构普遍；未见解理和双晶，环带结构常见。

［成因及产状］只见于超基性岩（纯橄榄岩、橄榄岩、辉石岩）或由其蚀变而来的蛇纹岩中；呈浸染状、凸镜状、不规则状、囊状、致密块状、条带状、豆状等，与橄榄石、斜方辉石、铬石榴子石及铂族元素矿物等共生；与蛇纹石、铬绿泥石、滑石、菱镁矿等伴生。

由于铬铁矿的物理、化学性质稳定，也可在砂矿中出现。

［鉴定特征］宏观：黑色，棕、褐色条痕，弱磁性，据此可以与相似的磁铁矿（黑色条痕，强磁性）相区别。显微镜下：以反射率稍低和有棕色内反射为特征，可与磁铁矿区别，以均质性与钛铁矿等矿物区别。

［主要用途］铬的矿石矿物。

［著名产地］中国的四川、甘肃、西藏、青海等。

3. 磁铁矿（Magnetite）（$FeFe_2O_4$）

［化学组成］FeO 31.03%，Fe_2O_3 68.96%。三价阳离子常被 Ti^{3+}、Al^{3+}、Cr^{3+}、V^{3+} 等取代。二价阳离子为 Mg^{2+}、Mn^{2+}、Co^{2+}、Ni^{2+}、Zn^{2+}、Ca^{2+} 代替，Mg－Fe 间为完全类质同像，构成镁铬铁矿－铬铁矿系列。此外，铬铁矿中常有数量不多的 Mn、Zn、Ca 代替 Fe^{2+}，Ti、V 替代 Fe^{3+} 的类质同像混入物。

［晶体结构］等轴晶系，$O_h^7—Fd3m$；$a_0=8.396$ Å，$Z=8$；属反尖晶石型结构。

［形态］六八面体晶类；晶体常呈八面体和菱形十二面体，在菱形十二面体的菱形晶面上常具平行于该面长对角线方向的条纹，为{111}和{110}的聚形纹；依{111}尖晶石律呈双晶。集合体通常为粒块或致密块状（彩图109）。

［物理性质］铁黑色，条痕黑色，半金属—金属光泽，不透明；无解理，有时可见平行{111}裂开，性脆，硬度5.5～6，比重4.9～5.2；具强磁性；将矿物加热至578℃（居里点），其铁磁性消失，变为顺磁性。

［显微镜下特征］反射色为灰色微带棕色，有时具异常非均质性时，反射色往往呈浅蓝灰色，此时，颗粒边部呈略棕黄色（彩图110）；无多色性；无内反射；均质性；有时具异常非均质性，正交偏光下显弱—显著非均质性；偏光色棕—棕黄—蓝灰色。这是因为磨制光片时“干磨”造成表面形成的膜而产生的非均质现象，此现象常有发生。另外环带和构造形变及双晶也会引起异常非均质性。黝铜矿$>R>$闪锌矿，硬度高；反射率：21.1（白光）；磨光性一般或不易磨光。浸蚀反应：HCl(＋)薰污，染褐。

［成因及产状］与赤铁矿相反，主要产生于还原环境。成因类型主要如下：

（1）岩浆型。在岩浆岩中以副矿物形式出现，在基性岩中析出于岩浆结晶晚期，由残余岩浆熔体或熔离体中晶出，可形成有工业价值的钒钛磁铁矿矿床。其共生矿物为钛铁矿、赤铁矿、金红石、辉石、斜长石等。

（2）接触交代型。产于石灰岩与花岗岩、正长岩的接触带中，常与石榴子石、辉石、硫化物、方解石等矿物共生；常常富集成有工业价值的矿体且在晚期经常伴有金属硫化物的叠加，使 Cu、Co、Sn、Pb、Zn、S 等成分可综合利用，从而形成铁多金属矿床。

（3）特种高温热液型。产于铌－钽－稀土－铁矿床中，常与碱性辉石、碱性角闪石、金云母、铁白云母、菱铁矿、萤石等共生。

（4）区域变质型。产于前震旦系的变质岩中，常形成大型铁矿床，主要由条带状含铁石英岩组成。磁铁矿与磁赤铁矿、白云母、石英、鳞绿泥石共生。

（5）沉积热液改造型。磁铁矿虽与矽卡岩矿物、热液矿物（透辉石、石榴子石、绿帘石等）伴生，但其杂质元素含量甚微，接近磁铁矿的理论值。磁铁矿在氧化带比较稳定，常见于砂矿床中。

［鉴定特征］宏观：八面体晶形，铁黑色，条痕黑色，强磁性，以此可与铬铁矿、赤铁矿、褐铁矿、黑锰矿相区别。显微镜下：以反射色带棕色、均质性、高硬度、强磁性及无内反射为特征，可与闪锌矿、铬铁矿、钛铁矿等区别。

［主要用途］重要的铁矿石矿物。

［著名产地］中国以四川攀枝花、辽宁鞍山、湖北大冶等最为出名。

（六）黑钨矿（钨锰铁矿）族

黑钨矿（钨锰铁矿）（Wolframife）（$(Mn,Fe)WO_4$）

［化学组成］Fe 4.8% ~18.9%，MnO 4.7% ~18.7%，常含 Mg、Ca、Nb、Ta、Sn、Zn 等。成分中 Mn 和 Fe 呈完全的类质同像，依 Mn 和 Fe 原子数分为 3 个亚种：钨锰矿、钨锰铁矿和钨铁矿。

［晶体结构］单斜晶系，$C_{2h}^4—P2/c$；$a_0=4.79$ Å，$b_0=5.74$ Å，$c_0=4.99$ Å，$\beta=96°26'$；$Z=2$；似层状－链状结构。

［形态］斜方柱晶类；单晶体常呈沿 c 轴延伸的{100}板状或短柱状，晶面上常具有平行于 c 轴的纵条纹。集合体常呈板状或粗粒状（彩图 111）。

［物理性质］红褐色至黑色；条痕黄褐色至褐黑色；树脂光泽至半金属光泽；不透明；解理平行{010}完全；硬度 4 ~4.5；比重 7.12 ~7.51；具有弱磁性。

［显微镜下特征］反射色灰色，弱—显著双反射；显多色性（微带棕灰或微带蓝灰—微带黄灰）（彩图 112），有内反射，褐、褐红色、深红色；较强非均质性（亮带微黄灰—暗蓝灰），斜消光；白 $A_r=3°\pm1°$；黝铜矿$>R>$闪锌矿；反射率：16（伏黄）；易磨光。浸蚀反应：对常用 6 种试剂均为负反应。

［成因及产状］黑钨矿主要是由气化－高温热液作用形成的矿物，以产于高温热液石英脉及脉旁云英岩化花岗岩中者最为常见，在成因上与花岗岩有联系。它常与锡石、辉钼矿、毒砂、黄晶、萤石、电气石、绿柱石等共生；此外，在硫化物矿脉和伟晶岩中，有时亦有少量黑钨矿产出；黑钨矿也能形成砂矿。

［鉴定特征］宏观：黑钨矿以其板状形态，褐黑色，{010} 完全解理和比重大为其鉴定特征。显微镜下：以其内反射的有无、强弱、反射色和非均质性的强弱区别 3 种钨矿物；以非均质性和结晶习性与磁铁矿、闪锌矿等区别。

［主要用途］提炼钨的最主要矿物原料。

［著名产地］中国华南一带是著名的黑钨矿产区。世界著名的产地有德国萨克森地区，美国、英国等地。

（七）铌钽铁矿族

铌铁矿－钽铁矿（Columbite－Tantalite）（$(Fe,Mn)(Nb,Ta)_2O_6$）

［化学组成］AB_2O_6 型化合物。组分中 Fe 与 Mn、Nb 与 Ta 分别为二组完全的类质同像，故各组分含量变化很大。纯的铌铁矿 Fe∶Mn＝1∶1，含 Mn 10.49%，FeO 10.63% 和 Nb_2O_5 78.88%。纯的钽铁矿含 Mn 6.90%、FeO 6.98% 和 Ta_2O_5 86.12%。此外常有 Ti、Sn、W、Zr、Al、U、TR、Y、Ce 混入物，多者可达 5%～10%，个别还有较高的 Sb 混入物。根据 A、B 组中 Fe、Mn、Nb、Ta 的原子数目的不同分为 4 个亚种：铌铁矿（Fe/Mn＞1；Nb/Ta＞1）、铌锰矿（Fe/Mn＜1；Nb/Ta＞1）、钽铁矿（Fe/Mn＞1；Nb/Ta＜1）、钽锰矿（Fe/Mn＜1；Nb/Ta＜1）。

［晶体结构］斜方晶系，$D_{2h}^{14}—Pbcn$；$a_0=14.41\sim13.97$ Å，$b_0=5.75\sim5.62$ Å，$c_0=5.09\sim4.99$ Å；$Z=4$；属板钛矿型结构。

［形态］斜方双锥晶类；晶体常呈薄板状、厚板状、柱状，也有呈针状。主要单形：平行双面{100}{010}，斜方柱{110}、斜方双锥{111}等，组成较复杂的聚形。一般晶面光滑，有时可见纵纹，有的表面粗糙呈焦炭状。依（201）为双晶面形成板状或扇形的接触双晶，且具羽毛状条纹；也有的成穿插双晶或聚片双晶。晶形不好时成枣核状或不规则粒状。集合体常为块状、晶簇状、放射状，柱状晶体有时平行连生（彩图 113）。

［物理性质］铁黑色—褐黑色，条痕暗红色，半金属—金属光泽，不透明；含锰、钽高的铌锰矿、钽锰矿颜色较浅，暗黑红—黄棕色，条痕可呈浅红色；解理平行{010}中等，{100}不完全，断口参差状，有的呈次贝壳状；性脆；硬度变化大，4.2（铌铁矿）～7（钽锰矿）；比重 5.36（铌锰矿）～8.17（钽铁矿），一般随 Ta_2O_5 含量增加而比重增大。

［显微镜下特征］反射色为灰白色微带褐色，不显多色性；内反射色樱红色、褐红色；强非均质性，铌铁矿（绿黄灰—暗蓝灰），铌锰矿（略棕灰—暗棕灰）（彩图 114）。$A_r=3°\pm1°$。黝铜矿＞R＞闪锌矿。反射率：16.5（白光）；易磨光。浸蚀反应：铌铁矿，除 KCN 外，其他 5 种试剂均为负反应；铌锰矿，$FeCl_3$（＋）染淡褐。

［成因及产状］铌钽铁矿主要产生在花岗伟晶岩中，其形成与伟晶岩的晚期交代作用（钠化）有关，常与石英、长石、白云母、锂云母、绿柱石、黄玉、锆石、锡石、独居石、细晶石共生。产于钠长石化、云英岩化黑云母花岗岩的铌钽铁矿，与石英、长石、云母、锆石、独居石、锡石、钍石、细晶石、黄玉共生。产于侵入到石灰岩内的细晶岩中的铌钽铁矿，与锡石、黑钨矿、黄玉及透辉石、透闪石、镁橄榄石等一起产出，在表生条件下，常转入砂矿。

［鉴定特征］宏观：板状晶形，黑色，比重大为其特征。与黑钨矿、褐帘石类似，但铌钽铁矿具有较高的硬度（4.2～7），其解理不如黑钨矿完全。褐帘石则比重小（3.2～3.4），颜色浅及条痕较浅（黄绿到暗褐色），以此区别。显微镜下：以板状晶体及束状为特征，尤以不显或显弱双反射和显强非均质性（平行消光）可与黑钨矿区别。铌钽铁矿系列矿物之间反射色、非均质性及内反射色差别不大，很难区别，还需测定化学成分而定。

［主要用途］可作铌钽矿石。

［著名产地］世界著名产地有美国新坦地舒和斯托哈木、加拿大马尼托巴湖等地。中国新疆阿尔泰以及南岭一带盛产铌铁矿族矿物。

（八）赭石

为各种华类矿物的统称。指原生金属硫化物及其类似化合物（部分含氧盐）在氧化带中常被氧化而生成的多种矿物混合的土状集合体，根据其中不同的金属元素又称为锑华、铋华、砷华等。赭石中组成的矿化均为氧化物。矿物常含不定量的水，一般晶形少见，多呈细分散状、土状集合体或隐晶质致密块状集合体，常依原生矿物成假象或在原生矿物表面成皮壳、被膜状或充填于原生矿物的裂隙中。颜色主要为黄色、浅黄、黄褐、黄绿色，土状光泽，常与同种金属的其他氧化产物相共生，可作为某些原生金属矿床的找矿标志。

1. 砷华(Arsenolite)(As_2O_3)

［化学组成］As 75.74%，O 24.26%。

［晶体结构］等轴晶系，$O_h^7—Fd3m$；$a_0=11.046$ Å；$Z=15$；岛状分子型结构。

［形态］六八面体晶类。晶形呈八面体（彩图115），单形除八面体{111}外，有时也出现菱形十二面体{110}。集合体呈星状、毛发状、钟乳状、土状或皮壳状。

［物理性质］白色，有时带天蓝、黄、红色调，也有无色者，条痕白色或淡黄色，玻璃至金刚光泽，亦有油脂、丝绢光泽。解理平行{111}完全，有时见{110}裂开，断口贝壳状，硬度1.5，比重3.72～3.88，极脆，溶于水，有剧毒；产出于含砷矿物的氧化带。

［显微镜下特征］透射光下薄片无色；均质性，有时显示异常双折射（二轴晶）。折射率$N=1.755\sim1.748$。

反射光下：反射色灰色，无双反射，显内反射，无色;均质性;反射率R计算值7.4～7.5；易磨光。浸蚀反应：HNO_3(+)变浅褐黄色。

［成因及产状］含砷矿物如自然砷、硫砷铜矿、砷钴矿、毒砂等矿床氧化带的典型次生矿物为含砷矿物的风化产物，不稳定，易溶解，故其在氧化带发育有限。

［鉴定特征］在水中缓慢溶解，有剧毒；吹管焰下，在木炭上发白烟，形成白色被膜；与湿苏打混合在还原焰下得As，并部分挥发散发蒜臭；闭管中易升华，在管壁沉积出小八面体型晶体。

2. 锑华(Valentinite)(Sb_2O_3)

［化学组成］Sb 83.54%，O 16.46%。

［晶体结构］斜方晶系，$D_{2h}^{10}—Pccn$；$a_0=4.93$ Å，$b_0=12.48$ Å，$c_0=5.43$ Å，$Z=4$；链状结构。

［形态］斜方双锥晶类。常见单形有平行双面：c{001}、a{100}、b{010}；斜方柱：m{110}等；斜方双锥：o{111}。晶体一般沿c轴呈柱状或板状；某些晶体沿a轴延伸。平行柱面有纵纹，并可因邻接面发育使柱面变圆形。集合体呈柱状、片状、羽毛状、粒状、土状或皮壳状（彩图116）。

［物理性质］无色、白色，有时带淡灰、淡黄、黄褐或红色调，条痕白色，金刚光泽，解理面呈珍珠光泽。解理平行{110}完全，{010}不完全。硬度2.5～3，性脆，比重5.7～5.76。

［显微镜下特征］透射光下为无色—浅黄色；二轴晶(－)；$N_p=a$，光轴面平行(001)(红光和黄光）和(010)(绿光和蓝光)。$N_g=2.358$，$N_m=2.352$，$N_p=2.18$；$N_g-N_p=0.178$（钠光)，$2V$很小，近于0°。

反射光下，光片灰白色；反射率$R=16\sim14$（黄光)；非均质性清楚；内反射显明。

［成因及产状］出现在氧化带中，系由含锑矿物如辉锑矿等经风化作用形成；常与方锑矿、锑赭石、黄锑华等混合产出。

［鉴定特征］溶于10%的酒石酸和盐酸，在盐酸中加水产生白色沉淀；在硫化氨溶液中染成棕色并缓慢溶解；硝酸难溶。

［著名产地］世界著名的产地是中国湖南新化锡矿山。

3. 铋华(Bismite)(Bi_2O_3)

［化学组成］Bi 89.68%，O 10.32%；常含有铁、砷等杂质；平时见到的“铋华”很少是纯净的，大部分含有铋的碳酸盐或铋的氧化物和碳酸盐的混合物。

［晶体结构］单斜晶系，$C_{2h}^5—P2_1/c$；$a_0=5.48$ Å，$b_0=8.16$ Å，$c_0=7.49$ Å；$\beta=112°56'$，$Z=4$；简单配位型结构。

［形态］斜方柱晶类；晶体少见，通常呈块状、粉末状、土状或叶片状集合体（彩图117)；还常以薄层状包于其他铋矿物表面或依辉铋矿形成假象。

［物理性质］浅黄—黄，浅绿—橄榄绿或黄绿—绿黄色，条痕与颜色相同，半金刚光泽或土状光泽；无解理，断口不平坦，贝壳状或土状断口；硬度4.5，性脆，比重9.41；土状集合体的硬度和比重都会降低（硬度1~2，比重4.36)。

［显微镜下特征］透射光下，二轴晶；强色散；$N=2.42$。

反射光下：反射色蓝灰色、淡绿灰色，不显双反射；无反射多色性；显内反射，内反射色黄绿色（彩图118)；显均质性；反射率计算值17.2；易磨光。浸蚀反应：HCl(－)；HNO_3(－)不起泡，而自然铋与HCl、HNO_3均为正反应，发泡。

［成因及产状］产于含铋矿床氧化带，主要是辉铋矿、自然铋及少量针硫铋铅矿次生变化的产物；与泡铋矿、氯铋矿(BiOCl)、钒铋矿等紧密共生，见于中国云南、赣南钨铋矿床。

［鉴定特征］以其形状及颜色作为鉴定特征；矿粉用磷酸溶解后，加水稀释，再加KI溶液，生成褐黑色或黑色BiI_2沉淀（当Bi含量少时为橙黄色)。

［著名产地］世界著名产地有德国，英国的康沃尔、中国的云南等地。

二、氢氧化物

氢氧化物已发现有80多种矿物，主要产于地壳表层的氧化带和水化作用带，大多数为表生作用的产物，少数产于热液或接触交代作用。

氢氧化物的阴离子主要是OH^-或O^{2-}；阳离子主要为Mg^{2+}、Fe^{2+}、Fe^{3+}、Mn^{4+}、Al^{3+}、Ca^{2+}，此外还有中性水分子。类质同像代替有限，但由于吸附作用引起化学组成的变化却较复杂。

氢氧化物多属三方、六方、斜方或单斜晶系。晶体常呈板状、细小鳞片状或针状，更常见的是细分散胶态混合物。当阳离子为Mg^{2+}、Al^{3+}等惰性气体型离子时，所组成的矿物颜色、条痕均较浅，玻璃光泽；由过渡型阳离子Fe、Mn等组成的矿物颜色、条痕色则较深，甚至呈黑色，金刚至半金属光泽；往往具一组完全至极完全解理。与氧化物比较，其比重、硬度和折射率都有所降低。

氢氧化物主要为风化成因和化学沉积成因，主要产于岩石风化壳和金属矿床的氧化带或湖沼水盆地中，后者可以形成巨大的沉积矿床，少数可产于热液矿脉中。按阳离子的种类，本类矿物分为镁、铝、铁、锰的氢氧化物。

（一）镁的氢氧化物

水镁石(Brucite)($Mg(OH)_2$)

［化学组成］MgO 69.12%，H_2O 30.88%；有时含 FeO 可达 10%，MnO 可达 20%，ZnO 可达 4%。这些氧化物组分的阳离子系类质同像置换 Mg。

［晶体结构］三方晶系，$D_{3d}^3—P\bar{3}m$；$a_0=3.125$ Å，$c_0=4.72$ Å；$Z=1$；层状结构——水镁石型。

［形态］复三方偏三角面体晶类。晶体沿(001)发育呈六方板状或叶片状。常见单形：平行双面{0001}、六方柱{$11\bar{2}0$}及菱面体{$10\bar{1}1$}、{$01\bar{1}3$}、{$20\bar{2}1$}。单晶体常见呈厚板状，集合体常呈片状、细鳞片状、浑圆状、不规则粒状集合体（彩图 119）；有时呈纤维状集合体，称纤水镁石或水镁石石棉。

［物理性质］白—淡绿色，含锰或铁者呈红褐色，条痕白色，断口为玻璃光泽，解理面珍珠光泽，纤水镁石呈丝绢光泽，透明；解理平行{0001}极完全，硬度 2.5，细片具挠性及柔性；比重 2.3~2.6；具热电性。

［显微镜下特征］薄片无色；正低—中突起；一轴晶(+)，$N_o=1.56\sim1.59$，$N_e=1.58\sim1.60$，双反射率为 0.01~0.020；折射率和双折射率色散强，因而其干涉色一级黄常被异常干涉色红棕色代替（彩图 120）；平行消光，负延性。

［成因及产状］水镁石为可溶性含镁化合物在强碱性溶液中水解而成，主要矿床与蛇纹岩有关，也产于接触变质菱镁矿石灰岩中。

［鉴定特征］宏观：以其形态，低硬度和{0001}极完全解理为鉴定特征。水镁石具有 3 种晶形：一是板状或叶状；二是纤维状，沿 a 轴伸长；三是块状，外观像肥皂。叶状者，硬度较滑石与石膏为大，但不像滑石具有油滑感，较石膏易溶于盐酸，亦不像白云母具有弹性；纤维状者，则不若纤维蛇纹石的纤细和具有丝状光泽。显微镜下：水镁石以硬度小、解理完全、常呈叶片状且有时叶片具挠性，在正交偏光间常见“手风琴”式消光并具有异常干涉色为其特征，以此可与许多相似矿物区别。

［主要用途］可作为提炼镁的矿物原料。

［著名产地］世界著名产地有美国、加拿大、苏格兰、意大利等地。

（二）铝的氢氧化物

1. 铝土矿(铁铝氧石)(Bauxite)

为以三水铝石、一水软铝石或一水硬铝石为主要矿物所组成的矿石的统称，以硬水铝石最常见。这 3 种矿物通常与其他矿物形成细分散机械混合物，大多呈胶态，为含水氧化铁（如褐铁矿）、含水铝的硅酸盐（如高岭石）、赤铁矿、蛋白石等矿物所胶结，称为“铝土矿”(彩图 121)。当 $Al_2O_3>40\%$，$Al_2O_3/SiO_2>2:1$($Al/Si>1.8\sim2.6$)时才能被工业所利用。

铝土矿通常具有鲕状或豆状构造，豆体常具同心圆状，有的成致密块状，外表与石灰岩、碧玉相似。由于胶结物不同，颜色变化很大，灰白、灰褐、棕红、黑灰色等。新鲜面用口呵气后有强烈的土臭味，将小块碾成粉末，用水湿润无可塑性，硬度、比重较页岩大，由此可与页岩及黏土相区别。

三水铝石、一水软铝石和一水硬水铝石可以独自以不同含量共存于铝土矿中，一般一水硬水铝石及一水软铝石质的铝土矿老于三水铝石质铝土矿，所有已知新近纪及更新世的铝土矿都是三水铝石质的。在动力变质条件下，三水铝石可以转变为一水软铝石或一水硬水铝石，甚至转变为无水氧化铝－刚玉。

2. 硬水铝石(Diaspore)(AlOOH)

［化学组成］ Al_2O_3 84.98%，H_2O 15.02%；有时有 Fe、Mn 代替 Al，使矿物染色(红色)如铁硬水铝石、锰硬水铝石；有时含 Ca、Si、Ti、Mg 等。

［晶体结构］ 斜方晶系，D_{2h}^{16}—$Pbnm$；$a_0=4.41$ Å，$b_0=9.40$ Å，$c_0=2.84$ Å，$Z=4$；属链状结构（沿 c 轴成链）。

［形态］ 斜方双锥晶类。单晶体呈沿 c 轴延伸而平行{010}的薄板状，常呈片状、鳞片状集合体或隐晶质及胶态的豆状、鲕状集合体及结核状块体（彩图 122）。

［物理性质］ 白色，灰色或黑褐色，条痕白色，玻璃光泽，透明到半透明。解理{010}完全，贝壳状断口，性极脆，硬度 6.5～7；比重 3.3～3.5。

［显微镜下特征］ 薄片中无色或微带他色；正高突起；最高干涉色可达三级顶（彩图 123）；二轴晶(＋)；$N_p=1.702$，$N_m=1.722$，$N_g=1.750$；$2V=84°\sim85°$。双折射率为 0.048。光性方位：$N_p /\!/ c$，$N_m /\!/ b$，$N_g /\!/ a$；色散弱，$r<v$。

［成因及产状］ 主要为外生成因，广泛分布于铝土矿矿床中；此外，偶见于大理岩化灰岩的某些接触交代矿床和热液矿床中，与刚玉、白云母、赤铁矿、金红石等伴生；在区域变质的结晶片岩中与蓝晶石伴生，也见于区域变质的铝质岩石中。

［鉴定特征］ 宏观：以其较高的硬度与三水铝石，一水软铝石相区别。置于试管中灼烧，可爆裂成白色鳞片。显微镜下：以其晶形，突起高，干涉色和产状等为特征，与相似矿物区别。

［主要用途］ 铝的主要矿物原料，也可用于制造耐火材料和高铝水泥原料。

［著名产地］ 世界著名产地有乌拉尔，挪威、瑞典等地，中国的山东淄博等地区。

3. 三水铝石(Gibbsite)($Al(OH)_3$)

［化学组成］ Al_2O_3 65.35%，H_2O 34.65%；常有少量的铁和镓置换铝。

［晶体结构］ 单斜晶系，C_{2h}^5—$P2_1/n$；$a_0=8.64$ Å，$b_0=5.07$ Å，$c_0=9.72$ Å；$\beta=94°34'$，$Z=8$；属层状结构。

［形态］ 斜方柱晶类。单晶体呈假六方板状，极少见；有时有热液脉壁上出现长达数厘米的柱状晶体，系热液蚀变的产物；常依(100)和(110)成双晶，常见聚片双晶。集合体呈放射形的纤维状、鳞片状、皮壳状、钟乳状或鲕状、豆状、球粒状结核或呈隐晶质块体（彩图 124）。

［物理性质］ 白色，由于杂质而常带灰、绿和褐色，条痕白色，玻璃光泽，透明到半透明；解理平行{001}极完全，硬度 2.5～3.5，比重 2.30～2.43；具泥土嗅味。

［光性特征］ 薄片无色—淡褐色；正低突起，干涉色一级灰—二级蓝（彩图 125）；二轴晶(＋)；$2V\approx0°\sim40°$；$N_p=N_m=1.556\sim1.568$，$N_g=1.587\sim1.589$，$N_g-N_p=$

0.021。光性方位：$b // N_p$，$a \wedge N_m = 25°$，$c \wedge N_g = 21°$。

［成因及产状］主要产于表生条件下，是长石等含铝硅酸盐分解和水解的产物。热带风化和亚热带气候有利于三水铝石形成，也有部分为低温热液成因。

［鉴定特征］宏观：其极完全解理、低硬度、小比重、玻璃光泽为鉴定特征。显微镜下：三水铝石以斜消光，正光性区别于白云母；以双折射率较高区别于高岭石；与玉髓比较，前者折射率和双折射率均高。

［主要用途］为提炼铝的主要矿物材料，也用于制造耐火材料和高铝水泥原料。

［著名产地］中国福建。

4. 一水软铝石（勃姆石、水铝石、薄水铝矿）(Boehmite) (AlOOH)

［化学组成］Al_2O_3 84.98%，H_2O 15.02%。常有少量的 Fe^{3+} 代替铝。

［晶体结构］斜方晶系，D_{2h}^{17}—$Amam$；$a_0 = 3.69$ Å，$b_0 = 12.24$ Å，$c_0 = 2.86$ Å；$Z = 4$。属层状结构。

［形态］斜方双锥晶类。单晶体呈极细小的片状或扁豆状。集合体通常为隐晶质块体或呈胶态分布于铝土矿中。

［物理性质］无色、微黄的白色，条痕白色，玻璃光泽，透明到半透明；解理平行{010}完全；硬度3.5，比重3.01～3.06。

［显微镜下特征］薄片中无色或微带他色；正中突起，糙面显著；最高干涉色一级紫红；二轴晶(+)；$N_p = 1.638 \sim 1.650$，$N_m = 1.650 \sim 1.660$，$N_g = 1.651 \sim 1.670$；$2V = 84° \sim 85°$。双折射率为0.013～0.020。光性方位：$N_p // a$，$N_m // c$，$N_g // b$。

［成因及产状］主要产于外生条件下，分布于铝土矿中，与三水铝石、硬水铝石、高岭石等共生；此外在碱性伟晶岩空隙中见细小的晶体，与泡沸石等伴生，为低温热液矿物。

［鉴定特征］与硬水铝石区别是低硬度，但由于晶体细小，较可靠的方法是X射线粉末法。

［主要用途］提炼铝的主要矿物材料，也用于制造耐火材料和高铝水泥原料。

（三）铁的氢氧化物

1. 褐铁矿 (Limonite) ($Fe_4O_3(OH)_6$)

［组成］实际是自然界中铁的氢氧化物的聚集体，包括针铁矿、水针铁矿、纤铁矿、水纤铁矿和氢氧化铁胶凝体，以及硅的氢氧化物、泥质物质的混合物。由于矿物颗粒很细，肉眼难于鉴别，所以统称为“褐铁矿”，是“铁帽”的主要成分，也是寻找原生铜铁硫化物矿床的良好标志。

［形态］褐铁矿常呈致密块状或胶态的肾状、钟乳状、葡萄状、结核状、鲕状，以及似胶态的条带状、土状、疏松多孔状等。呈细小针状结晶者，多为针铁矿；细小鳞片状者，多为纤铁矿（又称红云母）。有时褐铁矿由黄铁矿氧化而成，并保存有黄铁矿的假象，称假象褐铁矿（彩图126）。

在肾状、钟乳状褐铁矿表面常有一层光亮沥青色的薄壳（褐铁矿脱水的结果）并现锖色，通称“玻璃头”。

［物理性质］黄色、褐色、褐黑—红褐色，条痕黄褐色或棕黄色；硬度变化较大，为1～4；土状者硬度较小；比重3.3～4。

［成因类型］为表生作用形成，主要成因类型为风化型和沉积型。

［鉴定特征］褐铁矿与赤铁矿、磁铁矿相似，但其颜色、条痕均为黄褐色，在闭管中加热有水出现；而赤铁矿的条痕为红色、棕红色，闭管中加热无水；磁铁矿颜色及条痕均为黑色，晶形完好并具强磁性加以区别。

2. 针铁矿(Goethite)(FeO(OH))

［化学组成］Fe_2O_3 89.9%，H_2O 10.1%。混入物组分与针铁矿成因有关：热液成因的，成分较纯；外生成因的常含 Al_2O_3、SiO_2、MnO_2、CaO 等，其中除部分 Al 系类质同像混入物外，其他组分往往为机械混入物或吸附物，金属矿床氧化带中的针铁矿还常含 Cu、Pb、Zn、Cd 等；而超基性岩风化壳中的针铁矿，则含 Co、Ni。含吸附水者称水针铁矿。

［晶体结构］斜方晶系，D_{2h}^{17}—$Pbnm$；$a_0=4.64$ Å，$b_0=10.02$ Å，$c_0=3.03$ Å，$Z=4$；属硬水铝石型结构。

［形态］斜方双锥晶类。单晶体少见，常沿 c 轴呈针状、柱状，并具纵纹或平行(010)，呈薄板状、鳞片状。集合体常呈豆状、肾状、钟乳状或鲕状、结核状集合体，有时呈致密块状或土状（彩图 127)。

［物理性质］褐黄—褐红色、有时呈暗红色至红黑色，条痕褐黄色，半金属光泽，不透明。解理平行{010}完全，参差状断口，硬度 5.0～5.5，比重 4.28；性脆。

［显微镜下特征］反射色灰色微带淡蓝色；具强的双反射。反射多色性很微弱，具内反射，褐黄、红褐、暗红色（粉末呈褐色或褐黄色)(彩图 128)；弱非均质性（偏光色蓝灰—黄棕—绿灰)，$A_r=1.34°\pm0.1°$。黝铜矿 > R > 闪锌矿，高硬度。反射率：16.1～18.5（白光)；较易磨光，浸蚀反应：常用试剂均为负反应。

［成因及产状］针铁矿是分布很广的矿物之一，是褐铁矿中的最主要成分，并与纤铁矿共生。它主要是含铁矿物风化作用的产物，常分布在铜铁硫化物矿床的露头部分构成铁帽。沉积成因的针铁矿见于湖沼和泉水中；此外，偶见低温热液成因，产于某些热液脉的空隙中，在区域变质作用中可脱水而转变成赤铁矿或磁铁矿。

［鉴定特征］宏观：以其胶体形态和褐黄色条痕为特征，与赤铁矿区别。显微镜下：以针状、放射状结构，葡萄状、肾状等胶状构造以及鲜明的褐黄—红褐色内反射为特征，凭内反射色可与纤铁矿区别。

［主要用途］炼铁原料。铁帽是找寻原生铜铁硫化物矿床的标志。

［著名产地］世界著名产地有美国明尼苏达州、英国康沃尔、法国的阿尔萨斯—洛林地区、捷克的普里布达姆、古巴的马亚里和莫阿地区，加拿大等地。中国也有许多地区产出。

3. 纤铁矿(Lepidocrocite)(FeO(OH)或 α－FeO(OH))

［化学组成］Fe_2O_3 89.9%，H_2O 10.1%；常有少量 SiO_2 和 CO_2 存在，部分 Mn^{3+} 可以代替 Fe^{3+}；含有不定量的吸附水者称水纤铁矿($FeOOH\cdot nH_2O$)。

［晶体结构］斜方晶系，D_{2h}^{17}—$Amam$；$a_0=3.88$ Å，$b_0=12.54$ Å，$c_0=3.07$ Å；$Z=4$；属一水软铝石型结构。

［形态］斜方双锥晶类。晶体常沿{010}发育成片状。集合体常为鳞片状、纤维状等(彩图 129)。

［物理性质］暗红—红褐色，鳞片状块体有时微带金色，条痕橘红或砖红色，金刚光泽，不透明；解理平行{010}完全，{100}{001}中等，硬度4～5，比重4.09～4.1。

［显微镜下特征］反射色灰色，较暗微带绿色；具弱的双反射，比针铁矿稍显著；反射多色性微弱，有内反射，褐红色（彩图130）；强非均质性（偏光色浅灰—暗灰），A_r = 6.32°±0.1°；黝铜矿＞R＞闪锌矿，反射率：15.8～25.0（白光）；易磨光；浸蚀反应：$SnCl_2$(+)显结构。

［成因及产状］为氧化条件下含铁矿物的风化产物，常与针铁矿共生，但比针铁矿少见。片状纤铁矿晶体有时是热液矿床产物。纤铁矿经脱水作用可形成磁赤铁矿($\gamma-Fe_2O_3$)。

［鉴定特征］宏观：与赤铁矿相似，可以其片状、鳞片状晶形，橘红或砖红色条痕及较小比重与赤铁矿相区别。显微镜下：以红色内反射与针铁矿区别；以纤维状、放射状结构、变胶状构造、较低硬度及产状为特征与金红石区别。

［主要用途］用作铁矿石。

（四）锰的氢氧化物

1. 水锰矿(Manganite)(MnOOH)

［化学组成］MnO 40.4%，MnO_2 49.4%，H_2O 10.2；常含 SiO_2、Fe_2O_3 以及微量 Al_2O_3、CaO 等混入物。

［晶体结构］单斜晶系，$C_{5h}^2—B2_1/d$；a_0 = 8.88 Å，b_0 = 5.25 Å，c_0 = 5.71 Å，β = 90°，Z = 8；链状结构。

［形态］斜方柱晶类。常见单形有平行双面 c{001}、d{101}、斜方柱 m{110}。单晶体呈沿 c 轴伸长的柱状。表面具清晰纵纹。集合体成束状。双晶面依(011)呈接触双晶或穿插双晶，并常成聚片双晶，在热液矿床的晶洞中可见柱状晶簇。沉积成因的多成隐晶质块状集合体，也有呈鲕状或钟乳状的集合体（彩图131）。

［物理性质］深灰—黑色，条痕红棕色，半金属光泽，不透明；解理平行{010}完全，平行{110}和{001}中等，参差状断口，性脆，硬度3.5～4；比重4.2～4.33。

［显微镜下特征］反射色为灰色、带棕灰色（彩图132）；具弱—显著的双反射，平行柱面双反射清晰，平行(001)面则不显双反射；显内反射，血红色、棕红色，较常见；平行延长切面显强非均质（偏光色为淡黄—淡蓝灰色），横切面显弱非均质；A_r = 5.47°±0.2°；黝铜矿＞R＞闪锌矿；反射率：14～20（白光）；易磨光。浸蚀反应：H_2O_2(+)弱浸蚀；H_2SO_4 可出现较强的浸蚀。

［成因及产状］水锰矿形成于氧化条件不够充分的环境；在低温热液矿脉中常呈晶簇与重晶石、方解石共生，而外生沉积作用形成的水锰矿者，常呈块状或鲕状见于锰矿床中，为四价锰矿物（软锰矿）和二价锰矿物（菱锰矿）之间的过渡产物。

［鉴定特征］宏观：以其晶形、柱面条纹和红棕色条痕为鉴定特征。其与软锰矿不同之处为硬度是4，条痕红棕色。显微镜下：以反射率稍高、强非均质性与针铁矿区别；以反射率较低、有内反射与软锰矿区别；以具有解理、硬度较低及可显的双反射和强非均质性与褐锰矿区别。

［主要用途］锰的重要矿物原料。

［著名产地］世界著名产地有英国、美国、德国、加拿大等地。

2\. 硬锰矿（Psilomelane）

通常所谓的硬锰矿是一个广义的概念，不是指一个矿物种，而是一种细分散多矿物的集合体。成分上主要为含有多种元素的锰的氧化物和氢氧化物，化学式一般以 $m\text{MnO}\cdot \text{MnO}_2\cdot n\text{H}_2\text{O}$ 表示；在形态和成因上往往具有胶态形成的葡萄状、钟乳状、肾状等特点。

狭义的硬锰矿为一个矿物种，在自然界的分布并不广泛，有自己独特的成分、结构和物理性质。

［化学组成］（$\text{BaMn}^{2+}\text{Mn}_9^{4+}\text{O}_{20}\cdot 3\text{H}_2\text{O}$）。硬锰矿成分变化很大，有时 70% BaO 可被 CaO、K_2O、Na_2O、SrO 置换。其中所含的水与沸石水性质相似。至于硬锰矿的化学式，目前尚未最后确定下来。

［晶体结构］单斜晶系，C_{2h}^3—$A2/m$；$a_0=9.56$ Å，$b_0=2.88$ Å，$c_0=13.85$ Å；$\beta=92°30'$；$Z=1$；链状结构。

［形态］晶体极罕见，通常呈葡萄状、肾状、皮壳状、钟乳状或土状，此外还有致密块状和树枝状（彩图 133）。

［物理性质］灰黑色—黑色，条痕褐黑—黑色，半金属光泽，不透明；无解理，性脆，硬度 4～6；比重 4.71。

［显微镜下特征］反射色灰白色带蓝色调。双反射显著，反射多色性清晰：平行 c 轴近白色，垂直 c 轴较暗，暗灰或蓝灰色（彩图 134）；显内反射，隐晶质用大于 50 倍物镜时可见，内反射色棕色、棕黄色；强非均质性（偏光色灰白—深灰），平行消光。隐晶集合体、胶体硬锰矿显均质性。$A_r=3.66°\pm 0.1°$。方铅矿 > R > 黝铜矿。反射率：27（白光）；易磨光。浸蚀反应：HNO_3（±）薰污，染褐至灰；HCl（±）染褐至黑；$FeCl_3$（±）染浅褐；H_2O_2（+）发泡。

［成因及产状］主要为外生成因，见于锰矿床的氧化带，是褐锰矿、黑锰矿以及含锰碳酸岩和硅酸盐的风化产物；此外也常见于沉积锰矿床中。

［鉴定特征］宏观：以其胶体形态、黑色条痕和硬度较高为鉴定特征。溶于盐酸放出氯，闭管中析出水和氧；加 H_2O_2 剧烈起泡放出大量氧气，以此可与类似的黑色矿物相区别；珠球试验氧化焰中呈紫色反应。显微镜下：以反射率低，反射色具蓝色调，具棕红、棕黄色内反射色及胶状、变胶状构造为特征，可与软锰矿区别。

［主要用途］锰的重要矿物原料。

［著名产地］世界上广泛分布，重要的产地有德国的萨克森、法国的罗马奈斯，印度等地。

第四节　含 氧 盐 大 类

含氧盐是各种含氧酸的络阴离子（主要有 $[SiO_4]^{4-}$、$[PO_4]^{3-}$、$[SO_4]^{4-}$、$[CO_3]^{2-}$ 等）与金属阳离子所组成的盐类化合物。该类矿物占已知矿物种数的 2/3，在地壳中分布最广泛，也是最常见的一大类矿物。许多重要的矿物原料，特别是非金属矿物原料，均来自含氧盐类矿物，在国民经济中占有重要地位。

根据络阴离子的种类不同，对含氧盐大类矿物做进一步分类，主要分为硅酸盐，硼酸盐，磷酸盐、砷酸盐、钒酸盐，钨酸盐、钼酸盐，硫酸盐，碳酸盐及硝酸盐。

一、硅酸盐类

已知硅酸盐矿物有600余种，约占矿物种的1/4。在自然界分布极为广泛，是三大类岩石的主要造岩矿物，也是工业上所需要的多种金属和非金属的矿物资源。如Li、Be、Zr、B、Rb、Cs等元素大部分从硅酸盐矿物中提取；而石棉、滑石、云母、高岭石、沸石等多种硅酸盐矿物又直接被利用。此外，许多硅酸盐矿物如祖母绿和海蓝宝石（绿柱石）、翡翠（翠绿色硬玉）、碧玺（电气石）等均是珍贵的宝石矿物。

［化学成分特点］组成硅酸盐矿物的离子主要是惰性气体型离子和部分过渡型离子，铜型离子很少见。作为阴离子，主要由Si和O组成的络阴离子，可出现附加阴离子O^{2-}、OH^-、F^-、Cl^-，以及S^{2-}、$[CO_3]^{2-}$、$[SO_4]^{2-}$等。此外，还可有H_2O的参加。

［形态和物理性质］硅酸盐矿物的晶体形态，取决于硅氧骨干的型式和其他阳离子配位多面体，特别是$[AlO_6]$八面体的联结。

具孤立$[SiO_4]$四面体骨干的硅酸盐在形态上常为三向等长（如石榴子石、橄榄石等）；具环状硅氧骨干的硅酸盐晶体常呈柱状结晶习性，柱状晶体往往属六方或三方晶系，柱的延长方向垂直于环状硅氧骨干平面（如绿柱石、电气石）；具链状硅氧骨干的硅酸盐晶体常呈柱状晶体，晶体延长方向平行链状硅氧骨干方向（如辉石、角闪石、硅辉石等）；具层状硅氧骨干的硅酸盐晶体呈板状、片状、鳞片状，延展方向平行于硅氧骨干层（如云母、葡萄石等）；具架状硅氧骨干的硅酸盐，其形态决定于架内化学键的分布，一般平行较强键的方向形成板、柱状等。

$[AlO_6]$八面体的分布对晶体习性有很大的影响。如蓝晶石的板状晶体是与构造中$[AlO_6]$联结成层有关；红柱石、绿帘石的柱状晶体与构造中$[AlO_6]$联结成链有关。

硅酸盐矿物具共价键及离子键，一般具有离子晶格特性。多为透明，浅色或无色，玻璃—金刚光泽。

硅酸盐矿物的解理与其硅氧骨干型式有关，具层状硅氧骨干者常平行层面具有极完全解理（如云母、滑石等）；具链状骨干者常平行链的延长方向产生解理（如辉石、角闪石等）；具架状骨干者，解理决定于结构中化学键的分布，如长石有平行x轴的两组解理，是因为长石架状硅氧骨干中有平行x轴的比较强的链存在；具环状骨干的硅酸盐一般解理不好。

硅酸盐矿物的解理也与阳离子的分布，特别是$[AlO_6]$八面体的联结有关。如蓝晶石的{100}完全解理就与构造中$[AlO_6]$八面体层有关。

硅酸盐矿物的硬度与阳离子的电荷、离子半径以及配位数有关。随着阳离子电荷的增高和半径的减小，硬度逐渐增高。当阳离子配位数与阴离子半径的比值相符合时，矿物的硬度就愈大。对于同一种阳离子来讲，配位数愈低，硬度愈小，铝硅酸盐（Al为四次配位）比铝的硅酸盐（Al为六次配位）硬度要小。构造中水的存在，常使硬度降低。

一般地，硅酸盐矿物具有比较高的硬度，仅次于无水氧化物。但具层状骨干的硅酸盐硬度却很小，这是由于层间是以分子键（如滑石，硬度为1）或以半径极大的低价阳离子（如云母，硬度2~3）相联结的缘故。

硅酸盐的比重与构造形式和化学成分有关，一般具孤立岛状$[SiO_4]$四面体骨干的硅酸盐有较大的比重，而具有层状、架状构造的硅酸盐比重较小。含水的硅酸盐比重也较小。

［成因及产状］内生、外生和变质作用都可能生成硅酸盐矿物。

在岩浆作用过程中，随着岩浆的分异，硅酸盐矿物的结晶有依岛、链、层、架的顺序逐渐由低硅的硅酸盐向高硅的硅酸盐发展的趋势。

在伟晶作用过程中，除生成长石、石英、云母等矿物外，尚有半径过小（Li、Be 等）或过大（Rb、Cs）离子的硅酸盐矿物和含挥发组分（B、F）的硅酸盐矿物形成。

在热液作用、围岩蚀变、接触变质及区域变质作用中，均可有大量硅酸盐矿物形成。

外生作用所形成的硅酸盐多具层状构造。

［硅酸盐亚类的划分］硅酸盐类矿物按其硅氧骨干型式分为 4 个亚类：岛状结构硅酸盐亚类（包括具单四面体、双四面体及环状硅氧骨干的矿物）、链状结构的硅酸盐亚类（包括具单链、双链硅氧骨干的矿物）、层状结构的硅酸盐亚类和架状结构的硅酸盐亚类。

（一）岛状硅酸盐亚类

本亚类矿物包括具单四面体、双四面体及环状硅氧骨干的硅酸盐矿物，除少数矿物（如堇青石和钙铝黄长石）外，一般$[SiO_4]$四面体不被$[AlO_4]$四面体代替。阳离子较复杂，除 Ca、Mg、Fe、Mn、Al 外，还有 Nb、Ta、Zr、Hf、TR、U、Th、Ti，以及 Co、Ni、Cu、Pb、Zn、Be、Ba 等，K、Na 则只出现在个别矿物中。附加阴离子有O^{2-}、$(OH)^-$和F^-等。由于其结构比较紧密，故其一般比重、硬度和折射率都相对较大。

1. 锆石族

锆石（锆英石）（Zircon）（$Zr[SiO_4]$）

［化学组成］ZrO_2 67.01%，SiO_2 32.99%，经常含少量的 Hf，也常含 Th、TR、Y、Ca、Nb、Ta、Al、Mg、Mn、U、Sn 等，有十余种变种。产于碱性岩中的锆石，Zr/Hf 比最大，最富锆，其次从基性岩—中性岩—酸性岩产出的比值依次降低。产于岩浆晚期蚀变花岗岩和花岗伟晶岩中的富铪锆石常与铌、钽的矿化紧密相关，故可作为寻找与酸性岩浆有关的稀有元素矿床的标志之一。

［晶体结构］四方晶系，$D_{4h}^{10}—I4_1/amd$；$a_0=6.62$ Å，$c_0=6.02$ Å，$Z=4$；单岛状结构。

［形态］复四方双锥晶类；一般呈单晶出现，通常呈柱状、双锥状（彩图 135）。锆石的晶形与结晶时的介质环境密切相关，在碱性或偏碱性的花岗岩中，锆石的锥面{111}很发育，呈短柱状或四方双锥状；在酸性岩的花岗岩中柱面{110}、{100}及锥面{111}均发育，晶体呈柱状；在基性岩、中性岩或偏基性的花岗岩中，锆石除见柱面{110}或{100}外，还往往出现复四方双锥{311}，而锥面{111}发育很差或不出现。另外，晶体的形态还与晶体结晶时的温度、压力及介质中的杂质有关。

［物理性质］颜色变化大，多见黄色或红棕色，条痕无色或黄色，金刚光泽，有时出现油脂光泽，浅色者透明度较好，深色者在薄片中透明；解理平行{110}不完全，贝壳状断口；硬度 7.5，含水时可降为 6；比重 4.46 ~ 4.7；可以具有放射性。

［显微镜下特征］薄片无色—淡褐等色。多色性极弱，可见到吸收异向性，$N_o<N_e$。极正高突起，一轴晶（+），$N_o=1.92\sim1.96$，$N_e=1.967\sim2.015$，双反射率$\Delta N=0.042\sim0.065$。最高干涉色可达三 ~ 四级（彩图 136）；平行消光，正延性；有时可见环带构造；有时显二轴晶（$2V$ 可达 10°）。锆石常呈包裹体出现在黑云母、角闪石、辉石等矿物中，并在锆石周围形成“多色晕”。

［成因及产状］火成岩中常见的副矿物之一，通常为早期结晶的产物，故在其他矿物中可见到锆石包裹体；由于抵抗风化能力强，也是沉积岩中的常见矿物之一，富集时形成砂矿。

［鉴定特征］宏观：常以其四方柱及四方双锥的形态为特征，与金红石的区别是锆石具有较大的硬度以及较高的密度；与锡石的区别是锡石的密度远大于锆石，与独居石的区别是形态不同。显微镜下：锆石与磷灰石纵断面相似，但磷灰石干涉色低，为一级灰、负延性。独居石的折射率低于锆石，独居石为二轴晶，$c \wedge N_g = 2° \sim 6.5°$；锆石为一轴晶，平行消光。锆石与榍石相比，锆石折射率低（小于2.015）、双折射率小，干涉色总是三~四级蓝、绿、深红等，而榍石的干涉色为高级白，锆石为柱状切面而榍石常具菱形切面。

［主要用途］提炼锆和铪的最重要矿物原料。

［著名产地］世界著名的产地有泰国、俄罗斯、澳大利亚、挪威、加拿大、美国等。中国除了华南及沿海一带盛产外，在新疆、内蒙古等的伟晶岩中亦有出现。

2. 橄榄石族

本族化学式通式：$R_2[SiO_4]$。$R = Mg^{2+}$、Fe^{2+}和Mn^{2+}。

根据镁橄榄石的含量，镁橄榄石－铁橄榄石系列又可划分为如下几个异种(表5－4)：

表5－4　镁橄榄石－铁橄榄石系列各异种　　%

	镁橄榄石	贵橄榄石	透铁橄榄石	镁铁橄榄石	铁镁铁橄榄石	铁橄榄石
$Mg_2[SiO_4]$	90~100	70~90	50~70	30~50	10~30	0~10
$Fe_2[SiO_4]$	10~0	30~10	50~30	70~50	90~70	100~90

橄榄石(Olivine)($(Mg,Fe)_2[SiO_4]$)

［化学组成］主要是由$Mg_2[SiO_4]$和$Fe_2[SiO_4]$两个端元组分所形成的完全类质同像混晶；也可见Mn代替Mg，形成不完全类质同像系列。

［晶体结构］斜方晶系，$D_{2h}^{16}—Pbnm$；$a_0 = 4.76$ Å，$b_0 = 10.21$ Å，$c_0 = 5.98$ Å（镁橄榄石）；$a_0 = 4.82$ Å，$b_0 = 10.48$ Å，$c_0 = 6.11$ Å（铁橄榄石），$Z = 4$；单岛状结构。

［形态］斜方双锥晶类；晶体沿c轴呈柱状或短柱状，有时沿{100}呈板状；常见单形：平行双面a{100}、b{010}、c{001}，斜方柱m{110}、l{102}、n{011}和斜方双锥o{111}。集合体常呈粒状（彩图137）。

［物理性质］镁橄榄石色浅，通常呈白色—浅黄色，含铁越高颜色越深，一般呈黄绿色—橄榄绿色，锰橄榄石呈灰色，条痕与颜色相同，玻璃光泽或油脂光泽，透明至半透明。解理{010}中等，{100}不完全，贝壳状断口，硬度6~7，比重3.22（镁橄榄石），4.392（铁橄榄石），3.78~4.10（锰橄榄石）。

［显微镜下特征］薄片无色，解理不发育，常见不规则裂纹；正高突起，糙面显著；最高干涉色可达三级，平行消光（彩图138）；二轴晶(±)，$N_p = 1.657 \sim 1.694$，$N_m = 1.674 \sim 1.715$，$N_g = 1.692 \sim 1.732$，双折射率$\Delta N = 0.035 \sim 0.039$，$2V = 83° \sim 88°$，色散很弱。光性方位：$a /\!/ N_g$，$b /\!/ N_p$，$c /\!/ N_m$，$N_gN_p /\!/ (001)$。

［成因及产状］是地幔岩的主要组成矿物之一，来自地幔物质形成的岩石一般都含有橄榄石。富铁的橄榄石可以在一些酸性或碱性的富钠火山岩中见到。在接触变质和区域变质过程中，镁质碳酸岩会因变质作用而生成橄榄石。橄榄石也是构成陨石的主要矿物之一。

橄榄石受热液作用后容易变成蛇纹石，还可以有滑石、绿泥石、透闪石等。

［鉴定特征］宏观：黄绿色，粒状的晶形，解理性差，贝壳状断口，难熔；可缓慢溶解于沸盐酸中，将溶液蒸发之后，可残留胶状的氧化硅。显微镜下：以高双折射率，解理不发育而裂纹发育与斜方辉石区别。与绿帘石区别：绿帘石常显彩色异常干涉色，具有较好的解理，无蛇纹石蚀变；硅镁石常具无色—淡黄色的多色性，折射率、双折射率及光轴角均较橄榄石小。

［主要用途］纯橄榄岩可用作耐火材料，透明的绿色铁橄榄石还可作为宝石矿物。

［著名产地］世界著名的产地有缅甸部分地区、意大利的维苏威火山、挪威的斯的鲁姆、德国的埃费尔地区、美国的亚利桑那州和新墨西哥州，以及中国河北万全县等地。

3. *石榴石族*

石榴子石

［化学组成］本族化学式通式：$A_3B_2[SiO_4]_3$。$A = Mg^{2+}$、Fe^{2+}、Mn^{2+}和Ca^{2+}；$B = Al^{3+}$、Fe^{3+}、Cr^{3+}、V^{3+}等。根据A组元素的成分将石榴子石族矿物分为两个类质同像系列：铁铝榴石系列和钙铝榴石系列。

（1）铁铝榴石系列。$(Mg^{2+}, Fe^{2+}, Mn^{2+})_3Al_2[SiO_4]_3$，A组元素类质同像代替广泛：镁铝榴石(Pyrope)$Mg_3Al_2[SiO_4]_3$、铁铝榴石(Almandite)$Fe_3Al_2[SiO_4]_3$、锰铝榴石(Spessartite)$Mn_3Al_2[SiO_4]_3$。

（2）钙铝榴石系列。$Ca_3(Al,Fe,Cr,Ti,V,Zr)_2[SiO_4]_3$：钙铝榴石(Grossularite)$Ca_3Al_2[SiO_4]_3$、钙铁榴石(Andradite)$Ca_3Fe_2[SiO_4]_3$、钙铬榴石(Uvarovie)$Ca_3Cr_2[SiO_4]_3$、钙钒榴石(Goldmanite)$Ca_3V_2[SiO_4]_3$、钙锆榴石(Kimzeyite)$Ca_3Zr_2[SiO_4]_3$。

纯端元成分的石榴子石很少见，多数为两端元之间的成分；另外还经常有其他元素类质同像代替，形成某些变种：如黑榴石（钙铁榴石中含Ti较多）；钙钛榴石（含TiO_2达4.6%～16.44%，是Na+Ti置换Ca+Fe的结果）；钇铝榴石[Y+Al置换(Ca,Mn)+Si]；水榴石$[Ca_3Al_2(SiO_4)_{3-x}(OH)_{4x}]$含水达8.5%，系$(SiO_4)^{4-}$被$(OH)_4^{4-}$代替的结果。

［晶体结构］等轴晶系，O_h^{10}—$Ia3d$；$a_0 = 11.459 \sim 12.48$ Å，$Z = 8$；岛状结构。

［形态］六八面体晶类；常为菱形十二面体{110}、四角三八面体{211}或两者的聚形。完好晶形常见，晶面上常有平行四边形长对角线的聚形纹。集合体成粒状或致密块状（彩图139）。

［物理性质］颜色变化大，常呈深红、红褐、棕绿、黑等，与其成分有关：镁铝榴石为紫红色、玫瑰红色；铁铝榴石呈红褐色、橙红色；锰铝榴石深红色。钙系矿物成员有：黄褐色、黄绿色的钙铝榴石，棕、黄绿色的钙铁榴石，鲜绿色的钙铬榴石等。条痕多为白色，断口参差状，玻璃光泽—金刚光泽，断口为油脂光泽，透明到不透明；硬度6.5～7.5；比重3.5～4.2；性脆。

［显微镜下特征］薄片高正突起，糙面十分显著；一般无色，有时带淡褐色、浅黄绿色等。铁铝榴石、镁铝榴石呈均质体（彩图140）；$n = 1.734 \sim 1.75$。锰铝榴石呈弱非均

质性，钙铁榴石系列可有明显的非均质性。呈非均质性的钙铁榴石具灰色异常干涉色，并常有同心环带构造，二轴晶，2*V*不稳定。

[成因及产状] 主要产于石灰岩与岩浆岩的接触变质带中，为早期矽卡岩的主要矿物，常与透辉石共生。

[鉴定特征] 宏观：根据其形态特征易于鉴别，但本族中各种矿物的相互区别应进行比重、折射率、晶胞参数等的测定才能确定。石榴石族矿物及其部分特征见表5-5。显微镜下：淡褐色和淡红色；正高—正极高突起，糙面明显，晶体中有不规则的裂纹；在正交偏光间全消光，显均质性为特征。但是钙质石榴子石大多数具非均质性，呈现一级灰—白的干涉色，薄片中常见三连晶和六连晶，常见同心环带状构造。这类光性异常的石榴子石一般为光轴角较小的二轴晶，但个别光轴角近于90°。

表5-5 石榴石族矿物及其部分特征

名称	铝石榴石系列			钙石榴石系列		
	镁铝榴石	铁铝榴石	锰铝榴石	钙铝榴石	钙铁榴石	钙铬榴石
化学式	$Mg_3Al_2[SiO_4]_3$	$Fe_3Al_2[SiO_4]_3$	$Mn_3Al_2[SiO_4]_3$	$Ca_3Al_2[SiO_4]_3$	$Ca_3Fe_2[SiO_4]_3$	$Ca_3Cr_2[SiO_4]_3$
薄片颜色	淡玫瑰-淡红褐色	淡红-淡红褐色	淡红、淡褐色	无色（淡黄或淡褐色）	黄、红、褐等深色	绿色
N	1.705~1.760	1.778~1.816	1.792~1.820	1.735	1.811~1.895	1.85~1.86
其他	显均质性	常因含大量包裹体而呈筛状	一般为均质性，有时微显非均质性	因光性异常呈一级灰干涉色和双晶	常呈一级灰干涉色及双晶和环带	因光性异常而显低干涉色和环带
产状	幔源包体、金伯利岩、榴辉岩、蛇纹岩等镁铁质、超镁铁质岩浆岩	片岩、片麻岩、角闪岩等，是变质相、带划分标志矿物	伟晶岩、花岗岩、结晶片岩及锰矿床中	矽卡岩、富钙铝质片岩及蛇纹岩中	暗褐色，*N*=1.94~2.01，有环带，多产于碱性岩中	罕见，产于蛇纹岩和某些接触变质岩中
变化	可变为绿泥石	可变为绿泥石、绿帘石等	可变为黑云母或氧化锰、氢氧化锰混合物	可变为绿泥石、绿帘石、长石、方解石等		可变为含铬绿泥石

注：据孟庆丽（1995）。

[主要用途] 可以作为研磨材料，透明色美者可以作为宝石。

[著名产地] 世界著名的产地有美国阿肯色州和纳米比亚部分地区。

4. 硅镁石族

本族矿物的化学式为$nMg_2[SiO_4]\cdot Mg(F,OH)_2$。成分中代替$Mg^{2+}$的有$Fe^{2+}$、Mn和Ti，Ca和Zn次之；$F^-$和$(OH)^-$之间有广阔的置换范围。包括的矿物有：块硅镁石（Norbergite）$Mg_2[SiO_4]\cdot Mg(F,OH)_2$、粒硅镁石（Chondrodite）$2Mg_2[SiO_4]\cdot Mg(F,OH)_2$、硅镁石（Humite）$3Mg_2[SiO_4]\cdot Mg(F,OH)_2$、斜硅镁石（Clinohumite）$4Mg_2[SiO_4]\cdot Mg(F,OH)_2$。

本族矿物具有相似的结构和物理性质，是构成镁矽卡岩的特征矿物，广泛分布在白云岩与岩浆岩的接触带部位，亦见于基性-超基性岩的岩浆期后蚀变带，常被蚀变成蛇纹石等矿物。

硅镁石（Humite）$3Mg_2[SiO_4]\cdot Mg(F,OH)_2$

［化学组成］$3Mg_2[SiO_4]\cdot Mg(F,OH)_2$ 或 $Mg_7[SiO_4]_3(OH,F)_2$。FeO 达 2.10% ~ 10.69%，MnO 为 0.01% ~1.69%，TiO_2 为 0.01% ~3.25%；CaO 为 0~0.17%，Al_2O_3 为 0~2.95%，Fe_2O_3 达 0.33% ~2.66%，F 为 2.77% ~5.43%。

［晶体结构］斜方晶系，D_{2h}^{16}—$Pmcn$；a_0 =20.8418~20.8526 Å，b_0 =4.7386~4.7408 Å，c_0 =10.2626~10.2580 Å；Z=4；与橄榄石有相似的结构。

［形态］斜方柱晶类；常见凸透镜状、桶状及板柱状晶体，集合体粒状（彩图141）。

［物理性质］黄褐色，也有红色或绿色，透明，玻璃光泽；解理{100}中等，硬度6~6.5，比重3.202~3.320；遇 HCl 可以形成胶状体。

［显微镜下特征］薄片无色—淡黄—褐色；多色性：N_g = 无色或淡黄，N_m = 无色或淡黄，N_p = 极淡黄或暗黄。吸收性：$N_p > N_m > N_g$，正中突起，干涉色二级黄到紫红（彩图142）；平行消光，延性可正可负。二轴晶（+），光轴角大，$2V$=65°~84°。N_p =1.607~1.643，N_m =1.619~1.653，N_g =1.639~1.675，$N_g - N_p$ =0.029~0.036。光性方位：$a /\!/ N_p$，$b /\!/ N_g$，$c /\!/ N_m$，$N_gN_p /\!/ (001)$。

［成因及产状］在岩浆岩同白云岩的接触带多见，粒硅镁矿石常见于斜硅镁石磁铁矿镁矽卡岩中，呈脉状或粒状，同金云母、磁铁矿、硅镁石、氟叶蛇纹石共生。

5. 红柱石族

Al_2SiO_5 有3种同质多像变体：蓝晶石 $Al_2^{VI}[SiO_4]O$、红柱石 $Al^{VI}Al^{V}[SiO_4]O$ 和矽线石 $Al^{VI}[Al^{IV}SiO_4]O$。其中矽线石为链状结构硅酸盐。

1）红柱石（Andalusite）（$Al_2[SiO_4]O$）

［化学组成］Al_2O_3 63.1%，SiO_2 36.9%，有时含有少量的 Fe^{3+} 和微量的 Na、K 等。

［晶体结构］斜方晶系，D_{2h}^{12}—$Pnnm$；a_0 =7.78 Å，b_0 =7.92 Å，c_0 =5.57 Å，Z=2；链—岛状结构。

［形态］斜方双锥晶类；主要单形有：斜方柱 m{110}、n{101}，平面双面 c{001}。单晶常呈柱状，横切面接近于正方形，集合体成放射状或粒状在红柱石晶体中，含有黑色碳质包体，在横切面上呈对角线分布，称空晶石。（彩图143）

［物理性质］常呈灰白色或肉红色，蓝、绿、紫色者少见，条痕为灰白色或肉红色；断口参差状，玻璃光泽，透明；解理{100}不完全，{110}完全，硬度6.5~7.5，比重3.13~3.16；不溶于任何酸，在火中加热也不熔化。

［显微镜下特征］薄片无色、淡红—淡绿色，颜色淡而分布不均匀。在有色变种中，可见微弱多色性，$N_g = N_m$ = 淡绿色，N_p = 淡红色，具正中突起，纵切面平行消光，横切面对称消光，干涉色一级灰白—黄色（彩图144），折射率与双折射率随 Fe^{3+} 含量增加而增大；负延性；色散微弱。二轴晶（−），N_p =1.629−1.640，N_m =1.633~1.644，N_g =1.638~1.651；双反射率 ΔN =0.0090~0.011，$2V$=83°~84°。光性方位：$a /\!/ N_g$，$b /\!/ N_m$，$c /\!/ N_p$，$N_gN_p /\!/ (010)$。

［成因及产状］是典型的中、低级变质作用产物，常见于接触变质带的泥质岩中，主要形成于温度和压力都较低条件下。

［鉴定特征］宏观：以方形柱状形态、解理交角近于垂直、常呈肉红色为鉴定特征；

与空晶石区别在于其有呈独特构造的碳质包裹物。硝酸钴试验呈 Al 反应。显微镜下：红柱石与紫苏辉石十分相似，但前者为负延性，后者为正延性，此外紫苏辉石突起高；两者的多色性公式也有差异，红柱石的柱面长方向(N_p) = 浅红色，而紫苏辉石的柱面长方向(N_g) = 浅绿色。红柱石与矽线石区别在于矽线石具有正延性、横切面有一组对角线解理、干涉色较高、正光性、光轴角小等特征。透闪石的正延性、横切面的角闪石式解理及二级干涉色等可与红柱石区别。

[主要用途] 高级耐火材料，产菊花石的岩石可作装饰石材，空晶石可作很好的观赏石。

[著名产地] 世界著名产地有澳大利亚，中国北京西山和周口店太平山等地。

2）蓝晶石(Kyanite)($Al_2[SiO_4]O$)

[化学组成] Al_2O_3 63.1%，SiO_2 36.9%，有时含有少量的 Cr、Fe 及其微量的 Na，K 等。

[晶体结构] 三斜晶系，$C_i^1—P\overline{1}$；$a_0=7.10$ Å，$b_0=7.74$ Å，$c_0=5.57$ Å，$\alpha=90°06'$，$\beta=101°02'$，$\gamma=105°45'$，$Z=4$；层—岛状结构。

[形态] 平行双面晶类，常沿 c 轴呈扁平的柱状晶形。常见单形有平行双面 a{100}、b{010}、c{001}、m{110}等。双晶常见，呈简单的接触双晶或聚片双晶；有时呈放射状集合体。

[物理性质] 一般呈浅蓝色，但也可以呈白、灰、浅绿色等，玻璃光泽（彩图 145），解理面上有珍珠光泽，透明；解理{010}中等，{100}完全，硬度 4.5～7，表现出极其显著的各向异性，平行 c 轴硬度 4.5，垂直 c 轴为 7，故又称二硬石；比重 3.53～3.65；难熔，具强耐火性。

[显微镜下特征] 薄片中无色，但较厚时呈浅蓝色；具多色性，N_p = 无色，N_m = 淡蓝色，N_g = 深蓝色。吸收异向性：$N_g > N_m > N_p$；正高突起，干涉色一级黄—橙红色。斜消光，正延性（彩图 146）；二轴晶(-)；$N_p=1.710\sim1.713$，$N_m=1.720\sim1.722$，$N_g=1.727\sim1.729$，$N_g-N_p=0.012\sim0.016$；$2V=82°\sim83°$。光轴面近于⊥(100)，$N_g \wedge c=30°$；弱色散，$r>v$。

[成因及产状] 是典型的区域变质作用的产物，片岩中的典型矿物，多由泥质岩或碎屑岩变质而成；主要形成于变质作用压力较高的条件下，并与十字石共生。

[鉴定特征] 宏观：具有长板状的晶形、较好的解理、蓝色和硬度随方向而不同的特点；不溶于酸，将碎片以硝酸钴溶液烧之，可变为蓝色。显微镜下：蓝晶石以其正高突起、横切面上两组解理夹角 74°以及一级干涉色、正延性、二轴晶、负光性等为主要鉴别特征。

[主要用途] 具强耐火性，为高级耐火材料；色泽好、透明且晶粒大者可做宝石。

[著名产地] 世界著名的产地有瑞士、奥地利、法国、印度、美国和中国的四川丹巴等。

6. 黄玉族

黄玉（黄晶）(Topaz)($Al_2[SiO_4](F,OH)_2$)

[化学组成] Al_2O_3 55.54%，SiO_2 32.22%，F 12.24%。F^-可被$(OH)^-$置换，形成的温度越高，含氟量越高。

［晶体结构］斜方晶系，D_{2h}^{16}—$Pbnm$；$a_0=4.65$ Å，$b_0=8.80$ Å，$c_0=8.40$ Å，$Z=4$；岛状结构。

［形态］斜方双锥晶类；常见单形有斜方柱 m{110}、l{120}、j{021}、k{041}，斜方双锥 n{111}、o{221}、p{223}、q{431}，平行双面 c{001}、b{010}。单晶常呈柱状，柱面上有纵纹。集合体常呈不规则粒状或块状（彩图 147）。

［物理性质］无色或呈浅黄、浅蓝、浅绿和浅红等色，玻璃光泽，透明；断口参差状，解理{001}完全，硬度 8，比重 3.52～3.57；被硫酸作用时，表面会被腐蚀。

［显微镜下特征］薄片无色，带色的变种在厚切片中可见有多色性，N_g = 淡红，N_p = 黄色。黄玉的玫瑰色变种少见，把黄色黄玉加热颜色可变成玫瑰色；正中突起，干涉色一级灰至黄；纵切面平行消光，横切片对称消光；透明（彩图 148）。二轴晶（+），$N_p=1.606\sim1.629$，$N_m=1.609\sim1.631$，$N_g=1.616\sim1.638$；双折射率 $\Delta N=0.0090\sim0.0100$；$2V=48°\sim68°$。光性方位：$a /\!/ N_p$，$b /\!/ N_m$，$c /\!/ N_g$，$N_gN_p /\!/ (010)$。

［成因及产状］形成于高温并有富氟挥发分作用条件下，主要见于花岗岩、花岗伟晶岩、云英岩，以及高温气成热液矿脉中，是钨、锡、铌、锂矿床的常见矿物，在砂矿中也有存在。

［鉴定特征］宏观：柱状晶形，柱面上有纵纹，硬度高和平行{001}完全解理等。显微镜下：薄片中具有与晶体长方向垂直的完全底面解理、正中突起，干涉色低、柱状外形和中等光轴角。

［主要用途］可用作研磨材料或轴承，透明者可作宝石。

［著名产地］世界著名产地有俄罗斯、德国、日本、墨西哥、巴西、美国以及中国新疆、内蒙古、江西等地。

7. 十字石族

十字石（Staurolite）（$FeAl_4[SiO_4]_2O_2(OH)_2$）

［化学组成］FeO 15.8%，Al_2O_3 55.9%，SiO_2 26.3%，H_2O 2.0%，有 Mg^{2+} 与 Fe^{2+}，Fe^{3+} 与 Al 的置换；此外，尚可有少量的 Co、Ni、Zn、Mn^{3+}、Cr 和 Ti 等置换其中的阳离子。含 Co、Mn 较高的亚种叫钴十字石和锰十字石。

［晶体结构］单斜晶系，C_{2h}^{3}—$C2/m$；$a_0=7.82$ Å，$b_0=16.62$ Å，$c_0=5.65$ Å，$\beta=90°\pm3'$；$Z=2$；层—岛状结构。

［形态］斜方柱晶类；常见单形有斜方柱 m{110}、r{101}，平行双面 c{001}、b{010}；单晶体呈短粗柱状，常生有贯穿双晶呈十字形、斜十字形，也有的呈不规则粒状（彩图 149）。

［物理性质］深褐、红褐、黄褐色；玻璃光泽，但变化后（或不纯净）常显暗淡无光如土状；解理{010}中等；硬度 7.5；比重 3.74～3.83。

［显微镜下特征］薄片淡金黄色，可见弱多色性：N_g = 红黄至金黄，N_m = 淡黄、亮黄，N_p = 近于无色。吸收异向性：$N_g>N_m>N_p$。正高突起，干涉色为一级黄—橙红色（彩图 150），正延性。晶粒内常含有包裹物——石英、云母及碳质等，构成筛状变晶结构。二轴晶（+），$N_p=1.739\sim1.747$，$N_m=1.745\sim1.753$，$N_g=1.752\sim1.761$；双折射率 $\Delta N=0.012\sim0.014$；$2V=82°\sim90°$。光性方位：$a /\!/ N_m$，$b /\!/ N_p$，$c /\!/ N_g$，$N_gN_p /\!/ (100)$。

［成因及产状］十字石是泥质岩石的区域变质作用产物。由于它的形成仅局限于一定的温压范围内，所以被看成是中级变质作用的标型矿物。与其共生矿物有蓝晶石、铁铝榴石、黑云母、斜长石和石英等。在沉积岩中可以作为矿物碎屑存在。

［鉴定特征］宏观：可从它特殊的晶形、双晶、硬度和颜色中予以鉴定，和红柱石不同之处是柱体并非方形。显微镜下：十字石在薄片中呈无色—金黄色的多色性，正高突起，干涉色一级黄—橙红，平行消光，正延性及其特殊的十字双晶可与其他的黄色矿物相区别。

［主要用途］具矿物学和岩石学的意义。

［著名产地］世界著名的产地有瑞士、德国、法国、苏格兰和美国东部、东北部各州等地。

8. 榍石族

榍石（Sphene 或 Titanite）（$CaTi[SiO_4]O$）

［化学组成］CaO 28.6%，TiO_2 40.8%，SiO_2 30.6%，经常含类质同像混入物。Ca 可被 Na、TR、Mn、Sr、Ba 代替；Ti 可被 Al、Fe^{3+}、Nb、Ta、Th、Sn、Cr 代替；O 可被 OH、F、Cl 代替。富含 TR 的钇榍石，$(Y, Ce)_2O_3$ 可达 12%～18%；富含 Mn 的红榍石中，MnO 可达 3%；铁榍石是 $Ti^{4+} + O^{2-}$ 被 $(Al, Fe)^{3+} + (OH, F)^-$ 代替，Fe_2O_3 可达 3.8%，Al_2O_3 可达 2.5%。

［晶体结构］单斜晶系，$C_{2h}^6—C2/c$；$a_0 = 6.56$ Å，$b_0 = 8.72$ Å，$c_0 = 7.44$ Å，$\beta = 119°43'$，$Z = 4$；岛状结构。

［形态］斜方柱晶类。晶体形态多种多样，常见具有楔形横截面的扁平信封状晶体，有时为板状、柱状、针状等的集合体（彩图 151）。常见单形：平行双面 c{001}、a{100}等，斜方柱 n{111}、m{110}等；常依(100)形成接触或穿插双晶。

［物理性质］蜜黄色、褐色、绿色、灰色或黑色，成分中含有较多量的 MnO 时，可呈红色或玫瑰色；条痕无色或白色；透明至半透明；金刚光泽、油脂光泽或树脂光泽。解理平行{110}中等，具(221)裂理，硬度 5～6，比重 3.45～3.55；溶解于硫酸。

［显微镜下特征］薄片黄或淡褐色，多色性微弱：N_g = 褐色，N_m = 黄色，N_p = 无色。吸收性：$N_g > N_m > N_p$，正极高突起，干涉色高级白，常混有本色（彩图 152）。二轴晶(+)，$N_p = 1.843 \sim 1.950$，$N_m = 1.870 \sim 2.034$，$N_g = 1.943 \sim 2.110$；双折射率为 0.1000～0.192；$2V = 23° \sim 50°$。光性方位：$b /\!/ N_m$，$a \wedge N_p = 21°$，$c \wedge N_g = 51°$；$N_gN_p /\!/ (010)$。

［成因及产状］是中酸性特别是碱性火成岩中常见的副矿物。伟晶岩尤其是碱性伟晶岩中常有较大的晶体产出，矽卡岩中也有产出；有时见于变质岩中，在变质岩系的石英脉中有时可见有完好的晶体；是碎屑沉积物中的重矿物。

［鉴定特征］宏观：具有楔形晶形和金刚光泽的特点，熔化时可产生气泡，同时变为黄色或棕到黑色的玻璃状，加入硼砂将之烧熔，变作黄绿色的玻璃状。显微镜下：根据榍石特有的菱形或楔形切面、极高突起、干涉色高级白等特征可与一般矿物区别。

［主要用途］大量积聚可提取钛。

［著名产地］世界著名的产地有瑞士、奥地利、意大利、挪威、加拿大、美国的加利福尼亚州和纽约州等地。

9. 符山石族

符山石(Vesuvianite)($Ca_{10}(Mg,Fe)_2Al_4[Si_2O_7]_2[SiO_4]_5(OH,F)_4$)

［化学组成］有部分 Ca^{2+} 常被 Na^+、K^+、Mn^{2+}、Ce^{3+} 等离子置换，而 Mg^{2+}、Fe^{2+} 离子又可被 Al^{3+}、Fe^{3+}、Cr^{3+}、Ti^{4+}、Zn^{2+}、Mn^{2+} 等离子置换，有时还含有 Be^{2+}、Cu^{2+}。含 Be 者称作铍符山石，含 Cu 者称作青符山石，含 Cr 者称作铬符山石。

［晶体结构］四方晶系，D_{4h}^4—P4/*nnc*；a_0 = 15.66 Å，c_0 = 11.85 Å，Z = 4；岛状结构。

［形态］复四方双锥晶类；单形常见有 m{110}、l{210}、o{111}、p{101}、n{132} 和 c{001}；晶体常平行于 *c* 轴呈四方柱状，集合体为粒状或放射状（彩图 153）。

［物理性质］通常为褐色或绿色，也可呈黄色、蓝色或红色。铬符山石翠绿色，条痕白色，透明至半透明，玻璃光泽或油脂光泽。解理平行{110}不完全，{100}和{001}极不完全，硬度 6～7；比重 3.33～3.43。

［显微镜下特征］薄片无色，有时带有很淡的绿色、黄色、棕色、浅褐色、浅蓝色和玫瑰色，略显多色性；正高突起，糙面显著；一轴晶(－)，N_e = 1.698～1.736，N_o = 1.702～1.742；双折射率为 0.004～0.006，其折射率随 Ti、Fe^{2+}、Fe^{3+} 含量增加而增大；最高干涉色一级灰，但常显蓝灰、紫或褐色异常干涉色（彩图 154）；平行消光，负延性。符山石有光性异常呈正光性或有时呈二轴晶(－)，$2V$ = 17°～33°。

［成因及产状］符山石主要是接触交代成因的矿物，常与石榴子石、透辉石、硅灰石等共生；此外，有时亦见于变质岩中。

［鉴定特征］宏观：符山石的特点为绿棕色的四方柱状或带条纹的柱块状，熔化时发泡变为绿或棕色的玻璃状。这种玻璃质可溶于盐酸，将溶液蒸发以后，可残留下氧化硅的胶质。显微镜下：符山石的横断面常为正方形、具环带状构造、正高突起、干涉色低、常具异常干涉色为其特征。

［主要用途］绿色的变种（玉符山石）可作低档宝石或玉石原料。

［著名产地］世界著名的产地有瑞士、意大利、挪威、加拿大、俄罗斯、墨西哥、美国等。中国南岭和长江中下游的矽卡岩型矿床中经常含有符山石。

10. 绿帘石族

本族矿物化学式通式为 $A_2B_3[SiO_4][Si_2O_7]O(OH)$ 表示。A 主要为 Ca，可以有 K^+、Na^+、Mg^{2+}、Mn^{2+}、Sr^{2+} 和 TR^{3+}；B 主要为 Al^{3+}、Fe^{3+}、Mn^{3+}，也可以有 Ti^{3+} 和 V^{3+} 等。其主要产于中酸性和碱性岩浆岩及其伟晶岩中，也是低、中级区域变质岩和热液石英脉中的常见矿物。

1）黝帘石(Zoisite)($Ca_2Al_3[SiO_4]_3(OH)$)

［化学组成］CaO 24.6%，Al_2O_3 33.9%，SiO_2 39.5%，H_2O 2.0%。化学组成较稳定，仅有少量的 Al 代替 Si 和 Fe^{3+} 代替 Al，Mg、Fe^{2+}、Mn、Ti、Cr、V 的混入极为有限。斜黝帘石是黝帘石的单斜同质二象变体。

［晶体结构］斜方晶系，D_{2h}^{16}—*Pnma*；a_0 = 16.24 Å，b_0 = 5.58 Å，c_0 = 10.1 Å，Z = 4；链—岛状结构。

［形态］斜方双锥晶类；晶体呈柱状，延长方向平行于 *b* 轴，晶面上通常有明显的纵条纹。集合体常呈柱状、致密块状产出（彩图 155）。

［物理性质］白色、灰色、绿色、绿棕色、粉红色（锰黝帘石）、无色、蓝色或紫色（丹泉石），条痕无色，透明至半透明，玻璃光泽；解理{100}完全，{001}不完全；参差

至贝壳状断口，性脆，硬度6.5～7.0；比重3.15～3.37。

［显微镜下特征］薄片无色，正高突起，干涉色一级灰，可见灰蓝、灰褐异常干涉色；负延性，有时可为正延性；色散强；具似环带构造（彩图156）；二轴晶(+)；N_g = 1.697～1.725，N_m = 1.688～1.710，N_p = 1.685～1.705；双折射率为0.004～0.008；$2V$ = 0°～30°。

［成因及产状］是区域变质和热液蚀变的产物，多见于片岩和片麻岩中。

［鉴定特征］以其形态和晶面纵条纹为特征。镜下以正高突起、一级干涉色和异常干涉色、平行消光为特征。

［著名产地］世界著名产地有奥地利等。

2）绿帘石(Epidote)($Ca_2Fe^{3+}Al_2[SiO_4][Si_2O_7]O(OH)$)

［化学组成］CaO 24.21%～23.04%，Al_2O_3 30.49%～20.32%，SiO_2 38.92%～37.04%，Fe_2O_3 4.44%～17.75%，H_2O 1.94%～1.85%。成分不稳定，可在一定范围内变化；与斜黝帘石构成一个完全类质同像系列（Fe^{3+}可被Al^{3+}代替），也可与红帘石构成类质同像系列。

［晶体结构］单斜晶系，C_{2h}^2—$P2_1/m$；a_0 = 8.88～8.98 Å，b_0 = 5.61～5.66 Å，c_0 = 10.15～10.30 Å，β = 115°25′～115°24′；Z = 2；链—岛状结构。

［形态］斜方柱晶类；晶体常沿b轴延伸呈柱状，针状，柱面上有纵纹。集合体呈放射状、柱状、晶簇状及粒状或块状等（彩图157）。

［物理性质］各种不同色调的绿色，含Fe高者颜色较深，偶见黄色或黑色，条痕与颜色相同，透明，玻璃光泽；{001}解理完全，{100}不完全；贝壳状断口，硬度6～6.5，比重3.38～3.49。

［显微镜下特征］薄片无色—浅黄绿色，微弱多色性：N_g = 淡黄绿，N_m = 绿黄，N_p = 无色、浅黄或柠檬黄；在一颗晶粒上表现颜色不均匀现象；正高突起，沿长柱面切片呈平行消光；干涉色从二～三级，有微弱异常干涉色；常具环带构造，是因为内、外部成分变化而引起光性显著变化造成的（彩图158）。二轴晶(−)，N_p = 1.715～1.751，N_m = 1.725～1.784，N_g = 1.734～1.797，双反射率为0.015～0.049，$2V$ = 65°～90°。光性方位：$b /\!/ N_m$，$c \wedge N_p$ = 0°～15°，$a \wedge N_g$ = 25°～40°，$N_gN_p /\!/ (010)$。

［成因及产状］其成因与热液作用有关（主要是中温热液阶段）。广泛见于变质岩和受热液作用的各种岩浆岩和沉积岩中；绿片岩中多见，与钠长石、阳起石、绿泥石等共生。

［鉴定特征］宏观：以其颜色及晶形为特征。与角闪石的区别是仅有{001}一组解理；与橄榄石的区别是形态和产状不同；与同族矿物区别依靠其光性特征。显微镜下：具有不均匀的鲜艳而明亮的二～三级彩色干涉色、正高突起、呈黄绿色的弱多色性、柱状切面近平行消光、延性可正可负、负光性等鉴别特征。

［主要用途］对寻找矽卡岩型金属矿床有指导意义；色泽鲜艳，透明者可做宝石材料。

［著名产地］世界各地均有分布。

3）褐帘石(Allanite)($(Ca,Ce\cdots)_2(Fe^{2+},Fe^{3+})(Al,Fe^{3+})_2[SiO_4][Si_2O_7]O(OH)$)

［化学组成］组分中含有稀土元素和少量放射性元素。当TR取代Ca^{2+}时，相应地有

Fe^{2+}取代Al^{3+}，借以保持电荷平衡，二者同步消长，因此褐帘石是本族矿物中唯一富Fe^{2+}而贫Fe^{3+}的种别。所含稀土元素一般以铈族为主，此外，还可含有Nb、Ti等元素。放射性元素多为Th，也含有微量的U。非晶质化的褐帘石常含有一定量的水分子。

［晶体结构］单斜晶系，C_{2h}^2—$P2_1/m$；$a_0 = 8.98$ Å，$b_0 = 5.75$ Å，$c_0 = 10.23$ Å，$\beta = 115°00'$；$Z=2$；链—岛状结构。

［形态］斜方柱晶类；晶体常沿b轴延伸呈柱状，当{100}较发育时，则呈平行{100}之厚板状或短柱状（彩图159）。

［物理性质］浅褐色—沥青黑色，条痕褐色，透明—半透明，玻璃光泽，断口呈沥青光泽；{001}解理不完全，{100}、{110}极不完全解理；贝壳状断口，硬度5.0～6.5，比重3.4～4.2；具放射性；可非晶质化。

［显微镜下特征］薄片无色少见，多为黄色、绿色、褐色。多色性常为N_g=绿褐、暗红褐；N_m=褐黄、红褐、褐、淡绿；N_p=红褐、褐红、亮褐、无色等。吸收性$N_g > N_m > N_p$；正高突起，折射率变化范围很大，随着成分中Ca和稀土元素置换量及Al被Fe置换量的增加而增高。干涉色一级橙黄—二级顶部（彩图160）。大部分为二轴晶(－)，$2V = 40° \sim 123°$；也可见二轴晶(＋)；$N_p = 1.690 \sim 1.813$，$N_m = 1.700 \sim 1.857$，$N_g = 1.706 \sim 1.891$，$N_g - N_p = 0.013 \sim 0.036$。非晶质化者呈均质体，折射率为1.6～1.72，比重降低。光性方位：$b /\!/ N_m$，$c \wedge N_p = 22° \sim 47°$，$a \wedge N_g = 47° \sim 72°$，$N_gN_p /\!/ (010)$。

［成因及产状］褐帘石可出现在各种成因的岩石中，是酸性深成岩及碱性深成岩中的常见副矿物，在片麻岩、片岩或混合岩中也很常见，也出现在各种矽卡岩中。伟晶岩中可以发现有较大的晶体，碎屑沉积物中可出现褐帘石。

［鉴定特征］根据其褐色或褐黑色、板状形态，以及具放射性而识别。

［主要用途］大量聚集时可作为稀有和放射性元素矿物原料。

11. 绿柱石族

1）绿柱石(Beryl)($Be_3Al_2[Si_6O_{18}]$)

［化学组成］BeO 14.1%，Al_2O_3 19.0%，SiO_2 66.9%。成分中经常含有碱金属，自Li至Cs均可存在，含Rb者则罕见，有时含H_2O，少量的Fe^{3+}和Mg^{2+}可分别置换其中的Al和Be；此外，还可以有微量的Nb、Sn、Cr、U等元素存在。

［晶体结构］六方晶系，D_{6h}^2—$P6/mcc$；$a_0 = 9.21$ Å，$c_0 = 9.17$ Å；$Z=2$；六方环状结构。

［形态］六方双锥晶类；常见单形有六方柱$\{10\bar{1}0\}$，平行双面{0001}，六方双锥$\{11\bar{2}1\}$。单晶呈柱状，通常发育完整。柱面上有纵纹。集合体成块状或晶簇状（彩图161）。

［物理性质］纯净者无色，常见绿、黄绿（含Fe^{3+}及Cl^-）、碧绿（含Cr_2O_3）、蓝（含Fe^{2+}）、粉红（含Cs）等色，条痕无色，透明—半透明，玻璃光泽。{0001}和$\{10\bar{1}0\}$解理不完全，参差至贝壳状断口，硬度7.5～8；比重2.66～2.83。

［显微镜下特征］薄片中无色—浅黄绿色，较厚的切片可显弱多色性：随颜色而异，如绿色者常为绿—浅绿色，蓝色者为蓝—蓝绿或无色等；常可见到较完好的晶形（纵切面柱状，横切面为六边形）；在蚀变花岗岩中，多呈不规则粒状；正低—正中突起，常含有气液和其他矿物的包裹体；最高干涉色一级灰—白，平行消光（彩图162）；负延性（板状绿柱石为正延性）；一轴晶(－)，$N_o = 1.566 \sim 1.602$，$N_e = 1.562 \sim 1.594$，$N_o - N_e =$

0.004 ~0.008。边缘部分则可见二轴晶(-)干涉图。$2V=0°\sim6°$。

[成因及产状] 绿柱石主要产于花岗伟晶岩或花岗岩中，也可在云英岩、高温热液矿脉中出现。

[鉴定特征] 宏观：以其六方柱形态和柱面上具纵纹为特征。与磷灰石的区别是硬度较大，与天河石的区别是没有完好的解理，与黄晶的区别可依据晶形及解理来区分。显微镜下：绿柱石与磷灰石的区别是磷灰石折射率高，突起高，而绿柱石突起较低；与黄玉的区别在于黄玉双折射率高、二轴晶正光性。具不规则形状的绿柱石也易与石英混淆，区别是石英突起较低，为一轴晶正光性，而绿柱石为负光性，双折射率石英略大于绿柱石。

[主要用途] 提炼铍的最重要矿物原料。

[著名产地] 巴西一直是个出产绿柱石最多的地方，此外世界著名的产地还有奥地利蒂罗尔，印度、美国和俄罗斯等地以及中国新疆阿尔泰和华南地区。

2) 堇青石(Cordierite)($(Mg_2Fe)_2Al_3[AlSi_5O_{18}]$)

[化学组成] 成分中 Mg 和 Fe 可作完全类质同像代替，但大多数堇青石是富 Mg 的，成分中常含 Na、K 和 H_2O 等，它们处在结构中的大孔道中。

[晶体结构] 斜方晶系，D_{2h}^{20}—$Ccmm$；$a_0=17.13\sim17.07$ Å，$b_0=9.80\sim9.73$ Å，$c_0=9.35\sim9.29$ Å；$Z=4$；绿柱石型结构的衍生结构。

[形态] 斜方双锥晶类；晶体少见，有时可见假六方柱状的晶体或在岩石中呈似圆形的横断面，或呈不规则粒状及致密块状（彩图 163）；常具特征的六连晶。

[物理性质] 无色、浅蓝色或浅黄色最为常见，有时呈深蓝色或灰色。条痕无色，透明—半透明，玻璃光泽，断口油脂光泽。{010}解理中等，贝壳状断口，性脆，硬度 7 ~7.5；比重 2.53 ~2.78。

[显微镜下特征] 无色，薄片厚时具多色性：N_g = 淡蓝紫，N_m = 亮蓝紫，N_p = 淡橙色；吸收异向性：$N_m > N_g > N_p$；常含云母、石英、碳质、矽线石、十字石、尖晶石、锆石、磷灰石等包裹体，在锆石、磷灰石等包裹体周围常见到很特别的柠檬黄色的多色晕，在晕的范围内折射率有所增加，双折射率则有所降低；负低—正低突起，糙面不明显，折射率及双折射率随铁组分的含量增高而增大，最高干涉色可达一级灰白到一级橙；柱面上平行消光，在具六连晶的切面上对顶的单体同时消光（彩图 164）；负延性；一般为二轴晶（ -)(有些可呈正光性)，$N_p=1.527\sim1.560$，$N_m=1.532\sim1.574$，$N_g=1.537\sim1.578$，$N_g-N_p=0.008\sim0.018$，$a /\!/ N_m$，$b /\!/ N_g$，$c /\!/ N_p$，$N_gN_p /\!/ (100)$；$2V=42°\sim104°$。

[成因及产状] 是典型高温富铝的变质矿物，常产于片麻岩、片岩及蚀变的火成岩中，与富镁质或黏土质矿物（如角闪石类矿物、黑云母、矽线石、基性斜长石、滑石等）共生。

[鉴定特征] 宏观：色浅并呈块状，且有中等解理及产出环境为特征。显微镜下：堇青石以六连晶、三连晶、聚片双晶、解理不完全、平行消光、负延性及锆石等包裹体周围的多色晕等为鉴别标志。

[主要用途] 透明的堇青石可以当作宝石。

[著名产地] 德国等地。

12. 电气石族

电气石(Tourmaline)($Na(Mg,Fe,Mn,Li,Al)_3Al_6[Si_6O_{18}](BO_3)_3(OH,F)_4$)

通式为 $NaR_3Al_6[Si_6O_{18}][BO_3]_3(OH)_4$。$R=Mg$，镁电气石(Dravite)；$R=Fe$，黑电气石(Schorl)；$R=Li+Al$，锂电气石(Elbaite)；$R=Mn$，钠锰电气石(Tsilaisit)。

镁电气石与黑电气石以及黑电气石与锂电气石之间形成两个完全类质同像系列，镁电气石和锂电气石之间为不完全的类质同像。Fe^{3+} 或 Cr^{3+} 也可进入 R 的位置，铬电气石中 Cr_2O_3 可达 10.86%。

[化学组成] 本族矿物含 B，阳离子部分类质同像置换普遍；还可含有少量的 Cr^{3+}，V^{3+}，Ti^{4+} 以及 K^+。附加阴离子一般以 $(OH)^-$ 为主，但可有 F^-，尤其是锂电气石中，含 F 较高。

[晶体结构] 三方晶系，$C_{3v}^5—R3m$；$a_0=15.84\sim16.03$ Å，$c_0=7.09\sim7.22$ Å，$Z=3$；复三方环状结构。

[形态] 复三方单锥晶类；常见单形有三方柱 $\{01\bar{1}0\}$，六方柱 $\{11\bar{2}0\}$，三方单锥 $\{10\bar{1}1\}$、$\{02\bar{2}1\}$ 等。单晶呈短柱状、长柱状或针状，横切面呈球面三角形；柱面上常有纵纹。集合体呈放射状或纤维状，少数情况下呈块状或粒状（彩图 165）。

[物理性质] 绿黑色—深黑色（黑电气石）、玫瑰色、蓝色或绿色（锂电气石）、无色到暗黑色（镁电气石），在同一个电气石晶体的横切面上，会出现不同颜色的环带，条痕无色，透明—半透明，玻璃光泽；无解理，参差状断口，性脆，硬度 7；比重 3.03～3.10（锂电气石）、3.03～3.15（镁电气石）、3.1～3.25（黑电气石）。

[显微镜下特征] 薄片中无色的电气石少见，常见淡棕色至褐色、绿色至橄榄绿色，或灰色、蓝色等；一轴晶(−)；折射率随成分而变化，$N_o=1.635\sim1.675$，$N_e=1.610\sim1.650$；具明显的吸收性，$N_e<N_o$；薄片中当 c 轴平行下偏光时无色或淡色，而垂直下偏光时为深色或几乎不透明，可见环带状颜色，纵切面上可有颜色条带或条纹；中正突起，平行消光，负延性。最高干涉色为一级橙红—三级蓝，多为二级，但常被自身颜色掩盖；具多色性，其中黑电气石最强，由黄棕色—黄灰色或蓝绿色—浅黄色。镁电气石由黄色—浅黄色，锂电气石无色（彩图 166）；偶见光性异常（$2V$ 约 5°）（表 5-6）。

表 5-6　电气石族主要端元矿物光学特征

名称	颜色（标本）	多色性		折射率		双折射率	比重
		N_e	N_o	N_o	N_e	N_o-N_e	
镁电气石	白、黄褐	无	无	1.635～1.661	1.610～1.632	0.021～0.026	3.03～3.15
黑电气石	黑	淡黄 灰、淡黄 淡红、淡紫	黄 蓝或绿 暗绿	1.655～1.675	1.625～1.650	0.06～0.034	3.10～3.25
锂电气石	粉红 黄 绿 蓝	无 无 无 无	无—玫瑰 无—极淡色调 淡绿或绿 淡蓝	1.640～1.655	1.615～1.620	0.017～0.024	3.03～3.10

[成因及产状] 其成因与挥发分关系密切，是花岗伟晶岩、高温热液矿脉和云英岩中的常见矿物；在变质岩中，由交代作用形成。

[鉴定特征] 宏观：以其柱状形态，柱面上有纵纹，横切面呈球面三角形，无解理和

高硬度为特征。显微镜下：电气石最显著的鉴定特征是吸收性强且为反吸收，多色性明显，平行消光，负延性，一轴晶负光性，横切面为球面三角形以及颜色环带等。

[主要用途] 透明色美者用作宝石。

[著名产地] 世界著名的产地有意大利、巴西、俄罗斯、美国等地以及中国新疆。

（二）链状结构硅酸盐亚类

链状硅氧骨干形式多种多样，现只描述比较常见的具单链骨干的辉石族、硅灰石族、蔷薇辉石族和具双链骨干的角闪石族、矽线石族矿物。它们多为岩浆岩与变质岩的主要造岩矿物，分布广泛。它们在成分、晶体结构、形态、物性及成因方面有许多相似之处，也存在一些差别。一般地，辉石类阳离子成分较闪石类简单，且不含附加阴离子(F,OH)；解理夹角不同（辉石两组解理夹角近于垂直；角闪石两组解理夹角为56°）；辉石一般形成较早，形成的温度较高，自然条件下经常可见到辉石转化为角闪石现象。

1. *辉石族*

本族矿物是重要的造岩矿物，主要产于岩浆岩及变质岩中，具有重要的矿物学及岩石学意义。其中硬玉、锂辉石等还具有重要的经济价值。

辉石的化学组成可用通式表示：$XY[Si_2O_6]$，自然界可有少量的 Si 被 Al 代替。

X(M_2 位) = Ca、Mg、Fe^{2+}、Mn、Na、Li；

Y(M_1 位) = Mg、Fe^{2+}、Mn、Al、Fe^{3+}。

根据 M_2 位置上主要阳离子的种类，可将辉石族矿物分为两个亚族：斜方辉石亚族和单斜辉石亚族。斜方辉石（正辉石）亚族的 M_2 主要为 Mg、Fe 等小半径阳离子，不含大半径阳离子 Ca、Na，常见的矿物有顽火辉石($Mg_2[Si_2O_6]$)、紫苏辉石($(Mg,Fe)_2[Si_2O_6]$)—斜方铁辉石($Fe_2[Si_2O_6]$)系列；单斜辉石亚族的 M_2 为大半径阳离子 Ca、Na 等占据，矿物种类较复杂。M_2 为钠的辉石有硬玉和钠铁辉石，M_2 为钙、钠的辉石有介于透辉石和硬玉之间的绿辉石，M_2 为锂的辉石有锂辉石等。

本族矿物晶体形态呈平行于链状结构方向的柱状。横截面呈假正方形或八边形。辉石解理平行于链的延长方向{110}。两组解理中等，交角近直交（87°或93°）。颜色随成分而异，含铁的颜色较深，玻璃光泽。部分矿物具有裂开，硬度5~6；比重中等3.1~3.6。辉石族矿物自然界广泛分布，主要形成于岩浆作用及变质作用中。

1）斜方辉石亚族

属顽火辉石(En)$Mg_2[Si_2O_6]$－斜方铁辉石(Fs)$Fe_2[Si_2O_6]$所成的类质同像系列。根据二端元成分的不同含量比例，通常可划分为6种：顽火辉石($En_{100-88}Fs_{0-12}$)，$Mg_2[Si_2O_6]$；古铜辉石($En_{88-70}Fs_{12-30}$)，$(Mg,Fe)_2[Si_2O_6]$；紫苏辉石($En_{70-50}Fs_{30-50}$)；铁紫苏辉石($En_{50-30}Fs_{50-70}$)，$(Fe,Mg)_2[Si_2O_6]$；尤莱辉石($En_{30-12}Fs_{70-88}$)；斜方铁辉石($En_{12-0}Fs_{88-100}$)，$Fe_2[Si_2O_6]$。

斜方铁辉石在自然界中尚未发现，常见者为古铜辉石和紫苏辉石。

斜方辉石的化学成分常含有 Al、Ca、Mn、Fe^{3+}、Ti、Cr 和 Ni 等，但总和一般不超过10%（分子数）。在变质岩中 Al 含量较高，有的可达9.5%，与原岩成分有关。在辉石中 Al 与 Fe 呈反消长关系，富 Fe 的斜方辉石 Al 含量低。斜方辉石结构中，Al 可代替 Mg，占 M_1 位置，也可代替 Si 进入四面体。斜方辉石中的 Ca 含量较低，一般不超过1.5%。合成实验表示，Ca 的含量随温度升高而增长。

该亚族矿物的晶体结构基本一致，皆属 D_{2h}^{15}—*Pbca* 型，斜方晶系。其晶胞参数随 Mg 被 Fe^{2+}、Fe^{3+} 和 Mn 取代，*a*、*b*、*c* 有规律增大。斜方辉石中常见有晶片构造（在斜方辉石的基体中具有溶离出现的单斜辉石细小晶片，平行于斜方辉石的(100)方向分布）。斜方辉石亚族矿物比重中等(3.21～3.96)，随 Mg 被 Fe^{2+}、Fe^{3+} 和 Mn 取代量的增大而增大。

顽火辉石(Enstatite)$Mg_2[Si_2O_6]$

［化学组成］属顽火辉石－斜方铁辉石系列富镁的端元组分($En_{100-88}Fs_{0-12}$)。理论成分为 MgO 40%，SiO_2 60%，实际为含5%以下的 FeO。次要成分 Al_2O_3（最高达7.39%）、Fe_2O_3（最高达4.67%）、CaO（最高达3.07%），还有 TiO_2 和 MnO 等。

［晶体结构］斜方晶系，D_{2h}^{15}—*Pbca*；$a_0=18.223\sim18.235$ Å，$b_0=8.815\sim8.84$ Å，$c_0=5.169\sim5.187$ Å，$Z=16$；二重单链状结构。

［形态］斜方双锥晶类；晶体常平行于 *c* 轴延长呈柱状（彩图167），主要单形有平行双面{100}、{010}及斜方柱{101}、{110}，有时依(100)面成简单双晶或聚片双晶；常具离溶晶片构造，带状构造也较常见。

［物理性质］无色、灰色、绿色、黄色、灰褐色等，条痕无色，玻璃光泽，透明。解理平行{210}完全，(210)和($2\bar{1}0$)夹角约87°，具{100}、{010}裂开，硬度5～6；比重3.209～3.3。

［显微镜下特征］薄片无色，正中突起，在一组解理平行 *c* 轴的纵切面上呈平行消光，干涉色一级黄白（彩图168）。横切面具有二组解理时，干涉色低，对称消光并可见垂直 *Bxa* 的干涉图。2*V* 值随 *Fs* 值增加而增大。二轴晶(+)；$2V=60°\sim80°$。$N_g=1.665\sim1.678$，$N_m=1.659\sim1.671$，$N_p=1.657\sim1.667$。双折射率为0.007～0.011。光性方位：$a/\!/N_m$，$b/\!/N_p$，$c/\!/N_g$，$N_gN_p/\!/(100)$。

［成因及产状］主要是岩浆作用产物，为基性、超基性岩的主要造岩矿物，与橄榄石、单斜辉石、尖晶石共生；在金伯利岩的超基性包裹体中也较常见；在变质岩中为超基性的变粒岩的典型矿物。

［鉴定特征］宏观：以其短柱状形态，两组近于正交的完好解理为鉴定特征。但与斜方辉石亚族的区别，一般要进行光性测定。显微镜下：顽火辉石以其突起低、干涉色低、平行消光等特征与单斜辉石相区别。与紫苏辉石的区别在于后者有浅红和浅绿的多色性，且为负光性。顽火辉石与硅灰石的区别在于硅灰石的延性可正可负、光轴角小、负光性，硅灰石的横切面有三组解理，而顽火辉石的横切面具有辉石式解理。

紫苏辉石(Hypersthene)($(Mg,Fe)_2[Si_2O_6]$)

［化学组成］属顽火辉石－斜方铁辉石系列中 $En_{70-50}Fs_{30-50}$；与古铜辉石的区别是 FeO 含量在14%以上。次要成分与顽火辉石相似，几种元素的最高含量有所增大。

［晶体结构］斜方晶系，D_{2h}^{15}—*Pbca*；$a_0=18.235\sim18.310$ Å，$b_0=8.841\sim8.931$ Å，$c_0=5.187\sim5.129$ Å，$Z=16$；二重单链状结构。

［形态］斜方双锥晶类；晶体常平行于 *c* 轴延长呈柱状，主要单形有平行双面{100}、{010}及斜方柱{101}、{101}。晶片构造极为常见，带状构造也较常见（彩图169）。

［物理性质］与顽火辉石相同，但颜色较深，常为绿色—绿黑色、褐黑色。解理平行{210}完全，(210)和($2\bar{1}0$)夹角约87°；硬度5～6。比重较大，为3.3～3.5。

［显微镜下特征］薄片中常具弱多色性：N_g＝淡绿，N_m＝淡黄，N_p＝淡红；{110}解理中等；正高突起；糙面显著，纵切面平行消光；最高干涉色为一级黄—红（彩图170）；正延性；二轴晶（－）；$2V=45°\sim62°$；$N_g=1.701\sim1.726$，$N_m=1.699\sim1.725$，$N_p=1.690\sim1.710$；双折射率为$0.012\sim0.016$；光性方位：$a/\!/N_m$，$b/\!/N_p$，$c/\!/N_g$，$N_gN_p/\!/$(010)。

［成因及产状］主要产于岩浆岩及变质岩中。岩浆作用成因的紫苏辉石主要见于基性岩的紫苏辉长岩中，亦可在安山岩中以斑晶形式出现。变质作用成因的紫苏辉石主要见于角闪岩、麻粒岩、片麻岩中。

［鉴定特征］准确地与其他斜方辉石和单斜辉石相区分，要在显微镜下鉴定。紫苏辉石与单斜辉石的区别在于：①前者的干涉色大多在一级顶部，而后者大多在二级（除了斜顽辉石和硬玉以外）；②前者多为平行消光，即使是斜切柱面，其消光角也小于35°，而大多数单斜辉石的消光角一般都大于35°；③紫苏辉石为负光性，大多数的单斜辉石为正光性；④紫苏辉石具有浅红和浅绿色的多色性，而大多数单斜辉石的多色性不明显。

2）单斜辉石亚族

由于晶体结构中存在大小不同的阳离子，所以造成晶体结构对称程度降低，属单斜晶系。单斜辉石亚族种类较复杂，主要的矿物种类有：斜顽辉石$(Mg,Fe)_2[Si_2O_6]$；易变辉石$(Mg,Fe,Ca)(Fe,Mg)[Si_2O_6]$；透辉石－钙铁辉石$CaMg[Si_2O_6]-CaFe[Si_2O_6]$；锰钙辉石$CaMn[Si_2O_6]$；普通辉石$Ca(Mg,Fe^{2+},Fe^{3+},Ti,Al)[(Si,Al)_2O_6]$；深绿辉石$Ca(Mg,Fe^{2+},Fe^{3+},Al)[(Si,Al)_2O_6]$；绿辉石$(Ca,Na)(Mg,Fe^{2+},Fe^{3+},Al)[Si_2O_6]$；硬玉$NaAl[Si_2O_6]$；霓石$NaFe[Si_2O_6]$；霓辉石$(Na,Ca)(Fe^{2+},Fe^{3+},Mg,Al)[Si_2O_6]$；锂辉石$LiAl[Si_2O_6]$。

透辉石－钙铁辉石(Diopside－Hedenbergie)($CaMg[Si_2O_6]-CaFe[Si_2O_6]$)

［化学组成］透辉石－钙铁辉石为富Ca的单斜辉石。该系列中Mg、Fe成完全的类质同像。根据二端元成分中Mg和Fe的不同量比，通常将该系列划分为4个矿物种：透辉石（Di为100～75）、次透辉石（Di为75～50）、铁次透辉石（Di为50～25）和钙铁辉石（Di为25～0）。

透辉石CaO 25.9%，MgO 18.5%，SiO_2 55.6%；钙铁辉石CaO 22.2%，FeO 29.4%，SiO_2 48.4%。次要成分中Al_2O_3含量一般在1%～3%，有时高达8%；Al^{3+}可以代替Mg、Fe，也可以代替Si，如果Al代替四面体中的Si超过7%，则称之铝透辉石。有的透辉石含有相当数量的Cr，称为铬透辉石或铬次透辉石，此种透辉石是金伯利岩的特征矿物之一。

Ni和Ti的含量均很低，一般不超过1%；但Al_2O_3高时，TiO_2也高，可达2%～3%。

Fe^{3+}和Mn可少量存在，但在富Fe的端元中，MnO的含量可高达6%～9%，称为锰－铁次透辉石和锰－钙铁辉石。

Na可少量代替Ca，如果所含$NaAl[Si_2O_6]$或$NaFe[Si_2O_6]$组分大于10%而小于20%时，则分别称为含“硬玉的”或含“霓石的”透辉石或次透辉石；如果大于20%而小于50%则称作硬玉－透辉石、硬玉－次透辉石。

易剥辉石一般用于描述(100)裂开异常发育的透辉石和普通辉石，因为夹有磁铁矿或钛铁矿的薄层所造成，少数情况下是聚片双晶引起。

［晶体结构］单斜晶系，C_{2h}^6—$C2/c$；a_0 = 9.746 ~ 9.845 Å，b_0 = 8.899 ~ 9.024 Å，c_0 = 5.251 ~ 5.245 Å，β = 105°38′ ~ 104°44′；Z = 4；二重单链状结构。

［形态］斜方柱晶类；晶体常呈柱状（彩图 171），主要单形有平行双面{100}、{010}及斜方柱{110}、{111}，晶体横断面呈正方形或正八边形；常依(100)和(001)面成简单双晶或聚片双晶。

［物理性质］无色、灰色、绿—褐色、暗绿色、黑色等，条痕无色—深绿色，玻璃光泽，透明；解理平行{110}完全，解理夹角 87°，具{100}、{010}裂开；硬度 5.5 ~ 6；比重 3.22 ~ 3.56。

［显微镜下特征］透辉石：薄片无色透明或淡绿色，多色性不明显；正高突起，糙面显著。最高干涉色达二级，随含 Fe 量的增加其折射率升高，双折射率降低（彩图 172）。二轴晶（+）；$2V$ = 56° ~ 63°。N_g = 1.681 ~ 1.727，N_m = 1.657 ~ 1.706，N_p = 1.650 ~ 1.698。双折射率为 0.029 ~ 0.031；光性方位：$b // N_m$，$c \wedge N_g$ = 38° ~ 48°，N_gN_p // (010)。

钙铁辉石：薄片绿色，弱多色性：N_g = 绿，N_m = 黄绿，N_p = 淡绿；正高突起，干涉色一级橙黄，消光角 $c \wedge N_g$ = 48°；二轴晶（+）；$2V$ = 60° ~ 63°；N_g = 1.756，N_m = 1.735，N_p = 1.727；双折射率 ΔN = 0.029；光性方位：$b // N_m$，$c \wedge N_g$ = 48°，N_gN_p 平行(010)。

［成因及产状］透辉石和次透辉石是基性和超基性岩中的主要矿物；铬透辉石是金伯利岩中的特征矿物；透辉石 - 钙透辉石是矽卡岩的特征矿物，透辉石和次透辉石在镁矽卡岩中较为典型，与镁橄榄石、斜硅镁石、金云母、磁铁矿等共生或伴生。铁次透辉石和钙铁辉石，尤其是后者在钙矽卡岩中较为典型，与石榴子石、符山石等共生，通常与 Cu、Pb、Zn、W 和 Sn 矿化有关。在区域变质的 Ca 质和 Mg 质的片岩中透辉石、次透辉石和铁次透辉石是常见的矿物，透辉石是辉石角岩相的典型矿物。次透辉石和铁次透辉石常产于富 Ca 沉积岩和基性火成岩经区域变质产生的较高级角闪岩相之中。

［鉴定特征］宏观：透辉石以浅的颜色、晶形，钙铁辉石以暗绿色至黑绿的颜色、柱状集合体形态及成因产状为鉴定特征。显微镜下，较纯的透辉石与普通辉石的区别在于：①镜下无色，而普通辉石多有淡淡的绿色，多色性不明显；②透辉石横切面为近正方形的八边形，似为四边形缺了四个角，普通辉石呈完好的假八边形；③透辉石的消光角 $c \wedge N_g$ = 38° ~ 44°，以 40°左右为多，而普通辉石的 $c \wedge N_g$ = 39° ~ 55°（以 41° ~ 48°为多），如果发现消光角大于 50°则可断定其不是透辉石，而是普通辉石。

普通辉石(Augite)($Ca, Mg, Fe^{2+}, Fe^{3+}, Ti, Al$)[$(Si, Al)_2O_6$]

［化学组成］从主要化学组成 Ca、Mg 和 Fe 来看，含 $CaSiO_3$ 组分 25% ~ 45%，含 $MgSiO_3$ 组分 10% ~ 65%，含 $FeSiO_3$ 组分 10% ~ 65%。普通辉石中 Al 代替 Si 数量较大，超过 5%，可达 1/8 ~ 1/2；另外存在 Ti 和 Fe^{3+} 代替 Si。普通辉石中次要成分有 Ti、Na、Cr、Ni、Mn 等，Ti 一般含量不高，此外常含有 V、Co、Cu、Sc、Zr、Ga、Y、La 和 Li、Sr、Ba 等。

［晶体结构］单斜晶系，C_{2h}^6—$C2/c$；a_0 = 9.70 ~ 9.82 Å，b_0 = 8.89 ~ 9.03 Å，c_0 = 5.24 ~ 5.25 Å，β = 105.4° ~ 107°；Z = 4；二重单链状结构。

［形态］斜方柱晶类；晶体常呈短柱状，粒状。主要单形有平行双面{100}、{010}及斜方柱{110}、{111}，晶体横断面呈正八边形；常依(100)和(001)面成简单双晶或聚片双晶。集合体常呈块状（彩图 173）。

［物理性质］灰褐、褐、绿黑色，条痕无色—浅褐色，玻璃光泽，透明；解理平行{110}完全，解理夹角 87°，具{100}、{010}裂开；硬度 5.5 ~6；比重 3.23 ~3.52。

［显微镜下特征］薄片中近无色，有时呈淡绿、淡紫或淡黄色调，无多色性，只有含钛和富铁的变种具有微弱的多色性；短柱状，横切面四边形或八边形，两组解理交角 87°；正高突起，糙面显著。最高干涉色可达二级中、下部（彩图 174）。纵切面斜消光，横切面对称消光。含钛的普通辉石可见砂钟构造或环带构造；二轴晶(+)；$2V = 42° \sim 60°$；$N_g = 1.703 \sim 1.774$，$N_m = 1.672 \sim 1.741$，$N_p = 1.671 \sim 1.735$。双折射率为 0.018 ~ 0.033。光性方位：$b /\!/ N_m$，$c \wedge N_g = 39° \sim 55°$。$N_gN_p /\!/ (010)$。

［成因及产状］常见于各种基性喷出岩及其凝灰岩中，与橄榄石、斜长石共生。普通辉石亦是基性、超基性侵入岩的主要造岩矿物，在变质岩和接触交代岩石中亦常见到。

普通辉石常被蚀变成为韭闪石、绿帘石、绿泥石等矿物。

［鉴定特征］宏观：绿黑色，短柱状晶形，两组近正交的解理。显微镜下：普通辉石以其斜消光和二级干涉色可区别于斜方辉石。橄榄石与普通辉石的区别在于后者具有辉石式解理、斜消光、光轴角中等，并总是具有淡淡的绿色、黄褐色的色调。普通辉石（和透辉石）与绿帘石的区别是绿帘石具有鲜艳的干涉色，且干涉色在晶体上分布不均匀，延性可正可负，横切面的两组解理夹角 65°左右。

硬玉(Jadeite)($NaAl[Si_2O_6]$)

［化学组成］Na_2O 15.4%，Al_2O_3 25.2%，SiO_2 59.4%。

［晶体结构］单斜晶系，C_{2h}^6—$C2/c$；$a_0 = 9.48 \sim 9.423$ Å，$b_0 = 8.562 \sim 8.564$ Å，$c_0 = 5.219 \sim 5.223$ Å，$\beta = 107°58' \sim 107°56'$；$Z = 4$；二重单链状结构。

［形态］斜方柱晶类；自形晶体较少见，具两种不同结晶习性，一种平行 c 轴延长呈柱状；另一种平行(100)延长呈板状。主要单形有平行双面{100}、{010}及斜方柱{110}、{111}；常依(100)和(001)面成简单双晶或聚片双晶。集合体常呈粒状或纤维状(彩图 175)。

［物理性质］无色、白色，浅绿或苹果绿色，条痕无色，玻璃光泽，透明；解理平行{110}完全，解理夹角 87°，断口不平坦，呈刺状，硬度 6.5；比重 3.24 ~3.43。

［显微镜下特征］薄片无色，少数见淡多色性：N_g = 淡黄，N_m = 无色，N_p = 淡绿；正中突起，最高干涉色可达二级蓝（彩图 176）；二轴晶(+)；$2V = 68° \sim 72°$；$N_g = 1.652 \sim 1.674$，$N_m = 1.645 \sim 1.663$，$N_p = 1.640 \sim 1.658$。双折射率为 0.011 ~0.022。光性方位：$b /\!/ N_m$，$c \wedge N_g = 33° \sim 36°$，$c \wedge N_p = 16° \sim 30°$；$N_gN_p /\!/ (010)$。

［成因及产状］主要产于碱性变质岩中，曾经被认为是一种典型的高压矿物。但其又经常与钠长石以及霞石、方沸石、钠沸石、绿泥石等成组合，这种组合通常是较低级变质条件下的产物。

［鉴定特征］宏观：根据其致密块状、高硬度和极坚韧及其产出环境（经常见于变质岩中）可鉴别之。显微镜下：硬玉的折射率较其他单斜辉石（除锂辉石以外）低。硬玉与锂辉石区别在于硬玉的干涉色低，消光角较大；与绿辉石区别在于其折射率低，多数的硬玉干涉色较低；与软玉（透闪石和阳起石的毡状集合体）的区别在于其消光角大，折射率高和干涉色低，且为无色；与霓石区别在于霓石具有明显多色性，且消光角小，干涉色高。

［主要用途］俗称翡翠，可作玉器。

霓石－霓辉石（Aegirine；Aegirine－augite）（$NaFe[Si_2O_6]-(Na,Ca)(Fe^{2+},Fe^{3+},Mg,Al)[Si_2O_6]$）

［化学组成］霓石 Na_2O 13.4%，Fe_2O_3 34.6%，SiO_2 52.0%。经常有Ca、Mg、Fe^{2+}类质同像代替，以及少量Al、Mn和Ti的代替，通常以 $NaFe^{3+} \rightarrow Ca(Mg,Fe^{2+})$ 异价类质同像代替的方式表示。此种代替构成 $NaFe[Si_2O_6]-(Na,Ca)(Fe^{2+},Fe^{3+},Mg,Al)[Si_2O_6]$ 连续固溶体系列，即霓石－霓辉石系列。一般认为 $NaFeSi_2O_6$ 分子大于70%称霓石；$NaFeSi_2O_6$ 分子15%～70%称霓辉石。成分中含锰的霓辉石称之为钠锰辉石。

［晶体结构］单斜晶系，$C_{2h}^6—C2/c$；$Z=4$。霓石 $a_0=9.658$ Å，$b_0=8.795$ Å，$c_0=5.294$ Å，$\beta=107°42'$；二重单链状结构。

［形态］斜方柱晶类；霓石晶体常呈针状和柱状，晶面有纵纹。主要单形有平行双面{100}、{010}及斜方柱{110}、{111}、{461}。霓辉石常呈柱状，形态与霓石相同。两者常依(100)和(001)面成简单双晶或聚片双晶。霓辉石较霓石常具带状构造，往往核部富Ca，边部富Na，由内向外可见如下顺序：透辉石—普通辉石—含钠普通辉石—霓辉石。集合体常呈细柱状或纤维状、放射状（彩图177）。

［物理性质］霓石暗绿色—黑绿色，条痕无色，玻璃光泽；解理平行{110}完全，解理夹角87°；具{100}裂开，硬度6；比重3.55～3.6。霓辉石呈暗绿色—黑色、绿、绿褐色；比重3.4～3.55。其他与霓石相同。

［显微镜下特征］霓石为浅绿或黄绿色；多色性明显：N_g＝褐黄或淡草绿，N_m＝黄绿，N_p＝暗草绿、蓝绿；吸收性 $N_p>N_m>N_g$；常具环带结构，正高突起，糙面显著，最高干涉色达四级，但常被本身的颜色所掩盖（彩图178）。横切面对称消光，纵切面上近于平行消光；二轴晶(－)；$2V=60°～70°$；$N_g=1.795～1.836$，$N_m=1.780～1.820$，$N_p=1.750～1.776$；双折射率为0.040～0.060；光性方位：$b // N_m$，$c \wedge N_g=9°～17°$。

霓辉石为绿色，多色性明显：N_g＝黄绿或亮黄褐，N_m＝亮绿，N_p＝橄榄绿或草绿。吸收异向性：$N_p>N_m>N_g$。颜色常呈环带状分布。两组柱面解理完全，其交角为87°；正高突起，糙面显著；最高干涉色达三级，往往被其颜色所掩盖；斜消光，负延性；二轴晶(＋)或(－)，$2V=70°～72°$；$N_g=1.730～1.813$，$N_m=1.710～1.780$，$N_p=1.700～1.760$；双折射率为0.028～0.050；光性方位：$b // N_m$，$c \wedge N_g=50°～30°$；$N_gN_p // (010)$。

［成因及产状］是碱性岩浆岩的主要造岩矿物，是石英正长岩、正长岩、霓石正长岩中的常见矿物，与霞石、正长石共生，在正长伟晶岩中也有产出；在碱性岩区，产于响岩、霓霞岩岩墙中，亦产于流霞正长岩、霞石岩和霞霓钠辉斑岩中，在碱性变质岩中也有产出。

钠铁辉石－钙镁辉石－钙铁辉石系列的成分同成因产状间存在着一定的关系，不同成因类型岩石的辉石有一定的分布范围。

［鉴定特征］宏观：根据其晶形、颜色、与碱性矿物共生及其硬度和柱面解理可区别于其他相似的暗绿色矿物。显微镜下：霓石以其特殊的多色性、晶形、很小的消光角和负延性等光性特征易与其他单斜辉石相区别。与霓辉石的区别是霓石的多色性更明显，其消光角小($c \wedge N_p=0°～8°$)；霓石的颜色和长柱状晶形与角闪石十分相似，但霓石的近六边形的横切面上有两组近正交的辉石式解理、负延性、消光角小、近平行消光、正高突起、

具有三—四级干涉色及具反吸收性等特征均可与角闪石相区别。

锂辉石(Spodumene)($LiAl[Si_2O_6]$)

［化学组成］Li_2O 8.07%，Al_2O_3 27.44%，SiO_2 64.49%。其化学组成较稳定，可含有稀有元素、稀土元素和铯的混入物。

［晶体结构］单斜晶系，$C_2^3—C2$；$a_0=9.463$ Å，$b_0=8.392$ Å，$c_0=5.218$ Å，$\beta=110°11'$；$Z=4$。

［形态］轴双面晶类；晶体常呈柱状。主要单形有平行双面{100}、{001}，单面{010}，轴双面{110}、{021}{$\bar{2}$21}。柱面常具纵纹，有时可见巨大晶体（长达16 m），常依(100)成双晶。集合体常呈板柱状、柱状，也可成致密隐晶块状（彩图179）。

［物理性质］灰白色、烟灰色、灰绿色。翠绿色锂辉石称翠绿锂辉石，是成分中含Cr所致；含Mn时呈紫色称紫色锂辉石，玻璃光泽，解理面微显珍珠光彩。解理平行{110}完全，解理夹角87°；具{100}、{010}裂开；硬度6.5~7；比重3.03~3.22。

［显微镜下特征］薄片无色，切片较厚时可见淡紫色或绿色；轻微多色性：N_g=无色，N_m=淡绿，N_p=绿色；吸收异向性微弱：$N_p>N_m>N_g$；正高突起，干涉色一级橙—二级绿（彩图180）；正延性；二轴晶(+)。$2V=58°\sim68°$，$N_g=1.662\sim1.679$，$N_m=1.655\sim1.669$，$N_p=1.684\sim1.663$。双折射率为0.014~0.027。光性方位：$b//N_m$，$c\wedge N_g=23°\sim27°$，$a\wedge N_p=3°\sim7°$。

［成因及产状］是富Li花岗伟晶岩中的特征矿物，常与石英、微斜长石、钠长石、磷锂铝石及绿柱石共生。锂辉石分别在1000 ℃、压力12×10^8 Pa下，在900 ℃、压力8×10^8 Pa下，在600 ℃、压力5.7×10^8 Pa下都可稳定存在，此压力可指示地面下20 km深度，因此可推断锂辉石伟晶岩的形成深度可能在20 km。

［鉴定特征］宏观：据颜色、晶形及其产状可鉴定之。吹管火焰烧之膨胀，并染火焰成浅红色（Li的焰色反应）。显微镜下：在单斜辉石亚族中，锂辉石是消光角最小的变种之一，据此可与其他辉石区别（除斜顽辉石外）。斜顽辉石的消光角与其相近，但斜顽辉石的产状及其共生组合与锂辉石有较大的区别，且两者的光性方位也不同，锂辉石的光轴面平行(010)，而斜顽辉石的光轴面垂直(010)。锂辉石与透闪石的区别在于其具有辉石式解理，突起高，且为正光性。

［主要用途］与锂云母一起用作提取Li的原料；Li用于原子工业、医药、焰火、照相、玻璃等；透明而色泽美丽者可作宝石。

2. 硅灰石族

硅灰石(Wollastonite)($Ca_3[Si_3O_9]$)

［化学组成］CaO 48.3%，SiO_2 51.7%；常有类质同像混入物Fe、Mn、Mg等；铁硅灰石、锂硅灰石是硅灰石的异种。

［晶体结构］三斜晶系，$C_i^1—P\bar{1}$；$a_0=7.94$ Å，$b_0=7.32$ Å，$c_0=7.07$ Å，$\alpha=90°02'$，$\beta=95°22'$，$\gamma=103°26'$；$Z=2$；平行b轴的三重单链状结构。

［形态］平行双面晶类；晶体常呈沿b轴延长的板状。主要单形有平行双面{100}、{001}、{110}、{101}、{10$\bar{1}$}、{540}等，常依(100)(001)成双晶。集合体常呈片状、束状、放射状或纤维状集合体（彩图181）。

［物理性质］白色或带灰色和浅红的白色，有少数呈肉红色；玻璃光泽，解理面有时

呈珍珠光泽；解理平行{100}完全，{001}、{$\overline{1}$02}中等，(100)与(001)解理夹角为74°；硬度4.5～5.5；比重2.75～3.10；已知含锰0.02%～0.1%的硅灰石能发出强的黄色阴极浅荧光；熔点1540℃。

［显微镜下特征］薄片无色；正中突起，最高干涉色一级橙黄；折射率随含Fe^{2+}量增加而增大；在垂直b轴的切面上，可见最高干涉色，而在延长的柱面切面上通常为一级灰白—黄白色（彩图182）；在平行b轴切面上，呈平行或近似平行消光，消光角不超过4°，在垂直b轴切面上为斜消光，消光角；有时具环带，核部折射率、光轴角、消光角比边部小些；二轴晶(－)；$N_g=1.632\sim1.653$，$N_m=1.628\sim1.650$，$N_p=1.616\sim1.640$；双折射率为0.014～0.017；$2V=38°\sim60°$；光性方位：$a\wedge N_g=34°\sim39°$，$b\wedge N_m=3°\sim5°$，$c\wedge N_p=28°\sim34°$；N_gN_p近于平行(010)。

［成因及产状］典型的变质矿物，常出现在酸性岩与碳酸盐岩的接触带，系高温反应的产物，常与石榴子石、透辉石、符山石共生。此外，硅灰石还见于深变质的钙质结晶片岩、火山喷出物的某些碱性岩中。

［鉴定特征］宏观：以其形态、颜色、共生矿物为特征。与透闪石区别是硅灰石质较软，不似透闪石性脆易折；与矽线石的区别是产状不同，易熔于酸。显微镜下：硅灰石以其近于平行柱面的低干涉色、近平行消光、延性可正可负及横切面上有三组解理、解理之间的夹角大于60°且光轴角较小等特征与其十分相似的透闪石区分开。

［主要用途］制作白色、坚固和纤维长的“石绒”，制造超低值的介电瓷；在陶瓷工业方面，代替燧石及长石所制成的半熔瓷，有降低瓷化温度，增加强度，减少收缩和吸水膨胀等优点。

3. *蔷薇辉石族*

蔷薇辉石(Rhodonite)($(Mn,Ca)_5[Si_5O_{15}]$)

［化学组成］MnO 46%～30%，FeO 2%～12%，CaO 4%～6.5%，SiO_2 45%～48%。由于Ca、Fe、Mg、Zn的代替使其化学成分发生变化。其中$CaSiO_3$固溶体的含量不能超过20%。西湖村石是指含有MgO6.24%的蔷薇辉石含镁异种。蔷薇辉石的异种还有铁蔷薇辉石、锌蔷薇辉石。

［晶体结构］三斜晶系，$C_i^1—P\overline{1}$；$a_0=6.68$ Å，$b_0=7.66$ Å，$c_0=12.02$ Å，$\alpha=111°01'$，$\beta=86°$，$\gamma=93°02'$；$Z=2$；平行c轴的五重单链状结构。

［形态］平行双面晶类；晶体少见，多呈平行(001)的厚板状和三向等长或一向拉长粒状；晶面粗糙，晶棱弯曲；有时依(010)成聚片双晶。集合体常呈粒状或致密块状（彩图183）。

［物理性质］蔷薇红色，表面常盖有因氧化作用而形成黑色氢氧化锰被膜；玻璃光泽。{110}、{1$\overline{1}$0}两组解理完全，{001}解理不完全，三组解理交角近90°；硬度1.5～5.5；比重3.4～3.75。

［显微镜下特征］薄片无色，厚切片中可见多色性：N_g＝淡橙色，N_m＝玫瑰色，N_p＝橙色；正高突起，干涉色一级末（彩图184）；二轴晶(＋)；$2V=58°\sim74°$；$N_g=1.724\sim1.751$，$N_m=1.716\sim1.741$，$N_p=1.711\sim1.738$，$N_g-N_p=0.011\sim0.014$；光性方位：$b/\!/N_m$，$a\wedge N_p=3°\sim7°$，$c\wedge N_p=23°\sim27°$。

［成因及产状］变质作用的产物，常见于片岩和其他变质岩中，由沉积的锰矿物、蛋

白石或石英一起经区域变质作用而成，与锰石榴石、菱锰矿等共生。蔷薇辉石亦见于热液矿床和接触交代矿床中，形成温度较低，与其他的锰矿物及 Mn、Pb、Zn 硫化物共生。表生条件下，蔷薇辉石极易被氧化，转变成软锰矿、菱锰矿。水化结果导致水蔷薇辉石、硅锰矿或含锰蛇纹石的形成。

[鉴定特征] 宏观：致密块体，蔷薇红色。表面氧化而黑色的氢氧化锰被膜或细脉以其硬度和加 HCl 不起泡而区别于菱锰矿。显微镜下：蔷薇辉石与锰辉石区别在于蔷薇辉石具有较大的光轴角及一级橙黄干涉色；与单斜辉石区别在于后者干涉色多在二级，两者颜色不同和前者在[010]晶带上为斜消光。

[主要用途] 完全由蔷薇辉石所组成的块状岩用作细工石材，用于雕刻各种精致美观的工艺品。

4. 角闪石族

角闪石族包括斜方角闪石亚族和单斜角闪石亚族，属双链结构硅酸盐，也是一种重要的造岩矿物。其主要的化学成分可用通式表式：$A_{0-1}X_2Y_5[Si_4O_{11}](OH,F,Cl)_2$ 表示。

$A = Na^+、Ca^{2+}、K^+、H_3O^+$；

$X = Na^+、Li^+、K^+、Ca^{2+}(Mg^{2+}、Fe^{2+}、Mn^{2+})$；

$Y = Mg^{2+}、Fe^{2+}、Mn^{2+}、Al^{3+}、Fe^{3+}、Ti^{4+}$。

四面体中可有 Al 代替 Si 的现象，但 Al^{3+}/Si^{4+} 一般不超过 1/3；其次还可以有少量 Cr^{3+}、Fe^{3+}、Ti^{4+}；附加阴离子 OH^- 可以部分被 Cl^-、F^- 和 O^{2-} 替换。通式相当于单斜闪石的 1/2 单位晶胞及斜方闪石的 1/4 单位晶胞。

本矿物族类质同像代替普遍，矿物种类也繁多。通常根据 X 类阳离子 $(Na+Ca)_x$ 与 Na_x、Ca_x 的原子数把闪石分为 4 个基本闪石组，再考虑 Si 原子数与 $Mg/(Mg+Fe^{2+})$ 的比值进一步命名。

(1) 铁镁锰闪石组。$(Na+Ca)_x<1.34$，包括斜方角闪石和单斜角闪石两个亚族。斜方角闪石亚族包括直闪石 $(Mg,Fe^{2+})_7[Si_4O_{11}]_2(OH)_2$，铝直闪石 $(Mg,Fe^{2+})_{6-5}Al_{1-2}[(Si,Al)_4O_{11}]_2(OH)_2$，锂闪石 $Li_2(Mg,Fe^{2+})_3(Al,Fe^{3+})_2[Si_4O_{11}]_2(OH)_2$。单斜角闪石亚族包括镁铁闪石 $(Mg,Fe^{2+})_7[Si_4O_{11}]_2(OH)_2$，单斜镁锂闪石 - 单斜铁锂闪石 $Li_2(Mg,Fe)_3(Al,Fe^{3+})[Si_8O_{22}](OH,F)_2$。

(2) 钙质闪石组。$(Na+Ca)_x\geq1.34$，$(Na)_x>0.67$，包括透闪石 $Ca_2Mg_5[Si_4O_{11}]_2(OH)_2$，阳起石 $Ca_2(Mg,Fe^{2+})_5[Si_4O_{11}]_2(OH)_2$，普通角闪石 $(Ca,Na,K)_{2-3}(Mg,Fe^{2+},Fe^{3+},Al)_5[Si_6(Si,Al)_2O_{22}](OH,F)_2$。

(3) 钠钙闪石组。$(Na+Ca)_x\geq1.34$，$0.67<(Na)_x<1.34$，有蓝闪石 $NaCa(Mg,Fe^{2+})_4(Fe,Al)[Si_4O_{11}]_2(OH)_2$。

(4) 碱性闪石组。$(Na)_x\geq1.34$，有蓝闪石 $Na_2Mg_3Al_2[Si_4O_{11}]_2(OH)_2$，钠铁闪石 $Na_2Fe_3{}^{2+}Fe_2{}^{3+}[Si_4O_{11}]_2(OH)_2$，镁铁闪石 $Na_2Mg_3Fe_2{}^{3+}[Si_4O_{11}]_2(OH)_2$，镁钠闪石 $Na_3Mg_4Al[Si_4O_{11}]_2(OH)_2$。

角闪石晶体多为一向延长的长柱状，集合体呈针状、放射状、纤维状等。角闪石纤维状异种称为角闪石石棉，在工业上具有重要意义。

本族矿物的颜色、比重、折光率均与成分中的 Fe 的含量有关。随 Fe 的增高而颜色加深，比重、折光率也均加大。平行链方向的{110}两组解理完全，解理夹角为56°或124°，以此可与辉石相区别。角闪石族矿物在多种岩浆岩和变质岩中均有产出，分布很广，是主要造岩矿物。

1）斜方角闪石亚族

直闪石(Anthophyllite)($(Mg,Fe^{2+})_7[Si_4O_{11}]_2(OH)_2$)

［化学组成］MgO 和 FeO 比值不定，Mg 与 Fe 之间呈完全的类质同像替代，自然界纯镁的端元不曾见到。

［晶体结构］斜方晶系，D_{2h}^{16}—$Pnma$；a_0 = 18.5 ~ 18.6 Å，b_0 = 17.17 ~ 18.1 Å，c_0 = 5.27 ~5.32 Å，Z = 4。

［形态］斜方双锥晶类；晶体常呈柱状或板状。常见单形有平行双面{100}、{010}及斜方柱{210}，通常呈柱状或纤维状集合体（彩图185）。纤维状集合体者称直闪石石棉。

［物理性质］一般为白色、灰色或微带绿色，随含 Fe 量的增加而颜色加深，可呈棕色、黄棕色、绿褐色，玻璃光泽，纤维状呈丝绢光泽；解理平行{210}完全，沿{010}、{100}不完全，(210)和($2\bar{1}0$)夹角约125°30′或54°30′，硬度5.6 ~6；比重2.85 ~3.57。

［显微镜下特征］薄片无色或浅黄色、浅绿色。铝直闪石具有多色性：N_p = 浅黄绿，褐—绿黄色；N_m = 浅褐，黄—绿黄色；N_g = 浅黄褐—浅灰绿色；吸收异常性明显：$N_g > N_m \approx N_p$；铁铝直闪石多色性明显，色深；正中至高突起，折射率随含 Fe 量增加而增大。干涉色一级橙—二级绿，纵切面平行消光，横切面对称消光（彩图186）；二轴晶，光性随成分而异；富镁端元为负光性，随 Fe 的含量增大变为正光性；光轴角60° ~90°；N_g = 1.623 ~1.664，N_m = 1.616 ~ 1.651，N_p = 1.598 ~ 1.647。双折射率为0.017 ~0.026。光性方位：$a // N_p$，$b // N_m$，$c // N_g$，$N_gN_p // (010)$。

［成因及产状］为典型的变质矿物，主要见于富含镁的变质岩（如片麻岩、结晶片岩及蛇纹岩）中，常与滑石、蛇纹石、阳起石共生，有时与水晶、黄铁矿、黄铜矿共生。

［鉴定特征］宏观：根据其特殊的形态、颜色及两组斜交的解理及共生矿物可以鉴定。显微镜下：直闪石以平行消光和较低的干涉色可与其他无色或浅色的单斜角闪石区别，与斜方辉石区别在于其具有角闪石式解理，与硅灰石区别是硅灰石延性可正可负、斜消光和横切面有3组解理。

［用途］直闪石有可作宝石的记录，此时显现类似拉长石的乳光或紫苏辉石般的闪烁光泽，因而被称为“晕彩斜方闪石”。角闪石石棉可用作防腐、密封、过滤和绝缘材料。

［著名产地］世界著名的产地有美国纽约州、捷克西里西亚、挪威和南非的部分地区。

2）单斜角闪石亚族

本亚族 X 类阳离子以大半径的 Na、Ca 为特征，矿物种类是根据 Y 类阳离子的种类而划分的。

透闪石(Tremolite)($Ca_2Mg_5[Si_4O_{11}]_2(OH)_2$)

［化学组成］CaO 13.8%，MgO 24.6%，SiO_2 58.8%，H_2O 2.8%，FeO 的含量有时达3%，成分中还有少量的 Na、K、Mn 代替 Ca，F、Cl 代替(OH)。

［晶体结构］单斜晶系，C_{2h}^3—$C2/m$；a_0 = 9.84 Å，b_0 = 18.05 Å，c_0 = 5.275 Å，β = 104°22′；Z = 2；二重双链状结构。

［形态］斜方柱晶类；常见单形为斜方柱 m{110}和 r{011}，平行双面 b{010}；晶体

常呈细柱状、纤维状；集合体常呈柱状、放射状或纤维状，时有也可见隐晶的浅色块状(彩图187)。

［物理性质］一般为白色或灰色；条痕无色；玻璃光泽，纤维状呈丝绢光泽。解理平行{110}完全，交角为56°；有时可见{100}裂理，次贝壳状断口，硬度5~6；比重3.02~3.44；不溶于HCl。

［显微镜下特征］薄片无色；以(100)为接合面的双晶常见；正中突起；平行(010)纵切面为斜消光，消光角 $c \wedge N_g = 16° \sim 21°$。最高干涉色可达二级中部（彩图188）。二轴晶(－)，$N_p = 1.600 \sim 1.619$，$N_m = 1.613 \sim 1.630$，$N_g = 1.624 \sim 1.640$，双折射率为0.021~0.024，$2V = 83° \sim 85°$。光性方位：$b /\!/ N_m$，$c \wedge N_g = 16° \sim 21°$，$N_gN_p /\!/ (010)$。

［成因及产状］接触变质矿物，经常发育于石灰岩、白云岩与火成岩的接触带中，也产于结晶片岩中。

［鉴定特征］宏观：具有细长柱状或纤维状的晶体，良好的柱状解理。解理角度的不同，可以和辉石区别；颜色比较淡，可以和普通角闪石区别。显微镜下：透闪石与硅灰石区别在于透闪石纵切面的干涉色较高，且为正延性，而硅灰石的柱状切面干涉色总在一级灰白、黄白，其延性可正可负；透闪石横切面具有角闪石式解理，而硅灰石的横切面具有三组解理，其中{100)∧{001)＝74°；透闪石光轴角大(80°±)，而硅灰石光轴角多在40°左右。透闪石与斜方角闪石区别在于其干涉色高、斜消光；与镁铁闪石区别是镁铁闪石为正光性，并常有细而密的聚片双晶；与铁闪石区别是后者的消光角小。

［著名产地］世界著名的产地有瑞士、奥地利、意大利和美国等地。

阳起石(Actinolite)($Ca_2(Mg,Fe^{2+})_5[Si_4O_{11}]_2(OH)_2$)

［化学组成］CaO 13.8%，MgO 24.6%，$SiO_2$58.8%，H_2O 2.8%，FeO的含量有时达6%~13%，成分中还有少量的Na、K、Mn代替Ca，F、Cl代替(OH)。

［晶体结构］单斜晶系，C_{2h}^3—$C2/m$；$a_0 = 9.89$ Å，$b_0 = 18.14$ Å，$c_0 = 5.31$ Å，$\beta = 105°48'$；$Z = 2$；二重双链状结构。

［形态］斜方柱晶类；常见单形为斜方柱m{110}和r{011}，平行双面b{010}；晶体常呈细柱状、纤维状，集合体常呈柱状或放射状（彩图189)。

［物理性质］颜色以各种绿色为主（灰绿、浅绿、暗绿、蓝绿、黄绿、绿等)，也有黄、褐、紫色，透明，玻璃光泽，纤维状呈丝绢光泽。解理平行{110}完全，交角为56°，有时可见{100}裂理；参差状断口；硬度5~6；比重3.02~3.44；不溶于HCl。

透闪石和阳起石根据状态和集合体特点，可分出两个异种。

(1) 软玉。为隐晶质的致密块状，刺状断口，呈不同色调的绿色，可作为装饰和雕刻的材料。

(2) 角闪石石棉（透闪石石棉和阳起石石棉的统称)。为纤维状异种，一般能劈分成细的具挠性而坚实的纤维，具耐火和耐酸性，因而可供工业利用。

［显微镜下特征］薄片无色—浅绿色，多色性微弱：N_g＝绿色，N_m＝绿黄色，N_p＝淡黄色；吸收性公式为 $N_g > N_m > N_p$；正中—正高突起，折射率随铁量增加而增大；最高干涉色可达二级中部（彩图190)；二轴晶(－)，$N_p = 1.619 \sim 1.688$，$N_m = 1.630 \sim 1.699$，$N_g = 1.641 \sim 1.707$；双反射率为0.015~0.022，$2V = 74° \sim 80°$；光性方位：$b /\!/ N_m$，$c \wedge N_g = 10° \sim 15°$。

［成因及产状］与透闪石类似，是矽卡岩中常见矿物，在热液成矿作用中及火山岩的热液蚀变中均可见到，在区域变质作用的泥质大理岩中也可出现。

［鉴定特征］宏观：以其形态、颜色和解理为其鉴定特征。显微镜下：阳起石与普通角闪石的区别在于阳起石的多色性及吸收性较弱，且从不具有褐色，但如果普通角闪石呈淡绿色多色性时，则很难与富铁阳起石区分开。阳起石与透闪石区别在于阳起石的颜色总是比较深些，且消光角小；与浅闪石区别是后者为正光性。

［用途］软玉是装饰和雕刻的材料，角闪石石棉具耐火和耐酸性，可供工业利用。

［著名产地］世界著名的产地有美国加利福尼亚州、中国新疆地区等。

普通角闪石（Hornblende）$NaCa_2(Mg,Fe)_4Al[(Si,Al)_4O_{11}]_2(OH)_2$

［化学组成］由于类质同像置换关系复杂，所以其组成成分不甚固定，这种复杂性主要表现在Ca/Na、Mg/Fe、Al/Fe^{3+}、Al/Si、OH/F等比值的变化上。

［晶体结构］单斜晶系，$C_{2h}^3—C2/m$；$a_0=9.79$ Å，$b_0=17.90$ Å，$c_0=5.28$ Å，$\beta=105°31'$；$Z=2$；二重双链状结构。

［物理性质］常带不同色调的绿色，从浅绿—深绿色或黑绿色，稍受氧化后则呈浅褐或深褐色，透明，玻璃光泽，纤维状呈丝绢光泽（彩图191）。解理平行{110}完全，交角为56°，有时可见{100}裂理；次贝壳状断口；硬度5～6；比重3.02～3.45，含Fe越高者比重越大；不溶于HCl。

［显微镜下特征］薄片呈绿色或褐色，明显的多色性：N_g=深绿或深蓝绿，N_m=绿色或黄色，N_p=亮绿或淡黄绿或N_g=暗褐或棕色，N_m=褐色，N_p=淡褐色。吸收异向性明显，为$N_g>N_m>N_p$。两组解理相交成56°（或124°）；正中突起，糙面显著。最高干涉色达二级中部（彩图192），但常被本身颜色所掩盖。横切面对称消光；平行(100)的切面上平行消光；其他纵切面为斜消光。沿(010)切面最大消光角为$c\wedge N_g=12°\sim25°$；正延性；常见以(100)为接合面的简单双晶；二轴晶(－)；$N_p=1.632\sim1.730$，$N_m=1.618\sim1.714$，$N_g=1.610\sim1.704$；双折射率为0.019～0.026；$2V=63°\sim87°$。光性方位：$b/\!/N_m$，$c\wedge N_g=12°\sim25°$，$N_gN_p/\!/(010)$。

［成因及产状］作为火成岩尤其是中性岩最为常见的暗色矿物，在区域变质作用中也大量产出，是角闪岩相的典型矿物，也大量存在于角闪片岩、角闪片麻岩中。

［鉴定特征］以其柱状形态、横切面呈六边形、{110}解理且交角为56°为特征。显微镜下：以角闪石式解理、显著的多色性和吸收性、突起稍低、消光角小于30°、负光性与普通辉石区分；与阳起石的区别在于多色性更明显，消光角也稍大。

蓝闪石（Glaucophane）$(Na_2Mg_3Al_2[Si_4O_{11}]_2(OH)_2)$

［化学组成］是碱性角闪石的一种，其特点是X类(M_4)阳离子为Na^+，Y类阳离子中有Al^{3+}。该矿物组成成分不定，在其成分中还常含有Fe_2O_3以及CaO。蓝闪石的成分变化与变质原岩密切相关。

［晶体结构］单斜晶系，$C_{2h}^3—C2/m$；$a_0=9.54$ Å，$b_0=17.74$ Å，$c_0=5.29$ Å；$\beta=103°40'$；$Z=2$。

［形态］斜方柱晶类；常见单形为斜方柱m{110}和{011}，平行双面{010}；依(100)成聚片双晶；晶体少见；集合体常呈放射状或纤维状（彩图193）。

［物理性质］灰蓝、深蓝—蓝黑色；条痕蓝灰色；玻璃光泽，纤维状者呈丝绢光泽；

解理平行{110}完全；硬度6~6.5；比重3.1~3.2。

［显微镜下特征］薄片蓝灰、淡紫灰色（彩图194）；明显的多色性：N_g=深天蓝色，N_m=淡紫色，N_p=淡黄绿色或无色；吸收性$N_g>N_m>N_p$；正中突起；干涉色最高可达二级蓝绿；正延性；二轴晶（-），$2V=10°\sim60°$；$N_g=1.618\sim1.652$，$N_m=1.612\sim1.650$，$N_p=1.594\sim1.630$；双折射率为0.018~0.022。光性方位：$b//N_m$，$c\wedge N_g=4°\sim14°$。

［成因及产状］变质矿物，是蓝闪石片岩、云母片岩等的特征矿物，形成于低温高压变质带，也是"板块构造"俯冲带靠大洋一侧低温高压变质带的特征矿物。

［鉴定特征］宏观：放射柱状形态，灰蓝—暗蓝色，产于结晶片岩中。显微镜下：蓝闪石以其特有的多色性、较小的消光角和光轴角可与其他角闪石区别。蓝闪石与钠闪石区别在于钠闪石为负延性，其多色性及吸收性均较蓝闪石强，光轴角也较大。蓝闪石与钠铁闪石的区别在于后者为负延性；与镁钠铁闪石区别是后者延性可正可负，且两者的产状及共生矿物差别较大。

钠铁闪石(Arfvedsonite)($Na_3(Mg,Fe)_4(Fe^{3+},Al)[Si_4O_{11}]_2(OH,F)_2$)

［化学组成］与蓝闪石一样，属碱性角闪石类矿物，以富含Na为特征。Na不仅占据M_4位置且占据A位。Al仅作为Y类阳离子出现，附加阳离子OH^-常被F^-代替。

［晶体结构］单斜晶系，$C_{2h}^3—C2/m$；$a_0=9.94$ Å，$b_0=18.17$ Å，$c_0=5.34$ Å；$\beta=104°4'$；$Z=2$。

［形态］斜方柱晶类。晶体常呈柱状、细柱状，多呈纤维状集合体（彩图195）。

［物理性质］色黑或微显蓝色，条痕暗蓝灰色，玻璃光泽，纤维状呈丝绢光泽；解理平行{110}完全；硬度5.5~6；比重3.44~3.46。

［显微镜下特征］薄片中蓝色或绿色，带紫色调；多色性显著：N_g=淡绿色，N_m=紫色，N_p=深蓝绿色或N_g=淡绿褐色，N_m=褐色，N_p=深绿色；吸收异向性明显：$N_p>N_m>N_g$。正高突起，干涉色一级黄，常被本色掩盖（彩图196）。消光角小，多数为负延性。二轴晶（-）；光轴角变化较大。$N_g=1.685\sim1.708$，$N_m=1.681\sim1.705$，$N_p=1.674\sim1.701$。双折射率为0.005~0.012。光性方位：$b//N_g$，$c\wedge N_p=10°$，$N_gN_p\perp(010)$。

［成因及产状］产于碱性岩浆岩（如霞石正长岩）中，在碱性伟晶岩中可成巨大晶体。

［鉴定特征］宏观：据其柱状晶形，黑色，暗蓝灰色条痕，产于碱性岩中，与碱性矿物共生可鉴定之。显微镜下：钠铁闪石以其特征的多色性、负延性、低的干涉色、小的消光角和光轴角而与大多数角闪石相区别。

3）角闪石族石棉

自然界的石棉主要有两类：一类叫蛇纹石石棉，也叫温石棉；另一类叫角闪石石棉。

呈纤维状的角闪石族矿物，统称角闪石石棉（也有人将富Na的称碱性角闪石石棉，将透闪石、阳起石石棉称狭义的角闪石石棉）。常见的种属如下（彩图197）：

斜方角闪石亚族

直闪石石棉	$(Mg,Fe^{2+})_7[Si_4O_{11}]_2(OH)_2$

单斜角闪石亚族

镁铁闪石石棉	$(Mg,Fe^{2+})_7[Si_4O_{11}]_2(OH)_2$
铁闪石石棉	$Fe_7^{2+}[Si_4O_{11}]_2(OH)_2$

透闪石石棉　　$Ca_2Mg_5[Si_4O_{11}]_2(OH)_2$

阳起石石棉　　$Ca_2(Mg,Fe^{2+})_5[Si_4O_{11}]_2(OH)_2$

镁钠闪石石棉（铁蓝闪石石棉）　　$Na_2(Mg,Fe^{2+})_3Fe_2^{3+}[Si_4O_{11}]_2(OH)_2$

高铁钠闪石石棉（青石棉）　　$Na_2Fe_3^{2+}Fe_2^{3+}[Si_4O_{11}]_2(OH)_2$

钠铁闪石石棉　　$(Na,K,Ca)_{2.5-3}Fe_4^{2+}Fe^{3+}[Si_4O_{11}]_2(OH)_2$

蓝透闪石石棉　　$Na_2Ca(Mg,Fe^{2+},Mn,Fe^{3+},Al)_5[Si_4O_{11}]_2(OH)_2$

后 4 种属碱性角闪石石棉。

角闪石石棉是仅次于绿蛇纹石石棉的重要工业石棉来源。自然界中质量好的石棉多为碱性角闪石石棉，尤其是高铁钠闪石石棉（也称青石棉或蓝石棉）。它们纤维长，劈分性好，质地柔软，抗拉强度大，耐碱，耐高温。

石棉一般沿裂隙生长或交代充填而成，形成时的地质、物化条件越稳定，成分越纯，结晶度越高，则石棉质量越好。纵向纤维（即平行裂隙生长的纤维）虽然纤维长，但形成条件不如横向纤维（垂直于裂隙生长的纤维）稳定，易受外部环境影响，因而没有横向纤维质量好。

角闪石石棉主要的工业应用有纺织工业、水泥工业、石棉纸、过滤剂、电木和绝缘材料等。

5. *矽线石族*

矽线石（Sillimanite）（$Al[AlSiO_5]$）

［化学组成］Al_2O_3 63.1%，SiO_2 36.9%，成分比较稳定，常有少量的类质同像混入物 Fe^{3+} 代替 Al，有时有微量的 Ti、Ca、Mg 和碱等混入物。

［晶体结构］斜方晶系；D_{2h}^{16}—$Pbnm$；$a_0=7.49$ Å，$b_0=7.67$ Å，$c_0=5.77$ Å；$Z=4$；双链状结构。

［形态］斜方双锥晶类；晶体呈长柱状或针状，横断面呈近正方的菱形或长方形；在[001]晶带的柱面上具有条纹；集合体呈放射状或纤维状，有时呈毛发状在石英、长石晶体中作为包裹体存在。毛发状矽线石称为细矽线石（彩图 198）。

［物理性质］白色、灰色或浅绿、浅褐色等，玻璃光泽；{010}解理完全；硬度 6.5～7.5；比重 3.23～3.27。

［显微镜下特征］薄片无色，厚切片中有色变种可见多色性：N_g = 暗褐或蓝色，N_m = 褐或绿色，N_p = 淡褐至淡黄；正高突起，糙面显著。干涉色可达二级蓝绿（彩图 199）。纵切面为平行消光，横切面上有一组对角线解理；正延性；二轴晶（+）。$N_p=1.653\sim1.661$，$N_m=1.658\sim1.662$，$N_g=1.672\sim1.684$，$2V=20°\sim30°$；深色变种 N 降低。光性方位：$a/\!/N_p$，$b/\!/N_m$，$c/\!/N_g$。

［成因及产状］典型的高温变质矿物，由富铝的泥质岩经高温变质而成，见于中高级变质相带中。

［鉴定特征］宏观：棒状、针状，放射状或纤维状晶形，具有一个方向的完全解理，在接触变质带和变质岩中产出。显微镜下：根据矽线石的正延性、横切面的对角线解理、晶形及正光性等特征可与红柱石区分开；与透闪石区别在于后者为斜消光、干涉色较高、横切面具有角闪石式解理及负光性。

［用途］高级耐火材料。

［著名产地］世界著名的产地有捷克、奥地利、德国、美国部分地区和中国北京周口店地区。

（三）层状结构硅酸盐亚类

本亚类矿物结构单元层有两种基本形式：双层结构单元层（TO 型）和三层结构单元层（TOT 型）。由于结构单元层叠置方式不同，则构成多型。本亚类矿物的多型普遍发育，云母族矿物尤其突出。本亚类矿物的形态和许多物理性质，均由其层状结构的特征所决定的，形态上几乎均呈单斜晶系假六方片状或短柱状。物理性质上，具一组极完全解理，低的硬度，薄片具弹性、挠性或脆性，视$[SiO_4]$中 Si 是否有 Al 代替而变化。如叶蜡石，无 Al 代替 Si，结构单元层内电性中和，故硬度低($H=1$)，解理薄片仅具挠性而无弹性。白云母中 Al 代替 Si 普遍，层内电荷不平衡，层间有 K^+ 充填，故提高了硬度(2 ~3)，薄片具弹性。

层状结构硅酸盐矿物可在各种地质作用中形成，但以表生条件最为有利，并具有较大的稳定性，它们是黏土、页岩和土壤的主要组成部分；内生条件下，主要产于中低温热液矿床，变质作用中也可形成。

1. 滑石族

1）滑石(Talc)($Mg_3[Si_4O_{10}](OH)_2$)

［化学组成］MgO 31.72%，SiO_2 63.12%，H_2O 5.16%；天然产物一般比较纯净，混入物有 Fe，Al，Mn，Ca，Ni，Co 等。

［晶体结构］单斜晶系，C_{2h}^6—$C2/c$ 或 C_s^4—Cc；$a_0=5.27$ Å，$b_0=9.12$ Å，$c_0=18.85$ Å，$\beta=100°00'$；$Z=4$；TOT 型—三八面体型层状结构。

［形态］斜方柱晶类；微细晶体呈六方或菱形板状，但很少见；通常呈致密块状、片状或鳞片状集合体（彩图 200）。

［物理性质］纯者为白色或微带浅黄、粉红、浅绿、浅褐等色，其颜色变化主要由杂质引起，条痕无色或浅绿色，玻璃光泽，解理面上呈珍珠光泽，透明—半透明。解理平行{001}完全；致密块状者具贝壳状断口；硬度 1；比重 2.58 ~2.83；导电导热性差，能耐火；不溶于酸，手接触有滑腻感，薄片能挠曲，但不具备弹性。

［显微镜下特征］薄片无色，有时带很弱的浅绿和浅褐色；正低突起，最高干涉色可达三级橙；近平行消光；正延性（彩图 201）。光轴角小，色散清楚。二轴晶(－)，$N_p=1.538\sim1.55$，$N_m=1.589\sim1.594$，$N_g=1.589\sim1.6$；双反射率 $\Delta N=0.0500$；$2V=0°\sim30°$。光性方位：$b /\!/ N_g$，$a\approx N_m$，$c\wedge N_p=10°$，光轴面$\perp(010)$。

［成因及产状］主要成因有热液蚀变和低温变质两种。超基性岩皂化属于前一种。所谓皂化是指形成富含滑石的一种围岩蚀变，经常与蛇纹石化作用相伴，所以滑石与蛇纹石经常共生。此外，已经形成的蛇纹岩也可蚀变成滑石，转变过程则系通过硅化或碳酸盐化作用形成。

［鉴定特征］宏观：低硬度，有滑感，较浅的颜色以及片状形态。与叶蜡石的区别可利用简单的研磨物获得的乳浊状水溶液的 pH 值加以区别，叶蜡石的 pH 值为 6，滑石的 pH 值为 9。显微镜下：滑石与叶蜡石、白云母十分相似，区别在于它的光轴角较小，干涉色高于白云母，此外在矿物共生组合上也有区别，滑石常与富镁的矿物如橄榄石、蛇纹

石、菱镁矿等共生，产于富镁的岩石中，而白云母和叶蜡石则常与富铝的矿物共生。

［主要用途］在造纸和橡胶工业中用作填充剂，纺织工业中用作漂白剂，陶瓷工业中用作绝缘器等。

［著名产地］世界著名产地有奥地利、瑞士、德国、英国、加拿大、美国局部地区和中国辽宁、山东等地。

2）叶蜡石(Pyrophyllite)($Al_2[Si_4O_{10}](OH)_2$)

［化学组成］Al_2O_3 28.3%，SiO_2 66.7%，H_2O 5.0%；天然产出者一般相当纯净，可以有少量 Al 置换 Si，此外常有少量的钾、钠和钙混入。

［晶体结构］单斜晶系，$C_{2h}^6—C2/c$；$a_0=5.15$ Å，$b_0=8.92$ Å，$c_0=18.59$ Å，$\beta=99°55'$；$Z=2$；TOT 型—二八面体型层状结构。

［形态］斜方柱晶类，晶体极为罕见；通常呈片状、鳞片状或隐晶致密块体，有时呈放射状集合体（彩图 202）。隐晶质致密块状体俗称寿山石、冻石。

［物理性质］纯者白色或呈灰色、浅蓝色、浅黄色、浅绿色等，条痕白色，玻璃光泽，解理面上呈珍珠光泽，致密块状者呈油脂光泽，透明—半透明。解理平行{001}完全；致密块状者具贝壳状断口；硬度 1.5；比重 2.65～2.90；有滑腻感，薄片能弯曲，但无弹性，绝缘性好。

［显微镜下特征］薄片无色透明，正低突起，切面呈片状和略微延长的条状，在条状切面上可见一组完全解理。最高干涉色可达三级顶部，在平行(001)切面上干涉色一级灰白色（彩图 203）。平行消光，正延性；二轴晶(－)；$N_p=1.534\sim1.556$，$N_m=1.586\sim1.589$，$N_g=1.596\sim1.601$；$N_g-N_p=0.046\sim0.050$；$2V=53°\sim60°$。光性方位：$b/\!/N_g$，$a\wedge N_m\approx0°$，$c\wedge N_p=10°$，$N_gN_p\perp(010)$。

［成因及产状］叶蜡石多半是富铝岩石受热液作用的产物。叶蜡石主要由中酸性喷出岩、凝灰岩或由酸性结晶片岩经热液作用蚀变而成，在低温热液含金石英脉中也出现。叶蜡石呈叶片状、致密块状，与高岭石、一水硬铝石、刚玉、红柱石等共生。产于富铝结晶片岩中的叶蜡石，可能是由富含黏土矿物沉积物在高温条件下变质而成。

［鉴定特征］宏观：以硬度低、颜色浅、有滑感为特征。叶蜡石与滑石，尤其呈致密块体时很相似，两者区别要靠光学性质、化学反应及 pH 值的测定。叶蜡石与硝酸钴反应呈蓝色，pH＝6；滑石呈玫瑰红色，pH＝9。叶蜡石的 $2V$ 值比滑石、白云母大。显微镜下：叶蜡石与绢云母（白云母）、滑石十分相似，区别是滑石的光轴角小(0°～30°)；白云母中等(35°～50°)；而叶蜡石最大(53°～62°)。滑石为富镁的层状硅酸盐矿物，常与含镁较高的矿物共生；而叶蜡石和白云母为富含铝的硅酸盐或铝硅酸盐矿物，成分中很少含镁，经常产于变质富铝系列的岩石中。叶蜡石、滑石、绢云母等矿物在岩石中常呈细小鳞片状产出，不易见到干涉图时，需依靠化学分析的方法才能加以区别。

［主要用途］工业上可用于取代滑石的一部分用途，致密者可用于雕刻。

［著名产地］世界著名的产地是中国福建寿山、浙江青田等地。

2. 云母族

根据成分特点划分如下：

白云母亚族	白云母	$K(Al_2[AlSi_3O_{10}](OH)_2)$
黑云母亚族	黑云母	$K((Mg,Fe)_3[AlSi_3O_{10}](OH)_2)$

金云母　　$K(Mg_3[AlSi_3O_{10}](OH)_2)$

锂云母亚族　　锂云母　　$K(Li_{2-x}Al_{1+x}[Al_{2x}Si_{4-2x}O_{10}](F,OH)_2)$

铁锂云母　　$K(LiFeAl[AlSi_3O_{10}](F,OH)_2)$

1）白云母(Muscovite)($KAl_2[AlSi_3O_{10}](OH,F)_2$)

［化学组成］K_2O 11.8%，Al_2O_3 38.5%，SiO_2 45.2%，H_2O 4.5%。类质同像替代广泛，常见混入物有 Ba、Na、Rb、Fe^{3+}、Cr、V、Fe^{2+}、Mg、Li、Ca、F 等，形成多种成分的变种。如 K 被较多 Ba 代替则称钡白云母(BaO 0.3% ~10%)；铬云母含 Cr_2O_3 达 4.8% 以上；绢云母系指细小鳞片状的白云母；当 Si：Al＞3：1，称多硅白云母。

［晶体结构］单斜晶系，C_{2h}^6—$C2/c$ 或 C_s^4—Cc；a_0 = 5.19 Å，b_0 = 9.00 Å，c_0 = 20.10 Å，β = 95°11′；Z = 4；TOT 型—二八面体型层状结构。

［形态］斜方柱晶类；常呈板状或片状，外形呈假六方形或菱形，柱面有明显的横条纹。晶体细小者呈鳞片状。双晶常见，依云母律成接触双晶或穿插三连晶；白云母常与黑云母{001}形成连晶。集合体成鳞片状或叶片状（彩图 204）。

［物理性质］无色或浅黄、浅绿、浅红或红褐色，其颜色变化主要由类质同像混入物所引起；条痕无色，玻璃光泽，解理面上呈珍珠光泽，绢云母呈丝绢光泽；透明—半透明。解理平行{001}极完全，{110}和{010}不完全。薄片有弹性，硬度在(001)面为 2 ~ 3，垂直(001)面为 4；比重 2.76 ~3.10；绝缘性能极好；难溶于酸。

［显微镜下特征］薄片无色，有时有极淡的绿色、褐色或黄色；{001}解理极完全；正低—正中突起；垂直(001)的切面可见闪突起。最高干涉色可达二级顶部或三级，且鲜艳醒目（彩图 205）。平行消光或近于平行消光，常见波状消光。二轴晶(－)；N_p = 1.552 ~1.572，N_m = 1.582 ~1.611，N_g = 1.588 ~1.615，N_g-N_p = 0.036 ~0.043；$2V$ = 30° ~45°。光性方位：$b/\!/N_g$，$a\wedge N_m$ = 1° ~3°。当为 3T 多型时，其为一轴晶。

［成因及产状］白云母是分布很广的造岩矿物之一，在三大岩类中均有产出。泥质岩石在低级区域变质过程中可以形成绢云母，变质程度稍高时，成为白云母。酸性岩浆结晶晚期以及伟晶作用阶段，均有大量白云母生成。由高温—中低温的蚀变作用过程中，也能生成：高温蚀变作用的云英岩化，能形成大量白云母；中低温蚀变作用绢云母化作用，也能形成大量绢云母。白云母风化破碎成极细的鳞片，既可以成为碎屑沉积物中的碎屑，也可以是泥质岩的矿物成分之一。

［鉴定特征］宏观：以其片状形态、浅色、{001}的极完全解理、薄片具弹性等加以区别。显微镜下：无色，片状，具一组极完全解理，闪突起明显，具鲜艳的二 ~三级干涉色，近平行消光，正延性，二轴晶负光性，光轴角中等，是白云母主要的特征。白云母与滑石十分相似，区别在于滑石为富镁的硅酸盐矿物，如果在富含镁的岩石中观察到似白云母的片状矿物，则可能是滑石；此外滑石光轴角较大(53° ~62°)。如果粒径细小时，叶蜡石和白云母很难区别，只能依靠化学分析方法准确鉴别。白云母与透闪石的区别是，透闪石具有角闪石式两组解理，突起稍高，不具闪突起，斜消光，光轴角比白云母大(80°左右)。

［主要用途］在电器工业上作绝缘材料。

2）黑云母(Biotite)($K((Mg,Fe)_3[AlSi_3O_{10}](OH)_2)$)

［化学组成］类质同像替代广泛，所以不同岩石中产出的黑云母，其化学组成成分差

距很大。一般酸性和碱性岩浆岩中的黑云母，FeO 高，MgO 低；基性和超基性岩中的黑云母，MgO 高，FeO 低；在碱性伟晶岩中的黑云母，MgO 低，而 Fe_2O_3 相对要高一些。

［晶体结构］单斜晶系，或 $C_s^3—Cm$；$a_0=5.33$ Å，$b_0=9.24$ Å，$c_0=10.22$ Å，$\beta=100°00'$；$Z=2$；TOT 型—三八面体型层状结构。

［形态］晶体呈假六方板状或锥形短柱状，依云母律成双晶，片状或鳞片状集合体（彩图 206）。

［物理性质］因含铁量高，故颜色较深，呈红棕色、深褐色乃至黑色；条痕白色略带浅绿色；玻璃光泽，解理面上呈珍珠光泽，透明—不透明；解理平行{001}极完全，{110}和{010}不完全，薄片有弹性，硬度 2.5～3；比重 3.02～3.12；电绝缘性极差；强酸可以使黑云母等腐蚀，并呈脱色现象。

［显微镜下特征］薄片为黄、褐或绿色，多色性、吸收性极强。褐色黑云母的 N_g、N_m 为深褐色或红褐色，N_p 为黄色；绿色黑云母的 N_g、N_m 为草绿色，N_p 为淡黄色。吸收性公式为 $N_g \approx N_m > N_p$；含 Ti、Fe^{3+} 者显褐色，Fe^{2+} 者显绿色；正中突起，最高干涉色可达三级顶部，但干涉色常被本身的颜色所掩盖（彩图 207）。平行消光或近于平行消光；正延性；二轴晶(－)，$N_p=1.573 \sim 1.623$，$N_m=1.620 \sim 1.676$，$N_g=1.620 \sim 1.677$；$N_g-N_p=0.040 \sim 0.053$；$2V=0° \sim 25°$。光性方位：$b /\!/ N_m$，$c \wedge N_g=0° \sim 3°$。

［成因及产状］黑云母产状更为多样，在接触变质、区域变质以及基性、中性、酸性、碱性侵入岩和伟晶岩中均有产出，是中、酸性火成岩的主要造岩矿物之一。黑云母的巨大晶体产于花岗伟晶岩中，与白云母等共生。铯黑云母常出现在锂辉石岩外接触带的黑云母片岩中，与石英、角闪石、萤石、榍石、磷灰石等共生。结晶片岩，特别是片麻岩中黑云母分布很广。

［鉴定特征］宏观：粒径较大的黑云母，极容易根据其片状形态、较深的颜色以及弹性、具有云母的极完全解理和受热以后可略带磁性的特点等加以鉴别。显微镜下：黑云母的多色性、吸收性均十分显著，片状晶形，极完全的一组解理，正中突起，干涉色在二级顶—三级顶，近平行消光，正延性及二轴晶负光性，光轴角小等特征可与角闪石、电气石等区别。绿色黑云母与绿泥石的最主要区别是其干涉色高，并不具异常干涉色。黑硬绿泥石的多色性和吸收性等特征与黑云母十分相似，但两者的最主要区别是黑硬绿泥石的晶形常呈细长的杆状，且{001}解理不如黑云母发育和完全，并有一组垂直杆状晶面的{010}的不完全解理。黑云母与铁黑云母区别在于后者具有很深的颜色（N_g 方向几乎为不透明）和绿黄色（N_p 方向）的多色性，其干涉色可高达三级顶部—四级，且只产于碱性岩中。蛭石的折射率及双折射率都小于黑云母，多色性及吸收性弱。

［主要用途］黑云母因含铁，绝缘性能远不如白云母，不利于电气工业利用；但黑云母细片常用作建筑材料充填物，如云母沥青毡等。

［著名产地］在意大利维苏威火山所抛出的凝灰岩块中常发现良好的黑云母晶体，世界其他重要的产地还有奥地利的蒂罗尔州和挪威部分地区。

3）金云母(Phlgopite)($KMg_3[AlSi_3O_{10}](OH,F)_2$)

［化学组成］成分不稳定：当 Mg∶Fe＞2∶1 时，称金云母。一般地，SiO_2 36%～45%，Al_2O_3 10%～17%，MgO 19%～27%，K_2O 7%～10%，H_2O＜1%。Mg－Fe 间为完全类质同像，常有 Na、Ca、Ba 代替 K，Fe^{3+} 和 Ti 代替 Mg；含 Mn 特高者称锰金云母，富

Cr 变种称铬金云母；F 代替(OH)可达6%，有时含 Cl 等。

［晶体结构］单斜晶系，或 C_s^3—Cm；$a_0 = 5.33$ Å，$b_0 = 9.24$ Å，$c_0 = 10.22$ Å，$\beta = 100°$；$Z = 2$；TOT 型—三八面体型层状结构。

［形态］晶体呈假六方的板状、短柱状或角锥状；晶体较大，柱面具有清楚的平行条纹；常见依云母律的双晶；叶片状和鳞片状集合体（彩图 208）。

［物理性质］无色、浅棕色、红棕色等，条痕无色，玻璃光泽，解理面上呈珍珠光泽，透明；解理平行{001}极完全，薄片有弹性，硬度2～3；比重2.76～2.90；绝缘性和隔热性特强。

［显微镜下特征］薄片无色—淡棕色，常含针状金红石、电气石、赤铁矿包裹体。多色性弱，$N_g \approx N_m$ = 淡棕或黄色；N_p = 无色至淡黄。吸收性：$N_g = N_m > N_p$。{001}解理极完全；正低到正中突起，双折射率随含铁量增加而增大，最高干涉色二级—三级（彩图 209）。平行或近于平行消光；正延性；二轴晶(－)；$N_p = 1.530 \sim 1.590$，$N_m = 1.557 \sim 1.637$，$N_g = 1.558 \sim 1.637$；$N_g - N_p = 0.028 \sim 0.047$；$2V = 0° \sim 15°$。光性方位：$b \parallel N_m$，$c \wedge N_p = 2° \sim 4°$。

［变化］金云母可转变为鳞片状滑石的集合体，也可转变为黏土矿物、水白云母、蛭石和绿泥石，由金云母转变的绿泥石呈很浅的绿色，具靛蓝、丁香紫及锈褐色等异常干涉色。

［成因及产状］云母主要产于超基性岩如金伯利岩以及酸性侵入体与白云质灰岩的接触变质带中；不纯的镁质石灰岩遭受区域变质作用过程中也能形成金云母；常与透辉石、镁橄榄石、尖晶石等共生。

［鉴定特征］宏观：金云母的特点为具有云母的极完全解理、黄棕的颜色和类似金色的反射色。其与白云母不同之处是，可在沸硫酸中分解，同时产生一种乳状的溶液，而白云母则不能；其与黑云母不同之处是，颜色比较淡。显微镜下：金云母与黑云母之间区别在于金云母的多色性和吸收性均较弱，且两者的产状及矿物共生组合有区别。无色或颜色很浅的金云母与白云母区别在于金云母光轴角0°～15°，而白云母为35°～50°，两者产状及矿物共生组合也不相同。

［主要用途］是电气、电子、无线电、电视、航空等工业部门的重要矿物材料。

［著名产地］世界著名的产地有加拿大魁北克省，芬兰、瑞典、瑞士部分地区。

4）锂云母(Lepidolite)($K(Li_{2-x}Al_{1+x}[Al_{2x}Si_{4-2x}O_{10}](F,OH)_2)$)

［化学组成］成分变化较大，通常含 K_2O 8%～12%，Li_2O 3.5%～6%，Al_2O_3 22%～29%，SiO_2 47%～60%，F 4%～9%。置换 K 的有 Na、Rb、Cs，置换 Li 和 Al 的有 Fe、Mn，Ca、Mg 和 Ti 较少，F 可被 OH 代替。

［晶体结构］单斜晶系，或 C_s^3—Cm；$a_0 = 5.20$ Å，$b_0 = 9.00$ Å，$c_0 = 10.06$ Å，$\beta = 98° \sim 100°$；$Z = 1$；TOT 型—三八面体型层状结构。

［形态］晶体呈假六方板状，发育完好晶形少见；常呈片状、细小鳞片状集合体，故又称鳞云母，亦可见球状集合体；依云母律形成双晶（彩图 210）。

［物理性质］玫瑰色、浅紫色，有时为白色，含 Mn 时呈桃红色，风化后有些成暗褐色，透明，玻璃光泽；解理面上呈珍珠光泽；解理平行{001}极完全，薄片有弹性，硬度2～3；比重2.8～2.9；吹管烧之可产生深红色的锂焰；不溶于酸，但在熔化后可与酸类

溶液反应。

［显微镜下特征］薄片无色，有时呈浅玫瑰或淡紫色；具多色性：N_p = 无色，$N_m \approx N_g$ = 粉红或紫；正低突起；折射率随 Fe、Mn 含量增高而增大，最高干涉色达二级顶部（彩图 211）；近平行消光；正延性；二轴晶（－），$N_p = 1.535 \sim 1.570$，$N_m = 1.554 \sim 1.610$，$N_g = 1.556 \sim 1.610$，$N_g - N_p = 0.021 \sim 0.040$；$2V = 25° \sim 50°$；光性方位：$b /\!/ N_m$，$a \wedge N_g = 0° \sim 3°$；偶见一轴晶（－）；$N_gN_p /\!/ (010)$。

［成因及产状］主要产于花岗伟晶岩中，与长石、石英、锂辉石、白云母、电气石等共生；另外，在一些强蚀变的花岗岩中也有锂云母产出，与钠长石、黄玉、黑钨矿、铌钽铁矿等共生。

［鉴定特征］宏观：具有云母的极完全解理和紫—粉红的颜色；熔化时，可以发泡，并产生深红色的锂焰；不溶于酸，但在熔化之后可与酸溶液反应。显微镜下：与白云母十分相似，区别在于其折射率和双折射率略低于白云母，消光角略大，但在薄片中如有浅紫和浅玫瑰红时，则可根据多色性来区别，但通常须通过焰色反应才可准确鉴别。

［主要用途］是提取稀有金属锂的主要原料之一，也是提取铷和铯的重要原料（常含有铷和铯）。

［著名产地］世界著名的产地有美国南达科他州、意大利的厄尔巴岛和捷克的摩拉维亚等地。中国的江西、河南等地也有产出。

3. 伊利石族

伊利石（Illite）（$K_{0.65}(Al_2[Al_{0.65}Si_{3.35}O_{10}](OH)_2)$）

［化学组成］与白云母相比，K_2O 含量较低（小于 6%），Al_2O_3 也较低（25% ~ 33%），而 H_2O 较高（可达 8% ~9%）。K 经常被 Na 及少量的 Ca、Mg、H 代替，Al 也可以被少量 Mg、Fe 替换。

［晶体结构］单斜晶系；$a_0 = 5.2$ Å，$b_0 = 9.0$ Å，$c_0 = 10.0$ Å，$\beta = 96°$；$Z = 2$；TOT 型—二八面体型层状结构。

［形态及物理性质］常呈致密块状产出，系显微或超显微鳞片状；电子显微镜下呈不规则集合体，类似蒙脱石；白色，因含杂质呈带黄、绿等色调，致密块状者呈油脂光泽，土状者呈土状光泽（彩图 212）；解理{001}完全，贝壳状断口，薄片的弹性较白云母弱，硬度 2 ~3；比重 2.5 ~2.8；有滑感。

［显微镜下特征］薄片无色，有时带淡绿或淡黄褐色，正低—正中突起，干涉色可达二级顶部，常见为一级黄红（彩图 213）；二轴晶（－），因颗粒很小不易测得精确光性。

折射率变化范围较大，一般稍低于成分上相对应的白云母和黑云母，一般为 $N_g = 1.580 \sim 1.610$，$N_m = 1.577 \sim 1.606$，$N_p = 1.555 \sim 1.575$，$N_g - N_p = 0.025 \sim 0.035$，$2V = 5° \sim 10°$。光性方位：$N_p$ 近于垂直(001)面。

［成因及产状］由长石、云母等遭受风化作用形成，常见于某些岩石风化后所成的黏土中，有时热液蚀变也可以形成伊利石。

4. 蛭石族

1）蛭石（Vermiculite）（$Mg_x(H_2O)_4(Mg_{3-x}[AlSi_3O_{10}](OH)_2)$）

［化学组成］化学成分变化很大，MgO 14% ~23%，Fe_2O_3 5% ~7%，FeO 1% ~3%，

SiO_2 37% ~42%，Al_2O_3 10% ~13%，H_2O 8% ~18%，此外常含 K_2O。

［晶体结构］单斜晶系，$C_s^4—Cc$；$a_0=5.3$ Å，$b_0=9.2$ Å，$c_0=28.9$ Å，$\beta=97°$；$Z=4$；TOT 型—三八/二八面体型层状结构。

［形态］反映双面晶类；常依黑云母和金云母成假象（彩图 214）。细粒或土状者与其他黏土矿物混在一起，极难区分。

［物理性质］褐色、黄褐、金黄、青铜黄色，有时带绿色，光泽较黑云母弱，常呈油脂光泽或珍珠光泽。解理平行{001}完全，解理片微具或不具弹性，硬度 1 ~1.5，比重 2.4 ~2.7。因其加热时能迅速膨胀，弯曲呈水蛭（蚂蟥）状，故称蛭石。膨胀后体积可增大 15 ~25 倍左右。加热后的蛭石变成银灰色，比重下降到 0.6 ~0.9。

［显微镜下特征］薄片无色—浅黄绿色或褐色，多色性明显，$N_g \approx N_m$ = 淡黄绿色、褐色，N_p = 近无色（彩图 215）。吸收异向性：$N_g \approx N_m > N_p$，无突起至正低突起，干涉色一级灰—二级蓝，近于平行消光，正延性。二轴晶(−)，光轴角极小。$N_p=1.525 \sim 1.561$，$N_m=1.545 \sim 1.581$，$N_g=1.545 \sim 1.581$，$N_g-N_p=0.020 \sim 0.030$；$2V=0° \sim 8°$。光性方位：$b // N_m$，N_p 近于垂直(001)，$a \wedge N_g=1° \sim 2°$，$N_gN_p // (010)$。

［成因及产状］主要为黑云母和金云母经低温热液作用蚀变的产物。部分蛭石可由黑云母经风化作用形成。

［鉴定特征］宏观：外形与黑云母相似，但其光泽、解理、硬度和薄片弹性均较黑云母弱。以灼烧时体积强烈膨胀为其主要特征。

显微镜下：与黑云母的区别是蛭石的折射率和双折射率均比黑云母低且吸收性较黑云母弱。蛭石的双折射率高于绿泥石而低于滑石，与蒙脱石的准确鉴别应用 X 射线分析方法。

［主要用途］有 80% 的膨胀蛭石用于建筑工业，是良好的隔热、隔音材料；还可作为橡胶、油漆等填充料和涂料、机械润滑剂等。

［著名产地］主要在俄罗斯和美国。中国的蛭石矿床主要分布在新疆尉犁等地。

2）海绿石(Glauconite)($K_{1-x}((Fe^{3+},Al)_2[Al_{1-x}Si_{3+x}O_{10}](OH)_2)$)

［化学组成］K_2O 4% ~9.5%，Al_2O_3 5.5% ~23.6%，Fe_2O_3 6.1% ~27.9%，SiO_2 47.6% ~52.9%，H_2O 4.9% ~13.5%；常见到 Al 和 Fe^{3+} 被 Mg、Fe^{2+} 代替，K 被 Na 代替的现象。

［晶体结构］单斜晶系，$C_{2h}^3—C2/m$；$a_0=5.25$ Å，$b_0=9.09$ Å，$c_0=10.03$ Å，$\beta=100°$；$Z=2$；TOT 型—二八面体型层状结构。

［形态］斜方柱晶类；晶体呈细小假六方外形，但极少见；常呈极细小的晶粒状集合体合成直径为 1 至数毫米的圆粒状，散布于砂岩、黏土岩、疏松的硅质或黏土质碳酸盐岩中（彩图 216）。

［物理性质］蓝绿色、暗绿—绿黑色，也有呈黄绿、灰绿色；不透明，通常暗淡无光泽，性脆，解理{001}很少见，硬度 2 ~3；比重 2.2 ~2.8；易被稀 HCl 溶解。

［显微镜下特征］薄片为亮绿、浅绿、黄绿或橄榄色。单晶体多色性显著：N_g、N_m = 亮绿或黄绿，N_p = 稻草黄或浅黄色。吸收异向性公式：$N_g \approx N_m > N_p$，但由于海绿石颗粒常很小，多色性往往表现不明显；正中—低突起；最高干涉色二级，通常被自身颜色所掩盖（彩图 217）。{001}近平行消光，正延性。二轴晶(−)；$N_p=1.59 \sim 1.612$，$N_m=$

1.609～1.643，$N_g=1.610～1.644$；双反射率为0.014～0.030；$2V=15°～25°$。光性方位：$b // N_m$，$a \wedge N_g=3°$，$a \wedge N_p=2°$。

［成因及产状］海绿石是典型的表生成因矿物，产在浅海沉积物中（如砂岩、碳酸盐岩石等）。在近代的深度为300～500 m的浅海沉积的绿色淤泥和砂中亦有发现；在华北一带海绿石多产于震旦纪、寒武纪、奥陶纪的地层中；在华中及西南除震旦纪外主要产于泥盆纪的地层中。

［鉴定特征］宏观：晶体呈细小假六方外形，但极为少见；通常呈直径为数毫米的圆粒状体分布于疏松的硅质或黏土质碳酸盐岩石中。暗绿—绿黑色、黄绿、灰绿色，不透明，通常无光泽，性脆。显微镜下：根据薄片中海绿石特有的绿色、细小片状集合体常呈圆粒状、具集合偏光及较高的双折射率等特征，不难识别。它与鲕绿泥石区别在于双折射率较大，且鲕绿泥石具鲕状构造。鳞绿泥石多呈片状、鳞片状，不像海绿石有那样鲜艳的绿色，而是常为淡绿褐色。

［主要用途］海绿石成分中含钾，可作农肥。纯净的海绿石可作颜料。海绿石具有阳离子交换性能，可作硬水软化剂。

［著名产地］世界著名的产地有美国新泽西州伯明翰和中国辽宁、河北、湖北、云南等省部分地区。

5. 绿泥石族

绿泥石(Chlorite)($(Mg,Al,Fe)_6[(Si,Al)_4O_{10}](OH)_8$)

［化学组成］绿泥石通常是一族层状结构的硅酸盐矿物的总称。化学通式为$Y_x[T_4O_{10}](OH)_8$。Y主要代表Mg^{2+}、Fe^{2+}、Fe^{3+}、Al^{3+}及少量的Mn^{2+}、Cr^{3+}、Li^{+}等阳离子，T主要是Si^{4+}和Al^{3+}、少量的Fe^{3+}和B^{3+}；$x \approx 5～6$。通常所称的绿泥石是富含镁铁质的绿泥石，由于类质同像代替广泛，替换的比例较大，所以成分复杂，矿物种类较多。可大致分成两类：

(1) 正绿泥石类。富含镁的矿物统称，一般所见到的绿泥石皆属此种。

(2) 鳞绿泥石类（主要为鲕绿泥石）。为富含铁且大部分成胶体状的绿泥石矿物。

本族矿物物理性质极其相似，肉眼很难区分，通常将本族矿物统称为绿泥石，进一步区分需通过X光分析以及化学分析。

［晶体结构］单斜晶系，$C_{2h}^3—C2/m$；$a_0=5.2$ Å，$b_0=9.21$ Å，$c_0=14.3$ Å，$\beta=97°$；$Z=4$；TOT型—三八/二八面体型层状结构。

［形态］单晶一般呈六方片状，有时为六方柱状。集合体呈土状、鳞片状或粒状（彩图218），双晶依云母律或绿泥石律形成。

［物理性质］绿色，常带黑、棕、橙黄等不同色调，含Fe越高，颜色越深。条痕绿色，玻璃光泽或土状光泽，解理面呈珍珠光泽。解理平行{001}完全；硬度2～3；比重2.6～3.3。薄片柔软，但无弹性，强酸可使其溶解。

［显微镜下特征］薄片呈淡绿—亮黄色，偶见无色，具多色性；干涉色一级灰且可见靛蓝、褐锈等异常干涉色；正低—正中突起（彩图219），许多光学性质随化学成分不同而变化。光性符号大多为正光性，少数为负光性。光轴角通常不超过30°。

绿泥石族矿物的部分晶体光学性质见表5－7。

表5-7 绿泥石族矿物的部分晶体光学性质

种 属	N_g	N_m	N_p	$N_g-N_p(\Delta)$	$2V$	光性符号	多 色 性
叶绿泥石	1.565~1.586	1.565~1.581	1.562~1.581	0.003~0.005	0°~20°	+、-	绿—蓝
斜绿泥石	1.576~1.599	1.571~1.589	1.571~1.588	0.005~0.010	0°~40°	+	绿—黄
蠕绿泥石	1.621~1.655	1.618~1.646	1.618~1.646	0.003~0.09	0°~30°	+	绿—黄
鲕绿泥石	1.60~1.67	1.60~1.67	1.595~1.667	0.005~0.006	很小	+	绿—黄
鳞绿泥石	1.685	1.684	1.671	0.015	很小	-	褐—绿褐，暗绿—无色

[成因及产状] 绿泥石是低级变质带中绿片岩相的主要矿物，在中级变质带中很少存在，往往转变为堇青石，在火成岩和沉积岩中分布广泛。

[鉴定特征] 宏观：以其片状形态，浅色至深绿色，{001}完全解理作为特征。显微镜下：叶绿泥石以其绿色—浅黄色多色性、异常干涉色等特点可与叶蛇纹石相区别。与绿色黑云母区别是后者多色性更明显，吸收性更强，且干涉色二级—三级，无异常干涉色。

6. 高岭石族

高岭石(Kaolinite)($Al_4[Si_4O_{10}](OH)_8$)

[化学组成] Al_2O_3 41.2%，SiO_2 48.0%，H_2O 10.8%。天然产出的一般比较纯净，但由于颗粒极小，常常吸附一些杂质。常见的混入物有Ca、Mg、K、Na等。混入有非晶质SiO_2的高岭石叫富硅高岭石。

[晶体结构] 三斜晶系，C_i^1—$P\overline{1}$；$a_0=5.14$ Å，$b_0=8.93$ Å，$c_0=7.37$ Å，$\alpha=91.8°$，$\beta=107.4°$，$\gamma=90°$；$Z=1$；TO型—二八面体型层状结构。

[形态] 单晶一般呈菱形片状或六方片状，很罕见，多为隐晶质致密块状或土状集合体（彩图220）。

[物理性质] 纯者白色，因含杂质而呈浅黄、浅红、浅绿等色；透明；常见的块体光泽暗淡或呈蜡状光泽，但细薄鳞片状可以呈珍珠光泽；解理平行{001}极完全；硬度2~3.5；比重2.6~2.63。土状块体具粗糙感，干燥时具有吸水性，潮湿后具可塑性，但不膨胀。

[显微镜下特征] 薄片无色或淡黄色，对于细小的颗粒只能测量平均折射率，其平均折射率为1.560，显微镜下呈正低突起。干涉色一级灰白（彩图221），对于(001)解理近于平行消光，正延性。一般为二轴晶(-)；$N_p=1.553\sim1.563$，$N_m=1.559\sim1.569$，$N_g=1.56\sim1.57$；双折射率为0.007；$2V=10°\sim57°$。光性方位：$b // N_g$，N_p近于垂直(001)面，$a\wedge N_m=1°\sim3°$，$N_gN_p\perp(010)$。

[成因及产状] 高岭石是黏土矿物中分布最广的一种，也是黏土最主要的组分之一，一般由长石、似长石等风化或蚀变而成，有时可以形成规模巨大的矿床。热液蚀变作用过程中所形成的黏土化带常以高岭石为主。

[鉴定特征] 宏观：以其土状、硬度低、具可塑性、黏舌、易于用手捏成粉末等易于鉴别。显微镜下：高岭石的双折射率低于绢云母、滑石。高岭石与蒙脱石的区别在于高岭石的折射率高，为正低突起，双折射率低，干涉色低。当薄片中的颗粒较大时，可以用光

性区别高岭石和地开石。地开石光性为正，折射率低，消光角大($a \wedge N_m = 14° \sim 20°$)，珍珠陶土的消光角也大于高岭石。

［用途］高岭石可塑性好，耐火度高，是上等的陶瓷原料。此外，电器、建材日用品以及化工等工业中也需要大量的高岭石作为主要原料或辅助材料。

［著名产地］世界著名的产地有英国的康沃尔，中国的江西景德镇、江苏苏州的阳山、河北唐山、福建福清、湖南醴陵等地以及捷克部分地区。

7. 蛇纹石族

蛇纹石(Serpentine)($Mg_6[Si_4O_{10}](OH)_8$)

［化学组成］MgO 43%，SiO_2 44.1%，H_2O 12.9%。化学组成近于理想成分。六次配位的 Mg 可以被 Al、Ni、Fe^{2+}、Fe^{3+}、Mn 等置换，形成多种成分的变种：铁叶蛇纹石、锰叶蛇纹石、铬叶蛇纹石、镍叶蛇纹石和铝叶蛇纹石。F 代替 OH 量高时可为氟叶蛇纹石。

［晶体结构］单斜晶系，Cm 或 $C2/m$；$a_0 = 5.3$ Å，$b_0 = 9.2$ Å，$c_0 = 7.3$ Å，$\beta = 90° \sim 93°$，$Z = 2$；TO 型—三八面体型层状结构。

［形态］单晶极为罕见，一般呈显微叶片状、显微鳞片状。集合体呈致密块状或纤维状（彩图 222)。

［物理性质］一般呈绿色，也有白色、浅黄色、灰色、蓝绿色或褐色等，常具蛇皮状青、绿色的斑纹，透明，常见的块体呈油脂光泽或蜡状光泽，纤维状者呈丝绢光泽。解理平行{001}完全，硬度 2～3.5，比重 2.2～3.6。

［显微镜下特征］薄片无色、淡黄、淡绿、淡褐、褐色。纤维蛇纹石和叶蛇纹石显多色性：N_g = 绿色，N_p = 黄绿或无色。无或正低突起，干涉色一级灰白（彩图 223)，近于平行消光，正延性。二轴晶，光性有正有负，$N_g = 1.511 \sim 1.571$，$N_m = 1.502 \sim 1.570$，$N_p = 1.490 \sim 1.560$，双折射率为 $0.002 \sim 0.008$，$2V = 20° \sim 60°$。

［成因及产状］主要是由超基性岩如橄榄岩或辉石岩等蚀变而成。

［鉴定特征］宏观：以其各种的绿色、油脂状光泽、较小的硬度、脂滑感、纤维状或块状形态以及产状等加以识别；在闭管中加热，可放出多量的水分，这也是和纤维状角闪石不同之处；可在盐酸中分解，产生氧化硅，但无胶凝现象。显微镜下：蛇纹石在镜下多为无色或带浅的黄色色调，多色性很不明显。正低突起，干涉色一级灰白——级黄，无异常干涉色。

［用途］可作建筑材料；色泽鲜艳的致密块体称为岫岩玉，可用作工艺材料。

［著名产地］中国的辽宁岫岩、四川的石棉县等。

8. 多水高岭石族

多水高岭石(叙永石、埃洛石)(Halloysite)($Al_4(H_2O)_4[Si_4O_{10}](OH)_8$)

［化学组成］Al_2O_3 4.66%，SiO_2 40.9%，H_2O 24.44%。混入物有 Fe、Mg、Ca 及 Cr、Cu、Na、K 等。因易于脱水，成分中 H_2O 的含量有变化，但不超过 $4H_2O$。变种有：铁多水高岭石、铜多水高岭石、铬多水高岭石及镍多水高岭石（含 NiO_2 2.5%)。

［晶体结构］单斜晶系，C_s^3—Cm；$a_0 = 5.15$ Å，$b_0 = 8.9$ Å，$c_0 = 10.1 \sim 10.25$ Å，$\beta = 100°12'$，$Z = 1$；TO 型—二八面体型层状结构。

［形态］反映双面晶类；常呈致密块状、土状、粉末状集合体（彩图 224)，不少呈

瓷状、钟乳状、蛋白石状。瓷状者可形成20 cm左右的圆形结核，结核中心常有同心条带状构造，系多水高岭石（白色）和表生萤石（浅蓝紫色）互层而成。在电子显微镜下，其晶体由板状晶体卷曲而呈长棒状、管状，系因构造层卷曲的结果。

［物理性质］带各种色调的白色，有时呈淡天蓝色；没脱水的单体透明，脱水后变成半透明；土状光泽至蜡状光泽；黏舌，具有滑感；硬度1～2.5；比重2～2.6；不具膨胀性，加水后裂开呈棱角状，失水后不再吸水。

［显微镜下特征］薄片无色透明。折射率1.528～1.542，负低突起，折射率随脱水而增高，据资料报道，当多水高岭石脱水5%时，其折射率可增到1.56；脱水还会造成多水高岭石颗粒边缘部分的折射率高于中心部位。干涉色极低，近均质性，负延性。

［成因及产状］典型的表生矿物，主要产于氧化带中，通常生成于辉长岩、辉长辉绿岩、闪长岩、玢岩、硅质页岩等的风化壳及Cu、Ni、Zn等硫化矿床氧化带中，与高岭石、钠明矾石、三水铝石、一水硬铝石、铝英石等伴生。一般在风化壳呈小透镜体，在各种岩石的空洞中呈结核状。从多水高岭石与高岭石、明矾石、铝英石等伴生及在硫化矿床氧化带中的广泛出现，可以推断它是在较酸性介质的作用下生成的。我国西北硫化矿床氧化带中产出的多水高岭石，呈脉状见于铁锰帽中。

有些多水高岭石是由铝英石经去硅作用或蒙脱石在风化和成土过程中，在生物作用的参与下脱硅而成的。

［鉴定特征］外表与高岭石相似；但由于多水高岭石成分中含水，具有比高岭石低的折射率、硬度和比重；利用热分析与高岭石极易区分开；此外，电子显微镜下观察多水高岭石多呈管状，而高岭石呈假六方片状。

［用途］是陶瓷工业的主要原料，在其他工业中也有广泛利用；含Cr、Ni、Cu的变种可作为Cr、Ni、Cu矿床来利用。

［著名产地］世界其他著名产地有英国的康沃尔和德文、法国的伊里埃、美国的佐治亚等。中国的著名产地有江西景德镇、江苏苏州、河北唐山、湖南醴陵等。

9. *蒙脱石族*

蒙脱石(胶岭石或微晶高岭石)$(Na_x(H_2O)_4\{(Al_{2-x}Mg_x)[Si_4O_{10}](OH)_2\})$

［化学组成］成分复杂，变化很大。Si除被Al代替外，亦可被少量的Ti和Fe^{3+}代替。八面体中的Al可以被Fe^{3+}、Mg以及Zn、Li、Cr等代替；在层间除能进入交换阳离子和H_2O外，同时也能进入有机液体。蒙脱石与高岭石之间能形成类质同像系列。

［晶体结构］单斜晶系，$a_0=5.17$ Å，$b_0=8.94$ Å，$c_0=15.2$ Å，$\beta=90°$，$Z=2$；TOT型—二八面体型层状结构。

［形态］常呈土状隐晶质块体，有时呈细小鳞片状集合体（彩图225）。

［物理性质］白色，有时为浅灰、粉红、浅绿色，无光泽；鳞片状者解理{001}完全，硬度2～2.5，比重2～2.7；甚柔软，有滑感；加水膨胀，体积能增加几倍，并变成糊状物；具很强的吸附力和阳离子交换能力。

［显微镜下特征］薄片无色，有时带浅绿或粉红色，并有多色性，负低突起，折射率随其中Fe、Mg含量的增加而增高。干涉色为二级，由于蒙脱石的颗粒极为细小，故其干涉色一般不超过一级黄。薄片对于(001)为平行消光，正延性；二轴晶(－)；$N_g=1.516$～1.527，$N_m=1.516$～1.526，$N_p=1.493$～1.503，$N_g-N_p=0.025$～0.031；$2V=0°$～30°。光

性方位：$b /\!/ N_m$，N_p 近于⊥(001)面，a 近于$/\!/ N_g$，$N_gN_p /\!/ (010)$。

［成因及产状］主要是基性火成岩在碱性环境中风化形成，也有海底沉积的火山灰分解后的产物。蒙脱石为“膨润土”的主要成分。我国具工业价值的蒙脱石矿床多产于中生代火山岩系中。

［鉴定特征］宏观：加水膨胀且无塑性为其特征。正确鉴定需结合用 X 射线研究、差热分析和化学分析等方法。显微镜下：蒙脱石的负低突起可与高岭石、水白云母区别，且其一级顶到二级底的干涉色比高岭石高而比水白云母低。此外，绿泥石的双折射率小，地开石、珍珠陶土的折射率大，双折射率小，均可与之区别。

［用途］由于蒙脱石有很强的吸附力而作为吸附剂，在石油工业上用来清除石油中的杂质；在纺织工业上用来吸收油腻物；橡胶工业以及肥皂工业、化妆品工业和造纸工业用作充填剂。

［著名产地］“膨润土”在中国产地很多，如辽宁、黑龙江、吉林、河北、浙江等地都有产出。

（四）架状结构硅酸盐亚类

本亚类矿物的晶体结构中，每个相邻的$[SiO_4]$四面体共用其 4 个顶角构成架状结构。由于部分四面体中的 Si 被 Al 取代，出现了多余的负电荷，因此要求有阳离子加入进行电价补偿，从而形成铝硅酸盐。但 Al 代替 Si 的数量有限，最多不超过 1/2。架状结构的络阴离子的化学式一般写作$[Al_xSi_{n-x}O_{2n}]^{x-}$。

因为架状结构中有较大的空隙，要求有大半径阳离子充填，所以，架状结构硅酸盐矿物中，阳离子电价低、半径大、配位数高，主要为 K、Na、Ca、Ba 等，有时还有 Rb、Cs、NH_4 等，一般不存在六次配位的 Fe、Mg、Mn、Al 等。

在架状硅酸盐的晶体结构中，可以形成巨大的空隙，它们连通可以形成孔道。矿物中的附加阴离子 F^-、Cl^-、$(OH)^-$、S^{2-}、$[SO_4]^{2-}$、$[CO_3]^{2-}$ 等即存在于这些空隙中，它们与 K、Na、Ca 等阳离子相连，以补偿结构中过剩的正电荷。沸石矿物中的“沸石水”也占据在这些空隙或孔道中，它们的逸出和进入不改变矿物的晶体结构。矿物化学成分中出现的大半径阳离子之间的不等量代替（如 $2Na^+$ 代替 Ca^{2+}）也与这种巨大的空隙有关。

由于四面体在三维空间方向上排列的紧密程度不同，从而形成了多种类型结构。架状硅酸盐矿物在形态上也较复杂，有粒状、片状、柱状等。某些方向具解理，具有较高的硬度（仅次于岛状结构硅酸盐矿物）。

由于很少含 Fe、Mn 等色素离子，一般呈浅色；因结构中存在着较大的空隙，故比重较小，折射率较低。

1. 长石族

本族矿物主要为 Na、Ca、K 和 Ba 的铝硅酸盐。化学式可以写作 $M[T_4O_8]$。其中 M = Na、Ca、K 和 Ba，可以有少量的 Li、Rb、Cs、Sr 和 NH_4 等。T = Si 和 Al，以及少量的 B、Fe^{3+}、Ge 等。

大多数长石都包括在 $K[AlSi_3O_8]-Na[AlSi_3O_8]-Ca[AlSi_3O_8]$ 的三成分系列中，即相当于由钾长石(Or)、钠长石(Ab)和钙长石(An)三种长石端元分子组合而成，可以用端元成分的百分数表示。其中钾长石和钠长石在高温条件下形成完全类质同像，称为碱性长石或钾钠长石系列，温度降低时则混溶性减小，产生固溶体分离；钠长石和钙长石一般能形成完全类质同像，称为斜长石或钙长石系列；钾长石和钙长石几乎在任何温度下都不混溶。

碱性长石和钙长石都是两组分系列的，但自然界产出的长石中却常含有第三种组分，一般不超过5% ~10% 。钡长石(Cn)($Ba[Al_2Si_2O_8]$)自然界产出很少，通常认为它可与钾长石构成有限的类质同像，称为钾钡长石或钡冰长石系列。钡冰长石$(K,Na,Ba)[(Al,Si)_2Si_2O_8]$中含Cn小于30% ，产出也很少。一般长石中含BaO较高(<2%)时，可称为某一长石的成分变种。

长石族矿物晶体形态均很相似，都呈平行 *a* 轴延长成柱状或厚板状；或平行 *c* 轴延长呈柱状。长石的双晶很发育，类型很多，使长石经常具有各种各样的假对称形态。颜色较浅，较常见的为灰白色和肉红色。折射率较低；{001}和{010}解理完全，解理交角等于或近于90°（三斜晶系中）；硬度6 ~6.5；比重较小(2.5 ~2.7)。

本族矿物广泛分布于各种类型的岩石中，约占地壳总重量的1/2，主要为岩浆作用和变质作用的产物，系岩浆岩和变质岩中重要的造岩矿物。在伟晶岩中可形成巨大的晶体，长石经风化作用或热液蚀变易转变为高岭石、绢云母、沸石、方柱石、黝帘石、葡萄石、方解石等。

按长石族矿物的成分，可划分为两个亚族：钾钠长石亚族和斜长石亚族。

1）钾钠长石亚族

本亚族包括钾长石 - 钠长石系列的矿物。在钾长石成分端元区高温条件下生成透长石（单斜晶系），温度低则生成正长石（单斜晶系），结晶温度更低时生成微斜长石（三斜晶系）。对于钠端元区，随着结晶温度降低，则有高钠长石、低钠长石及中间过渡结构状态的中钠长石（均为三斜晶系）。

透长石 - 高钠长石在高温时是一个连续的固溶体系列，对称型式从三斜对称（歪长石）向单斜对称变化。透长石 - 高钠长石固溶体在低温下分别为两个稳定的相，即高温下的固溶体在低温下发生固溶体分离，当缓慢冷却时，形成钾长石和钠长石两相不均匀的连生体。最常见的是固溶体的离溶现象，是钠长石呈薄片状存在于钾长石中呈嵌晶，称为条纹长石。

透长石(Sanidine)($K[AlSi_3O_8]$)

［化学组成］成分纯净者很少见到，常含数量不等的Ab组分，最高可达60% ；有时以Ab =30% 为界将透长石人为地划分为钾 - 透长石和钠 - 透长石两个亚种；由于形成于较高温度下，常含有稍多的外来离子，主要是Ba、Ca、Rb、Fe等；当成分中Ba和Fe含量较多时可划分出钡 - 透长石和铁 - 透长石变种。

［晶体结构］单斜晶系，$C_{2h}^4—C2/mc$；$a_0 = 8.60$ Å，$b_0 = 13.03$ Å，$c_0 = 7.18$ Å，$\beta = 116°$；$Z = 4$；架状结构。

［形态］斜方柱晶类；晶体常呈短柱状或厚板状（彩图226），常见卡斯巴双晶。

［物理性质］无色或白色，条痕无色或白色，透明，玻璃光泽（彩图226）。{010}和{001}解理完全，硬度6.5，比重2.57。

［显微镜下特征］薄片无色透明，常呈板状晶形；负低突起。最高干涉色为一级灰白(彩图227)。⊥(010)切面为平行消光，其他切面为斜消光。二轴晶(-)；$N_p = 1.518$ ~

1.525，N_m = 1.523 ~ 1.530，N_g = 1.525 ~ 1.531，$N_g - N_p$ = 0.005 ~ 0.007。光性方位有两种情形：①$b // N_m$，$a \wedge N_p$ = 5° ~ 11°，2V = 0° ~ 60°；②$b // N_g$，$a \wedge N_p$ = 5° ~ 8°，2V = 0° ~ 25°。

［成因及产状］透长石是一种高温相的钾长石，一般产于喷出岩中，粗面岩中尤为常见。

［鉴定特征］宏观：以其颜色和具有两组正交解理加以识别。显微镜下：透长石与正长石的区别在于镜下观察透长石表面光滑，2V很小，产于喷出岩及浅成岩中；正长石表面多浑浊状，2V很小。

正长石(Orthoclase)($K[AlSi_3O_8]$)

［化学组成］K_2O 16.9%，Al_2O_3 18.4%，SiO_2 64.7%，但很少见到纯净的组分，常含有 Ab 组分，通常可达 20%，有时甚至高达 50% 左右；在正长石中往往含有少量的 An 组分，并且 An 组分有随着 Ab 组分增高而增高的趋势。

［晶体结构］单斜晶系，$C_{2h}^3—C2/m$；a_0 = 8.562 Å，b_0 = 12.996 Å，c_0 = 7.193 Å，β = 116°09′；Z = 4；架状结构。

［形态］斜方柱晶类；晶体常呈短柱状或平行{010}呈厚板状。{110}特别发育的特殊形态者称冰长石。最常见的双晶是卡斯巴律双晶（彩图 228）。

［物理性质］常为肉红色，褐黄色或浅黄色，条痕无色或白色，透明，玻璃光泽；{010}和{001}解理完全，解理夹角为 90°；硬度 6 ~ 6.5；比重 2.55 ~ 2.63。

［显微镜下特征］薄片无色，表面常因有分解物而混浊，当分解物中含氧化铁时，呈浅红、浅褐色；负低突起，干涉色一级灰白（彩图 229）；⊥(010)切面为平行消光，其他切面为斜消光，消光角不大；负延性；常见简单双晶；二轴晶(－)；N_p = 1.518 ~ 1.523，N_m = 1.522 ~ 1.528，N_g = 1.523 ~ 1.530，$N_g - N_p$ = 0.005 ~ 0.007；2V = 44° ~ 85°。光性方位：$b // N_g$，$a \wedge N_p$ = 3° ~ 12°，$c \wedge N_m$ = 14° ~ 23°，$N_gN_p \perp$(010)。

［成因及产状］正长石为酸性和中性火成岩以及碱性岩的主要矿物之一，产于花岗岩、花岗闪长岩、二长岩、正长岩、霞石正长岩、碱性辉长岩以及与它们相当的喷出岩（包括凝灰岩）和脉岩中。在伟晶岩中，粗大的正长石和微斜长石、石英和白云母是伟晶岩的主要组成。某些变质岩，如花岗片麻岩中和正长片麻岩中，正长石也是主要矿物之一。某些碎屑岩如长石砂岩往往含有相当数量的正长石，而在通常的石英砂岩中正长石出现的机会较少。正长石在风化作用下或热液蚀变时最易变化为高岭石，其次是绢云母，有时也变化为沸石等矿物。

［鉴定特征］宏观：其颜色、晶形、硬度、双晶及具有完全的两组正交的解理加以识别。和其他长石不同之处为，解理面相交成 90°，同时在解理面缺少双晶的条纹，不溶于酸等。显微镜下：正长石与石英的区别是其表面常混浊，有解理和双晶，折射率低于树胶，二轴晶；石英则表面较清洁，无解理和双晶，有时呈波状消光，折射率近于或稍高于树胶，为一轴晶。正长石与霞石的区别主要依据轴性和双晶特点，霞石为一轴晶，不见双晶。正长石与斜长石的区别在于双晶特点，前者没有聚片双晶，而斜长石常见聚片双晶。此外，斜长石分解产物常出现密集的绢云母细小鳞片，表面常为土灰色或褐灰色；而正长石一般情况下为高岭石化、泥化，表面常呈土红褐色，如果有绢云母则是稀疏的几颗。不见聚片双晶的更长石的折射率比正长石高，可在薄片中依靠光带和色散线比较长石与树胶

或与石英的折射率加以鉴别。正长石与不见双晶的钠长石极相近，钠长石的最大折射率几乎等于树胶，而正长石所有折射率都低于树胶；钠长石多数是正光性，而正长石几乎总是负光性。正长石与微斜长石的区别主要根据消光角，以及后者常见格子双晶。

[主要用途] 主要用于陶瓷和玻璃工业，富钾的长石也可做提取钾肥的原料。

[著名产地] 世界著名的产地是美国内华达州、北卡罗来纳州等地。

微斜长石(Microcline)($K[AlSi_3O_8]$)

[化学组成] 纯粹的$K[AlSi_3O_8]$少见，几乎经常含有20% ~30%的Ab，当Ab组分超过Or组分时称钠微斜长石。有时组分中含有Rb_2O、Cs_2O时呈绿色，称为天河石。

[晶体结构] 三斜晶系，$C_i^1—P\overline{1}$；$a_0=8.54$ Å，$b_0=12.97$ Å，$c_0=7.22$ Å，$\alpha=90°39'$，$\beta=115°56'$，$\gamma=87°39'$；$Z=4$；架状结构。

[形态] 平行双面晶类；晶体呈短柱状或平行(010)的板状，{001}与{010}近正交(89°40′)。集合体通常为他形粒状或致密块状等（彩图230）。双晶较复杂。

[物理性质] 肉红色，浅黄色或灰白色，绿色变种为天河石，加热至270 ℃时开始褪色。条痕无色或白色，透明，玻璃光泽，解理面上呈珍珠光泽。{010}和{001}解理完全，交角为89°40′，硬度6 ~6.5；比重2.55 ~2.63。

[显微镜下特征] 薄片无色；负低突起，最高干涉色一级灰白；在(001)面上常见由钠长石双晶与肖钠长石双晶结合而成的格子状双晶（彩图231），可见卡斯巴双晶；由于常见格子状双晶，不易观察到清楚的干涉图；二轴晶(−)；$N_p=1.518 \sim 1.522$，$N_m=1.522 \sim 1.526$，$N_g=1.525 \sim 1.530$，$N_g-N_p=0.007$；$2V=77° \sim 84°$。光性方位：$a \wedge N_p=18°$，N_g和光轴面近于⊥(010)。

[成因及产状] 在酸性岩和碱性岩中微斜长石比正长石分布更广（某些正长岩中比较少），然而在喷出岩中则很少出现。在花岗伟晶岩中微斜长石是主要矿物之一，而且条纹长石更为常见，主要生成于伟晶作用的早期（多与石英成纹象结构），在中期和中后期可为白云母、石英和钠长石交代。在片岩、片麻岩、混合岩中部分分布有微斜长石，也出现于接触交代变质的岩石和沉积岩（主要是砂岩和长石砂岩等碎悄岩）中。

[鉴定特征] 宏观：通常以肉红色、具有完全的近于正交的解理加以识别。显微镜下：微斜长石根据其特有的格子状双晶，可与其他长石相区别。如果见不到格子状双晶，则微斜长石与正长石相似，但在⊥(010)各切面上，正长石为平行消光，而微斜长石为斜消光，且在近于平行(001)切面上$N_p' \wedge (010)=15° \sim 20°$。微斜长石光轴角一般较正长石大。当二者无法详细鉴别时，可笼统称之为钾长石。当歪长石和微斜长石均具格子状双晶时，其区别是前者双晶页片较细密、平直且在具有格子状双晶的切面上见两组解理，而微斜长石在该面上只见一组解理，格子双晶相交呈纺锤形，不平直。

[主要用途] 主要用于玻璃和陶瓷原料，色美的天河石可用作宝石材料。含钾长石很高的岩石可作为农业上的钾肥原料。

[著名产地] 世界著名的产地有加拿大魁北克省和安大略省、美国科罗拉多州、挪威的部分地区。

2）斜长石亚族

本亚族是钠长石－钙长石系列的矿物，均为三斜晶系，一般把它们视为完全的类质同像。

斜长石(Plagioclase)

［化学组成］ 由端元成分钠长石 $Na[AlSi_3O_8]$和钙长石 $Ca[AlSi_3O_8]$组成的类质同像系列总称为斜长石，通常用 An 分子的百分含量来表示斜长石的成分。按 An 分子的百分含量不同，习惯上将斜长石划分成 6 个矿物亚种：

钠长石	Albite	$Ab_{100-90}An_{0-10}$
奥（更）长石	Oligoclase	$Ab_{90-70}An_{10-30}$
中长石	Andesine	$Ab_{70-50}An_{30-50}$
拉长石	Labradorite	$Ab_{50-30}An_{50-70}$
培长石	Bytownite	$Ab_{30-10}An_{70-90}$
钙长石	Anorthite	$Ab_{10-0}An_{90-100}$

此外，按钙长石组分的含量多少，又可分为酸性斜长石(An_{0-30})、中性斜长石(An_{30-50})、基性斜长石(An_{50-100})。由酸性斜长石到基性斜长石，SiO_2 含量递减，钠长石含量逐渐减少，钙长石的含量逐渐增加。

不同类型的岩浆岩中，斜长石的基性程度不同：花岗岩中，以酸性斜长石为主；闪长岩中则常为中性斜长石；而在辉长岩中斜长石则主要为基性斜长石，酸性斜长石含量较低。

［晶体结构］ 三斜晶系。钠长石：$C_i^1—C\overline{1}$；$a_0=8.135$ Å，$b_0=12.788$ Å，$c_0=7.154$ Å，$\alpha=94°13'$，$\beta=116°31'$，$\gamma=87°42'$；$Z=4$。钙长石：$C_i^1-P\overline{1}$及$I\overline{1}$；$a_0=8.177$ Å，$b_0=12.877$ Å，$c_0=14.169$ Å，$\alpha=93°10'$，$\beta=115°51'$，$\gamma=91°13'$；$Z=8$；架状结构。

［形态］ 平行双面晶类；晶体常呈短柱状或厚板状（彩图 232），呈叶片状产出的钠长石称为叶钠长石。绝大多数斜长石都具双晶，且类型较多，双晶律复杂。一般常为聚片双晶，多数是钠长石律或肖钠长石律，钠长石－卡斯巴律复合双晶也十分普遍。

一般认为，变质岩中双晶较少见，火成岩中斜长石绝大部分都有双晶，且基性斜长石较酸性斜长石双晶发育。

［物理性质］ 一般无色、白色、灰色，有时略带其他色调，透明，玻璃光泽；解理平行{010}及{001}完全，两组解理交角为 94°或 86°，硬度 6～6.5；比重随 An 组分增大而增大，为 2.6～2.76。

［显微镜下特征］ 薄片无色，风化或蚀变后表面显浑浊，双晶普遍（彩图 233）；可见环带结构（以浅成岩和喷出岩的中性斜长石最为多见）。主折射率变化和光性方位的变化均与斜长石的成分有关。

负低突起（钠长石)—正低突起；最高干涉色一级灰——级黄白；斜消光至近于平行消光；二轴晶，光性可正可负，光轴角中等—大；折射率随 An 含量的增高而增高。钠长石：$N_p=1.528\sim1.533$，$N_m=1.532\sim1.537$，$N_g=1.537\sim1.542$，$N_g-N_p=0.009\sim0.011$，正光性，$2V=77°\sim83°$；钙长石：$N_p=1.571\sim1.575$，$N_m=1.577\sim1.583$，$N_g=1.582\sim1.588$，$N_g-N_p=0.011\sim0.013$，负光性，$2V=75°\sim79°$。

［成因及产状］ 斜长石为岩浆岩及变质岩中的主要造岩矿物之一，为岩石分类命名的重要依据。伟晶岩中也常见有斜长石，但主要是钠长石和奥长石。沉积中的钠长石多是自生矿物。斜长石在热液作用下或遭受风化作用时常蚀变为高岭石族及绢云母等矿物。

［鉴定特征］ 宏观：以较浅的颜色、形态、双晶、硬度、解理等加以识别。显微镜

下：斜长石与钾长石区别在于(001) ∧ (010) 夹角不是 90°，斜消光，多数具有聚片双晶，有时具有环带构造，蚀变后变混浊时，斜长石多为浅灰色，而钾长石为淡褐红色。中长石以上（更富 An 者），折射率大于 1.54，而钾长石为负低突起。更精确的鉴别可用油浸法测定折射率值或用旋转台测量其光性方位。

[主要用途] 可以作玻璃或陶瓷工业原料。色泽美丽者可作宝玉石材料，如日光石。

2. *霞石族*

本族包括化学式为 $R[AlSiO_4]$ 的铝硅酸盐矿物，其中 R = Li、K、Na 等，在高温时 $Na[AlSiO_4]$—$K[AlSiO_4]$ 可形成完全类质同像。

霞石(Nepheline)($KNa_3[AlSiO_4]_4$)

[化学组成] SiO_2 44%、Al_2O_3 33%、Na_2O 16%、K_2O 5%~6%；此外，还含有少量的 Ca、Mg、Mn、Ti、Be 等；通常情况下含有较多的 Si，即 Si : Al > 1 : 1，表现为 Al 不足。

[晶体结构] 六方晶系。C_6^6—$P6_3$；a_0 = 10.01 Å，c_0 = 8.41 Å；Z = 2；β-鳞石英型衍生的架状结构。

[形态] 六方单锥晶类；晶体呈六方柱状、短柱状及厚板状，集合体呈粒状或致密块状（彩图 234）。

[物理性质] 白色、无色和灰色—浅黄色、暗绿色和棕红色，条痕无色，透明—半透明，玻璃光泽，断口呈油脂光泽；解理不发育，呈贝壳状断口，硬度 5.5~6；比重 2.56~2.66；在强盐酸中能溶解成胶体。

[显微镜下特征] 薄片中无色透明，常因变化使表面混浊，呈现浅灰色、土灰色；正低或负低突起；双折射率低，干涉色一级灰（彩图 235），平行消光，负延性；一轴晶负光性；有时可见小的光轴角。由于钙长石分子的混入，可使其双折射率降为 0（变为均质体），也可使光性由负变为正；有时在一些碱性熔岩中还见霞石的环带构造。N_e = 1.526~1.542，N_o = 1.529~1.546，双折射率低为 0.003~0.004。

[成因及产状] 大多与含霞石的碱性岩有关；见于霞石正长岩、霞石伟晶岩等岩石中，常与方钠石、方柱石、沸石、霞石等共生。

[鉴定特征] 宏观：以块状的晶态和油脂状的光泽及其产状为特点。和石英不同之处为硬度不如石英高；和正长石不同之处是在盐酸中可以分解，将溶液蒸发之后，可产生胶凝状的氧化硅胶体，熔化之后，作无色的玻璃状。显微镜下：霞石与长石（正长石、钠长石）的区别是它的解理不完全，双晶少见（钠长石可见聚片双晶，正长石可见卡氏双晶），干涉色低，且为一轴晶；此外，正长石表面常呈土褐色，而霞石多为土灰色，钠长石一般较新鲜。霞石的轴性和双折射率与磷灰石及黄长石相似，但霞石的折射率低，几乎无突起。霞石的折射率和双折射率都低于方柱石，且方柱石的横断面为正方形并具有两组直交的解理。霞石与方钠石、方沸石的区别在于后二者为均质体；与白榴石的区别是白榴石或为均质体，或具有特征的双晶。霞石与石英在岩石中均为他形粒状，无色透明，区别是霞石的双折射率低于石英（前者一级灰，石英一级黄白）；光性为负而石英为正；石英表面不会混浊，见不到霞石所具有的特征的裂纹；石英常见波状消光，而霞石不见波状消光。

[主要用途] 用作玻璃、陶瓷的工业原料，也可用作提炼铝的原料。

［著名产地］世界著名产地有挪威、瑞典部分地区，俄罗斯的科拉半岛和伊尔门山，肯尼亚和罗马尼亚部分地区。

3. 白榴石族

本族矿物系化学式为 $R[AlSi_2O_6]$ 的铝硅酸盐矿物，R 代表 K、Cs 和 Li。

白榴石(Nepheline)($KNa_3[AlSiO_4]_4$ 或 $Na[AlSiO_4]$)

［化学组成］K_2O 21.58%，Al_2O_3 23.40%，SiO_2 55.02%，成分相对稳定，可含有微量的 Na、Ca 和 H_2O。

［晶体结构］四方晶系，$C_{4h}^6 I4_1/a$；$a_0 = 13.04$ Å，$c_0 = 13.85$ Å；$Z = 16$；温度在 605 ℃以上时，转变为等轴晶系变体（β－白榴石，$a_0 = 13.04$ Å）；架状结构。

［形态］四方双锥晶类；晶体通常保持着等轴晶系的外形，呈完善的四角三八面体形态，晶面上有时可见双晶条纹。集合体常呈粒状（彩图 236）。

［物理性质］常呈白色、灰色或炉灰色等，有时带有浅黄色调；透明，玻璃光泽；断口呈油脂光泽；条痕无色或白色，无解理；硬度 5.5～6；比重 2.4～2.5。

［显微镜下特征］无色透明；呈八边形或浑圆形，常见包裹体，呈环带状或放射状排列（彩图 237）；负低突起，糙面不显著；双折射率很微弱(0.001)；正常情况下为一轴晶(＋)。$N_e = 1.509$，$N_o = 1.508$，双折射率很低，正交偏光下几乎是均质的，但多数情况下，白榴石常具非均质性，显示微弱的暗灰干涉色，并常见聚片双晶；有时一个晶体可见几组双晶条带交错出现。

［成因及产状］白榴石见于第三纪以后或近代富钾贫硅的火山熔岩中，时代老的熔岩中所含的白榴石已经蚀变殆尽；在一些碱性浅成侵入岩体中，有时也可见到有白榴石产出，在深成岩或变质岩中尚未发现。白榴石由高温状态结晶后，当温度冷却到 1020 ℃时，将与残余的熔浆反应而转变成霞石与钾长石，而保留原白榴石的外形，特称假白榴石；除上述二矿物外，有时还含有钠长石和绢云母。

［鉴定特征］宏观：以其完善的四角三八面体晶形、炉灰似的颜色以及成因产状可作为鉴定特征。显微镜下：白榴石以其晶形、负低突起、常含规则排列的包裹体（车轮状结构）以及微弱的双折射并常具多组聚片双晶为主要特征。它与方沸石相似，区别是后者折射率低，有时见解理，不含规则排列的包裹体，聚片双晶不如白榴石常见。与方钠石主要根据晶形、折射率、双折射率和双晶区别之。当白榴石具双晶时，与微斜长石区别除晶形外还在于其双折射率极低和折射率较低，此外，微斜长石只有两组双晶条带，而白榴石则有三组或更多。

［主要用途］可用作提炼钾和铝的原料，含白榴石的火山岩风化后较肥沃，利于耕种。

［著名产地］世界著名的产地有意大利的维苏威火山和美国怀俄明州。

4. 方钠石族

本族矿物系化学式为 $R_8[AlSiO_4]_6Z$ 的铝硅酸盐，R 为 Na、Ca 等，Z 为 Cl、SO_4 或 OH 等。主要矿物有方钠石、黝方石等。

1）方钠石(Sodalite)($Na_8[AlSiO_4]_6Cl_2$)

［化学组成］SiO_2 37.2%，Al_2O_3 31.6%，Na_2O 25.6%，Cl 5.6%，方钠石中可以含有少量的 K^+ 及 Ca^{2+} 取代其中的 Na^+，也可有少量的 S^{2-} 置换其中的 Cl^-。

［晶体结构］等轴晶系，$T_d^4—P\overline{4}3n$；$a_0=8.87$ Å；$Z=1$；笼形架状结构。

［形态］六四面体晶类；晶体呈菱形十二面体；常见单形有 a{100} 和 d{110}；晶体少见，通常成粒状块体（彩图 238）。

［物理性质］灰、黄红、绿、褐、蓝等色，以蓝色为主且比较典型，常有白色及粉红色网脉；条痕无色或白色；透明；玻璃光泽；解理{110}中等；断口不平坦；硬度 5.5 ~ 6；比重 2.13 ~ 2.3；紫外光照射下可以呈现橙红色荧光；遇酸易分解并形成胶状体。

［显微镜下特征］薄片中无色或极淡的粉色、蓝色；负低突起，糙面较显著（彩图 239）；均质体；$N=1.483\sim1.490$，粉红色变种的折射率较高些；在紫外光下发橙红色荧光。某些方钠石，新鲜断口具粉色荧光，暴于日光下则褪色，在黑暗中保持数周（或用 X 射线轰击），可以恢复。正交偏光间全消光，显均质性，只在包裹体周围偶见微弱干涉色。

［成因及产状］方钠石常见于霞石正长岩中，共生矿物除长石外，尚有钙霞石、黑榴石。火山岩中的响岩、粗面岩以及火山角砾、火山弹中也产有方钠石，有时呈晶簇状；在接触变质作用中，可以有方钠石产出。

［鉴定特征］宏观：利用其颜色以及紫外光照射下可以呈现橙红色荧光的特殊性质加以鉴别；与本族矿物内其他矿物的鉴别，需借助光学及化学的方法完成。显微镜下：薄片中方钠石的主要特征为均质性和负低突起。与萤石的区别是萤石折射率小（$N=1.434$），负中—高突起，其解理更明显且方向不同；方钠石的解理是沿菱形十二面体{110}发育，而萤石解理为{111}或{001}。与方沸石的区别也在于解理不同，方沸石的解理为{001}。方钠石与白榴石的区别在于白榴石折射率高（$N=1.508\sim1.511$），无解理且常具有聚片双晶。

［主要用途］紫色方钠石可作弧面形宝石。

［著名产地］俄罗斯、德国等地。在意大利维苏威火山的熔岩内曾发现透明的晶体，加拿大的安大略，英国的不列颠和哥伦比亚部分地区产出有蓝色的块状体。

2）黝方石（Nasean 或 Naselite）（$Na_8[AlSiO_4]_6[SO_4]$）

［化学组成］SiO_2 34.95%，Al_2O_3 29.41%，Na_2O 19.1%，SO_3 8.11%；可以有大量的 Ca^{2+}（可达 4.4%）及 K^+（可达 0.33%）取代其中的 Na^+，也可有少量的 Cl（可达 0.86）置换其中的 SO_4 和 H_2O。

［晶体结构］等轴晶系；$T_d^1—P\overline{4}3m$；$a_0=9.06$ Å；$Z=1$。

［形态］六四面体晶类；晶体呈菱形十二面体；常依（111）为双晶面成双晶；晶体少见，通常呈不规则粒状集合体（彩图 240）。

［物理性质］灰、浅褐或浅蓝等色，少数为白色，条痕无色或白色，透明，玻璃光泽；解理{110}中等；断口不平坦；硬度 5.5 ~ 6；比重 2.28 ~ 2.40。

［显微镜下特征］薄片中无色或略带蓝色，透明，具显著的负突起（彩图 241）。折射率随其成分中硫酸根含量而增高；均质体；正交偏光下全消光，只有在包裹物附近，才见有光性异常，弱双折射；$N=1.480\sim1.495$。内部常含许多气体、液体和玻璃质等包裹体或细小的赤铁矿、磁铁矿、黄铁矿包裹体，因而使矿物变得浑浊不清。包裹体排列有一定规则，多半平行于{110}解理，各方向相交呈一定角度，有时排列成棋盘状，有时则成环带状分布。黝方石边缘常因熔蚀而呈现圆滑状或港湾状，同时有一条褐色的镶边（黝

方石熔蚀时的分解产物）。

［成因及产状］主要见于碱性岩中，特别是碱性喷发岩中，在响岩和碱性粗面岩中常以斑晶形式出现，有时作为火山喷发块体的组分，与透长石、云母、榍石等共生。

［鉴定特征］宏观：与本族内其他矿物难以区别，需借助光学和化学的方法鉴定。当黝方石置玻璃片上以 HNO_3 溶解、蒸发后，不产生 NaCl 晶体，借此与方钠石区别。显微镜下：根据黝方石的负低突起、具熔蚀和黑褐色镶边以及包裹体呈格子状或环状排列的特点，不难与其他相似矿物区别。

5. 钙霞石族

钙霞石(Cancrinite)($Na_6Ca_2[AlSiO_4]_6[CO_3,SO_4](OH)_2$)

［化学组成］成分可变。$[CO_3]$和$[SO_4]$之间成连续类质同像代替，分成碳酸钙霞石及硫酸钙霞石二个亚种。Na∶Ca 和 K∶Na 比值变化范围也很宽。一般富 Ca 常常伴随着$[CO_3]$的高含量，而含$[SO_4]$高者，也常富含 Na。

［晶体结构］六方晶系，C_6^6—$P6_3$；$a_0 = 12.58 \sim 12.76$ Å，$c_0 = 5.11 \sim 5.20$ Å，$Z = 1$；架状结构。

［形态］六方单锥晶类；晶体呈柱状或六方双锥状，常见双锥面，通常呈致密块状（彩图 242）。

［物理性质］白色、灰色、蓝色，有时含 Fe_2O_3 显微鳞片而呈玫瑰色；条痕无色；透明，玻璃光泽，断口呈现油脂光泽；解理$\{10\bar{1}0\}$完全，$\{0001\}$不完全，断口贝壳状；硬度 5.5 ~ 6（硫酸钙霞石硬度 5 ~ 5.5）；比重 2.52 ~ 2.51（硫酸钙霞石 2.32 ~ 2.42）。

［显微镜下特征］薄片无色（彩图 243）；一轴晶(−)；随$[SO_4]^{2-}$代替$[CO_3]^{2-}$，折射率和双折射率有所降低。碳酸钙霞石：$N_o = 1.507 \sim 1.528$，$N_e = 1.495 \sim 1.503$，双折射率 $\Delta N = 0.012 \sim 0.025$；硫酸钙霞石：$N_o = 1.490 \sim 1.507$，$N_e = 1.488 \sim 1.495$，双折射率 $\Delta N = 0.002 \sim 0.012$；负低突起，平行消光，负延性；干涉色一般为一级黄—二级绿，成分中富$[SO_4]$时（硫酸钙霞石）干涉色降至一级灰；一轴晶负光性，偶见二轴晶，光轴角小。

［成因及产状］大多与含霞石的碱性岩有关，见于霞石正长岩、霞石伟晶岩等岩石中，常与方钠石、方解石、沸石、霞石等共生；有时见于花岗岩中，与方解石、磁铁矿等伴生；常由碳酸溶液和硫酸溶液作用于早期结晶的霞石而成。

［鉴定特征］通常见于含霞石的碱性岩中，与霞石的区别是有解理；以其遇酸起泡与其他相似的矿物区别。

［著名产地］世界著名的产地是加拿大安大略省等。

6. 方柱石族

本族矿物在成分上与斜长石相似，但它们含有附加阴离子，如 Cl^-、$[SO_4]^{2-}$、$[CO_3]^{2-}$、F^-和$(OH)^-$等；与此相适应，阳离子 Na^+ 和 Ca^{2+} 的数目增加，使电价平衡。本族矿物是以钠柱石和钙柱石为端元组分的类质同像系列矿物，据钙柱石 $Ca_4[Al_2Si_2O_8]_3(CO_3)$(Me)分子的含量将该系列分为 4 个矿物种：钠柱石、钙钠柱石（又名针柱石）、钠钙柱石（又名中柱石）和钙柱石（表 5 − 8）。方柱石是该系列矿物的总称。目前自然界尚未发现纯钙柱石或钠柱石，并且方柱石中任何一端元分子超过 80% 者也很少见。

表5-8　方柱石族变种成分及光学常数表

变种名称	端元分子/%		N_o	N_e	双折射率(Δ)
	Ma（钠柱石）	Me（钙柱石）			
钠柱石	100 ~ 80	0 ~ 20	1.546 ~ 1.550	1.540 ~ 1.541	0.004 ~ 0.008
针柱石	80 ~ 50	20 ~ 50	1.550 ~ 1.570	1.541 ~ 1.550	0.008 ~ 0.020
中柱石	50 ~ 20	50 ~ 80	1.570 ~ 1.590	1.550 ~ 1.556	0.020 ~ 0.034
钙柱石	20 ~ 0	80 ~ 100	1.590 ~ 1.596	1.556 ~ 1.557	0.034 ~ 0.039

注：引自透明矿物片鉴定手册，2006。

方柱石(Scapolite)$(Na,Ca)_4[Al(AlSi)Si_2O_8]_3(Cl,F,OH,CO_3,SO_4)$

［化学组成］一般天然产出的方柱石均属于中柱石和针柱石的范畴，真正的钠柱石和钙柱石尚未发现。其组成成分很复杂，一般富 Cl 的方柱石富 Na，富 CO_3、SO_4 的方柱石 Ca 含量高，Si 含量减少，可有少量的 F 替代 Cl。

［晶体结构］四方晶系，C_{4h}^5—$I4/m$；a_0 = 12.01 ~ 12.29 Å；c_0 = 7.54 ~ 7.76 Å；Z = 2；四方柱—架状结构。

［形态］四方双锥晶类；常见单形有四方柱{100}、{110}、{210}和四方双锥{111}、{131}、{331}；晶体常呈柱状，集合体成粒状或致密块状（彩图244）。

［物理性质］火山岩中的方柱石通常无色，结晶片岩和石灰岩中的方柱石则常呈灰白色，有时为海蓝灰色（称海蓝柱石）等，透明，玻璃光泽，条痕白色或无色。解理{100}中等，{110}不完全，具脆性，硬度5 ~ 6，比重2.61 ~ 2.75。含钙的方柱石在 HCl 中能被分解，分解后形成胶状体，但富 Na 者难溶。

［显微镜下特征］薄片无色；正低—正中突起；一轴晶(-)。折射率和双折射率随 CaAl 置换 NaSi 量的增加而增大（表5-8）。干涉色一级灰—二级紫红（彩图245），平行消光，负延性。干涉色常不均匀，呈斑点状；可见环带构造，从中心向外钙柱石成分含量逐渐增加。

［成因及产状］主要产于富钙的区域变质岩中和矽卡岩中，常与石榴子石、透辉石、磷灰石等共生，在火山岩的孔隙中也有发育完好的无色方柱石晶簇存在。

［鉴定特征］宏观：以四方柱状晶形、中等解理和较小的硬度与长石区别。方柱石在吹管火焰下易熔，膨胀，并变成白色釉质物。显微镜下：方柱石与长石、堇青石的区别在于它的解理夹角不同，一轴晶，平行消光，且缺少双晶，同时富钙方柱石的双折射率较大。方柱石与钙霞石的区别在于它的解理特征，干涉色较高，在 HCl 中溶解。自然界产出的方柱石大部分是中间成分的变种，其双折射率约为 0.025 ± 0.006，与辉石近似，又因它们常常在一起出现，很容易把方柱石误认为是辉石或无色角闪石，此时，根据它为一轴晶、折射率低和解理特征以及平行消光、负延性等加以区别。与石英的区别是其干涉色一般较高，负光性和有解理。与磷灰石可根据折射率低、外形不同区别。

［著名产地］世界著名的产地有马达加斯加和意大利罗马等。

7. *沸石族*

本族矿物的化学通式为 $A_mX_pO_{2p} \cdot nH_2O$，其中 X = Si、Al；A = Na、K 等，为含水的碱或碱土金属的铝硅酸盐。有些晶体受到灼烧时，由于晶体中的水被蒸发而产生起泡沸腾现象，故称沸石。自然界中沸石矿物有 40 多种，最常见的有浊沸石、钙十字沸石、片沸石、辉沸石、斜发沸石、毛沸石、菱沸石、丝光沸石及方沸石等。

沸石的化学成分变化范围相当大，但成分中 $A:Al_2O_3=1$ 和 $O:X=2$ 恒定，但不同矿物中，阳离子 A 及其含量不同，水分子多少各异,且 Al：Si 比值也从 1：5 变化为 1：1。

本族矿物的晶体结构：$[(Si,Al)O_4]$四面体以角顶联结形成架状硅铝氧骨干，但在构造格架中存在着更为宽阔的空洞和孔道，常被 Na、K、Ca 等阳离子和水分子占据，决定了本族矿物的晶体结构具有如下特点：

（1）具有明显的阳离子交换能力。阳离子 Na、K 等由于与硅铝氧骨干联系很弱，因而可被其他阳离子如 Ca、Mg、Sr、Ba、Cu、Zn、Ni、Ag、La 等置换而不破坏其构造。

（2）空洞中的水分子可以自由出入而不破坏晶体结构。由于“空洞”中有松弛的连接水分子存在，当加热时水分子会逐渐逸出，此时除比重和光学常数有所变化外，晶体结构并未被破坏。脱水后的沸石在适当的条件下还可重新吸水。存在于沸石族矿物中的这种水叫做沸石水。

沸石族矿物多属斜方、单斜晶系。晶形多为纤维状、毛发状、柱状，部分为板状、菱面体、八面体、立方体等近三向等长的粒状。颜色较浅。与无水铝硅酸盐相比较，具有较低的硬度(3.5～5.5)，较小的比重(2.1～2.5)，较低的折射率。

1）钠沸石(Natrolite)($Na_2[Al_2Si_3O_{10}]\cdot 2H_2O$)

［化学组成］钠沸石的化学组成中 Si/Al 的变化不大，在 1.44～1.58，有少量 Na 可被 K、Ca 等置换。

［晶体结构］斜方晶系，C_{2v}^{19}—$Fdd2$；$a_0=18.30$ Å，$b_0=18.63$ Å，$c_0=6.60$ Å，$Z=8$；架状结构。

［形态］斜方单锥晶类；单晶体呈细针状、柱状或叶片状；集合体呈放射状、纤维状，少数呈块状或粒状（彩图 246）。

［物理性质］无色或呈白、灰、浅黄、浅红、浅绿等色，透明，但置于空气中易失水而变混浊，玻璃光泽，纤维状呈丝绢光泽，条痕白色或无色。解理{110}中等—完全，硬度 5～5.5，比重 2.2～2.26；有微弱的焦电性和压电性。

［显微镜下特征］薄片无色；负低—中突起，干涉色一级黄（彩图 247），平行消光，正延性；二轴晶(+)。$N_p=1.473\sim1.483$，$N_m=1.476\sim1.486$，$N_g=1.485\sim1.496$；双反射率为 0.012；$2V=58°\sim64°$。

［成因及产状］产于玄武岩的气孔中或裂隙中，与方解石或其他沸石等共生；在碱性岩中，可以是霞石、方钠石等蚀变产物；在长英岩或粒玄岩中，可能是斜长石的蚀变产物。

［鉴定特征］针状或纤维状形态，易熔，熔化后为透明的玻璃状。

［著名产地］捷克、法国、意大利和加拿大等地。

2）钙沸石(Scolecite)($Ca[Al_2Si_3O_{10}]\cdot 3H_2O$)

［化学组成］CaO 14.3%，Al_2O_3 26.0%，SiO_2 45.9%，H_2O 13.8%。可由少量的 Na 和极微量的 K 代替 Ca。

［晶体结构］单斜晶系，C_s^4—Cc；$a_0=18.48$ Å，$b_0=18.94$ Å，$c_0=6.54$ Å，$\beta=90°39'$，$Z=8$；架状结构。

［形态］反映双面晶类；晶体呈柱状，{110}、{111}和{010}晶面发育；{010}晶面具条纹。双晶依{100}生成；有时见穿插双晶。集合体呈针状、纤维状或放射状（彩图248）。

［物理性质］无色或白色，透明，玻璃光泽，纤维状者呈丝绢光泽，条痕白色或无色。解理{110}完全，硬度5～5.5，比重2.25～2.29。

［显微镜下特征］薄片无色；负低突起，干涉色一级灰；沿(010)的纵切面上斜消光，消光角 $c \wedge N_p = 15° \sim 18°$，负延性；二轴晶(－)；$N_p = 1.507 \sim 1.513$，$N_m = 1.516 \sim 1.520$，$N_g = 1.517 \sim 1.521$。双折射率为0.008；$2V = 36° \sim 56°$。

［成因及产状］常见于基性火山岩空洞中，也见于某些变质钙质岩石中，并在一些变质岩裂隙中作为热液矿物产出；与辉沸石、片沸石、绿帘石、葡萄石等共生。

［鉴定特征］与钠沸石相似，但钙沸石在吹管火焰灼烧下膨胀，发生蚯蚓般弯曲，熔成多泡状玻璃体。

3）片沸石(Heulandite)(($(Ca,Na_2)[Al_2Si_7O_{18}] \cdot 6H_2O$)

［化学组成］CaO 9.2%，Al_2O_3 16.8%，SiO_2 59.2%，H_2O 14.8%；此外，常含K_2O、SrO，有时含BaO。

［晶体结构］单斜晶系，$C_s^2—Cm$；$a_0 = 17.73$ Å，$b_0 = 17.82$ Å，$c_0 = 7.43$ Å，$\beta = 116°20'$；$Z = 4$。

［形态］反映双面晶类；晶体为三向等轴状或板状；常形成平行连生的片状集合体或分泌体状（彩图249），片状集合体常见于空洞中。

［物理性质］无色、白色、黄色或砖红色（含Fe_2O_3混入物），透明，玻璃光泽，解理面呈珍珠光泽，条痕白色或无色。解理{010}完全，硬度3.5～4，比重2.18～2.22。

［显微镜下特征］薄片无色或淡黄色，负低突起。干涉色一级灰白。垂直解理的切面为平行消光，负延性，斜切解理时可为平行消光或消光角很小的斜消光，延性可正可负；平行解理切面上，可见⊥Bxa干涉图；二轴晶(＋)。$N_p = 1.491 \sim 1.499$，$N_m = 1.493 \sim 1.503$，$N_g = 1.500 \sim 1.512$，$N_g - N_p = 0.005 \sim 0.006$；$a \wedge N_p = 0° \sim 34°$，$b /\!/ N_g$，$c \wedge N_m = 0° \sim 32°$；$2V = 0° \sim 55°$（一般为34°）。

［成因及产状］产于玄武岩、安山岩和辉绿岩等的空洞或裂隙中，可与长石、方解石伴生。

4）方沸石(Analcime)($Na_2[AlSi_2O_6]_2 \cdot 2H_2O$)

［化学组成］SiO_2 54.5%，Al_2O_3 23.2%，Na_2O 14.1%，H_2O 8.2%；有时含少量的K、Ca和Mg。

［晶体结构］等轴晶系，$O_h^{10}—Ia3d$；$a_0 = 13.71$ Å；$Z = 8$；架状结构。

［形态］六八面体晶类；晶体常呈四角三八面体或为立方体与四角三八面体的聚形。集合体常呈粒状（彩图250）。

［物理性质］白色、无色、灰色、粉红色、浅黄色或浅绿色，透明，玻璃光泽，条痕白色或无色；无解理，贝壳状或参差状断口；硬度5～5.5；比重2.24～2.29。

［显微镜下特征］薄片中无色透明；具明显的负突起；一般显均质性。$N = 1.487$，但有些较大晶粒者可显示极弱的双折射($\Delta N = 0.001 \sim 0.002$)，有时表现为异常二轴晶(－)，$2V = 0° \sim 85°$；在具有弱干涉色的晶粒上，有时还可见到方沸石的聚片双晶。

［成因及产状］不仅见于玄武岩等火山岩的气孔或裂隙中，也可作为蚀变矿物而见之于浅成岩、深成岩和变质岩的裂隙中。在沉积岩中，方沸石作为自生矿物产于砂岩中。

［鉴定特征］以其四角三八面体晶形和较大的硬度与其他的沸石区别。方沸石的晶体外观与白榴石相似，不同之处为方沸石的硬度比较低，含有水分，并且是自由生长的；而白榴石多呈嵌晶状产出。

［著名产地］苏格兰、北爱尔兰、冰岛、挪威、意大利等地以及丹麦的格陵兰岛。

5）菱沸石(Chabazite)($(Na,Ca)_2[AlSi_2O_6]_2 \cdot 6H_2O$)

［化学组成］化学组成中 Si/Al 比值变化大，在 1.7～3.8，可有少量 Na 被 K、Ca 等所置换；此外还可以有很小范围的 Sr 替代 Ca，有时还可以有 Ba 出现。

［晶体结构］三方晶系，$D_{3d}^5—R\overline{3}m$；$a_0 \approx 13.8$ Å，$c_0 \approx 15.03$ Å；$Z=6$；架状结构。

［形态］复三方偏三角面体晶类；常呈近立方体的较复杂菱面体晶形，并常见以 c 轴为双晶轴的穿插双晶（彩图 251）。

［物理性质］无色、白色或微带浅红或浅褐色，透明，玻璃光泽，条痕白色或无色；解理$\{10\overline{1}1\}$中等；硬度 4～5；比重 2.05～2.10。

［显微镜下特征］薄片无色，明显负低突起；干涉色一级灰；一轴晶；光性可正可负；$N_o=1.445～1.480$，$N_e=1.478～1.490$；双折射率为 0.002～0.005；有时可出现异常二轴晶，$2V=0°～30°$。

［成因及产状］主要见于玄武岩、安山岩以及其他喷出岩的孔洞中，与其他沸石如辉沸石、片沸石、中沸石、钠沸石及方解石等共生，亦见于热液脉中，在某些温泉出口处也可见到菱沸石。

［鉴定特征］菱面体形态；熔化后发生膨胀，变为泡珠玻璃状；在盐酸中分解，使溶液蒸发，可分离出非胶凝状的氧化硅；外表看颇似方解石，不同之处为解理不好，遇盐酸无起泡（产生 CO_2）现象。

［著名产地］著名产地有爱尔兰、捷克、意大利、德国、加拿大。

6）丝光沸石(Mordenite)($Na_2Ca[AlSi_3O_{12}]_4 \cdot 12H_2O$)

［化学组成］部分 Na 可被 K 代替，Si 被 Al 代替。多数情况下，碱质成分多于 Ca，Na 多于 K。组分中 H_2O 为沸石水，加热后可逸出，冷却后可重新吸水；有时含有少量的稀土元素。

［晶体结构］斜方晶系，$D_{2h}^{17}—Cmcm$，$C_{2h}^{12}—Cmc2_1$；$a_0 \approx 18.29$ Å，$b_0 \approx 20.39$ Å，$c_0 \approx 7.52$ Å；$Z=4$。

［形态］斜方双锥晶类；晶体沿 c 轴处长呈针状或纤维状，集合体呈放射状、束状、纤维状等（彩图 252）。

［物理性质］白色、淡黄色或因含杂质而染成玫瑰色；透明，玻璃光泽或丝绢光泽，条痕白色或无色；解理$\{010\}$完全，硬度 3～4；比重 3.12～2.15。

［光性特征］薄片无色，含 Fe_2O_3 时呈红色；负低—负高突起；干涉色一级暗灰；平行消光，负延性；二轴晶，光性可正可负。$N_g=1.477～1.487$，$N_m=1.475～1.485$，$N_p=1.472～1.483$，$N_g-N_p=0.004～0.005$；$a/\!/N_m$，$b/\!/N_g$，$c/\!/N_p$；$2V=76°～90°$。

［成因及产状］主要见于火山岩杏仁及空洞中，也可作为火山玻璃的水化产物或在沉积岩中成自生矿物产出。

[鉴定特征] 燃烧时火焰呈紫罗兰色，溶于盐酸，在密闭的试管内加热后释放出水分。

[著名产地] 世界著名的产地有美国新泽西州，墨西哥和加拿大的局部地区。

二、硼酸盐

目前已发现的硼酸盐矿物近百种，主要为表生作用的产物，大多数硼酸盐矿物属简单化合物。在内生作用中绝大多数硼酸盐与接触交代作用和火山作用有关。

硼酸盐的阳离子主要为造岩元素和少数过渡元素（Ca、Mg、Na、Mn 及 Fe 等）。阳离子中类质同像代替不普遍，但在接触交代作用中形成的硼酸盐类质同像代替则较常见。

硼酸盐矿物多数呈白色或无色，透明，玻璃光泽；少数含 Fe、Mn、Ti 等过渡元素的矿物则呈黑色、棕色（如硼镁铁矿），半透明或不透明；硬度介于 2 ~5，少数不含水或由小半径阳离子形成的矿物硬度较大（如方硼石 7 ~7.5）；比重 2 ~3.5；折射率为 1.500 ~1.600。一般硼酸盐矿物均溶于酸，部分含 K、Na 的硼酸盐可溶于水。

按其是否含水，硼酸盐可分为含水硼酸盐和无水硼酸盐两类。

1. 含水硼酸盐

硼砂(Borax)($Na_2(H_2O)_8[B_4O_5(OH)_4]$)

[化学组成] Na_2O 16.26%，B_2O_3 36.51%，H_2O 47.23%。

[晶体结构] 单斜晶系，$C_{2h}^6—C2/c$；$a_0=11.84$ Å，$b_0=10.63$ Å，$c_0=12.32$ Å，$\beta=106°35'$；$Z=4$；环－链－层状过渡型结构。

[形态] 斜方柱晶类；晶形短柱状或厚板状。常见单形：平行双面{100}、{010}、{001}，斜方柱{110}等。双晶少见，双晶面(100)。集合体有晶簇、粒状、块状和皮壳状等（彩图 253）。

[物理性质] 无色、白色，有时呈浅灰色；玻璃或土状光泽，透明到不透明；解理{100}完全，贝壳状断口；硬度 2 ~2.5，比重 1.66 ~1.72；易溶于水，味甜略带咸。

[显微镜下特征] 薄片无色，负高突起，干涉色二级绿，斜消光，负延性；二轴晶(－)；$N_p=1.447$，$N_m=1.469\sim1.470$，$N_g=1.472$；双折射率 $\Delta N=0.025$；$2V=39°58'$。光性方位：$N_m\wedge c=33°\sim36°$，$N_p//b$。脱水后硼砂石为一轴晶正光性 $N_o=1.461$，$N_e=1.474$。

[成因及产状] 产于干旱地区盐湖和干盐湖的蒸发沉积物及淤泥中，与石盐、天然碱、方解石等共生。在干旱地区硼砂也呈硼霜产于土壤表面。

[鉴定特征] 宏观：硼砂可以从短柱状晶体、低硬度、低熔点、易溶于水、味甜略带咸予以鉴定；在空气中易脱水，颜色变浊，在表面形成裂纹及白粉状的皮壳；灼烧时膨胀，易熔成玻璃状球体。显微镜下：硼砂以显著的负突起、中等双折射率、强色散性及产状作为特征。

[主要用途] 为重要的硼矿物，也可做纯净剂，在多种溶化实验中作溶剂。

[著名产地] 世界著名的产地有土耳其的柯卡地区，南美洲的阿根廷、智利、玻利维亚的局部地区，美国加州的莫哈维沙漠地区和中国青海等地。

2. 无水硼酸盐

1）硼镁石(Szaibelyite)($Mg_2[B_2O_4(OH)](OH)$)

［化学组成］MgO 47.92%，B_2O_3 41.38%，H_2O 10.70%。其中 Mg 可被 Mn（不超过 23.5%）和 Fe（不超过 1.5%）代替。

［晶体结构］单斜晶系，C_{2h}^5—$P2_1/a$；$a_0=12.50$ Å，$b_0=10.42$ Å，$c_0=3.14$ Å，$\beta=95°40'$；$Z=8$。

［形态］斜方柱晶类；晶体呈纤维状、柱状、板状（彩图 254），其横切面为菱形，有时也可为八边形，依(100)呈聚片双晶。集合体常呈纤维状或块状等。

［物理性质］白色、灰白色、浅绿色、浅黄色，白色条痕，丝绢光泽—土状光泽；解理{110}完全，{100}、{010}和{001}不完全；硬度 3～4，比重 2.65～2.75。

［显微镜下特征］薄片无色，正低—中突起（彩图 255）；具高级白干涉色；平行柱面为斜消光，$c\wedge N_p<10°$，负延性，二轴晶负光性，光轴角小。结合面为(100)的聚片双晶常见。不同形态的硼镁石折光率有所不同。$N_g=1.641\sim1.658$，$N_m=1.643$，$N_p=1.576\sim1.589$，$N_g-N_p=0.062\sim0.082$；$2V=n°\sim30°$；$b/\!/N_g$，$C\wedge N_p=7°\sim8°$，$N_gN_p\perp(010)$。

［成因及产状］分布较广泛，主要成因类型为接触交代型和热液型；在外生作用中亦有产出，系沉积硼矿物脱水而成。

［鉴定特征］以其产状、颜色、解理和硬度与其他矿物相区别；加 HCl 不起泡；闭管中烧之生水；在吹管焰中烧时易熔融，爆裂变为淡褐灰色物质；微溶于酸；显微镜下，以其高的干涉色负延性、二轴晶负光性与相似矿物区别。

［主要用途］为重要的工业硼矿物之一，为硼的主要来源。

2）硼镁铁矿(Ludwigite)($(Mg,Fe)_2Fe^{3+}[BO_3]O_2$)

［化学组成］硼镁铁矿中 Mg^{2+} 和 Fe^{2+} 间为完全类质同像，根据 $Mg^{2+}>Fe^{2+}$ 或 $Mg^{2+}<Fe^{2+}$ 可分为两个亚种：镁硼镁铁矿和铁硼镁铁矿。Fe^{3+} 或为 Al^{3+} 所代替（不超过 11%）。

［晶体结构］斜方晶系，D_{2h}^9—$Pcma$；$a_0=9.23\sim9.44$ Å，$b_0=3.02\sim3.07$ Å，$c_0=12.16\sim12.28$ Å；$Z=4$；岛—链状结构。

［形态］斜方双锥晶类；晶体呈长柱状、针状、纤维状、毛发状，并呈放射状、纤维状、粒状、致密块状集合体（彩图 256）。

［物理性质］暗绿色—黑色，条痕浅黑绿色—黑色，光泽暗淡，纤维状的新鲜面上有丝绢光泽，半透明—不透明；无解理；硬度 5.5～6；比重 3.6～4.7（随含 Fe 量高比重增大）。粉末具磁性。

［显微镜下特征］薄片几乎不透明，多色性明显：N_g＝棕色，N_m＝深橄榄绿色，N_p＝暗绿色；富铁硼镁石 N_g＝红棕色，N_m＝绿色，N_p＝黑绿色。吸收性：$N_p>N_m>N_g$；正延性；正极高突起，糙面突起；二轴晶(+)；$2V$ 很小。$N_g=1.98\sim2.02$，$N_m=1.83\sim1.85$，$N_p=1.83\sim1.85$。双折射率 $\Delta N=0.14\sim0.17$。光性方位：$a/\!/N_p$，$b/\!/N_m$，$c/\!/N_g$，$N_gN_p/\!/(010)$。

反射光下：反射色灰色稍带棕色；反射多色性较明显（灰棕—灰蓝色）；内反射有或无，内反射色富镁者显红棕色，富铁者无内反射；强非均质性，偏光色淡棕—蓝灰；$A_r=4.94°\pm0.1°$；易磨光。浸蚀反应：KOH(+)染淡棕，HNO_3(+)薰污，HCl(+)薰污；反射率 11.0(白光)(彩图 257)。

［成因及产状］我国东北的硼镁铁矿均为内生硼矿，产于不同程度的蛇纹石化白云质

大理岩或镁矽卡岩中，常与磁铁矿、硅镁石族矿物及金云母、镁橄榄石、硼镁石等共生。在热液影响下，硼镁铁矿在不同程度上发生变化，其产物一般为纤维状硼镁石和磁铁矿。

［鉴定特征］以其颜色、条痕色深、比重、硬度均较大、粉末具弱磁性为特征，在空气中烧之变成红色，溶于浓 H_2SO_4，加几滴酒精稍加热，用火点燃火焰呈鲜艳的绿色（B 的焰色反应）。

［主要用途］提炼硼的矿物原料。

三、磷酸盐、砷酸盐、钒酸盐

目前已发现的磷酸盐、砷酸盐、钒酸盐矿物约有 330 种，但总含量却很少，仅占地壳总重量的 0.7%。本类矿物中络阴离子为 $[PO_4]^{3-}$、$[AsO_4]^{3-}$、$[VO_4]^{3-}$，均为负三价。与其结合的阳离子有以下几种：

（1）与半径较大的三价阳离子（如稀土元素 TR^{3+}）结合，形成稳定的无水化合物（如独居石等）。

（2）与半径较大的二价阳离子（Ca^{2+}、Sr^{2+} 和 Pb^{2+}）结合，常有附加阴离子 OH^-、Cl^-、F^-、O^{2-} 的参加（如磷灰石、砷铅矿等）。

（3）与半径较小的二价水化阳离子（Mg^{2+}、Fe^{2+}、Co^{2+}、Ni^{2+}、Cu^{2+}、Zn^{2+}）化合，形成含水矿物（如绿松石等）。

（4）一价金属阳离子（Li^+、K^+ 和 Na^+）只能和 Al^{3+} 一起形成复盐（锂磷铝石）或形成少见的复杂的含水盐（如钒钾铀矿）。

本类矿物中类质同像现象复杂，不仅阳离子可以互相代替，阴离子部分也可互相代替；不仅有等价类质同像，也有异价类质同像代替，当异价类质同像发生时，阴离子部分和阳离子部分的比例不一定严格对应，只要替换的离子半径相近，替换前后的总的正负电荷相等以及阴离子总数不变即可。

本类矿物多是外生作用形成，是氧化环境下的产物。磷酸盐中有少数是在岩浆岩、伟晶岩或热液期形成的，砷酸盐也有少数为热液成因。由于大部分砷酸盐和钒酸盐矿物以及许多磷酸盐矿物为原生硫化物的次生矿物，因此可作为寻找原生硫化物矿床的标志。

1. 独居石族

独居石（磷铈镧矿）（Monazite）（$(Ce,La)[PO_4]$）

［化学组成］Ce_2O_3 34.99%，P_2O_5 30.27%，ΣLa_2O_3 34.74%，经常存在 ThO_2、CaO、SiO_2、SO_3 等组分。

［晶体结构］单斜晶系，$C_{2h}^5—P2_1/n$；$a_0=6.79$ Å，$b_0=7.04$ Å，$c_0=6.47$ Å，$\beta=104°24'$；$Z=4$；岛状结构。

［形态］斜方柱晶类；常见单形：平行双面 a{100}、b{101}，斜方柱 m{110}、w{101}；单晶体常呈平行于{100}的板状，集合体成粒状（彩图 258）。

［物理性质］黄褐色或红褐色，偶见灰色，条痕无色，树脂光泽或蜡状光泽，不透明；平行{100}中等解理，参差状或贝壳状断口；硬度 5～5.5，比重 4.9～5.3；常具放射性，在紫外线下呈鲜绿色荧光。

［显微镜下特征］薄片为无色或浅黄色，多色性微弱，N_g = 浅绿黄，N_m = 暗绿，N_p = 亮黄色；正高突起，折射率随着含钍量而增高，糙面显著，干涉色可达三～四级（彩图

259）。纵切面斜消光，但消光角很小，正延性；二轴晶（+）；$N_p=1.774\sim1.800$，$N_m=1.777\sim1.801$，$N_g=1.828\sim1.851$；双折射率 $\Delta N=0.0450\sim0.075$；$2V=6°\sim19°$。光性方位：$b/\!/N_p$，$c\wedge N_g=2°\sim7°$，$a\wedge N_m=8°\sim11°$；N_gN_p 垂直(010)。

［成因及产状］呈分散细粒状见于花岗岩、正长岩，或与花岗岩、正长岩有关的伟晶岩中，还产于一种在成因上和空间上均与碱性岩有关的碳酸盐中，与烧绿石，氟碳铈矿等矿物共生，成为重要的稀土矿床。表生条件下独居石转入砂矿。

［鉴定特征］宏观：以其板状晶形、黄褐色至褐红色、树脂光泽以及在紫外线中呈鲜绿色荧光为鉴定特征。显微镜下：独居石以其独有的亮黄色、突起高、干涉色高、多色性不明显等特征，可与一般矿物区别。独居石与锆石的区别在于锆石的突起高、无完好解理、为一轴晶。独居石与榍石相似，区别在于榍石的双折射率更高，干涉色为高级白；独居石与橄榄石、绿帘石等的区别在于前者的光轴角较小。

［主要用途］提炼稀土元素的重要矿物原料，含钍者可综合利用。

［著名产地］世界著名的产地有挪威南部、巴西米纳斯吉拉斯州，印度、澳大利亚、南非的部分地区，美国的加利福尼亚州和佛罗里达州等地。

2. 磷灰石族

本族矿物化学式为 $A_5[XO_4]_3Z$ 表示，其中 $A=Ca^{2+}$、Pb^{2+}、Sr^{2+} 和 Ba^{2+}，也可有 TR^{3+}、Y^{3+}、Mn^{2+}、Mg^{2+} 等混入物；X = P、As 和 V，$[PO_4]$ 常被 $[SiO_4]$ 和 $[SO_4]$ 代替；Z 为附加阴离子 F^-、Cl^-、OH^-、$O2^-$、$(CO_3)^{2-}$ 等。主要矿物有：

磷灰石	Apatite	$Ca_5[PO_4]_3(F,Cl,OH)$
磷氯铅矿	Pyromorphite	$Pb_5[PO_4]_3Cl$
砷铅矿	Mimetesite	$Pb_5[AsO_4]_3Cl$
钒铅矿	Vanadinite	$Pb_5[VO_4]_3Cl$

磷灰石（Apatite）（$Ca_5[PO_4]_3(F,Cl,OH)$）

［化学组成］CaO 54.58%，P_2O_5 41.36%，F 1.23%，Cl 2.27%，H_2O 0.56%。

［晶体结构］六方晶系，C_{6h}^2—$P6_3/m$；$a_0=9.43\sim9.38$ Å，$c_0=6.88\sim6.86$ Å；$Z=2$；链状结构。

［形态］六方双锥晶类；常见单形有六方柱{$10\bar{1}0$}、{$11\bar{2}0$}，六方双锥{$10\bar{1}1$}、{$11\bar{2}1$}、{$21\bar{3}1$}，平行双面{0001}。单晶体常见，呈六方柱状或厚板状，集合体呈块状、粒状或结核状（彩图 260）。

［物理性质］颜色多样，有黄色、绿色、黄绿色、浅蓝色、紫色、烟红色、红褐色等，而无色或白色很少见；条痕白色，玻璃光泽，断口呈油脂光泽，透明；解理平行{0001}不完全，参差状或贝壳状断口；硬度 5，比重 2.9～3.2；加热后常出现磷光。

［显微镜下特征］薄片中无色，但有时可带微弱不均一的粉红、褐、灰、淡蓝等浅色，显多色性；正中突起，最高干涉色一级灰（极少数为一级灰白、黄白）（彩图 261）；平行消光，负延性；常含许多包裹体，多沿直立轴方向分布或呈带状分布；一轴晶（-），有时有光性异常（2V 可达 20°）；$N_e=1.624\sim1.666$，$N_o=1.629\sim1.667$；折射率随 Cl 和 OH 的增加而增大，双折射率 $\Delta N=0.001\sim0.005$。

［成因及产状］作为副矿物见于岩浆岩中，有时在碱性岩、基性岩以及与之密切相关的碳酸盐中出现，在伟晶岩、接触变质带和热液矿床中也有生成。

［鉴定特征］宏观：以其柱状晶形、光泽和硬度作为鉴定特征。显微镜下：晶形、中等突起、一级灰干涉色、平行消光、负延性、一轴晶负光性等，为磷灰石的重要特征。与矽线石相似，特别是作为细小包裹体存在时，可根据延性、干涉色区别，矽线石为正延性，干涉色高于磷灰石，当晶体较大时还可根据横断面区别。与黝帘石区别是：后者突起高，具异常干涉色。磷灰石和锆石常作为副矿物以小晶体出现于岩石中，根据突起、延性和干涉色不难区别之；锆石为正极高突起、正延性干涉色高达二～三级。黄玉的干涉色比磷灰石高（一级灰白），为二轴晶，有时表面有混浊物。磷灰石与石英也相似，区别是前者突起高，干涉色一级灰，负光性。

［主要用途］用于制造磷肥以及化学工业上的各种磷盐和磷酸。

［著名产地］世界著名产地有加拿大魁北克省，法国北部，比利时、西班牙部分地区，美国的田纳西州、加利福尼亚州和佛罗里达州等地。中国云南、贵州、湖北等地也盛产磷灰石。

胶磷矿（Collophane）：其成分较复杂，是一种含 CO_3^{2-}、OH^-、F^- 的磷酸盐矿物，是磷灰石向碳磷灰石过渡的变体；电镜下观察为隐晶质细小分散的混合物；通常呈块状，有时是鲕状、卵状、结核状、放射状、羽状、粉末状或胶状，也有呈粒状者；往往保留有骨骼、贝壳、软体动物、腕足类、海百合类遗体、苔藓动物、珊瑚等的有机构造；颜色由浅棕色—深棕色，浅黄棕色、灰色，薄片中无色或很浅的绿色；正中突起，$N=1.57\sim1.63$；显均质性，有时微显非均质性。胶磷矿易与蛋白石相混，其区别在于前者折射率高。胶磷矿可被方解石、碳磷灰石代替。该矿物在一些富磷的灰岩、磷块岩或磷酸盐岩石中是主要成分。在这些岩石中胶磷矿可呈鲕粒、球粒产出，鲕粒、球粒具同心层或放射纤维状结构（彩图 262），鲕粒中心可有碎屑矿物（石英、黄铁矿、生物碎屑等）。

3. 绿松石族

绿松石（土耳其玉）（Turquoise）（$CuAl_6(PO_4)_4(OH)_8 \cdot 4H_2O$）

［化学组成］CuO 9.78%，Al_2O_3 37.60%，P_2O_5 34.90%，H_2O 17.72%，常含 Fe_2O_3，成分中 Al 与 Fe^{3+} 可成完全类质同像代替，富铁端元称磷铜铁矿，Cu 可被 Zn 代替。

［晶体结构］三斜晶系，$C_1^1—P\overline{1}$；$a_0=7.47$ Å，$b_0=9.93$ Å，$c_0=7.67$ Å；$\alpha=111°39'$，$\beta=115°23'$，$\gamma=69°26'$；$Z=1$；架状结构。

［形态］平行双面晶类；主要单形：平行双面{001}、{100}、{010}、{110}等，晶体极少见，偶见有短柱状晶形；常呈隐晶质块状、皮壳状、粒状、钟乳状和结合状集合体（彩图 263）。

［物理性质］鲜艳的蓝色—浅蓝、绿蓝、绿色，条痕白色或淡蓝色，蜡状光泽，不透明；解理平行{001}完全，平行{010}中等，贝壳状断口；硬度 5～6，比重 2.6～2.8；溶于热盐酸。

［显微镜下特征］透射光下无色，浅绿色；二轴晶（+）；$2V=40°$；$N_g=1.65$，$N_m=1.62$，$N_p=1.61$；在$(1\overline{1}0)$上消光角 12°，在其他解理面上消光角为 5°和 34°；色散显著。

［成因及产状］系含铜地表水与富含铝的岩浆岩和含磷沉积岩风化淋滤生成，常与褐铁矿、高岭石、石髓等共生，在铜矿床的地表常可以找到这种矿物。

［鉴定特征］以其绿色、硬度高和蜡状光泽为鉴定特征。

［主要用途］成色好可作高档玉石，以天蓝色最好，为名贵的雕刻材料。

［著名产地］中国的湖北和陕西、伊朗局部地区、美国的亚利桑那州、埃及局部地区、俄罗斯和意大利局部地区。

4. 铜铀云母族

本族矿物化学式为 $R(UO_2)[XO_4] \cdot nH_2O$。其中 R = Cu、Ca，其次为 Mn、Fe、Mg、Ba、Co、K、Na、NH_4；$[XO_4]$代表$[PO_4]$、$[AsO_4]$或$[VO_4]$；其中 n 一般为 3 ~ 12。已知铀云母族矿物约 30 种。铀云母族均属层状结构。大多数铀云母族矿物具四方对称特点，晶体呈四方短柱状或片状，似云母片状解理，层间水分子具一定沸石水性质。

本族矿物因阳离子不同而具不同的颜色，一般为黄色、绿色，具强放射性；产于铀矿床的氧化带，常作为寻找原生铀矿床的找矿标志。

铜铀云母（Torbernite）$(Cu(H_2O)_8[UO_2(PO_4)]_2 \cdot nH_2O)$

［化学组成］CuO 7.9%，UO_3 57.0%，P_2O_5 14.0%，H_2O 21.1%。

［晶体结构］四方晶系，D_{4h}^{17}—$I4/mmm$；a_0 = 7.05 Å，c_0 = 20.5 Å；Z = 2；层状结构。

［形态］复四方双锥晶类；晶体呈细小的四方板状或短柱状，截面呈八边形或四边形，也呈鳞片状或片状集合体（彩图 264），有时可依(101)、(011)呈双晶。

［物理性质］姜黄色、翠绿色、祖母绿色，有时显苹果绿色、条痕淡绿色、玻璃光泽，解理面呈珍珠光泽。解理{001}完全，{100}中等，性脆，硬度 2 ~ 2.5，比重 3.22 ~ 3.6，具强放射性，紫外光下发黄绿色萤光。

［显微镜下特征］绿色；多色性明显，N_o = 暗绿色，N_e = 淡绿色；正低突起，一轴晶(－)；N_o = 1.592，N_e = 1.582。双折射率 ΔN = 0.011 ~ 0.014。最高干涉色一级黄—一级橙；有时有光性异常，为二轴晶，$2V = 0° \sim 10°$。加热到 60 ~ 65 ℃时，铜铀云母失去部分的水而成正铜铀云母，同时为正光性，干涉色较低。

［成因及产状］次生铀矿物，是热液或伟晶岩脉中的铀矿物的风化产物，与钙铀云母，砷铀矿等共生。

［鉴定特征］以其鲜明的颜色、四方板状晶形、强放射性和{001}极完全解理为特征。

［主要用途］大量聚积时具工业价值，由于其鲜艳的翠绿色，是很好的寻找原生铀矿床的找矿标志。

［著名产地］世界著名的产地有法国、葡萄牙、德国、英国、刚果、美国以及澳大利亚等。

四、钨酸盐、钼酸盐

钨和钼的原子半径和离子半径几乎相等。在自然界二者的类质同像有两种情况：在白钨矿中 Mo 与 W 为完全类质同像（白钨矿—钼钨钙矿系列），而在黑钨矿中二者则为有限代替（黑钨矿中 Mo 含量极微）或不代替。

钨在成矿地质作用中，对氧具有显著的亲和性，几乎只形成含氧化合物，如黑钨矿、白钨矿是钨的重要矿石矿物。辉钨矿（WS_2）是极为少见的一种钨的硫化物。

钼与硫具有显著的亲和性，在地壳中这一元素大部分构成辉钼矿（MoS），一般硫化物的分析中都常发现有少量铼（Re）的存在。钼的含氧化合物（钼酸盐）在自然界并不普遍，而且主要限于金属矿床的氧化带，如钼铅矿等，常具找矿标志意义。

白钨矿族

白钨矿(Scheelite)($CaWO_4$)

［化学组成］CaO 19.47%，WO_3 80.53%。W 与 Mo 呈类质同像，Mo∶W 比例可达到 1∶1.4($MoO_3$24%)。部分 Ca 可被 Cu^{2+} 和 TR^{3+} 代替。

［晶体结构］四方晶系，$C_{4h}^6—I4_1/a$；$a_0=5.25$ Å，$c_0=11.4$ Å；$Z=4$；岛状结构。

［形态］四方双锥晶类，晶形常呈近于八面体的四方双锥，也有沿{001}呈板状。主要单形为四方双锥 e{101}和 p{111}，四方双锥 e{101}的晶面常具斜纹和蚀象，依(110)成双晶。晶面上常见斜的条纹，集合体块状、不规则粒状（彩图 265）。

［物理性质］灰色、浅黄色、浅紫色或浅褐色，有时带有绿色、橘黄色或红色，条痕黄绿色，油脂光泽或金刚光泽，透明—半透明。解理{101}中等，参差状断口，硬度 4.5，比重 6.1。在短波紫外光下，此矿物发出鲜艳的蓝白荧光。

［显微镜下特征］薄片无色；正极高突起；一轴晶(+)。$N_o=1.918\sim1.92$，$N_e=1.934\sim1.937$，双反射率 $\Delta N=0.0160\sim0.0170$；最高干涉色一级顶部（彩图 266）。

反射光下：反射色灰色，显著双反射；显反射多色性（灰—深灰）；显内反射，无色或白色，也常呈浅褐黄色内反射色（彩图 267）；强非均质性(灰—深灰)；白 $A_r=6°\pm1°$；磨光较好。浸蚀反应：HCl(±)薰污；HNO_3(±)薰污。

［成因及产状］主要产出于接触交代矿床中，与石榴子石、符山石、透辉石等矿物伴生，或产于高温热液中与黑钨矿等伴生。

［鉴定特征］宏观：以色浅、油脂光泽、比重大为鉴定特征，在紫外线下发出淡蓝色荧光。显微镜下：透射光下白钨矿与钨铅矿和钼铅矿的区别在于后二者光性符号为负，且双折射率比白钨矿大得多，二者均为高级白干涉色，白钨矿为正光性，干涉色一级顶。反射光下以其常呈菱形截面的自形晶、低反射率、白色内反射及荧光性为特征，可与其他钨矿物区别；长石、石英硬度高、反射率低；方解石反射率低及浸蚀反应等，均可与本矿物区别。

［主要用途］是重要的钨矿石。

［著名产地］中国四川平武，德国的萨克森，英国的康沃尔，玻利维亚的北部等地，美国的内华达、亚利桑那等州，加拿大的不列颠哥伦比亚省、育康等地。

五、硫酸盐

自然界中硫酸盐类矿物有 180 余种，分布不是很广泛，约占地壳总重量的 0.1%。主要由表生作用及热液后期作用形成，常见的矿物有石膏、硬石膏、重晶石、明矾石、芒硝、泻利盐等。它们都是重要的建筑材料和非金属材料。

硫酸盐的化学成分中，阳离子主要为惰性气体型离子、过渡型离子及铜型离子，主要有 Fe、Na、K、Cu、Mg、Al、Ca、Pb、Mn、Ba、Sr 和 Zn。类质同像代替较少，只有 Mg－Fe 和 Ba－Sr 在某些矿物中呈完全类质同像代替。

硫酸盐矿物对称程度较低，主要是单斜和斜方晶系，其次是三方晶系。颜色决定于阳离子的种类，一般为灰白色、无色，含 Cu、Fe 时则往往呈蓝色和绿色，玻璃光泽，少数呈金刚光泽，透明—半透明。硬度不大，小于 3.5，含结晶水时硬度更低，可降至 1～2。比重和折射率与化学成分有关，一般由铝、镁等碱金属的硫酸盐－铁的硫酸盐－铜铅的硫酸盐比重逐渐增大，折射率逐渐变高。

硫酸盐是在氧逸度很高的条件下形成的，主要为化学沉积产物，主要形成于钙镁碳酸盐之后，氯化物沉积之前，热液阶段后期也有硫酸盐产出。元素析出的顺序大致是：Ca—(Sr、Ba)—Mg—Na—K 的硫酸盐。一些金属硫化物经氧化后常形成该金属的含水硫酸盐（矾类）。

1. 重晶石—天青石族

1）重晶石(Barite)($BaSO_4$)

［化学组成］BaO 65.70%，SO_3 34.30%；常含 Sr 和 Ca。

［晶体结构］斜方晶系，C_{2h}^{16}—$Pnma$；$a_0=8.878$ Å，$b_0=5.45$ Å，$c_0=7.15$ Å，$Z=4$；1149 ℃以上时转变为高温六方变体；重晶石型岛状结构。

［形态］斜方双锥晶类；晶体常沿{001}发育呈板状，有时呈柱状。常见单形有平行双面{100}、{010}、{001}；斜方柱{210}、{101}等。双晶少见，有时可见到由于受压力影响而产生的聚片双晶。集合体通常为板状晶体聚成的晶簇状，或呈块状、粒状、结核状、钟乳状产出（彩图 268）。

［物理性质］无色或白色，有时呈黄、褐、淡红色，条痕白色，玻璃光泽，解理面上呈珍珠光泽，透明。解理平行{001}和{210}完全，解理夹角(001)∧(210)=90°，(210)∧(2$\bar{1}$0)>90°；解理平行{010}中等，硬度 3~3.5，比重 4.3~4.5，性脆。

［显微镜下特征］薄片无色或呈浅黄、棕、绿蓝等色，具有颜色的变种可有微弱的多色性；正中突起，干涉色一级黄或橙色（彩图 269）；平行消光，正延性。折射率随 Pb 含量增加而增大，而随 Sr 含量的增加略为降低。二轴晶(+)。$N_p=1.636$，$N_m=1.637$，$N_g=1.648$；$N_g-N_p=0.012$；$2V=36°\sim38°$。光性方位：$a /\!/ N_g$，$b /\!/ N_m$，$c /\!/ N_p$，$N_gN_p /\!/$ (010)。

［成因及产状］热液成因的重晶石见于中、低温热液金属矿脉中与硫化物共生，或者以单一的重晶石脉形式出现。在气候干燥地区的岩石和矿床风化带中，常有次生重晶石形成。此外，沉积成因的重晶石呈透镜体和结核状见于沉积锰矿、铁矿和浅海沉积中。

［鉴定特征］宏观：以其比重大、解理和晶形为特征。显微镜下：相对密度大、具有三组解理、低的干涉色、光轴角中等偏小是重晶石的鉴别特征。重晶石与天青石十分相似，但重晶石的干涉色稍高、光轴角较小。根据重晶石的干涉色低，不难与干涉色高达三级的硬石膏区别。

［主要用途］为提取 Ba 的主要原料，也可作为钻井泥浆的加重剂、X 射线防护剂，也用于化工、医药等工业上。

［著名产地］世界著名的产地有罗马尼亚、英国、德国、捷克、美国和中国湖南、广西、山东等地。

2）天青石(Celestite)($SrSO_4$)

［化学组成］SrO 56.42%，SO_3 43.58%，常含少量 CaO 和 BaO。富含 Ba 的（BaO 可达 20%~26%），称钡天青石；富含 Ca 的，称钙天青石。

［晶体结构］斜方晶系，C_{2h}^{16}—$Pnma$；$a_0=8.359$ Å，$b_0=5.352$ Å，$c_0=6.866$ Å，$Z=4$。1152 ℃以上时转变为高温六方变体；重晶石型结构、

［形态］斜方双锥晶类；晶体沿{001}呈板状，沿 a 轴延长，有时呈柱状。集合体多

为粒状、纤维状、结核状、钟乳状等（彩图 270）。

［物理性质］常呈灰白色，常带浅蓝色或蓝灰色色调，有时无色透明，条痕白色，玻璃光泽，解理面上呈珍珠光泽，透明。解理平行{001}和{210}完全，解理夹角(001)∧(210)=90°,(210)∧($2\bar{1}0$)>90°，解理平行{010}中等，硬度 3~3.5，比重 3.9~4.0，性脆。紫外荧光照射下有时显荧光，在火焰下熔成乳白色小球，燃烧时火焰呈深红色。

［显微镜下特征］薄片无色，正中突起；干涉色一级黄白（彩图 271），蓝色变种在薄片中具有微弱多色性，呈靛蓝、蓝绿、淡紫—蓝等色；吸收性 $N_g > N_m > N_p$；平行消光；二轴晶(+)；$N_p = 1.621 \sim 1.622$，$N_m = 1.623 \sim 1.624$，$N_g = 1.631 \sim 1.632$；双折射率 $\Delta N = 0.0090 \sim 0.0100$；$2V = 50° \sim 51°$。光性方位：$a /\!/ N_g$，$b /\!/ N_m$，$c /\!/ N_p$，$N_gN_p /\!/$(010)。

［成因及产状］天青石以外生沉积成因为主，见于白云岩、石灰岩、泥灰岩以及含石膏的黏土中，与石膏、硬石膏、石盐和自然硫等共生，也见于盐丘的顶帽中。热液成因的天青石细脉常含硫化物，也见于基性喷出岩的洞穴中。

［鉴定特征］宏观：在外表特征上，天青石与重晶石难以区别，但以矿物小片置火焰上烧灼，天青石的焰色呈深红色（锶的反应）而重晶石的焰色则呈黄绿色（钡的反应）。显微镜下：天青石与重晶石区别在于重晶石的折射率和双折射率稍高，干涉色可达一级橙黄，光轴角小。但两者可形成固溶体，双折射率和光轴角通过中间类型而渐变，有时还需要用火焰试验才可区分它们。硬石膏具有的干涉色可高达三级、突起较低、有极完全的三组相互正交解理等特征与天青石较易区别。

［主要用途］提取锶的主要原料。

［著名产地］意大利、瑞士、英国等地。

2. *石膏与硬石膏族*

石膏的晶体结构属层状结构，硬石膏则属岛状结构类型的矿物；但二者成因上有密切联系。

1）石膏(Gypsum)($Ca[SO_4] \cdot 2H_2O$)

［化学组成］CaO 32.57%，SO_3 46.50%，H_2O 20.93%；常含黏土、细砂等机械混入物。

［晶体结构］单斜晶系，C_{2h}^6—$A2/a$；$a_0 = 5.86$ Å，$b_0 = 15.18$ Å，$c_0 = 6.29$ Å，$\beta = 113°50'$；$Z = 4$；层状结构。

［形态］斜方柱晶类；晶体常沿{010}发育呈板状，也呈柱状，常见单形有平行双面{010}和斜方柱{110}，{111}。晶面{110}及{010}上常具纵纹，晶体有时呈扁豆状，双晶为以(100)为双晶面的燕尾双晶。集合体多呈致密块状或纤维状；细晶粒状块体称之为雪花石膏；纤维状的集合体称为纤维石膏；有时可见由扁豆状晶体所形成似玫瑰花状集合体；此外，还有土状、片状集合体（彩图 272）。

［物理性质］通常呈无色或白色，无色透明晶体称为透石膏，有时因含其他杂质而染成灰色、浅黄或浅褐色等；条痕白色，玻璃光泽，解理面上呈珍珠光泽，纤维状集合体呈丝绢光泽，透明。解理平行{010}极完全，平行{100}和{011}中等，解理呈 66°10′和 113°50′的交角。薄片具挠性，硬度 1.5~2，比重 2.3，性脆。

［显微镜下特征］薄片无色透明，负低突起，具不明显的糙面，最高干涉色为一级

白——一级黄白（彩图273），平行(010)切面相对完好解理缝为平行消光，而相对晶体轮廓边缘则为斜消光，$c \wedge N_p$ 夹角较小。折射率、双折射率、光性方位及 $2V$ 等都随温度而变化。常见//(100)的燕尾双晶，一般为二轴晶(+)。$N_p = 1.5205$，$N_m = 1.5226$，$N_g = 1.5296$。双折射率 $\Delta N = 0.009$；$2V = 58°$。光性方位：$N_m // b$，$N_g \wedge a = 51°52'$，$N_p \wedge c = 38°$。

［成因及产状］石膏广泛形成于沉积作用，如海盆或湖盆中化学沉积的石膏常与石灰岩、红色页岩、泥灰岩等成互层出现。在风化过程中硫化物矿床氧化带中的硫酸水溶液在与石灰岩作用时也可形成石膏。热液成因的石膏比较少见，通常见于某些低温热液硫化物矿床中。

［鉴定特征］宏观：以其硬度低和具有{010}极完全解理为鉴定特征，与碳酸盐矿物的区别在于遇 HCl 时不发生气泡。显微镜下：与硬石膏的区别是石膏为负低突起，硬石膏为正中突起；石膏的双折射率远远低于硬石膏；硬石膏的假立方形解理（三组解理相互直交）也是二者区别特征之一。

［主要用途］主要用作水泥配料、塑造模型和造纸工业等。

［著名产地］我国石膏储量居世界前列，绝大多数省区均有产出，其中湖北应城最著名。世界著名的产地有意大利部分地区和美国内华达州等地。

2）硬石膏(Anhydrite)($Ca[SO_4]$)

［化学组成］GaO 41.19%，SO_3 58.81%，常含少量 Sr 和 Ba。

［晶体结构］斜方晶系，D_{2h}^{17}—$Cmcm$；$a_0 = 6.991$ Å，$b_0 = 6.996$ Å，$c_0 = 6.238$ Å；$Z = 4$；岛状结构。

［形态］斜方双锥晶类；晶体通常沿 a 轴或 c 轴呈厚板状，依（011）呈简单双晶或聚片双晶。集合体呈纤维状、致密块状或粒状产出（彩图274）。

［物理性质］纯净者无色透明，无色或白色，常因含杂质而微带浅蓝色、浅红色、浅灰色。条痕白色或浅灰白色，玻璃光泽，解理面显珍珠光泽，透明—半透明。解理平行{010}和{100}完全，{001}中等，三组解理面相互垂直，可裂成火柴盒状的小块，硬度3～3.5，比重2.8～3.0。粉末可溶于硫酸，在水中溶解度很小。

［显微镜下特征］薄片无色，紫色硬石膏在薄片中具多色性，$N_p \approx N_g$ = 紫色，N_m = 无色；正中突起。最高干涉色可达三级绿(彩图275)；平行消光；二轴晶(+)。$N_p = 1.569 \sim 1.574$，$N_m = 1.574 \sim 1.579$，$N_g = 1.609 \sim 1.618$。双折射率 $\Delta N = 0.040 \sim 0.044$，$2V = 42° \sim 44°$。光性方位：$a // N_g$，$b // N_m$，$c // N_p$，$N_g N_p // (010)$。

［成因及产状］硬石膏主要产于蒸发作用所形成的盐湖沉积物中，这时既可形成硬石膏也能形成石膏，或者二者共生。此外，石灰岩或白云岩受热液交代而形成的硬石膏以及金属矿脉中的硬石膏，均可能是受含硫酸溶液作用的产物。

［鉴定特征］宏观：三组互相垂直的解理为鉴定特征，溶解于热盐酸，在稀溶液中加入氯化钡的溶液，可以产生白色的硫酸钡的沉淀。显微镜下：硬石膏具有假立方解理、干涉色高等特征可与其他矿物相区别。与重晶石区别在于硬石膏的干涉色达三级，而后者仅有一级。

［主要用途］作胶凝材料，将硬石膏磨成细粉，再加入活性剂，就具有与水凝结并慢慢硬化的过程，可用于塑像、医疗、造纸等方面。

［著名产地］世界著名的产地有波兰的维利奇卡、德国的施塔斯富特、印度部分地区、加拿大的新斯科舍、瑞士的贝克斯、奥地利施蒂利亚、美国的纽约和得克萨斯州等地。

3. 明矾石族

明矾石(Alunite)($KAl_3[SO_4]_2(OH)_6$)

［化学组成］K_2O 11.37%，Al_2O_3 36.92%，SO_3 38.66%，H_2O 13.05%；常有 Na 代替 K，当 Na 的成分超过 K 时称钠明矾石。

［晶体结构］三方晶系，C_{3v}^5—$R3m$；$a_0=6.961$ Ånm，$c_0=17.35$ nm Å；$Z=3$。

［形态］复三方单锥晶类；晶体少见，呈菱面体或假立方体；通常以块状、纤维状、细粒状和致密状集合体出现（彩图 276）。

［物理性质］白色，常带浅灰、浅黄或浅红色调，条痕白色，玻璃光泽，解理面上有时显珍珠光泽，透明。解理{0001}中等，断口呈贝壳状，性脆，硬度3.5～4，比重2.6～2.8。

［显微镜下特征］无色透明；正低—中突起；一轴晶(+)；$N_o=1.572$，$N_e=1.592$；双折射率 $\Delta N=0.0200$。可见一组解理，最高干涉色二级蓝（彩图 277），呈平行消光和对称消光，负延性。

［成因及产状］明矾石系含硫酸的低温热液作用于中酸性火成岩（常为火山喷出岩）所生成的蚀变产物，此作用称为明矾石化作用。蚀变后岩石由石英、高岭石、明矾石、黄铁矿等组成。若含明矾石量多时则成为明矾石矿床，少量产于火山喷气孔附近。此外，在砂岩、黏土和铝矾土中有明矾石结核产出。

［鉴定特征］宏观：明矾石与相似矿物的区别需借助化学反应：如加酸不起泡，加硝酸钴溶液灼烧呈蓝色（Al 的反应）等。显微镜下：有时与白云母相似，区别在于明矾石的双折射率较低(0.020)，而白云母可达0.036～0.049；明矾石的解理缝平行 N_p 即快光，而白云母解理缝平行慢光，转动载物台，使解理平行检板孔位置，插入检板，若干涉色升高则为明矾石，此法亦可与细小的绢云母区别；此外，明矾石为一轴晶，白云母为二轴晶。方柱石表面上看很像明矾石，但方柱石为一轴晶负光性。与钙霞石区别是明矾石的折射率较高。与水镁石的区别在于形态、解理和产状以及水镁石具有异常干涉色。

［主要用途］主要用作水泥配料、塑造模型和造纸工业等。

［著名产地］世界著名产地有瑞典旺木兰，中国辽宁本溪，英国、意大利的局部地区。

4. 胆矾族

本族矿物主要包括 Cu、Ag、Pb、Zn、Mn、Fe、Ni 等二价铜型离子和过渡型离子的含水硫酸盐，通常称为“矾类”矿物，它们在结构特点、物理性质和成因产状上都有一定的相似性；多呈被膜状、皮壳状、树枝状等覆盖在岩石的表面或充填于裂隙中，玻璃光泽，硬度较小，一般为2～3，易溶于水；主要产于硫化物矿床的氧化带。

六、碳酸盐

自然界中碳酸盐类矿物约有100余种，广泛分布于地壳中，其中最主要的是钙和镁的碳酸盐。碳酸盐中相当一部分矿物属方解石族，为三方晶系的复三方偏三角面体晶类或菱面体晶类。另一部分属低级晶族的单斜晶系和斜方晶系。集合体呈块状、粒状、放射状、纤维状和晶簇状等。矿物多为浅色，非金属光泽，硬度不大(3～5)，比重决定于矿物的成分，Ba、Pb 的碳酸盐比重较大，负光性，双折射率高，溶于盐酸。

大多数碳酸盐矿物为外生成因，主要由沉积作用形成或赋存于金属硫化物矿床氧化带。内生成因的碳酸盐多数出现在热液阶段，呈单一的碳酸盐脉或作为其他金属矿脉中的伴生矿物。碳酸盐在接触变质带、矿泉沉积物、火山岩的杏仁体内均有出现。

1. 方解石族

本族矿物晶体均属三方晶系，类质同像代替广泛，矿物成分变化范围较大。主要单形为菱面体和复三方偏三角面体。除菱锰矿呈玫瑰红色外，其他矿物多为无色、白色或灰色等，玻璃光泽；具有平行$\{10\overline{1}1\}$的三组完全解理；硬度不大，比重、折射率随成分的不同而变化。

1）方解石（Calcite）（$Ca[CO_3]$）

［化学组成］CaO 56.03%，CO_2 43.97%；常含有锰和铁。

［晶体结构］三方晶系，$D_{3d}^6—R\overline{3}c$，$a_{rh}=0.637$ nm，$\alpha=46°07'$；$Z=2$；方解石型结构。

［形态］复三方偏三角面体晶类，主要呈平行[0001]发育的柱状，平行{0001}发育的板状；亦常见菱面体、复三方偏三角面体；常依（$10\overline{1}2$）呈聚片双晶。集合体多种多样，有片状（板状）或纤维状的方解石呈平行或近似平行的连生体，分别称为层解石和纤维方解石；还有致密块状（石灰岩）、粒状（大理岩）、土状（白垩）、多孔状（石灰华）、钟乳状（石钟乳）和鲕状、豆状、结核状、葡萄状和被膜状等（彩图 278）。

［物理性质］一般呈白色，但因含各种混入物而呈不同的颜色，如灰色、黄色、浅红色、绿色等；条痕无色，玻璃光泽，透明；解理平行$\{10\overline{1}1\}$完全；硬度 3；比重 2.715。晶体遇稀盐酸剧烈起泡。

［显微镜下特征］薄片中多为无色，但含黏土和氧化铁时可带灰色或褐色色调。聚片双晶纹平行于菱形切面的长对角线方向（彩图 279）。闪突起显著（N_o 方向中正突起，N_e 方向低负突起）。高级白干涉色，色散强；一轴晶（-）；$N_o=1.658$，$N_e=1.486$；与 Mn、Fe 类质同像时，N 变大；有时会呈异常二轴晶（$2V$ 很小，约 5°～10°）。

［成因及产状］成因较多，海水中溶解的重碳酸钙 $CaH_2[CO_3]_2$，由于 CO_2 的大量逸出而形成沉积的石灰岩。风化过程中，石灰岩溶解所形成的重碳酸钙溶液，由于 CO_2 的大量逸散，常形成巨大的石乳和石笋。内生成因的岩浆中低温矿脉中常伴有方解石的出现。

［鉴定特征］宏观：菱面体完全解理，硬度 3，与冷稀 HCl 相遇出现剧烈气泡。显微镜下：根据方解石无色透明、菱形解理、闪突起显著、干涉色为高级白、一轴晶负光性等特征，可与非碳酸盐的矿物区别开。方解石与其他碳酸盐矿物在薄片中的区别特点：方解石的折射率比其他碳酸盐矿物低，方解石和菱镁矿的 $N_e<1.54$，即当 N_e 平行下偏光时为负突起，而菱铁矿 N_o、N_e 都为正突起。当晶粒具有聚片双晶时（特别是变质岩中的方解石）沿$\{10\overline{1}0\}$的双晶纹平行菱形解理的长对角线；而白云石的双晶纹多是沿$\{02\overline{2}1\}$，且平行菱形解理的短对角线。方解石、白云石同在一岩石中时，后者一般自形。值得注意的是，对方解石、白云石而言，找 N_e' 方向是在单偏光镜下转载物台使矿物处于低突起的位置，此时下偏光振动方向为 N_e' 方向。

［主要用途］是光学上制造偏光镜的贵重材料，也是烧制石灰和制造水泥的原料，在

冶金工业上常作为溶剂。

［著名产地］我国西南广大石灰岩地区特别是桂林一带的溶洞，闻名世界。世界上出产良好方解石晶体的地点有美国苏必利尔湖的铜矿区、德国的萨克森、英国的坎伯兰郡、冰岛局地和墨西哥的瓜纳华托等地。

2）菱镁矿（Magnesite）（Mg［CO_3］）

［化学组成］MgO 47.81%，CO_2 52.19%，常含锰、铁和钙，其含镍的亚种称为河西石。

［晶体结构］三方晶系，$D_{3d}^6—R\overline{3}c$；方解石型结构。菱面体晶胞 $a_{rh}=0.566$ nm，$\alpha=48°10'$；$Z=2$；六方晶胞 $a_h=0.462$ nm，$c_h=1.499$ nm；$Z=6$。

［形态］复三方偏三角面体晶类；单晶体常呈菱面体晶形，较少见。集合体常呈显晶粒状或隐晶质的致密块状，在风化壳中常呈陶瓷状块体（彩图280）。

［物理性质］白色，含铁呈黄色或褐色，含钴呈淡红色，含镍呈翠绿色，条痕无色，玻璃光泽，透明到半透明。解理平行{$10\overline{1}1$}完全，瓷状块体呈贝壳状断口，硬度3.5~4.5，比重2.9~3.1，含Fe者比重增大。

［显微镜下特征］薄片无色，负低至正高突起，闪突起明显；干涉色高级白；一轴晶（－）；$N_o=1.700\sim1.719$，$N_e=1.509\sim1.527$；双反射率 $\Delta N=0.1900\sim0.1920$。

［成因及产状］形成于热液矿脉、变质岩和沉积岩，通常菱镁矿是由含Mg热溶液交代白云岩或白云质灰岩及超基性岩而成。

［鉴定特征］宏观：以白色、致密块状、菱面体解理为鉴定特征。与方解石的区别在于硬度稍高于方解石，与冷盐酸不起泡，加热后才剧烈产生气泡。显微镜下：与方解石、白云石的区别在于菱镁矿的折射率较大，不见聚片双晶。与菱铁矿、菱锰矿的区别是菱镁矿 N_e 为负低突起，而后两者为正低突起。

［主要用途］用于制造耐火材料和提炼金属镁。

［著名产地］世界主要产地有中国辽宁大石桥，以及捷克、加拿大、俄罗斯、奥地利、希腊、美国部分地区。

3）菱铁矿（Siderite）（Fe［CO_3］）

［化学组成］FeO 62.01%，CO_2 37.99%，其中常含有Mn、Mg和Ca等类质同像混入物，形成锰菱铁矿和钙菱铁矿等变种。

［晶体结构］三方晶系，$D_{3d}^6—R\overline{3}c$；方解石型结构。菱面体晶胞 $a_{rh}=5.76$ Å，$\alpha=47°54'$；$Z=2$；六方晶胞 $a_h=4.68$ Å，$c_h=15.26$ Å；$Z=6$。

［形态］复三方偏三角面体晶类；晶体呈菱面体状、短柱状或偏三角面体状。集合体呈粒状、致密块状、土状、葡萄状和结核状产出（彩图281）。在沉积层中的结核状菱铁矿呈球形或近似球形、半球形的隐晶质偏胶体，称球菱铁矿；在一些沼泽沉积物中，有非晶质或隐晶质凝胶状的菱铁矿，称胶菱铁矿。

［物理性质］灰黄色、灰白色、棕色、浅绿色、淡红色或几乎黑色，新鲜的浅灰白色或浅黄白色；条痕无色，玻璃光泽，隐晶质无光泽，透明—半透明。菱面体形解理{$10\overline{1}1$}完全，参差状断口，硬度3.5~4.5，比重3.96。

［显微镜下特征］薄片无色，但常具褐色色调；因易风化，在解理缝附近常出现褐色锈斑；双晶少见；正中—高突起（彩图282）；一轴晶（－）；$N_o=1.782\sim1.875$，$N_e=$

1.575～1.635；双折射率 $\Delta N=0.207\sim0.242$；高级白干涉色，色散强。

［成因及产状］有热液成因和外生成因两种：热液成因的菱铁矿见于金属矿脉中，外生成因的菱铁矿见于页岩、黏土或煤层中。

［鉴定特征］宏观：以完全菱面体解理以及在盐酸中缓慢反应为其特征。与本亚族其他矿物区别在于灼烧后的残渣有磁性。显微镜下：菱铁矿以晶形、高突起及氧化后表面和边缘呈褐色为特征，可与其他碳酸盐矿物区别；细小的菱铁矿只能用化学方法区别。菱铁矿与锡石的区别在于锡石为正光性，且双折射率较低。

［主要用途］主要作为铁矿石。

［著名产地］世界著名的产地有美国宾州西部、俄亥俄州东部、康涅狄克州鲁科斯巴里和纽约州以及波兰和英国局部地区、德国的威斯特伐利亚等地区。

4）菱锰矿（Rhodochrosite）（$Mn[CO_3]$）

［化学组成］MnO 61.71%，CO_2 38.29%；常含有 Fe、Ca、Zn、Mg，有时含少量的 Cd 和 Co 等。

［晶体结构］三方晶系，D_{3d}^6—$R\bar{3}c$；方解石型结构；菱面体晶胞 $a_{rh}=5.84$ Å，$\alpha=47°46'$；$Z=2$；六方晶胞 $a_h=4.73$ Å，$c_h=15.49$ Å；$Z=6$。

［形态］复三方偏三角面体晶类；晶体呈菱面体状，较少见，晶面弯曲，多出现于热液脉空隙里；热液成因的多呈显晶质，集合体为粒状或柱状；沉积成因多呈隐晶质，为块状、鲕状、肾状、土状等集合体（彩图283）。

［物理性质］典型的颜色是玫瑰红色，随钙质增加而变淡，氧化后呈褐黑色；条痕无色，玻璃光泽，隐晶质无光泽，透明—半透明。菱面体解理$\{10\bar{1}1\}$完全，参差状断口，硬度3.5～4，比重3.70，随铁和钙的含量的变化而变化。

［显微镜下特征］无色或玫瑰色，在空气中氧化后，常见褐或黑色表面蚀变物。一轴晶（－）；$N_e=1.596\sim1.598$，$N_o=1.814\sim1.816$；双反射率 $\Delta N=0.2180$。闪突起明显，N_o = 正高突起，N_e = 正低突起，干涉色高级白，色散较强（彩图284）。

［成因及产状］有内生热液成因和外生沉积成因，前者见于铜、铅、锌硫化物热液矿脉中，沉积生成的菱锰矿大量分布于海相沉积的锰矿床中。

［鉴定特征］宏观：玫瑰红色，完全菱面解理，较低硬度，氧化后矿物表面为褐黑色。显微镜下：典型菱锰矿以淡粉红色、表面经常变为褐色至黑色氧化锰、经常与含锰矿物共生等为其主要特征。与菱镁矿、菱铁矿的区别还可根据相对密度、硬度以及解理碎屑面上测 N_g' 值来确定。菱锰矿与其他非碳酸盐矿物的区别是菱锰矿具菱形解理，高级白干涉色。

［主要用途］为提取锰的主要成矿原料。

［著名产地］世界著名的产地有罗马尼亚局部地区、德国的萨克森、美国局部地区和中国东北瓦房店等地。

5）菱锌矿（Smithsonite）（$Zn[CO_3]$）

［化学组成］ZnO 64.90%，CO_2 35.10%。类质同像混入物有 Fe，当 Fe 含量多时称铁菱锌矿；有时含 Mn、Mg、Ca、Cu、Pb、Cd 和 In 等。

［晶体结构］三方晶系，D_{3d}^6—$R\bar{3}c$；方解石型结构。菱面体晶胞 $a_{rh}=5.67$ Å，$\alpha=48°56'$；$Z=2$；六方晶胞 $a_h=4.66$ Å，$c_h=14.99$ Å；$Z=6$。

［形态］复三方偏三角面体晶类；晶体呈菱面体及复三方偏三角面体和六方柱的聚形；由于菱锌矿是氧化带中的偏胶体矿物，故多呈块状、葡萄状、肾状、粒状和钟乳状集合体产出（彩图285）。

［物理性质］灰白色，微带浅绿色或浅褐色，条痕无色，玻璃光泽，透明到半透明；具菱面体解理，但不如族中其他矿物完全；参差状断口；硬度4～4.5；比重4.43；是方解石族矿物中最大的。

［显微镜下特征］无色或玫瑰色；闪突起较明显，N_o=正极高突起，N_e=正中突起，一轴晶(－)；$N_e=1.621$，$N_o=1.849$；双折射率 $\Delta N=0.227$；高级白干涉色（彩图286）。

［成因及产状］产于铅锌矿床氧化带，是由闪锌矿氧化分解所产生的硫酸锌，交代碳酸盐围岩或原生矿石中的方解石而成，常与孔雀石、蓝铜矿等次生矿物伴生。

［鉴定特征］以其形态、产状及其粉末加冷盐酸微起泡嗞嗞作响为鉴定特征，与本亚族其他矿物的区别在于比重较大，菱面体解理较不完全。

［主要用途］大量菱锌矿可作为提炼锌的矿物原料。

［著名产地］世界著名的产地有意大利撒丁岛，墨西哥的北部，希腊、波兰、比利时局部地区，美国科罗拉多州、犹他州，中国广西融县以及非洲地区。

6）白云石(Dolomite)($CaMg[CO_3]_2$)

［化学组成］CaO 30.41%，MgO 21.86%，CO_2 47.73%；常含铁和锰，偶尔含钴、锌等。

［晶体结构］三方晶系，$D_{3i}^2—R\overline{3}$；方解石型结构的衍生结构。菱面体晶胞 $a_{rh}=6.061$ Å，$\alpha=47°37'$；$Z=2$；六方晶胞 $a_h=4.861$ Å，$c_h=16.014$ Å；$Z=6$。

［形态］菱面体晶类；单晶体常呈菱面体，晶面常弯曲成马鞍形，有时形成柱状、板状等。集合体呈粗粒—细粒状或块状（彩图287）。

［物理性质］无色或白色，含铁者灰色—暗褐色，含铁白云石风化后，表面变为褐色；条痕无色，玻璃光泽，透明；具菱面体解理，解理面弯曲；硬度3.5～4；比重2.86；遇冷稀HCl反应微弱。

［显微镜下特征］无色，含铁变种可带褐色；聚片双晶纹往往平行于菱形切面的短对角线方向，闪突起显著，一轴晶(－)；$N_e=1.502$，$N_o=1.679$。其折射率和双折射率随着成分中Fe、Mn含量的增加而增大。高级白干涉色（彩图288），对称消光，晶面弯曲者为波状消光。

［成因及产状］白云石是沉积岩中广泛分布的矿物之一，可以形成巨厚的白云岩，是白云岩、白云质灰岩的主要成分。原生沉积的白云岩是在盐度很高的海湖中直接形成。但大量的白云石是次生的，是石灰岩受到含镁溶液交代形成的。

［鉴定特征］宏观：白云石可以借其马鞍形的晶体外形、遇冷稀HCl反应微弱而与方解石及菱镁矿区别。显微镜下：白云石以其高级白干涉色和菱形解理区别于其他矿物。白云石的菱形解理面常弯曲是其特征。白云石与方解石的区别是若二者同在一薄片中，白云石常呈自形晶，其折射率较大，双晶纹常平行菱形解理的短对角线；而方解石的双晶纹平行菱形解理的长对角线；当晶体为粒状并具有两组双晶纹时，白云石的 N_e' 在锐角内，而方解石在钝角内；在变形岩石中，白云石的 c 轴近于平行应力方向，而方解石则垂直于应

力方向。白云石具有“雾心亮边”的环带构造也是特点之一。

［主要用途］用作耐火材料、炼钢溶剂和化工原料。

［著名产地］世界著名的产地有奥地利、瑞士的局部地区，英国的北部，墨西哥局部地区，美国的堪萨斯州和加拿大的魁北克、安大略等地。

2. 文石族

文石(霰石)(Aragonite)($Ca[CO_3]$)

［化学组成］CaO 56.03%，CO_2 43.97%，Ca 常被 Sr、Pb、Zn、TR 所代替，还常含有 Mn、Fe、Mg 和 Al 等，但一般含量较低。

［晶体结构］斜方晶系，$D_{2h}^{16}—Pmcn$；$a_0=4.95$ Å，$b_0=7.96$ Å，$c_0=5.73$ Å；$Z=4$；文石型结构。

［形态］斜方双锥晶类，单晶体常呈柱状、矛状或尖锥状。集合体呈柱状、针状、纤维状或晶簇状，也有呈钟乳状、皮壳状、豆状、鲕状、球状等（彩图 289）。

［物理性质］无色或白色，有时呈黄白色、浅绿色、灰色等，条痕无色，玻璃光泽，断口为油脂光泽，透明。解理{010}不完全，断口贝壳状，硬度 3.5～4，比重 2.94。

［显微镜下特征］无色透明；负低—正中突起，闪突起明显；干涉色高级白（彩图 290）；在横切面的切面上，闪突起不明显，纵切面则闪突起显著，长边 N_p 平行下偏光时为负低突起，转 90°，短边平行下偏光时，则为正高突起，糙面显著；平行消光；负延性；二轴晶(－)。$N_p=1.530\sim1.531$，$N_m=1.680\sim1.681$，$N_g=1.685\sim1.686$。双折射率 $\Delta N=0.156$。$2V=18°$。光性方位：$a//N_m$，$b//N_g$，$c//N_p$。光轴面 N_pN_g 平行(100)。

［成因及产状］在自然界，文石远少于方解石，主要形成于外生作用。作为生物化学作用的产物，见于许多动物的贝壳或骨骸中。珍珠的主要构成矿物也是文石，海水中也可以直接形成。内生成因的文石是热液最后阶段的低温产物，温泉沉淀物中也有文石产出。

［鉴定特征］宏观：文石与方解石以及白云石可借比重的不同加以区分，将矿物颗粒放置在三溴甲烷中，文石下降，白云石和方解石漂浮；也可以根据解理情况加以区别，文石{010}的解理差，而方解石和白云石为完全的菱面体解理。显微镜下：文石与方解石和白云石等碳酸盐矿物之间的区别在于：①文石仅有一组平行柱面的不完全解理，而方解石和白云石有菱面体的三组完全解理；②文石平行解理方向为平行消光，而方解石和白云石多为对称消光；③文石为二轴晶，但方解石和白云石为一轴晶。另外，在煮沸的 $CoNO_3$ 溶液中加入文石粉末变为紫色，而方解石保持无色或微蓝色；也可用其他的碳酸盐染色法，将它们区分开。

［著名产地］世界著名的产地有美国加利福尼亚州、中国的浙江和河北省等地。

3. 孔雀石族

1）孔雀石(Malachite)($Cu_2[CO_3](OH)_2$)

［化学组成］CuO 71.95%，H_2O 8.15%，CO_2 19.90%，可见 Cu 被 Zn 替代，形成含锌的变种——锌孔雀石，常含微量 CaO、Fe_2O_3、SiO_2 等。

［晶体结构］单斜晶系，$C_{2h}^{5}—P2_1/c$；$a_0=9.48$ Å，$b_0=12.03$ Å，$c_0=3.21$ Å；$\beta=98°$；$Z=4$；链状结构。

［形态］斜方柱晶类。单晶体常呈柱状或针状，但很少见。集合体呈肾状、葡萄状，其内部具有同心层状或放射纤维状构造（彩图 291）。

［物理性质］深绿色—鲜绿色，条痕淡绿色，玻璃光泽—金刚光泽，纤维状集合体呈丝绢光泽，不透明；解理平行{$\bar{2}01$}完全，平行{010}中等，断口不平坦；硬度3.5~4；比重4.0~4.5；性脆；加HCl起反应。

［光性特征］透射光下：绿色—黄绿色（彩图292），具多色性：N_p=近于无色，N_m=黄绿色，N_g=暗绿色；吸收性$N_g > N_m > N_p$，光轴面平行(010)，$N_p \wedge (001) = 85°$；正极高—中突起，干涉色高级白，常被自身颜色掩盖；二轴晶(－)；$N_p = 1.655$，$N_m = 1.875$，$N_g = 1.909$。双折射率$\Delta N = 0.254$。$2V = 43°$。色散相当强，$r < v$。光性方位：$N_p \wedge c = 23.5°$，$N_m // b$，$N_gN_p // (010)$。

反射光下：反射色带棕灰色，具较显著双反射；显反射多色性（明显带棕灰色—灰白）；显翠绿色内反射色（彩图293）；显强非均质性（偏光色略紫灰白—紫灰—棕褐或暗紫）；$A_r = 6.2°$；易磨光。浸蚀反应：HNO_3(＋)发泡，显结构；HCl(＋)发泡；KCN(＋)显结构；$FeCl_3$(＋)发泡，黄色沉淀；KOH(±)黄色沉淀。

［成因及产状］孔雀石是含铜硫化物矿床氧化带中风化作用的产物，系含铜硫化物氧化所产生的易溶硫酸铜与方解石相互作用而成，或者与含碳酸水溶液作用的结果，经常与蓝铜矿共生。

［鉴定特征］宏观：以其绿色、条痕淡绿色和肾状、葡萄状等为鉴定特征。其粉末加HCl起反应，可与硅孔雀石区别。显微镜下：根据颜色、形态可鉴定之。

［主要用途］量多时可作为提炼铜的矿物原料。质纯色美者是工艺雕刻品的材料，粉末可作为颜料。孔雀石是原始铜硫化物矿床的找矿标志。

［著名产地］世界著名产地有俄罗斯乌拉尔山脉，法国里昂附近，刚果的加丹加，澳大利亚的南威尔士州的布罗肯希尔，美国的亚利桑那州和新墨西哥州以及中国湖北铜绿山、广东阳春等地。

2）蓝铜矿(Azurite)[$Cu_3(CO_3)_2(OH)_2$]

［化学组成］CuO_2 69.24%，CO_2 25.53%，H_2O 5.23%，成分稳定。

［晶体结构］单斜晶系，C_{2h}^5—$P2_1/c$；$a_0 = 5.00$ Å，$b_0 = 5.85$ Å，$c_0 = 10.35$ Å；$\beta = 92°20'$；$Z = 2$；链状结构。

［形态］斜方柱晶类。单晶体常呈柱状、柱状或厚板状，可见双晶。集合体以粒状、致密块状、晶簇状、放射状，以及皮壳状、结核状、钟乳状和土状产出（彩图294）。

［物理性质］深蓝色，土状块体呈浅蓝色，条痕浅蓝色，玻璃光泽，钟乳状和土状块体光泽暗淡，透明—半透明。解理平行{011}完全，{100}完全或中等；贝壳状断口；硬度3.5~4；比重3.7~3.9；性脆；溶于盐酸，发泡，易熔，加热后变黑。

［显微镜下特征］浅蓝色；正高—极高突起；二轴晶(＋)；$N_p = 1.730$，$N_m = 1.758$，$N_g = 1.838$；$2V = 67°$；强色散，$r > v$。光性方位：$N_p // b$，$N_g \wedge c = 12°36'$。

反射光下：反射色灰色微带棕灰色，显稍强弱双反射；具稍强弱多色性（微带棕灰色－灰白）；显强烈内反射，深蓝色、鲜蓝色（彩图295）；显强非均质性（偏光色带褐棕红灰—棕红褐或蓝紫）；易磨光；$R <$ 闪锌矿；反射率：7（伏黄）~9（伏黄）。浸蚀反应：HNO_3(＋)发泡，显结构；HCl(＋)发泡，显结构；$FeCl_3$(±)显结构。

［成因及产状］与孔雀石相似，是含铜硫化物矿床氧化带的风化产物，系含铜硫化物氧化所产生的易溶硫酸铜与方解石相互作用而成，或者与含碳酸水溶液作用的结果。蓝铜

矿和孔雀石之间可以相互转变。

［鉴定特征］宏观：以其深蓝色、条痕淡蓝色和与孔雀石共生为鉴定特征；可溶于盐酸，溶液呈蓝色，并产生气泡；有 Cu 的焰色反应。显微镜下：反射光下以其特征鲜明的蓝色内反射色和产状可与其他矿物区别。

［主要用途］可作为提炼铜的矿物原料，质纯色美者是工艺雕刻品的材料，粉末可作为颜料。

［著名产地］世界重要产地有法国、希腊的局部地区，俄罗斯的西伯利亚，澳大利亚新南威尔士的布罗肯希尔，美国亚利桑那州的比斯比和莫雷西以及纳米比亚奥塔维附近的楚梅布等地。

七、硝酸盐

自然界中硝酸盐类矿物仅有十几种，络阴离子为$[NO_3]^-$，阳离子主要为碱金属（K 和 Na）及碱土金属（Mg、Ca 和 Ba），此外还有 Cu 和 NH_4；有时含有附加阴离子（OH）或水分子，以及$[SO_4]^{2-}$和$[PO_4]^{3-}$。

硝酸盐矿物一般为无色或白色，含 Cu 时为绿色，透明；比重小（1.5～3.5）；硬度低（1.5～3.0）；易溶于水；多为表生成因，也可由火山喷气形成。

第五节　卤化物大类

本类化合物有 100 余种，为 F、Cl、Br、I 的化合物，以 F 和 Cl 的化合物较常见。成分中阳离子主要为碱金属和碱土金属元素，其次有 Rb、Cs、Sr、Y、TR、Mn、Ni、Hg 等。重金属元素 Cu、Hg、Ag、Pb 等卤化物只在特殊条件下才能形成，某些卤化物含$(OH)^-$或水分子。

本类化合物类型主要有 AX 和 AX_2 型，主要结构类型有氯化钠型、萤石型、闪锌矿型。轻金属元素卤化物矿物具有典型的离子键，因此表现在物理性质上为透明、无色、比重较小、折射率小、弱的光泽和溶于水等。重金属元素卤化物具有共价键，在物理性质上具有很淡的颜色、折射率高、金刚光泽、比重大等特点。对于阴离子，F 离子半径小，常与半径相对小的阳离子（如 Ca、Mg、Al、Si 等）结合成坚固的化合物，性质比较稳定，熔、沸点高，溶解度低，硬度较大；而 Cl、Br、I 往往与半径较大的阳离子（Na、K、Rb、Cs 等）形成化合物，它们溶点和沸点低，易溶于水，硬度较小等。

卤化物主要在热液作用和外生作用中形成，在火山喷气中可有少量的卤化物矿物形成。

根据晶体化学特点和性质可将本大类矿物分为两类：氟化物类（包括萤石族、氟镁石族和冰晶石族）和氯化物、溴化物、碘化物类（包括石盐族、光卤石族和角银矿族等）。

一、氟化物

自然界中本类矿物约 25 种，分布有限。氟化物矿物中所含元素约有 15 种，其中以 Ca 为主，形成的矿物主要为萤石。

1. 萤石族

萤石（氟石）（Fluorite）（CaF_2）

［化学组成］Ca 51.33%，F 48.67%，Ca 可以部分被稀土元素置换。

［晶体结构］等轴晶系，O^5—$Fm3m$；a_0 =5.45 Å；Z =4；萤石型结构。

［形态］六八面体晶类；常呈立方体、八面体或菱形十二面体晶形及它们的聚形，在立方体晶面常出现与棱平行的镶嵌花纹；双晶常见，由两个立方体相互穿插而成。集合体通常呈粒状、致密块状、球粒状，偶见土状块体（彩图 296）。

［物理性质］呈多种颜色，常见的是紫色、蓝色或绿色，而无色、黄色少见；白色条痕，玻璃光泽，透明；解理平行{111}完全，性脆，硬度 4，比重 3.18；显荧光性，色散低，对红外线、紫外线透射能力强。

［显微镜下特征］薄片中无色或微带紫色，有时颜色呈带状或斑点状分布；负高突起，糙面显著（彩图 297）；八面体(111)解理完全；均质性，全消光；N = 1.43；N 值随着 Y 代替 Ca 的数量增高而增大。晶体受压后具弱异常干涉色。

［成因及产状］主要形成于热液作用，有时可聚集成为独立萤石脉出现，无色透明的萤石产于花岗伟晶岩和萤石脉的晶洞里。

［鉴定特征］宏观：可以从它的立方晶形、八面解理、玻璃光泽和多彩多姿的颜色中予以鉴定。它的硬度比长石低，但比方解石高，可以用小刀刮损，遇盐酸不起气泡。显微镜下：根据萤石的晶形、解理易与蛋白石区别。与白榴石、方钠石区别在于萤石折射率低，表现为显著的负突起。当方英石和鳞石英特征不很明显时，萤石与其易相混，它们的区别是萤石有很好的解理且折射率较小，负高突起。冰晶石以其突起更低(N = 1.34)区别于萤石。当萤石有颜色时，常表现为在一个晶体中颜色分布不均，是其重要特征之一。

［主要用途］光学萤石用于制造光学透镜，一般萤石可作为冶金工业上的溶剂，或提取氟，制造氢氟酸以及配制瓷的原料，也是生产火箭的高级燃料的催化剂。

［著名产地］美国伊利诺伊州、澳大利亚昆士兰州、英国的坎伯兰郡、德国的萨克森、中国浙江等地，还有瑞士、挪威、墨西哥、加拿大、俄罗斯、意大利等国的局部地区。

2. 冰晶石族

冰晶石（Cryolite）（Na_3AlF_6）

［化学组成］Na 32.85%，F 54.30%，Al 12.85%。

［晶体结构］单斜晶系，$P2_1/n$；a_0 = 5.46 Å，b_0 = 5.60 Å，c_0 = 6.01 Å，β = 90°11′；链状结构。

［形态］晶体呈假立方体和短柱状，常依(110)呈双晶，通常以块状或粒状集合体产出（彩图 298）。

［物理性质］无色或白色、浅黄色、棕色或浅红色；白色条痕，玻璃—油脂光泽，透明—半透明；无解理，参差状断口，硬度 2~3，比重 2.97。

［显微镜下特征］透射光下无色透明，负高突起显著；二轴晶(+)；$2V$ = 43°；N_g = 1.3396，N_m = 1.3389，N_p = 1.3385。冰晶石属单斜晶系，但常显均质性。N = 1.3396 ~ 1.3385。

［成因产状］主要产于伟晶岩脉内，但极少聚集成为单独矿床。冰晶石是一种产出很稀少的矿物。

［主要用途］作为从铝土矿中用电解法炼铝时的熔剂。

［著名产地］世界上以格陵兰西部的冰晶石矿床最著名。

二、氯化物、溴化物、碘化物

自然界中本类矿物约31种，以氯化物矿物分布最广。自然界与氯相结合的元素有16种之多，其中以Na、K和Mg最主要，其次为重金属元素Cu、Ag和Pb等。

1. *石盐族*

本族主要矿物为石盐和钾盐。晶体结构同属NaCl型，性质相似，但由于K与Na两种元素的离子半径相差较大，故不存在类质同像代替，所以石盐、钾盐成分上相对较为纯净。

1）石盐(Halite)(NaCl)

［化学组成］Na 39.4%，Cl 60.6%，常含卤水、气泡、泥质和有机质等机械混入物。

［晶体结构］等轴晶系，$O_h^5—Fm3m$；$a_0=5.628$ Å；$Z=4$；NaCl型晶体结构。

［形态］六八面体晶类。常见晶形为立方体，其次有八面体与立方体的聚形、菱形十二面体与立方体的聚形；双晶极少见，有时可见到漏斗状的立方体骸晶。集合体呈粒状、致密块状或疏松盐华状（彩图299），也有呈巨大晶簇者，有时呈豆状、柱状。晶面往往因溶解而光泽黯淡或显油脂光泽，棱角变圆。

［物理性质］无色透明者少见，常因含杂质而呈各种颜色：含极微细气体包裹体者呈白色，含泥质细粒者呈灰色，含氢氧化铁、氧化铁分别呈黄色和红色，含有机质者呈褐色或黑色；条痕白色，玻璃光泽，受风化后呈油脂光泽，透明；解理平行{100}完全，硬度2~2.5；比重2.1~2.2；性脆；易溶于水，有咸味；烧之呈黄色火焰，熔点804 ℃。

［显微镜下特征］薄片中通常无色；常见石膏、硬石膏、褐铁矿等的包裹体，有时还有液体、气体包裹体；通常呈自形晶；平行于立方体晶面的解理完全；折射率低，与树胶几乎相同，故突起不明显；均质体；全消光，$N=1.544$；有时因受应力可显微弱的干涉色。

［成因及产状］在干热气候条件下沉淀于盐湖和海滨浅水泻湖中。

［鉴定特征］可以从它的晶形、立方解理、低硬度和具有咸味等方面予以鉴定。它和钾盐不同之处是不似钾盐那样苦。

［主要用途］可作为食料和防腐剂，也是制取金属钠、盐酸和其他多种化学产品的原料。

［著名产地］我国以柴达木盆地最为著名，其他著名的产地有俄罗斯、英国、德国、加拿大、美国和意大利。

2）钾盐(Sylvite)(KCl)

［化学组成］K 52.5%，Cl 47.5%；常含微量Rb、Cs的类质同像混入物和包裹体等。

［晶体结构］等轴晶系，$O_h^5—Fm3m$；$a_0=6.277$ Å；$Z=4$；NaCl型晶体结构。

［形态］六八面体晶类。常见晶形为立方体，其次有八面体与立方体的聚形；集合体呈粒状、致密块状，偶呈柱状、针状、皮壳状（彩图300）。

［物理性质］纯净者无色透明，含细微气泡者呈乳白色，含细微赤铁矿者呈红色；玻璃光泽；解理{100}完全；硬度1.5~2；性脆；比重1.97~1.99；味苦咸且涩；易溶于

水；烧之火焰呈紫色，熔点 790 ℃。

［显微镜下特征］薄片中无色或呈玫瑰色，透明，具较显著的负低突起，显均质性；$N=1.4913$；有时可见微弱的干涉色。

［成因及产状］为一种蒸发沉积矿物，由含盐溶液沉积而成，因而常见于干涸盐湖中，与石盐、石膏、杂卤石、光卤石和硬石膏共生。

［鉴定特征］像石盐一样溶于冷水，但是有股苦味且涩。

［主要用途］制造工业用钾化合物和钾肥。

［著名产地］世界著名产地有美国德克隆和新墨西哥州等地。中国柴达木盐湖中产有钾盐。云南勐野井钾盐矿矿物成分中以钾盐为主。

2. 光卤石族

光卤石（Carnallite）（$KMgCl_3 \cdot 6H_2O$）

［化学组成］Mg 8.7%，K 14.1%，Cl 38.3%，H_2O 38.9%，Br 和 Rb、Cs、T1、NH_4 以类质同像方式置换 Cl 而存在，Fe^{2+} 可以置换 Mg^{2+}。

［晶体结构］斜方晶系，D_{2h}^{6}—$Pbnn$；$a_0=9.56$ Å，$b_0=16.05$ Å，$c_0=22.56$ Å；$Z=12$。

［形态］斜方双锥晶类。晶体呈假六方锥形，很少见，通常呈粒状或致密块状集合体。

［物理性质］纯净者为无色或白色，常因含细微氧化铁而呈红色，含氢氧化铁混入物而显黄褐色；新鲜断面呈玻璃光泽，在空气中很快变暗并呈油脂光泽；无解理；硬度 2 ~ 3；性脆；比重 1.60；具强潮解性；味辛、辣、苦、咸；发强荧光；易溶于水，溶于水时发特殊的碎裂声，是由于含有处在高压下的气泡爆裂所致（彩图 301）。

［显微镜下特征］薄片无色；负低—高突起；干涉色二级黄绿；平行消光；二轴晶（+）；$2V=30\sim70°$；$N_g=1.496$，$N_m=1.474$，$N_p=1.467$；双折射率 $\Delta N=0.029$；有时可见到聚片双晶和格子双晶（菱形格子，夹角 60° ~ 64°）。

［成因及产状］是富含镁、钾盐湖蒸发岩中最后形成的矿物之一，因而出现于岩层的上部，并与石盐、钾盐等共生。

［鉴定特征］以其在空气中极易潮解、具强萤光性和无解理与石盐、钾盐相区别。

［主要用途］用于制造钾肥和钾的化合物，可以提取金属镁。

［著名产地］世界著名的产地有德国普鲁士斯达斯福和美国部分地区。

附　　件

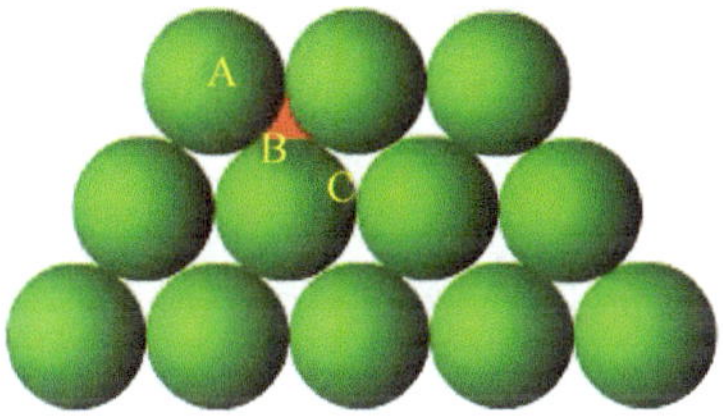

彩图1　一层等大球体的堆积方式及空隙

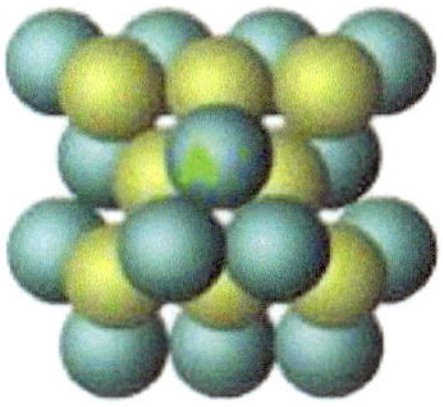

(a) 六方最紧密堆积

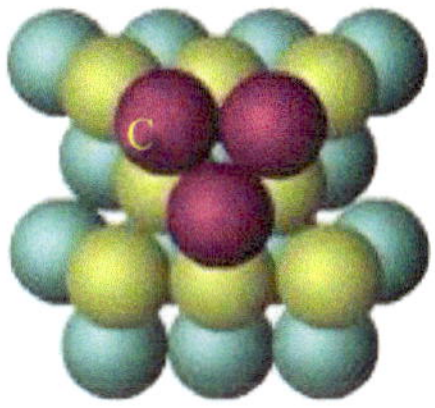

(b) 立方最紧密堆积

彩图2　三层等大球体堆积方式

彩图3　异剥辉石有一组细而密集的{100}平直裂理（辉长岩）（单偏光）

(a) 铬矿石的浸染状构造

(b) 铬矿石的稠密浸染状构造

(c) 钛-铁矿石的块状构造

彩图4　侵入岩浆矿石构造
（中国地质大学矿床学精品课程）

(a) 铬矿石斑杂状构造

(b) 铬矿石的豆状构造

彩图5　侵入岩浆矿石构造
（中国地质大学矿床学精品课程）

彩图6　火山岩浆矿石中的气孔状构造
（中国地质大学矿床学精品课程）

(a) 铜矿石的脉状构造

(b) 汞矿石的角砾状构造

(c) 铅-锌矿石的环状构造

彩图7　气水热液充填矿石构造
（中国地质大学矿床学精品课程）

(a) 汞矿石的晶洞状构造

(b) 锑矿石的晶簇构造

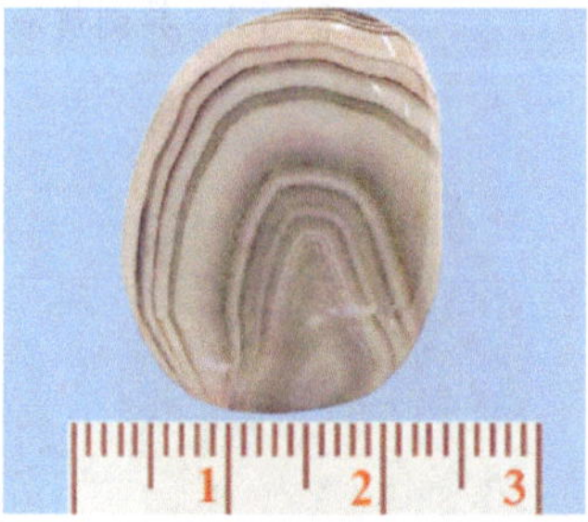

(c) 玛瑙的胶状构造

彩图8　气水热液充填矿石构造
（中国地质大学矿床学精品课程）

彩图9　砷矿石的块状构造(气水热液充填)
(中国地质大学矿床学精品课程)

彩图10　钼矿石的浸染状构造(气水热液充填)
(中国地质大学矿床学精品课程)

(a) 铅锌硫化物矿石的网脉状构造

(b) 交错脉状构造

(c) 辉锑矿矿石的脉状穿插构造

(d) 铅锌矿石的条带状构造

(e) 铁铜矿石的似条带状构造

(f) 铅-锌矿石的块状构造

彩图11　气水热液交代矿石构造
(中国地质大学矿床学精品课程)

彩图12　蜂窝状构造（风化矿石）
(中国地质大学矿床学精品课程)

(a) 变胶状构造　　(b) 葡萄状构造　　(c) 皮壳状构造

彩图 13　风化矿石构造
（中国地质大学矿床学精品课程）

彩图 14　胶体及生物化学
沉积矿石层状构造
（中国地质大学矿床学精品课程）

(a) 鲕状构造　　(b) 肾状构造　　(c) 结核状构造

彩图 15　化学沉积矿石构造
（中国地质大学矿床学精品课程）

彩图 16　火山沉积矿石纹层状构造
（中国地质大学矿床学精品课程）

(a) 条带状构造　　(b) 皱纹状构造

彩图 17　变质矿石构造
（中国地质大学矿床学精品课程）

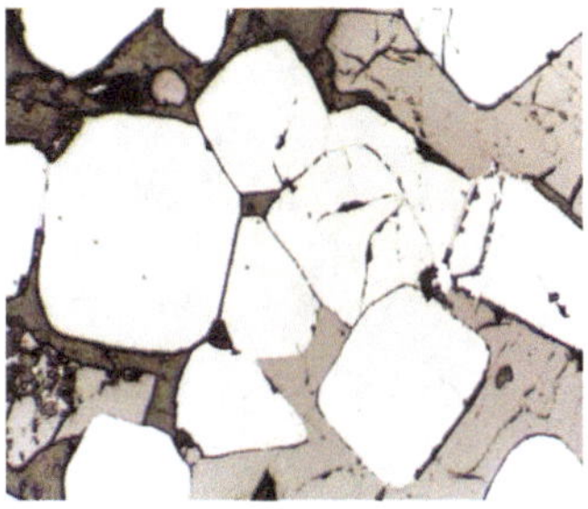

(a) 全自形粒状结构

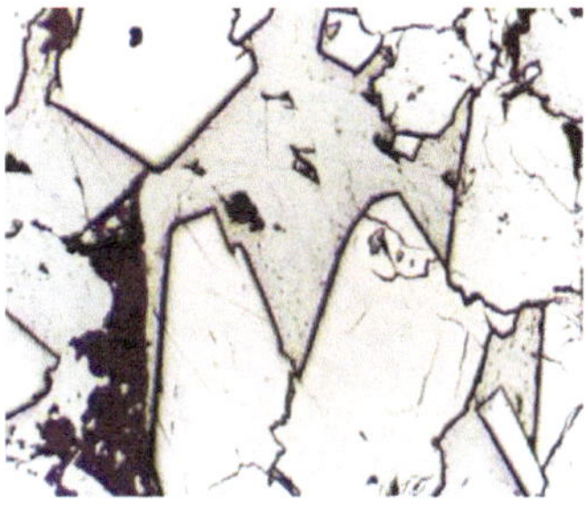

(b) 半自形粒状结构

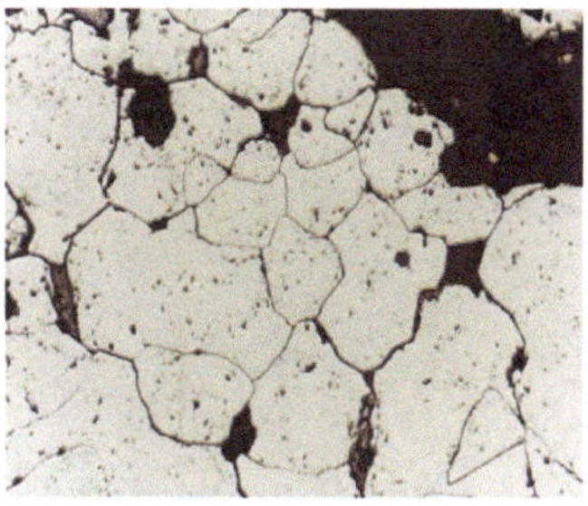

(c) 他形粒状结构

彩图 18　熔体和溶液的结晶结构
(中国地质大学矿床学精品课程)

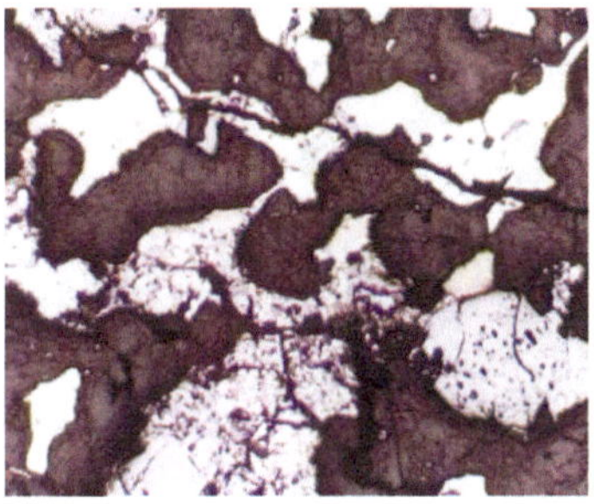

(a) 海绵陨铁结构

(b) 包含结构

彩图 19　熔体和溶液的结晶结构
(中国地质大学矿床学精品课程)

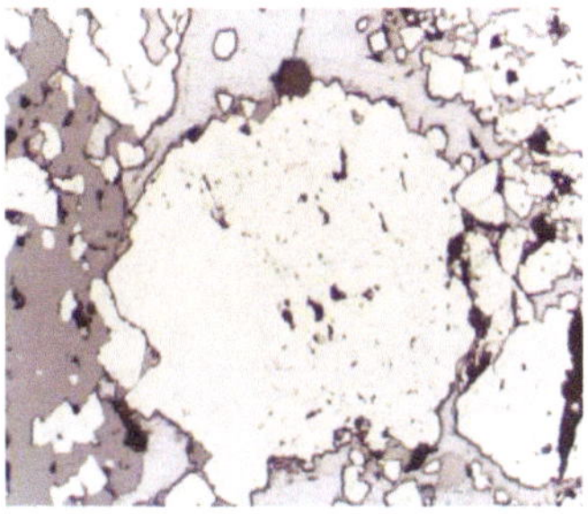

(a) 溶蚀边结构

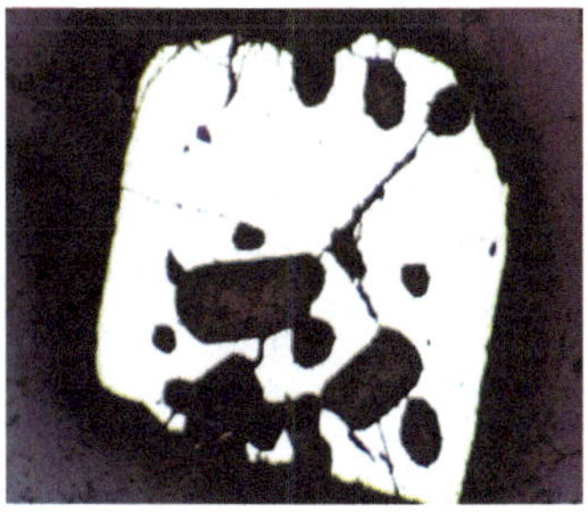

(b) 骸晶结构

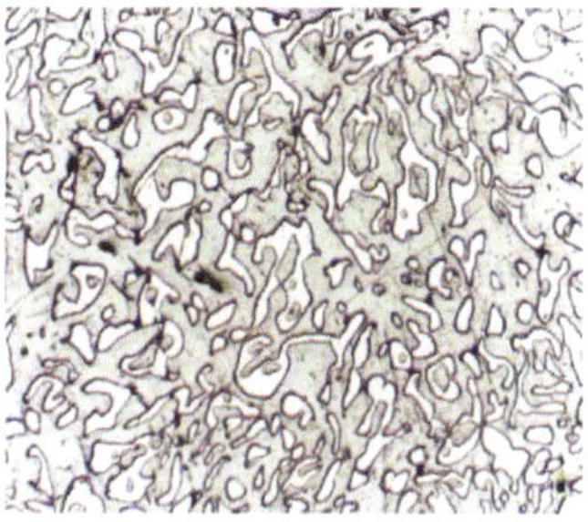

(c) 交代文象结构

彩图 20　交代结构
(中国地质大学矿床学精品课程)

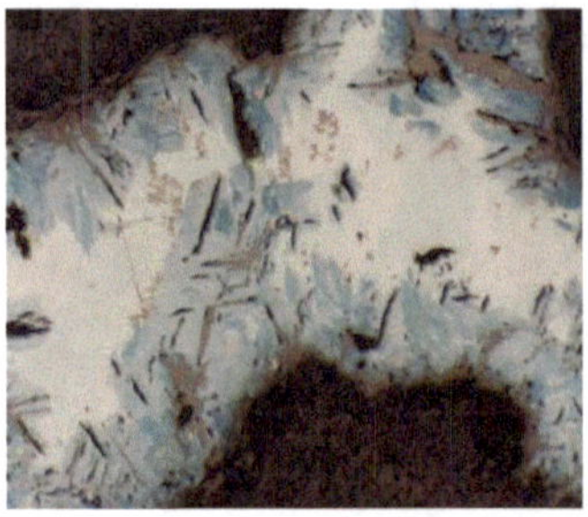

(a) 交代残余结构

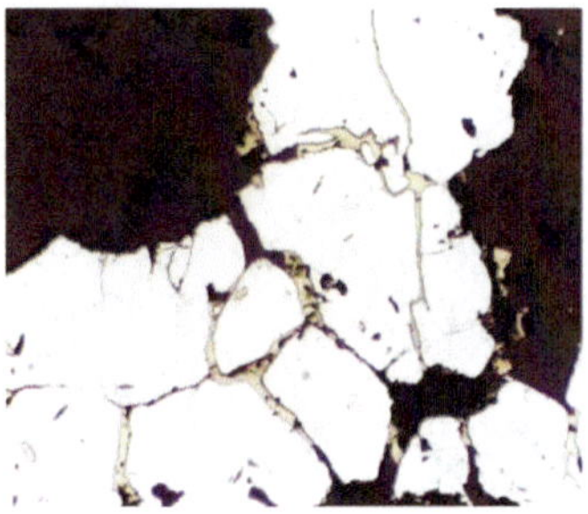

(b) 细脉交叉结构

(c) 交代网状结构

彩图21　交代结构
（中国地质大学矿床学精品课程）

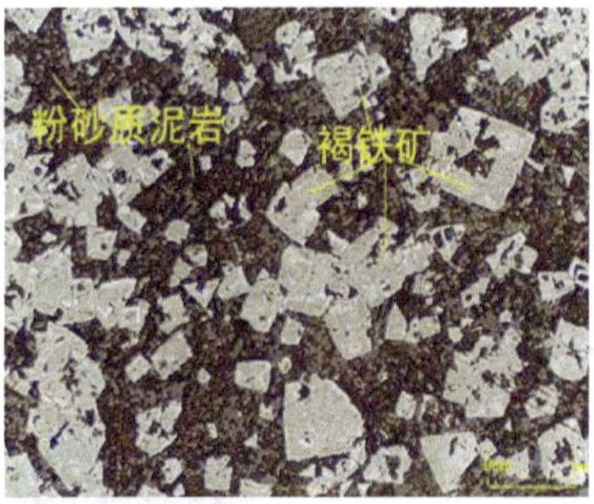

彩图22　交代假象结构
（中国地质大学矿床学精品课程）

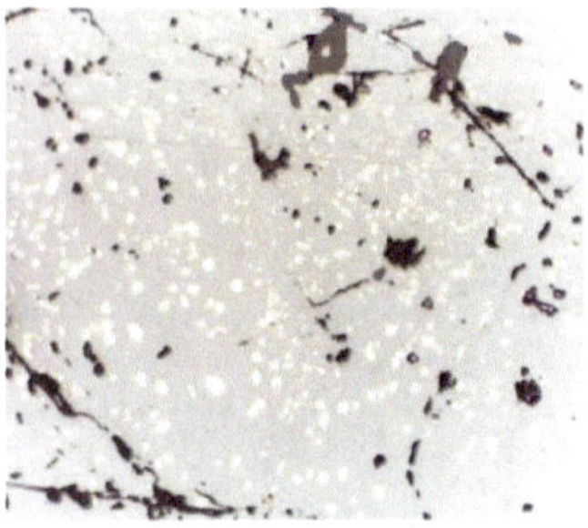

(a) 乳滴状结构

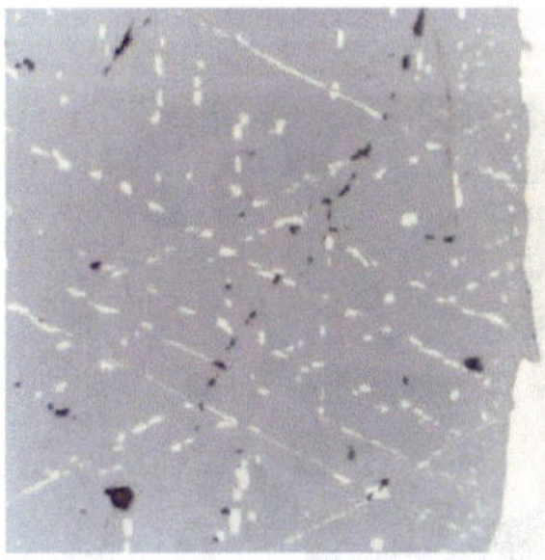

(b) 乳滴状结构（定向）

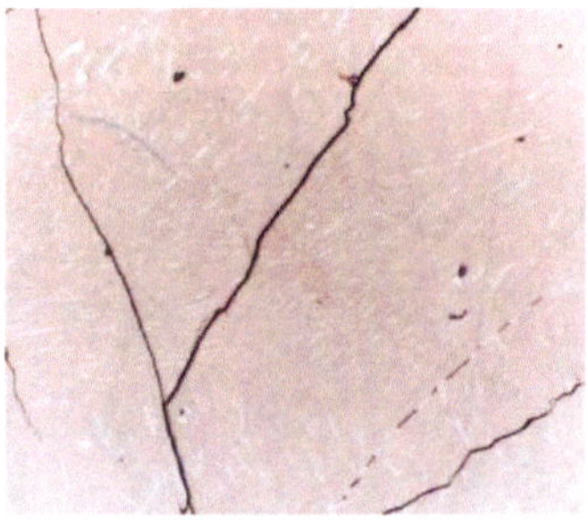

(c) 乳滴—叶片状结构

彩图23　固溶体分离结构
（中国地质大学矿床学精品课程）

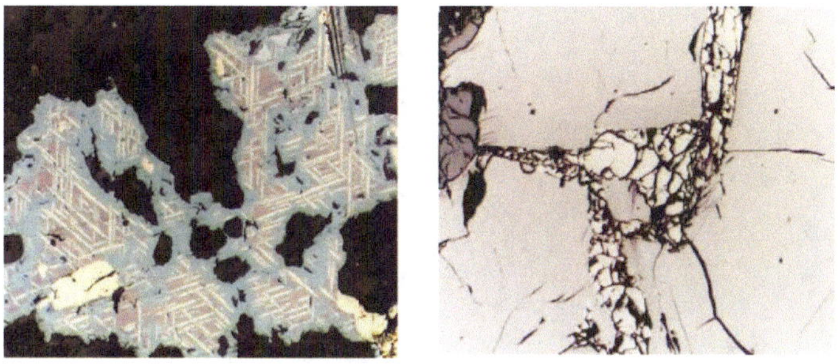

(a) 格状结构　　(b) 结状结构（定向）

彩图24　固溶体分离结构
（中国地质大学矿床学精品课程）

彩图25　胶体和结晶物质
再结晶放射状结构
（中国地质大学矿床学精品课程）

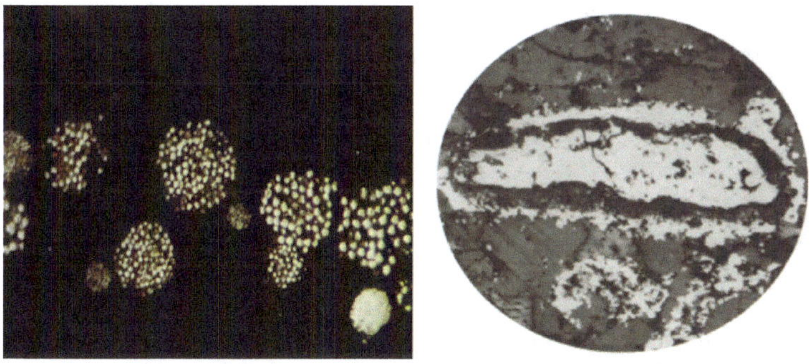

(a) 莓粒结构　　(b) 生物（棘皮）结构

彩图26　沉积结构中的生物结构
（中国地质大学矿床学精品课程）

(a) 花岗压碎结构　　(b) 斑状压碎结构　　(c) 揉皱结构

彩图27　压力结构
（中国地质大学矿床学精品课程）

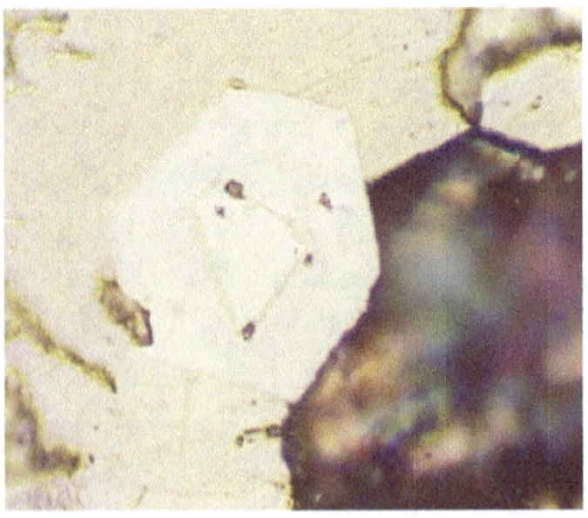

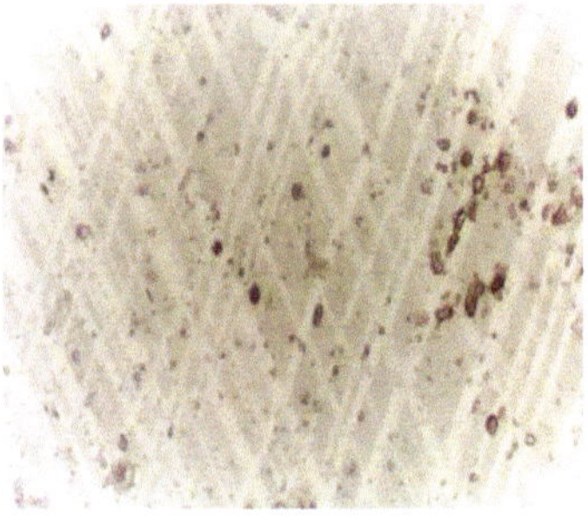

(a) 方解石的格状双晶结构

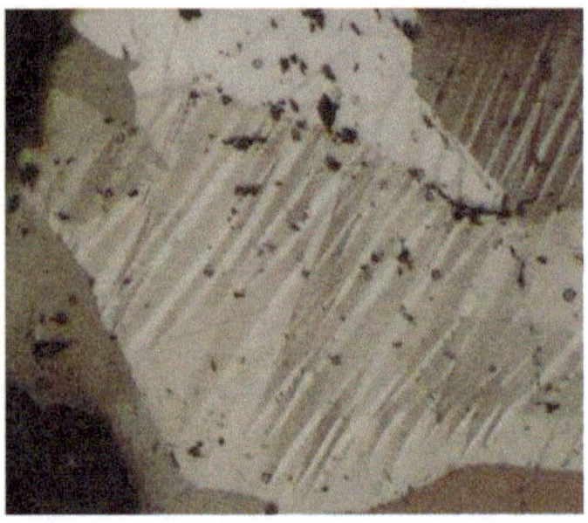

(b) 辉锑矿的聚片双晶结构

彩图28　黄铁矿中的环带结构
(中国地质大学矿床学精品课程)

彩图29　双晶结构
(中国地质大学矿床学精品课程)

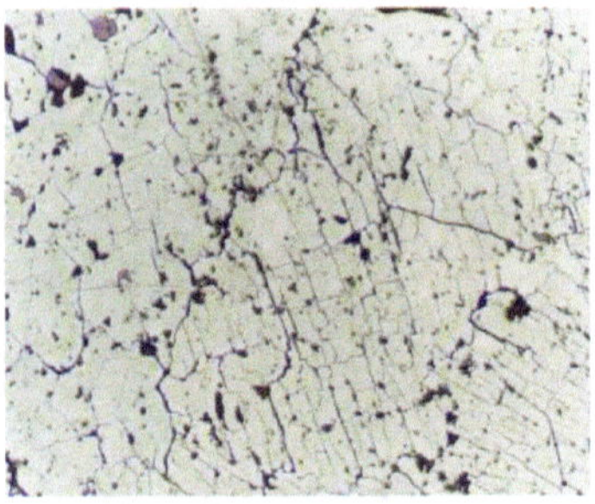

(a) 辉铜矿具两组解理，一组明显，一组不清晰

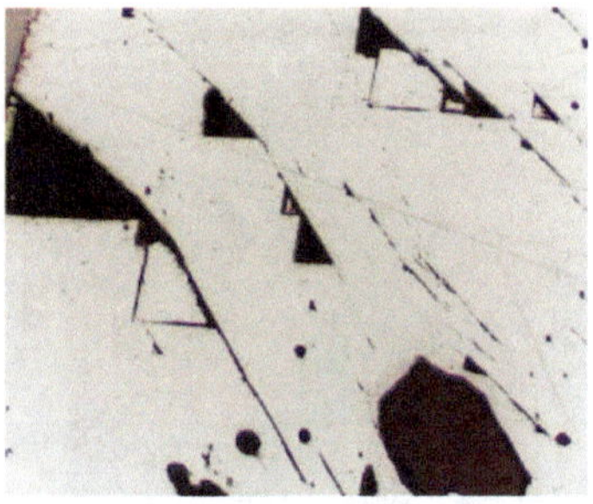

(b) 方铅矿的三组解理组成三角孔

彩图30　解理与裂理
(中国地质大学矿床学精品课程)

(a) 石英的柱面横纹

(b) 黄铁矿的晶面条纹

(c) 黄铁矿晶面层状台阶

彩图31　石英及黄铁矿晶体表面的晶面条纹

(a) 粒状集合体 (闪锌矿)

(b) 叶片状集合体 (镜铁矿)

(c) 鳞片状集合体 (绿泥石)

(d) 纤维状集合体 (透闪石)

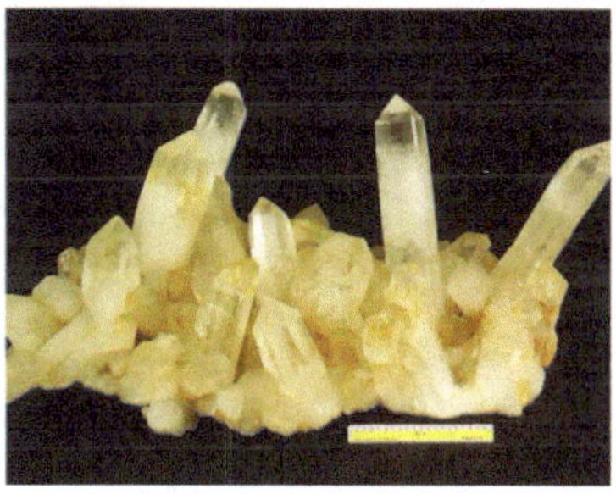

(e) 晶簇状集合体 (石英)

(f) 毛发状集合体

(g) 放射状集合体 (阳起石)

(h) 针状集合体 (针铁矿)

(i) 树枝状集合体

彩图32 矿物的显晶集合体形态

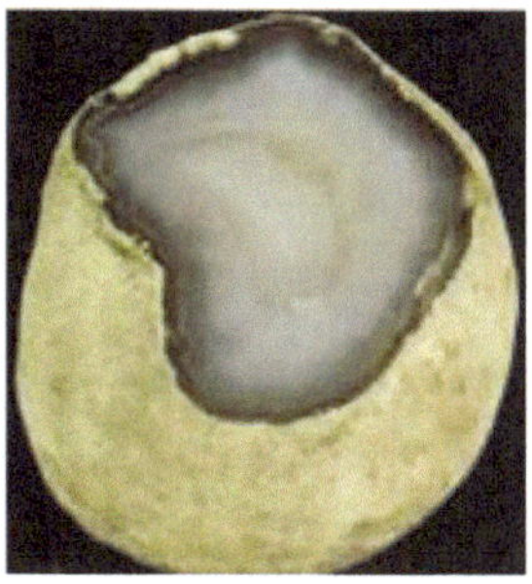

(a) 玛瑙晶腺

(b) 安山岩中方解石杏仁体

(c) 赤铁矿的鲕状集合体

(d) 豆状集合体

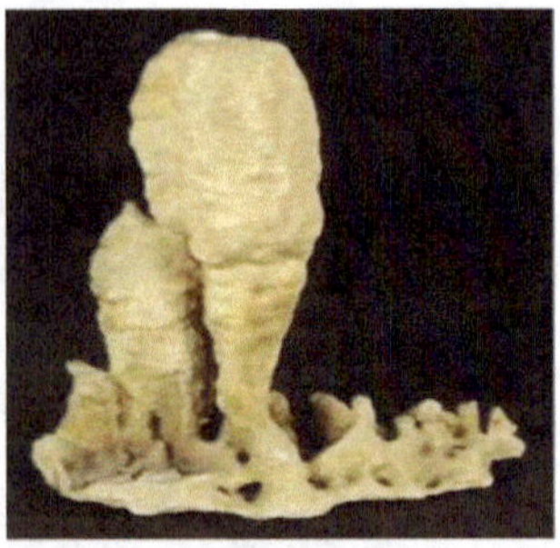

(e) 钟乳状集合体

(f) 肾状集合体

(g) 葡萄状集合体

(h) 土状集合体

(i) 被膜状集合体

彩图33　隐晶及胶态集合体形态

(a) 自然金

(b) 金铜矿

(c) 砂金

彩图34　自然金

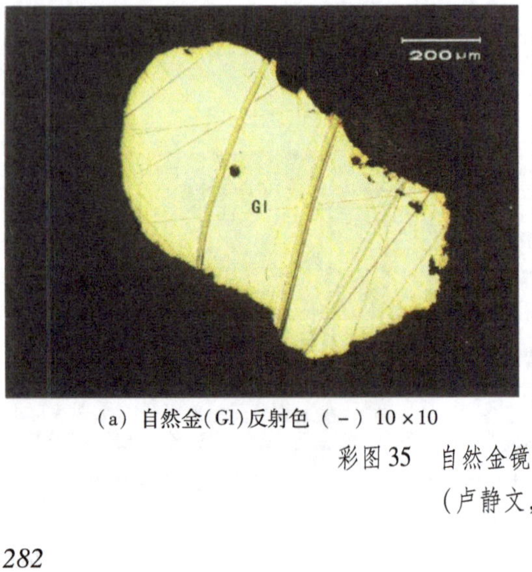

(a) 自然金(Gl)反射色（－）10×10

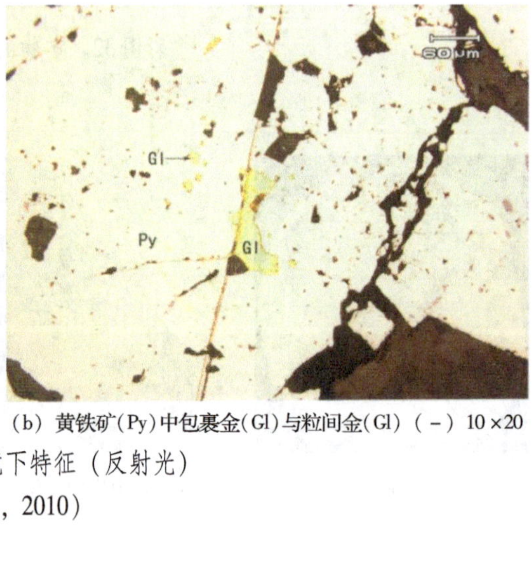

(b) 黄铁矿(Py)中包裹金(Gl)与粒间金(Gl)（－）10×20

彩图35　自然金镜下特征（反射光）
（卢静文，2010）

(a) 自然铜　　(b) 树枝状自然铜　　(c) 自然铜晶体

彩图36　自然铜

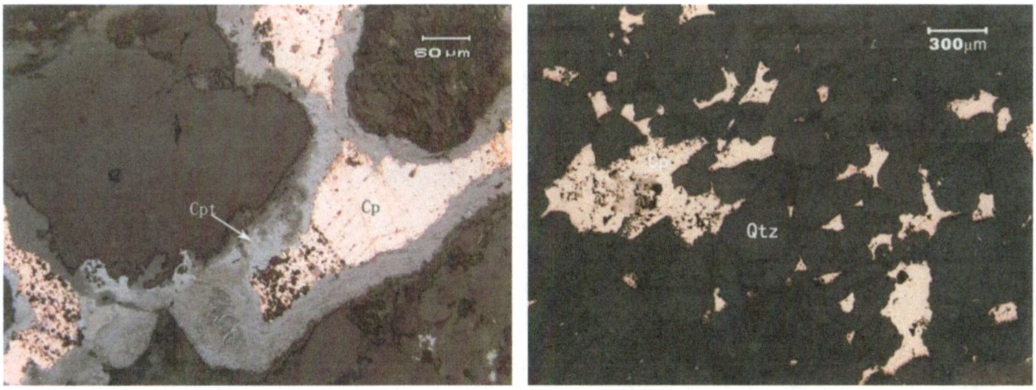

(a) 赤铜矿(Cpt)交代自然铜(Cp)呈环状胶状构造 (－) 10×20

(b) 自然铜(Cp)胶结石英砂屑(Qtz)呈胶结结构 (－) 10×5

彩图37　自然铜镜下特征（反射光）
（卢静文，2010）

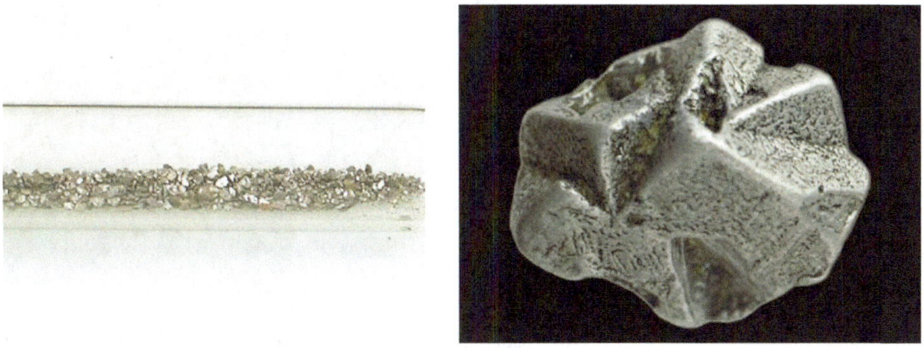

(昆明理工大学矿物数字博物馆)　　(南京大学矿物博物馆)

彩图38　自然铂

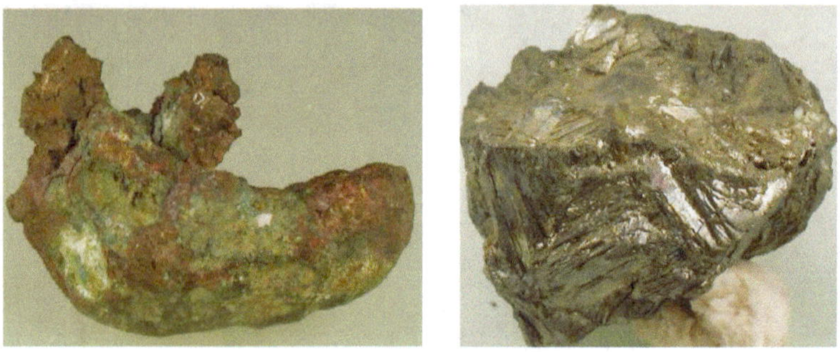

(昆明理工大学矿物数字博物馆)

彩图39　自然铋

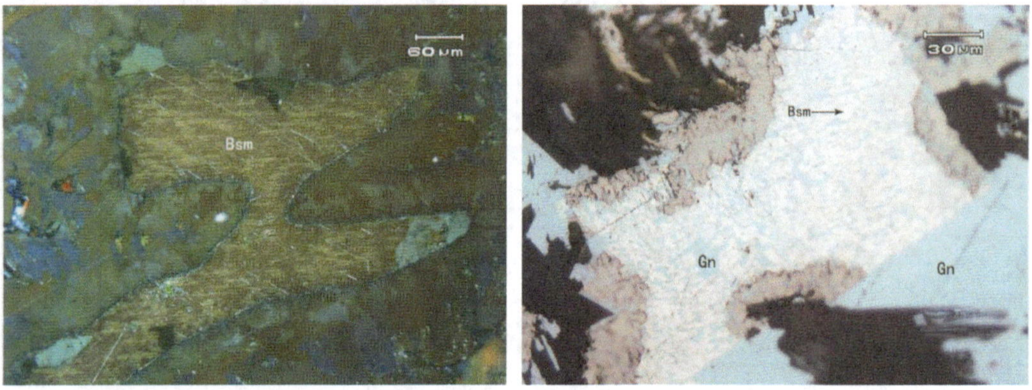

(a) 自然铋(Bsm)地板花纹样双晶 (+) 10×20　　(b) 自然铋(Bsm)与方铅矿(Gn)交生 (-) 10×50

彩图40　自然铋镜下特征（反射光）
（卢静文，2010）

(a) 疏松状自然硫　　(b) 块状自然硫　　(c) 晶体 (昆明理工大学矿物博物馆)

彩图41　自然硫

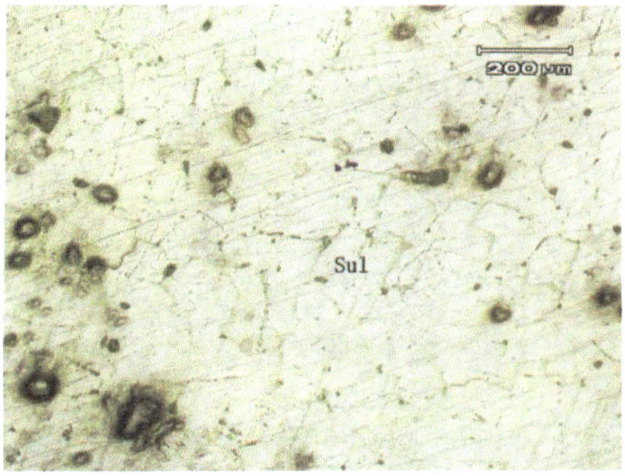

（a）粒状自然硫（Sul）（－）10×10

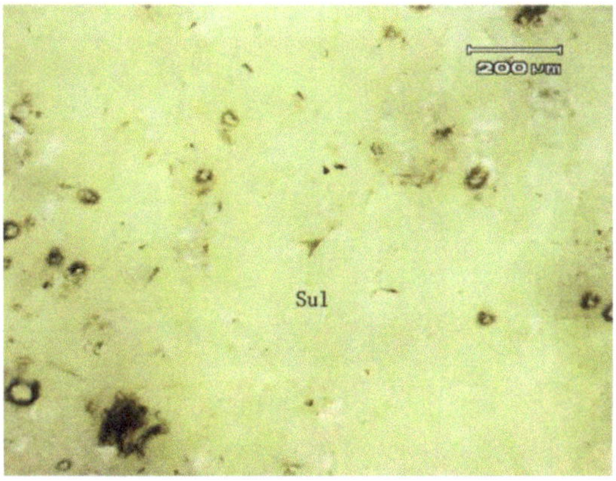

（b）自然硫（Sul）内反射色（＋）10×10

彩图 42　自然硫镜下特征（反射光）
（卢静文，2010）

金刚石晶体

金伯利岩（昆明理工大学矿物博物馆）

彩图 43　金刚石

(a) 金刚石自形晶及反射色 (-) 10×5

(b) 金刚石晶面上的三角形蚀象 (+) 10×5

彩图 44　金刚石（反射光下）

(a) 鳞片状集合体

(b) 致密块状
(南京大学地球科学博物馆)

彩图45 石墨

(a) 石墨(Gr)的反射多色性及双反射(－) 10×10

(b) 石墨(Gr)的非均质性(＋) 10×10

彩图46 石墨镜下特征(反射光)
(卢静文，2010)

(a) 致密块状

(b) 与黄铜矿共生(昆明理工大学矿物博物馆)

(c) 与孔雀石共生

彩图47 辉铜矿

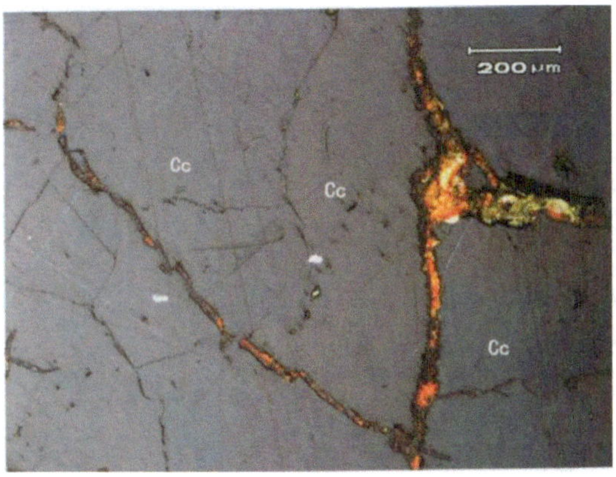

（a）辉铜矿（Cc）非均质性（+）10×10

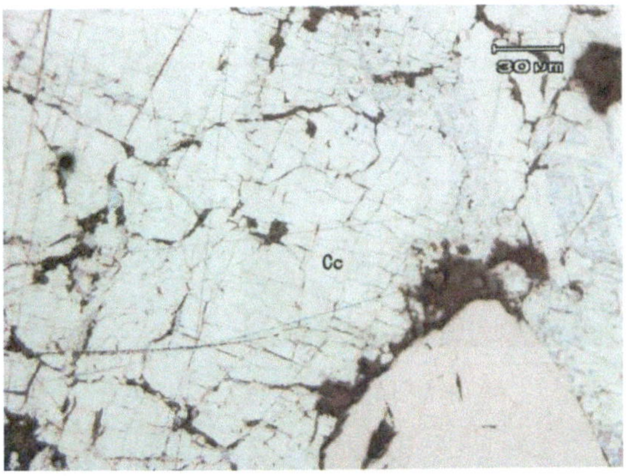

（b）粒状辉铜矿（Cc）及解理（-）10×50

彩图48　辉铜矿镜下特征（反射光）
（卢静文，2010）

(a) 方铅矿晶体

(b) 与石英共生

(c) 致密块状集合体

彩图49　方铅矿

（a）方铅矿（Gn）三组解理（-）10×5

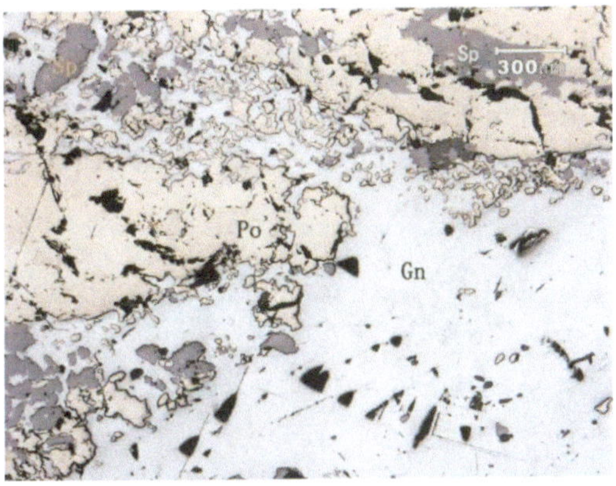

（b）方铅矿（Gn）交代磁黄铁矿（Po）、闪锌矿（Sp）形成港湾结构（-）10×5

彩图50　方铅矿镜下特征（反射光）
（卢静文，2010）

(a) 闪锌矿晶体　　(b) 闪锌矿晶簇　　(c) 与方铅矿共生

彩图 51　闪锌矿

彩图 52　闪锌矿镜下特征（透射光）

闪锌矿(Sp)的颜色不均匀，正极高突起，有的切面具有三组完全解理（－）

（常丽华，2006）

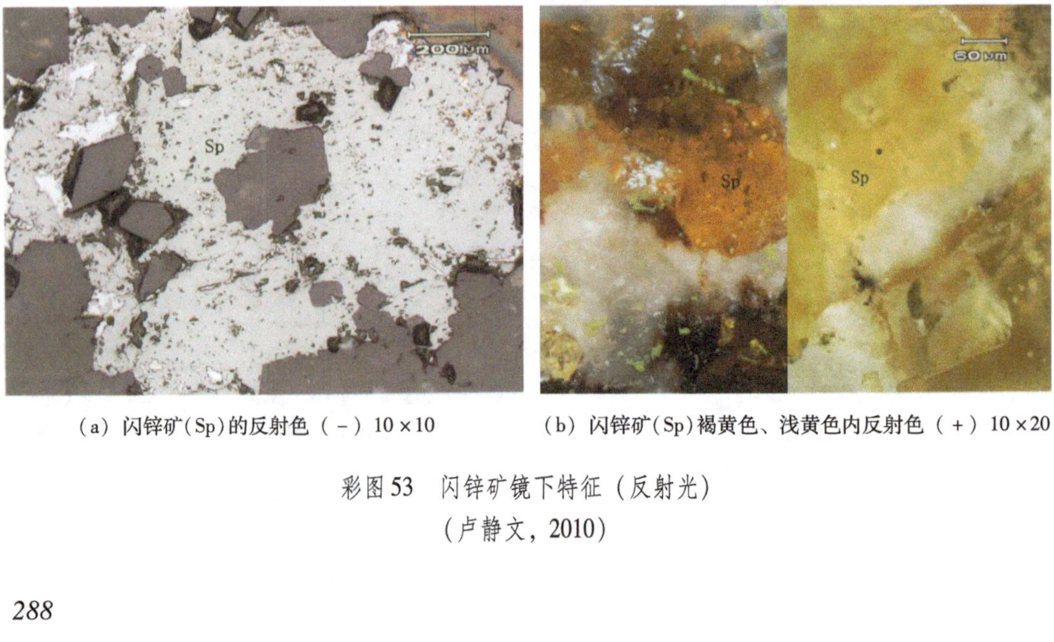

（a）闪锌矿(Sp)的反射色（－）10×10　　（b）闪锌矿(Sp)褐黄色、浅黄色内反射色（＋）10×20

彩图 53　闪锌矿镜下特征（反射光）

（卢静文，2010）

(a) 产于玉髓中　　(b) 辰砂晶体

彩图 54　辰砂

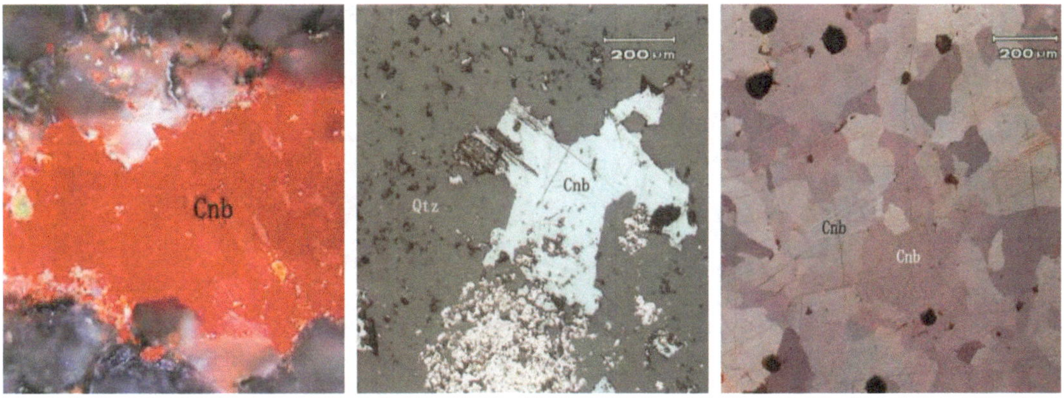

（a）辰砂（Cnb）的内反射色（+）10×20　　（b）石英（Qtz）晶洞中辰砂（Cnb）（-）10×10　　（c）辰砂（Cnb）偏光色（+）10×10

彩图 55　辰砂镜下特征（反射光）

（卢静文，2010）

(a) 热液型　　(b) 矽卡岩型　　(c) 黄铜矿晶体

彩图 56　黄铜矿

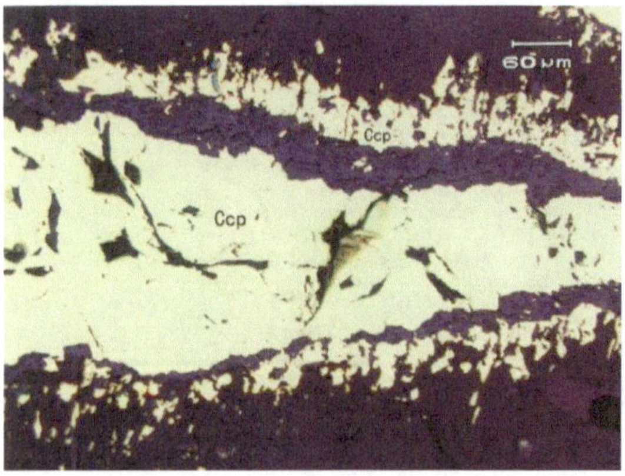

(a) 不规则粒状黄铜矿(Ccp) (-) 10×20

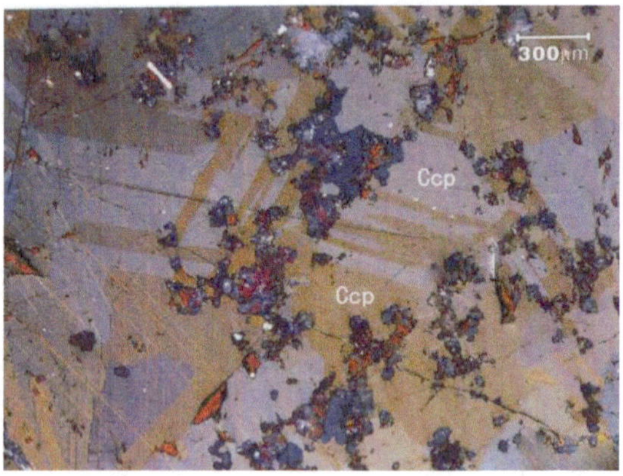

(b) 黄铜矿(Ccp)的聚片双晶及偏光色 (+) 10×5

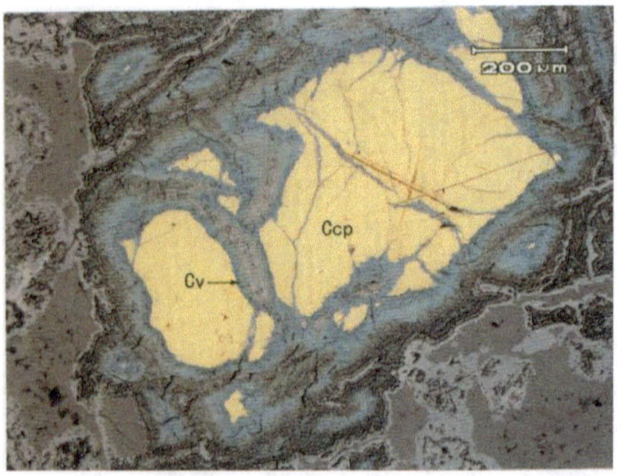

(c) 铜蓝(Cv)交代黄铜矿(Ccp) (-) 10×10

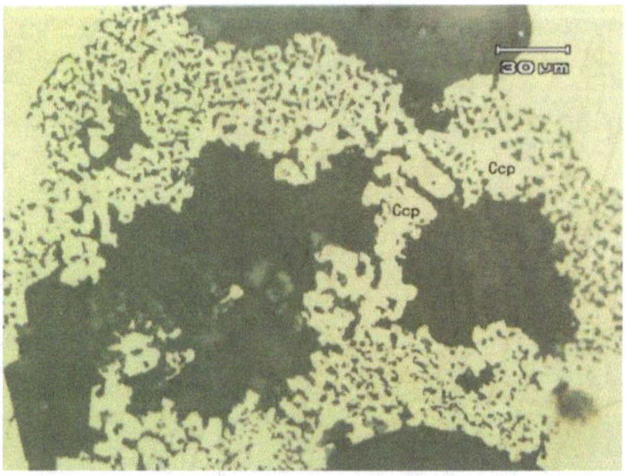

(d) 黄铜矿(Ccp)与脉石矿物呈蠕虫状交生 (-) 10×50

彩图57 黄铜矿镜下特征(反射光)
(卢静文, 2010)

(a) 斑铜矿

(b) 斑铜矿

(c) 块状斑铜矿

彩图58 斑铜矿

（a）斑铜矿（Bn）的反射色（－）10×10

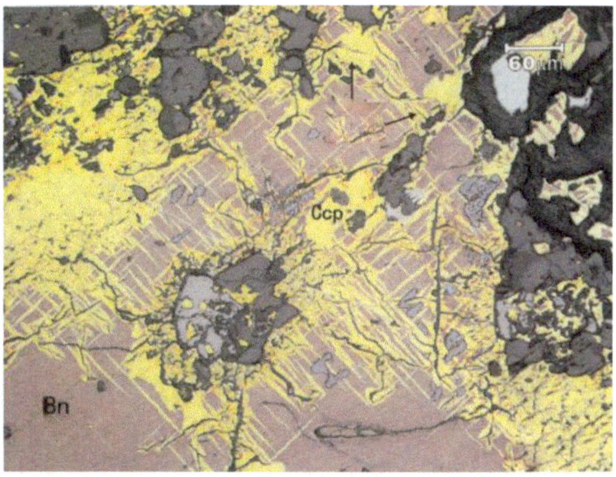

（b）黄铜矿（Ccp）在斑铜矿（Bn）中呈固溶体分离的格状结构（－）10×20

彩图59　斑铜矿镜下特征（反射光）
（卢静文，2010）

(a)

(b)

(c)磁黄铁矿晶体

（昆明理工大学矿物博物馆）

彩图60　磁黄铁矿

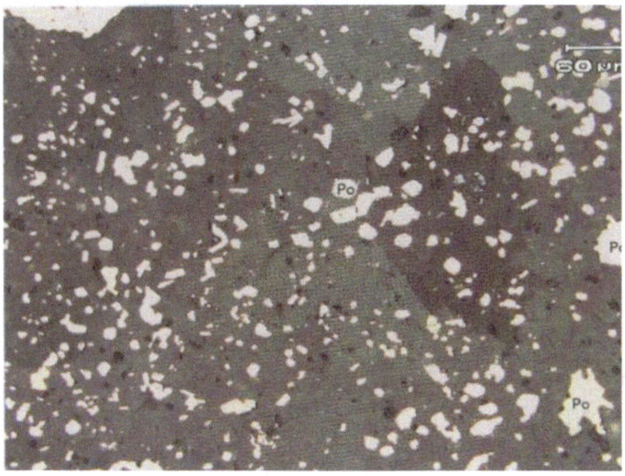

（a）磁黄铁矿（Po）的半自形晶－自形晶（－）10×20

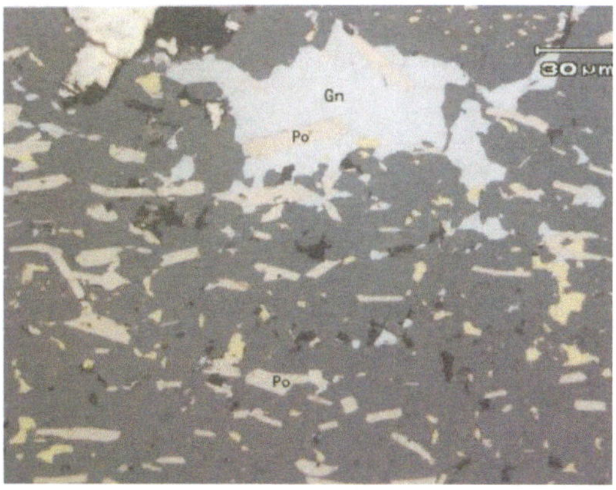

（b）磁黄铁矿（Po）的板状晶体（－）10×50

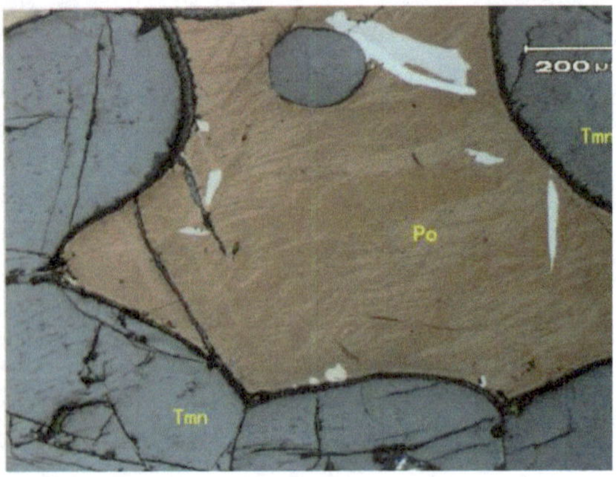

（c）磁黄铁矿（Po）的格状聚片双晶（+）10×10

（d）磁黄铁矿（Po）的聚片双晶（+）10×10

彩图61　磁黄铁矿镜下特征（反射光）
（卢静文，2010）

(a) 柱状晶形

(b) 放射状集合体

彩图62　辉锑矿

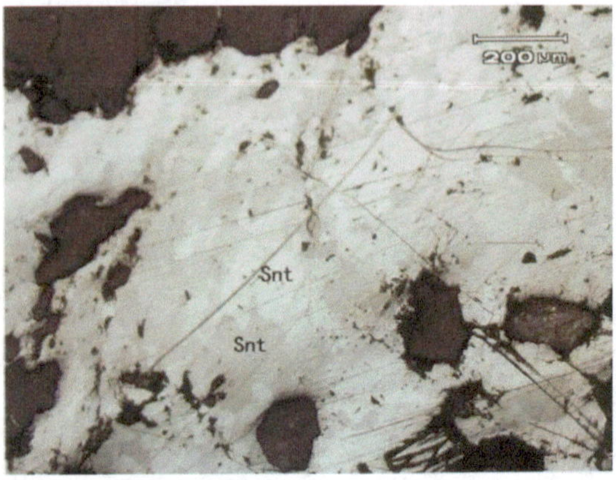

（a）他形粒状辉锑矿（Snt）反射多色性（-）10×10

（b）辉锑矿（Snt）偏光色（+）10×10

彩图63　辉锑矿镜下特征（反射光）
（卢静文，2010）

(a) 放射状集合体　　(b) 辉铋矿晶体
(昆明理工大学矿物博物馆)

彩图 64　辉铋矿

(a) 板状辉铋矿(Bmt)(-) 10×10　　(b) 辉铋矿(Bmt)偏光色(+) 10×10

彩图 65　辉铋矿镜下特征(反射光)
(卢静文，2010)

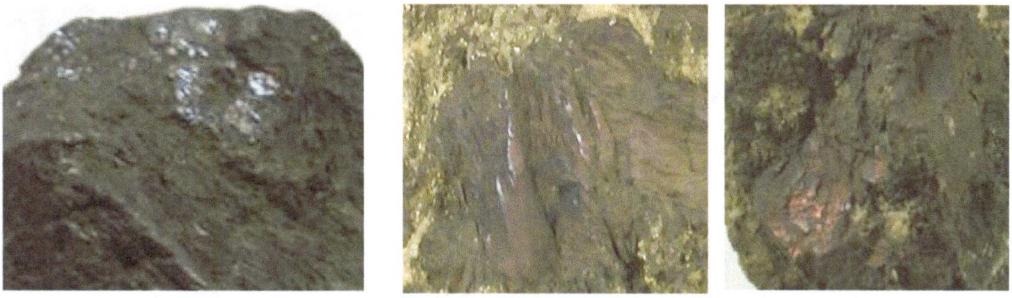

(a) 放射状集合体　　(b) 与黄铁矿共生

彩图 66　铜蓝
(昆明理工大学矿物博物馆)

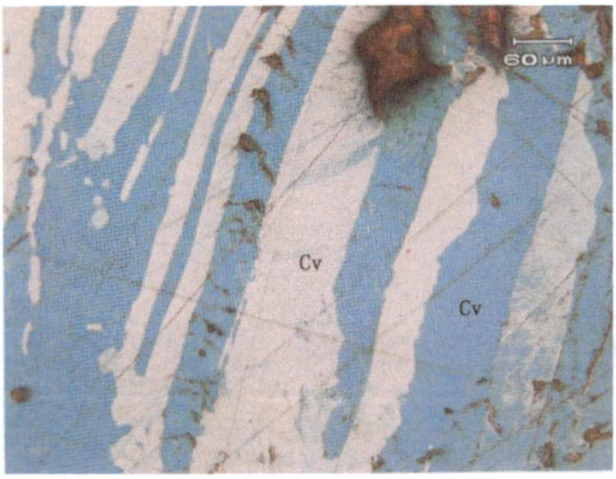

(a) 铜蓝(Cv)的反射多色性（－）10×20

(b) 铜蓝(Cv)的偏光色及呈交代黄铜矿的假象结构（＋）10×50

彩图 67　铜蓝镜下特征（反射光）
（卢静文，2010）

(a) 雌黄晶体

(b) 放射状集合体

(c) 块状集合体

彩图 68　雌黄

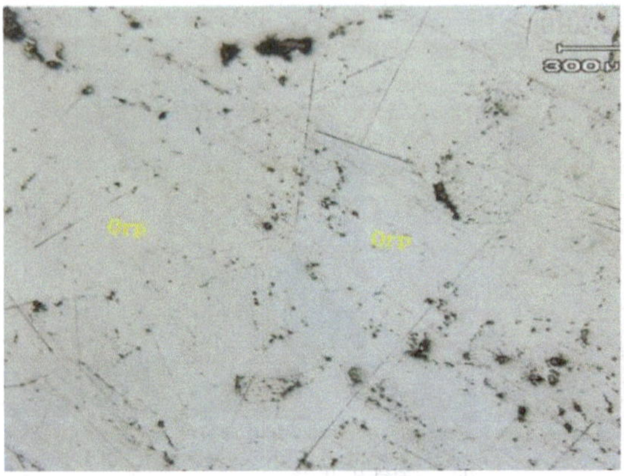

(a) 雌黄(Orp)双反射和反射多色性（－）10×5

(b) 雌黄(Orp)内反射色（＋）10×20

彩图 69　雌黄镜下特征（反射光）
（卢静文，2010）

(a) 雄黄晶体

(b) 与雄黄共生

彩图 70　雄黄

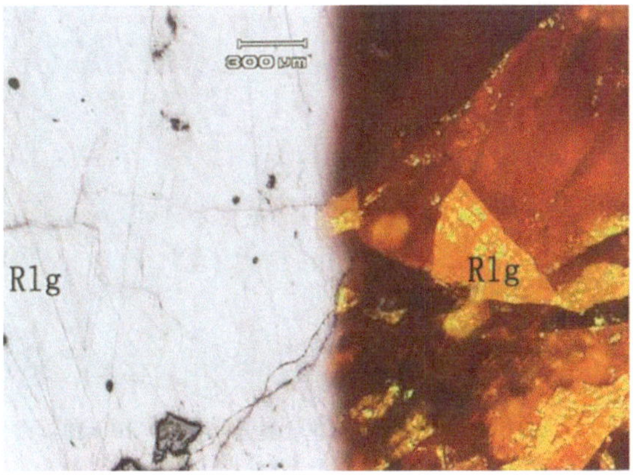

（a） 雄黄(Rlg)的反射色(左) （－） 及内反射色(右) （＋） 10×5

（b） 雄黄(Rlg)的偏光色 （＋） 10×5

彩图 71　雄黄镜下特征（反射光）
（卢静文，2010）

(a) 块状集合体

(b) 辉钼矿晶体

彩图 72　辉钼矿

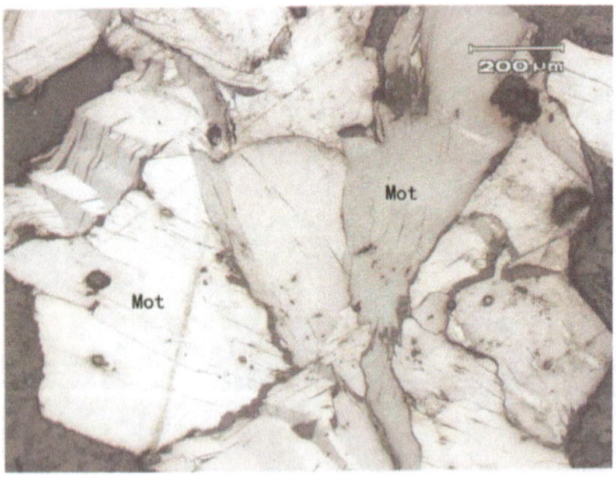

（a）辉钼矿（Mot）双反射及“膝折”（－）10×10

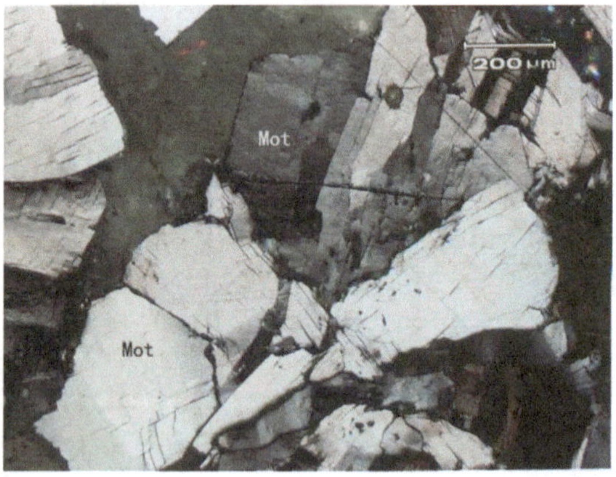

（b）辉钼矿（Mot）的偏光色（＋）10×10

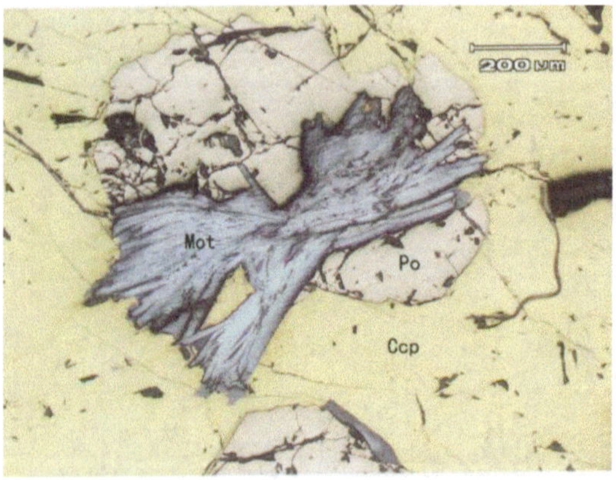

（c）辉钼矿（Mot）呈束状集合体（－）10×10

（d）辉钼矿（Mot）菊花状集合体（－）10×10

彩图73　辉钼矿镜下特征（反射光）
（卢静文，2010）

(a) 块状集合体

(b) 黄铁矿晶簇

彩图74　黄铁矿

（a）黄铁矿（Py）的自形晶（－）10×5

（b）草莓状黄铁矿（Py）（－）10×50

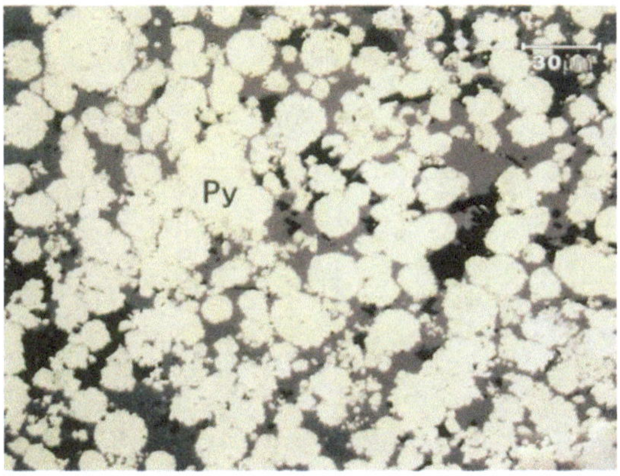

（c）小球状黄铁矿（Py）（－）10×50

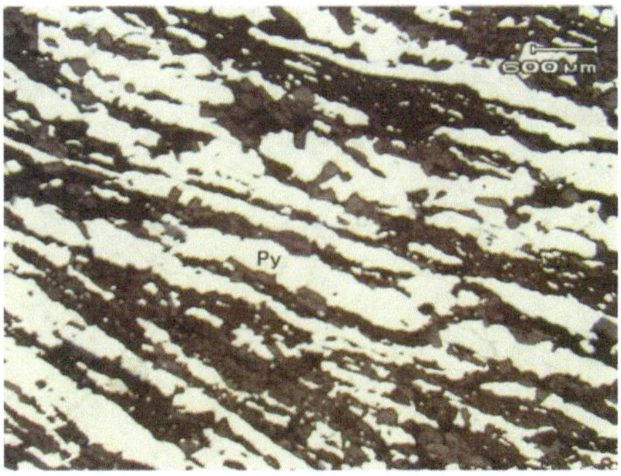

（d）韧性变形带中拉长成拔丝状黄铁矿（Py）（－）10×1.25

彩图75　黄铁矿镜下特征（反射光）
（卢静文，2010）

(a) 块状集合体

(b) 白铁矿晶簇

(c) 矛头状晶形

彩图76　白铁矿
（昆明理工大学矿物博物馆）

（a）白铁矿（Mrc）的偏光色（+）10×20

（b）白铁矿（Mrc）切面呈条纹状，似解理（-）10×10

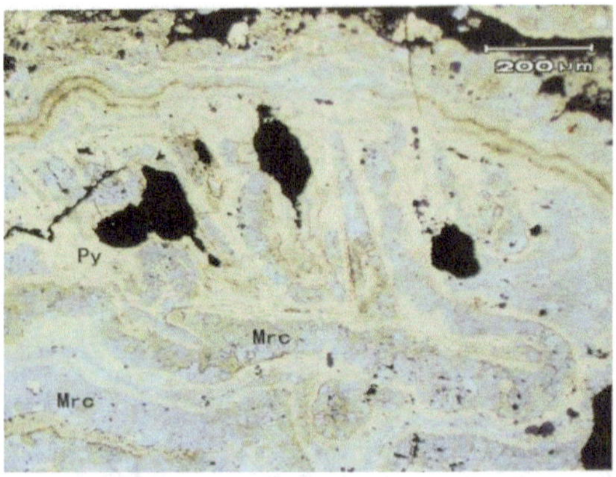

（c）胶状白铁矿（Mrc）、黄铁矿（Py）互为环带构造（-）10×10

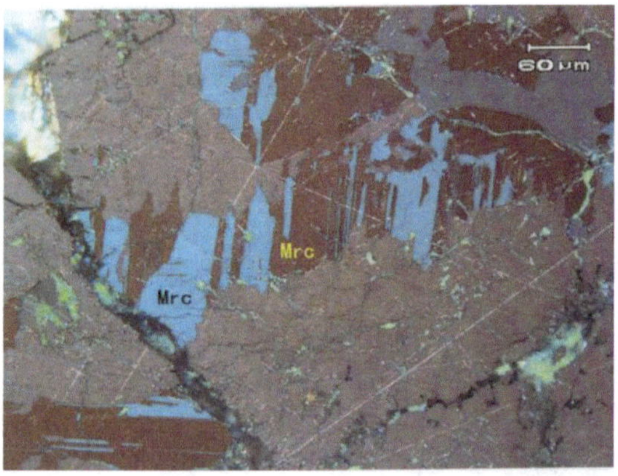

（d）白铁矿（Mrc）的聚片双晶（+）10×20

彩图 77　白铁矿镜下特征（反射光）
（卢静文，2010）

(a) 毒砂晶体

(b) 毒砂与石英晶族

彩图 78　毒砂

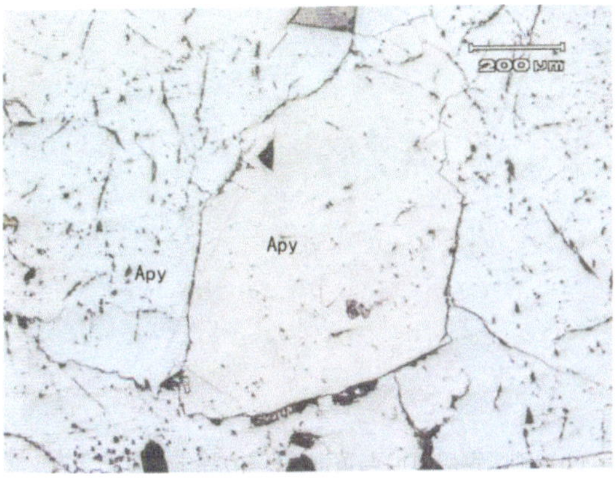

（a） 毒砂（Apy）的反射多色性（－） 10×10

（b） 毒砂（Apy）的偏光色（+） 10×10

（c） 毒砂（Apy）切面呈菱形及矛头状（－） 10×5

（d） 毒砂（Apy）的放射状集合体（+） 10×10

彩图79 毒砂镜下特征（反射光）
（卢静文，2010）

(a) 块状黝铜矿与重晶石共生

(b) 块状集合体

彩图80 黝铜矿

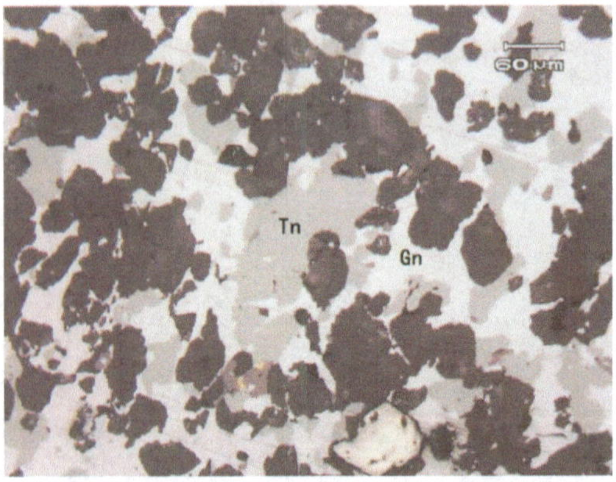

（a）砷黝铜矿（Tn）带蓝色调灰色反射色
（－）10×20

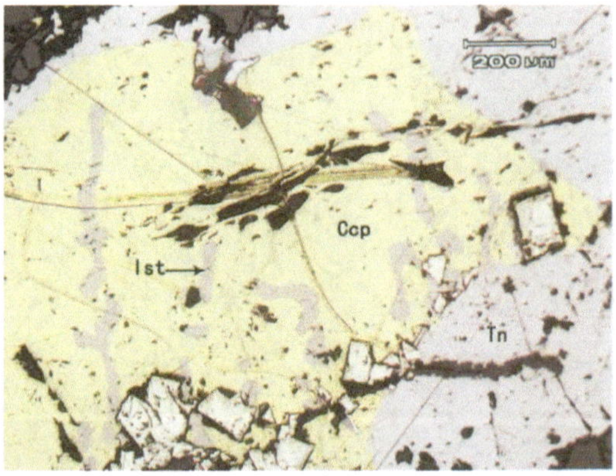

（b）砷黝铜矿（Tn）与黄铜矿（Ccp）连生相对色变为紫色调反射色（－）10×10

彩图81　砷黝铜矿镜下特征（反射光）
（卢静文，2010）

(a) 针柱状集合体

(b) 晶体

(c) 块状集合体

彩图82　赤铜矿

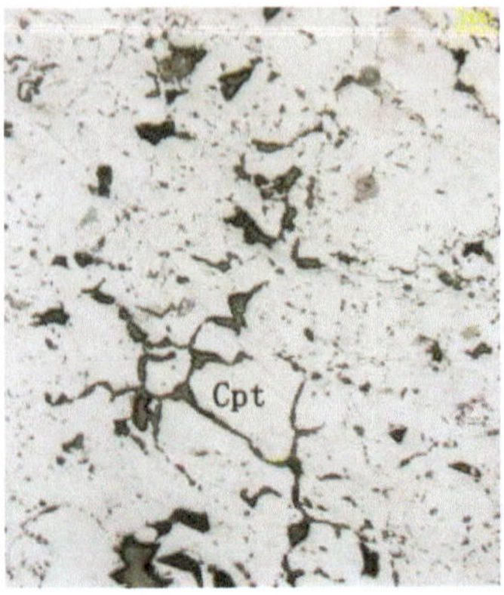

（a）赤铜矿（Cpt）反射色
（－）10×10

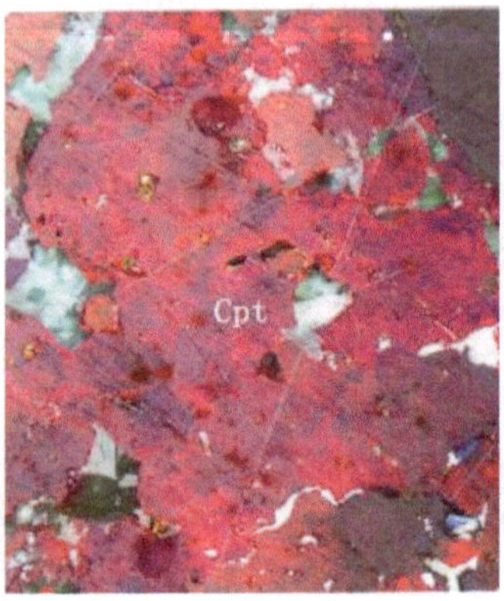

（b）赤铜矿（Cpt）内反射色
（＋）10×20

（c）赤铜矿（Cpt）偏光色
（＋）10×10

彩图83　赤铜矿镜下特征（反射光）
（卢静文，2010）

(a) 集合体

(b) 晶体

(c) 块状集合体

彩图 84　刚玉

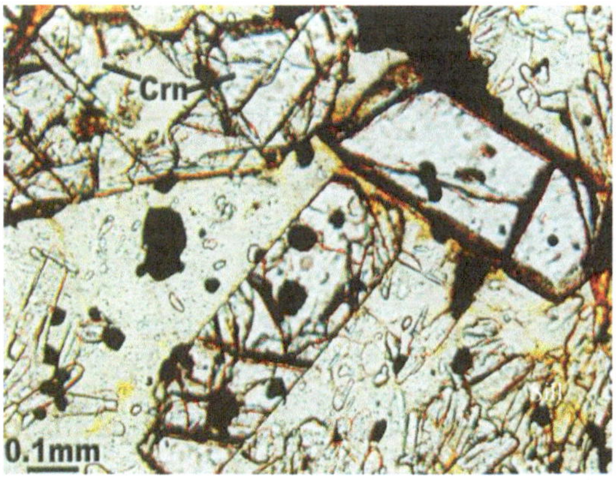

（a）无色柱状自形的刚玉(Crn)，呈正高突起，具有菱形状裂开，矽线石(Sill)(刚玉矽线石岩)（-）

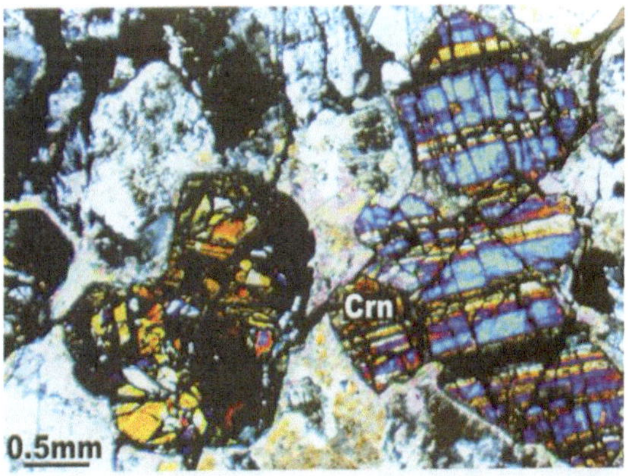

（b）刚玉(Crn)具有聚片双晶（刚玉黑云钾长片麻岩）（+）

彩图 85　刚玉镜下特征（透射光）
（常丽华，2006）

(a) 板状集合体

(b) 钛铁矿砂

(c) 块状集合体

彩图 86　钛铁矿

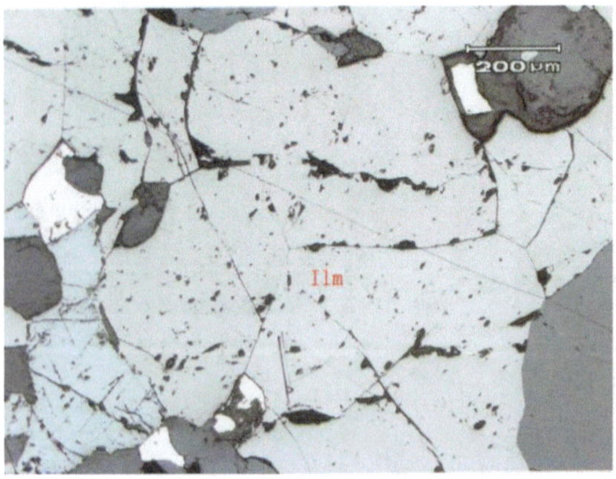

（a）粒状钛铁矿（Ilm）及其反射色（－）10×10

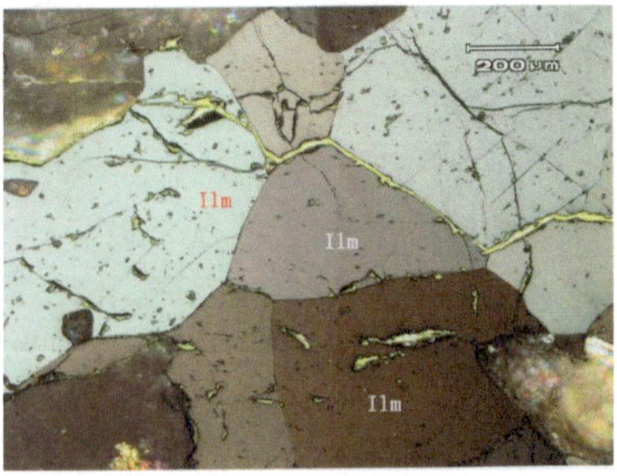

（b）钛铁矿（Ilm）的偏光色（＋）10×10

（c）钛铁矿（Ilm）格子状双晶（＋）10×5

（d）钛铁矿（Ilm）聚片双晶（＋）10×5

彩图 87　钛铁矿镜下特征（反射光）
（卢静文，2010）

(a) 鲕状集合体

(b) 肾状集合体

(c) 镜铁矿

彩图 88　赤铁矿

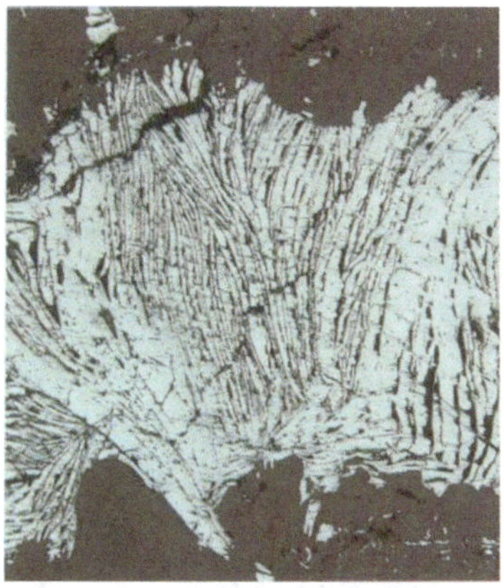

(a) 赤铁矿(Hem)叶片状(镜铁矿)
(－) 10×5

(b) 赤铁矿(Hem)偏光色
(＋) 10×10

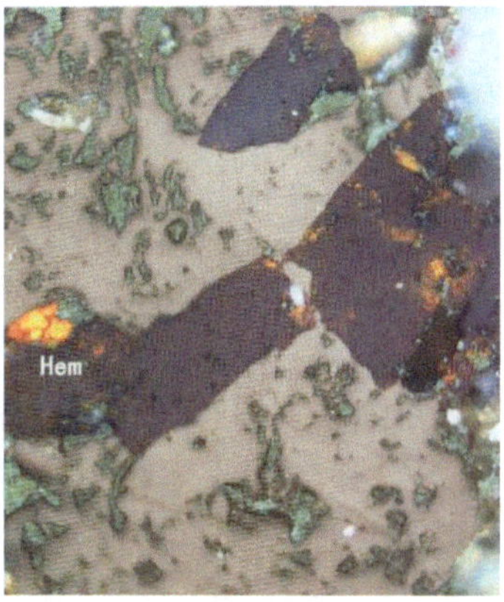

(c) 赤铁矿(Hem)内反射色
(＋) 10×20

彩图89　赤铁矿镜下特征(反射光)
(卢静文, 2010)

(a) 晶体

(b) 块状集合体

(c) 砂状集合体

彩图90　金红石

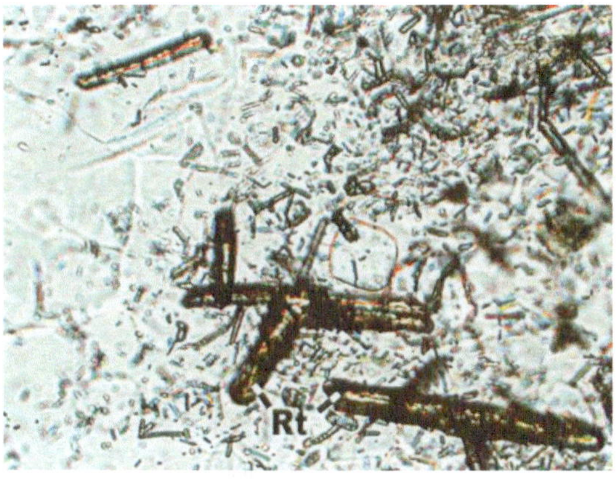

(a) 针柱状黄褐色金红石(Rt) (－)

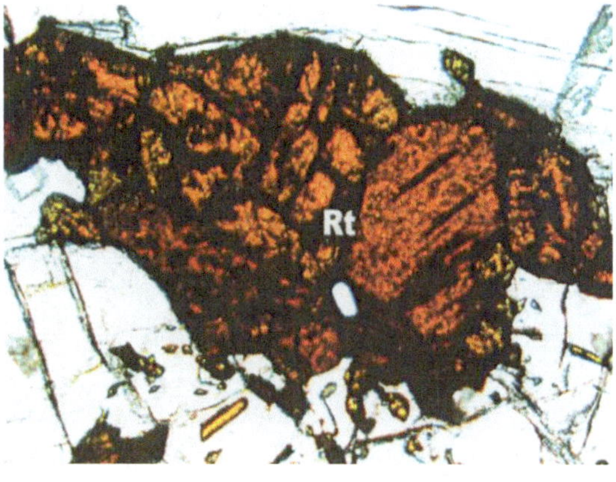

(b) 榴辉岩中的红褐色金红石(Rt) (－)

彩图91　金红石镜下特征(透射光)
(常丽华, 2006)

（a）金红石（Rt），隐约可见聚片双晶
（－）10×50

（b）金红石（Rt）的内反射色及聚片双晶和顺柱方向解理
（＋）10×50

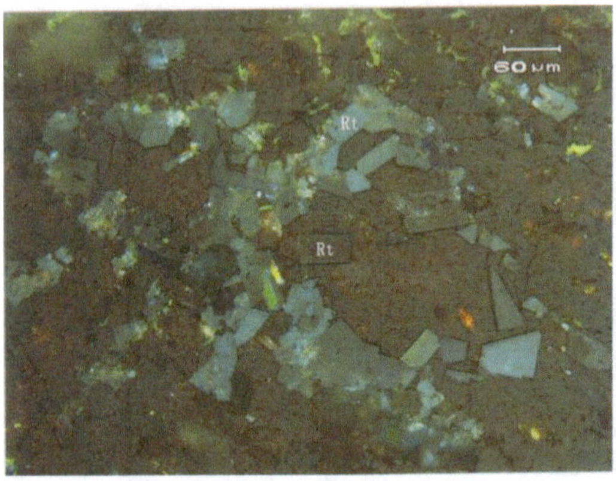

（c）金红石（Rt）的偏光色（＋）10×20

（d）金红石（Rt）短柱状自形晶（－）10×20

彩图92　金红石镜下特征（反射光）
（卢静文，2010）

(a) 块状

(b) 粒状集合体

(c) 钟乳状集合体

彩图93　锡石

(a)浅黄褐色半自形的锡石具有环带状构造和双晶（－）

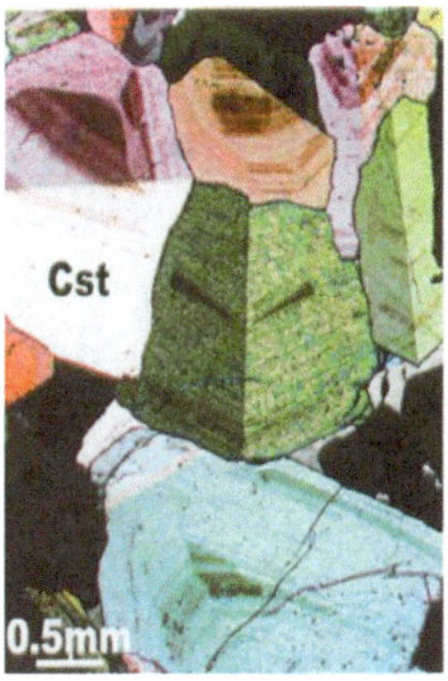

(b)锡石(Cst)的高级干涉色（＋）

彩图94　锡石镜下特征（透射光）
（常丽华，2006）

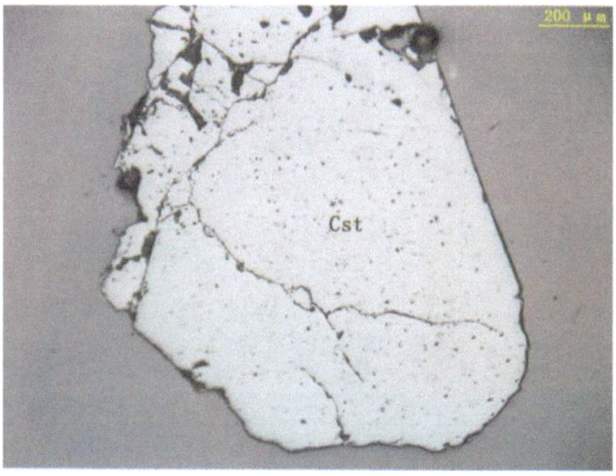

(a) 锡石(Cst)反射色（－）10×10

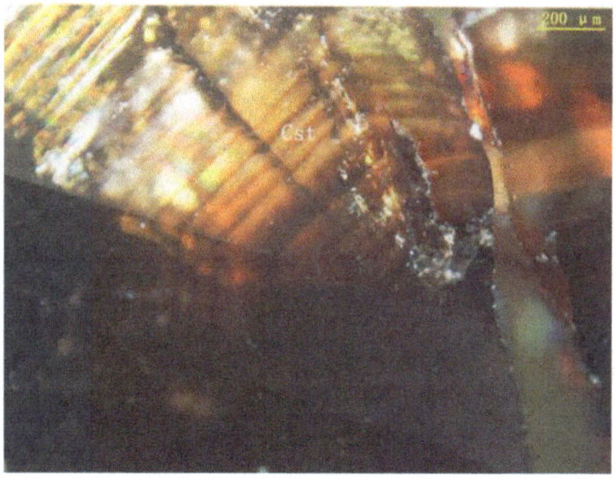

(b) 锡石(Cst)环带结构及内反射色（＋）10×10

彩图95　锡石镜下特征（反射光）
（卢静文，2010）

(a) 块状集合体

(b) 鲕状

(c) 针柱状集合体

彩图96　软锰矿
（昆明理工大学矿物数字博物馆）

（a）软锰矿（Pyt）反射色及反射多色性（－）10×10　　（b）软锰矿（Pyt）的偏光色（＋）10×20

彩图97　软锰矿镜下特征（反射光）
（卢静文，2010）

(a) 石英的块状集合体　　(b) 石英晶簇　　(c) 石英晶体

彩图98　石英

（a）花岗斑岩中的自形石英（Qtz）斑晶（＋）　　（b）石英脉中自形和半自形的石英（Qtz），沿脉壁呈梳状生长（＋）

(c) 变质岩中的粒状石英(Qtz)，具有波状消光（石英岩）(+)

(d) 圆形的石英(Qtz)砂粒边缘有石英次生加大边（+）

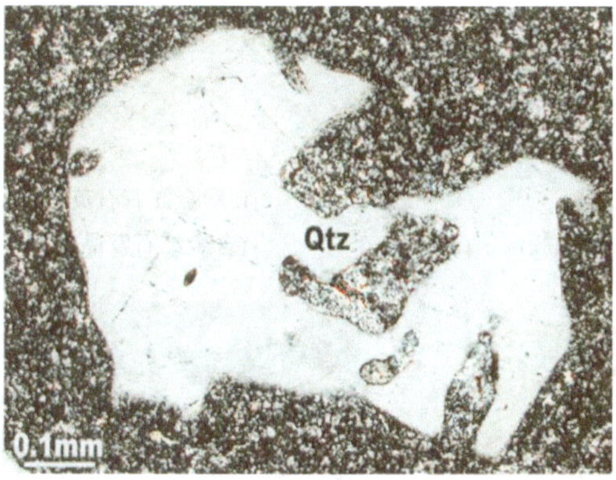

(e) 石英(Qtz)斑晶被熔蚀成港湾状（花岗斑岩）(+)

(f) 硅化的板柱状自形及半自形的石英(Qtz)（硅化石英岩）(+)

彩图99 石英镜下特征（透射光）（常丽华，2006）

(a) 水晶（无色透明）

(b) 紫水晶（含Fe^{3+}、Mn^{2+}，加热至230～260℃可褪色或变为黄水晶，约至400℃时可完全褪色）

(c) 烟水晶（墨晶）（烟黄至黑色，无显著杂质，黑色是由受放射性影响而产生的游离Si引起的）

(d) 黄水晶
(浅黄色，由含水、氧化铁所致)

(e) 蔷薇石英
[浅红色 (含Mn^{2+}、Ti^{4+})，晶体一般少见，常呈块状]

(f) 蓝石英
(带蓝色调，由含细微金红石针状晶体丁德尔散射效应产生)

(g) 乳石英
(乳白色，半透明，块状；因含细分散气、液包裹体而呈色)

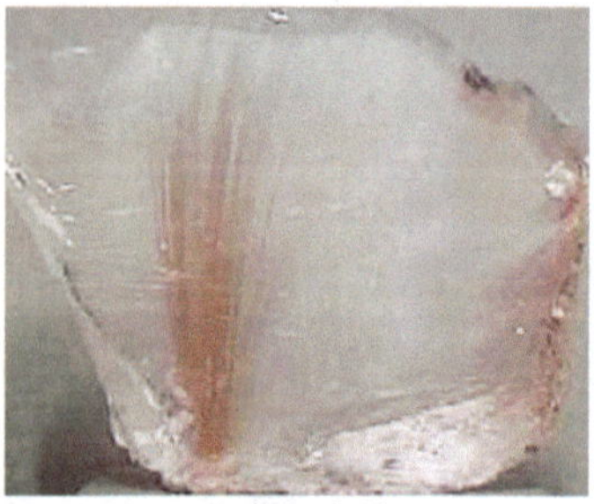

(h) 草入水晶
(含针状金红石晶簇)

(i) 网金红石石英
(含金红石发晶)

(j) 猫眼石 (褐黄)

(k) 虎眼石 (黄)

(l) 鹰眼石 (蓝色)

彩图100　石英显晶异种的种类及形态

(a) 玉髓
(纤维状异种的统称， 特别指褐至灰色、半透明、蜡状光泽的钟乳状体；根据颜色又可分为血石髓、绿石髓、光玉髓、滴血石等；常产于岩石空洞中)

(b) 玛瑙
(各种颜色的玉髓呈条带或同心圆状环带交互排列而成；玛瑙以红、蓝色最佳，次为褐色和绿色，纹带愈细愈珍贵)

(c) 碧玉
(块状、细粒致密状，杂质多，氧化铁达20%以上， 呈暗红色等色，广泛产出于沉积岩或变质岩中)

(d) 燧石
(一种暗色、坚韧、致密的结核状物质，俗称火石；产于白垩层中的称为核燧石，颜色较浅的层状沉积物称为层燧石；核燧石用鹅血煮过后，就是古人用的试金石)

彩图 101　石英隐晶集合体的种类及形态

彩图 102　蛋白石

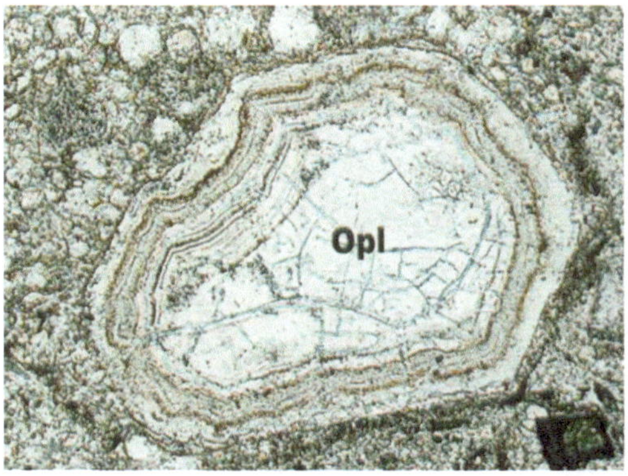

(a) 火山岩气孔中的环带状蛋白石(Opl)(－)

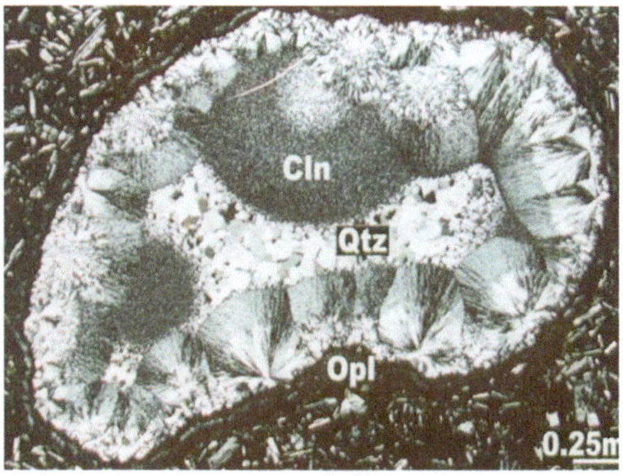

(b) 安山岩气孔中，边缘为蛋白石(Opl)，向内为隐晶质纤维状集合体和玉髓(Cln)，中心为显晶质粒状的石英(Qtz)(＋)

彩图 103　蛋白石镜下特征（透射光）
（常丽华，2006）

(a) 贵蛋白石
(折射基质中有各种颜色的变形)

(b) 火蛋白石
(主要呈红或橙色)

(c) 木蛋白石
(蛋白石中保存着木质结构)

(d) 玻璃蛋白石

(e) 脂蛋白石

(f) 乳蛋白石

彩图 104　蛋白石的异种及形态

(a) 锌铁尖晶石

(b) 锌铁尖晶石与蔷薇辉石

(昆明理工大学矿物数字博物馆)

(c) 尖晶石
(南京大学地球科学博物馆)

彩图 105　尖晶石

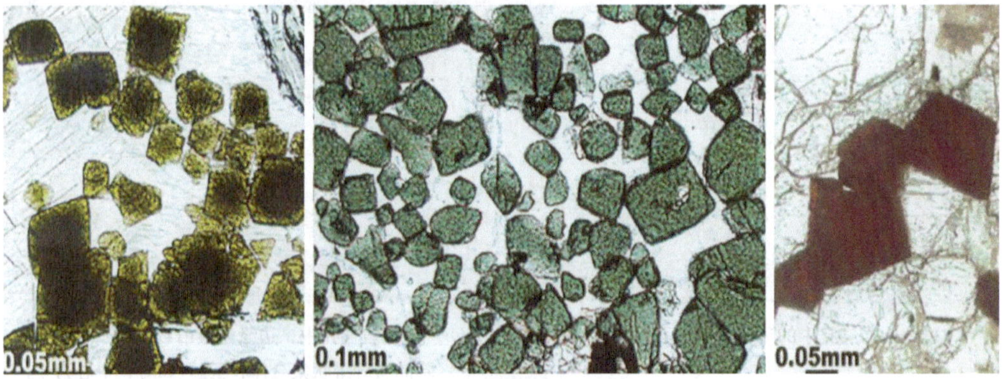

(a) 褐色尖晶石
(橄榄辉石岩)(－)

(b) 绿色尖晶石
(刚玉矽线尖晶石岩)(－)

(c) 暗红色铬尖晶石
(纯橄榄岩)(－)

彩图 106　尖晶石镜下特征（透射光）
（常丽华，2006）

(a) 稠密浸染状　　(b) 星点状　　(c) 块状

彩图 107　铬铁矿

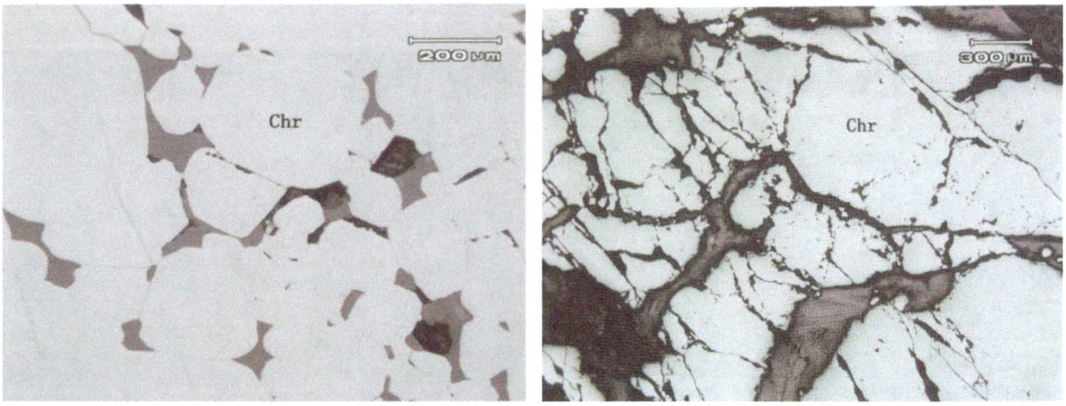

(a) 铬铁矿(Chr)的自形、半自形晶及反射色（－）10×10　　(b) 铬铁矿(Chr)的压碎结构（－）10×5

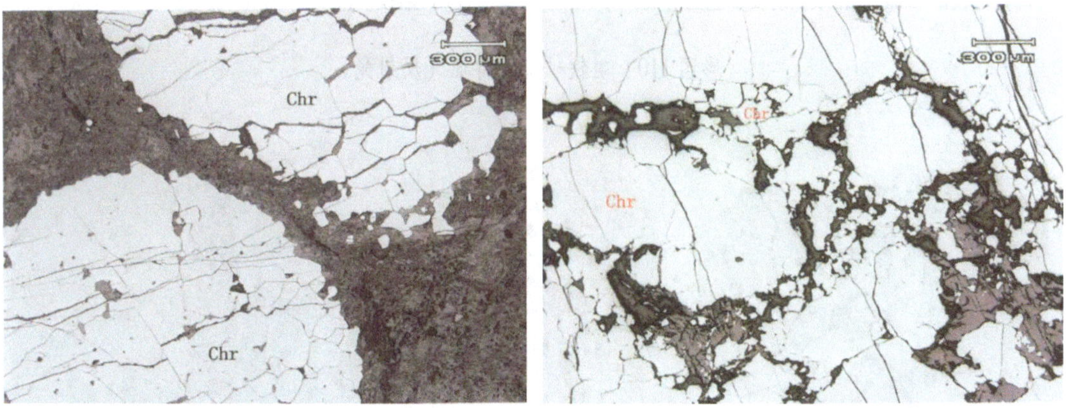

(c) 球状铬铁矿内部由半自形晶铬铁矿(Chr)组成（－）10×5　　(d) 铬铁矿(Chr)的两个世代（－）10×5

彩图 108　铬铁矿镜下特征（反射光）
（卢静文，2010）

(a) 块状　　(b) 星点状　　(c) 晶体

彩图 109　磁铁矿

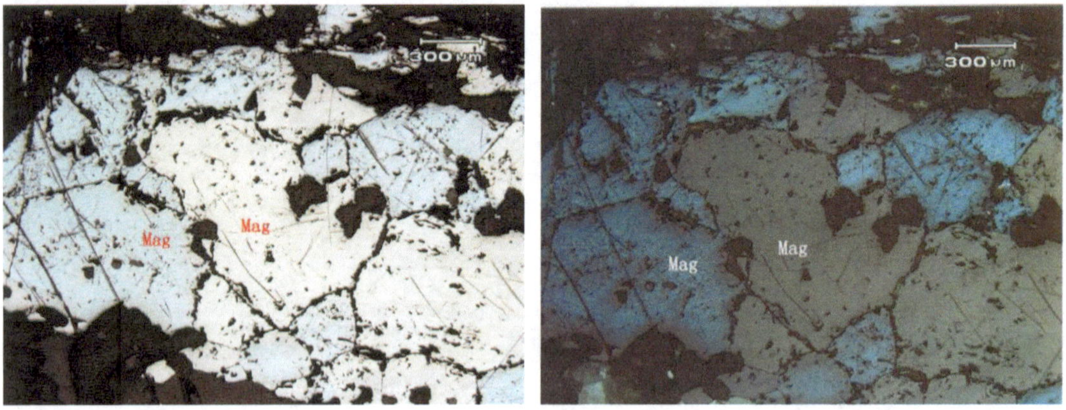

(a) 磁铁矿(Mag)异常双反射及多色性（-）10×5　　(b) 磁铁矿(Mag)异常非均质性（+）10×5

彩图 110　磁铁矿镜下特征（反射光）

彩图 111　黑钨矿

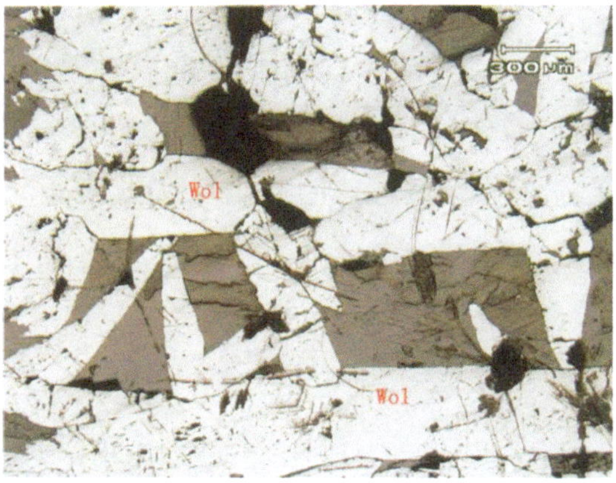

(a) 黑钨矿（钨锰铁矿）(Wol) 板状晶体（-）

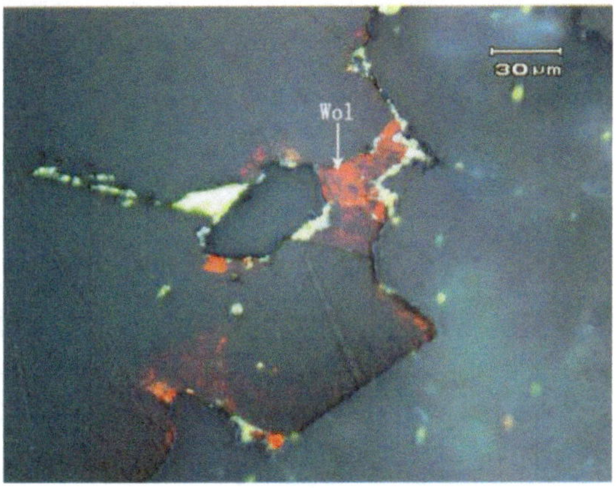

(b) 黑钨矿（钨锰铁矿）(Wol) 的内反射色（+）

(c) 黑钨矿（钨锰铁矿）(Wol) 的偏光色（+）

(d) 黑钨矿（钨锰铁矿）(Wol) 的接触双晶（+）

彩图112　黑钨矿镜下特征（反射光）
（卢静文，2010）

(a) 铌铁矿

(b) 锰钽铁矿

(c) 铌铁矿

彩图113　铌钽铁矿
（昆明理工大学矿物数字博物馆）

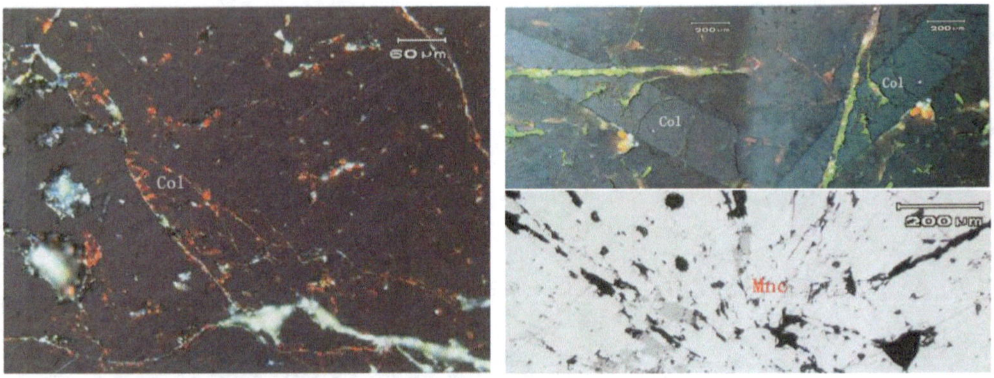

（a）铌铁矿（Col）内反射色 （+） 10×20

（b）上：铌铁矿（Col）偏光色 （+） 10×10
下：放射状铌锰矿（Mnc）（-） 10×10

彩图114 铌钽铁矿镜下特征（反射光）
（卢静文，2010）

彩图115 砷华

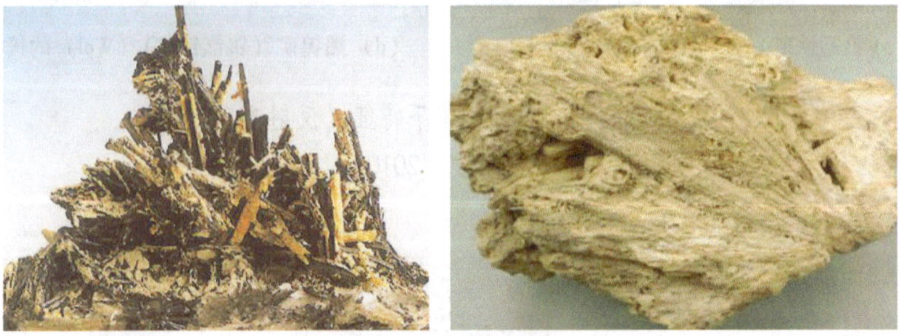

彩图116 锑华

彩图117 铋华
（昆明理工大学矿物数字博物馆）

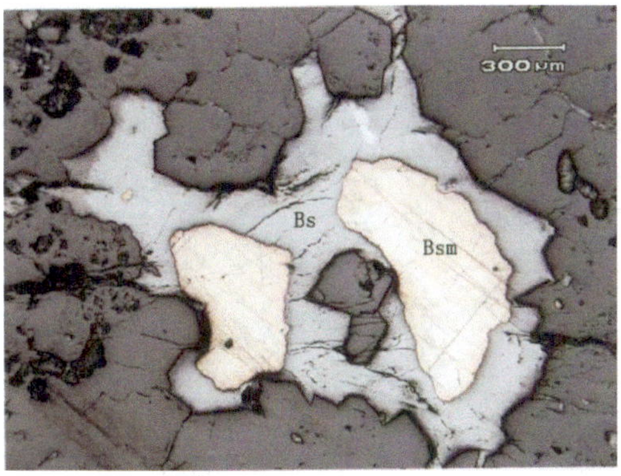

（a）铋华（Bs）沿自然铋（Bsm）周边蚀变（－）10×5

（b）铋华（Bs）的内反射色（＋）10×5

彩图 118　铋华镜下特征（反射光）

（卢静文，2010）

(a) 片状集合体

(b) 纤维状集合体

（南京大学地球科学博物馆）

(c) 水镁石晶体

（昆明理工大学矿物数字博物馆）

彩图 119　水镁石

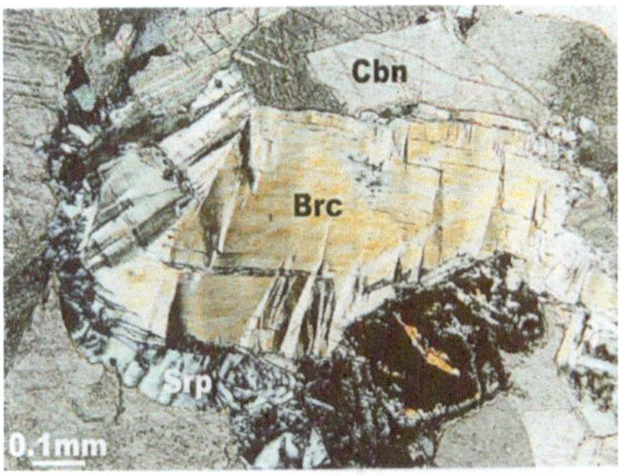

（a）具有膝折及锈褐色异常干涉色的水镁石（Brc），蛇纹石（Srp），碳酸盐矿物（Cbn）（＋）

（b）具有棕黄色异常干涉色的水镁石（Brc）和纤水镁石（Nml），碳酸盐矿物（Cbn）（方镁石大理岩中方镁石转变而成）（＋）

彩图 120　水镁石镜下特征（透射光）

（常丽华，2006）

铝土矿

鲕豆状

结核状

铁铝氧石

蜂窝状

豆状

彩图 121 铝土矿
(昆明理工大学矿物数字博物馆)

(a) 硬水铝石

(b) 锰硬水铝石

彩图 122 硬水铝石

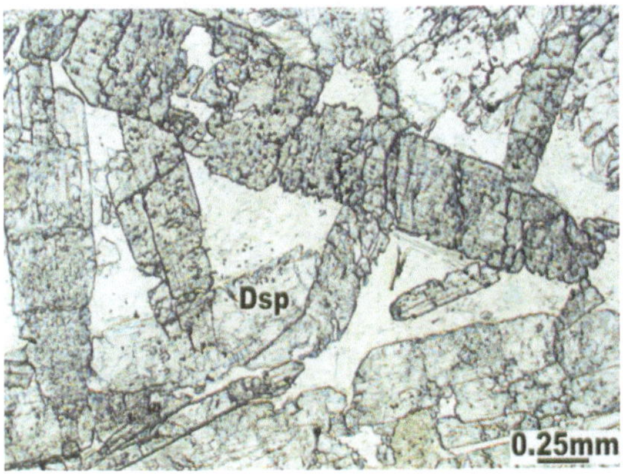

(a) 无色硬水铝石(Dsp)的柱状晶形，正高突起(-)

(b) 硬水铝石的二~三级干涉色，平行消光，负延性(+)

彩图 123 硬水铝石镜下特征（透射光）
（常丽华，2006）

彩图 124 三水铝石

(a) 三水铝石的细小柱板状晶体（铝土矿）(-)

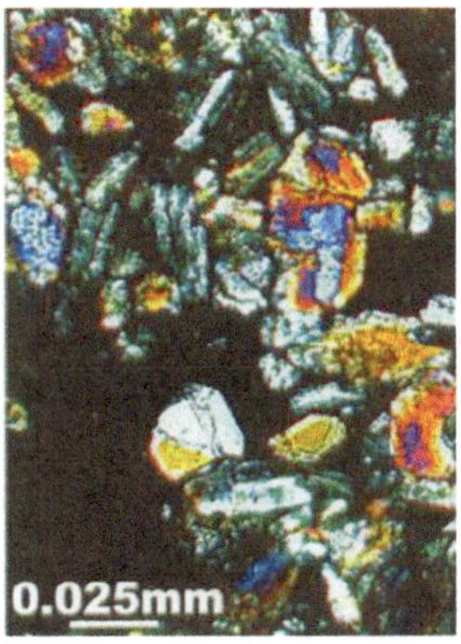

(b) 三水铝石的二级干涉色，斜消光，延性有正有负(+)

彩图 125 三水铝石镜下特征（透射光）

(a) 结核状

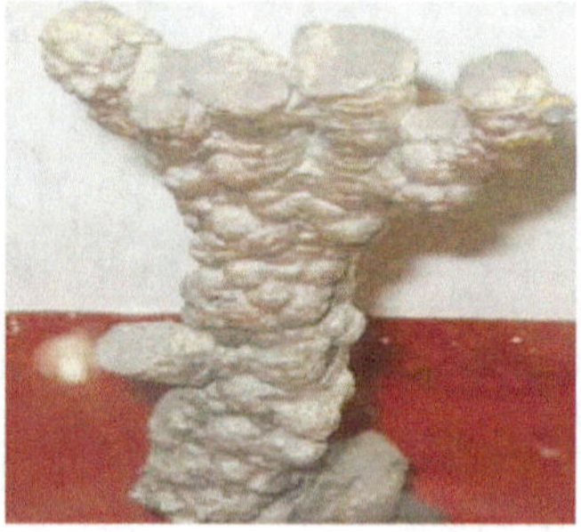
(b) 树枝状

(c) 假象褐铁矿

(d) 铁帽

(e) 葡萄状

(f) 针状

彩图126　褐铁矿
（南京大学地球科学博物馆）

彩图127　针铁矿
（南京大学地球科学博物馆）

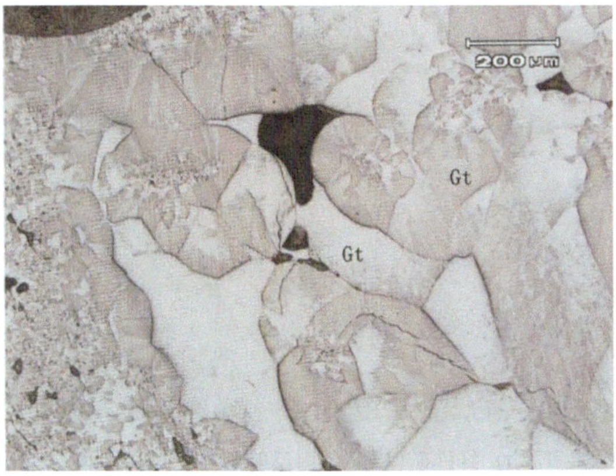

（a）放射状针铁矿（Gt）反射色（-）10×10

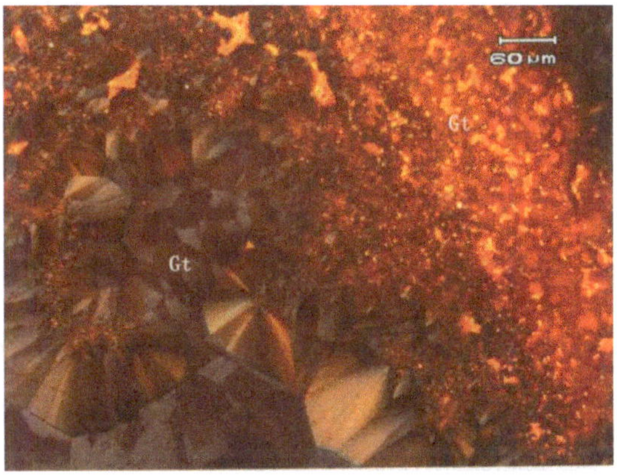

（b）针铁矿（Gt）褐黄色内反射色与偏光色（+）10×20

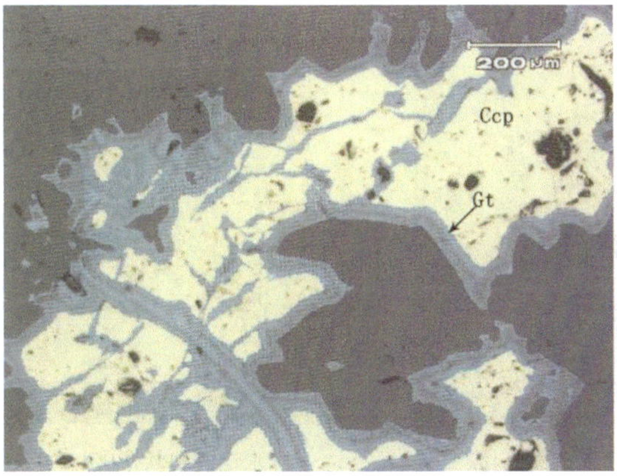

（c）针铁矿（Gt）交代黄铜矿（Ccp）（-）10×10

（d）针铁矿（Gt）交代黄铁矿（Py）呈假象结构（-）10×20

彩图128　针铁矿镜下特征（反射光）
（卢静文，2010）

彩图129　纤铁矿

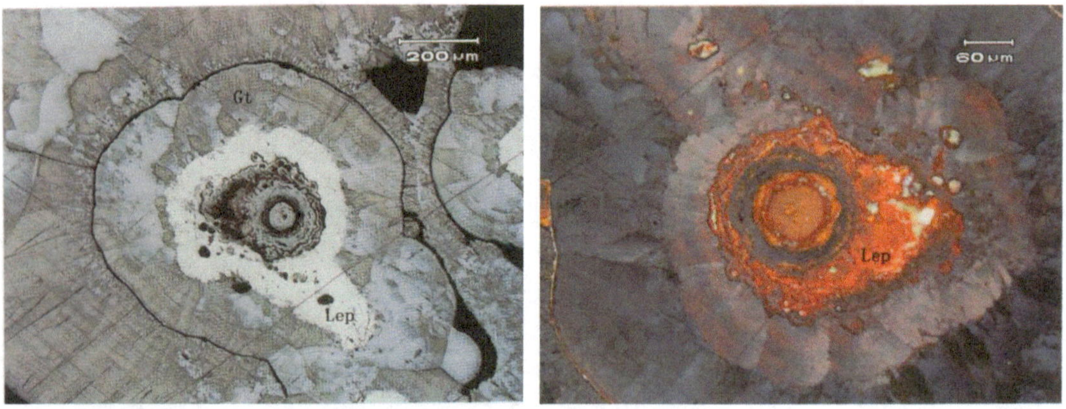

（a）胶状构造的针铁矿（Gt）与纤铁矿（Lep）（－）10×10　　（b）纤铁矿（Lep）的内反射色（－）10×20

彩图 130　纤铁矿镜下特征（反射光）
（卢静文，2010）

(a) 水锰矿　　(b) 产在针铁矿上的晶体　　(c) 水锰矿和软锰矿
（昆明理工大学矿物数字博物馆）

彩图 131　水锰矿

（a）水锰矿（Ma）反射色（－）10×10　　（b）水锰矿（Ma）的偏光色（＋）10×10

彩图 132　水锰矿镜下特征（反射光）
（卢静文，2010）

彩图 133　硬锰矿

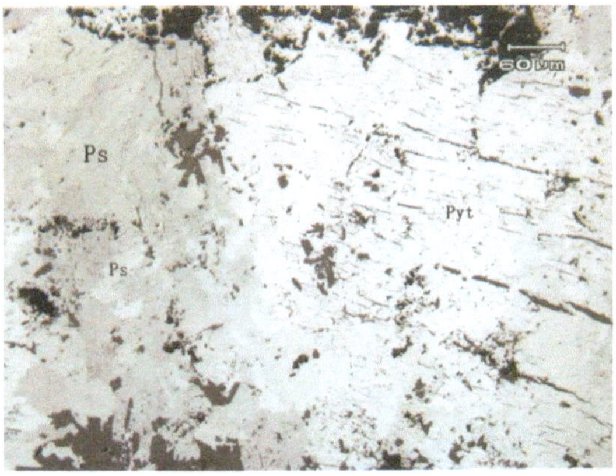

（a）硬锰矿（Ps）反射多色性（－）10×20

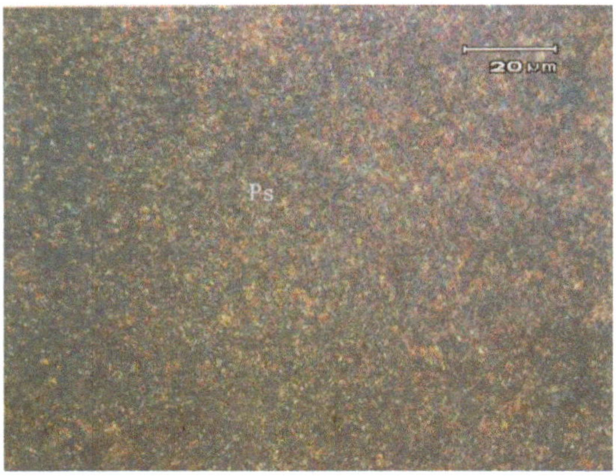

（b）硬锰矿（Ps）内反射色（＋）10×100

（c）硬锰矿（Ps）偏光色（＋）10×20

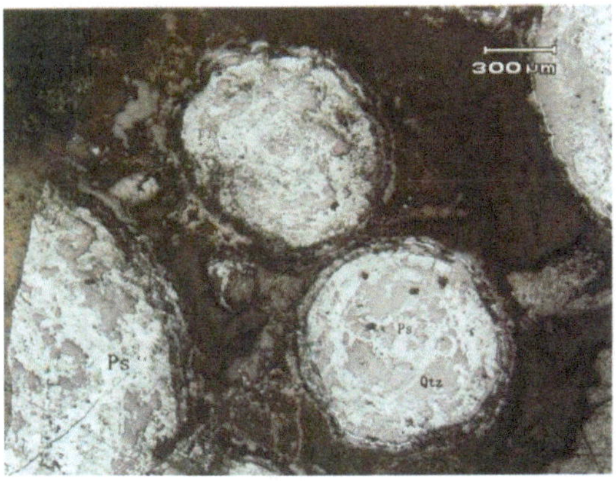

（d）鲕状硬锰矿（Ps）（－）10×5

彩图 134　硬锰矿镜下特征（反射光）
（卢静文，2010）

(a)

（南京大学地球科学博物馆）

(b)

（昆明理工大学矿物数字博物馆）

(c) 曲晶石 (锆石的变种，含较高的TR和U，因晶面弯曲而得名)

(d) 水锆石晶体 (锆石的变种)

彩图 135　锆石及其变种

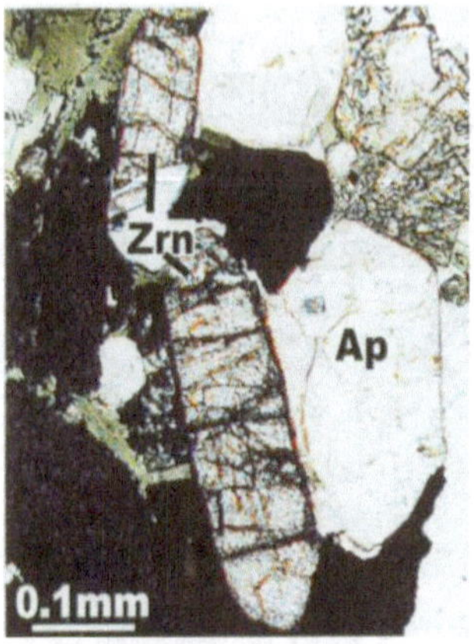

(a)柱状自形的锆石(Zrn)，
磷灰石(Ap)（-）

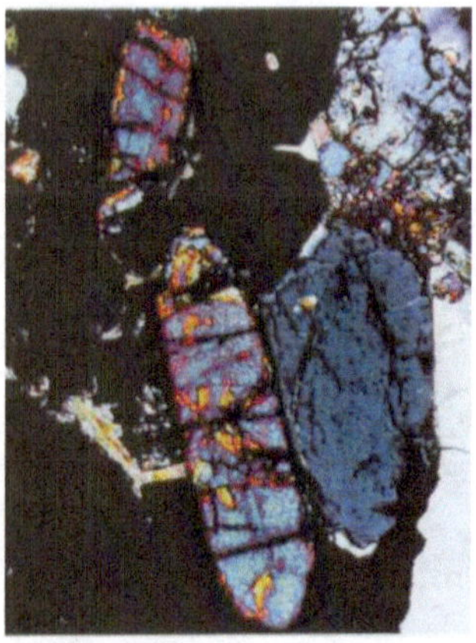

(b)锆石的干涉色，柱状切面为平行消光，
正延性（+）

彩图 136　锆石镜下特征（透射光）
（常丽华，2006）

彩图 137　橄榄石

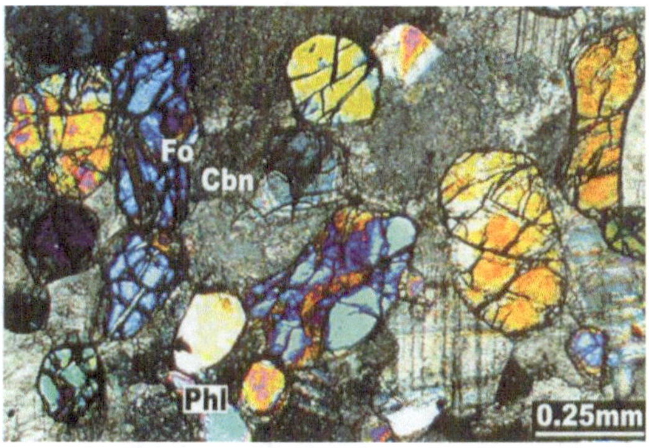

（a）他形和半自形的镁橄榄石（Fo）具有二到三级干涉色，金云母（Phl），碳酸盐矿物（Cbn）（+）

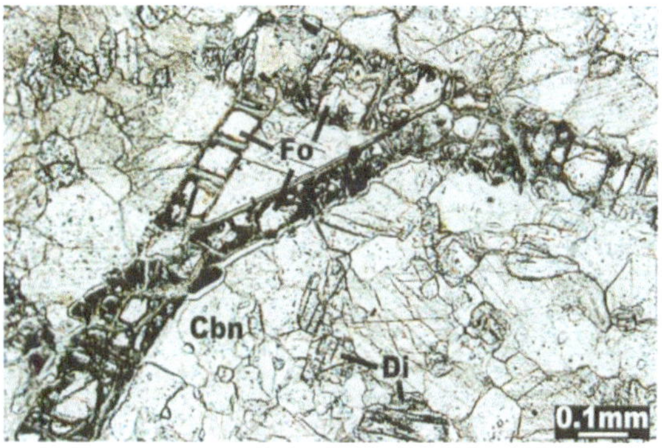

（b）长杆状镁橄榄石（Fo），透辉石（Di），碳酸盐矿物（Cbn）（-）

彩图 138　橄榄石镜下特征（透射光）
（常丽华，2006）

(a) 菱形十二面体

(b) 五角十二面体

(c) 钛榴石

(d) 铬铝榴石

(e) 黑石榴子石

(f) 宝石级

彩图 139　石榴子石的变种

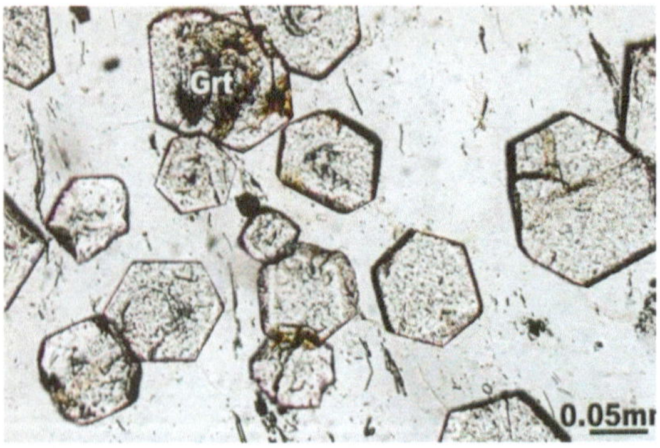

(a) 晶形完好的石榴子石(Grt)(－)

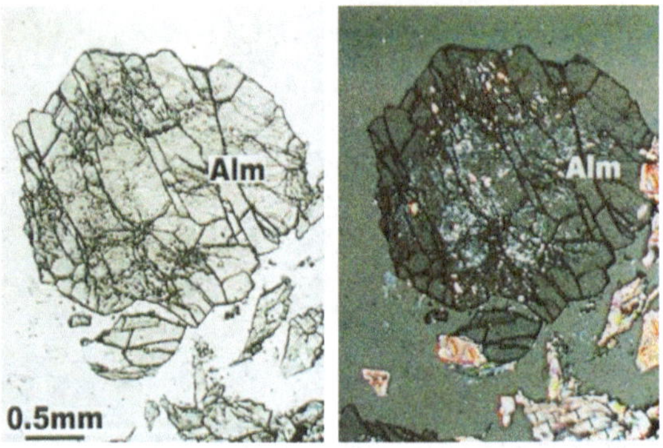

(b)(左)铁铝榴石(Alm)(－),(右)铁铝榴石(Alm)中有云母、石英包裹体形成筛状变晶结构(斜交偏光)

彩图140 石榴子石镜下特征(透射光)
(常丽华,2006)

彩图141 硅镁石

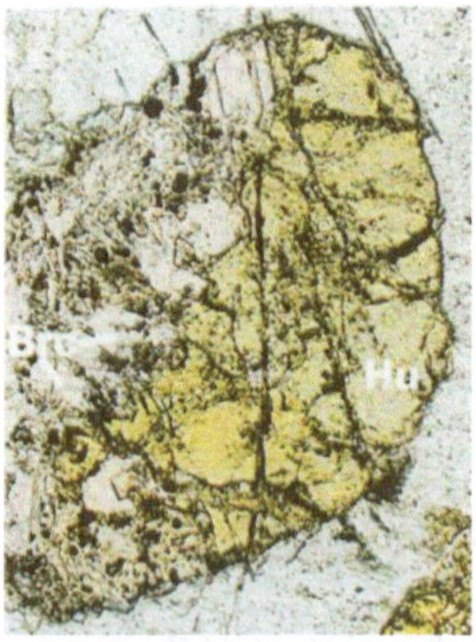

(a)金黄色的硅镁石(Hu),部分水镁石化(Brc)(－)

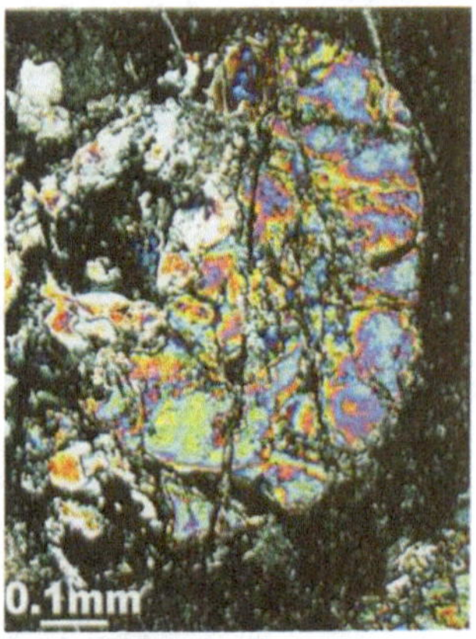

(b)硅镁石的干涉色(＋)

彩图142 硅镁石镜下特征(透射光)
(常丽华,2006)

(a) 空晶石

(b) 放射状集合体

彩图143 红柱石

（a）柱状红柱石(And)晶体中心呈橙红色（－），(左下)红柱石近方形横切面上的两组近正交的解理（－）

（b）红柱石的一级白干涉色，晶体中心的干涉色是受其颜色叠加所致（＋）

（c）空晶石横切面中碳质包体呈对角线分布（－）

（d）空晶石的一级白干涉色（＋）

彩图 144　红柱石镜下特征（透射光）

（常丽华，2006）

(a)

(b)

(c)

彩图 145　蓝晶石

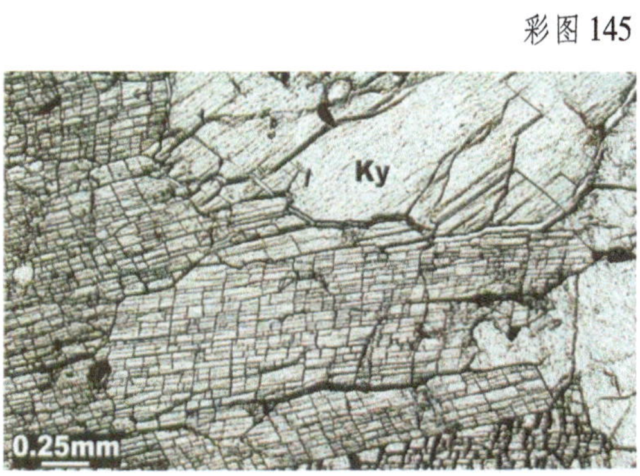

（a）蓝晶石(Ky)横切面具有两组解理近 70°（－）

（b）蓝晶石的一级干涉色（＋）

(c) 蓝晶石(Ky)纵切面的柱状解理和一级橙黄干涉色，正延性（+）

(d) 蓝晶石(Ky)边缘转变为叶蜡石(Prl)（+）

彩图 146　蓝晶石镜下特征（透射光）
（常丽华，2006）

(a)

(b)

彩图 147　黄玉

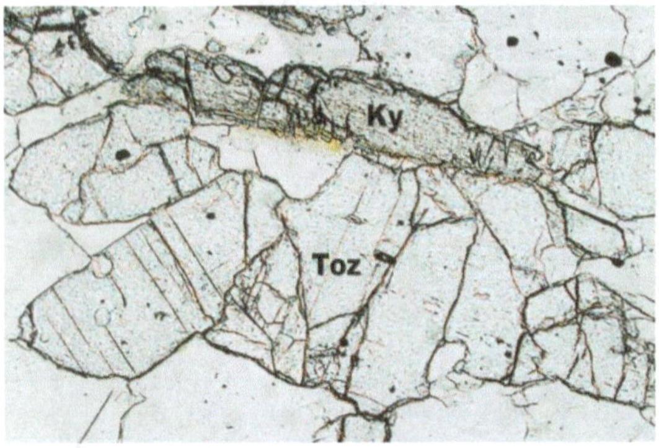

(a) 无色黄玉(Toz)，粒状及短柱状，正中突起，具有一组垂直柱面的解理(Ky)（-）

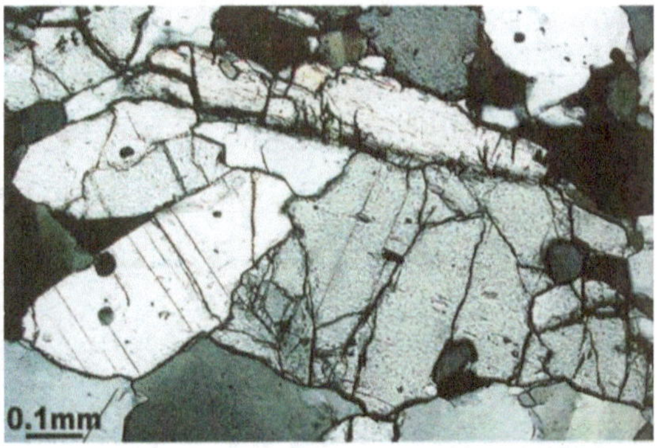

(b) 黄玉的一级白干涉色，柱面为平行消光，正延性（+）

彩图 148　黄玉镜下特征（透射光）
（常丽华，2006）

(a) 十字石

(b) 双晶a

(c) 双晶b

彩图 149　十字石

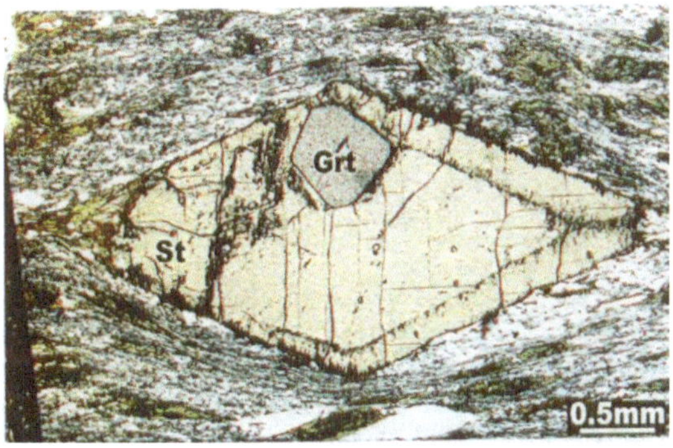

（a）浅黄色十字石(St)的横切面呈尖菱形状，石榴子石(Grt)(-)

（b）十字石(St)的柱面和六边形的切面（ - ）

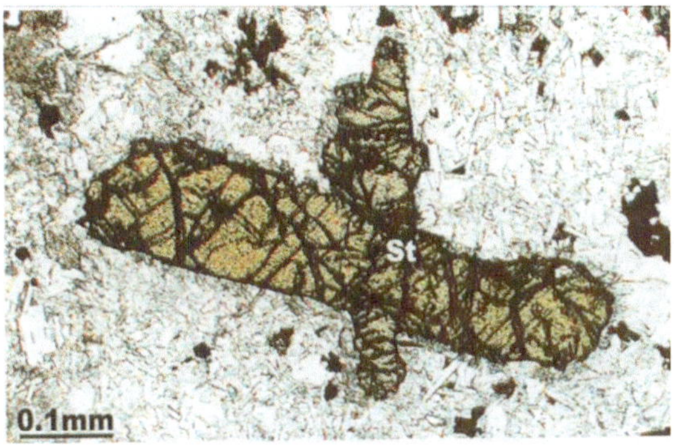

（c）金黄色十字石(St)的十字双晶(-)

（d）十字石(St)的一级干涉色和斜十字双晶(+)

彩图 150　十字石镜下特征（透射光）
（常丽华，2006）

(a)

（南京大学地球科学博物馆）

(b)

（昆明理工大学矿物数字博物馆）

彩图 151　榍石

（a）（左）具有双晶的榍石(Spn)（－）；(右)具有简单双晶的榍石(Spn)（＋）

（b）柱粒状自形、半自形的榍石(Spn)具有红褐色—浅褐色多色性，正极高突起（－）

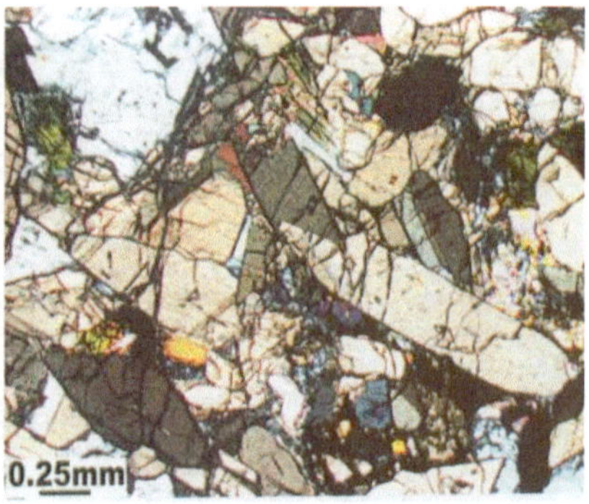

（c）榍石的高级白干涉色（＋）

彩图 152　榍石镜下特征（透射光）
（常丽华，2006）

(a) 单晶体

(b) 放射状集合体

彩图 153　符山石

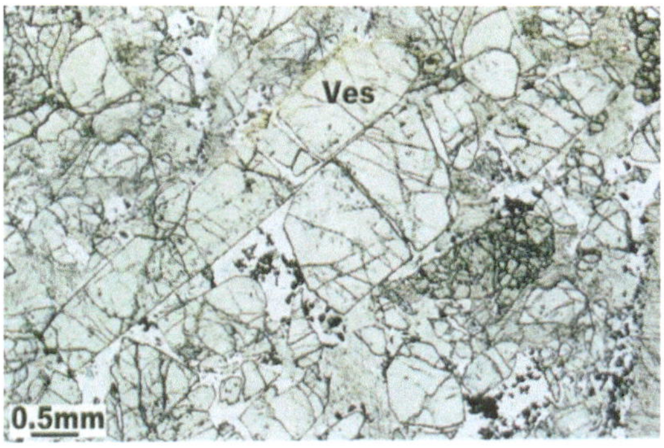

（a）柱状符山石(Ves)，横切面为粒状或半自形（－）

（b）符山石具有灰黄褐色异常干涉色和环带状构造，柱状切面为平行消光，多为负延性（＋）

彩图 154　符山石镜下特征（透射光）
（常丽华，2006）

彩图 155　黝帘石

（a）（左）无色柱状的 α－黝帘石(α－Zo)，角闪石(Hbl)（－）；（右）α－黝帘石(α－Zo)具有靛蓝异常干涉色，平行消光，负延性（＋）

（b）无色 β－黝帘石(β－Zo)具有正高突起（－）

彩图 156　黝帘石镜下特征（透射光）
（常丽华，2006）

(a) 绿帘岩 a　　(b) 与石英晶族共生　　(c) 绿帘岩 b

彩图 157　绿帘石

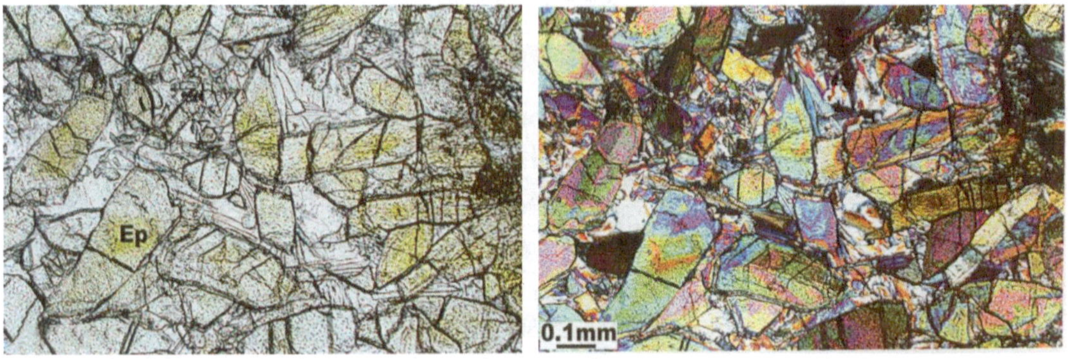

（a）柱粒状自形、半自形绿帘石(Ep)，具有不均匀的浅草黄色（－）

（b）绿帘石具有鲜艳的、不均匀的干涉色（＋）

彩图 158　绿帘石镜下特征（透射光）
（常丽华，2006）

彩图 159　褐帘石

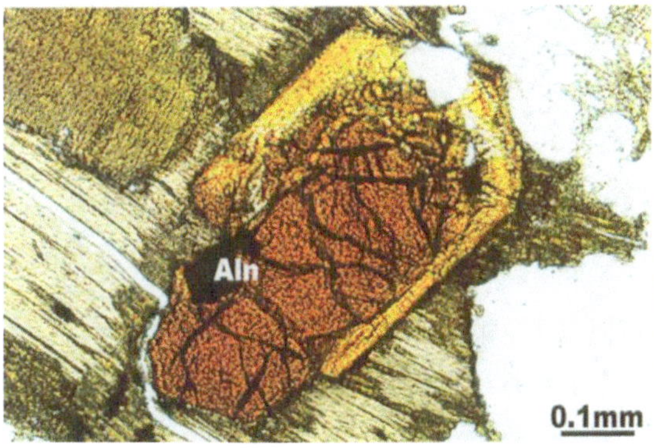

(a) 板状自形褐帘石(Aln)，边缘部分由于变生作用使颜色变浅（－）

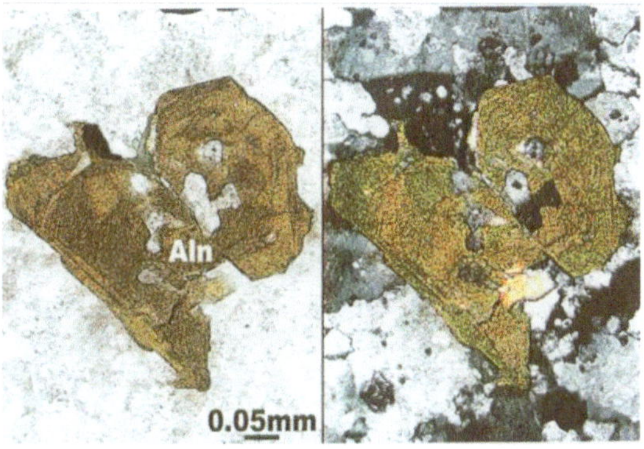

(b)（左)板状自形褐帘石(Aln)，环带状构造(－)；（右)褐帘石的干涉色，受本身颜色影响而呈暗褐色（＋）

彩图160　褐帘石镜下特征（透射光）
（常丽华，2006）

(a) 晶簇

(b) 晶体

(c) 晶体

(d) 白色绿柱石

(e) 海蓝宝石（绿柱石变种）

(f) 祖母绿

彩图161　绿柱石
（昆明理工大学矿物博物馆）

（a）浅蓝色绿柱石(Brl)(－)　　（b）绿柱石的一级灰白干涉色(＋)

彩图 162　绿柱石镜下特征（透射光）
（常丽华，2006）

彩图 163　堇青石
（南京大学地球科学博物馆）

（a）（左）半自形柱粒状堇青石(Crd)，局部有浅黄色胶蛇纹石(Sht)（－）；（中）堇青石(Crd)的一级白干涉色（＋）；（右）堇青石(Crd)两组聚片双晶交角为60°(120°)(＋)

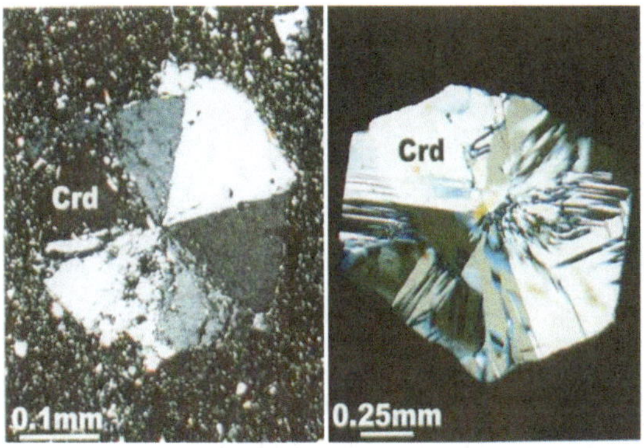

(b)（左）堇青石(Crd)的六连晶（+）；（右）堇青石(Crd)的六连晶和聚片双晶（+）

(c) 呈卵状晶形的堇青石(Crd)，晶体中有黑云母，石英等包裹体（+）

彩图 164　堇青石镜下特征（透射光）
（常丽华，2006）

(a) 放射状集合体

(b) 晶体

(c) 放射状晶体

(d) 柱状晶形

(e) 镁电气石

(f) 锂电气石

彩图 165　电气石

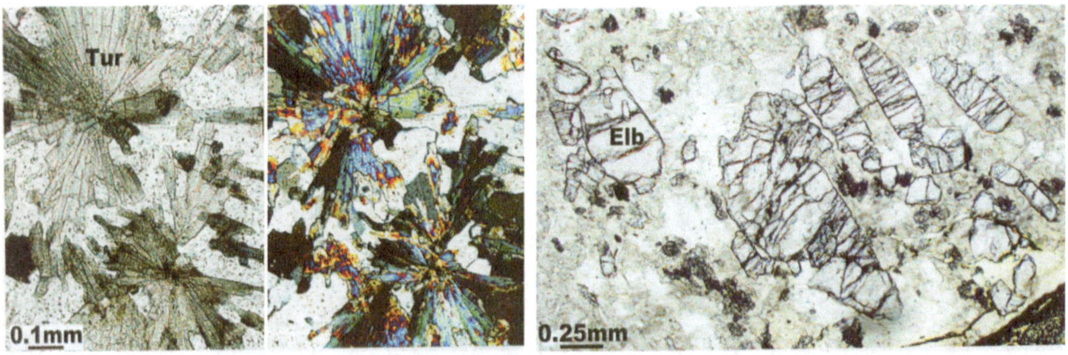

(a)（左）绿褐色电气石(Tur)的放射状集合体（-）；
（右）电气石的二级干涉色，平行消光，负延性（+）

(b) 无色锂电气石(Elb)（-）

彩图166　电气石镜下特征（透射光）
（常丽华，2006）

(a)　(b)

彩图167　顽火辉石
（南京大学地球科学博物馆）

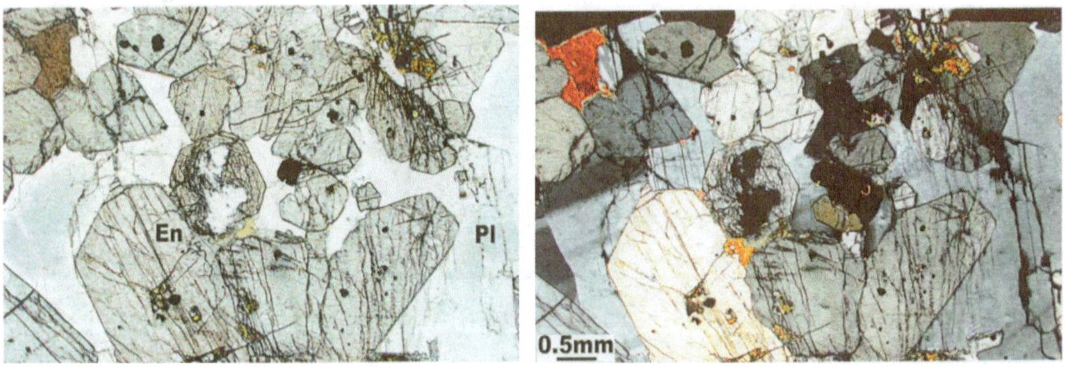

(a) 自形-半自形的顽火辉石(En)，斜长石(Pl)（-）

(b) 顽火辉石的一级干涉色，平行消光，正延性（+）

彩图168　顽火辉石镜下特征（透射光）
（常丽华，2006）

(a)　　(b)　　(c)

彩图 169　紫苏辉石

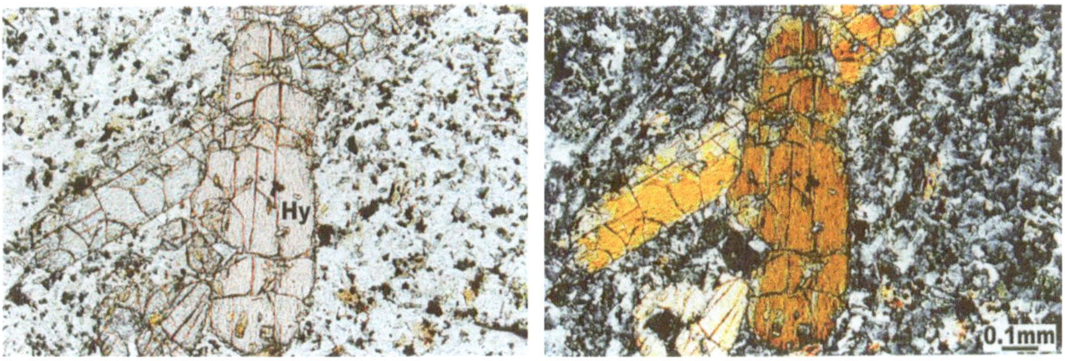

（a）紫苏辉石（Hy）的粉红色和浅绿色的多色性（－）　（b）紫苏辉石的一级干涉色，平行消光，正延性（＋）

彩图 170　紫苏辉石镜下特征（透射光）
（常丽华，2006）

(a) 透辉石　　(b) 次透辉石　　(c) 钙铁辉石

彩图 171　透辉石－钙铁辉石

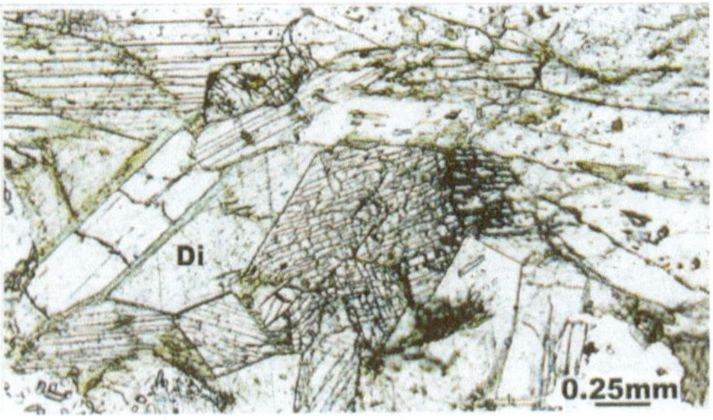

(a) 无色的透辉石(Di)(-)

(b) 透辉石的二级干涉色（+）

(c) 异剥辉石的中心裂理不发育(-)

(d) 异剥辉石的(100)简单双晶缝与{100}裂理平行（+）

彩图172 透辉石镜下特征（透射光）
(常丽华，2006)

(a)

(b)

(c)

彩图173 普通辉石

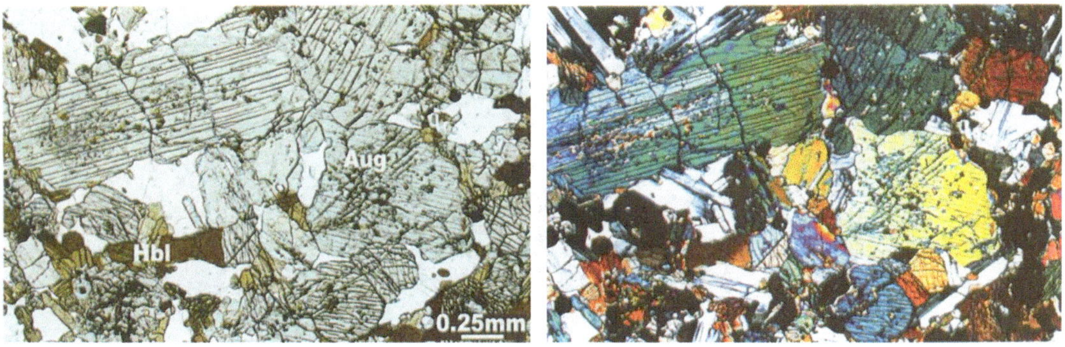

（a）浅绿色普通辉石(Aug)，角闪石(Hbl)（－）　（b）普通辉石的二级干涉色，简单双晶和聚片双晶（＋）

彩图 174　普通辉石镜下特征（透射光）
（常丽华，2006）

(a) 翡翠　(b) 硬玉　(c) 硬玉

彩图 175　硬玉

（a）硬玉(Jd)的横切面具有两组近正交解理，青铝闪石(Cte)（－）　（b）硬玉(Jd)的一级白干涉色(＋)

彩图 176　硬玉镜下特征（透射光）
（常丽华，2006）

(a) (b) (c)

彩图177 霓石

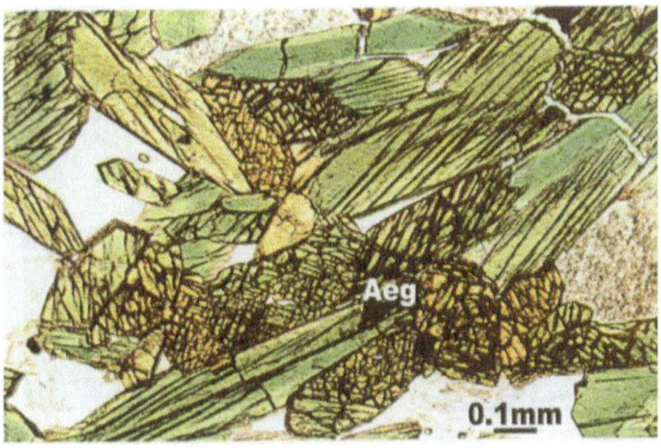

(a) 自形和半自形的柱状霓石(Aeg)的横切面呈六边形，其上有两组近正交的辉石式解理(-)

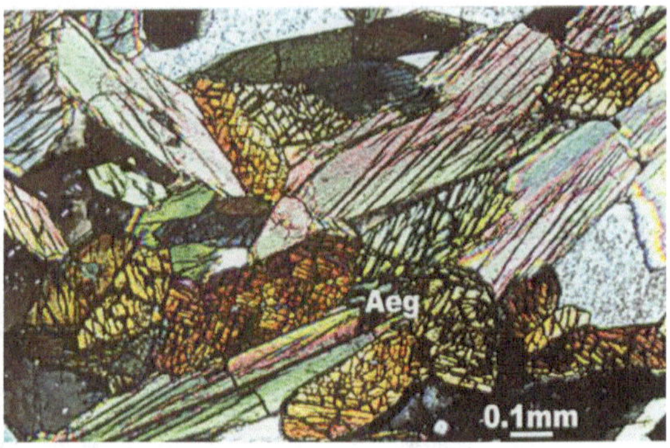

(b) 霓石(Aeg)的三～四级干涉色(霓石正长岩)(+)

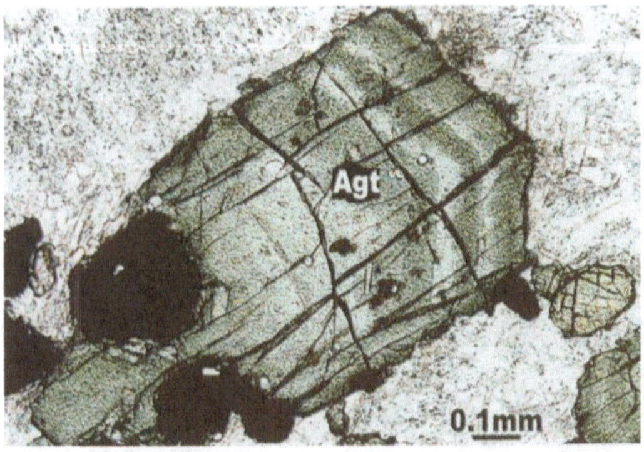

(c) 霓辉石(Agt)的柱面呈环带状构造 (-)

(d) (左)霓辉石(Agt)的环带边缘为霓石(Aeg) (+)

彩图178 霓石－霓辉石镜下特征 (透射光)
(常丽华，2006)

(a) (b) (c)

彩图 179　锂辉石

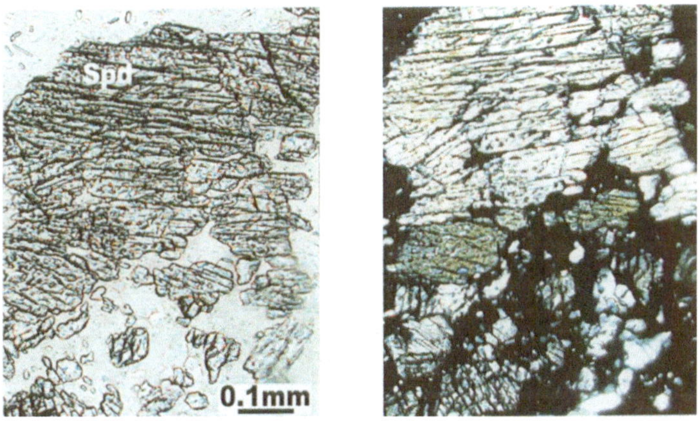

（a）无色的锂辉石（Spd）（－）　（b）锂辉石的一级干涉色（＋）

彩图 180　锂辉石镜下特征（透射光）
（常丽华，2006）

(a) (b)

彩图 181　硅灰石

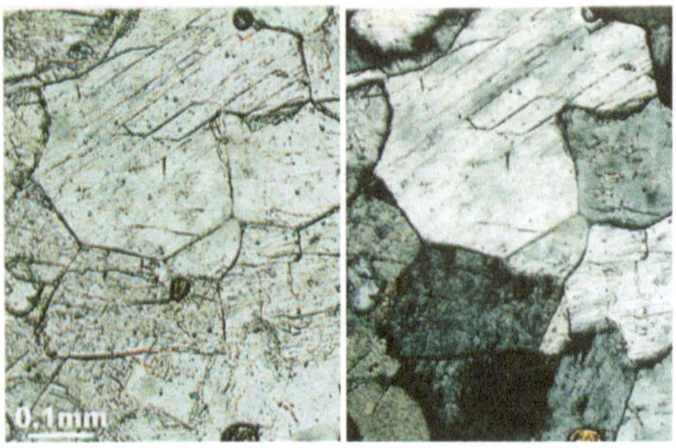

（a）板状硅灰石(Wo)(－)；硅灰石的一级干涉色（+）

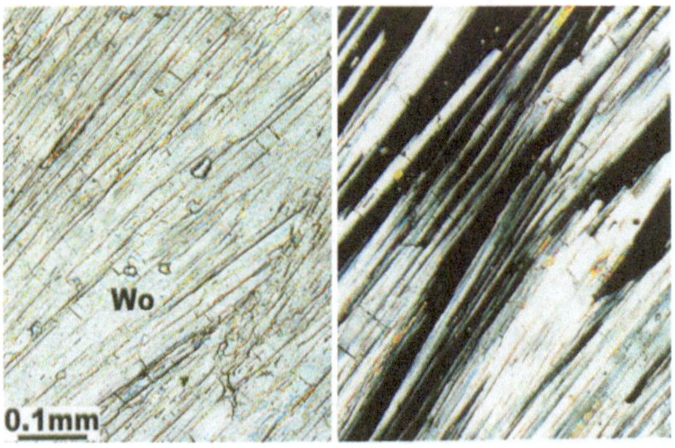

（b）(左)长柱状的硅灰石(Wo)呈浅绿色，具有完全解理，正中突起(－)；(右)柱状硅灰石一级白干涉色，柱面近平行消光，延性可正可负（+）

彩图182　硅灰石镜下特征（透射光）
（常丽华，2006）

(a)

(b)

(c)

彩图183　蔷薇辉石

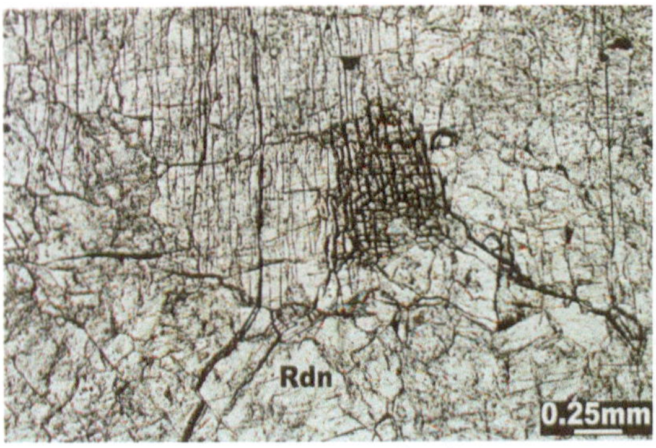

（a）蔷薇辉石(Rdn)正高突起，横切面的两组解理近正交（－）

（b）蔷薇辉石的干涉色(+)

彩图184　蔷薇辉石镜下特征（透射光）
（常丽华，2006）

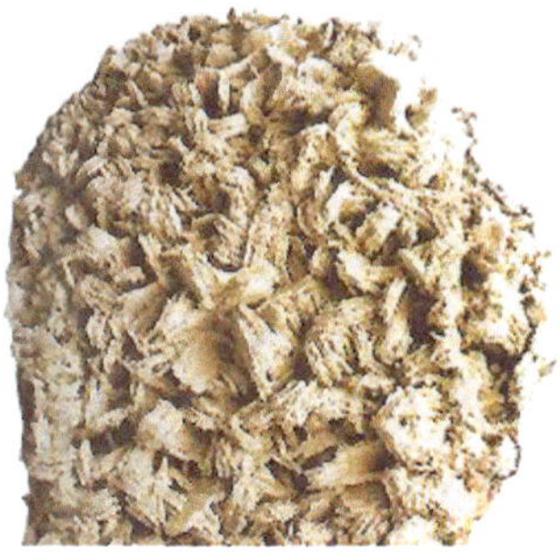

(a)

(b)

(c)

彩图 185　直闪石
（昆明理工大学矿物数字博物馆）

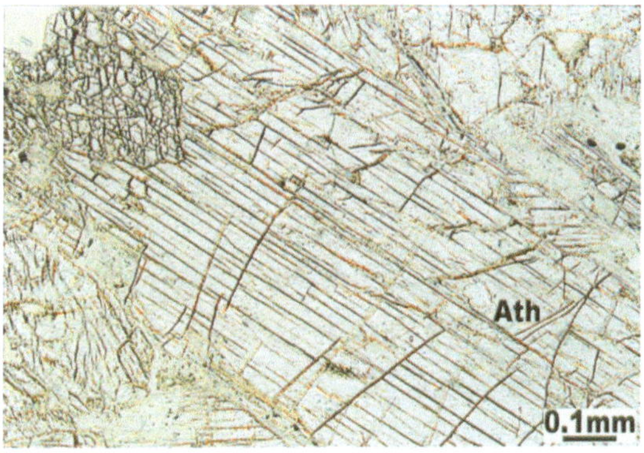

（a）直闪石（Ath）无色，正中—高突起，横切面具有两组角闪石式解理（－）

（b）直闪石的一级干涉色，柱面平行消光，正延性（＋）

彩图 186　直闪石镜下特征（透射光）
（常丽华，2006）

(a) 透闪石

(b) 浅紫色透闪石

(c) 白色透闪石

彩图 187　透闪石

（a）长柱状的透闪石(Tr)(-)

（b）长柱状透闪石干涉色（+）

彩图 188　透闪石镜下特征（透射光）
（常丽华，2006）

(a)

(b)

(c)

彩图 189　阳起石

（a）阳起石(Act)具有绿色—浅黄绿色多色性(-)

（b）阳起石的二级干涉色(+)

彩图 190　阳起石镜下特征（透射光）

(a)

(b)

彩图 191　普通角闪石

（a）黄绿色角闪石(Hbl)(－)

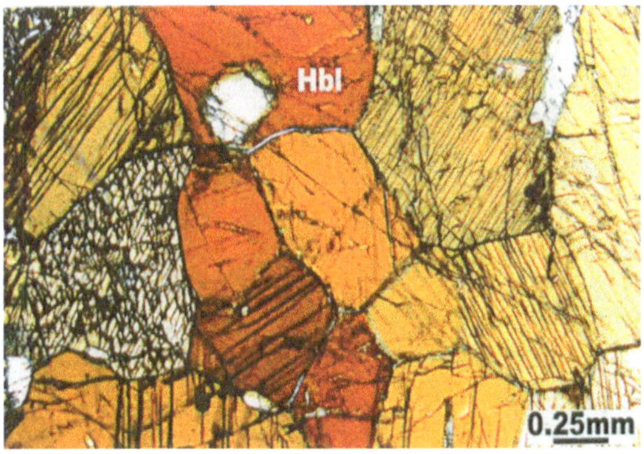

（b）红褐色角闪石(Hbl)(－)

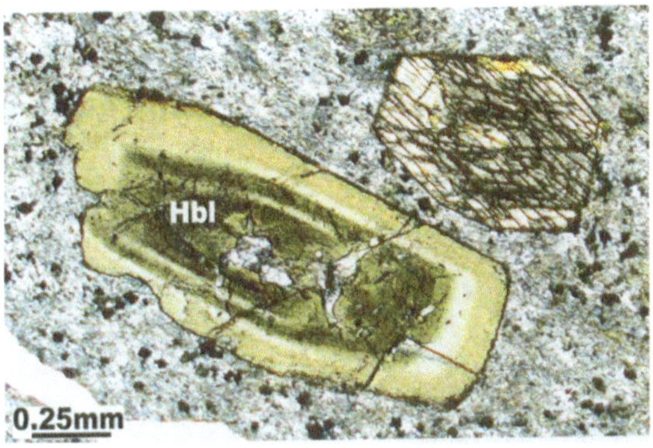

（c）角闪石(Hbl)的环带状构造(－)；
角闪石横切面多呈六边形和菱形，两组
解理夹角 56°(124°)

（d）(左)角闪石(Hbl)简单双晶和环带状构造(－)；
(右)角闪石的双晶和
干涉色（+）

彩图 192　角闪石镜下特征（透射光）
（常丽华，2006）

(a)

(b)

彩图 193　蓝闪石（手标本）

(a) 蓝闪石(Gln)具有天蓝色和浅紫色的多色性（－）

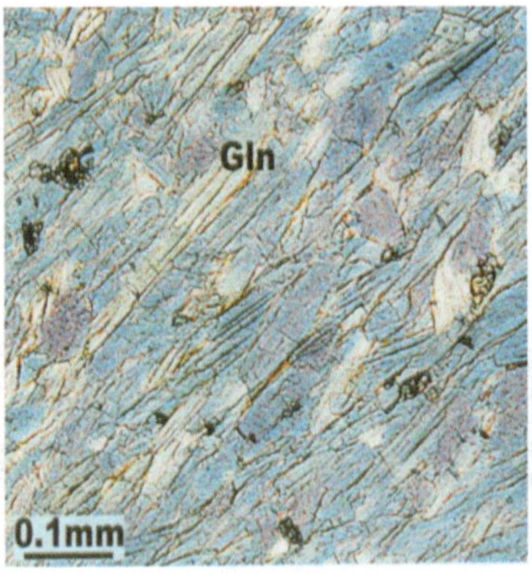

(b) 蓝闪石片岩中的蓝闪石(Gln)呈浅紫、天蓝和浅黄绿色多色性（－）

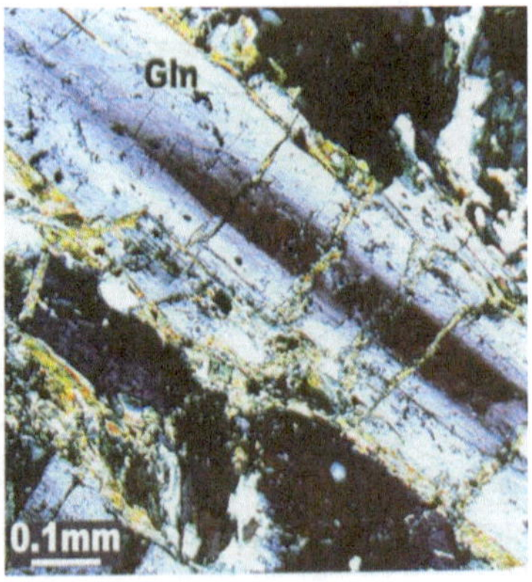

(c) 环带状的蓝闪石(Gln)（＋）

彩图 194　蓝闪石镜下特征（透射光）
（常丽华，2006）

彩图 195　钠铁闪石

(a) 钠铁闪石(Arf)的横切面呈深灰紫色,绿色霓石(Aeg)(-)

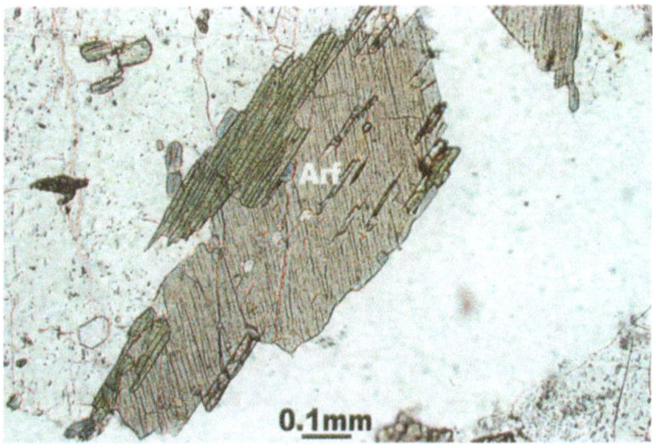

(b) 钠铁闪石(Arf)纵切面呈灰紫色和黄绿色(-)

(c) 柱状的天蓝色镁钠铁闪石(Mav),霓石(Aeg)(-)

(d) 镁钠铁闪石具有天蓝到暗蓝色异常干涉色,延性可正可负(+)

彩图196 钠铁闪石镜下特征(透射光)
(常丽华,2006)

(a) 青石棉

(b) 蓝石棉

(c) 直闪石石棉

(d) 角闪石石棉

(e) 石棉状铁闪石

(f) 青石棉

彩图197 常见的角闪石石棉种属

(a) (b) (c)

彩图 198　矽线石

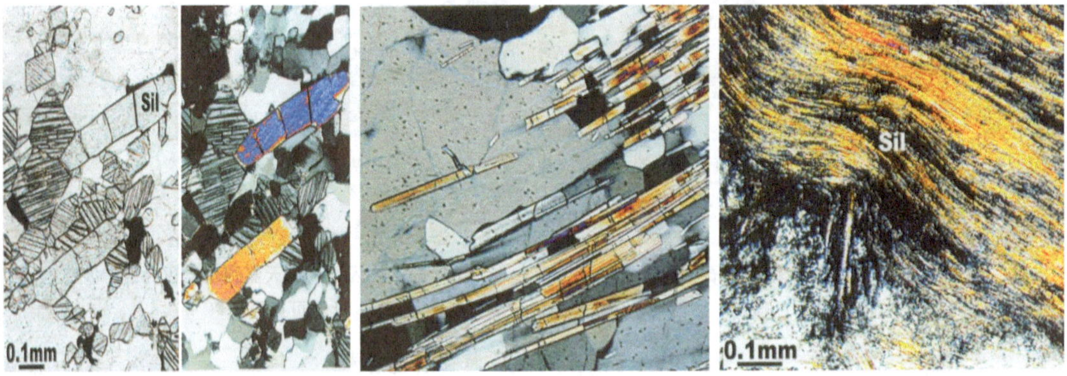

(a)（左）柱状矽线石(Sil)具有近方形的横切面，其上有一组对角线解理（-）；(右)矽线石的二级蓝干涉色，平行消光，正延性（+）

(b) 针柱状矽线石(Sil)具有一级干涉色（+）

(c) 矽线石(Sil)呈毛发状集合体（+）

彩图 199　矽线石镜下特征（透射光）
（常丽华，2006）

(a) (b) (c)

彩图 200　滑石

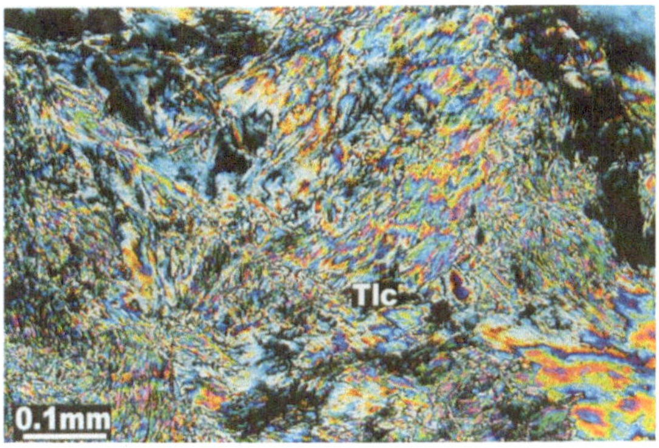

（a）滑石（Tlc）的鳞片状集合体；滑石以其 $2V=6\sim30$ 及产于富镁岩石为特征（滑石岩）（+）

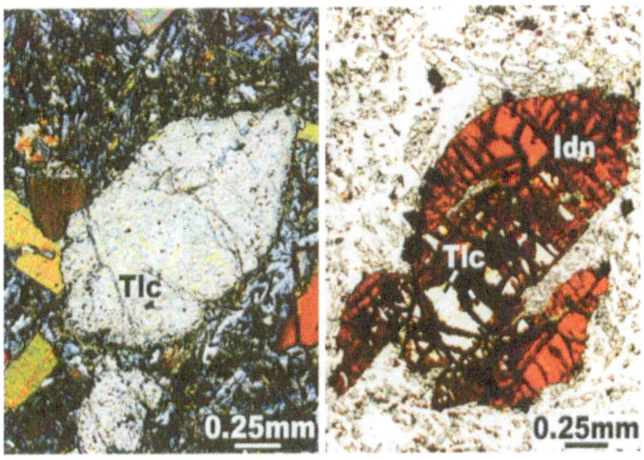

（b）（左）滑石（Tlc）的细小鳞片状集合体呈橄榄石假象（+）；（右）橄榄石转变为伊丁石（Idn）和少量滑石（Tlc）（-）

彩图 201　滑石镜下特征（透射光）
（常丽华，2006）

(a)

(b)

(c)

彩图 202　叶蜡石

叶蜡石（Prl）的鳞片状集合体；以其 $2V=53\sim60$ 及产于富铝岩石为特征（+）

彩图 203　叶蜡石镜下特征（透射光）
（常丽华，2006）

(a)　　(b)　　(c)

彩图204　白云母

（a）（左）白云母（Ms）无色，片状，一组完全解理（－）；
（右）白云母鲜艳的二～三级干涉色，
近平行消光，正延性（＋）

（b）（上）白云母（Ms）呈放射状的集合体（－）；
（下）白云母的干涉色（＋）

（c）绢云母（Srt）的细小鳞片状集合体，具有鲜艳的
二～三级干涉色（＋）

（d）绢云母集合体（Srt）呈红柱石横切面的假象（－）

彩图205　白云母镜下特征
（常丽华，2006）

(a) (b) (c)

彩图 206　黑云母

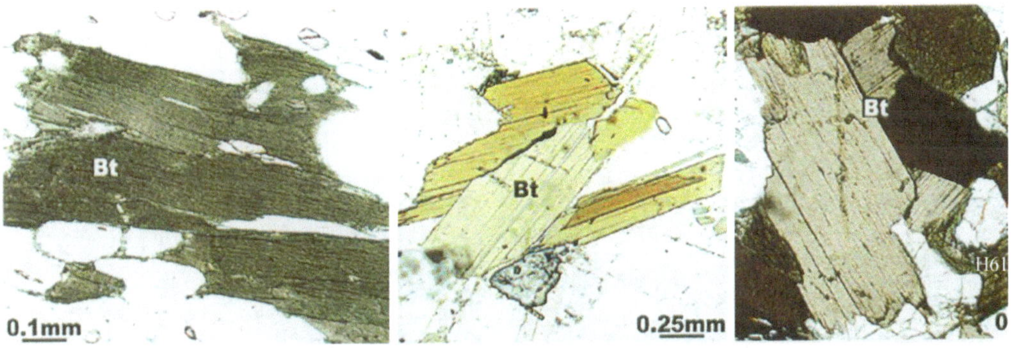

(a) (左)褐绿色黑云母(Bt) (－)；(中)黄褐色黑云母(Bt) (－)；(右)暗褐色黑云母(Bt)，角闪石(Hbl) (－)

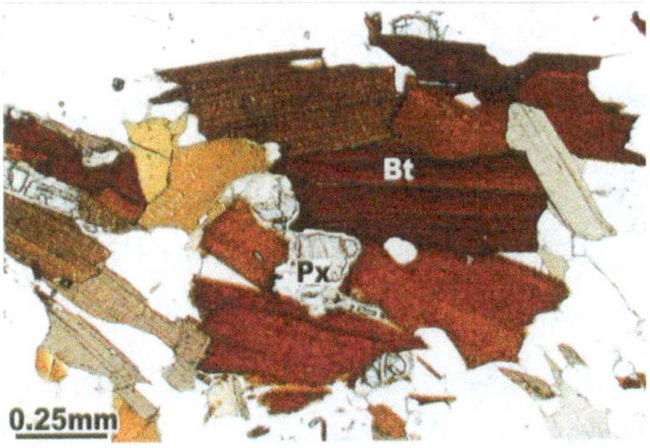

(b) 红褐色黑云母(Bt)，辉石(Px) (－)

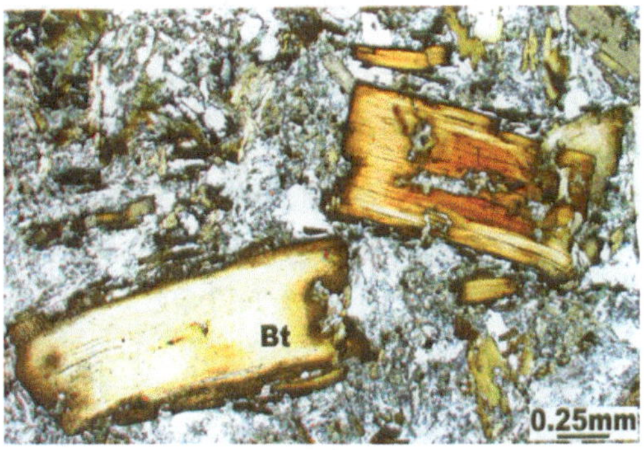

(c) 云煌岩中的环带状黑云母(Bt) (－)

(d) 被熔蚀成港湾状的黑云母(Bt)，其边缘有黑色暗化边(－)

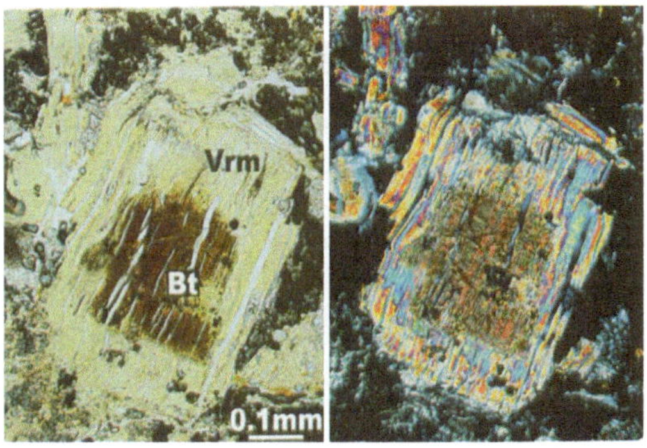

(e) (左)晶体的中心为黑云母(Bt)，边缘已转变为浅黄色的蛭石(Vrm) (－)；(右)黑云母的干涉色为三～四级，蛭石具有二级干涉色 (＋)

彩图 207　黑云母镜下特征 (透射光)
(常丽华，2006)

(a) (b) (c)

彩图208　金云母

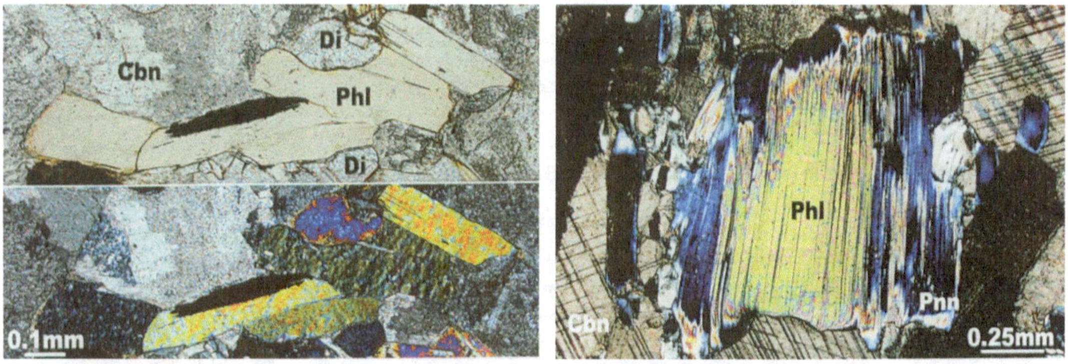

（1）（上）浅黄色的金云母(Phl)，碳酸盐矿物(Cbn)，透辉石(Di)(－)；(下)金云母的干涉色（+）

（2）金云母(Phl)部分转变为靛蓝异常干涉色的叶绿泥石(Pnn)，碳酸盐矿物(Cbn)（+）

彩图209　金云母镜下特征（透射光）
（常丽华，2006）

(a)
（昆明理工大学矿物数字博物馆）

(b)
（南京大学地球科学博物馆）

彩图210　锂云母

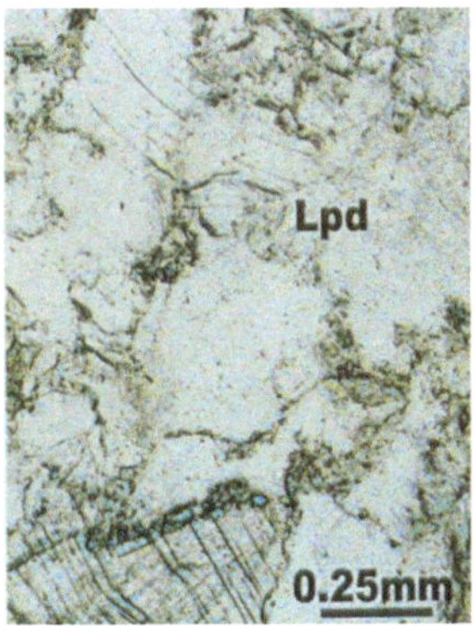

(a) 无色锂云母(Lpd)(锂云母岩)(－)

(b) 锂云母的二级干涉色(＋)

彩图211 锂云母镜下特征（透射光）
（常丽华，2006）

(a) 伊利石晶族

(b) 土状集合体

(c) 块状集合体

彩图212 伊利石

（上）伊利石呈弯曲轮廓的片状，并有垂直于叶片长边的横纹理（－）；
（下）伊利石的二级干涉色（＋）

彩图213 伊利石镜下特征（透射光）
（常丽华，2006）

(a) (b) (c)

彩图214　蛭石

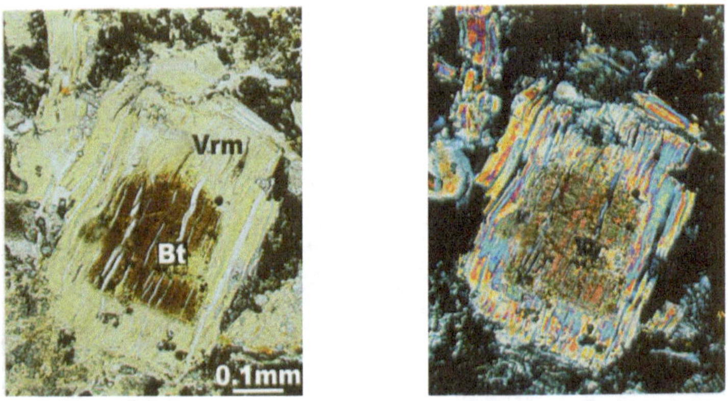

(a)晶体的中心为黑云母(Bt)，边缘已转变为浅黄色的蛭石(Vrm)（-）

(b)黑云母的干涉色为三~四级，蛭石具有二级干涉色（+）

彩图215　蛭石镜下特征（透射光）
（常丽华，2006）

(a)（南京大学地球科学博物馆）

(b)（昆明理工大学矿物数字博物馆）

彩图216　海绿石

（a）绿色的细小海绿石（Glt）呈团粒状集合体（－）

（b）细粒海绿石集合体的干涉色，受其本身颜色的影响而呈绿色、黄绿色（＋）

彩图217　海绿石镜下特征（透射光）
（常丽华，2006）

(a) 鳞片状集合体

(b) 斜绿泥石放射状集合体

彩图218　绿泥石

（a）叶绿泥石（Pnn）的绿色叶片状集合体（－）

（b）叶绿泥石的紫色和天蓝色的异常干涉色（＋）

彩图219　绿泥石镜下特征（透射光）

(a) (b) (c)

彩图 220 高岭石

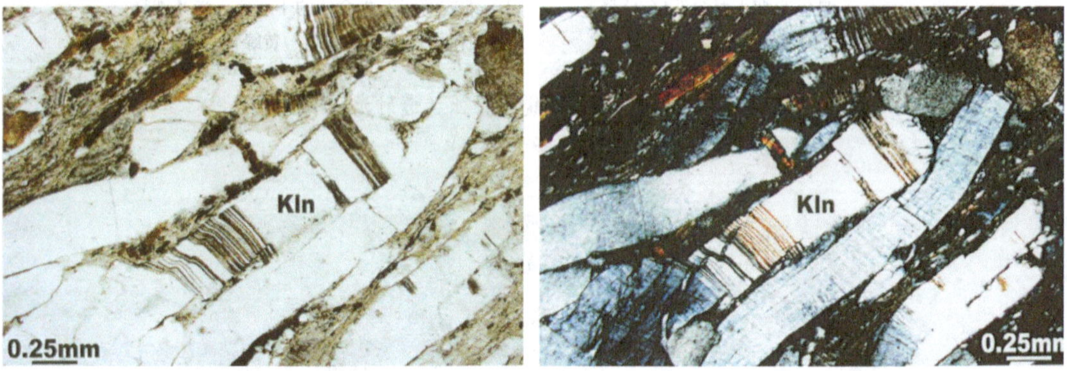

（a）高岭石(Kln)无色，片状，一组完全解理，正低突起（-） （b）高岭石(Kln)一级灰白干涉色(+)

彩图 221 高岭石镜下特征（透射光）

(a) (b) (c)

(d) (e) (f)

彩图 222 蛇纹石的形态

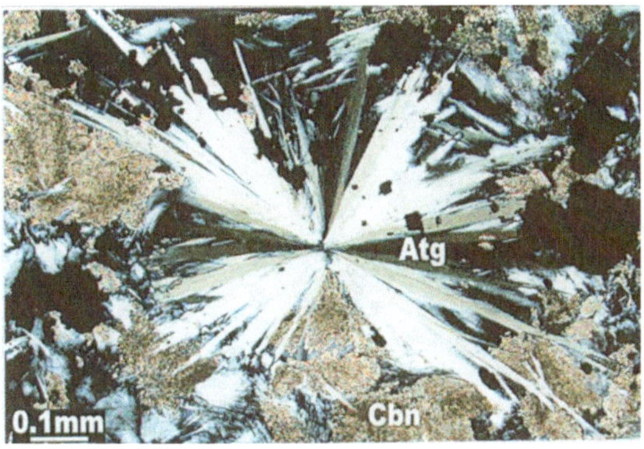

（a）叶蛇纹石（Atg）呈放射状集合体及一级白干涉色，平行消光，正延性，碳酸盐矿物（Cbn）（+）

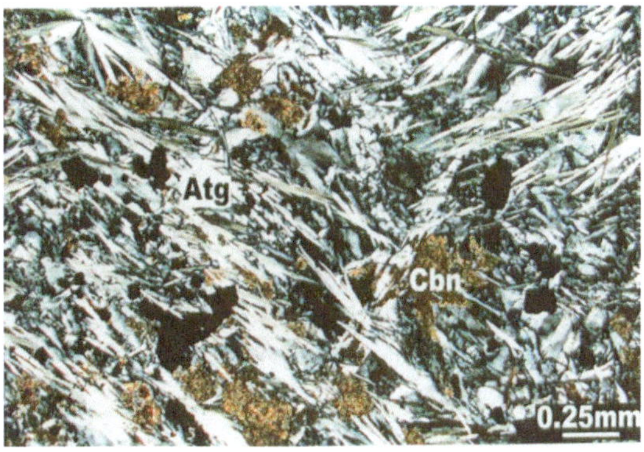

（b）叶片状蛇纹石（Atg），碳酸盐矿物（Cbn）（+）

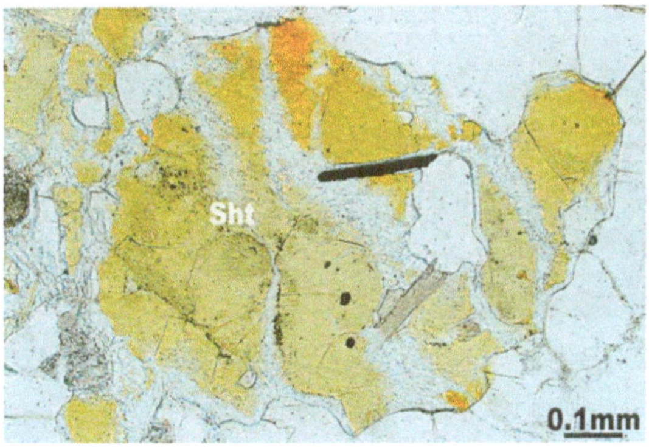

（c）浅黄色胶蛇纹石（Sht）是呈分散状而显均质性或隐晶质的蛇纹石类矿物的混合物（-）

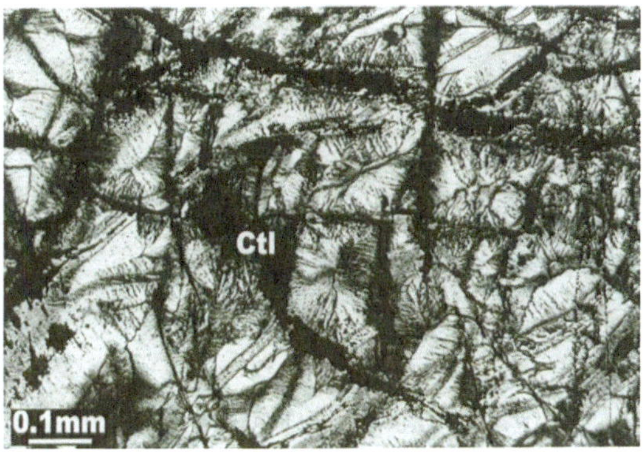

（d）纤蛇纹石（Ctl）呈纤维状集合体，具有一级灰白干涉色，延性可正可负（橄榄石转变为纤蛇纹石）（+）

彩图223　蛇纹石镜下特征（透射光）
（常丽华，2006）

(a)

(b)

彩图224　多水高岭石

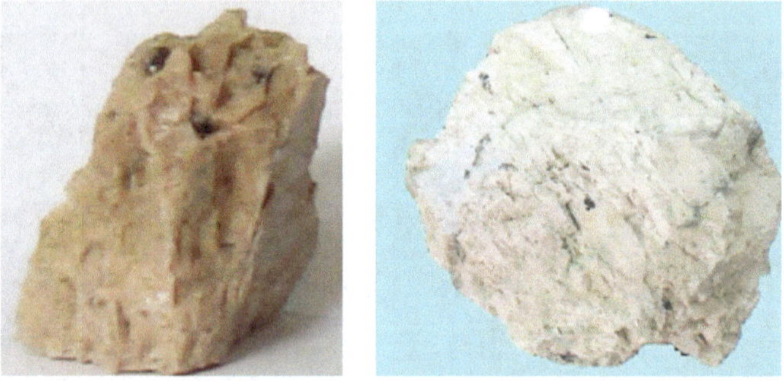

(a) (b)

彩图225 蒙脱石

(a) 透长石晶体 (b) 透长石晶体 (c) 透长石晶体

(南京大学地球科学博物馆) (昆明理工大学矿物数字博物馆)

彩图226 透长石

(a) 自形的透长石(Sa)(+) (b) 透长石(Sa)的卡斯巴双晶环带状构造(+)

彩图227 透长石镜下特征(透射光)
(常丽华,2006)

(a)

(b) 穿插双晶

(c) 冰长石 a

（昆明理工大学矿物数字博物馆）

(d) 冰长石 b

（南京大学地球科学博物馆）

彩图 228　正长石

（a）具卡斯巴双晶的正长石(Or)，霓辉石(Agt)(+)

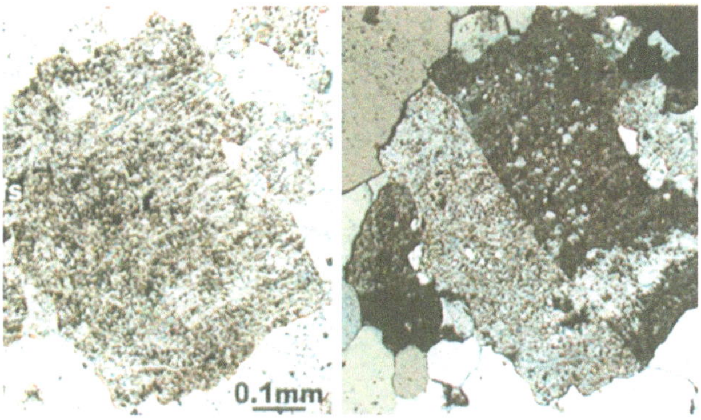

（b）（左）正长石(Kfs)的泥化，表面呈尖土状（-）；（右）泥化的正长石具有卡斯巴双晶（+）

彩图 229　正长石镜下特征（透射光）
（常丽华，2006）

钾微斜长石　　穿插双晶　　天河石

彩图230　微斜长石

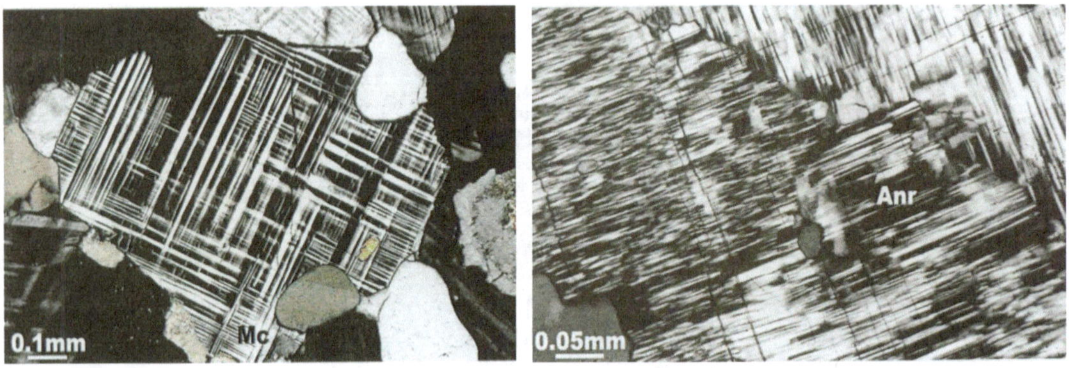

（a）具格子状双晶的微斜长石（Mc），在双晶的切面上具有一组解理（+）

（b）具有细微格子状双晶的歪长石（Anr），在双晶的切面上具有两组解理（区别于微斜长石）（+）

彩图231　微斜长石镜下特征（透射光）
（常丽华，2006）

(a)

(b) 钠长石　　(c) 奥长石　　(d) 中长石

(e) 拉长石

(f) 钙长石

（昆明理工大学矿物数字博物馆）

(g) 钙长石双晶

（南京大学地球科学博物馆）

彩图 232　斜长石

（a）聚片双晶细密的更长石，黑云母（Bt），辉石（Px），石英（Qtz）（+）

（b）培长石具有较宽的钠长石（聚片）双晶带（+）

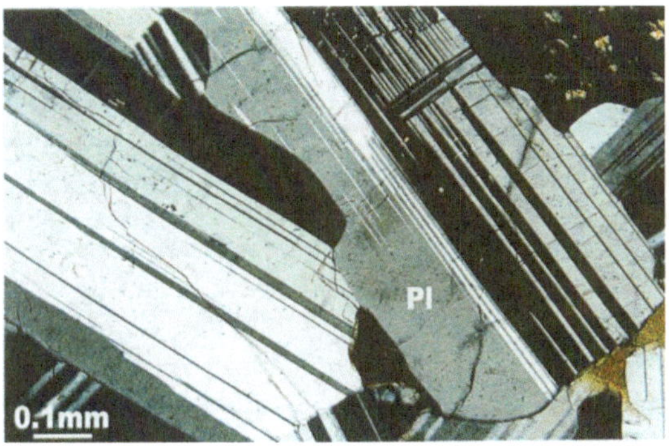

（c）斜长石（Pl）的卡斯巴—钠长石复合双晶（+）

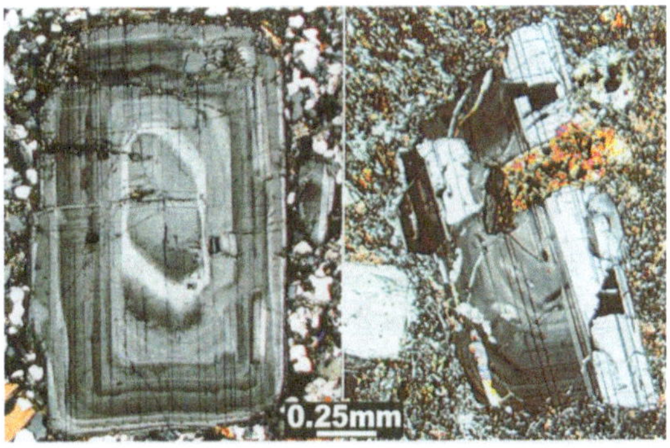

（d）（左）自形板状的中长石具环带状构造（+）；（右）中长石具卡斯巴－钠长石复合双晶和环带状构造（+）

（e）斜长石（Pl）的巴温诺（斜坡）双晶，左下方为斜长石的贯穿双晶（+）

（f）闪长玢岩中由斜长石（Pl）聚斑形成的钠长石双晶的集合体（+）

彩图233　斜长石镜下特征（透射光）
（常丽华，2006）

(a)

(b)

(c)

彩图234　霞石

（a）他形霞石（Ne）具有一组不完全解理和一级灰白干涉色（+）

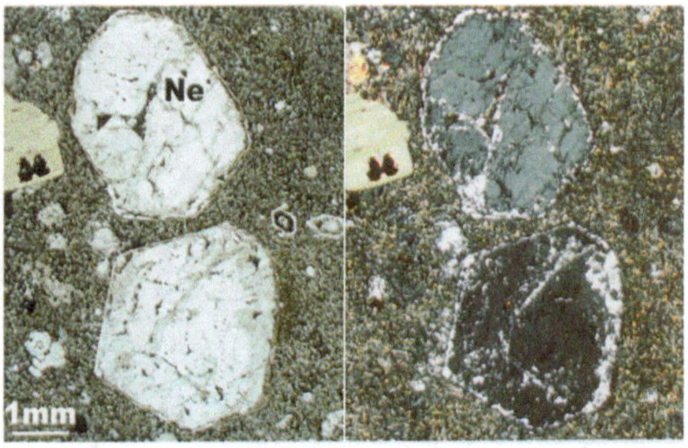

（b）（左）具有六边形的霞石（Ne）（-）；（右）霞石的一级干涉色（+）

彩图235　霞石镜下特征（透射光）
（常丽华，2006）

(a)　　(b)　　(c)

彩图 236　白榴石

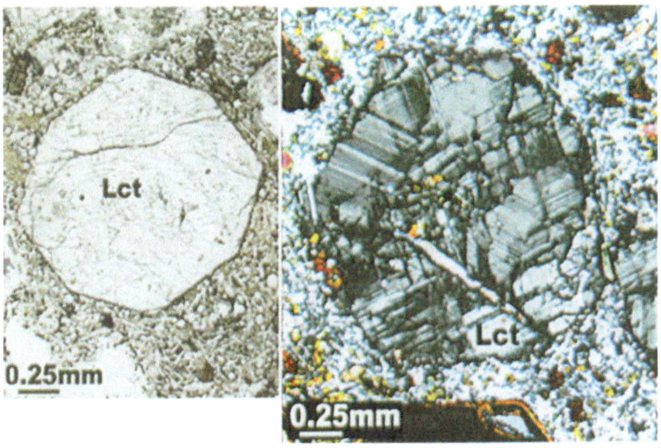

（a）（左）具有八边形自形的白榴石（Lct）（－）；
（右）白榴石（Lct）有多组相交的聚片双晶（＋）

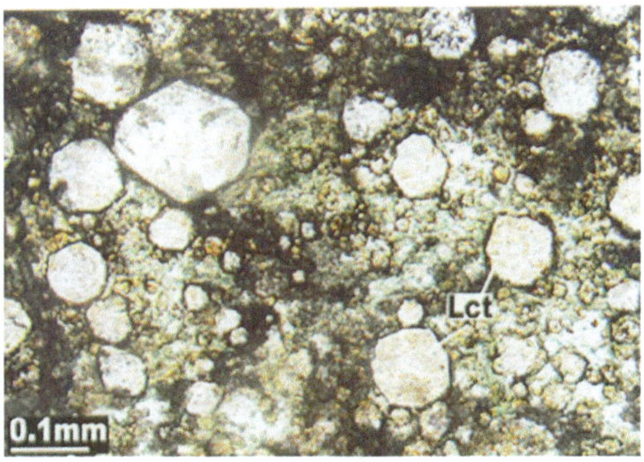

（b）响岩中白榴石（Lct）的晶形呈八边形、
六边形及圆粒状（－）

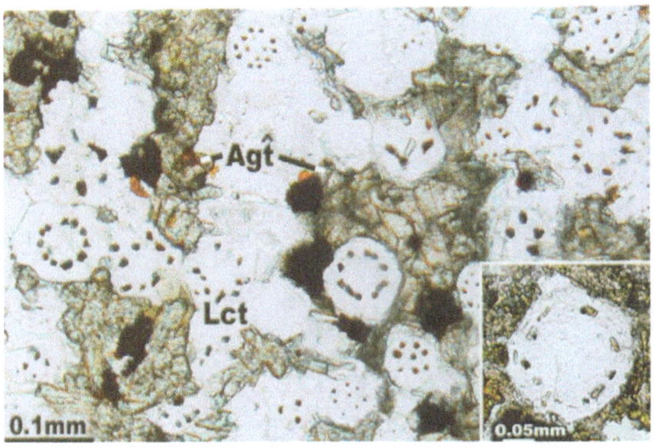

（c）白榴石（Lct）中细小的霓辉石包裹体呈环状分布
（车轮结构），霓辉石（Agt）（－）；（右下）放大的
白榴石车轮结构（－）

（d）（左）绢云母（Srt）和钾长石（Kfs）呈白榴石
假象（－）；（右）（＋）

彩图 237　白榴石镜下特征（透射光）
（常丽华，2006）

(a)

(b)

（昆明理工大学矿物数字博物馆）

(c)

（南京大学地球科学博物馆）

彩图238　方钠石

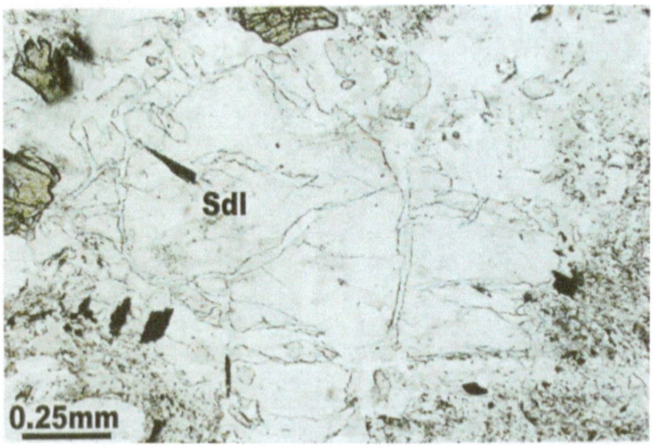

无色负低突起的方钠石(Sdl)(－)

彩图239　方钠石镜下特征（透射光）
（常丽华，2006）

(a)

(b)

彩图240　黝方石

（a） 黝方石（Nsn）有黑褐色镶边（－）

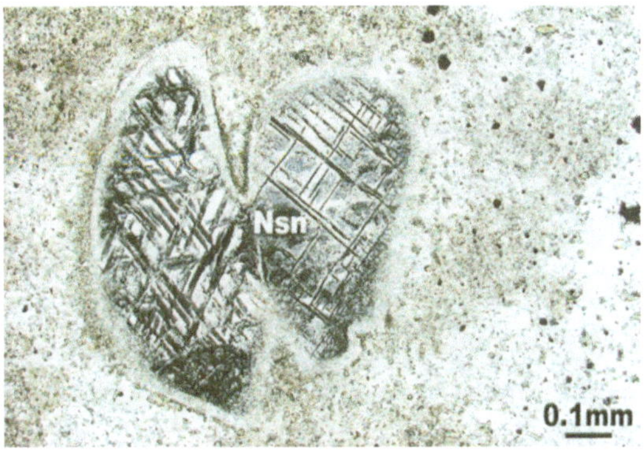

（b） 黝方石（Nsn）以港湾状熔蚀、边缘有黑褐色镶边和格子状排列的铁矿物为特征（－）

彩图241　黝方石镜下特征（透射光）
（常丽华，2006）

(a)

（南京大学地球科学博物馆）

(b)

（昆明理工大学矿物数字博物馆）

彩图242　钙霞石

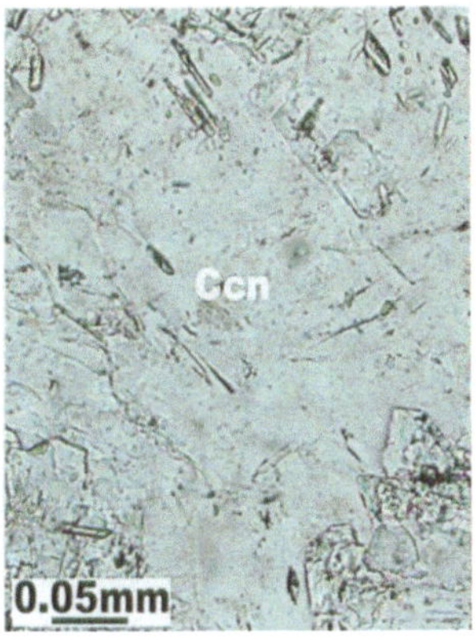

（a）无色、负低突起的钙霞石（Ccn）（－）

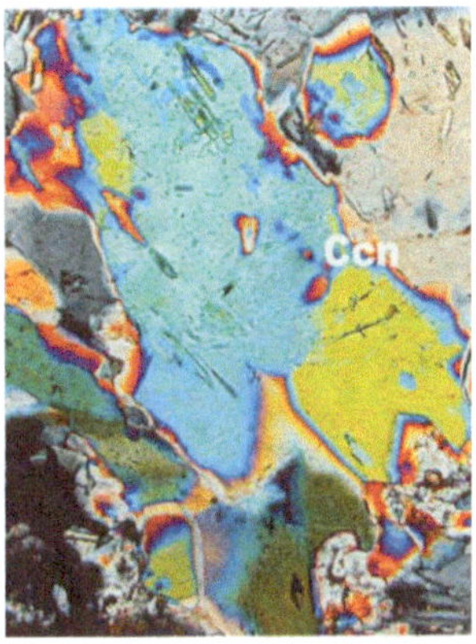

（b）钙霞石（Ccn）具有二级干涉色，负延性（＋）

彩图243　钙霞石镜下特征（透射光）
（常丽华，2006）

(a) (b) (c)

彩图244 方柱石

（a）无色方柱石（Scp）具两组完全解理，正中突起，方解石（Cal）（－）

（b）方柱石（Scp）具有二级干涉色，平行消光，负延性（＋）

彩图245 方柱石镜下特征（透射光）
（常丽华，2006）

(a) (b) (c)

（南京大学地球科学博物馆） （昆明理工大学矿物数字博物馆）

彩图246 钠沸石

火山岩气孔中片状钠沸石(Ntr)呈扇形集合体，其干涉色为一级灰白，平行消光，正延性（+）

彩图247 钠沸石镜下特征（透射光）
（常丽华，2006）

（英国）
（南京大学地球科学博物馆）

彩图248 钙沸石

(a)

(b)

彩图249 片沸石
（南京大学地球科学博物馆）

(a)

（南京大学地球科学博物馆）

(b)

彩图250 方沸石

(a)　　(b)　　(c)

（南京大学地球科学博物馆）

彩图 251　菱沸石

(a)　　(b)

彩图 252　丝光沸石

(a)　　(b)　　(c)

彩图 253　硼砂

(a)

(b)

(c)

彩图254　硼镁石

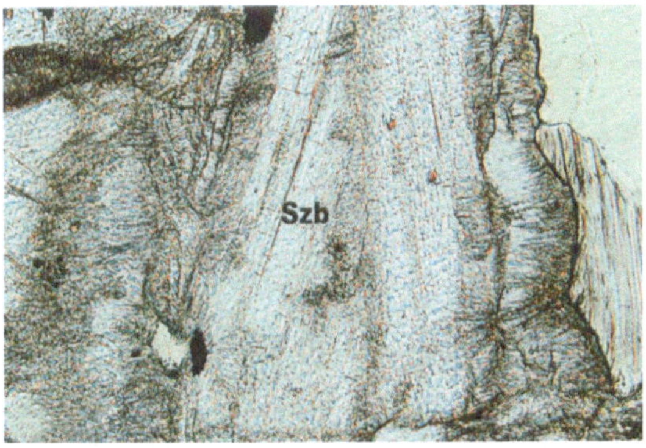

(a) 硼镁石(Szb)无色，柱状、纤维状，解理完全(－)

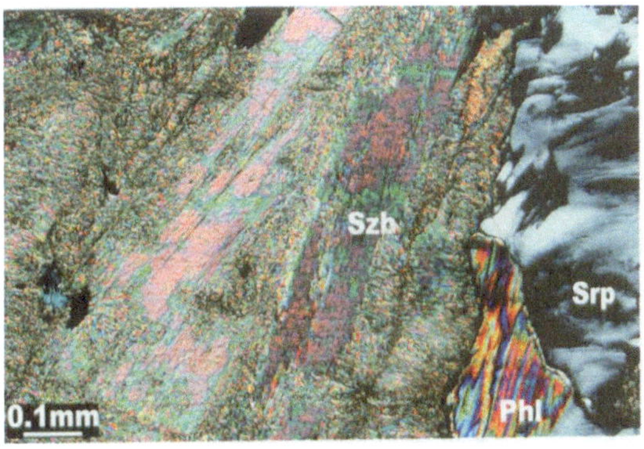

(b) 硼镁石(Szb)的高级干涉色，蛇纹石(Srp)，金云母(Phl)(＋)

彩图255　硼镁石镜下特征(透射光)
(常丽华，2006)

(a)

(b)

(c)

彩图256　硼镁铁矿

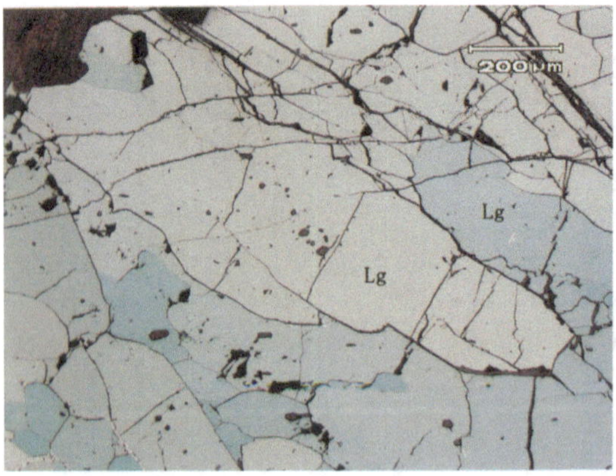

（a） 硼镁铁矿（Lg）双反射及多色性（－） 10×10

（b） 硼镁铁矿（Lg）的非均质性（＋） 10×10

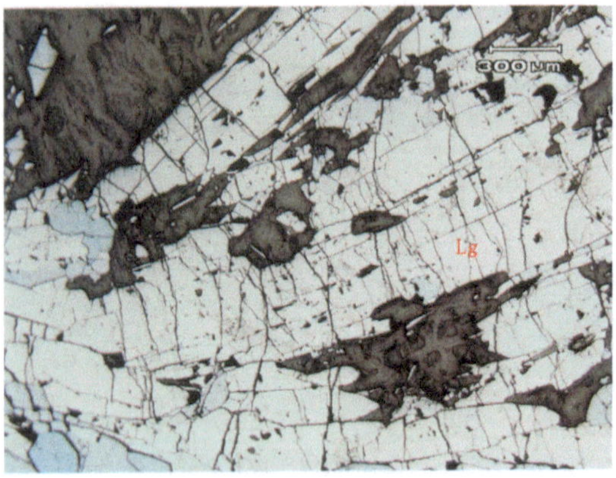

（c） 硼镁铁矿（Lg）指状解理（－） 10×5

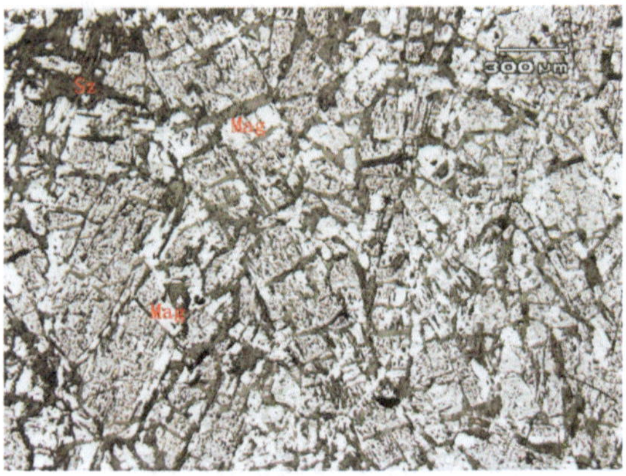

（d） 由硼镁铁矿分解的硼镁石（Sz）和磁铁矿（Mag）呈假象结构（－） 10×5

彩图 257　硼镁铁矿镜下特征（反射光）
（卢静文，2010）

(a)

(b)

(c)

（昆明理工大学矿物数字博物馆）

彩图 258　独居石

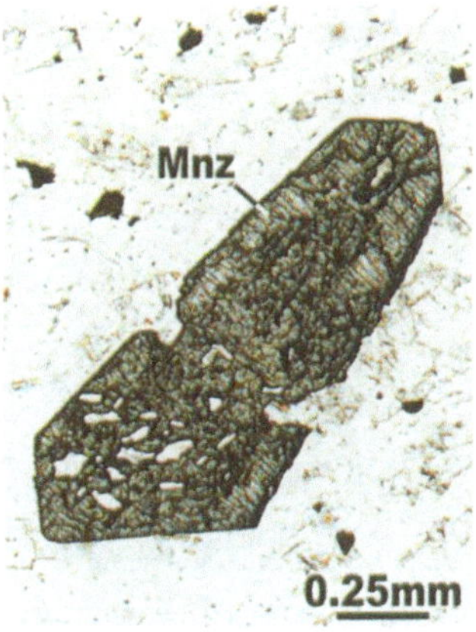

(a)具有解理的自形独居石(Mnz)(－)

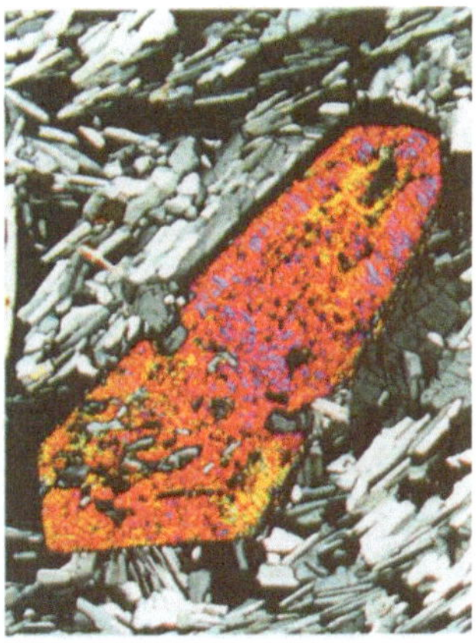

(b)独居石的干涉色(＋)

彩图259　独居石镜下特征（透射光）
（常丽华，2006）

(a)

(b)

(c)

彩图260　磷灰石

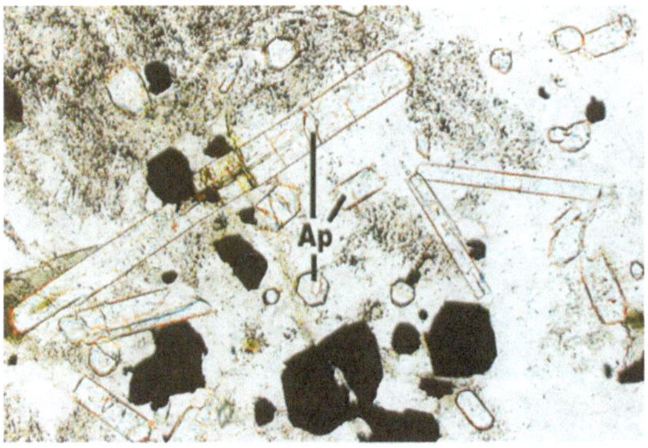

(a) 断面为柱状和六边形的磷灰石(Ap)，无色，正中突起，垂直柱面的解理不完全(－)

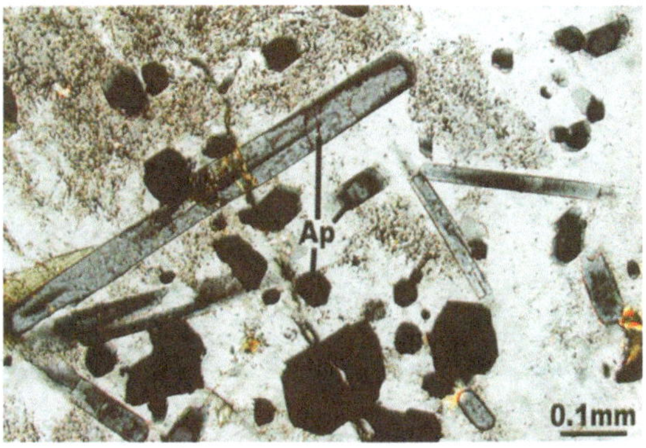

(b) 磷灰石(Ap)具有一级暗灰干涉色，柱状切面平行消光，负延性(＋)

彩图261　磷灰石镜下特征（透射光）
（常丽华，2006）

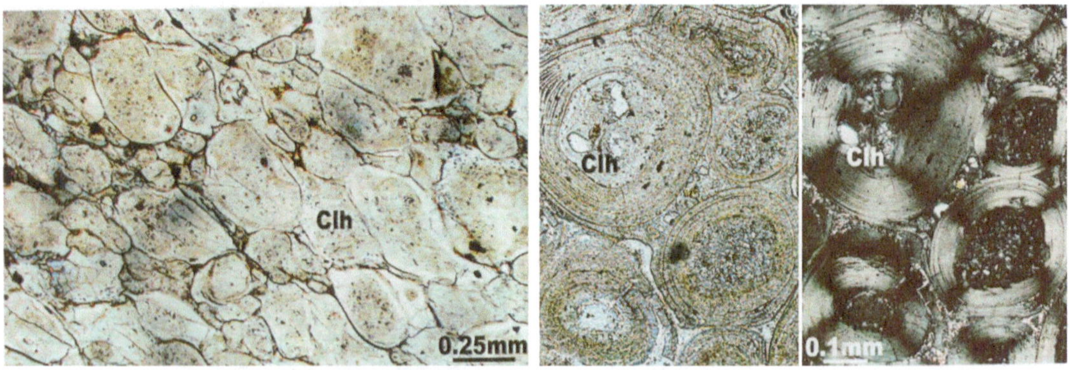

（a）致密状胶磷矿（Clh）集合体呈椭圆形和卵形（－）

（b）（左）同心圆鲕粒状胶磷矿（Clh）（－）；（右）鲕状胶磷矿（Clh）隐晶质集合体呈十字消光（＋）

彩图 262　胶磷矿镜下特征（透射光）
（常丽华，2006）

(a)　(b)

（昆明理工大学矿物数字博物馆）

彩图 263　绿松石

(a)　(b)　(c)

（南京大学地球科学数字博物馆）

彩图 264　铜铀云母

(a)

(b)

(c)

彩图265　白钨矿

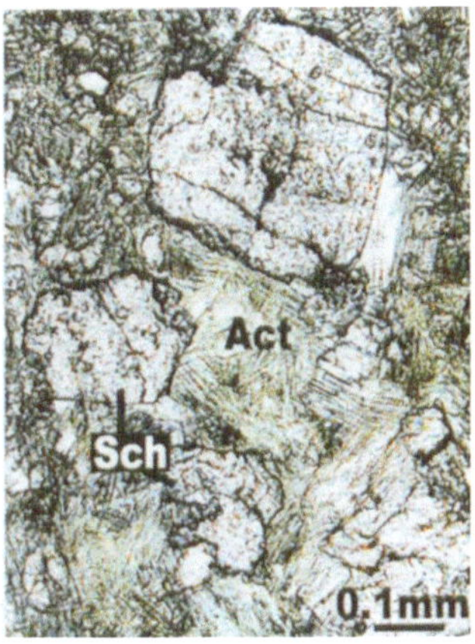

(a)正极高突起、半自形的白钨矿(Sch)，阳起石(Act)（－）

(b)白钨矿的一级干涉色（＋）

彩图266　白钨矿镜下特征（透射光）
（常丽华，2006）

(a) 白钨矿(Sh)的内反射色（＋）10×20

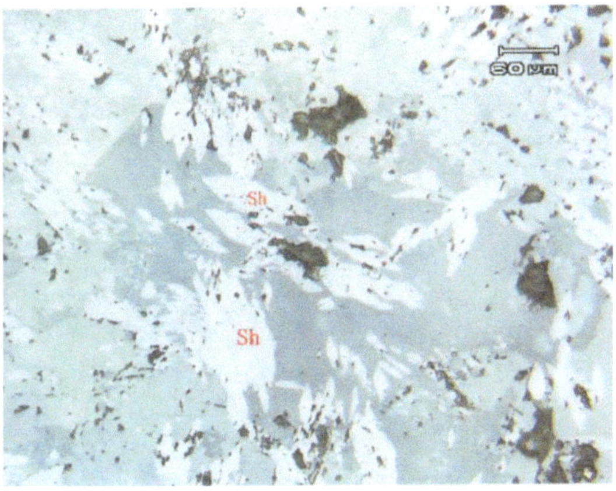

(b) 白钨矿(Sh)自形晶呈菱形截面（－）10×20

彩图267　白钨矿镜下特征（反射光）
（卢静文，2010）

(a) (b) (c)

彩图 268　重晶石

（a）无色重晶石（Brt）的切面常呈柱状或粒状，具有一组至两组解理，正中突起（－）

（b）重晶石的一级干涉色，平行消光，正延性（＋）

彩图 269　重晶石镜下特征（透射光）
（常丽华，2006）

(a) (b) (c)

彩图 270　天青石

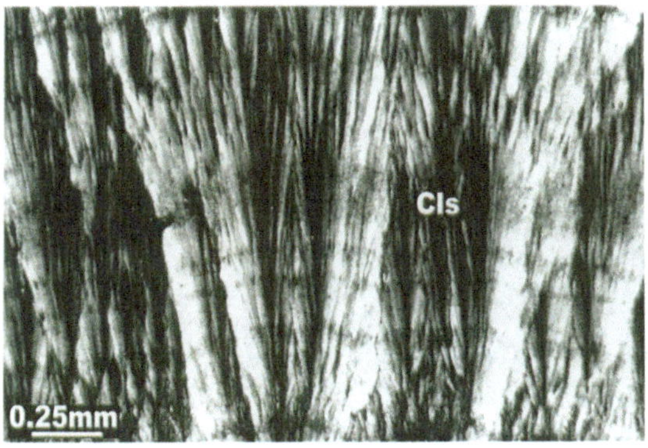

（a）纤维状集合体的天青石(Cls)，一级白干涉色（+）

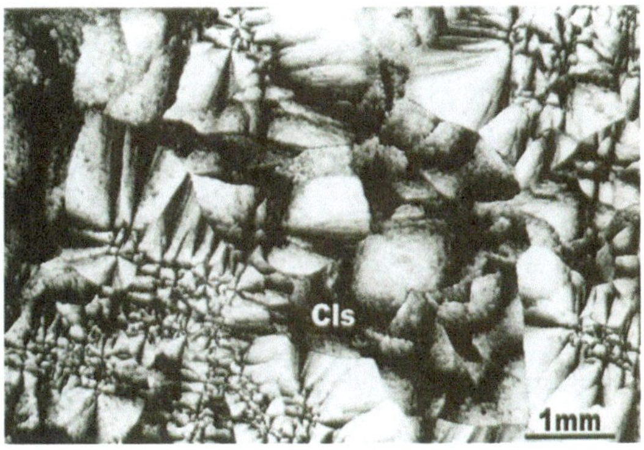

（b）花朵状集合体的天青石（+）

彩图271　天青石镜下特征（透射光）
（常丽华，2006）

(a) 纤维状

(b) 单晶体

(c) 花瓣状

(d) 晶簇状

彩图272　石膏

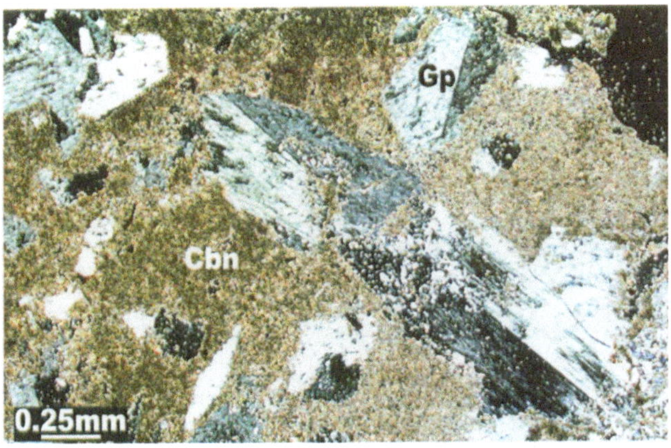

碳酸盐岩中自形的石膏(Gp)及其双晶，碳酸盐矿物(Cbn)（+）

彩图273　石膏镜下特征（透射光）
（常丽华，2006）

(a) (b) (c) (d)

彩图 274 硬石膏

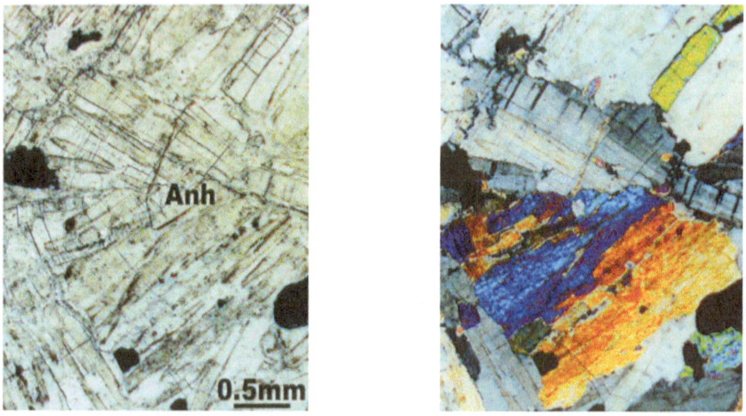

(a)硬石膏(Anh)切面上具有一至两组解理（-） (b)干涉色（+）

彩图 275 硬石膏镜下特征（透射光）
（常丽华，2006）

(a) (b) (c)

彩图 276 明矾石

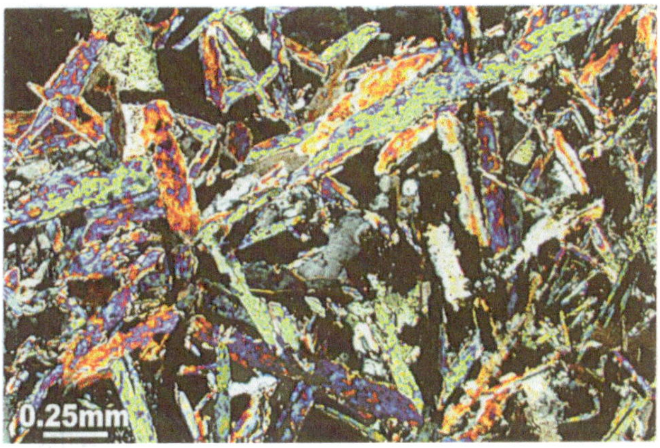

片状的明矾石具有二级干涉色，其延长方向为平行消光，负延性（+）

彩图277　明矾石镜下特征（透射光）
（常丽华，2006）

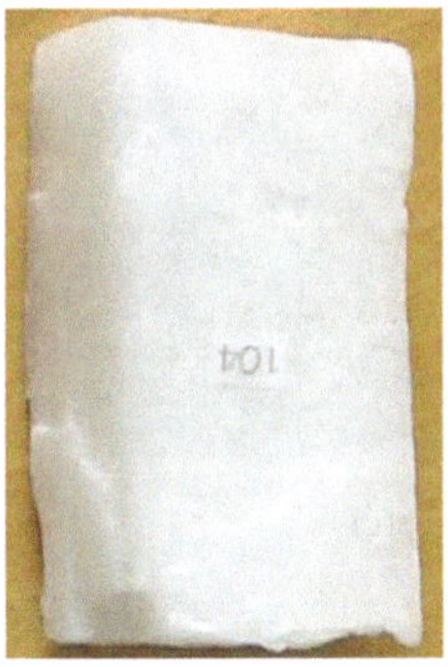
(a) 晶体

(b) 复三方偏三角面体

(c) 连生晶体

(d) 石灰华

(e) 石灰岩

(f) 双晶和连生晶体

彩图278　方解石

（a）大理岩中的粒状方解石（Cal），高级白干涉色（+）

（b）方解石（Cal）的双晶纹平行其菱形解理的长对线（+）

彩图279　方解石镜下特征（透射光）
（常丽华，2006）

(a)

(b)

(c)

彩图280　菱镁矿

(a) 黑色菱铁矿

(b) 淡棕色菱铁矿

(c) 菱铁矿结核

彩图281　菱铁矿

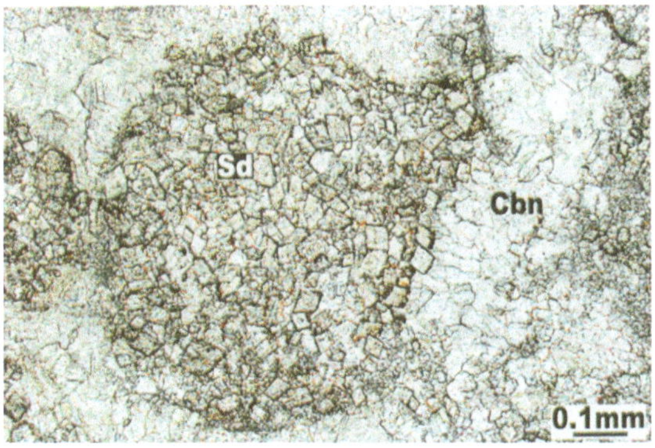

（a）菱铁矿（Sd）呈自形（菱形）、半自形，晶体边缘有黑褐色氧化铁，碳酸盐矿物（Cbn）（－）

（b）菱铁矿（Sd）呈暗褐色菱形的氧化铁环带（－）

彩图282　菱铁矿镜下特征（透射光）
（常丽华，2006）

(a) 褐黑色菱锰矿

(b) 玫瑰红色晶体

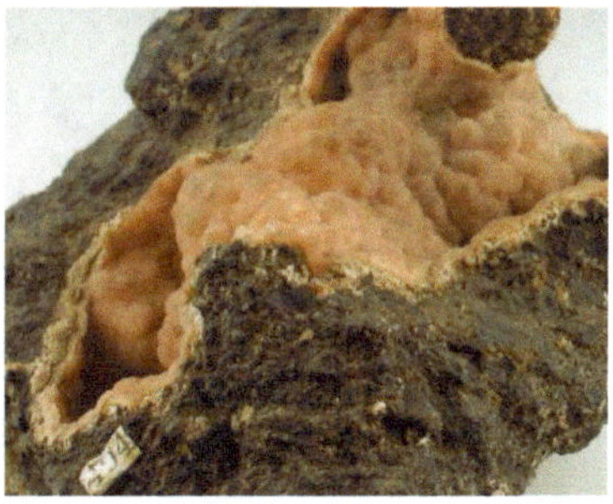

(c) 葡萄状菱锰矿

（昆明理工大学矿物数字博物馆）

彩图283　菱锰矿

无色菱锰矿（Rds）菱形解理完全，具有正低—正高的闪突起（－）

彩图284　菱锰矿镜下特征（透射光）
（常丽华，2006）

(a)

(b)

（昆明理工大学矿物数字博物馆）

(c)

（南京大学地球科学数字博物馆）

彩图 285　菱锌矿

菱锌矿呈皮壳状集合体（-）

彩图 286　菱锌矿镜下特征（透射光）
（常丽华，2006）

(a)

(b)

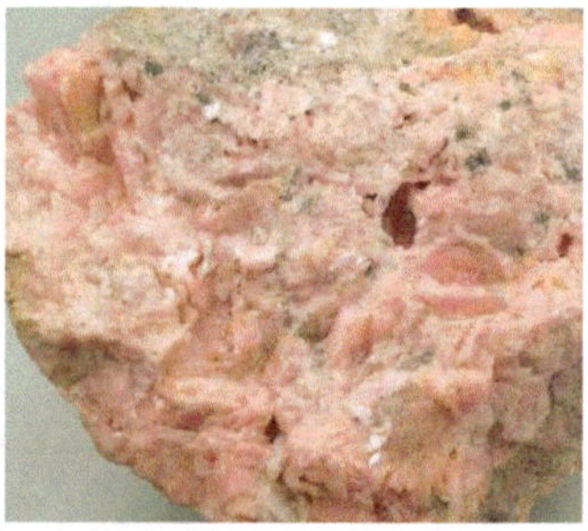

(c)

彩图 287　白云石

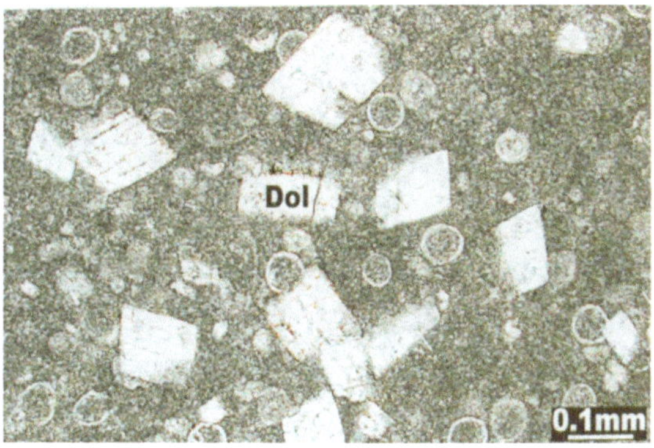

（a）自形（菱形）的白云石（Dol）（－）

（b）白云石（Dol）的双晶纹平行其菱形解理的短对角线，具有高级白干涉色（＋）

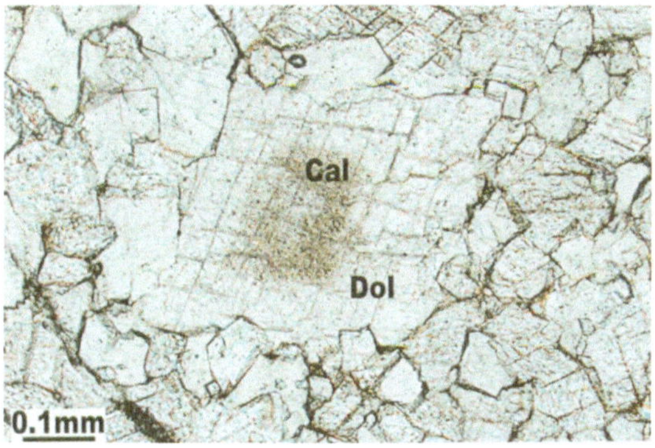

（c）白云石（Dol）交代方解石（Cal）形成的亮边（－）

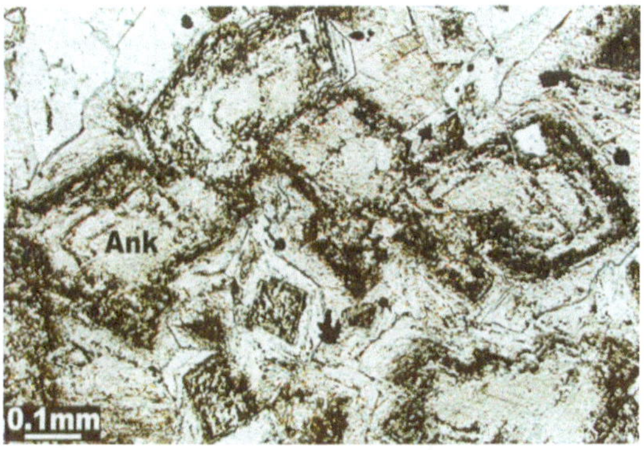

（d）具暗褐色氧化铁环带的铁白云石（Ank），其 Ne 为负低突起，可与 Ne 为正低（中）突起的菱铁矿相区别（－）

彩图 288　白云石镜下特征（透射光）
（常丽华，2006）

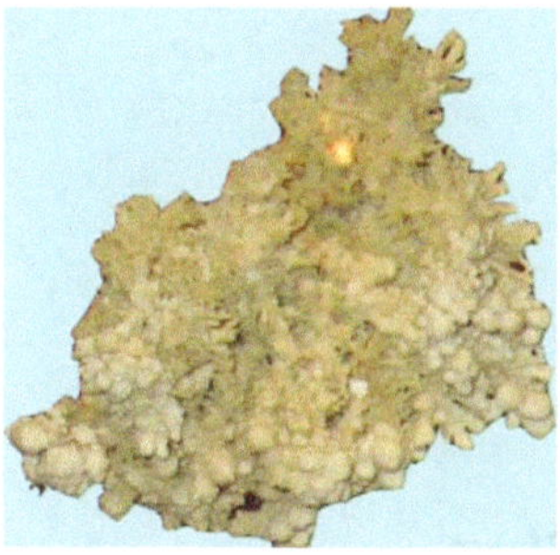

(a)

(b)

(c)

彩图 289　文石

（a）文石(Arg)呈扇状集合体，具有高级白干涉色（+）

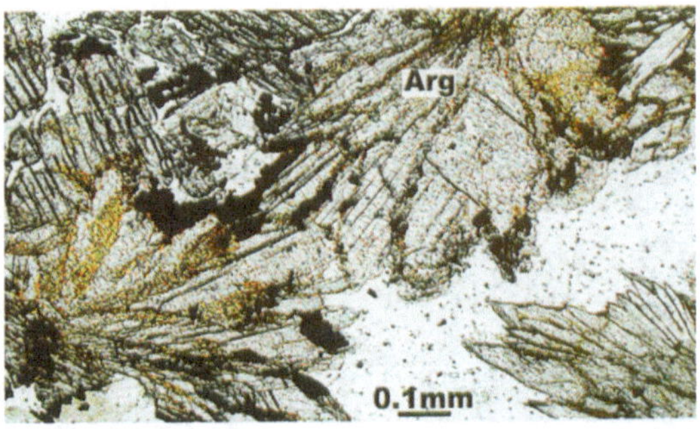

（b）柱状文石(Arg)无色，正高突起，解理不完全（-）

彩图290 文石镜下特征（透射光）
（常丽华，2006）

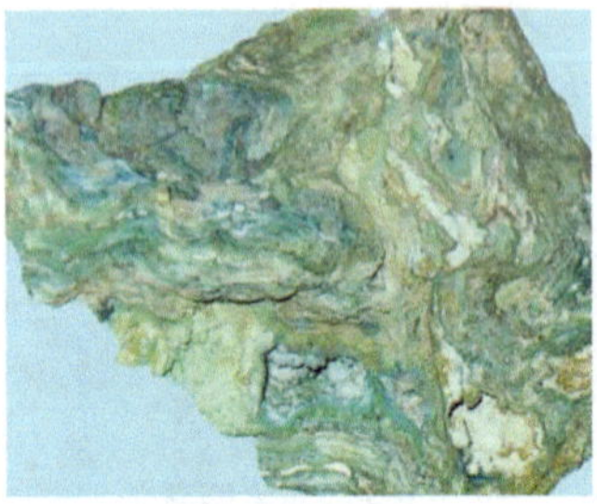

(a) 被膜状

(b) 葡萄状

(c) 皮壳状 a

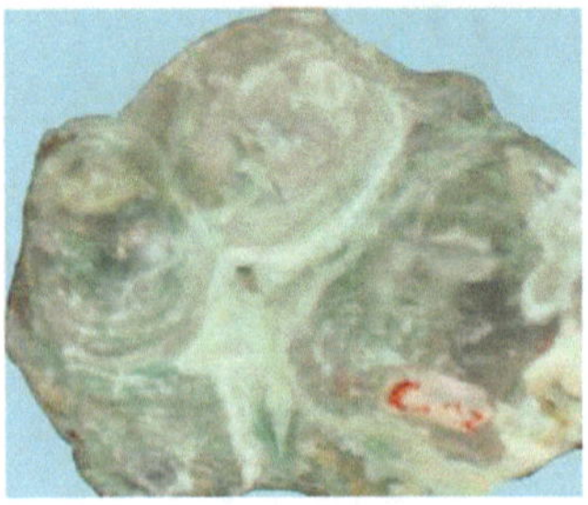

(d) 皮壳状 b

(e) 晶簇状

(f) 纤维状

彩图291 孔雀石

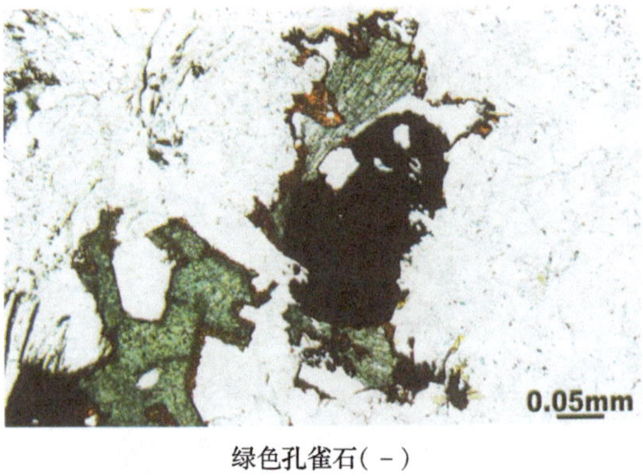

绿色孔雀石(-)

彩图292 孔雀石镜下特征（透射光）
（常丽华，2006）

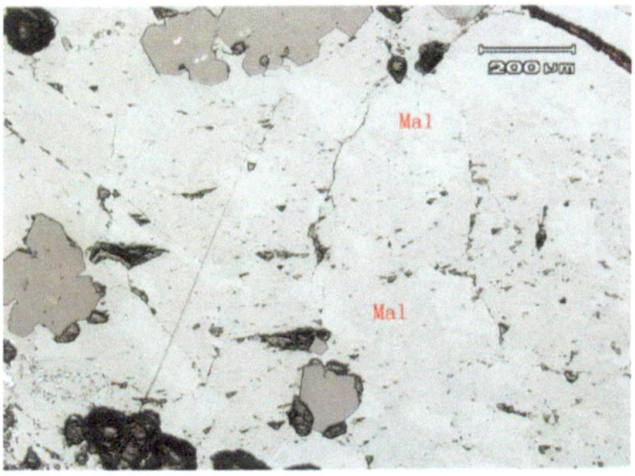

（a）孔雀石(Mal)的双反射及多色性（－）10×10

（b）孔雀石(Mal)的内反射色（＋）10×5

（c）孔雀石(Mal)的非均质性（＋）10×10

（d）针状、放射状孔雀石(Mal)（＋）10×10

彩图293　孔雀石镜下特征（反射光）
（卢静文，2010）

(a)

(b)

(c)

彩图294　蓝铜矿

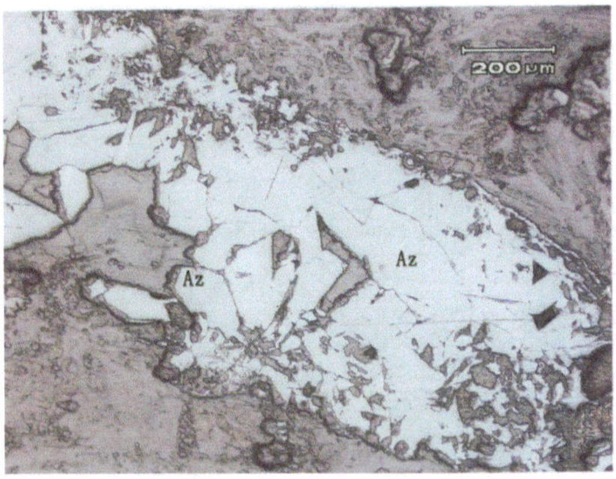

（a）蓝铜矿（Az）的反射色（－）10×10

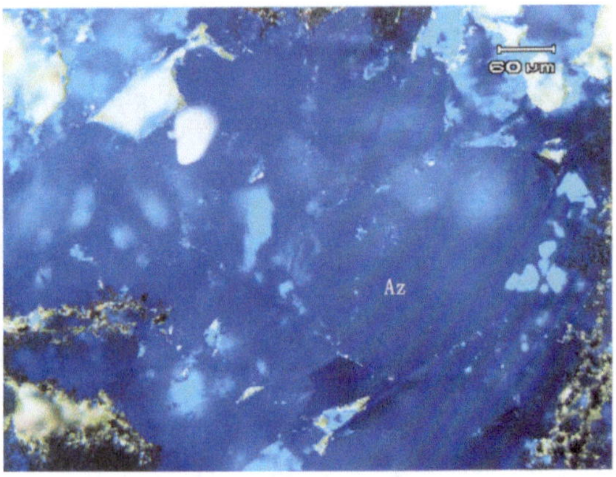

（b）蓝铜矿（Az）的内反射色（＋）10×20

（c）蓝铜矿（Az）的偏光色（＋）10×10

（d）蓝铜矿（Az）板状晶体（－）10×20

彩图295　蓝铜矿镜下特征（反射光）
（卢静文，2010）

(a)

(b)

(c)

彩图296　萤石

（a）无色萤石(Fl)的切面常见两组(呈菱形)完全解理（－）

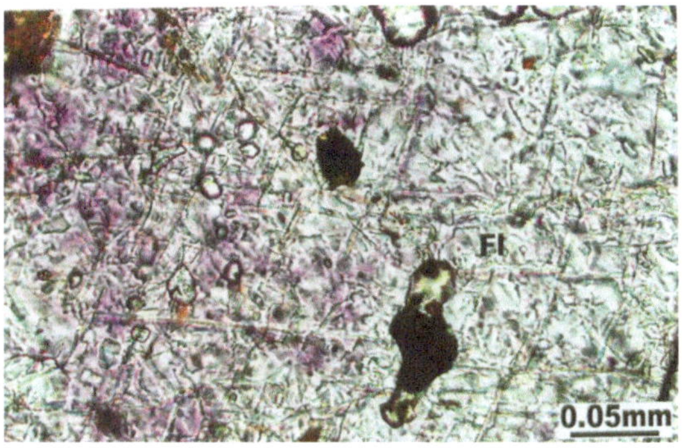

（b）具有不均匀紫色的萤石(Fl)呈负中—突起（－）

彩图 297　萤石镜下特征（透射光）
（常丽华，2006）

(a)

(b)

彩图 298　冰晶石
（南京大学地球科学数字博物馆）

(a)

(b)

彩图 299　石盐

(a)

(b)

彩图300　钾盐

(a)

(b)

彩图301　光卤石

参 考 文 献

[1] 李胜荣. 结晶学与矿物学 [M]. 北京：地质出版社，2008.
[2] 赵珊茸. 结晶学及矿物学 [M]. 北京：高等教育出版社，2004.
[3] 常丽华，陈曼云. 透明矿物薄片鉴定手册 [M]. 北京：地质出版社，2006.
[4] 卢静文. 金属矿物显微鉴定手册 [M]. 北京：地质出版社，2010.
[5] 张恩. 结晶学与矿物学实验指导书 [M]. 北京：地质出版社，2007.
[6] 陈世悦. 矿物岩石学 [M]. 北京：石油大学出版社，2002.
[7] 姜尧发. 矿物岩石学 [M]. 北京：地质出版社，2009.
[8] 孟庆丽. 光性矿物学简明教程 [M]. 北京：地质出版社，1995.
[9] 曾广策. 晶体光学及光性矿物学 [M]. 武汉：中国地质大学出版社，2006.
[10] 尚浚. 矿相学 [M]. 北京：地质出版社，2007.
[11] 林培英. 晶体光学与造岩矿物 [M]. 北京：地质出版社，2005.
[12] 罗刚. 晶体光学及光性矿物学 [M]. 北京：地质出版社，2009.
[13] 潘兆橹. 结晶学及矿物学（上、下）[M]. 北京：地质出版社，1985.

图书在版编目（CIP）数据

矿物综合鉴定简明教程／马光主编．－－北京：煤炭工业出版社，2019

普通高等教育“十三五”规划教材

ISBN 978－7－5020－7093－9

Ⅰ．①矿…　Ⅱ．①马…　Ⅲ．①矿物鉴定—高等学校—教材　Ⅳ．①P575

中国版本图书馆 CIP 数据核字（2018）第 275872 号

矿物综合鉴定简明教程（普通高等教育“十三五”规划教材）

主　　编　马　光
责任编辑　张　成
责任校对　邢蕾严
封面设计　王　滨

出版发行　煤炭工业出版社（北京市朝阳区芍药居 35 号　100029）
电　　话　010－84657898（总编室）　010－84657880（读者服务部）
网　　址　www. cciph. com. cn
印　　刷　北京建宏印刷有限公司
经　　销　全国新华书店

开　　本　787mm×1092mm $^1/_{16}$　**印张**　24 $^1/_2$　**字数**　586 千字
版　　次　2019 年 6 月第 1 版　2019 年 6 月第 1 次印刷
社内编号　20181580　　**定价**　59.00 元

版权所有　违者必究

本书如有缺页、倒页、脱页等质量问题，本社负责调换，电话：010－84657880